AF534084

Anderl/Binde

Simulationen mit NX / Simcenter 3D

Ihr Plus – digitale Zusatzinhalte!

Auf unserem Download-Portal finden Sie zu diesem Titel kostenloses Zusatzmaterial. Geben Sie dazu einfach diesen Code ein:

plus-RSRp2-N6YZ2

plus.hanser-fachbuch.de

Bleiben Sie auf dem Laufenden!

Hanser Newsletter informieren Sie regelmäßig über neue Bücher und Termine aus den verschiedenen Bereichen der Technik, Profitieren Sie auch von Gewinnspielen und exklusiven Leseproben. Gleich anmelden unter

www.hanser-fachbuch.de/newsletter

Reiner Anderl
Peter Binde

Simulationen mit NX / Simcenter 3D

Kinematik, FEM, CFD, EM und Datenmanagement

5., aktualisierte Auflage

Die Autoren:
Prof. Dr.-Ing. Reiner Anderl, TU Darmstadt
Dr.-Ing. Peter Binde, Dr. Binde Ingenieure, Design & Engineering GmbH, Wiesbaden

Bibliografische Information der deutschen Nationalbibliothek:
Die Deutsche Nationalbibliothek verzeichnet diese Publikation in der Deutschen Nationalbibliografie; detaillierte bibliografische Daten sind im Internet unter *http://dnb.d-nb.de* abrufbar.

www.hanser-fachbuch.de
Lektorat: Julia Stepp
Herstellung: Melanie Zinsler
Titelmotiv: © Max Kostopoulos, unter Verwendung von Grafiken von © Reiner Anderl und Peter Binde
Coverkonzept: Marc Müller-Bremer, www.rebranding.de, München
Coverrealisation: Max Kostopoulos
Satz: Eberl & Koesel Studio GmbH, Altusried-Krugzell
Druck und Bindung: Druckerei Hubert & Co. GmbH und Co. KG BuchPartner, Göttingen
Printed in Germany

Print-ISBN: 978-3-446-47344-7
E-Book-ISBN: 978-3-446-47451-2

Inhalt

Vorwort

Die virtuelle Produktentwicklung hat durch die integrierte Anwendung von volumenorientierten 3D-CAD-Modellierungsverfahren sowie 3D-Berechnungs- und Simulationsverfahren enorm an Bedeutung gewonnen und ist für die industrielle Praxis unverzichtbar geworden. Flankiert durch die rasante Weiterentwicklung der modernen Informations- und Kommunikationstechnologien ist die anwendungsintegrierende virtuelle Produktentwicklung sowohl in der ingenieurwissenschaftlichen Ausbildung als auch in der industriellen Aus- und Fortbildung zu einem integralen Bestandteil geworden. Hinzu kommen die überaus wichtigen und auch neuen Ansätze aus der Initiative Industrie 4.0, die zu einer neuen Stufe der Wertschöpfung führt und alle Bereiche der Produktlebensphasen betrifft. Gerade in diesem Zusammenhang spielt die Erstellung und Nutzung sogenannter digitaler Zwillinge eine besondere Bedeutung. Digitale Zwillinge sind digitale Repräsentationen (Abbilder) individueller, realer Bauteile und Produkte. Sie bilden die Grundlage für vielfältige Berechnungen und Simulationen und erlauben insbesondere auch die Untersuchung realer Bauteile und Produkte unabhängig von deren Einsatzort. Präventive Wartung, Instandhaltung sowie vorab testbare Reparaturen werden dadurch auf eine neue Grundlage gestellt.

Von 2003 bis 2019 fungierte die Technische Universität Darmstadt als PACE-Universität und war Teil des internationalen PACE-Verbundes. PACE steht für *Partners for the Advancement of Collaborative Engineering Education* und war ein Förderprogramm der Firmen General Motors Corp. (in Deutschland Adam Opel AG), Autodesk, Hewlett Packard Enterprise, Siemens, Oracle sowie weiterer unterstützender Firmen. Die Förderung durch das PACE-Programm ermöglichte das Entstehen dieser Expertise, insbesondere durch die Integration der 3D-Modellierungstechniken mit Berechnungs- und Simulationsverfahren.

Diese Veröffentlichung entstand aus einer Kooperation zwischen Dr. Binde Ingenieure – Design & Engineering GmbH *(www.Simcenter.expert)* und dem Fachgebiet Datenverarbeitung in der Konstruktion im Fachbereich Maschinenbau der Technischen Universität Darmstadt *(www.dik.maschinenbau.tu-darmstadt.de)*.

Wir bedanken uns ganz herzlich bei den Mitarbeitern der Firma Dr. Binde Ingenieure und den Mitarbeitern des Fachgebiets Datenverarbeitung in der Konstruktion für ihre tatkräftige Mitarbeit bei der Erarbeitung dieser neuen Auflage.

Auch dem Hanser Verlag und insbesondere Frau Julia Stepp danken wir für die wohlwollende Unterstützung bei der Erstellung dieses Werkes. Wir möchten uns auch ganz herzlich bei all unseren Lesern bedanken, die nach wenigen Jahren eine fünfte Auflage gefordert haben.

Wir wünschen allen Lesern viel Erfolg bei der Lösung der Lernaufgaben und der Nutzung der erworbenen Erkenntnisse im Studium sowie in der industriellen Praxis!

Im April 2022

Prof. Dr.-Ing. Reiner Anderl

Dr.-Ing. Peter Binde

1 Einführung

In den Ingenieurwissenschaften hat sich in den vergangenen 25 Jahren ein signifikanter Wandel vollzogen. Dieser Wandel ist durch den Einsatz moderner Informations- und Kommunikationstechnik geprägt, die sowohl in den Bereichen der Produktentwicklung und der Produktion als auch in den Produkten selbst zu einem integralen Bestandteil geworden ist. Eine wichtige Rolle spielen dabei die Verfahren der rechnerunterstützten virtuellen Produktentwicklung. Sie umfassen eine aufeinander abgestimmte Vorgehensweise zur 3D-Modellierung, Berechnung, Simulation und Optimierung.

Die Entwicklung innovativer Produktlösungen steht hierbei im Vordergrund und ist Ziel der rechnerunterstützten virtuellen Produktentwicklung. Entscheidend ist auch die Einbettung der rechnerunterstützten Methoden in den Arbeitsablauf (Workflow) der virtuellen Produktentwicklung.

Die konstruktive Auslegung, Gestaltung und Detaillierung ist für die rechnerunterstützte Entwicklung innovativer Produkte eine Kernaufgabe. Ebenso wichtig ist jedoch die Voraussage des Produktverhaltens unter unterschiedlichen Nutzungsszenarien und für verschiedene Betriebszustände. Gerade vor dem Hintergrund der rasanten Entwicklung der Informations- und Kommunikationstechnologie gelingt es immer besser, rechnerunterstützte Konstruktionsverfahren und rechnergestützte numerische Berechnungs- und Simulationsverfahren aufeinander abzustimmen.

Einfluss der Informationstechnik auf die Produktentwicklung

Die Informations- und Kommunikationstechnologie hat einen entscheidenden Einfluss auf das Leistungsprofil der virtuellen Produktentwicklung bekommen. Dieser Einfluss resultiert aus

- der schnellen Informationsgewinnung aus weltweit verfügbaren Quellen,
- der Verfügbarkeit von neuen, rechnerbasierten Methoden zur Produktentwicklung und Konstruktion, zum Beispiel zur Produktmodellierung (CAD), zur Auslegungs- und Nachweisrechnung (FEM, MKS, CFD), zur schnellen Validierung und Verifikation (z. B. über Digital Mock-Ups, DMU), zur schnellen Prototypherstellung (Virtual und Rapid Prototyping) sowie den Methoden zur Weiterverarbeitung von Produktdaten in Prozessketten (CAX-Prozessketten) und
- der Abbildung aufbau- und ablauforganisatorischer Strukturen in Produktdatenmanagementsystemen (PDM) mit der Bereitstellung der Produktentwicklungsergebnisse per Mausklick.

Durch den bereits sehr hohen Durchdringungsgrad des Produktentwicklungsprozesses mit Methoden der Rechnerunterstützung wurde auch der Begriff der virtuellen Produktentwicklung geprägt. Die virtuelle Produktentwicklung kann über mehrere Stufen erreicht werden (Bild 1.1). Sie führen über

- 3D-CAD,
- Digital Mock-Ups sowie
- virtuelle Prototypen bis zum
- virtuellen Produkt und auch zur
- virtuellen Fabrik.

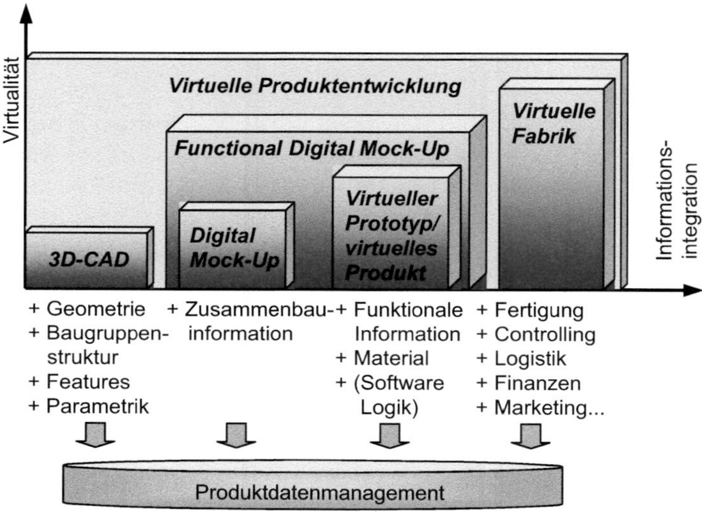

Bild 1.1 Stufen der virtuellen Produktentwicklung

Hinzu kommt, dass Berechnung und Simulation aufgrund der Industrie 4.0 immer mehr an Bedeutung gewinnen. Die Initiative Industrie 4.0 steht für die 4. Industrielle Revolution und hebt die Organisation und Steuerung der gesamten Wertschöpfungskette über alle Phasen des Lebenszyklus von Produkten auf eine neue Stufe. Der Schwerpunkt liegt auf der Steigerung der Flexibilität der Produktion und der Realisierung von individualisierten Kundenwünschen. Voraussetzung hierfür ist die Verfügbarkeit der erforderlichen Informationen in Echtzeit, um den Wertschöpfungsstrom optimal zu steuern. Dazu sind vernetzte und kommunikationsfähige Systeme erforderlich. Dieser Ansatz erfordert außerdem sogenannte digitale Zwillinge, die ein digitales Abbild von real existierenden Bauteilen und Produkten darstellen, und diese auch beim Durchlaufen der verschiedenen Produktionsschritte repräsentieren. Digitale Zwillinge bieten somit ideale Voraussetzungen, um möglichst realitätsgetreue Berechnungen und Simulationen durchführen zu können. Damit gewinnt auch der Ansatz der virtuellen Fabrik einen neuen, höheren Stellenwert.

3D-CAD ist die Grundlage.

Der Einsatz von 3D-CAD ist die Grundlage zur meist volumenorientierten, dreidimensionalen Beschreibung der Produktgeometrie. Diese Produktbeschreibung bezieht sich sowohl auf die Einzelteilmodellierung wie auch auf die Baugruppenmodellierung. Vielfach erfolgt diese Modellierung featurebasiert und parametrisch.

Digital Mock-Ups (kurz DMU, im Deutschen auch als digitale Attrappe bezeichnet) repräsentieren hauptsächlich die Produktstruktur sowie die approximierte Geometrie der Einzelteile und Baugruppen auf Basis von Volumen- und Flächengeometrien. Wurden dem Volumen auch Materialeigenschaften zugewiesen, so sind Gewicht, Schwerpunktlagen sowie Trägheitsmomente und -tensoren berechenbar. Digital Mock-Ups werden insbesondere zur Simulation von Ein- und Ausbauvorgängen sowie für Kollisionsprüfungen eingesetzt.

DMU

Digitale Prototypen besitzen neben der Repräsentation der dreidimensionalen Geometrie von Einzelteilen und Baugruppen, der Materialeigenschaften sowie der Produktstruktur auch physikalische Eigenschaften. Dadurch ist es möglich, im Rahmen der modellierten Merkmale eine Simulation des physikalischen Produktverhaltens zu berechnen und das Produktverhalten grafisch darzustellen. Digitale Prototypen werden meist disziplinenspezifisch erstellt, z. B. für die mechanische Festigkeitsberechnung, die Bewegungssimulation oder die Strömungssimulation. Die wichtigsten dazu eingesetzten Verfahren sind die Finite-Elemente-Methode (FEM, im Englischen auch häufig als *Finite Element Analysis*, kurz FEA, bezeichnet), die Mehrkörpersimulation (MKS, im Englischen als *Multi Body Simulation*, kurz MBS, bezeichnet) und die Strömungssimulation (im Englischen als *Computational Fluid Dynamics*, kurz CFD, bezeichnet). Als letztes Verfahren ist die Elektromagnetische Simulation (kurz EM), zu nennen, welche ebenfalls die FEM verwendet und in Kapitel 6 dieses Buches behandelt wird.

Die wichtigsten Simulationsverfahren sind FEM, MKS und CFD.

Der Begriff „Virtuelles Produkt“ fasst mehrere physikalische Eigenschaften eines Produkts zusammen, ergänzt auch logische Abhängigkeiten und vereinigt sie interoperabel in einem gemeinsamen Produktmodell.

Der Begriff „Virtuelle Fabrik“ bezieht sich auf die modellhafte Abbildung der Objekte einer Fabrik mit ihren physikalischen Eigenschaften und ihren Herstellungsprozessen. Auch hierbei ist das Ziel, mithilfe von Simulationsverfahren die einzelnen Abläufe der Fertigung, der Montage und auch der Prüfung simulieren zu können.

Während sich die Begriffe „digitaler Prototyp“ und „virtuelles Produkt“ auf digitale Repräsentationen von noch nicht real existierenden Produkten beziehen und der Entwicklung optimierter Produktlösungen dienen, bezeichnet der Begriff „digitaler Zwilling“ digitale Repräsentationen von real existierenden Produkten mit ihren realen Ist-Maßen und Ist-Eigenschaften.

Die in den jeweiligen Anwendungssoftwaresystemen entstehenden Produktdaten werden schließlich nach den aufbau- und ablauforganisatorischen Strukturen in einem Produktdatenmanagementsystem (kurz PDM-System) gespeichert.

Im PDM-System werden alle anfallenden Produktdaten gespeichert.

Durch die zunehmende Einführung von 3D-CAD-Systemen in die industrielle Praxis zeigt sich auch, dass der Bedarf an integrierten numerischen Berechnungs- und Simulationsverfahren steigt. Das Ziel ist es dabei, die 3D-Produktdaten in vielfältigen Aufgabenbereichen weiterzuverarbeiten, um das Ergebnis des Produktentwicklungsprozesses bereits in der digitalen Welt zu optimieren und damit das geforderte Anforderungsprofil möglichst maximal zu erfüllen.

1.1 Lernaufgaben, Lernziele und wichtige Voraussetzungen für die Arbeit mit dem Buch

Die Lerninhalte werden anhand von Methodikbeispielen vermittelt.

Ausgehend von der Zielsetzung, 3D-CAD-Daten zur Nachrechnung, Simulation und Optimierung zu verwenden, ergibt sich die Frage, wie 3D-CAD-Daten weiter genutzt werden können. Dazu wurden in diesem Buch repräsentative Beispielszenarien für die Verfahren der Finite-Elemente-Methode, der Mehrkörpersimulation, der Strömungssimulation und der elektromagnetischen Simulation entwickelt, anhand derer die Integration von Modellierung, Berechnungen und Simulationen dargestellt wird. Die dabei aufgezeigten Szenarien basieren auf dem Programm Simcenter 3D 2022.1 bzw. dem 3D-CAD-System NX 2007 und den darin integrierten Berechnungs- und Simulationsmodulen.

Um Ihnen das Verständnis für die Methodik zu erleichtern und die Einarbeitung zu verkürzen, wurde für die meisten Lernaufgaben dieses Buchs eine einzige zusammenhängende Baugruppe ausgewählt. Es handelt sich dabei um das CAD-Modell des legendären Opel RAK2 (Bild 1.2), das in der Vergangenheit am Institut für Datenverarbeitung in der Konstruktion (DiK) der Technischen Universität Darmstadt (TU Darmstadt) in studentischen Projekten als volumenorientiertes 3D-CAD-Modell erstellt wurde, wofür an dieser Stelle allen Beteiligten herzlich gedankt sein soll.

Fritz von Opel, ein Enkel von Adam Opel, baute 1928 die mit Raketen angetriebenen Autos RAK1 und RAK2 für Testzwecke. Mit dem RAK2 erreichte er auf der Hochgeschwindigkeitsstrecke AVUS in Berlin am 23.05.1928 vor rund 3000 geladenen Gästen mit 238 km/h den damaligen Geschwindigkeitsrekord. Angetrieben wurde der RAK2 durch 24 Feststoffraketen, die mit 120 Kilogramm Sprengstoff gefüllt waren. Diesem Versuch, den Raketenantrieb zu etablieren, sollten noch weitere Versuche auf Straße, Schiene und Luft folgen.

Voraussetzungen für die Arbeit mit dem Buch

Alle CAD- und Berechnungsdaten, die in den Lernaufgaben gebraucht oder erstellt werden, stehen unter *plus.hanser-fachbuch.de* zum Download bereit und sollten zum Nachvollziehen der Beispiele genutzt werden.

Die Lerninhalte werden anhand von praxisorientierten Beispielen vermittelt. Funktionen des NX-Systems werden also nicht isoliert, sondern immer in Zusammenhang mit einem Beispiel erläutert. Da dies dem Lernen anhand von realen Projekten ähnelt, ist diese Methode effizient, einprägsam und didaktisch modern.

Bild 1.2 Das CAD-Modell des Opel RAK2 bildet die Grundlage für die Lernaufgaben.

Die Kapitel sind so strukturiert, dass sie das didaktische Konzept des kontinuierlichen Lernfortschritts verfolgen, jedoch auf den Grundlagen im Arbeiten mit 3D-CAD, insbesondere dem System NX 2007/Simcenter 3D 2022.1, aufbauen. Vorausgesetzt werden daher Kenntnisse für den Aufbau von parametrischen 3D-Modellen und -Baugruppen sowie allgemeines technisches Verständnis, so wie es in technischen Berufsausbildungen üblicherweise vermittelt wird.

Lernziel ist der Aufbau eines grundlegenden Erfahrungsschatzes.

Lernziel ist es, dem Studenten, Konstrukteur oder Berechnungsingenieur das Wissen zu vermitteln, das er benötigt, um einfache Aufgaben der Finite-Elemente-Methode, der Mehrkörpersimulation und der Strömungssimulation mit NX selbst zu lösen und ein Verständnis für diese Technologien zu entwickeln. Es darf jedoch nicht erwartet werden, dass komplexe praktische Probleme mit dem vermittelten Wissen sofort lösbar sind. Dies wäre ein zu hoher Anspruch, der an das Buch gestellt würde. Vielmehr entwickelt sich ein Anfänger zum Experten, indem er möglichst viele praktische Aufgaben durcharbeitet und dadurch wertvolle Erfahrungen sammelt. Sein Erfahrungsschatz ergibt sich somit aus erfolgreich erarbeiteten Projekten. Dieses Buch vermittelt mit seinen Lernbeispielen wichtige grundlegende Erfahrungen und bildet so den Grundstock für einen systematisch erweiterbaren Erfahrungsschatz.

1.2 Arbeitsumgebungen

Problemstellungen technischer Simulation erlauben eine Unterteilung in vier Klassen: starre Körper, elastische Körper, Fluide und elektromagnetische Körper. Starrkörpersysteme werden mit Mehrkörpersimulationsprogrammen (MKS), flexible Körper mit Programmen für die Finite-Elemente-Methode (FEM) und Strömungsaufgaben mit Computational Fluid Dynamics (CFD) berechnet (Bild 1.3).

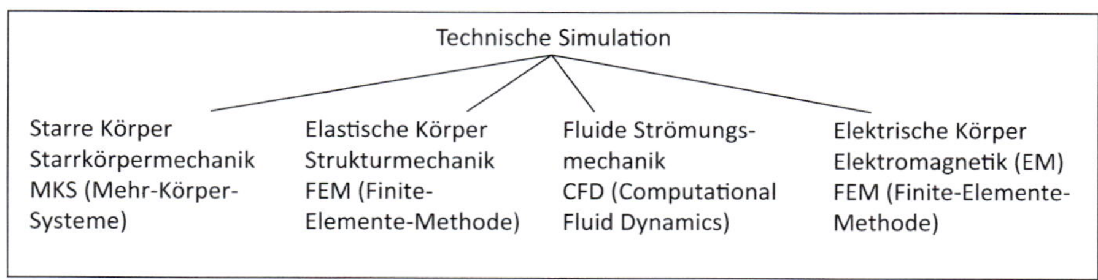

Bild 1.3 Die technische Simulation kann grob in vier Teile untergliedert werden.

Das CAD-System NX stellt für die technische Simulation drei Module bereit.

Dementsprechend gibt es im CAD-System NX mehrere Arbeitsumgebungen im Bereich der technischen Simulation. Dazu gehören folgende Arbeitsumgebungen (neben einigen anderen, die hier nicht behandelt werden):

- *Kinematik* (NX/Simcenter 3D Motion) für kinematische und dynamische Bewegungssimulationen mit MKS
- *FEM – Finite-Elemente-Methode* (NX Design Simulation) für einfache Struktur-, Thermo- und Eigenfrequenzanalysen, die konstruktionsbegleitend eingesetzt werden können

- *NX/Simcenter 3D für komplexe Simulationsaufgaben*: Dieses Modul wendet sich an Berechnungsingenieure oder Konstrukteure mit Berechnungsschwerpunkt. Zusätzliche Simulationsmöglichkeiten betreffen den Aufbau komplexer Baugruppensimulationsmodelle und die Wahl verschiedener Solver für die Beschreibung von unterschiedlichen physikalischen Phänomenen. Es lassen sich Aufgaben aus der Strukturmechanik, Thermodynamik, Strömungsmechanik und dem Elektromagnetismus (EM) lösen.

Die Arbeitsumgebungen haben jeweils eine gemeinsame Oberfläche und beinhalten immer nur solche Funktionen, die im gewählten Kontext sinnvoll sind.

In diesem Buch wird detailliert auf die genannten Arbeitsumgebungen eingegangen, die Möglichkeiten und Grenzen werden anhand von Beispielen erläutert.

1.3 Arbeiten mit dem Buch

Aufbau des Buches

Das Buch enthält je ein Hauptkapitel zu den Themen:

- NX/Simcenter 3D Motion (MKS)
- NX Design Simulation (FEM)
- NX/Simcenter 3D FEM
- NX/Simcenter 3D CFD
- NX/Simcenter 3D EM
- Management von Berechnungs- und Simulationsdaten (Teamcenter for Simulation)
- Manuelle Berechnung eines FEM-Beispiels

In der Bewegungssimulation werden die Gelenkkräfte berechnet.

An erster Stelle widmen wir uns der Bewegungssimulation mit NX/Simcenter 3D Motion (Kapitel 2), denn diese Analysen werden in der Konstruktionspraxis meist zuerst durchgeführt. Oft werden die Gelenkkräfte, die dabei ermittelt werden, in späteren Festigkeitsanalysen mit FEM weiterverwendet.

Die Kapitel können weitgehend unabhängig voneinander durchgearbeitet werden. Das heißt, wer sich nicht für Bewegungssimulation interessiert, kann das Kapitel überspringen. Lediglich die FEM-interessierten Leser, die mit NX/Simcenter 3D FEM (Kapitel 4) arbeiten möchten, sollten vorher auch Kapitel 3 zu NX Design Simulation (FEM) durcharbeiten, weil hier notwendige Vorkenntnisse vermittelt werden.

Eilige Leser können gleich mit den Beispielen starten.

Zu Beginn jedes Kapitels wird eine Einführung in die Prinzipien des jeweiligen Themas gegeben. Für den Berechnungsneuling mögen sich diese Erklärungen sehr theoretisch und schwierig anhören. Dies sollte aber nicht davor abschrecken, mit den Lernaufgaben zu diesem Thema zu beginnen, auf denen der Schwerpunkt liegt. Erklärungen in den Lernaufgaben knüpfen meist an die Prinzipien der Einführungen an und verdeutlichen bzw. erweitern sie. Eilige Leser können die Einführungen daher auch überspringen und gleich zu den Lernaufgaben übergehen.

Unter *plus.hanser-fachbuch.de* ist der Ordner *RAK2* zu finden, der alle beschriebenen Lernaufgaben der Bereiche Bewegungs-, Struktur-, Thermo- und Strömungssimulation enthält. Ein zweiter Ordner mit dem Namen *EM* enthält Installationsdateien und Beispiele für die Elektromagnetik. Es sind auch Lösungsdateien vorhanden, damit eventuell darin nachgesehen werden kann. Für das Durcharbeiten sollten die gesamten Zusatzmaterialien unter *plus.hanser-fachbuch.de* in ein Verzeichnis auf die Festplatte des Rechners kopiert werden. ■

Das jeweils erste Beispiel ist von grundlegendem Charakter.

Die Lernaufgaben eines Kapitels sollten am besten in der vorgegebenen Reihenfolge durchgearbeitet werden, weil die Lerninhalte aufeinander aufbauen. Bei der Motion- und Design-Simulation sowie bei EM ist die jeweils erste Lernaufgabe ein Grundlagenbeispiel. Hier werden alle wichtigen Prinzipien und Grundlagen vermittelt, auf denen die folgenden Lernaufgaben aufbauen.

Stecknadelsymbole kennzeichnen durchzuführende Schritte.

Bei der Beschreibung der Lernaufgaben wird zwischen Hintergrunderklärungen und durchzuführenden Schritten (Mausklicks im NX-System) unterschieden. Durchzuführende Schritte sind immer mit dem Stecknadelsymbol gekennzeichnet:

- Hier wird ein durchzuführender Schritt beschrieben.

Ganz eilige Leser können daher auch die Hintergrunderklärungen überspringen (vielleicht kann ja auch intuitiv schon einiges verstanden werden) und direkt von Stecknadelsymbol zu Stecknadelsymbol springen.

NX-Installation und Rechnerleistung

Für das Durcharbeiten der Lernaufgaben sollte ein Rechner mit NX/Simcenter-Installation zur Verfügung stehen. Die Beispiele wurden mit NX 2007 und Simcenter 3D 2022.1 durchgerechnet, sollten aber auch in anderen NX-Versionen, z. B. NX 12 und voraussichtlich nachfolgenden Versionen, funktionieren. Bei einer normalen Installation des Simcenter- oder NX 2007-Systems werden alle erforderlichen Module der Simulation, insbesondere der NX Nastran-Solver, automatisch mit durchgeführt. Es ist dann, im Gegensatz zu früheren NX-Versionen, auch kein manuelles Definieren von besonderen Umgebungsvariablen für die Simulation mehr erforderlich.

Lediglich für die elektromagnetische Simulation (Kapitel 6) ist die Installation einiger zusätzlicher Dateien erforderlich, was jedoch zu Beginn des Kapitels erklärt wird.

Darüber hinaus sollte die Hardware des Rechners möglichst gut ausgestattet sein. Folgende Empfehlungen möchten wir geben:

- Prozessor: Eine möglichst hohe Taktfrequenz ist für alle Simulationsaufgaben wichtig.
- Multiprozessor: Für FEM-Analysen und einige thermische Berechnungen sowie EM wird die Nutzung mehrerer Prozessoren unterstützt.
- Arbeitsspeicher: FEM, EM, Thermo- und Strömungsanalysen brauchen viel Hauptspeicher. Es gilt die einfache Regel: Je mehr, desto besser. Um die Beispiele dieses Buchs durchzuarbeiten, empfehlen wir mindestens 4 GB Hauptspeicher.
- Festplatte: Auch hier sollte genügend freier Speicher zur Verfügung stehen. Für die Beispiele des Buchs empfehlen wir mindestens 2 GB.
- 32-/64-Bit-Betriebssystem: Für mittlere bis große Analysemodelle ist die 64-Bit-Architektur zu wählen, weil hier mehr Arbeitsspeicher adressiert werden kann. Die EM-Installation ist nur unter 64-Bit lauffähig.

Für genauere Informationen zu diesen Themen empfehlen wir die Lektüre der Dokumente über Parallel Processing [nxn_paral] und über effiziente Speichernutzung mit NX/Nastran [nxn_num].

Für Motion-Analysen stehen drei Solver-Typen zur Verfügung: Adams, RecurDyn und Simcenter 3D Motion. Die Lernaufgaben dieses Buches wurden mit dem Simcenter 3D Motion-Solver durchgeführt, können jedoch auch mit Adams oder RecurDyn laufen.

Voreinstellung des Simcenter 3D Motion-Solvers

Damit ist unsere Einführung abgeschlossen. Wir wünschen Ihnen viel Spaß und Erfolg beim Lernen!

Literatur

[nxn_num] NX Nastran Numerical Methods User's Guide. Online-Dokumentation zu NX Nastran

[nxn_paral] NX Nastran Parallel Processing User's Guide. Online-Dokumentation zu NX Nastran

2 NX/Simcenter 3D Motion (MKS)

In Abschnitt 2.1 werden zunächst Theorie, Grenzen, spezielle Effekte und Regeln dieser Disziplin dargestellt. Daraufhin folgen Lernaufgaben zur Kinematik, die zunächst mit einem Grundlagenbeispiel beginnen (Abschnitt 2.2.1). In der zweiten Lernaufgabe werden Prinzipskizzen und Kinematik genutzt, um die frühe Konstruktionsphase zu unterstützen (Abschnitt 2.2.2). In der dritten Aufgabe werden Kollisionen behandelt und das Zusammensetzen verschiedener Unterkinematiken (Abschnitt 2.2.3). Die vierte Lernaufgabe bearbeitet dynamische Sachverhalte sowie die Simulation von Kontakt (Abschnitt 2.3.1), und die letzte Aufgabe erörtert die Kopplung von *NX/Simcenter 3D Motion* mit MATLAB® Simulink® zur sogenannten Co-Simulation (Abschnitt 2.4.1).

Inhalte des Kapitels

2.1 Einführung und Theorie

NX/Simcenter 3D Motion bietet dem Konstrukteur die Möglichkeit, Bewegungen seiner bis dahin statisch konstruierten Maschine zu kontrollieren. Dadurch kann ein besseres Verständnis für die Maschine erlangt werden, und es kann kontrolliert werden, ob es zu Kollisionen der bewegten Teile kommt. Außerdem kann nachgesehen werden, ob die Maschine die gewünschte Bewegung überhaupt ausführen bzw. gewisse Positionen erreichen kann. Häufig ist es Aufgabe, die geometrischen Abmessungen geeignet einzustellen. Dabei ist die Nutzung der CAD-Parametrik oft ein wichtiges Hilfsmittel, um Varianten zu erstellen. Doch auch und gerade in der frühen Phase der Konstruktion, wenn erst grobe Designentwürfe vorliegen, ist der Einsatz kinematischer Analysen sinnvoll. Mithilfe von *NX/Simcenter 3D Motion* können Prinzipskizzen oder einfache Kurven bewegt und deren Maße optimiert werden. So werden aus den Prinzipskizzen der frühen Konstruktionsphase bewegungskontrollierte Steuerskizzen. Im weiteren Verlauf der Konstruktion kann die Kinematik immer wieder zur Absicherung der bis dahin fertiggestellten Maschine genutzt werden.

Einsatzszenarien und Nutzen für *NX/Simcenter 3D Motion* in der Praxis

Sobald der CAD-Geometrie Masseneigenschaften zugeordnet sind, können Bewegungsanalysen auch zu dynamischen Analysen ausgeweitet werden. Dabei können Lagerkräfte, Geschwindigkeiten und Beschleunigungen ermittelt werden. Motion-Analysen sind da-

Masseneigenschaften der Bauteile erweitern das Gebiet in die Dynamik hinein.

her auch oftmals Vorbereitungen für FEM-Analysen, weil dort Lagerkräfte als Randbedingungen eingehen. Anhand der Ergebnisse (Kräfte und Wege) können auch Federn, Dämpfer, Zusatzmassen, Schwingungstilger, Lager (Tragfähigkeit) etc. aus Zulieferkatalogen ausgewählt werden.

Anwender von *NX/Simcenter 3D Motion* sollten Erfahrung in der Modellierung von Einzelteilen und Baugruppen mit dem NX-System mitbringen. Dies ist erforderlich, weil die Beispiele dieses Kapitels nicht nur auf fertigen Baugruppen aufsetzen, sondern teilweise auch in die Konstruktionsmethodik eingreifen. Sonst sind jedoch keine Vorkenntnisse erforderlich.

Unterteilung der technischen Simulation in vier Teile

NX/Simcenter 3D Motion deckt den Teil der Mechanik ab, der sich mit starren Körpern beschäftigt. In der Regel handelt es sich um mehrere starre Körper, die über Gelenke miteinander verbunden sind. Solche Problemstellungen tauchen z. B. bei Fahrwerken von Kraftfahrzeugen auf. Die Software zur Berechnung solcher Aufgabenstellungen wird mit dem Begriff MKS-Programm bezeichnet. MKS bedeutet Mehrkörpersimulation (Bild 2.1).

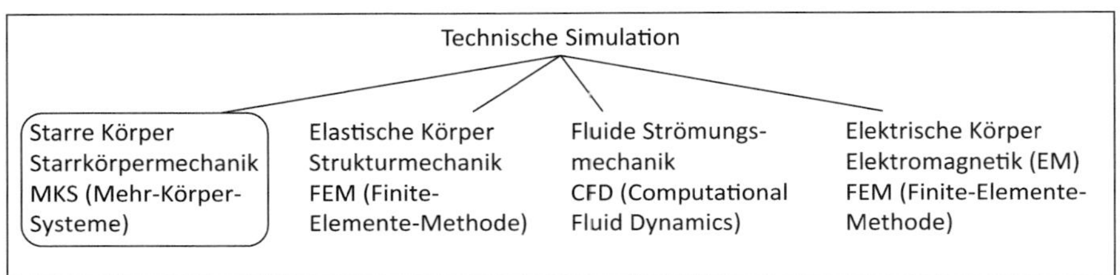

Bild 2.1 Die verschiedenen Disziplinen der gängigen technischen Simulation

Der Anwender definiert auf Basis des CAD-Modells Bewegungskörper, Gelenke, Antriebe und eventuell außen angreifende Kräfte oder Zwangsbedingungen. Auch Federn und Dämpfer können eine Rolle spielen (Bild 2.2).

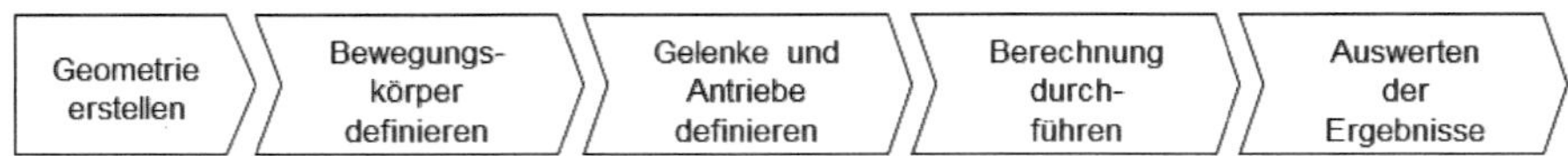

Bild 2.2 Prozessschritte bei der MKS-Analyse

Für die Bewegungskörper wird meist CAD-Geometrie (Einzelteile und Baugruppen) genutzt. Das CAD-System mit seinen mächtigen Möglichkeiten kann aber beispielsweise auch für die Definition von Kurvenscheiben oder sonstigen Steuergesetzen genutzt werden.

2.1.1 Berechnungsmethode

Weiterführende Literatur

Es lässt sich schwer sagen, wie die MKS-Methode im allgemeinen Fall funktioniert, weil die verschiedenen Solver (Simcenter 3D Motion, RecurDyn, Adams) durchaus unterschiedlich arbeiten. Für Adams finden Sie in [adams1] aufschlussreiche Erklärungen, an die wir uns anlehnen. Für RecurDyn bietet Ihnen [recurdyn1] weiterführende Informationen, und für Simcenter 3D Motion enthält die NX-Online-Hilfe eine Dokumentation.

Für unsere nachfolgenden Beispiele verwenden wir den Simcenter 3D Motion-Solver und für das Co-Simulationsbeispiel den RecurDyn-Solver.

Programmintern werden die Bewegungskörper, Gelenke und Antriebe in ein mathematisches Differentialgleichungssystem überführt, das aufgelöst wird und woraus sich die gesuchten Größen ergeben (Bild 2.3). Als Ergebnis erhält der Anwender die Wege, Geschwindigkeiten und Beschleunigungen der Bewegungskörper und Gelenke sowie Reaktionskräfte an den Gelenken.

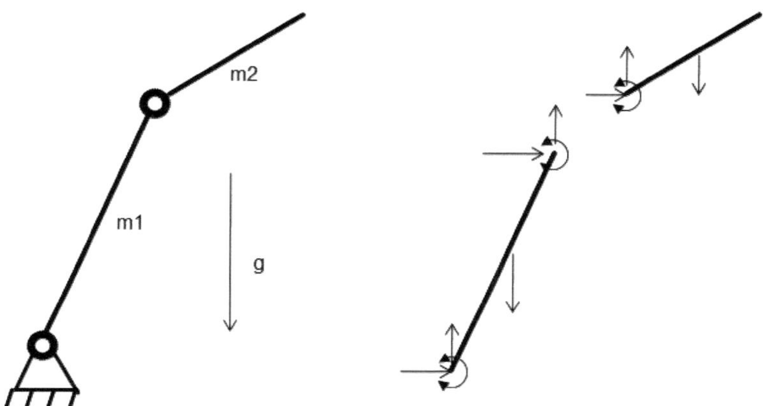

Bild 2.3 Ein Differentialgleichungssystem wird aufgestellt.

Jeder definierte Bewegungskörper wird dafür freigeschnitten. Es werden sechs dynamische Gleichungen (Beziehungen der Kräfte zu den Beschleunigungen) und sechs kinematische Gleichungen (Beziehung der Positionen zu den Geschwindigkeiten) in den Translations- und Rotationsrichtungen aufgestellt. Alle Gleichungen werden in ein Gleichungssystem zusammengefügt.

Die Zahl der Unbekannten wird nun durch Einarbeiten von Constraints verringert. Jedes Gelenk, das die Bewegungsmöglichkeit zweier Körper restringiert, kann in Form von zusätzlichen Gleichungen im Gleichungssystem ausgedrückt werden. Zum Beispiel führt ein Drehgelenk zwischen zwei Bewegungskörpern zu einer Reduktion von fünf Unbekannten im Gesamtsystem, weil nur noch ein Drehfreiheitsgrad übrig bleibt, wo vorher sechs waren.

Antriebe und Constraints verringern die Zahl der Unbekannten.

Motion-Antriebe, die den Weg, die Geschwindigkeit oder Beschleunigung vorgeben, führen ebenfalls zur Reduktion von Unbekannten. Ein Drehantrieb, der eine Geschwindigkeit von 360 °/s erzwingt, verringert die Zahl der Unbekannten z. B. um eins. Kräfte und Momente hingegen, die auf das Motion-Modell wirken, bringen keine zusätzlichen Unbekannten in das System ein und reduzieren auch keine.

Auf diese Weise reduzieren sich die Unbekannten entweder auf null (dann kann das Gleichungssystem direkt aufgelöst werden) oder auf eine Zahl größer null. Im zweiten Fall lässt sich das System lösen, indem Anfangsbedingungen eingearbeitet und die Gleichungen nach der Zeit integriert werden. Im Fall von null Freiheitsgraden wird von einem kinematischen, ansonsten von einem dynamischen System gesprochen.

Manche Gelenktypen bringen Nichtlinearität in das Gleichungssystem.

Es soll noch darauf hingewiesen werden, dass das entstehende Gleichungssystem entweder linear oder auch nichtlinear sein wird – je nachdem, welche Zusammenhänge von den Gelenktypen in das System eingebracht werden. Während sich einfache Gelenktypen wie Dreh-, Schiebe- oder Kugelgelenke linear verhalten, bringen komplexere Gelenke wie *Punkt auf Kurve* nichtlineare Gleichungen ein. Für die Lösung des MKS-Gleichungssystems sind daher keine linearen Gleichungslöser anzuwenden, wie sie bei FEM-Systemen in der Regel zum Einsatz kommen, sondern solche mit Fähigkeiten zur Reduktion der Ordnung.

Nach der Lösung des Gleichungssystems stehen also folgende Größen für das Postprocessing zur Verfügung:

- Translationsgeschwindigkeiten
- Rotationsgeschwindigkeiten
- Schwerpunktkoordinaten
- Orientierungswinkel zur Beschreibung der Raumlage
- aufgebrachte äußere Kräfte
- Gelenk- bzw. Constraint-Kräfte

2.1.2 Einschränkungen

Beschränkung bei MKS-Systemen und Abgrenzung zu FEM

Eine ganz grundlegende Eigenschaft und Einschränkung ist bei MKS durch die Starrheit der betrachteten Körper gegeben. Ein Bewegungskörper kann im Raum bewegt, aber nicht deformiert werden. Reale Körper werden bei MKS auf ihre Massen, Trägheitseigenschaften und geometrischen Abmessungen reduziert, ihre Verformungseigenschaft wird jedoch vernachlässigt. Dies ist der grundsätzliche Unterschied zur Strukturmechanik, bei der mithilfe der Finite-Elemente-Methode flexible Körper, also Deformationen und Beanspruchungen, betrachtet werden. Nachteil der FEM gegenüber der MKS ist jedoch, dass mit linearer FEM keine Bewegungen, sondern nur kleine Deformationen möglich sind. Die Annahme von Starrheit der Bewegungskörper bei MKS bringt den Vorteil der Einfachheit der Berechnung. Daher lassen sich auch komplexe Bewegungen an großen Baugruppen analysieren.

Spiel, Toleranz und flexible Teile können bei MKS nur mit größerem Aufwand modelliert werden.

Allerdings gibt es einige Effekte in der Realität, die sich nur schwer mit MKS behandeln lassen. Dies sind Effekte wie Spiel, Toleranz und Flexibilität. Da solche Effekte im MKS-Modell meist nicht berücksichtigt werden, kommt es in manchen Fällen am MKS-Modell beispielsweise zu Klemmsituationen, wobei in Wirklichkeit geringfügiges Spiel in den Gelenken oder die Flexibilität eines Körpers für problemlose Bewegung sorgt.

Zwar kann Spiel auch in MKS berücksichtigt werden, jedoch müssen die beteiligten Teile dynamisch betrachtet und Kontakte mit Rückstellkräften einbezogen werden. Dann existieren offene Freiheitsgrade im System, und die Aufgabe wird erfahrungsgemäß deutlich schwieriger in der Handhabung.

2.1.3 Klassifikationen bei MKS

Klassifikation der Mechanik

Für eine Klassifikation von Bewegungssimulation lehnen wir uns an die Klassifikation der Mechanik an, wie sie z. B. in [HaugerSchnellGross] beschrieben wird. Demnach kann die Mechanik in Kinematik und Dynamik unterteilt werden.

Die *Kinematik* ist die Lehre vom geometrischen und zeitlichen Bewegungsablauf, ohne dass auf Kräfte als Ursache oder Wirkung der Bewegung eingegangen wird. Die *Dynamik* befasst sich hingegen mit dem Zusammenspiel von Kräften und Bewegungen. Sie wird wiederum in die *Statik* und die *Kinetik* unterteilt. Die Statik beschäftigt sich mit den Kräften an ruhenden Körpern (z. B. ein Stabwerk im Gleichgewicht), während die Kinetik tatsächliche Bewegungen unter der Wirkung von Kräften untersucht (Bild 2.4).

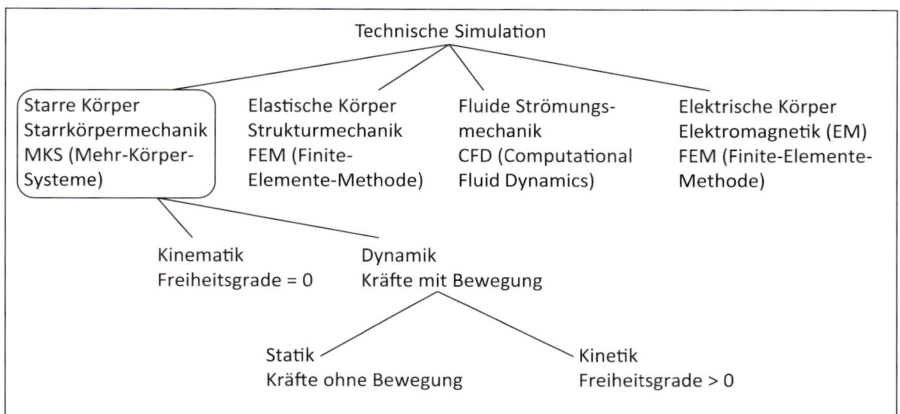

Bild 2.4 Klassifikation von MKS-Simulationen

Elastische Körper sind ein Sonderfall.

All diese Phänomene können mit *NX/Simcenter 3D Motion* analysiert werden, wobei wir uns bei der MKS auf starre Körper beschränken. Jedoch wollen wir darauf hinweisen, dass seit der NX-Version 7.5 auch die Möglichkeit besteht, einzelne flexible Körper in der MKS zu berücksichtigen. Diese Körper müssen vorher mittels FEM vorbereitet werden, d. h., deren Steifigkeitsmatrix (in vereinfachter Form) muss ermittelt und dann als sogenannter *Flexibler Körper* (*Flexible Body*) in das MKS-System eingefügt werden.

Bestimmte und unbestimmte Freiheitsgrade

Kinematische Systeme zeichnen sich dadurch aus, dass alle Freiheitsgrade[1] eines Bewegungskörpers bestimmt sind. Diese Bestimmung kann entweder durch Gelenke oder durch Antriebsgesetze vorgenommen werden. Ein solches System läuft vorhersehbar. Es wird auch von bewegungsgetriebenen Systemen (gefesselte Bewegung) gesprochen.

Kinetische Systeme liegen dann vor, wenn ein oder mehr Freiheitsgrade unbestimmt sind. Die Bewegung ergibt sich dann aufgrund von Kräften (ungefesselte Bewegung). Beispielsweise führt die Schwerkraft zum Schwingen eines gelenkig gelagerten Hebels. Im Fall der Kinetik wird daher auch von kraftgetriebenen Systemen gesprochen.

1 Es wird auch von DOF (Degree of Freedom) gesprochen.

2.2 Lernaufgaben zur Kinematik

2.2.1 Lenkgetriebe

An diesem Grundlagenbeispiel werden die wichtigsten Sachverhalte erklärt, die für eine einfache Bewegungsanalyse mit dem NX-System erforderlich sind (Bild 2.5). Das Beispiel führt den Anwender durch den Prozess der Erzeugung von Bewegungskörpern, grundlegenden Gelenken und nutzt als Antrieb die Funktion *Artikulation*, die sehr gut für rein kinematische Bewegungssimulationen geeignet ist. Darüber hinaus wird auch die Funktion für dynamische Analysen eingesetzt, allerdings wird dies lediglich als Methode zum Erkennen unbestimmter Freiheitsgrade ausgenutzt.

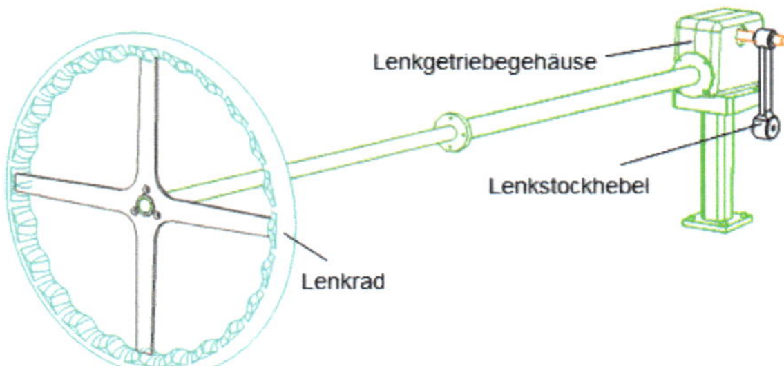

Bild 2.5 CAD-Modell der ersten Aufgabe zur Bewegungssimulation

Dieses Kinematikmodell wird zunächst als einzelner Mechanismus erzeugt. In einem späteren Beispiel wird dieser Mechanismus modulartig mit anderen Mechanismen zu einem zusammengesetzten Mechanismus zusammengefügt.

HINWEIS: Dieses Grundlagenbeispiel sollte von allen Anwendern durchgearbeitet werden, die mit *NX/Simcenter 3D Motion* arbeiten werden.

2.2.1.1 Aufgabenstellung

Ziel ist die Kontrolle der Konstruktion.

Ein Konstrukteur hat die Hebel für das Lenkgetriebe neu konstruiert. Nun muss er prüfen, ob Kollisionen auftreten. Daher muss ein kinematisches Modell erstellt werden, das die Drehbewegung des Lenkrads und (damit verbunden) des Lenkstockhebels ermöglicht.

In dieser Aufgabe werden das Lenkgetriebe des RAK2 sowie dessen Lenkrad und Lenkstockhebel verwendet. Das Lenkgetriebe ist in einem Gehäuse untergebracht und verbindet das Lenkrad mit dem Lenkstockhebel.

Für diese Aufgabe soll die Simulation nur zur visuellen Kontrolle genutzt werden, jedoch wären in weiterführenden Analysen Kollisionschecks, die Prüfung von Minimalabständen zu anderen Komponenten oder die Untersuchung der entstehenden Reaktionskräfte in den Gelenken möglich.

Nachfolgend werden zunächst einige Prinzipien erläutert. Daraufhin werden die Lösungsschritte für diese Aufgabenstellung dargestellt. Ganz eilige Leser können den nächsten Abschnitt auch überspringen und gleich zum Aufbau des Modells übergehen (siehe Abschnitt 2.2.1.4).

2.2.1.2 Überblick über die Funktionen

In der Anwendung *NX/Simcenter 3D Motion* wird das kinematische oder kinetische Modell aufgebaut, und die Simulation wird durchgeführt sowie ausgewertet. Bild 2.6 zeigt die *Motion Home*-Toolbar, die nach Aufruf des Moduls erscheint. Die Toolbar enthält viele der Funktionen des *Motion*-Moduls, die gebraucht werden. Zusätzlich stehen die Analysis und die Results-Toolbar mit spezifischen Funktionen zur Verfügung.

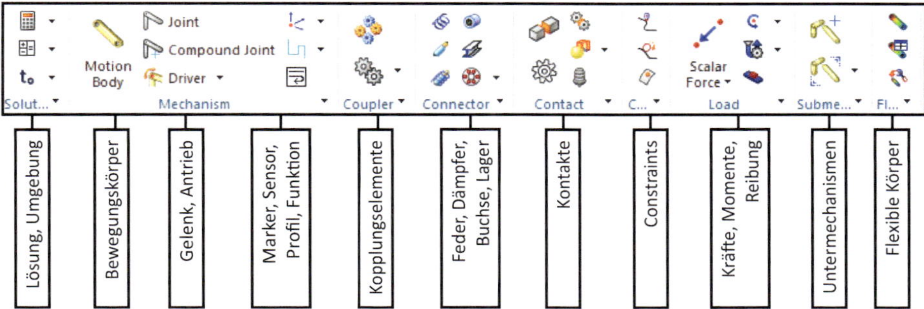

Bild 2.6 Überblick und Kurzerklärung zu den wichtigsten Funktionen von *NX/Simcenter 3D Motion*

Nachfolgend geben wir einen Überblick über die wichtigsten Funktionen des *Motion*-Moduls, wobei schon auf den späteren Einsatz hingewiesen wird. Ganz eilige Leser können diesen Abschnitt auch überspringen und sofort zum Aufbau des Modells (Abschnitt 2.2.1.4) übergehen.

- Die Funktion *Umgebung* (*Environment*) ermöglicht die grundlegende Voreinstellung des Solvers. Zur Auswahl stehen *Simcenter 3D Motion*, *NX Motion*, *RecurDyn* und *Adams*. Allerdings ist die Auswahl an das Vorhandensein einer entsprechenden Lizenz geknüpft. Adams und RecurDyn sind Solver von Drittanbietern, die in früheren Versionen verwendet wurden und für Bestandskunden weiter zur Verfügung stehen. Die aktuellen Solver, NX Motion und Simcenter 3D Motion, unterscheiden sich im Umfang der Modellierungs- und Berechnungsmöglichkeiten. So unterstützt beispielsweise nur Simcenter 3D Motion die Anwendung von *flexiblen Körpern* (*flexible Bodies*), von *Fahrzeug* (*Vehicle*) für die Simulation des Reifenverhaltens und der Schnittstelle zur *Co-Simulation* für regelungstechnische Elemente mit Amesim oder MATLAB Simulink. NX Motion unterstützt dies nicht. In diesem Buch wird Simcenter 3D Motion verwendet, die Beispiele, bis auf die *Co-Simulation*, sind aber auch mit NX Motion machbar. Die Option *Komponentenbasierte Simulation* eignet sich für Baugruppen, da sie beim Erzeugen von Bewegungskörpern den Filter auf Baugruppenkomponenten aktiviert.
- Die Funktion *Lösung* (*Solution*) muss vom Anwender aufgerufen werden, um anzugeben, welche Art von Lösung gewünscht wird und welche Parameter für diese Lösung verwendet werden sollen. Für den Lösungstyp wird unterschieden zwischen Dynamik, Statik, Kinematik, inverser Dynamik, Artikulation und der Ausführung einer Kalkulationstabelle (*Spreadsheet Run*).

- Die wichtigsten Elemente für den Aufbau des Bewegungsmodells sind die *Bewegungskörper* (*Motion Body*). Hiermit definiert der Anwender, welche Geometrie Teil des bewegten Systems sein soll.
- Neben den Bewegungskörpern werden vom Anwender *Gelenke* (*Joint*) definiert, die beschreiben, wie sich die Bewegungskörper zueinander bewegen können. In diesem Zusammenhang verwendet man auch die Funktion *Fahrer* (*Driver*), die zum Antrieb eines Gelenks genutzt werden kann. Wird der Dialog *Gelenk* aufgerufen, so befinden sich darunter eine Menge verschiedener Gelenkarten. Dies sind die wichtigsten Gelenkarten:
  - Das *Drehgelenk* (*Revolute*) lässt lediglich Drehung zu.
  - Das *Schiebegelenk* (*Slider*) lässt translatorische Verschiebung zwischen zwei Teilen zu.
  - Das Gelenk *Zylindrisch* (*Cylindrical*) lässt Drehung und Verschiebung zu.
  - Eine *Schraube* (*Screw*) zwingt zwei Teile zur Drehung, wenn sie sich aufeinander zu bewegen.
  - *Universal* (*Universal*) entspricht einem Kreuz- oder Kardangelenk und lässt Kippbewegungen zweier Teile zu, jedoch wird eine in der Hauptachse liegende Drehung auf das andere Teil übertragen. Wie auch in der Realität kommt es beim Kardan je nach Winkelstellung der Achsen zu ungleichmäßigen Drehgeschwindigkeiten. Diese Ungleichmäßigkeit kann durch Einsatz des nachfolgend beschriebenen Gelenks *Konstante Geschwindigkeit* vermieden werden.
  - Ein *Kugelförmiges Gelenk* (*Spherical*) lässt alle Drehbewegungen zweier Teile zueinander zu.
  - Das *Planargelenk* (*Planar*) erlaubt das reibungsfreie Gleiten zweier Teile zueinander auf einer ebenen Fläche.
  - Das *Festgelenk* (*Fixed*) verbindet zwei Teile so, dass überhaupt keine Bewegung mehr zwischen ihnen möglich ist. Darüber hinaus lässt sich mit dem *Fixed Joint* jeder beliebige Freiheitsgrad aus der Definition ausschließen, sodass nur noch die gewünschten *DOF* bestimmt werden. Es kann also als eine Art benutzerdefiniertes Gelenk verwendet werden.

Die sogenannten Gelenk-„Primitive“

Zusätzlich zu diesen sehr bildlichen Gelenktypen, die realen Gelenkarten nachempfunden sind, gibt es noch eine Reihe von *Hilfsgelenken* (*Primitive Joints*), die eher geeignet sind, um den direkten Zugriff auf Freiheitsgrade zu ermöglichen. Allgemein kann mithilfe der *Primitive* jeder Freiheitsgrad einzeln blockiert oder zugelassen werden.

Dies sind einige nützliche Primitivgelenke:

- *Konstante Geschwindigkeit* (*Constant Velocity*): Dieses Gelenk funktioniert ganz ähnlich dem vorangehend beschriebenen Universal- oder Kardangelenk. Im Gegensatz zum Universalgelenk bleibt die Geschwindigkeit auf beiden Seiten immer gleich, und auch Winkel über 90° sind möglich.
- *Innen* (*Inline*) blockiert zwei translatorische Freiheitsgrade, sodass sich die Motion Bodies auf einer Achse aufeinander zu bewegen können.
- *Parallel*: ein Gelenk, das zwei Flächen oder Linien parallel hält, d. h., zwei rotatorische Freiheitsgrade werden blockiert

- Das Primitiv *Orientierung* (*Orientation*) verknüpft die Drehfreiheitsgrade zweier Bewegungskörper, erlaubt jedoch die Translationen.
- Unter der Funktion *Compound Joint* finden sich zusammengesetzte Gelenke, die das Modell übersichtlich und die Berechnung einfach halten sollen. Mögliche Kombinationen sind z.B. *Revolute-Cylindrical* oder *Revolute-Translational*.

Folgende Funktionen existieren darüber hinaus:

Sensoren usw.

- *intelligenter Punkt* (*Smart Point*): ein gewöhnlicher CAD-Punkt, der auch über Baugruppen hinweg Assoziativität besitzt
- *Markierung* (*Marker*): wird eingesetzt, um an bestimmten Positionen des Bewegungskörpers Ergebnisse wie Geschwindigkeiten oder Beschleunigungen zu messen
- *Sensor*: ist in der Lage, an den Markern die Verschiebung/Verdrehung, Geschwindigkeit, Beschleunigung und Kraft auch als relative Größe in bestimmten Richtungen zu messen

Außerdem sind folgende Funktionen Teil der Menüleiste:

- Die Funktion *Profil* (*Profile*) kann genutzt werden, um Profile zu definieren, die dann wiederum als Antriebe oder nichtlineare Abhängigkeiten wie Federsteifigkeiten genutzt werden. Die Profile können über Skizzen, aus externen Dateien oder als Tabellenwerte direkt erzeugt werden.
- *f(x)* Der *Funktionsmanager* dient zum Definieren komplexerer Funktionen, anhand derer beispielsweise ein Antrieb zeitabhängig oder bewegungsabhängig gesteuert werden kann. Einfachere Funktionen sind dagegen meist direkt in den entsprechenden Motion-Features verfügbar. Hier wird der Funktionsmanager also nicht gebraucht.
- Die Funktion *Nur-MDF-Element* (*MDF Only Elements*) ermöglicht es, Funktionen und Objekte in der Simulation zu verwenden, die aktuell von der Benutzeroberfläche noch nicht unterstützt werden. Die Definition erfolgt über das **M**otion **D**efinition **F**ile.

Eine weitere Gruppe von Gelenk-Spezialtypen stellen die Koppler und Getriebe dar. Hier kann der Anwender zwischen folgenden Möglichkeiten auswählen:

Koppler bzw. Verzahnungen

- Bewegungskörperkoppler (*Motion Body Coupler*)
- *Zahnradkoppler* (*Gear*)
- *Zahnstange und Ritzel* (*Rack and Pinion*)
- *Kabel* (*Cable*)
- *2-3 Verbindungsstück* (*2-3 Joint Coupler*)

Zahnstange und Ritzel verbindet ein Drehgelenk mit einem Schieber, das *Zahnradpaar* verbindet ein zylindrisches Gelenk mit einem Drehgelenk oder zwei Drehgelenke und das *Kabel* zwei Schieber miteinander. Das *2-3 Verbindungsstück* kann für beliebige Kopplungen zwischen zwei oder drei Gelenken verwendet werden. In jedem der Gelenke kann dabei das Verhältnis der Übersetzung eingestellt werden. Der *Bewegungskörperkoppler* verwendet für die Kopplung keine Gelenke, sondern kann direkt auf den Freiheitsgraden von Bewegungskörpern definiert werden.

Die nächste Gruppe von Objekten fasst Verbindungstypen zusammen:

Elemente für den Anschluss sind in einer Gruppe.

- *Feder* (*Spring*)
- *Dämpfer* (*Damper*)

- *Federdämpfer* (*Spring Damper*)
- *Buchse* (*Bushing*): eine zylinderartige Kombination aus Federn und Dämpfern
- *Balkenkraft* (*Beam Force*)
- *Lager* (*Bearing*)

Die *Feder* kann verwendet werden, um eine positionsabhängige und der *Dämpfer* um eine geschwindigkeitsabhängige Kraft zu definieren. Der *Federdämpfer* bietet eine Kombination aus beidem. Die *Buchse* kann in alle Raumrichtungen sowohl Federsteifigkeiten als auch Dämpfungswerte beinhalten. Mit *Balkenkraft* können Kräfte und Momente mithilfe der Balkentheorie basierend auf der Steifigkeits- und Dämpfungsmatrix von Balkenprofilen zwischen Bewegungskörpern definiert werden.

Das *Lager* bietet die Möglichkeit, das Verhalten von verschiedenen Lagertypen basierend auf Steifigkeits- und Dämpfungsmatrix zu realisieren.

Die nächste Funktionsgruppe beinhaltet Objekte zur Definition von Kontaktbedingungen:

- Der *3D-Kontakt* ist eine besondere Kontaktfunktion, da sie das Auftreffen aufeinander sowie das Abheben voneinander erlauben. Es handelt sich dabei um ein Kraftobjekt, das im Falle eines Kontakts (Durchdringung) mit Rückstellkräften reagiert. Hierbei können auch Reibung und Dämpfung eine Rolle spielen und anhand von Parametern nachgebildet werden. Der 3D-Kontakt wird auf komplette Solid Bodies angewendet, welche in einer facettierten Repräsentation für die Kontaktermittlung verwendet werden. Diese Kontaktart ist numerisch relativ aufwendig und steigert die Berechnungszeit unter Umständen erheblich.
- *Getriebe* (*Gear*) und *Zahnradkontakt* (*Gear Contact*): Definition von Zahnradpaaren, die in Kombination mit dem *Gear Contact* Kontaktkräfte an den Zahnflanken basierend auf der Zahnradgeometrie ermittelt
- *Analysekontakt* (*Analytical Contact*) ermöglicht die Verwendung von analytischen Kontakten zur Reduktion der Berechnungszeiten und zur gleichzeitigen Erhöhung der Genauigkeit. Der Kontakt basiert auf bestimmten geometrischen Formen wie *Sphere* (Kugel), *Extrusion* und *Revolution*.
- *Anschlagpuffer* (*Bump Stop*): Der Anschlagpuffer ist eine Mischung aus Federdämpfer und Kontakt. Kräfte werden nur bei geschlossenem Abstand erzeugt. Sie basieren auf Steifigkeit und Dämpfung. Ist ein Spalt vorhanden, werden auch keine Kräfte erzeugt.

Verschiedene Arten von Zwangsbedingungen

Nun folgt eine Gruppe, in der Zwangsbedingungen zusammengefasst sind. Dazu gehören folgende Funktionen:

- *Punkt auf Kurve* (*Point on Curve*) zwingt einen Punkt eines Teils dazu, auf einer beliebigen Raumkurve zu gleiten. Die Funktion kann über *Driver* mit einem Antrieb versehen werden.
- *Kurve an Kurve* (*Curve on Curve*): Hier werden zwei Kurven gezwungen, tangential aufeinander zuzugleiten. Die beiden Kurven müssen jedoch in einer Ebene liegen. Hiermit werden die meisten Kurvenscheibenaufgaben realisiert.
- Bei *Punkt auf Fläche* (*Point on Surface*) wird ein Punkt eines Bewegungskörpers gezwungen, auf einer Fläche zu gleiten.

Zu den weiteren Motion-Features in der Toolbar zählt die Gruppe der Lasten. Dazu gehören folgende Funktionen:

Kräfte, Momente und Reibung

- *Skalar-, Vektor- und 3-Punkt-Kraft* (*Scalar, Vector und 3-point Force*)
- *Skalar-, Vektor- und 3-Punkt-Moment* (*Scalar, Vector und 3-point Torque*)
- *Reibung* (*Friction*): eigenständiges Objekt als Ergänzung der Gelenkreibung, welches auf Gelenken und Constraints aufgebracht werden kann

Die Funktionsgruppe *Submechanism* enthält Funktionen zum Importieren und Positionieren von Mechanismen basierend auf Unterbaugruppen. So lassen sich bereits erstellte Motion-Modelle der Unterbaugruppen assoziativ mit dem Mechanismus der übergeordneten Baugruppe verknüpfen.

- *Hinzufügen* (*Add*)
- *Verschieben* (*Move*)

Die Funktionsgruppe *Flexibilität* (*Flexibility*) enthält die benötigten Funktionen, um Teilumfänge des an sich starren Modells durch flexible, mit der FEM verknüpfte Bewegungskörper zu ersetzen.

- *Flexibler Körper* (*Flexible Body*): Ein vorab berechnetes FE-Netz kann mit dem Motion-Modell verknüpft werden.
- *Splinebalkeneigenschaft* (*Spline Beam Property*): Ein flexibler Balken kann direkt im Motion-Modell integriert werden.
- *Autom. Flex.* (*Automatic Flex*): Ein FE-Netz kann ohne vorherige Erstellung und Berechnung direkt in das Motion-Modell integriert werden.
- *Control Input*: Messgröße, die dem Regelkreis des Systemsimulationsprogramms zugeführt wird
- *Control Output*: definiert die Regelgrößen, die aus der MATLAB-Simulink/Amesim-Regelung ausgelesen und dem MKS-Modell, zum Beispiel als Antrieb, bereitgestellt werden

Die beiden übrigen Gruppen *Vehicle* und *Powertrain* beinhalten spezifische Funktionen wie *Reifenmodelle*, *Riemen- oder Kettentriebe* und *Hydrodynamische Lager*.

Um die Berechnung durchzuführen, wird erst eine Lösung erstellt, und dann folgende Funktion aufgerufen:

- *Berechnen* (*Solve*)

Die Lösung wird nun berechnet, und die Ergebnisse stehen daraufhin zur Verfügung.

In der Toolbar *Analysis* finden sich Funktionen zur geometrischen Analyse des berechneten Mechanismus. Dazu gehören folgende Funktionen:

- *Durchdringung* (*Interference*) zur Kollisionskontrolle bzw. zum Erzeugen von Durchdringungskörpern
- Animations*messungen* (*Animation Measure*) zum Messen von Abständen oder Winkeln während der Animation
- *Zeichnen* (*Trace*) zum Aufzeichnen von Geometrie während der Bewegung

Hilfen für das Postprocessing

Eine weitere Funktionsgruppe in der Analysis-Toolbar stellt Methoden zum Postprocessing zur Verfügung; so unter anderem folgende Funktionen:

- *Animation Player* für die Darstellung des Bewegungsablaufs
- *Graphenerstellung* (*Graphing*) für das grafische Auswerten von Bewegungsgrößen
- *Kalkulationstabelle ausfüllen* (*Populate Spreadsheet*) zum Bearbeiten, Weiterverwenden und Speichern von Bewegungen über Tabelleneingabe
- *Sequenz erzeugen* (*Create Sequence*) speichert eine im Motion-Modell erzeugte Animation in der Masterdatei ab und macht sie somit auch von anderen Bereichen aus zugänglich.
- *Lasttransfer* (*Load Transfer*) zum Übertragen von Reaktionskräften aus der Kinematikanalyse in die FEM-Anwendung
- *Bewegungsumschlag* (*Motion Envelop*) zur Ermittlung des Hüllvolumens der bewegten Teile als *Lightweight Body*

2.2.1.3 Überblick über die Lösungsschritte

Die Schritte der Lernaufgabe

Für die Lösung dieser Lernaufgabe wird zunächst eine *NX/Simcenter 3D Motion*-Datei im NX-System angelegt. Hier werden dann anhand der Funktion *Bewegungskörper* (*Motion Body*) die Geometrieobjekte definiert, die beweglich sein sollen. Es folgt die Erzeugung zweier Drehgelenke, eines Zahnradkopplers sowie des Antriebs am Lenkrad. Zum Finden von versehentlich unbestimmten Freiheitsgraden wird die zeitabhängige *Dynamische Analyse* und zum manuellen Bewegen des Antriebs am Lenkrad die Lösung *Artikulation* eingesetzt.

2.2.1.4 Erzeugung der NX/Simcenter 3D Motion-Datei

Gemäß dem Master-Modell-Konzept werden alle Elemente, die zur Bewegungsanalyse anfallen (Bewegungskörper, Gelenke, Antriebe), in einer eigenen Datei (Kinematikdatei, siehe Bild 2.7) gespeichert. Diese Kinematikdatei wird über einen Baugruppenbezug mit der Baugruppendatei verbunden, d. h., die Kinematikdatei ist eine Quasi-Baugruppe, die als einzige Komponente das Baugruppenteil enthält, das analysiert werden soll. Über diese Baugruppenbezüge hinaus kommen aber noch weitere solcher assoziativen Verbindungen hinzu, denn die in der Kinematikdatei definierten Gelenk- und Bewegungskörperobjekte enthalten auch assoziative Bezüge zu den Geometrieobjekten der Einzelteile (geschwungene Pfeile in Bild 2.7). Die *NX/Simcenter 3D Motion*-Anwendung ist also, wie beispielsweise auch die Zeichnungserstellung, vollständig in das Master-Modell-Konzept integriert.

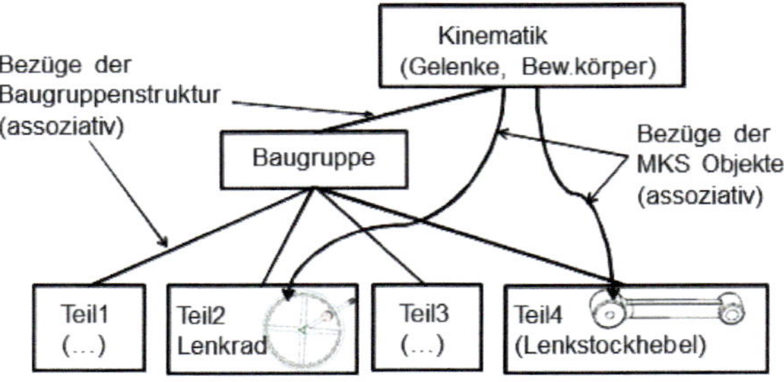

Bild 2.7 Mithilfe des Master-Modell-Konzepts wird das gesamte Produkt digital abgebildet. Intern werden Bezüge zwischen Geometrie und MKS-Gelenken gehalten.

Solch eine Motion-Struktur wird automatisch erstellt, indem der Anwender eine Simulation erzeugt. Dazu gehen Sie wie folgt vor:

Hier beginnt die Lernaufgabe.

- Laden Sie im NX-System die Baugruppe, von der Sie eine Bewegungssimulation erstellen wollen. Für unsere Lernaufgabe ist dies die Datei *ls_lenkgetriebe.prt*. Die Dateien befinden sich im *RAK2*-Verzeichnis, das unter *plus.hanser-fachbuch.de* bereit steht.
- Starten Sie nun die Anwendung *NX/Simcenter 3D Motion* .

In der Palettenleiste erscheint ganz oben der *Bewegungsnavigator* (*Motion Navigator*). Dieser unterstützt die Arbeit mit der *Motion*-Anwendung, indem er alle Features darstellt und Möglichkeiten zu ihrer Manipulation bietet.

Der Motion Navigator zeigt nur den Masterknoten an, d. h. die Baugruppe, die Sie geöffnet haben.

- Erzeugen Sie eine erste Simulation, indem Sie auf diesen Masterknoten klicken und in dessen Kontextmenü die Funktion *Neue Simulation* aufrufen. Alternativ ist die Funktion auch in der Toolbar zu finden .

Nun öffnet sich das Menü *Neue Simulation* (*New Simulation*), das genutzt werden kann, um eine Template-Datei auszuwählen und den Namen und den Speicherort der Datei festzulegen. In der Regel sind hier keine Änderungen notwendig.

Der nächste sich öffnende Dialog ist die *Umgebung* (*Environment*), in welcher der zu verwendende Solver ausgewählt werden kann. Diese Auswahl ist in der Regel durch die verfügbare Lizenz eingeschränkt.

Außerdem kann eingestellt werden, ob es sich um eine *Komponentenbasierte Simulation* (*Component-based Simulation*) handelt. Dies ist sinnvoll, wenn Baugruppen simuliert werden sollen. Mit dieser Option wird der Bewegungskörper-Auswahlfilter auf Komponenten voreingestellt. Dieser kann aber jederzeit manuell wieder umgestellt werden.

Darüber hinaus kann der Joint Wizard aktiviert bzw. deaktiviert werden. Eine Erklärung dazu folgt im nächsten Abschnitt.

- Bestätigen Sie die nachfolgenden Menüs *Neue Simulation* und *Umgebung* (*Environment*) mit allen Voreinstellungen mit OK.

Nach diesem Funktionsaufruf erstellt das System eine Simulationsdatei, die über eine Baugruppenstruktur mit dem Master-Modell verknüpft ist.

Der Navigator zeigt die Struktur des Modells und erlaubt die Manipulation der Features.

Darüber hinaus wird automatisch die Funktion *Assistent: Kinematikverbindung* (*Motion Joint Wizard*) aufgerufen, die versucht, aus den vorhandenen Baugruppenkomponenten und Baugruppenverknüpfungsbedingungen (*Assembly Constraints*) entsprechende Bewegungskörper (*Motion Bodies*) und Gelenke (*Joints*) zu erzeugen (Bild 2.8).

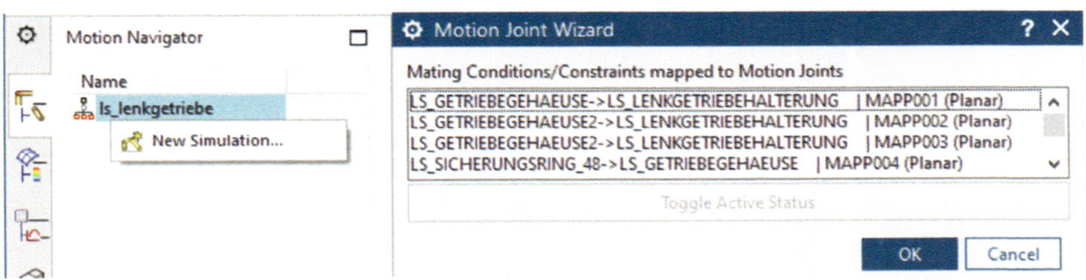

Bild 2.8 Der *Motion Joint Wizard* setzt die Baugruppenverknüpfungen in Gelenke um.

Die Funktion *Motion Joint Wizard* analysiert jedes Verknüpfungsset bezüglich der Freiheitsgrade, die zwischen den betroffenen Baugruppenkomponenten bestehen. Besteht lediglich ein unbestimmter Drehfreiheitsgrad, so wird ein Drehgelenk (*Revolute*) erzeugt. Besteht ein unbestimmter Translationsfreiheitsgrad, so wird ein Schiebegelenk (*Slider*) erzeugt. Eine Baugruppenverknüpfung, die beispielsweise einen Punkt mit einem anderen Punkt verknüpft, wird durch den *Motion Joint Wizard* in ein kugelförmiges Gelenk (*Spherical*) übersetzt. Eine Baugruppenverknüpfung, die alle Freiheitsgrade zwischen zwei Teilen festlegt, wird in ein Festgelenk übersetzt. Auf entsprechende Weise können noch einige weitere Gelenke automatisch erzeugt werden.

Vor- und Nachteile des *Motion Joint Wizards*

Der *Motion Joint Wizard* kann daher automatisch das Motion-Modell oder Teile davon erstellen, wenn die zugrunde liegende Baugruppe derart aufgebaut wurde, dass die Verknüpfungen (*Constraints*) die gewünschten Bewegungen der Teile schon beschreiben. Diese Methode kann durchaus sinnvoll sein. Allerdings sind folgende Nachteile zu berücksichtigen:

- Die vom *Motion Joint Wizard* automatisch erzeugten Gelenke (*Joints*) sind nicht assoziativ zur Geometrie, d. h., bei Änderungen am Master-Modell müssen die Gelenke manuell angepasst werden. Ein manuelles Herstellen der Assoziativität der Gelenke ist nachträglich möglich.
- Es werden nur die Baugruppenverknüpfungen der obersten Baugruppe analysiert und umgewandelt. Verknüpfungen aus den Unterbaugruppen werden nicht berücksichtigt.
- Baugruppenverknüpfungen werden meist auch für Teile eingesetzt, die hinsichtlich des Motion-Modells irrelevant sind, wie z. B. kleine Schrauben, Muttern und Unterlegscheiben. Im Fall der automatischen Übersetzung durch den *Motion Joint Wizard* werden all diese Teile zu Bewegungskörpern. Das Motion-Modell wird dadurch erheblich komplexer, als es sein müsste. Eine Abhilfe hierfür schafft die Möglichkeit, im *Motion Joint Wizard* einzelne Bedingungen zu deaktivieren.

Wir nutzen den *Motion Joint Wizard* nicht.

Aus diesen Gründen soll der *Motion Joint Wizard* für die Lösung unserer Aufgabe nicht genutzt werden.

Brechen Sie den *Motion Joint Wizard* mit der Funktion CANCEL ab.

Der Motion Navigator zeigt nun eine Struktur wie in Bild 2.9 dargestellt.

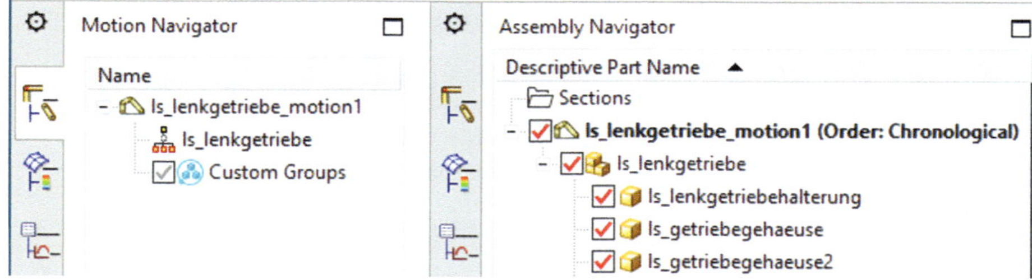

Bild 2.9 Die beiden wichtigsten Navigationstools, der Motion Navigator und der Assembly Navigator

Sowohl im Motion Navigator als auch im Assembly Navigator findet sich die neu erzeugte Motion-sim-Datei oberhalb der Master-Baugruppe. Die Motion-Datei stellt somit eine übergeordnete Baugruppenebene dar und kann auch eigene oder über Wave Links kopierte Geometrie enthalten.

Das NX-System hat also automatisch eine neue Datei erzeugt, die entsprechend dem Master-Modell-Konzept mit dem Master-Modell verknüpft ist. Daher kann nun auch der Baugruppennavigator genutzt werden, um die neue Struktur darzustellen oder damit zu arbeiten. Bild 2.9 zeigt rechts neben dem Motion Navigator den Baugruppennavigator, der das Motion-Modell nun als oberste Baugruppe darstellt.

Das Motion-Modell ist eine Quasi-Baugruppe des Master-Modells.

Des Weiteren sollten Sie prüfen, in welchem Betriebssystemverzeichnis die neue Datei abgelegt wurde. Dazu können Sie über das Kontextmenü der Motion-Datei im Motion Navigator die Funktion *SIM-Ordner öffnen* (*Open SIM Folder*) aufrufen. Es öffnet sich das Arbeitsverzeichnis, in dem auch das Master-Modell angelegt ist. Dies ist in Bild 2.10 dargestellt. Die automatische Benennung der sim-Datei setzt sich aus dem Namen der Masterdatei und dem Zusatz „motion“ mit einem Index als Zähler bei bereits vorhandenen Motion-Dateien zusammen. Daraus ergibt sich in diesem Fall der Name *ls_lenkgetriebe_motion_1.sim*. Dieser kann bei der Erzeugung aber auch beliebig geändert werden. Im gleichen Verzeichnis werden auch alle weiteren Dateien wie z. B. die Solver-Dateien abgelegt. Der Bezug wird durch die Namensvergabe verdeutlicht.

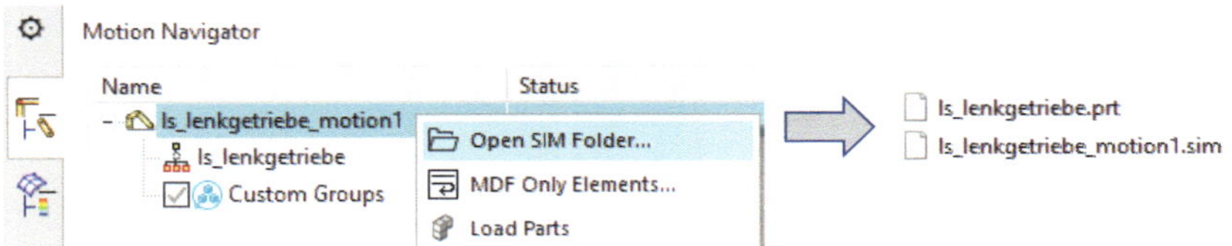

Bild 2.10 Die entstehenden Dateien für die Simulation werden im Arbeitsverzeichnis mit abgelegt.

2.2.1.5 Wahl des Lösungstyps

Eine grundlegende Überlegung beim Aufbau eines MKS-Modells ist immer die Frage nach der Art, die den eingangs erklärten Klassen der Mechanik entspricht. Wir unterscheiden hierbei die *Kinematik* und die *Dynamik*. Alle weiteren Lösungsansätze lassen sich diesen Klassen unterordnen.

Für die Anwendung in *NX/Simcenter 3D Motion* sind bezüglich dieser beiden Klassen ein paar Hintergründe zu beachten.

Kinematik

Kennzeichen einer kinematischen Analyse ist, dass alle Freiheitsgrade des Gesamtsystems bestimmt sind. Mit Freiheitsgraden sind die drei translatorischen sowie die drei rotatorischen Bewegungsmöglichkeiten der Bewegungskörper (*Motion Bodies*) gemeint. Wenn eine kinematische Simulation durchgeführt werden soll, muss der Anwender sicherstellen, dass kein einziger der Bewegungskörper (*Motion Body*) eine freie Bewegungsmöglichkeit hat. Alle Bewegungsmöglichkeiten müssen durch Gelenke oder Antriebe bestimmt werden.

Entscheidend ist, ob auch unbestimmte Freiheitsgrade verarbeitet werden sollen.

Selbstverständlich dürfen durch Gelenke oder Antriebe auch keine Konflikte in den Bewegungsmöglichkeiten entstehen. Überbestimmungen, die nicht zu Konflikten führen, nennt man redundante Freiheitsgrade. Diese können von den MKS-Solvern nicht verarbeitet werden und werden deshalb automatisch von NX/SC entfernt. Dies führt

Überbestimmte und redundante Freiheitsgrade

allerdings nicht immer zum gewünschten Ergebnis. Insgesamt ist ein überbestimmtes Modell immer fehleranfälliger, und daher sollten Motion-Modelle immer redundanzfrei aufgebaut werden.

Vorteil der kinematischen Umgebung ist, dass für die Bewegungskörper (*Motion Bodies*) keine Masseneigenschaften erforderlich sind. Nachteil ist, dass der Anwender gezwungen ist, sein Bewegungssystem exakt mit null Freiheitsgraden zu erstellen. Vorher kann noch nicht einmal ein Test durchgeführt werden.

Dynamik

Dynamik erlaubt die Berechnung auch unbestimmter Freiheitsgrade.

Kennzeichen der dynamischen Analyse ist, dass unbestimmte Freiheitsgrade bzw. Bewegungen möglich sind. Solche Bewegungen werden ermittelt, indem die Masseneigenschaften der Bewegungskörper (*Motion Bodies*) sowie die äußeren Kräfte, beispielsweise die Erdbeschleunigung, mit in die Analyse einbezogen werden.

Eine dynamische Analyse ermittelt also auch dann Ergebnisse, wenn unbestimmte Freiheitsgrade vorliegen, während die kinematische in solch einem Fall abbricht. Dies ist ein Vorteil, wenn es darum geht, schon in der Modellaufbauphase, in der noch nicht alle Gelenke erzeugt sind, eine Bewegung darzustellen. Allerdings müssen dann auch für jeden Bewegungskörper (*Motion Body*) Masseneigenschaften zugeordnet und kontrolliert werden.

Aus diesen Gründen soll für die Lösung unserer Aufgabe die dynamische Lösung gewählt werden, obwohl eigentlich keine unbestimmten Freiheitsgrade erwünscht sind. Lediglich für den leichteren Aufbau des Modells, d. h. für das Durchführen von Tests mit noch nicht vollständiger Bestimmung der Freiheitsgrade, wird diese Methode gewählt. Am Ende kann problemlos auf die kinematische Umgebung zurückgeschaltet werden.

2.2.1.6 Definition der Bewegungskörper (Motion Bodies)

Nun werden die Bewegungskörper erstellt.

- Wählen Sie die Funktion *Bewegungskörper* (*Motion Body*).

Zunächst soll ein Bewegungskörper definiert werden, der das Lenkrad beschreibt, daraufhin ein zweiter für den Lenkstockhebel (Bild 2.11).

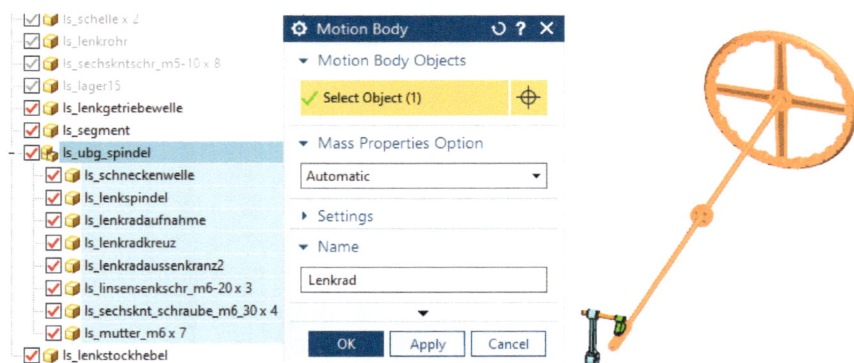

Bild 2.11 Das Menü für die Erzeugung eines Bewegungskörpers

Der erste Selektionsschritt betrifft die Auswahl der Geometrie, die zum Bewegungskörper gehören soll. Wenn nicht schon in den Umgebungseinstellungen der Filter für Komponenten gewählt wurde, sollte dieser jetzt eingestellt werden. Dies ermöglicht, später problemlos Änderungen an den Geometrieobjekten der Baugruppenteile durchzuführen, ohne dass die Bewegungskörper des Motion-Modells Gefahr laufen, ihre Referenzen zu verlieren.

Sowohl Baugruppenkomponenten als auch Volumenkörper, einfache Kurven oder Punkte können bewegt werden.

- Nun selektieren Sie im Grafikfenster die Baugruppenkomponenten, die zum Lenkrad gehören, d. h. die Teile, die sich gemeinsam mit dem Lenkrad bewegen sollen.

Gemeint sind die 19 Teile, die zu der Unterbaugruppe *ls_ubg_spindel* gehören. Zum Selektieren der Komponenten können Sie auch den Baugruppennavigator verwenden. Sie können auch die Unterbaugruppe *ls_ubg_spindel* selbst selektieren. Damit sind alle Komponenten der Unterbaugruppe Teil des Bewegungskörpers.

Nachdem Sie die Komponenten selektiert haben, können in den folgenden Selektionsschritten Masseneigenschaften des Bewegungskörpers definiert werden. Allerdings ist dies in diesem Fall nicht erforderlich, denn das System kann automatisch Masseneigenschaften berechnen, die auf der Geometrie und dem zugewiesenen Werkstoff bzw. der Dichte basieren. Da diese Eigenschaften hier nicht weiter interessieren, soll nicht darauf eingegangen und stattdessen die automatische Massenanalyse, die voreingestellt ist, genutzt werden. Daher behalten Sie die Einstellung *Automatisch* unter *Masseneigenschaften-Option* (*Mass Properties Option*) bei.

Masseneigenschaften werden bei Volumenkörpern automatisch ermittelt.

- Im Feld „Name“ sollten Sie einen geeigneten Namen, beispielsweise „Lenkrad“, eintragen.

Für den Namen von Motion-Objekten sollten keine Umlaute, Leerzeichen oder sonstigen Sonderzeichen verwendet werden.

- Mit OK oder APPLY und ABBRECHEN wird der Bewegungskörper erzeugt und im Motion Navigator unter der Gruppe *Motion Bodies* dargestellt.
- Auf die gleiche Weise erstellen Sie nun den nächsten Bewegungskörper. Fügen Sie die drei Komponenten *ls_lenkstockhebel*, *ls_segment* und *ls_lenkgetriebewelle* ein, und nennen Sie den Bewegungskörper „Lenkstockhebel“ (Bild 2.12).

Mit diesen Arbeiten sind nun alle Bewegungskörper definiert, die für den Mechanismus benötigt werden. Es folgt die Definition von Gelenken.

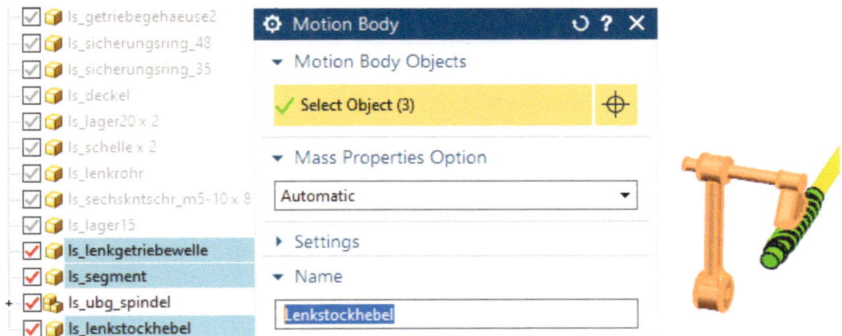

Bild 2.12 Die Definition der Bewegungskörper für das Getriebegelenk

2.2.1.7 Definition von Drehgelenken

Nun definieren wir eine drehbare Lagerung zwischen dem Bewegungskörper Lenkrad und der festen Umgebung. Auf ähnliche Weise können auch andere Gelenke erzeugt werden. Gehen Sie dazu folgendermaßen vor:

- Wählen Sie die Funktion *Gelenk* (*Joint*). Es erscheint das in Bild 2.13 dargestellte Menü.

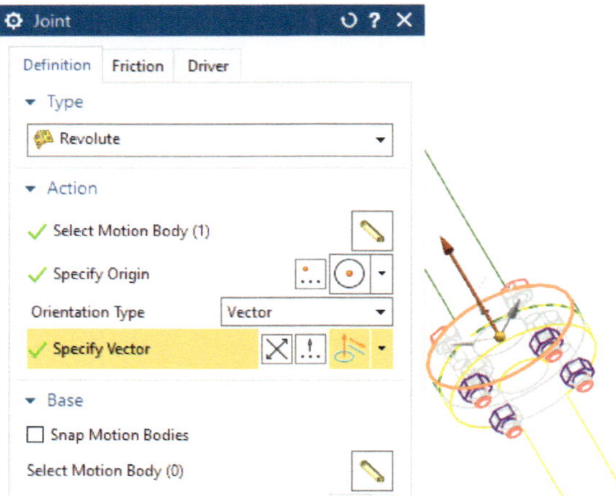

Bild 2.13
Am besten sollte an Kreiskanten selektiert werden. Dann können der Mittelpunkt und die Richtung automatisch genutzt werden.

Beim Erzeugen von Drehgelenken sollte die Selektion an Kreisbögen erfolgen. Dann können Drehpunkt und Drehachse automatisch ermittelt werden.

Im oberen Bereich des Menüs kann der Typ des gewünschten Gelenks ausgewählt werden. Voreingestellt ist der Typ *Drehgelenk* (*Revolute*), d. h. ein Gelenk, das lediglich den Drehfreiheitsgrad unbestimmt lässt. Da dies der gewünschte Typ ist, kann sofort mit der Abarbeitung der Selektionsschritte fortgesetzt werden.

Mit dem ersten Selektionsschritt soll der erste zu verbindende Bewegungskörper (*Motion Body*), also das Lenkrad, angegeben werden. Prinzipiell kann das Lenkrad nun auf beliebige Weise im Grafikfenster selektiert werden, jedoch empfiehlt es sich, bei der Selektion folgende Gesichtspunkte zu berücksichtigen:

- Es empfiehlt sich, eine Geometrie zu selektieren, anhand der das System den gewünschten Gelenkmittelpunkt und die Drehachse ableiten kann. Dies ist beispielsweise bei einem Kreis möglich: Hierbei wird der Kreismittelpunkt der Drehpunkt und die Kreisnormale die Drehachse. Doch auch eine gerade Kante oder Kurve ist möglich: Hierbei wird der Drehpunkt der nächste Kontrollpunkt und die Drehachse die Richtung der Kante oder Kurve.
- Außerdem empfiehlt es sich, eine Geometrie zu selektieren, die in der weiteren Konstruktionsgeschichte möglichst wenigen Änderungen unterworfen wird. Denn falls die hier selektierte Geometrie einer Änderung unterworfen wird, ist nicht mehr sicher, ob das Gelenk noch assoziativ zur Geometrie ist und automatisch aktualisiert wird. Wird beispielsweise eine Kante selektiert, die später verrundet wird, so verliert das Gelenk seine Assoziativität zur Geometrie.
   - Selektieren Sie daher einen Kreis am Lenkrad, der möglichst nicht mehr größeren Änderungen unterworfen wird.

Im zweiten Schritt sollen Ursprung und Orientierung des Gelenks angegeben werden, also im Fall des Drehgelenks der Drehpunkt und die Drehachse. Da diese beiden Informationen aber schon bei der ersten Selektion angegeben wurden, braucht diese Frage nicht mehr beantwortet zu werden.

Ein Gelenk kann oft mit nur zwei Mausklicks erzeugt werden.

Im dritten Selektionsschritt soll der zweite zu verbindende Bewegungskörper angegeben werden. Falls hier keine Selektion stattfindet, nimmt das System an, dass das Gelenk den ersten Bewegungskörper mit der festen Umgebung verbinden soll. Da dies hier gewünscht ist, wird im dritten Schritt keine Selektion vorgenommen.

- Bestätigen Sie mit Ok, woraufhin das Drehgelenk erzeugt wird.

Im Grafikfenster und im Motion Navigator wird das Gelenk nun dargestellt (Bild 2.14).

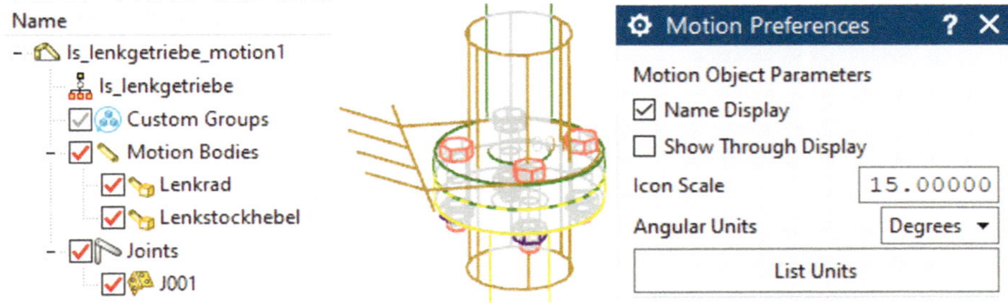

Bild 2.14 Ein Gelenk, das mit der festen Umgebung verbunden ist, kann an dem Symbol erkannt werden.

Falls das Gelenk sehr klein dargestellt wird, kann unter den Voreinstellungen für Motion (Menu > Preferences > Motion) die Größenangabe unter *Symbolmaßstab* (*Icon Scale*) vergrößert werden (Bild 2.14).

- In der gleichen Weise erstellen Sie nun ein Drehgelenk, das den Lenkstockhebel mit der festen Umgebung verbindet (Bild 2.15).

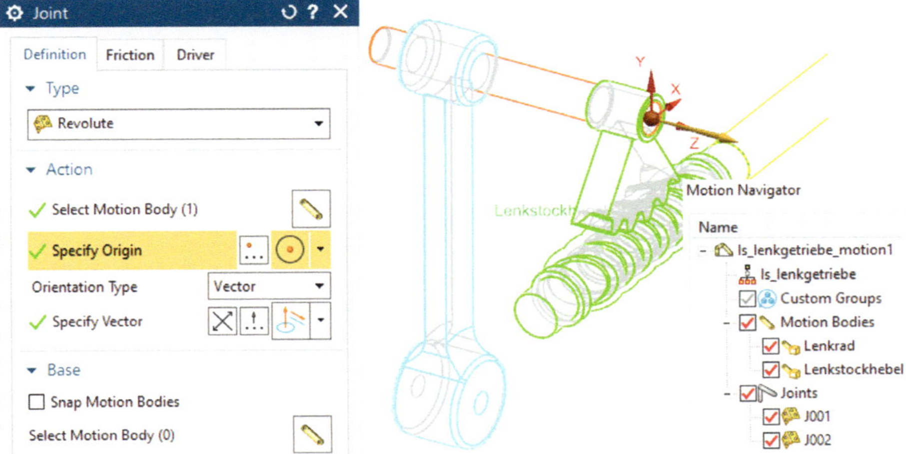

Bild 2.15 Der Lenkstockhebel wird ebenfalls mit einem Drehgelenk an der Umgebung befestigt.

Nun haben Sie einen ersten Mechanismus aus zwei Bewegungskörpern mit jeweils einem Drehgelenk zur Umgebung erstellt. Die Aufgabe ist damit noch nicht gelöst. Nachfolgend sollen deshalb einige Testläufe durchgeführt werden, die dem besseren Verständnis dienen.

2.2.1.8 Ermittlung unbestimmter Freiheitsgrade

Aufgrund des fehlenden Antriebs sowie der fehlenden Getriebeverknüpfung ist der bis dahin fertiggestellte Mechanismus noch unterbestimmt. Die Anzahl der unbestimmten Freiheitsgrade kann entweder durch Plausibilitätsbetrachtungen festgestellt werden oder durch einen Funktionsaufruf, wie in Bild 2.16 dargestellt wird.

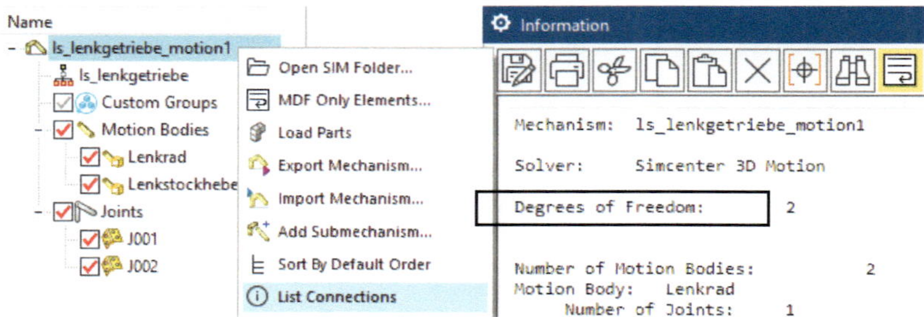

Bild 2.16 Bei komplexen Mechanismen ist das Finden von unbestimmten Freiheitsgraden schwierig. Die Funktion *Information, Motion-Verbindungen* (*Information, Motion Connections*) hilft dabei.

- Wählen Sie im Kontextmenü des Motion-Modells im Motion Navigator die Funktion *Verbindungen auflisten* (*List Connections*) aus. Im folgenden Informationsfenster erscheint die Angabe über die Anzahl der unbestimmten Freiheitsgrade des Mechanismus (*Degrees of Freedom*).

In diesem Falle sind es zwei Freiheitsgrade, denn sowohl das Lenkrad als auch der Lenkstockhebel können noch frei um ihre jeweilige Achse drehen.

2.2.1.9 Testlauf mit zwei unbestimmten Freiheitsgraden

Bei einem dynamischen Lauf lassen sich unbestimmte Freiheitsgrade immer leicht erkennen.

In Fällen komplexerer Mechanismen ist es oftmals schwer, die unbestimmten Freiheitsgrade eines Mechanismus lediglich aus Plausibilitätsbetrachtungen zu erkennen. Daher soll nun mit den beiden offenen Freiheitsgraden ein Testlauf durchgeführt werden, der zum besseren Verständnis des unfertigen Mechanismus beiträgt. In vielen Fällen ist eine solche Vorgehensweise hilfreich.

- Wählen Sie die Funktion *Lösung* (*Solution*). Nun erscheint der Dialog zur Definition der Lösung (Bild 2.17).

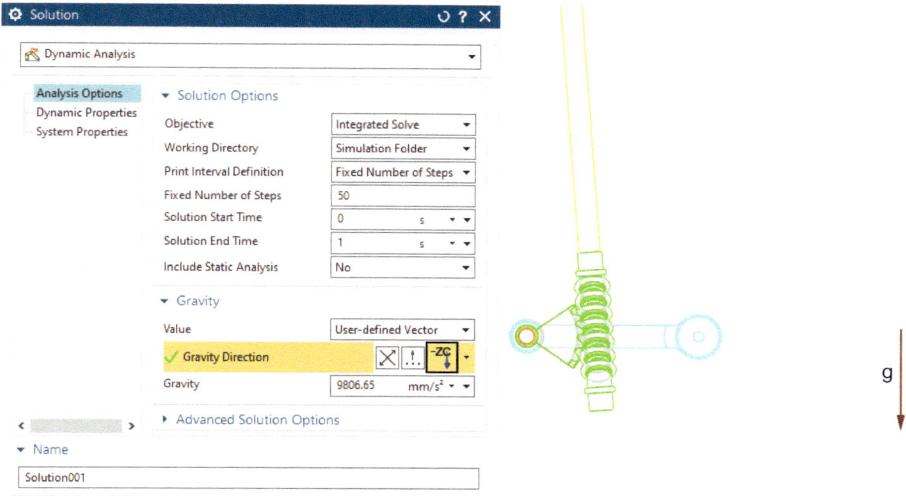

Bild 2.17 Die Richtung der Schwerkraft ist bei unbestimmten Freiheitsgraden wichtig.

In diesem Dialog werden Sie aufgefordert, den *Lösungstyp* (*Solution Type*) auszuwählen. Es stehen Ihnen die *Dynamische Analyse* (*Dynamic Analysis*), die *Statische Analyse* (*Static Analysis*), die *Kinematische Analyse* (*Kinematic Analysis*), die *Inversdynamikanalyse* (*Inverse Dynamic Analysis*), die *Artikulation* und die *Tabellenkalkulationsanalyse* (*Spreadsheet Run*) zur Verfügung. Wir akzeptieren den voreingestellten Typ *Dynamische Analyse*, um eine Analyse unter Berücksichtigung von Zeit und Schwerkraft durchzuführen mit der Möglichkeit von unbestimmten Freiheitsgraden im Mechanismus. Des Weiteren können hier die *Start- und Endzeit der Lösung* (*Solution Start/End Time*) sowie die Anzahl der *Schritte* bzw. die Größe der *Intervalle* (*Number of Steps/Interval*) als feste Größen oder als variable Werte angegeben werden. Außerdem können die Richtung und der Betrag der Erdbeschleunigung überprüft und geändert werden. Diese wollen wir nun anpassen:

- Stellen Sie im Dialog bei *Gravitation* den Vektor auf *-ZC*, und prüfen Sie die korrekte Darstellung der Pfeilrichtung.

Diese Gravitationsrichtung entspricht zwar nicht der Realität, aber auf diese Weise sollte der Lenkstockhebel auf jeden Fall in Schwingungen geraten, was wir im Folgenden prüfen wollen.

- Für unser Beispiel lassen Sie alle anderen Einstellungen bestehen und wählen Ok. Daraufhin wird die Lösung erstellt.
- Nachdem Sie die Lösung erstellt haben, wählen Sie die Funktion *Berechnen* (*Solve*). Die Berechnung sollte in kurzer Zeit abgeschlossen sein.
- Jetzt können Sie die Funktion *Animation Player* aus der *Analyse-Toolbar* starten. Es erscheint das in Bild 2.18 dargestellte Menü zur Darstellung der Bewegung.
- Mithilfe der Funktion *Abspielen* (*Play*) werden die Ergebnisse der Simulationszeit von einer Sekunde dargestellt.

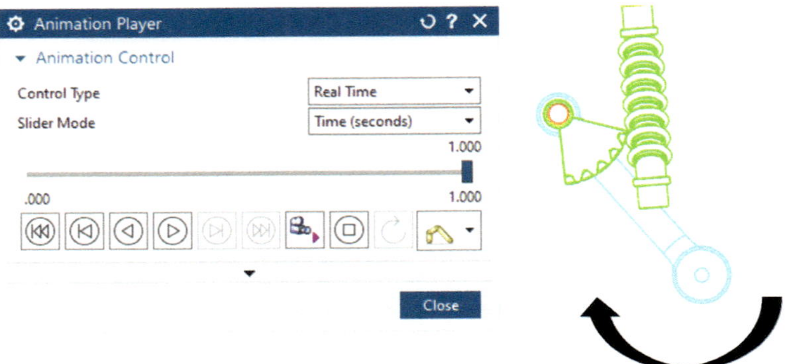

Bild 2.18 Das Menü *Animation Player* ist für die Darstellung sämtlicher Bewegungen verantwortlich.

Es sollte erkennbar sein, dass der Hebel ungefähr eine volle Schwingung durchführt. Aufgrund der Simulation ist leicht erkennbar, dass hier noch ein unbestimmter Freiheitsgrad existiert. Der andere unbestimmte Freiheitsgrad lässt sich auf diese Weise leider nicht entdecken, da aufgrund der symmetrischen Eigenschaften kein Grund für eine Bewegung des Lenkrads besteht.

- Brechen Sie die Animationsfunktion mit SCHLIESSEN (CLOSE) ab.

2.2.1.10 Definition eines kinematischen Antriebs

Als Nächstes wird am Lenkrad ein Antrieb definiert. Solch ein Antrieb kann für die zeitbasierten Simulationsmethoden sowie auch für die *Artikulation* genutzt werden. In den zeitbasierten Lösungen wird er zeitabhängig, in der Artikulation nach manueller Angabe ausgeführt.

Ein Antrieb wirkt wie ein zusätzlicher Constraint.

Antriebe werden entweder direkt in den Gelenken oder über die Funktion *Fahrer* (*Driver*) definiert. Es ist zu bedenken, dass nicht alle Gelenke Antriebe haben können. Lediglich das *Drehgelenk* (*Revolute*), das *Schiebegelenk* (*Slider*), das *Zylindrische* (*Cylindrical*) und *Punkt auf Kurve* (*Point on Curve*) können mit Antrieben versehen werden. Ist ein Antrieb auf einem der genannten Gelenke nicht möglich, kann auch direkt ein Freiheitsgrad eines Bewegungskörpers mit einem Antrieb versehen werden. Im Drehgelenk wirkt der Antrieb als Drehantrieb, im Schiebegelenk entsprechend als Schiebeantrieb, und im zylindrischen Gelenk ist eine Kombination aus Dreh- und Schiebeantrieb möglich. Im Folgenden wird dargestellt, wie ein Drehgelenk nachträglich mit einem Antrieb versehen werden kann.

- Wählen Sie dazu im Kontextmenü des Drehgelenks am Lenkrad die Option *Bearbeiten* (*Edit*) und wechseln Sie in das Register *Fahrer* (*Driver*).

Es erscheint der Erzeugungsdialog des Drehgelenks. Von hier können alle Eigenschaften des Gelenks geändert werden. Unter *Fahrer* (*Driver*) können die in Bild 2.19 aufgeführten Arten von Antrieben definiert werden.

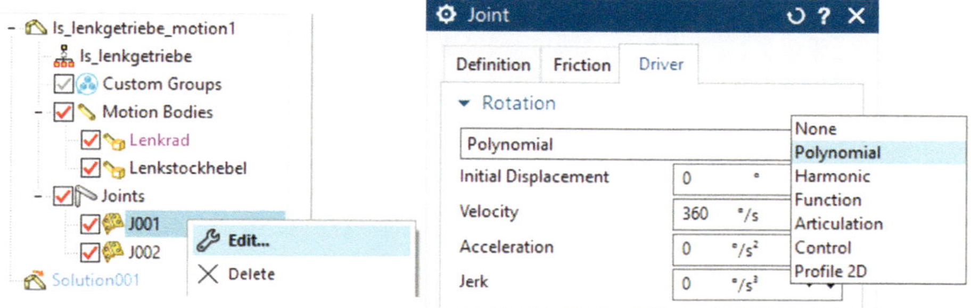

Bild 2.19 Verschiedene Antriebsarten sind möglich, z. B. der Typ *Polynom*.

Der Antrieb *Polynom* (*Polynomial*) führt eine zeitlich konstante Bewegung bzw. Beschleunigung aus. Es können die *Anfangsverschiebung* (*Initial Displacement*), die *Geschwindigkeit* (*Velocity*), die *Beschleunigung* (*Acceleration*) sowie der *Ruck* (*Jerk*) angegeben werden.

Der *harmonische Antrieb* (*Harmonic*) führt eine harmonische Schwingung aus. Es können die *Schwingungsamplitude* (*Amplitude*), die *Schwingungsfrequenz* (*Frequency*) sowie ein *Phasenwinkel* (*Phase Angle*) und eine *Vorverschiebung* (*Displacement*) angegeben werden (Bild 2.20).

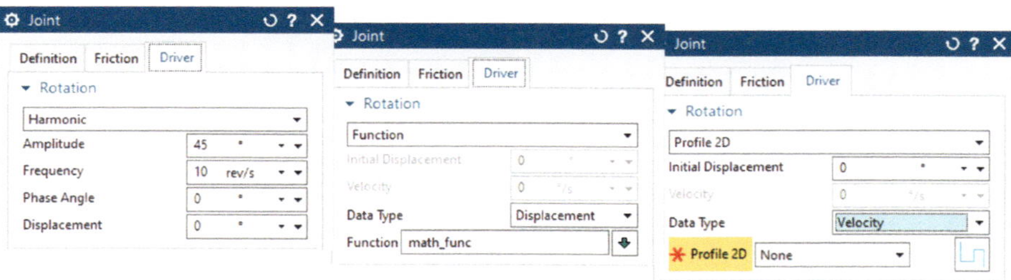

Bild 2.20 Der Typ *Harmonisch* erzeugt eine Schwingung.

Der Antrieb *Funktion* (*Function*) kann genutzt werden, um komplexere Funktionen mithilfe des *Funktionsmanagers* $f(x)$ zu definieren.

Der Typ *Funktion* erlaubt den Zugriff auf erweiterte Funktionen.

Der *Artikulationsantrieb* entspricht bei allen anderen Lösungen einer Fixierung des Freiheitsgrades, beim Typ *Artikulation* kann der Antrieb manuell betätigt werden.

Artikulation ist ein besonderer Antrieb. Hiermit kann quasi ferngesteuert bewegt werden.

Der Antrieb *Kontrolle* (*Control*) kann verwendet werden, wenn der Simcenter 3D Motion-Solver ausgewählt wird. Mit den Werten eines Ports, z. B. eines Mechatronik-Ausgabeports, kann dieser Antrieb gesteuert werden.

Der Typ *Kontrolle* kann nur mit dem Simcenter 3D Motion-Solver verwendet werden.

Der Antrieb *Profil 2D* kann verwendet werden, um den Antrieb über ein vorab definiertes Profil, beispielsweise basierend auf einer Skizze, zu steuern.

Der Typ *Profil 2D* kann nur mit dem Simcenter 3D Motion-Solver verwendet werden.

Alle Antriebstypen können für den Lösungstyp *Artikulation* genutzt werden. Die eingestellten Werte werden dann einfach zurückgesetzt und bleiben ohne Bedeutung. Für die visuelle Kontrolle in unserem Beispiel soll die Artikulationsfunktion genutzt werden. Daher könnte also ein beliebiger der vier Antriebe genutzt werden.

- Um für einfache Testläufe sowohl die *Artikulation* als auch andere Lösungen sinnvoll nutzen zu können, sollten Sie beispielsweise den polynomen Antrieb nutzen und eine Geschwindigkeit (*Velocity*) von 360 [°/s] einsetzen. Stellen Sie dies entsprechend Bild 2.19 und Bild 2.20 ein.

- Nachdem der Antrieb eingetragen wurde, verlassen Sie den Dialog mit einem Klick auf Ok.

Mit diesen Einstellungen für den Antrieb wird bei einer Simulationszeit von einer Sekunde genau eine Umdrehung ausgeführt.

2.2.1.11 Erzeugung eines Zahnradpaars

Zwei Drehgelenke können über ein Getriebegelenk verbunden werden.

Das Zahnradpaar verbindet die beiden Drehgelenke und macht ihre Drehbewegungen voneinander abhängig.

- Erzeugen Sie das Zahnradpaar, indem Sie die Funktion *Zahnradkoppler*  (*Gear Coupler*) aufrufen.
- Der erste Selektionsschritt fordert Sie auf, das erste Drehgelenk zu selektieren, beispielsweise das Gelenk des Lenkrads. Sie können das Gelenk im Grafikfenster oder auch im Motion Navigator selektieren. Nach der Selektion springt der Selektionsschritt auf die zweite Frage.
- Hier selektieren Sie das zweite Drehgelenk, also das Gelenk des Lenkstockhebels.
- Über das Verhältnis der Radien der beiden Zahnräder kann das Über- oder Untersetzungsverhältnis gesteuert werden. Für ein Verhältnis von 0,25 können hier also beispielsweise 1 mm für das Lenkradgelenk und 4 mm für das Gelenk des Lenkstockhebels eingetragen werden.
- Bestätigen Sie mit Ok. Das Gelenk wird nun erzeugt.

HINWEIS: Das Kopplungsobjekt *Zahnradkoppler* (*Gear Coupler*) hat leider folgende Einschränkung: Es kann nur dann erzeugt werden, wenn die beiden Drehgelenke die gleiche Basis haben. Mit der Basis eines Drehgelenks ist der Bewegungskörper gemeint, der bei der Erzeugung des Gelenks als zweiter Körper gewählt wurde. In Fall unseres Beispiels handelt es sich hierbei um die Umgebung.

2.2.1.12 Visuelle Kontrolle durch Nutzung der Artikulation

Nachdem das Motion-Modell vollständig erstellt wurde, kann es mithilfe der Artikulationsfunktion manuell bewegt werden.

- Dazu erzeugen Sie eine neue Lösung und wählen den Lösungstyp *Artikulationsanalyse* (*Articulation Run Analysis*). Bestätigen Sie daraufhin mit Ok.
- Wählen Sie jetzt *Berechnen* (*Solve*) aus. Nun erscheint der in Bild 2.21 dargestellte Dialog.

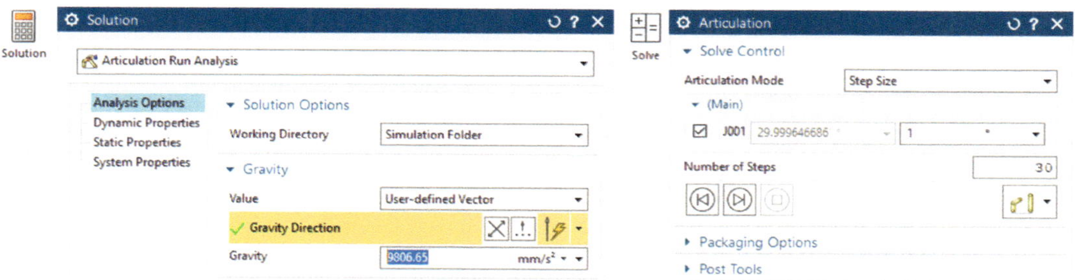

Bild 2.21 Die Funktion *Artikulation* eignet sich gut für die Kontrolle von Bewegungsabläufen.

- Um den einzigen Antrieb des Modells manuell zu bewegen, schalten Sie zunächst den Schalter für das Gelenk *J001* ein.
- Dann geben Sie die gewünschte *Schrittgröße* (*Step Size*) an, beispielsweise 1 Grad.
- Anhand der Knöpfe und können Sie den Antrieb nun schrittweise vorwärts oder rückwärts bewegen.
- Mit *Anzahl Schritte* (*Number of Steps*) können Sie angeben, dass bei jedem Mausklick auf oder mehrere Schritte ausgeführt werden.
- Mittels dieser Funktion kann nun die in der Aufgabenstellung gewünschte visuelle Kontrolle des Mechanismus durchgeführt werden.
- Brechen Sie die Artikulationsfunktion mit SCHLIESSEN (CLOSE) ab.
- Speichern Sie die Datei.

Dabei kann schrittweise vor- und rückwärts gefahren werden.

Damit ist die erste Lernaufgabe zur Bewegungssimulation fertiggestellt.

2.2.2 Top-down-Entwicklung der Lenkhebelkinematik

In dieser Beispielaufgabe wird dargestellt, wie Kinematiksimulationen in frühen Konstruktionsphasen sinnvoll genutzt werden können. Hintergrund ist die übliche Konstruktionsmethodik in der frühen Phase, in der ein Konstrukteur noch keine detaillierte Vorstellung vom fertigen Produkt hat. Vielmehr versucht er, sich anhand sehr grober Entwürfe an mögliche Konstruktionen heranzutasten, wobei Bewegungen der geplanten Maschine eine wichtige Rolle spielen. Meist werden dabei einfache Kurven, 2D-Skizzen oder grobe Volumenkörper eingesetzt, die problemlos manipuliert werden können. Erst wenn ungefähr passende geometrische Größen gefunden wurden, beginnt die detailliertere Gestaltung. Dazu gehört auch die Strukturierung der Geometrieobjekte in Baugruppenkomponenten oder die Bildung von Unterbaugruppen. Diese Art der Konstruktion nennt man Top-down-Konstruktion, weil das Produkt von oben nach unten entwickelt wird.

Ein Beispiel für die Unterstützung von frühen Konstruktionsphasen durch Bewegungssimulation.

In diesem Beispiel lernen Sie etwas über Konstruktionsmethodik, die in solch frühen Konstruktionsphasen eingesetzt wird. Das Hauptaugenmerk jedoch liegt auf der Nutzung von Motion-Simulationen im Zusammenhang mit Prinzipskizzen und der Optimierung von geometrischen Größen. Außerdem wird dargestellt, wie Ergebnisse der Simulation als Graph ausgegeben werden.

2.2.2.1 Aufgabenstellung

Ziel ist die Konstruktion der Lenkhebel, d.h. des linken und rechten Lenkhebels sowie der Spurstange. Bild 2.22 zeigt bereits das Ergebnis der Aufgabe. Durch eine parallelogrammartige Geometrie der Lenkhebel soll erreicht werden, dass die Räder bei Kurvenfahrt ungleichmäßig eingeschlagen sind, was zur Verbesserung der Fahrdynamik beiträgt. Zur Kontrolle der korrekten Bewegung soll in diesem Beispiel anhand von Graphen die unterschiedliche Winkelstellung der Räder beim Einschlagen dargestellt werden.

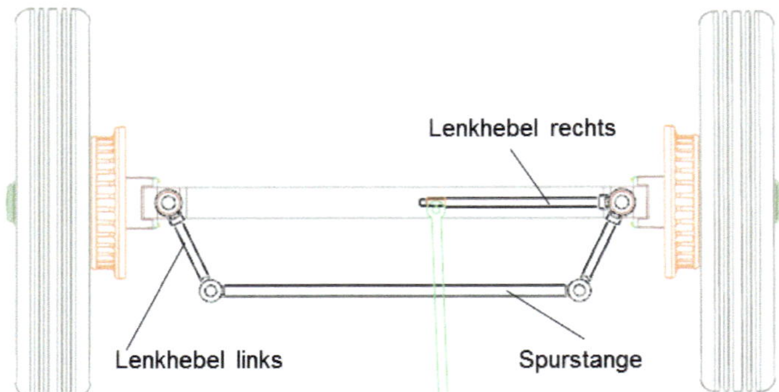

Bild 2.22 Ausgehend von Prinzip-Linien soll eine Mechanik entwickelt werden.

2.2.2.2 Überblick über die Lösungsschritte

Bevor wir beginnen, möchten wir Ihnen zunächst einen Überblick über die Lösungsschritte geben. Nachdem die entsprechende Unterbaugruppe des RAK2 in NX/SC geladen wurde, werden Sie die bereits vorhandenen Komponenten der Lenkhebel löschen bzw. ausblenden. Daraufhin werden Sie im Kontext der Baugruppe eine Prinzipskizze erzeugen, die als Grobgeometrie für die zu entwickelnden Komponenten dient.

Das Motion-Modell und ein Bewegungsgraph sollen erstellt werden. Auch die Kontrolle der Bewegungen ist wichtig.

Aufbauend auf dieser Prinzipskizze werden Sie ein Motion-Modell erstellen, das die erforderliche Bewegung darstellt. Nach Belieben können Sie zur visuellen Kontrolle auch die bereits vorhandene Radgeometrie mitbewegen lassen.

Als Nächstes wird ein Graph aufgezeichnet, der die Winkel der beiden Räder darstellt, wenn das Lenkrad eingeschlagen wird. Die Differenz der Radwinkel wird kontrolliert. Nach Belieben können Änderungen an den Parametern der Prinzipskizze vorgenommen und erneute Kontrollen der Radwinkel durchgeführt werden.

Sind die geometrischen Größen geeignet eingestellt, so werden Sie aus den Prinzipkurven der Skizze Baugruppenkomponenten erstellen. Um Assoziativität zu den Prinzipkurven zu behalten, wird der *Wave-Geometrie-Linker* eingesetzt. Schließlich erfolgt die erneute Bewegungskontrolle mit den erstellten Solids.

2.2.2.3 Vorbereitungen

Hier beginnt die Lernaufgabe.

- Beginnen Sie, indem Sie die Baugruppe *vr_lenkung* in NX laden und den Baugruppennavigator betrachten.
- Machen Sie das Teil *lenkhebelmechanik* zum aktiven Teil (*Make Work Part*).

Die fertige Lösung der Lernaufgabe besteht aus den Komponenten der Unterbaugruppe *lenkhebelmechanik*. Hier befinden sich neben einigen Kleinteilen der linke und rechte Lenkhebel *vr_lenkhebel_li*, *vr_lenkhebel_re* sowie die Spurstange *vr_spurstange*. Außerdem finden Sie hier die fertige Prinzipskizze *lenkhebelmechanik_prinzip*.

Zunächst soll die vorhandene Lösung gelöscht werden:

- Löschen Sie alle Komponenten der Baugruppe *lenkhebelmechanik*, indem Sie die Komponenten im Baugruppennavigator selektieren und im Kontextmenü die Funktion LÖSCHEN (DELETE) ausführen.

Die Dateien werden damit nicht gelöscht. Sie werden lediglich aus der Baugruppenstruktur von *lenkhebelmechanik* entfernt.

- Speichern Sie das Teil *lenkhebelmechanik*.

Falls Sie die Originaldatei *lenkhebelmechanik* später wieder benötigen, so erstellen Sie sich eine neue Kopie auf Basis der Daten unter *plus.hanser-fachbuch.de*.

2.2.2.4 Erzeugung einer Prinzipskizze der Lenkhebel

Erzeugen Sie nun ein neues Part und darin die neue Prinzipskizze:

- Falls nicht schon geschehen: Machen Sie das Teil *lenkhebelmechanik* zum aktiven (nicht zum dargestellten!) Teil (*Make Work Part*).

Im Folgenden werden wir mit der Top-down-Methode ein neues Teil erzeugen:

Die Nutzung der Top-down-Methode

- Dazu rufen Sie unter *Baugruppen* die Funktion *Neue Komponente* (*New Component*) auf.
- Geben Sie im erscheinenden Fenster als Namen der zu erstellenden Datei *lenk hebelmechanik_prinzip2.prt* an.
- Bestätigen Sie alle Voreinstellungen mit OK.

Das Resultat im Baugruppennavigator sollte dann wie in Bild 2.23 dargestellt aussehen.

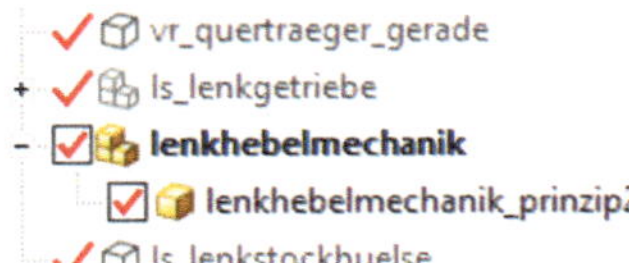

Bild 2.23
Erzeugen einer neuen Baugruppenkomponente

Als Nächstes erzeugen Sie im neu erstellten Part die Prinzipskizze. Gehen Sie dazu wie in den nachfolgend aufgeführten Schritten vor, die anhand Bild 2.24 verdeutlicht werden.

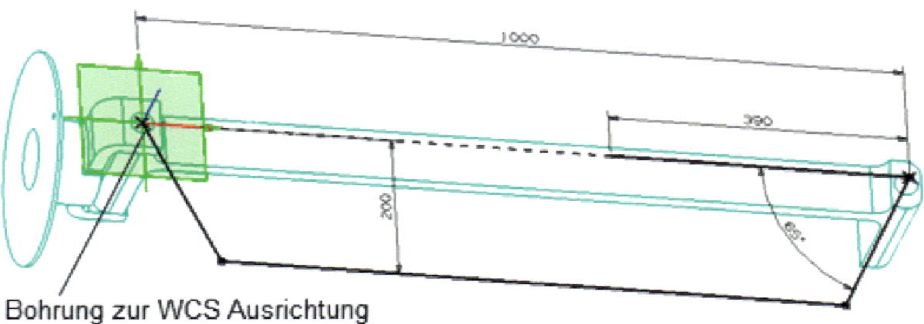

Bild 2.24 Die Prinzipgeometrie für das Lenksystem kann durch eine parametrische Skizze oder auch durch unparametrische Kurven erstellt werden.

- Machen Sie das neu erstellte Teil *lenkhebelmechanik_prinzip2.prt* zum aktiven (nicht zum dargestellten!) Teil.
- Richten Sie das WCS entsprechend Bild 2.24 an der gekennzeichneten Bohrung aus (MENU > FORMAT > WCS > ORIENT), damit eine Skizze in dieser Ebene erstellt werden kann. Achten Sie darauf, dass der Selektionsfilter auf *Gesamte Baugruppe* (*Entire Assembly*) eingestellt ist.
- Schalten Sie in die Anwendung *Konstruktion* (*Modeling*).
- Erzeugen Sie über EINFÜGEN (INSERT) entsprechend Bild 2.24 eine *Skizze* (*Sketch*) mit vier Linien. Beginnen Sie die erste Linie am Skizzenursprung. Das Winkelmaß von 65 und das Abstandsmaß von 200 können nach Belieben eingestellt werden. Hier sollen später, entsprechend den Ergebnissen der Kinematik, Änderungen durchgeführt werden. Verwenden Sie für den linken und rechten Hebel den Skizzen-Constraint „gleiche Länge". Damit ist auch der Winkel der beiden immer gleich.
- Verlassen Sie den Skizzenmodus.
- Speichern Sie die Datei *lenkhebelmechanik_prinzip2*.

Damit haben Sie die Prinzipskizze der Lenkhebel erfolgreich erstellt. Im nächsten Lösungsschritt wird das Motion-Modell erstellt.

2.2.2.5 Erzeugung der NX/Simcenter 3D Motion-Datei

Vor dem Erzeugen einer *NX/Simcenter 3D Motion*-Datei ist die Frage zu klären, von welchem Master-Modell das Motion-Modell erstellt wird. Dabei gibt es mehrere Möglichkeiten, die jeweils mit Vor- und Nachteilen verbunden sind:

Bei großen Baugruppen sollte eine sinnvolle Struktur für die Kinematikdateien gewählt werden.

- Wenn die Kinematik vom neuen Teil *lenkhebelmechanik_prinzip2* erstellt wird, haben wir den Vorteil, dass eine sehr einfache Dateistruktur entsteht, aber den Nachteil, dass im Motion-Modell lediglich auf die Kurven der Skizze zugegriffen werden kann. Es wäre also unmöglich, beispielsweise die Räder mitbewegen zu lassen, weil diese in der Datei *lenkhebelmechanik_prinzip2* gar nicht sichtbar sind.
- Falls von einer Stufe darüber, d.h. vom Teil *lenkhebelmechanik*, ausgegangen wird, wird die Struktur etwas komplexer. Dafür können die später zu erstellenden Lenkhebelkomponenten mitbewegt werden, weil sie von hier gesehen werden können.
- Eine weitere Stufe darüber, d.h. von *vr_lenkung* ausgehend, könnten auch die Räder mitbewegt werden. Die oberste Baugruppe *OPEL_Rak2* schließlich würde sogar erlauben, dass Teile vom Rahmen, z.B. zwecks Kollisionskontrolle, einbezogen würden.

Das generelle Problem ist also, dass ein Motion-Modell immer nur auf diejenigen Komponenten zugreifen kann, die von der Baugruppenstufe zu sehen sind. Eine Abhilfe dafür liefert eine Funktion, die es erlaubt, ein Motion-Modell einer Unterbaugruppe auch in höheren Baugruppen zu übernehmen. Von dieser Möglichkeit soll in einem späteren Beispiel Gebrauch gemacht werden.

Es gilt also, nun einen sinnvollen Kompromiss zu finden. Für unser Beispiel wollen wir von der Baugruppe *lenkhebelmechanik* ausgehen, weil darin später alle Lenkhebelteile enthalten sein sollen. Gehen Sie dazu wie folgt vor:

- Machen Sie das Teil *lenkhebelmechanik* zum aktiven und zum dargestellten Teil (*Open in Window*).
- Starten Sie die *Anwendung* (*Application*) *Motion* .
- Erzeugen Sie nun im Motion Navigator mithilfe des Kontextmenüs des Masterknotens eine *Neue Simulation* (*New Simulation*). Automatisch wird der Name *lenkhebel mechanik_motion_1* vergeben. Akzeptieren Sie die Voreinstellungen des Dialogs.

Die Erstellung der Simulationsdatei

- Deaktivieren Sie in dem Dialog *Umgebung* (*Environment*) den Verbindungsassistent (*Joint Wizard*). Die komponentenbasierte Simulation macht ebenfalls keinen Sinn, da ja nur eine Skizze zugrunde liegt.

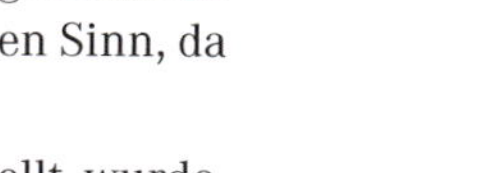

Bild 2.25 zeigt den Motion Navigator, nachdem die neue Motion-Datei erstellt wurde. Nachfolgend können für das Motion-Modell Bewegungskörper (*Motion Bodies*), Gelenke (*Joints*) und Antriebe definiert werden.

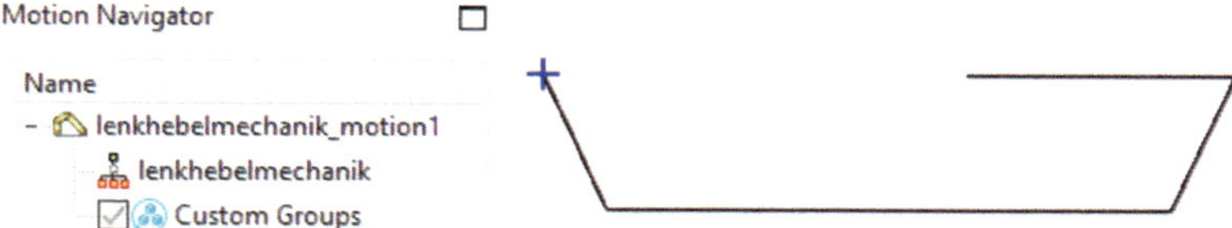

Bild 2.25 Aus dieser Skizze wird das Skelett der folgenden Kinematik erstellt.

2.2.2.6 Definition der Bewegungskörper durch Skizzenkurven

Für unsere Beispielaufgabe soll die dynamische Lösung verwendet werden. Sind, wie im Falle der Skizzenkurve, keine Masseneigenschaften automatisch zu ermitteln, werden die betroffenen Körper aus den dynamischen Gleichungen ausgeschlossen. Werden Massen- und Trägheitseigenschaften manuell hinzugefügt, werden die dynamischen Kräfte auf die jeweiligen Körper mitberücksichtigt. Sollen die Bewegungskörper also entsprechend ihrer Freiheitsgrade schwingen oder fallen, müssen die Größen unter *Mass and Inertia* zumindest mit Dummy-Werten gefüllt werden. Gehen Sie dazu wie folgt vor:

- Wählen Sie die Funktion zum Definieren von Bewegungskörpern (*Motion Body*).
- Im ersten Selektionsschritt (*Motion Body Objects*) selektieren Sie die zugehörige Geometrie. Beginnen Sie mit den beiden Kurven, die den rechten Lenkhebel darstellen (Bild 2.26).

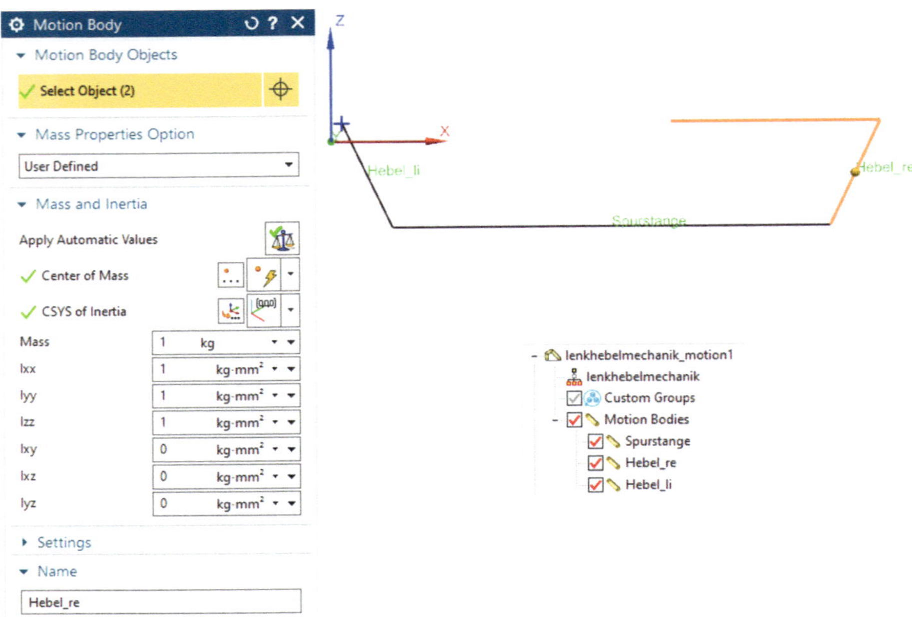

Bild 2.26 Ein dynamischer Bewegungskörper braucht die Angabe des Schwerpunkts, der Masse und der Trägheitseigenschaften.

Das System erkennt, dass sich die Masseneigenschaften nicht automatisch berechnen lassen. Daher zeigt das Menü die Option *Anwenderdefiniert* (*User Defined*). Die Masseneigenschaften müssen wie folgt definiert werden:

- Öffnen Sie im Dialog die Box *Masse und Trägheit* (*Mass and Inertia*).
- Bei *Masseschwerpunkt* (*Center of Mass*) selektieren Sie einen beliebigen Punkt auf den beiden Linien für den Schwerpunkt.
- Bei *KSYS der Trägheit* (*CSYS of Inertia*) definieren Sie ein beliebiges Koordinatensystem für die Orientierung der Trägheitseigenschaften, z. B. das absolute.
- Für die Werte von Masse und Trägheit definieren Sie einfach Dummy-Eigenschaften wie z. B. eine Masse von 1 kg und Trägheitswerte von jeweils 1 entsprechend Bild 2.26.

Es können auch Dummy-Eigenschaften vergeben werden, z. B. überall „1“.

Optional kann auch eine Startgeschwindigkeit vergeben werden.

Nun haben Sie alle erforderlichen Angaben gemacht. Weitere Möglichkeiten des Dialogs beziehen sich auf optional zu berücksichtigende Startgeschwindigkeiten des Bewegungskörpers, die hier nicht gebraucht werden.

- Mit OK wird der Bewegungskörper erzeugt. Es empfiehlt sich, vorher noch einen aussagefähigen Namen (*Hebel_re*) zu vergeben.
- Auf die gleiche Weise erzeugen Sie nun Bewegungskörper für den linken Hebel sowie für die Spurstange.

Das Ergebnis sollte wie in Bild 2.26 aussehen.

Als Nächstes können nun die Gelenke erzeugt werden.

2.2.2.7 Erzeugung von Drehgelenken

Das Erzeugen von Gelenken anhand von Skizzenkurven ist meist etwas aufwendiger als bei der Verwendung von Volumenkörpern, weil die Definition der Drehachsen explizit erfolgen muss. Bei Volumenkörpern existieren an Gelenkpositionen oftmals Formelemente wie Bohrungen, die eine explizite Angabe der Richtung überflüssig machen. Dies war im vorherigen Beispiel der Fall.

Nachfolgend werden vier Drehgelenke für die Lagerung der beiden Hebel zur Umgebung sowie für die Verbindung der Spurstange zu den beiden Hebeln erzeugt. Wir beginnen mit dem Gelenk des rechten Hebels zur Umgebung.

- Rufen Sie die Funktion zur Erzeugung von *Gelenken* (*Joints*) auf (Bild 2.27).

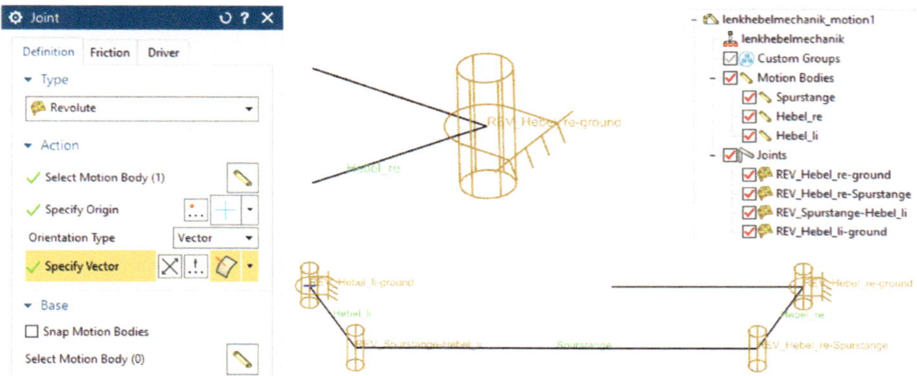

Bild 2.27 Das Menü zum Erzeugen von Gelenken: Ein Gelenk verbindet zwei Körper (*Action* und *Base*). Es braucht dazu einen Ursprung und eine Orientierung.

- Wählen Sie als Gelenktyp das *Drehgelenk* (*Revolute*).
- Als ersten Selektionsschritt (*Action*) selektieren Sie den rechten Hebel ungefähr an der Stelle, an der das Gelenk den Drehpunkt haben soll.

Mit dieser Selektion haben Sie den ersten Bewegungskörper definiert, den das Gelenk verbinden soll, und den Punkt, an dem das Gelenk positioniert sein soll.

Im nächsten Schritt können der *Ursprung* (*Origin*) des Gelenks sowie der *Vektor* (*Vector*) der Drehrichtung definiert werden. Der Ursprung wurde schon im ersten Schritt erfolgreich übergeben, daher kann hier zur Richtung gewechselt werden, die noch nicht korrekt automatisch erkannt wurde. Die Drehrichtung des Drehgelenks wird durch die Z-Richtung des angezeigten Koordinatensystems definiert.

Bei Kurvengeometrie kann das System meist nicht automatisch die Drehrichtung ermitteln. Daher muss diese manuell definiert werden.

- Wechseln Sie im Dialog zum Selektionsschritt der Vektordefinition für die Orientierung, und wählen Sie hier die globale Y-Richtung oder die Flächen-/Ebenennormale der Skizze aus.

Es wird ein rotes Koordinatensystem für die Orientierung des Gelenks angezeigt. Dies ist das lokale Gelenkkoordinatensystem. Die Z-Richtung von diesem System ist die Drehrichtung des Gelenks.

Mit dem nächsten Selektionsschritt *Basis* (*Base*) kann angegeben werden, mit welchem zweiten Bewegungskörper der erste verbunden werden soll. Im Fall einer Verbindung mit der festen Umgebung, wie hier gewünscht, wird der Schritt einfach übersprungen.

- Wählen Sie daher einfach nur OK aus.

Das Gelenk wird daraufhin erzeugt.

- Auf entsprechende Weise erzeugen Sie nun das Drehgelenk vom linken Hebel zur festen Umgebung (hierbei gibt es nichts Neues zu beachten).
- Ein wenig unterschiedlich ist die Erzeugung der beiden Gelenke zwischen dem rechten und linken Hebel mit der Spurstange, weil diese Gelenke nicht an der Umgebung, sondern einem anderen Teil befestigt sind. Bei diesen beiden Gelenken muss als letzter Selektionsschritt bei *Basis* (*Base*) der zu verbindende Bewegungskörper (*Motion Body*) selektiert werden. Das heißt, wenn bei *Aktion* der Hebel selektiert ist, muss bei *Basis* die Spurstange gewählt werden.
- Erzeugen Sie auf diese Weise die beiden Gelenke zwischen der Spurstange und den beiden Hebeln. Die Vektorrichtung ist dabei immer die Y-Richtung. Bei *Basis, Bewegungskörper auswählen* (*Base, Select Motion Body*) wird der jeweils andere Körper selektiert.
- Die Benennung der erzeugten Gelenke kann automatisch durchgeführt werden, indem die Gelenke im Motion Navigator einzeln oder gemeinsam selektiert werden und über das Kontextmenü die Funktion *Automatic Rename* ausgeführt wird. Der automatische Name setzt sich aus einem Kürzel zur Beschreibung des Gelenktyps und den verbundenen Bewegungskörpern bzw. der Umgebung zusammen, so z.B. *REV_Hebel_re-ground*.
- Speichern Sie die Datei.

Das Ergebnis sollte wie in Bild 2.27 aussehen. Die Größendarstellung der Gelenke ist in der Abbildung vergrößert worden. Dies kann nach Belieben unter den Voreinstellungen für Motion erledigt werden.

Damit ist die Erzeugung der Gelenke abgeschlossen, und es kann ein Testlauf erfolgen.

2.2.2.8 Testlauf mit einem unbestimmten Freiheitsgrad

Der dynamische Testlauf mit einem unbestimmten Freiheitsgrad bringt Verständnis für den Mechanismus.

Da der Mechanismus noch keinen kinematischen Antrieb hat, gibt es für das Gesamtsystem noch eine unbestimmte Bewegungsmöglichkeit. Diese Anzahl unbestimmter Freiheitsgrade kann auch über die Funktion *List Connections* im Kontextmenü des Motion-Modells erhalten werden, wie im vorherigen Beispiel bereits gezeigt wurde.

Für einen dynamischen Testlauf sollte vorher noch die Richtung der Schwerkraft geeignet eingestellt werden. Die negative X-Richtung wäre beispielsweise geeignet.

Es wird hier eine Lösung erzeugt, in der drei Sekunden Zeit durchlaufen werden.

- Erstellen Sie eine *Lösung* (*Solution*) vom Typ *Dynamische Analyse* (*Dynamic Analysis*), und wählen Sie beispielsweise eine *Endzeit der Lösung* (*Solution End Time*) von drei Sekunden und eine *Feste Anzahl von Schritten* (Fixed Number of Steps) von 200. Ändern Sie die Richtung der *Erdanziehungskraft* (*Gravity*) auf die positive X-Richtung (Bild 2.28).
- Mit OK wird die Lösung erstellt und kann berechnet (*Solve*) werden.
- Es erscheint ein Informationsfenster, das die Anzahl der redundanten Freiheitsgrade angibt. Darauf wird erst im nächsten Abschnitt genauer eingegangen. Das Fenster kann also zunächst ignoriert werden.
- Nun kann die *Animation* gestartet werden.
- Um die Bewegung ablaufen zu lassen, wählen Sie die Funktion *Abspielen* (*Play*).

Das Ergebnis ist eine pendelartige Schwingung. Ein Schnappschuss davon ist in Bild 2.28 rechts dargestellt.

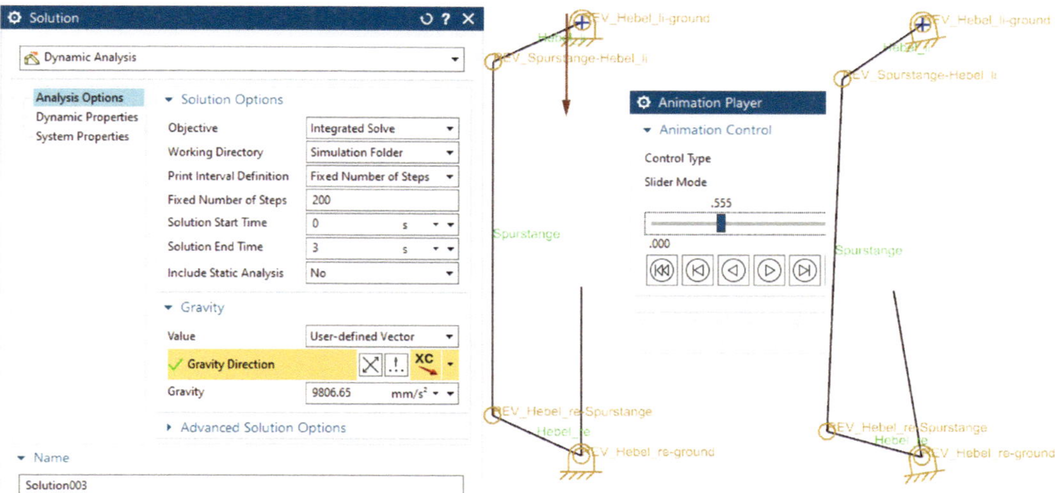

Bild 2.28 Die dynamische Analyse wird zu Plausibilitätszwecken durchgeführt. Die Kurven pendeln hin und her.

Der bisherige Mechanismus führt demnach eine ungedämpfte[2] Schwingung aus. Nach diesem erfolgreichen Plausibilitätstest kann der Mechanismus weiter erstellt werden, wobei wir zunächst einen Abschnitt über redundante Freiheitsgrade einschieben wollen.

2.2.2.9 Bedeutung redundanter Freiheitsgrade

Das Informationsfenster, das beim vorher durchgeführten Testlauf erscheint, weist den Anwender auf redundante Freiheitsgrade hin. Dies ist als Warnung zu verstehen (Bild 2.29).

Redundante Freiheitsgrade sind Überbestimmungen, die in vielen Fällen aber von der Software automatisch gelöst werden können.

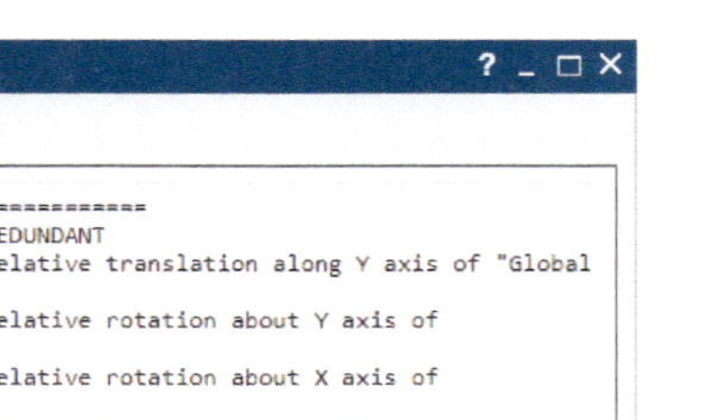

Bild 2.29 Redundante, d. h. überbestimmte, Freiheitsgrade werden angezeigt.

Ein redundanter Freiheitsgrad bedeutet, dass ein Bewegungsfreiheitsgrad des Systems überbestimmt ist, dass aber aus dieser Überbestimmung kein Konflikt resultiert. Anders ausgedrückt lässt sich in vielen Fällen die Überbestimmung des Systems also automatisch lösen. Treten bei der Berechnung allerdings Fehler oder Probleme auf, dann ist der

2 Beim RecurDyn-Solver ist eine numerische Dämpfung voreingestellt. NX/SC Motion arbeitet ohne diese. Daher ergibt sich hier je nach eingestelltem Solver ein etwas anderes Ergebnis.

Grund dafür häufig in der Überbestimmung bzw. in der nicht sinnvollen Lösung dieser zu finden.

Wie man sich redundante Freiheitsgrade vorstellen kann.

In unserem Fall liegen entsprechend dem Informationsfenster drei solche Überbestimmungen vor. Zusätzlich wird ausgegeben, wo diese liegen bzw. wie sie gelöst werden. Es ist relativ schwierig, sich diese Überbestimmungen plausibel zu machen. Eine Methode ist die folgende: An jedem Bewegungskörper und jedem Gelenk wird gedanklich eine kleine Verschiebung oder Verdrehung in alle sechs Richtungen aufgebracht. Wenn der Mechanismus dadurch in eine Konfliktsituation gerät, so handelt es sich um eine Überbestimmung dieses Freiheitsgrades. In unserem Fall liegen die folgenden drei Überbestimmungen vor (Bild 2.30):

Kleinste geometrische Änderungen können dazu führen, dass ein redundanter Freiheitsgrad zu einem Konflikt führt.

- Falls eine der Drehachsen um die x-Achse verdreht wird, kommt es zu einer Konfliktsituation,
- falls eine Drehachse um die z-Achse verdreht wird, ebenfalls, und
- falls einer der beiden Punkte, die mit der Umgebung verbunden sind, in die Y-Richtung verschoben wird, entsteht auch eine Konfliktsituation.

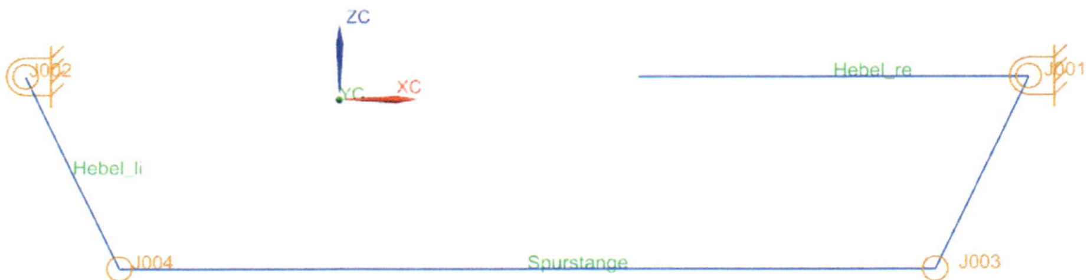

Bild 2.30 Das Skelett mit den Kinematik-Elementen

Um die Bedeutung der redundanten Freiheitsgrade zu verstehen, soll noch einmal daran erinnert werden, dass es sich bei einer Motion-Simulation um ein Starrkörpermodell handelt, bei dem die Bewegungskörper nicht elastisch sind. In der Realität werden kleine Ungenauigkeiten (beispielsweise Wärmedehnungen) toleriert – einerseits durch Spiel in den Gelenken, andererseits durch die Nachgiebigkeit der Teile. Die beiden Effekte „Spiel" und „Elastizität/Flexibilität" sind in der MKS-Simulation jedoch nicht enthalten. Daher führen bei einem redundant aufgebauten Motion-Modell bereits kleinste Ungenauigkeiten, wie sie auch in der Konstruktion mit einem CAD-System auftreten, zu Konfliktsituationen.

Es wird deshalb empfohlen, Motion-Modelle möglichst redundanzfrei aufzubauen, damit sie sicher funktionieren.

Komplexe Mechanismen sollten möglichst redundanzfrei aufgebaut werden.

Um das Motion-Modell redundanzfrei aufzubauen, müssen geeignete Gelenktypen gefunden werden, anhand derer die Bewegungsfreiheitsgrade nicht überbestimmt werden. Welche Gelenktypen dafür geeignet sind, muss aus Plausibilitätsbetrachtungen hervorgehen. Eine Lösung wäre beispielsweise folgende:

- Wenn ein beliebiges der vier Drehgelenke durch ein *Kugelgelenk* (*Spherical*) ersetzt wird, können die ersten beiden Konfliktsituationen nicht mehr auftreten.
- Wenn darüber hinaus ein beliebiges Drehgelenk durch ein *Zylindrisches* (*Cylindrical*) ersetzt wird, kann auch die dritte Konfliktsituation nicht mehr auftreten.

Diese Gelenkkonfiguration entspricht zwar nicht der Art und Weise, wie der Mechanismus in Wirklichkeit aufgebaut ist, jedoch hat dieser Unterschied für die Betrachtung der Kinematik keinen Einfluss. Diese Vorgehensweise ist typisch für den Aufbau von Motion-Modellen mit Mehrkörpersimulationsprogrammen, in denen Spiel und Elastizität nicht berücksichtigt werden. Selbstverständlich können auch Spiel und Elastizität simuliert werden, jedoch werden dabei komplexere Methoden erforderlich. Beispielsweise sei hier auf die Funktion *3D-Kontakt* verwiesen, mit der Spiel im Motion-Modell modelliert werden könnte, und die Finite-Elemente-Methode, mit der flexible Körper berechnet werden können.

Die eingesetzten Gelenke können nicht immer der Realität entsprechen, weil im Motion-Modell zunächst einmal keine Toleranzen und keine elastischen Teile möglich sind.

Daher sollen im Folgenden die beschriebenen Gelenke ersetzt werden, um ein redundanzfreies Modell zu erhalten.

2.2.2.10 Einbau eines Kugelgelenks

Ein Kugelgelenk braucht weniger Information als ein Drehgelenk, weil keine Angabe über die Drehachse erforderlich ist. Daher kann ein vorhandenes Drehgelenk direkt in ein Kugelgelenk umgewandelt werden. Gehen Sie dazu folgendermaßen vor:

Wir erzeugen alternative Gelenke.

- Selektieren Sie im Motion Navigator den Knoten des zu ändernden Gelenks (Bild 2.31).
- Wählen Sie im Kontextmenü die Funktion Bearbeiten. Es erscheint der Erzeugungsdialog des Gelenks.
- Hier schalten Sie den Gelenktyp auf *Kugelförmig* (*Spherical*) und bestätigen mit Ok.

Bild 2.31 Ein Kugelgelenk kann wie ein Drehgelenk wirken, das „Spiel" hat.

Alternativ könnte, statt dieses Umbaus, auch ein neues Kugelgelenk erzeugt werden. Die Richtung der Orientierung kann dabei beliebig angenommen werden, weil sie beim Verhalten eines Kugelgelenks keine Rolle spielt.

2.2.2.11 Einbau eines Zylindergelenks

Ein Dreh-Schiebe-Gelenk bzw. ein *Zylindergelenk* (*Cylindrical*) braucht die gleichen Informationen wie ein Drehgelenk. Daher kann ein vorhandenes Drehgelenk direkt in ein Zylindergelenk umgewandelt werden. Gehen Sie dazu wie folgt vor:

- Wählen Sie die Funktion Bearbeiten im Kontextmenü des zu ändernden Gelenks aus (Bild 2.32).
- Wählen Sie im Dialog den Gelenktyp *Zylindrisch* (*Cylindrical*) und bestätigen Sie mit Ok.

Alternativ könnte auch ein neues Zylindergelenk, entsprechend dem Drehgelenk, erzeugt werden.

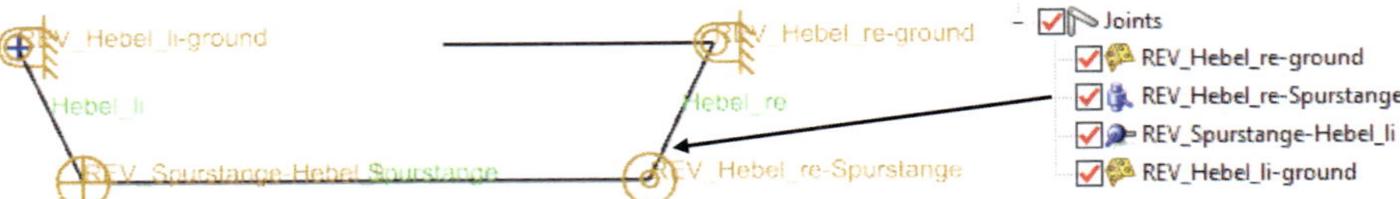

Bild 2.32 Die Gelenktypen können auch einfach nachträglich geändert werden.

Es existiert noch ein unbestimmter Freiheitsgrad.

Nachdem diese beiden Gelenke ersetzt worden sind, kann optional ein neuer dynamischer Testlauf zeigen, dass nun keine redundanten Freiheitsgrade mehr vorliegen. Über die Problematik mit den redundanten Freiheitsgraden hinaus sollte nicht aus den Augen verloren werden, dass es auch keine Unterbestimmungen (keine „lockeren Schrauben") geben soll. Daher sollte dies ebenfalls mit der vorher beschriebenen Methode nachgeprüft werden. Die Angabe „Degrees of Freedom: 1" zeigt, dass derzeit eine Unterbestimmung vorliegt, die sich in der freien Pendelbewegung äußert. Diese werden wir im nächsten Abschnitt entfernen.

2.2.2.12 Erzeugung eines kinematischen Antriebs

Mit dem Erzeugen eines kinematischen Antriebs wird aus dem Mechanismus der letzte unbestimmte Freiheitsgrad entfernt, und das System wird rein kinematisch. Gehen Sie dazu wie folgt vor:

- Bearbeiten Sie das Drehgelenk vom rechten Lenkhebel, an dem Sie den Antrieb erzeugen wollen (Bild 2.33).
- Im Erzeugungsdialog wählen Sie im Register *Fahrer* (*Driver*) den Antrieb *Polynom* (*Polynomial*) und stellen beliebig die Antriebsparameter ein.
- Bestätigen Sie mit OK.

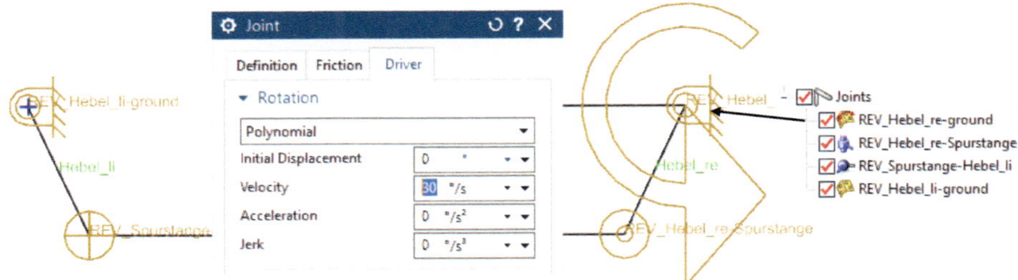

Bild 2.33 Auf Drehgelenken kann ein Drehantrieb aufgezwungen werden.

Die Antriebsparameter können deswegen beliebig eingestellt werden, weil für die reine Bewegungsuntersuchung die Artikulationsfunktion genutzt werden soll, die eine manuelle Betätigung der Antriebe zulässt.

Mit dem so aufgebauten Motion-Modell können sowohl die Artikulation als auch die Animation durchgeführt werden.

2.2.2.13 Durchführung der Artikulation

Mit der nachfolgenden Artikulation soll der interessierende Bereich einmal durchfahren werden. Auf Basis dieser Bewegung soll im nächsten Abschnitt ein Graph erstellt werden. Gehen Sie dazu folgendermaßen vor:

- Erstellen Sie eine neue *Lösung* (*Solution*), und stellen Sie den Typ auf *Artikulationsanalyse*. Bestätigen Sie mit Ok (Bild 2.34).
- Starten Sie die Artikulation, indem Sie die Funktion *Berechnen* (*Solve*) wählen.
- Schalten Sie den Schalter für das Antriebsgelenk ein, und geben Sie als *Schrittweite* (*Step Size*) beispielsweise 1 deg und als *Anzahl Schritte* (*Number of Steps*) 30 an.

Die Animation zeigt die berechnete Bewegung an.

HINWEIS: Je nach Maßen in der Skizze kann es bei 30 Schritten auch zu Klemmsituationen kommen. Dies äußert sich durch das Fenster *Solver-Sperre* (*Solver Lockup*). In solch einem Fall sollten Sie die Lösung erneut berechnen und einen kleineren Weg, z. B. nur 25°, durchfahren.

Wir lassen den Mechanismus in beide Richtungen laufen.

- Wählen Sie einmal die Funktion *Schritt vorwärts*, um den Antrieb um 30° in eine Richtung zu verdrehen, daraufhin zweimal *Schritt rückwärts*, um ihn um 60° in die andere Richtung zu bewegen, und wieder einmal, um in die Ausgangslage zurückzukommen.
- Mit Schliessen (Close) wird die Bewegung abgeschlossen.

Die hiermit definierte Bewegung wird im nächsten Abschnitt zur Graphenerstellung genutzt.

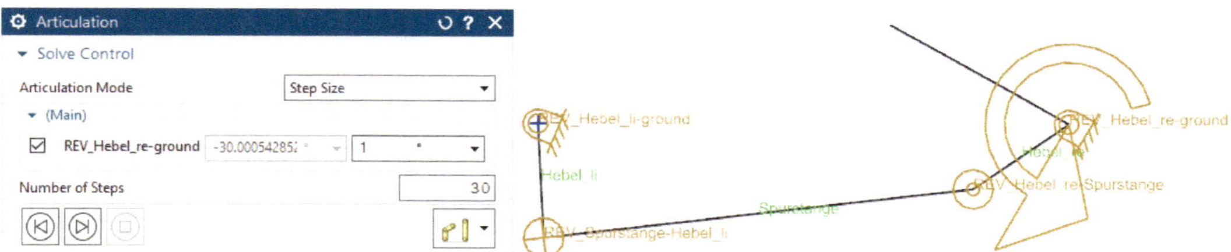

Bild 2.34 Hier lassen wir 30 Schritte ablaufen.

2.2.2.14 Graphenerstellung der Radwinkelbewegung

Im vorigen Abschnitt wurde anhand der Artikulationsfunktion eine Bewegung definiert, die nun grafisch ausgewertet werden soll. Es ist darauf zu achten, dass bei Ausführung der Artikulation wirklich nur die Bewegung durchgeführt wird, die später analysiert werden soll. Im Hintergrund schreibt das NX-System eine Ergebnisdatei, in der die durchgeführte Bewegung beschrieben ist. Diese Ergebnisdatei wird nun bei der Graphenerstellung ausgewertet. Die Ergebnisdatei hat die Erweiterung „mres“ und kann in dem Verzeichnis gefunden werden, in dem auch die Motion-Simulationsdatei liegt.

Um einen Graphen bezüglich der Radwinkelbewegung zu erstellen, gehen Sie folgendermaßen vor (vgl. auch Bild 2.35):

Der zu erstellende Graph wertet immer die letzte durchgeführte Bewegung aus.

- Im *Bewegungsnavigator* (*Motion Navigator*) öffnet sich zunächst die *XY Ergebnisansicht* (*XY Result View*) ohne Ergebnisse.
- Die aufzuzeichnenden Bewegungsobjekte (z. B. Gelenk, Markierung oder Massenschwerpunkt einer Verbindung) werden im *Bewegungsnavigator* (*Motion Navigator*) ausgewählt. Hier wählen Sie das erste der beiden Drehgelenke aus, dessen Weg aufgezeichnet werden soll, in unserem Fall das Antriebsgelenk.

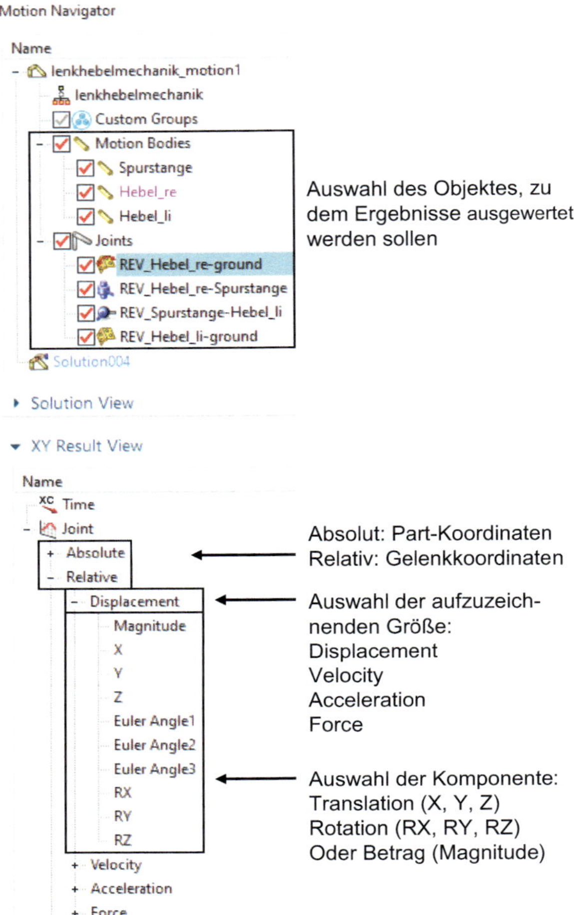

Bild 2.35 Ausgewertet werden der Weg, die Geschwindigkeit, die Beschleunigung oder die Kraft in jedem Gelenk. Die Angabe kann im absoluten oder im mitlaufenden Koordinatensystem erfolgen.

In der *XY Ergebnisansicht* (*XY Result View*) erscheinen die Ergebnisse des gewählten Gelenks. Unter *Absolute* (*Absolut*) und *Relative* (*Relativ*) werden die aufzuzeichnenden Größen gewählt. Im relativen Fall bezieht sich die Definition auf das bewegte Gelenkkoordinatensystem, im absoluten Fall auf das absolute Koordinatensystem des Teils.

- Für unser Beispiel wählen Sie das relative Koordinatensystem.

Unter *Relativ* wählen Sie die Ergebnisgröße aus. Zu den Auswahlmöglichkeiten zählen *Verschiebung* bzw. *Verdrehung* (*Displacement*), *Geschwindigkeit* (*Velocity*), *Beschleunigung* (*Acceleration*) und *Kraft* bzw. *Moment* (*Force*).

- Für den gewünschten Verdrehwinkel in unserem Beispiel wählen Sie daher *Verschiebung* (*Displacement*).

Unter der Ergebnisgröße wählen Sie die gewünschte Komponente. Zur Verfügung stehen die translatorischen Werte, die rotatorischen Werte sowie die jeweiligen Beträge.

- Für unser Beispiel wählen Sie die Komponente „RZ", anhand derer die Verdrehung eines Drehgelenks um die lokale Drehachse angezeigt wird.
- Klicken Sie mit der rechten Maustaste auf die Komponente „RZ". Wählen Sie *Plotten* (*Plot*), und klicken Sie einmal in das Grafikfenster, damit der Graph aufgezeichnet wird.
- Um das zweite Drehgelenk in der gleichen Weise aufzuzeichnen, wählen Sie im *Bewegungsnavigator* (*Motion Navigator*) das Gelenk *REV_Hebel_li-ground*. Nutzen Sie die gleichen Einstellungen. Klicken Sie mit der rechten Maustaste auf die Komponente „RZ", und wählen Sie *Überlagerung* (*Overlay*). Klicken Sie noch einmal in das Grafikfenster, damit der zweite Graph aufgezeichnet wird.

Das Ergebnis ist in Bild 2.36 dargestellt.

Im Graph ist der Bewegungsverlauf aus der Artikulationsfunktion als Zeitverlauf dargestellt worden. Dabei ist jeder Schritt mit einer Sekunde gleichgesetzt worden. Es ist zu erkennen, dass bei Schritt 30 die erste Endlage erreicht wurde. Weiterhin kann erkannt werden, dass die beiden Radwinkel unterschiedliche Beträge haben. Im Folgenden soll abgelesen werden, wie groß der Unterschied der Winkel in der ersten Endlage ist.

Zum Ablesen von Werten im Graph kann die Funktion *Spitzenwert Markierungsmodus* (*Peak Probing Mode*) aus dem Kontextmenü des Graphen genutzt werden, das noch weitere interessante, meist selbsterklärende Funktionen aufweist.

Die Funktion erlaubt ein Abfahren des Graphen mit der Maus. Im Bereich rechts oben werden die Werte der Graphen in kleinen Fenstern angezeigt. In unserem Beispiel lesen Sie beim ersten Radeinschlag 25° für den rechten und 37° für den linken Hebel ab. Die Winkeldifferenz beträgt also 12°. Diese Zahlen können, je nach Bemaßung der Prinzipskizze, variieren.

Zum Auswerten des Graphen steht eine Reihe von Hilfsfunktionen zur Verfügung.

- Mit der Funktion *Zu Modell zurückkehren* (*Return to Model*) bzw. dem Schließen des Graphen-Fensters verlassen Sie die Graphendarstellung.

Nach Belieben können nun Änderungen an der Geometrie der Prinzipskizze vorgenommen und erneut anhand der Winkeldifferenz kontrolliert werden.

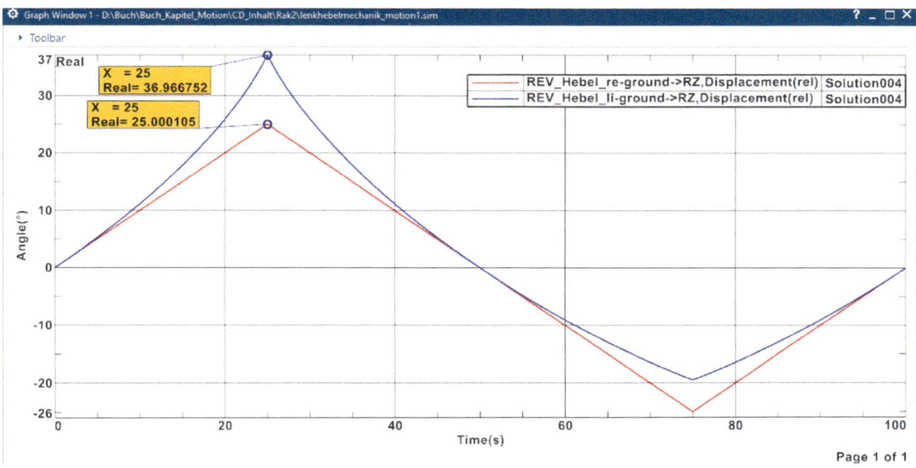

Bild 2.36 Die Radwinkel verstellen sich ungleichmäßig. Dies ist Folge des Parallelogramms an den Lenkhebeln.

2.2.2.15 Erstellung von Baugruppenkomponenten aus Prinzipkurven

Nachdem die Kinematik geeignet eingestellt ist, können mit der Top-down-Methode Komponenten erstellt werden.

Sind die geometrischen Größen anhand der Prinzipskizze akzeptabel eingestellt, so kann mit der Top-down-Konstruktion von Baugruppenkomponenten fortgefahren werden. Diese Aufgabe hat mehr mit Konstruktionsmethodik als mit *NX/Simcenter 3D Motion* zu tun, daher sollen hier nur grobe Erklärungen erfolgen.

Ziel sind Baugruppenkomponenten, deren Geometrie und Position von der Prinzipgeometrie der Skizze abhängig sind. Außerdem sollen die zu erstellenden Komponenten in der Motion-Simulation mitbewegt werden.

Die Abhängigkeit der Geometrie und der Position ist über den *Wave-Geometrie-Linker* zu erreichen. Die Bewegung in der Motion-Simulation kann durch einfaches Zufügen der neuen Geometrie zu den bestehenden Bewegungskörpern (*Motion Bodies*) erfolgen.

Wenn Assoziativität gewünscht ist, muss der *Wave-Geometrie-Linker* eingesetzt werden.

Wir beginnen mit dem Erzeugen leerer Komponenten, fügen damit dem *Wave-Geometrie-Linker* die Skizzengeometrie in die neuen Komponenten ein und bauen dann detailliertere Geometrieobjekte der Hebel in Abhängigkeit der neu eingefügten gelinkten Kurven. Gehen Sie dazu wie folgt vor:

- Speichern Sie die Datei *lenkhebelmechanik_motion_1*.
- Verlassen Sie die Motion-Simulation, indem Sie im Motion Navigator den Master anwählen und in dessen Kontextmenü die Funktion *Master in Fenster öffnen* (*Open Master in Window*) wählen, wenn dieser nicht schon geöffnet ist. Anderenfalls können Sie den Master einfach in der Leiste oberhalb des Grafikbereichs anwählen.
- Starten Sie die Anwendung *Konstruktion* (*Modeling*). Das Teil *lenkhebelmechanik* ist nun das aktive und dargestellte Teil.
- Rufen Sie unter den Baugruppenfunktionen die Funktion *Neue Komponente* (*New Component*) auf, und geben Sie den Dateinamen für die erste Komponente an, beispielsweise *vr_lenkhebel_re2.prt*. Klicken Sie nun auf OK.
- Im nächsten Fenster selektieren Sie nichts und bestätigen mit OK.
- Führen Sie die gleiche Prozedur, d. h. die letzten zwei Schritte, für zwei weitere Komponenten durch. Benennen Sie diese mit *vr_lenkhebel_li2.prt* und *vr_spurstange2.prt*.
- Speichern Sie die Datei *lenkhebelmechanik*.

Das Ergebnis im Baugruppennavigator sollte wie in Bild 2.37 dargestellt aussehen.

Bild 2.37
Die neue Struktur der Baugruppe

Im Folgenden werden nun Wave-Geometrie-Links erstellt. Gehen Sie folgendermaßen vor:

- Machen Sie das Teil *vr_lenkhebel_re2* zum aktiven Teil.
- Rufen Sie den *Wave Geometry Linker* über MENÜ > EINFÜGEN > ASSOZIATIVE KOPIE (MENU > INSERT > ASSOCIATIVE COPY) auf.

- Setzen Sie den Typ auf *Zusammengesetzte Kurve* (*Composite Curve*). Selektieren Sie nun, wie in Bild 2.38 dargestellt, die beiden Kurven, die zum rechten Hebel gehören sollen. Bestätigen Sie mit OK.
- Wiederholen Sie die drei letzten Punkte für den linken Hebel und für die Spurstange. Selektieren Sie jeweils die zugehörige Geometrie.

Bild 2.38 Erstellung von assoziativen Geometrieobjekten innerhalb der Baugruppe

Nachdem diese Schritte durchgeführt wurden, kann in jeder der drei Komponenten weitergearbeitet werden. Die Idee ist, dass die gesamte Geometrie des jeweiligen Teils in Abhängigkeit der nun eingefügten Skizzenkurve erstellt wird. Für den Aufbau der Geometrie können sehr unterschiedliche Methoden genutzt werden. Wir werden im Folgenden eine sehr einfache Modellierungsstrategie beschreiben. Außerdem werden wir die Modellierung nur exemplarisch für eines der Teile, die Spurstange, durchführen. Die anderen Teile können nach Belieben modelliert werden. Gehen Sie wie folgt vor:

- Machen Sie die Komponente *vr_spurstange2* zum dargestellten Teil. Füllen Sie die Bildschirmdarstellung (*Fit*), damit die Kurve zu sehen ist.
- Wählen Sie die Funktion *Rohr* (*Tube*), selektieren Sie die Kurve, tragen Sie für den äußeren Durchmesser 20 mm und für den Inneren 0 mm ein (Bild 2.39). Bestätigen Sie mit OK.

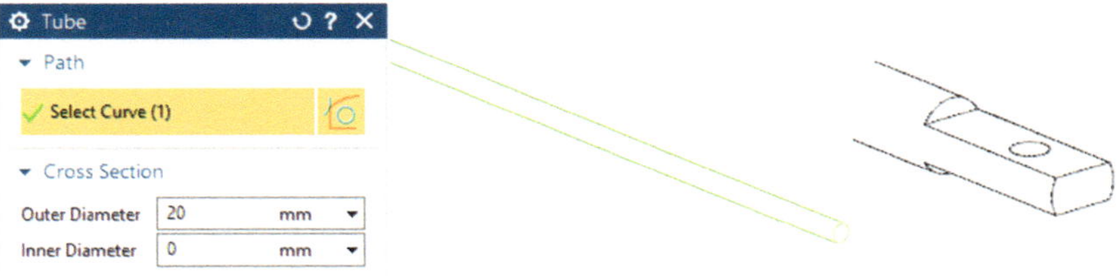

Bild 2.39 Innerhalb jeder Komponente wird jeweils die Einzelteilgeometrie modelliert. Das grundlegende Feature ist die assoziative Linie aus der Kinematik.

Nach Belieben können nun weitere Formelemente erzeugt werden, beispielsweise für die Detaillierung der Gelenke an den beiden Seiten, wie in Bild 2.39 rechts dargestellt.

- Nachdem die 3D-Modellierung des Teils abgeschlossen ist, wechseln Sie über den Baugruppennavigator wieder in das *Elternteil* (*Display Parent*) *lenkhebelmechanik*.
- Auf entsprechende Weise erstellen Sie Geometrieobjekte für die weiteren Komponenten (*vr_lenkhebel_li2* und *vr_spurstange2*).

Die Einzelteile können beliebig detailliert werden. Grundlegende geometrische Maße werden jedoch durch die Steuerskizze vorgegeben.

Das Prinzip hierbei ist immer das gleiche: Die Grobgeometrie der Prinzipskizze enthält die grundlegenden Abmessungen und Positionen. Von diesen Kurven werden die Komponententeile abhängig konstruiert und detailliert. In den bereits konstruierten Teilen *vr_hebel_re.prt*, *vr_hebel_li* und *vr_spurstange.prt* kann bei Bedarf nachgesehen werden, welche Konstruktionsmethodik dabei zum Einsatz kommen kann. Für die Methodik unserer Lernaufgabe reicht jedoch eine sehr einfache Konstruktion, wie dies an der Spurstange gezeigt wurde (Bild 2.40).

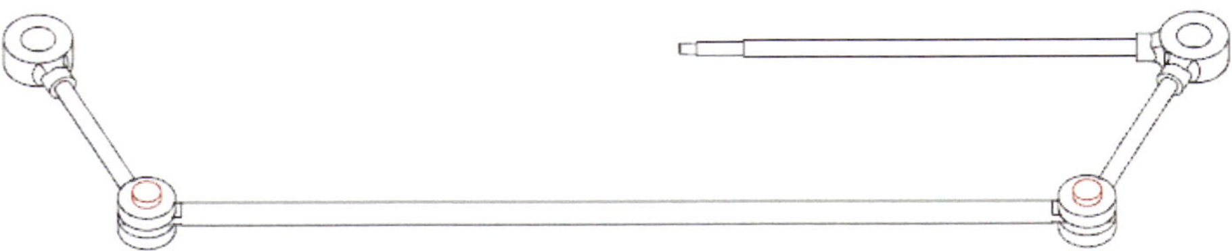

Bild 2.40 Die Spurstange der Lenkung des RAK2

- Machen Sie das Teil *lenkhebelmechanik* zum aktiven Teil, und speichern Sie die Datei, nachdem alle Geometrieobjekte in den Einzelteilen erstellt worden sind.

Im nächsten Schritt soll nun die neu erstellte Geometrie im Motion-Modell mitbewegt werden, damit Kollisionen erkannt werden können.

2.2.2.16 Hinzufügen der neuen Komponenten zum Motion-Modell

Sollen neue Geometrieobjekte mit vorhandenen Bewegungskörpern mitbewegt werden, so müssen die Bewegungskörper bearbeitet werden. Gehen Sie folgendermaßen vor:

Zunächst bewegen sich die neuen Geometrien in der Kinematik nicht mit.

- Machen Sie in der Baugruppe das Teil *lenkhebelmechanik* zum dargestellten und zum aktiven Teil. An diesem Teil befindet sich das Motion-Modell.
- Wechseln Sie in die Anwendung *NX/Simcenter 3D Motion* und öffnen Sie im Motion Navigator das vorher erstellte Motion-Modell *lenkhebelmechanik_motion_1*.
- Eventuell sind die Volumenkörper unsichtbar. Wählen Sie in diesem Fall unter *Ansicht* (*View*) die Funktion *Anzeigen und Ausblenden* (*Show and Hide*), und drücken Sie das Pluszeichen bei *Alle* (*All*).
- Bearbeiten Sie den Bewegungskörper *Spurstange*, indem Sie ihn im Motion Navigator auswählen und im Kontextmenü die Funktion Bearbeiten auswählen.
- Schalten Sie den Selektionsfilter auf *Komponente*, und selektieren Sie die neu erstellte Geometrie.
- Stellen Sie die *Masseneigenschaften-Option* von *Anwenderdefiniert* (*User Defined*) auf *Automatisch* (Bild 2.41).
- Bestätigen Sie mit Ok.
- Führen Sie diese Schritte auch für die beiden anderen Teile aus.

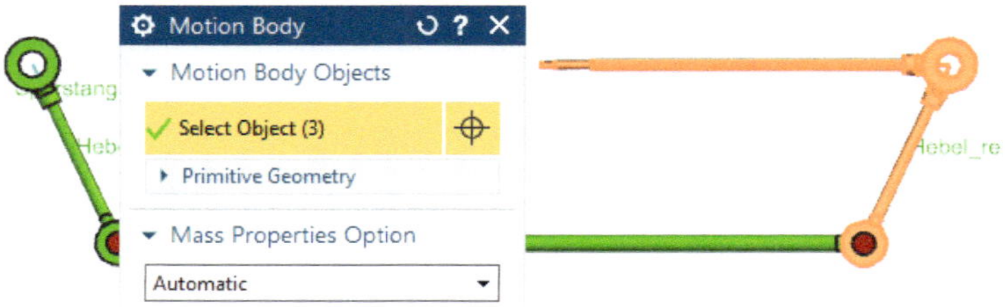

Bild 2.41 Neue Geometrieobjekte können den vorhandenen Bewegungskörpern beliebig zugeordnet werden.

Nach dem Durchführen dieser Schritte kann erneut die Animations- oder Artikulationsfunktion ausgeführt werden. Die neu erstellte Geometrie bewegt sich nun mit den Prinzipkurven mit. Außerdem können weitere Änderungen an der Prinzipskizze vorgenommen werden. Die Komponentengeometrie aktualisiert sich entsprechend.

Um das Motion-Modell zu verlassen, gehen Sie wie folgt vor:

- Speichern Sie die Datei.
- Doppelklicken Sie im Simulationsnavigator auf den Masterknoten (*lenkhebelmechanik*).
- Wechseln Sie in die Anwendung *Konstruktion*.
- Speichern Sie die Baugruppe, und schließen Sie alle Teile.

Damit ist auch diese Teilaufgabe abgeschlossen.

2.2.3 Kollisionsprüfung am Gesamtmodell der Lenkung

In dieser Aufgabe wird dargestellt, wie bereits erstellte Motion-Modelle, die zu Unterbaugruppen gehören, zu einem Motion-Modell in einer oberen Baugruppe zusammengesetzt und weiterverwendet werden (Bild 2.42). Dies ist eine wichtige Methode bei der Entwicklung komplexer Baugruppen, denn sie erlaubt das modulartige Arbeiten mit Motion-Modellen. Darüber hinaus zeigt dieses Beispiel noch weitere Gelenktypen sowie die Methode zum Prüfen von Kollisionen.

Bild 2.42 Einzelne Kinematikmodelle werden zu einem Gesamtsystem zusammengesetzt.

Falls Sie die vorherigen beiden Lernaufgaben (Lenkgetriebe in Abschnitt 2.2.1 und Lenkhebelkinematik in Abschnitt 2.2.2) durchgearbeitet haben, können Sie hier Ihre selbst erstellten Motion-Modelle verwenden. Ansonsten verwenden Sie einfach die fertigen Lösungen unter *plus.hanser-fachbuch.de*.

2.2.3.1 Aufgabenstellung

Wir haben nun bereits Baugruppen und Motion-Modelle des Lenkgetriebes sowie der Lenkhebelkinematik erstellt. Daher soll jetzt das Gesamtsystem der Lenkung analysiert werden.

Kollisionscheck und Simulation des Einfederns

Dabei sollen die fertigen Unterkinematiken nach Möglichkeit weiterverwendet und nicht neu erstellt werden. Am Gesamtsystem soll geprüft werden, ob es beim Einschlagen der Lenkung zu Kollisionen zwischen den Hebeln kommt.

Erschwerend kommt hinzu, dass auch das Einfedern der Räder mitberücksichtigt werden muss. Die Einfederbewegung der Räder bringt eine weitere schwer überschaubare Bewegung ins Spiel. Daher müssen auch hier Prüfungen unternommen werden. Außerdem wäre es eventuell sinnvoll, mit den Radbewegungen die Größe des Radkastens zu überprüfen.

Falls es zu Kollisionen kommt, müssen Durchdringungskörper aufgezeichnet werden. Damit erhält der Konstrukteur einen Anhaltspunkt für die Verbesserung der betroffenen Teile.

2.2.3.2 Erstellung der Motion-Datei

- Öffnen Sie in NX die Baugruppe *vr_lenkung*.
- Starten Sie die Anwendung *NX/Simcenter 3D Motion* .
- Erzeugen Sie eine neue Motion-Datei (*New Simulation*).
- In der „Umgebung" (*Environment*) wählen Sie den gewünschten Solver, aktivieren die *Komponentenbasierte Simulation* (*Component-based Simulation*) und deaktivieren den Verbindungsassistent.

2.2.3.3 Import der Motion-Untermodelle

Bei großen Baugruppen können zunächst Unterkinematiken erstellt werden. Später werden diese dann zusammengesetzt. Wie Sie ein Motion-Modell aus einer Unterbaugruppe importieren, wird im Folgenden beschrieben.

2.2.3.3.1 Art des Imports

Es gibt grundlegend zwei Arten, den Import einer Kinemtik einer Unterbaugruppe zu realisieren. Dabei ist der wesentliche Unterschied die Assoziativität des importierten Mechanismus zu seinem Original. In früheren Versionen gab es ausschließlich die Möglichkeit, einen nichtassoziativen Import über *Importieren, Mechanismus* (*Import, Mechanism*) durchzuführen, der als Kopie des Mechanismus zum Zeitpunkt des Imports zu verstehen ist.

Zu bevorzugen ist die neuere Variante über die Funktion *Untermechanismus hinzufügen* (*Add Submechanism*), die keine Kopie, sondern eine Referenz auf den Untermechanismus erstellt, sodass die volle Assoziativität gewährleistet ist.

Diese Variante soll in diesem Beispiel zum Einsatz kommen.

2.2.3.3.2 Untermechanismus hinzufügen

- Öffnen Sie den Dialog *Untermechanismus hinzufügen* über die Funktion *Hinzufügen* aus der Gruppe *Untermechanismus* der *Startseite* Toolbar.

Es erscheint ein Dialog, in dem der zu importierende Mechanismus aus der Liste der bereits geöffneten Motion-Modelle oder aus der Ordnerstruktur ausgewählt werden kann. Die Unterkinematik kann frei positioniert oder geometrisch zugeordnet werden (Bild 2.43).

- Aktivieren Sie die Option *Geometriezuordnung hinzufügen* (*Use Geometry Mapping*).

Wählen Sie aus dem Baugruppennavigator die Unterbaugruppe, zuerst z. B. die *lenkhebelmechanik*, die als Master für die Unterkinematik genutzt wurde.

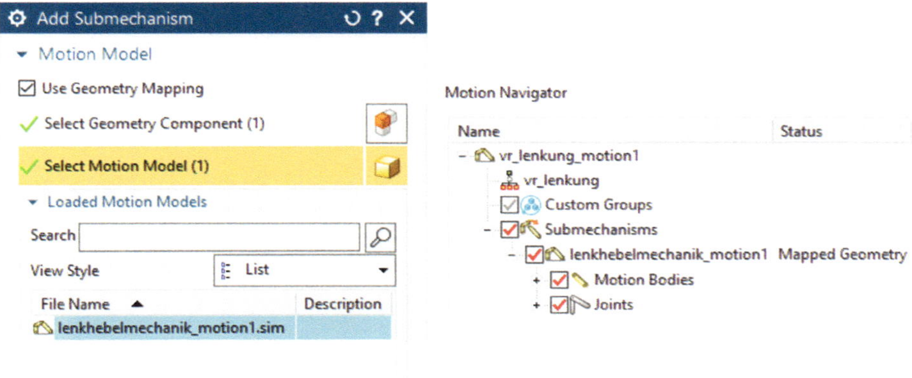

Bild 2.43 Ein Untermechanismus wird importiert.

Im zweiten Schritt wählen Sie die Motion-Simulationsdatei, die importiert werden soll. Bestätigen Sie mit OK.

- Im Bewegungsnavigator wird die importierte Struktur mit den Bewegungskörpern und Gelenken dargestellt, wie in Bild 2.43 zu erkennen ist.
- Verfahren Sie auf gleiche Weise mit dem Simulationsmodell der Baugruppe *ls_lenkgetriebe*.

Das Ergebnis im Bewegungsnavigator sollte wie in Bild 2.44 aussehen.

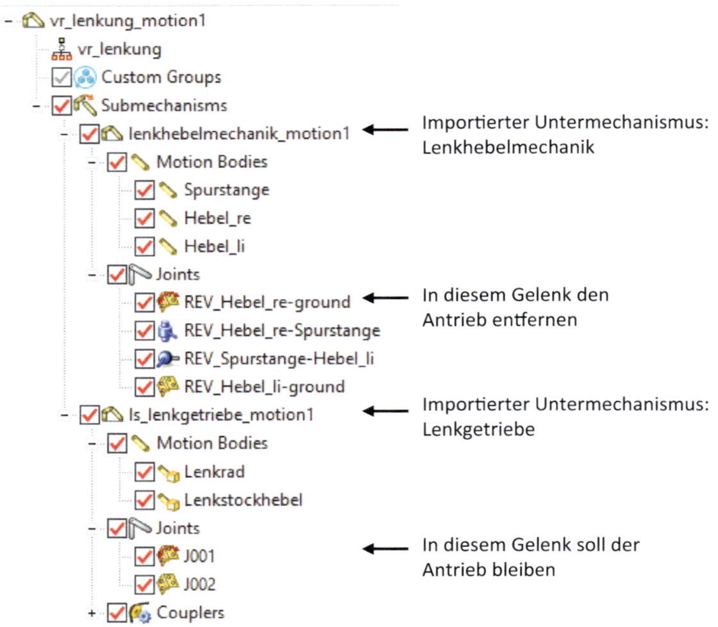

Bild 2.44 Im Navigator werden die Untermechanismen dargestellt.

2.2.3.3.3 Nachbereitungen

Ein paar Dinge müssen hinterher noch angepasst werden.

Abschließend sollten Sie den Antrieb im Gelenk der Lenkhebelmechanik (Gelenk *REV_Hebel_re-ground* in Bild 2.44) löschen. Stattdessen wird die Lenkstange zur Übertragung der Bewegung vom Lenkradantrieb genutzt. Ansonsten würde es zu einer Verklemmung des Systems kommen.

- Öffnen Sie die Datei *lenkhebelmechanik_motion1* und entfernen Sie dort den Antrieb.
- Stellen Sie dazu die Option unter *Fahrer* (*Driver*) auf *Keine* (*None*).
- Wechseln Sie zurück in die *vr_lenkung_motion1*. Die Änderung wird direkt im übergeordneten Mechanismus aktiv.

Einige Baugruppenkomponenten werden nachträglich den Bewegungskörpern zugefügt.

Außerdem sollten Sie das rechte Rad zu dem Bewegungskörper des rechten und das linke Rad zu dem des linken Lenkhebels zufügen. Gehen Sie dazu wie folgt vor:

- Bearbeiten Sie den Bewegungskörper des rechten Hebels mit RMT und *Überlagerung* (*Override*).
- Aktivieren Sie die Option *Weiteres Objekt auswählen* (*Select Additional Object*).
- Stellen Sie den Filter auf *Komponente*, falls dies nicht bereits durch die Voreinstellung geschehen ist, und selektieren Sie die Teile, die zu dem rechten Rad gehören. Dazu kann entweder ein Fenster gezogen werden, oder die Teile können mit dem Baugruppennavigator oder dem Quick Pick als Unterbaugruppe selektiert werden.
- Bestätigen Sie mit OK.
- Auf die gleiche Weise fügen Sie die Teile des linken Rads dem Bewegungskörper (*Motion Body*) des linken Hebels hinzu.
- Speichern Sie die Datei.

Damit ist der Import der Untermodelle erfolgt. Nach Belieben kann ein dynamischer Testlauf erfolgen, um das Verständnis für die unbestimmten Freiheitsgrade des so weit erstellten Gesamtsystems zu verbessern.

2.2.3.4 Hinzufügen der Lenkstange

Die Lenkstange verbindet die beiden Kinematikmodule.

Die Lenkstange muss derartig gelagert werden, dass sie Bewegungen im Raum durchführen kann, ohne dass es zu Konfliktsituationen kommt (vgl. auch Bild 2.45). Eine mögliche Art der Lagerung für solche Fälle besteht aus einem Drehkreuz auf der einen und einem Kugelgelenk auf der anderen Seite. Das Drehkreuz besteht aus einem Hilfskörper, der mit zwei Drehgelenken die Nachbarteile verbindet. Diese Gelenkarten sind im CAD-Modell bereits vorgesehen, wie Bild 2.45 zeigt.

Nachfolgend wird beschrieben, wie diese Gelenkkombination im Motion-Modell erstellt wird.

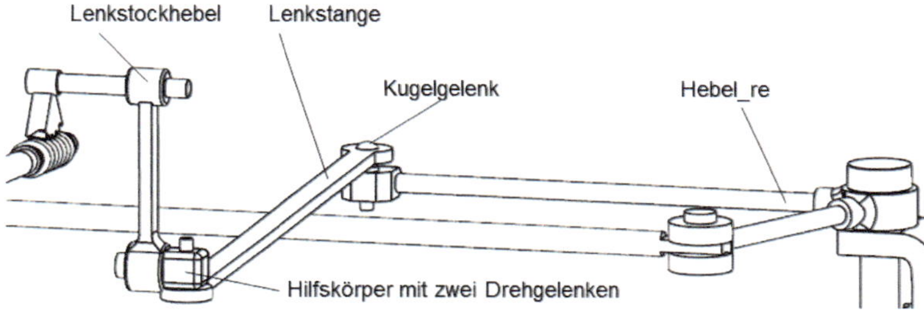

Bild 2.45 Die Lenkstange vollführt eine komplexe Bewegung im Raum.

2.2.3.5 Erzeugung des Drehkreuzes mit einem Hilfskörper

- Erzeugen Sie zunächst einen *Bewegungskörper* (*Motion Body*) für die Lenkstange (die Masseneigenschaften werden auf *Automatisch* gestellt).
- Erzeugen Sie einen weiteren Bewegungskörper für den Hilfskörper.
- Daraufhin erzeugen Sie, entsprechend Bild 2.46, ein erstes *Drehgelenk* (*Revolute*), das den Hilfskörper mit dem Lenkstockhebel verbindet, und ein zweites Drehgelenk, das ihn mit der Lenkstange verbindet.

Entsprechend Bild 2.46 stehen die beiden Drehgelenke im rechten Winkel zueinander und bilden damit ein Drehkreuz.

Wenn gewünscht, kann nun wieder ein dynamischer Testlauf erfolgen.

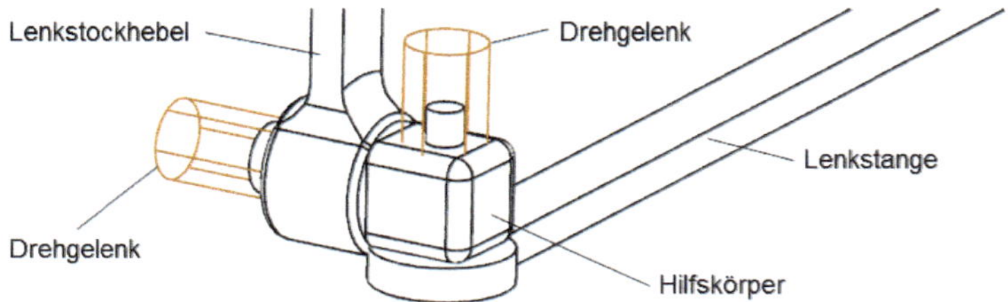

Bild 2.46 Der Hilfskörper verbindet die Lenkstange mit dem Lenkstockhebel.

2.2.3.6 Erzeugung eines Kugelgelenks

Das Kugelgelenk verbindet die Lenkstange auf der vorderen Seite.

Vor der Erzeugung des Kugelgelenks zwischen Lenkstange und rechtem Lenkhebel (Bild 2.47) sollte der Bewegungskörper des rechten Lenkhebels derart vorbereitet werden, dass zwei weitere Komponenten zu ihm gehören:

- Bearbeiten Sie daher den Bewegungskörper des rechten Lenkhebels mit *Überlagerung*, und fügen Sie die Komponenten *ls_lenkstangengelenk* sowie *ls_lenkstangenkugelkopf* zu.
- Für das Kugelgelenk ist es wichtig, dass der korrekte Drehpunkt angegeben werden kann. Daher sollten Sie das Reference-Set des Teils *ls_lenkstangen-kugelkopf* auf *Ganzes Teil* (*Entire Part*) stellen, weil dann grundlegende Skizzen sichtbar werden, mit denen der Kugelmittelpunkt geeignet verknüpft werden kann.

Erzeugen Sie nun das Kugelgelenk wie folgt:

- Wählen Sie die Funktion *Kugelförmig* (*Spherical*), und selektieren Sie als ersten Bewegungskörper den Kugelmittelpunkt (Drahtmodus wählen), der in Bild 2.47 dargestellt ist.

Dieser Punkt gehört zur Komponente *lenkstangenkugelkopf* und daher zum Bewegungskörper *Hebel_re*, den Sie nun also als ersten Bewegungskörper selektiert haben. Da auf diese Weise beim ersten Selektionsschritt schon der korrekte Kugelmittelpunkt übergeben wurde, kann die Selektion des Ursprungs ausgelassen werden, und es muss nur noch eine (beliebige) Orientierung gewählt werden.

- Selektieren Sie bei *Orientierung* eine beliebige Kante oder Fläche.
- Als Nächstes schalten Sie auf den Selektionsschritt unter *Basis* und selektieren den zweiten zu verbindenden Bewegungskörper, also die Lenkstange, an einer beliebigen Kante oder Fläche.
- Bestätigen Sie mit OK, woraufhin das Kugelgelenk erzeugt wird.
- Speichern Sie die Datei.

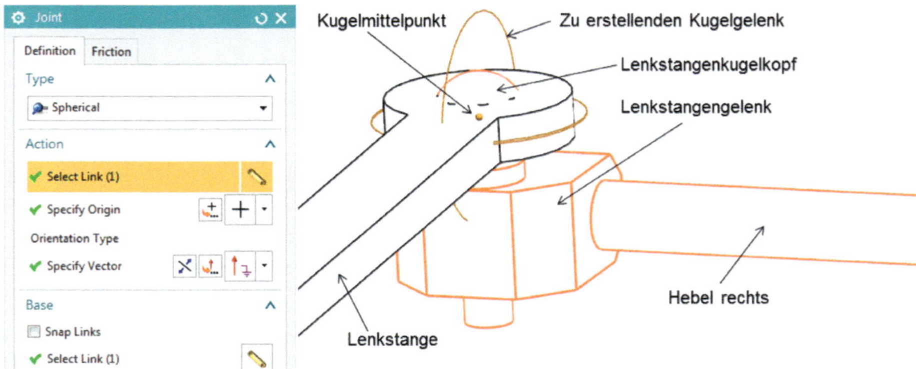

Bild 2.47 Ein extra Punkt definiert die genaue Position des Kugelgelenkdrehpunkts.

2.2.3.7 Artikulation des Gesamtsystems

Test des so weit fertiggestellten Gesamtsystems

Der so weit fertiggestellte Mechanismus hat nun keine unbestimmten Freiheitsgrade mehr. Dies sollte über die im Grundlagenbeispiel beschriebene Funktion (*Verbindungen auflisten* am Simulationsknoten) nachgeprüft werden. Der Mechanismus hat am Lenkrad seinen Antrieb, der noch aus dem importierten Modell herrührt.

- Daher kann nun eine *Lösung* (*Solution*) vom Typ *Artikulation* erstellt werden.
- Die Artikulation wird gestartet, indem die Funktion *Berechnen* (*Solve*) gewählt wird.
- Das Lenkrad kann in der Artikulation beliebig gedreht werden, und die gesamte Lenkung sollte sich mitbewegen.

2.2.3.8 Mechanismus für das Einfedern zufügen

Eine vereinfachte Darstellung für das Einfedern

Zusätzlich zum bisher erstellten Mechanismus des Lenksystems soll nun der Effekt des Radeinfederns berücksichtigt werden. Dabei wollen wir lediglich eine vereinfachte Einfederung betrachten, bei der beide Räder gleichzeitig einfedern. Das Ergebnis ist dann ein Mechanismus, bei dem zwei verschiedene Antriebe existieren, einer für das Einfedern und einer für die Lenkbewegung. Damit könnte beispielsweise der erforderliche Bauraum für den Radkasten kontrolliert werden.

Mit etwas mehr Aufwand könnte problemlos auch ein getrennt steuerbares Einfedern der beiden Räder realisiert werden, was natürlich realistischer wäre. Dies zu realisieren, überlassen wir dem motivierten Leser als „Fleißaufgabe".

Das gewünschte Einfedern der Räder im Motion-Modell wird, wie in Bild 2.48 dargestellt, realisiert. Dabei werden der rechte und linke Lenkhebel nicht mehr mit der festen Umgebung, sondern mit dem Querträger verbunden. Für diesen Querträger muss vorher jedoch ein Bewegungskörper erstellt werden. Der Querträger wird dann über einen Schieberegler (*Slider*) mit der festen Umgebung verbunden. Dieser Schieberegler wird letztlich angetrieben. So kann der Querträger über die Artikulationsfunktion bewegt werden. Selbstverständlich kann gleichzeitig auch noch das Lenkrad bewegt werden.

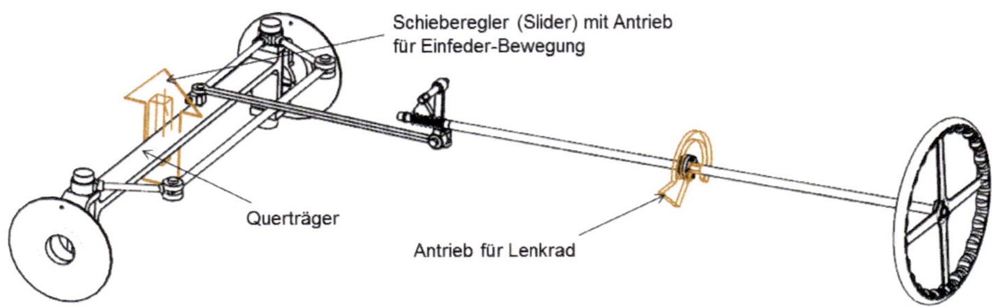

Bild 2.48 Dieses Modell erlaubt lediglich ein beidseitiges Einfedern der Räder.

2.2.3.8.1 Erzeugung eines Schiebegelenks am Querträger

Zur Erzeugung des Schiebegelenks am Querträger gehen Sie dazu folgendermaßen vor:

- Zunächst wird die Komponente *vr_quertraeger_gerade* zu einem *Bewegungskörper* (*Motion Body*) gemacht.

- Daraufhin wählen Sie die Funktion zum Erzeugen eines Schiebereglers aus (*Slider*).
- Im ersten Selektionsschritt wählen Sie die Geometrie des Querträgers möglichst an einer Kante, die in die gewünschte Schieberichtung des Gelenks zeigt.

Daraufhin erscheint das Gelenkkoordinatensystem und zeigt mit der z-Achse in die gewählte Richtung.

Schritte für die Erzeugung des Schiebegelenks für das Einfedern

- Einen zweiten Bewegungskörper brauchen Sie nicht zu selektieren, da das Gelenk mit der festen Umgebung verbunden werden soll.
- Tragen Sie einen aussagekräftigen Namen, z. B. „Einfedern", ein.
- Schalten Sie auf das Register *Treiber* (*Driver*) um, und wählen Sie die Option *Polynom* oder *Artikulation*. Es müssen keine Werte eingegeben werden.
- Bestätigen Sie mit OK, um das Gelenk zu erzeugen.

Wie vorangehend beschrieben, spielt es bei Nutzung der Artikulationsfunktion keine Rolle, welcher Antriebstyp gewählt und welche Parameter eingesetzt wurden.

2.2.3.8.2 Umreferenzierung der Drehgelenke an den Lenkhebeln

Die beiden Drehgelenke an den Lenkhebeln verbinden die Hebel mit der festen Umgebung, weil wir sie vorher so definiert haben. Nun sollen diese Gelenke umreferenziert werden, damit sie die Hebel mit dem neu erstellten Querträger verbinden (Bild 2.49).

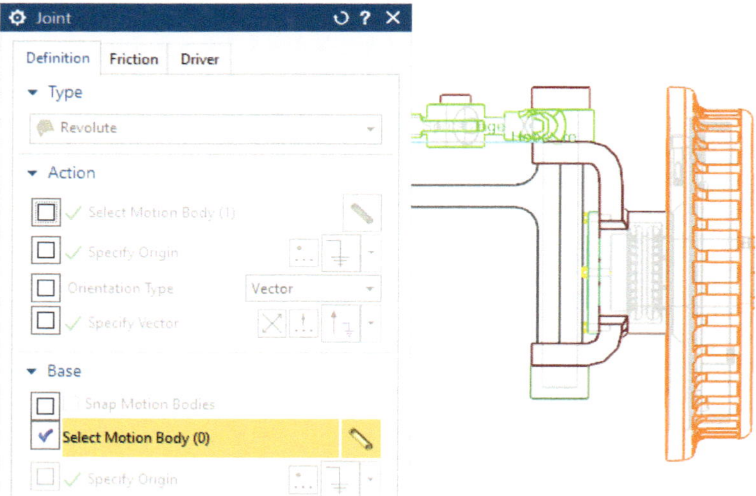

Bild 2.49 Gelenke sind assoziative Objekte. Daher lassen sich alle Eigenschaften hinterher ändern oder umreferenzieren.

Gehen Sie dazu folgendermaßen vor (vgl. Bild 2.49):

- Bearbeiten Sie das Drehgelenk, das den rechten Lenkhebel mit der Umgebung verbindet, mit *Überlagern* (Override).

Hier überschreiben wir die Umgebung durch einen anderen Bewegungskörper.

- Aktivieren Sie das Selektionsfeld der *Basis* (*Base*).

Beachten Sie, dass hier bisher eine Null eingetragen ist. Hier hatten Sie vorher nichts selektiert und somit die feste Umgebung gewählt.

- Selektieren Sie den neu erstellten Querträger.
- Bestätigen Sie mit OK. Das *Drehgelenk* (*Revolute*) wird mit den geänderten Einstellungen aktualisiert.
- Verfahren Sie auf gleiche Weise mit dem Drehgelenk des linken Lenkhebels.
- Speichern Sie die Datei.

2.2.3.9 Durchfahren der Bewegungen beim Einfedern und Lenken

- Da nun zwei manuell veränderbare Antriebe vorhanden sind, ist es sinnvoll, die Antriebe (bzw. deren Gelenke) entsprechend ihrer Funktion zu benennen, beispielsweise „Einfedern" und „Lenken".

Mit dem so weit fertiggestellten Mechanismus können die Bewegungen beim Lenken und Einfedern kombiniert oder jede für sich kontrolliert werden (Bild 2.50). Beispielsweise kann zunächst das Einfedern um 30 mm durchfahren und dann mit dieser Stellung die Lenkung ausgeführt werden.

- Testen Sie mit der Artikulation die Bewegungen der Lenkung.

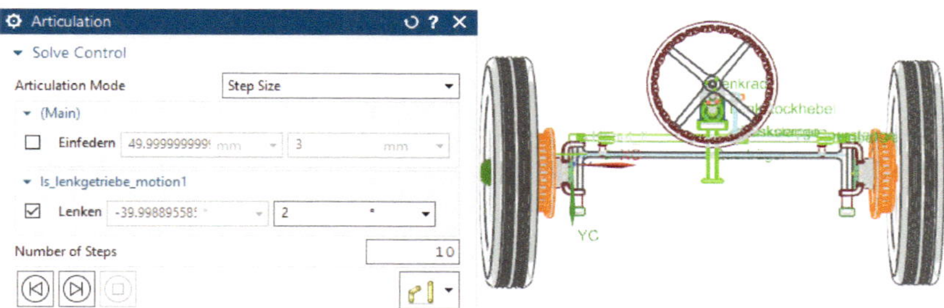

Bild 2.50 Die Artikulationsfunktion ist sehr gut geeignet, um Bewegungen mit mehreren Antrieben zu kontrollieren.

Weiterhin kann zunächst rein visuell herausgefunden werden, bei welchem Einfederweg die beiden Teile Lenkstange und Spurstange in Kollision geraten. Eine weitergehende Kollisionskontrolle wird in Abschnitt 2.2.3.10 behandelt.

2.2.3.10 Kollisionsprüfung

Für eine Kollisionsprüfung beim Einfedern zwischen Lenkstange und Spurstange gehen Sie wie folgt vor:

Die Kollisionsprüfung wird vorbereitet.

- Wählen Sie die Funktion *Durchdringung* (*Interference*).
- Selektieren Sie für den *Ersten Satz* (*First Set*) die Lenkstange und für den zweiten Satz die Spurstange.
- Bestätigen Sie mit OK, damit die Durchdringungsprüfung erzeugt wird.

Das Feature erscheint im Motion Navigator und kann von dort aus manipuliert werden.

Die Kollisionsprüfung kann genutzt werden.

- Um die Durchdringungsprüfung durchzuführen, wählen Sie die Funktion *Berechnen* (*Solve*). Damit startet die Artikulation.

Auf gleiche Weise können Sie die Kollisionsprüfung natürlich auch mit der Animationsfunktion durchführen.

- Bevor Sie in der Artikulationsfunktion die Bewegung durchführen, wählen Sie *Mehr* ▾ (*More*). Nun öffnen sich im Dialog die erweiterten Optionen. In der Box *Optionen für geom. Berechnung* (*Packaging Options*) aktivieren Sie das Kontrollkästchen *Durchdringung* (*Interference*).
- Wenn Sie möchten, dass der Kollisionspunkt genau ausgerechnet wird und die Bewegung dort anhält, aktivieren Sie zusätzlich noch das Kästchen *Ereignisbedingter Halt* (*Stop on Event*).
- Nun durchfahren Sie mit der Artikulationsfunktion den gewünschten Weg. Sobald es zur Kollision zwischen den beiden Volumenkörpern kommt, erscheint eine Stopp-Meldung, und die Bewegung hält an (Bild 2.51). Nach Akzeptieren der Stopp-Meldung kann exakt die Stellung der Antriebe abgelesen werden, bei der die Kollision auftritt.
- Schließen Sie alle Teile.

Damit ist die Beispielaufgabe zur Motion-Analyse der Lenkung abgeschlossen.

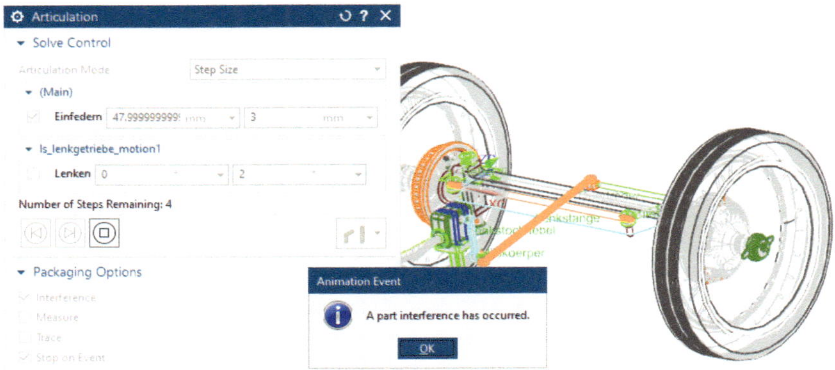

Bild 2.51 Die Artikulationsfunktion zeigt genau an, bei welcher Stellung Kollision auftritt.

2.3 Lernaufgaben zur Dynamik

2.3.1 Fallversuch am Fahrzeugrad

Kennzeichen der Dynamik ist, dass unbestimmte Freiheitsgrade existieren und dass die Bewegung aus äußeren Kräften resultiert.

Diese Lernaufgabe erläutert den Umgang mit Aufgaben, die mit freien Bewegungen zu tun haben. Dies könnte z. B. freien Fall, Trägheitseffekte oder ähnliche Probleme betreffen. Es gibt also unbestimmte Freiheitsgrade (ungefesselte Systeme), und die Bewegung ergibt sich aufgrund von Kräften. Erfahrungsgemäß sind solche Aufgaben in der Praxis bedeutend schwieriger zu handhaben, als dies bei den vorher betrachteten kinematischen Systemen der Fall ist. Wir wollen daher die Prinzipien wieder an einem sehr einfachen Modell verdeutlichen (Bild 2.52).

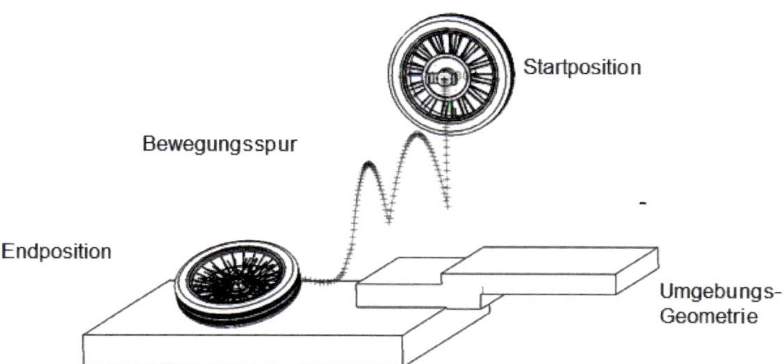

Bild 2.52 Der Bewegungsablauf beim freien Fall mit Kontakt

Über die Dynamik hinaus geht es in diesem Beispiel auch um komplexe Kontakte, die sich von den bisher verwendeten, rein kinematischen Gelenken abheben. Bei den hier betrachteten Kontakten ist ein Auftreffen oder Abheben der Teile möglich. Damit ergeben sich Möglichkeiten zur Analyse von Aufpralltests, Reibungseffekten, Spiel oder Toleranzen.

Abhebende oder auftreffende Kontakte spielen bei dynamischen Aufgaben oft eine Rolle.

2.3.1.1 Aufgabenstellung

In dieser Lernaufgabe soll eine Simulation erstellt werden, die zeigt, wie ein Rad des RAK2 aus einer gewissen Höhe losgelassen und aufgrund der Erdanziehungskraft beschleunigt wird. Es stößt gegen mehrere Treppenstufen und bleibt schließlich auf einer Ebene liegen. Schließlich soll die Bewegungsspur aufgezeichnet werden, die das Rad während des Falls beschreibt.

2.3.1.2 Vorbereitungen

Zunächst sind einige Vorbereitungen zu tätigen. Diese Dinge sind im Wesentlichen schon aus den bisherigen Beispielen bekannt:

Die durchzuführenden Schritte für die Lernaufgabe

- Laden Sie aus dem *RAK2*-Verzeichnis die Datei *vr_rechts*, die das rechte Vorderrad des RAK2 sowie die zugehörigen Teile der Bremse enthält.
- Schalten Sie in die Anwendung *NX/Simcenter 3D Motion*, und erzeugen Sie im Motion Navigator eine Simulationsdatei.
- Deaktivieren Sie erneut den Verbindungsassistenten (*Joint Wizard*).

Als Nächstes soll die Umgebungsgeometrie importiert werden. Wenn Sie möchten, können Sie auch selbst eine Umgebungsgeometrie erstellen. Falls Sie die Geometrie selbst erstellen wollen, schalten Sie in die Anwendung *Konstruktion* und führen die Erstellung durch. Falls Sie die vorbereitete Geometrie nutzen wollen, die in dem Part *umgebung1.prt* vorliegt, gehen Sie wie folgt vor:

- Schalten Sie in die Anwendung *Konstruktion* (*Modeling*).
- Wählen Sie folgende Funktion aus: DATEI > IMPORTIEREN > TEIL ... (FILE > IMPORT > PART ...).
- Im nächsten Menü bestätigen Sie alle Einstellungen mit OK. Nun erscheint der Dialog zur Dateiauswahl.

Eine Geometrie wird importiert.

- Hier wählen Sie im Verzeichnis *RAK2* die Datei *umgebung1.prt* und bestätigen mit OK.
- Im nächsten Menü zur Bestimmung der Position bestätigen Sie die Position (0,0,0). Brechen Sie das Menü daraufhin ab.
- Füllen Sie den Bildschirm.
- Wechseln Sie wieder in die Anwendung *NX/Simcenter 3D Motion*.

Nun kann die importierte Geometrie betrachtet werden.

2.3.1.3 Zuordnung von Masseneigenschaften

Bevor im nächsten Abschnitt die Bewegungskörper erzeugt werden, soll in dieser dynamischen Analyse die Zuordnung der Masseneigenschaften vorgenommen werden. Dies geschieht über Materialeigenschaften, die einem Volumen- oder Flächenkörper gegeben werden. Zusammen mit den geometrischen Eigenschaften, die bereits aus der CAD-Geometrie vorliegen, ist das NX-System in der Lage, die genauen Masseneigenschaften, d. h. Masse, Schwerpunkt und Trägheitseigenschaften, zu berechnen. Die Funktion, die hierfür systemintern genutzt wird, ist dieselbe, die dem Anwender auch explizit unter den Analysefunktionen von NX zur Verfügung steht.

Im Folgenden werden diese Eigenschaften den Körpern in der Simulationsdatei zugewiesen. Damit wird jede sonstige eventuell bereits bestehende Material- oder Dichteinformation eines Körpers überschrieben. Falls ein Körper keine Material- oder Dichteinformation bekommt, so gilt nach Voreinstellung die Dichte von Stahl.

Die Masseneigenschaften jedes Bewegungskörpers berechnet das System über die zugewiesene Dichte und das Volumen.

Es ist auch möglich und durchaus sinnvoll, die Materialinformation nicht erst in der Simulationsdatei, sondern bereits im Einzelteil zuzuordnen. Dies hat den Vorteil, dass die Information in jeder Baugruppe und jeder Simulationsdatei zur Verfügung steht, in der dieses Teil eingebaut wird.

Wenn die Materialinformation nicht nur die Dichte, sondern beispielsweise auch den Elastizitätsmodul und die Querkontraktionszahl enthält, hat diese Methode sogar den Vorteil, dass unterschiedliche Anwendungen wie Finite-Elemente-Analyse und Mehrkörpersimulation gleichzeitig unterstützt werden können.

Die Funktionalität im NX-System zum Erzeugen und Manipulieren von Materialeigenschaften ermöglichen die Auswahl von Materialien aus einer Bibliothek sowie die Definition von eigenen Materialeigenschaften.

Um in der Simulationsdatei ein selbst definiertes Material mit den Dichteeigenschaften von Gummi dem Reifen zuzuordnen, gehen Sie folgendermaßen vor:

- Wählen Sie im Main-Menü unter *Werkzeuge* (*Tools*)/*Materialeigenschaften* (*Materials*) die Funktion *Materialien zuweisen* (*Assign Materials*) aus.
- Wählen Sie im Grafikfenster die Reifengeometrie an.
- Nun selektieren Sie (ganz unten im Fenster) die Funktion *Material erzeugen* (*Create Material*) zum Anlegen eines neuen Materials.
- Im nächsten Feld „Name“ tragen Sie den Materialnamen, beispielsweise „Gummi“, ein und unter „Massendichte“ (Mass Density) den Wert 1.3e-006 kg/mm^3.
- Bestätigen Sie mit OK, um das Material zu erzeugen. Klicken Sie im nächsten Fenster auf ANWENDEN, um das Material dem selektierten Reifenkörper zuzuordnen.

Das NX-System verfügt über eine Bibliothek von Standardmaterialien. Eigene Bibliotheken können angelegt werden.

Um für die restlichen Teile die Eigenschaften von Stahl (aus der Bibliothek) zuzuordnen, gehen Sie wie folgt vor:

- Wählen Sie die restlichen Geometrieobjekte an, und selektieren Sie, nachdem Sie das Suchkriterium auf *Metall* eingestellt haben, aus der Liste der Bibliothek den Werkstoff *Stahl* (*Steel*).
- Bestätigen Sie mit OK.

Der zweite Schritt des Zuordnens von Stahl ist aufgrund der generellen Voreinstellung für Stahl nicht unbedingt erforderlich.

Falls kein Material zugeordnet wird, nimmt das NX-System die Dichte von Stahl an.

Die Materialdatenbank des NX-Systems kann angepasst und mit zusätzlichen Materialien versehen werden. Sehr sinnvoll ist auch die Möglichkeit, sich eigene, private Bibliotheken anzulegen. Die Funktionen hierfür finden Sie in NX unter *Werkzeuge, Materialbibliothek-Manager*. Das verwendete Format für Materialdaten in NX ist ein standardisiertes XML-Format, das mit vielen anderen Softwareprogrammen kompatibel ist.

2.3.1.4 Definition der Bewegungskörper (Motion Bodies)

Die Definition von Bewegungskörpern ist einfach, wenn es sich um Volumenkörper handelt, denen bereits Materialeigenschaften zugeordnet worden sind.

Prinzipiell wäre in diesem Beispiel lediglich ein Bewegungskörper (*Motion Body*) für das Rad erforderlich. Die Umgebungsgeometrie bewegt sich nicht, daher bräuchte für sie auch kein Bewegungskörper zu existieren. Jedoch braucht jeder MKS-Mechanismus mindestens einen Bewegungskörper, der über ein Gelenk (*Joint*) mit der festen Umgebung verbunden ist, um berechnet werden zu können. Nachdem das Rad frei im Raum schweben soll und daher kein Gelenk bekommen wird, fehlt dieses fixierende Gelenk zum Boden. Aus diesem Grund soll die Umgebungsgeometrie nun doch als Bewegungskörper definiert und durch ein fixes Gelenk mit der festen Umgebung verbunden werden (Bild 2.53). Optional könnte auch an irgendeiner anderen Stelle ein Gelenk zum Boden zugefügt werden.

Gehen Sie für die Definition des Bewegungskörpers für das Rad wie folgt vor:

- Schalten Sie in die Anwendung *NX/Simcenter 3D Motion*.
- Wählen Sie die Funktion zum Erzeugen von Bewegungskörpern (*Motion Body*) aus.
- Stellen Sie den Filter auf *Komponente*, und selektieren Sie, am einfachsten im Baugruppennavigator, die Komponente *vr_rechts*.
- Kontrollieren Sie, dass die Option für die Masseneigenschaften auf *Automatisch* steht.
- Bestätigen Sie mit OK. Der Bewegungskörper wird nun erzeugt.

Achten Sie darauf, dass die Erstellung dieses Bewegungskörpers einige Zeit in Anspruch nehmen kann, weil es sich um komplexe Geometrie handelt und die Masseneigenschaften daher entsprechend aufwendig zu berechnen sind.

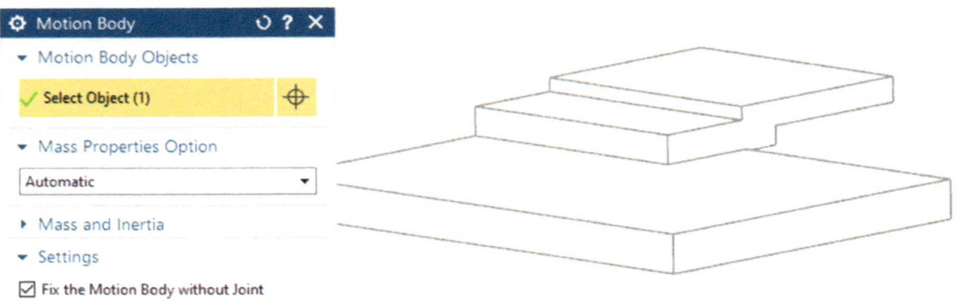

Bild 2.53 Ein Bewegungskörper kann gleich mit der festen Umgebung verbunden werden.

- Erzeugen Sie nun den *Bewegungskörper* (*Motion Body*) für die Umgebungsgeometrie.
- Stellen Sie den Filter bei der Geometrieauswahl diesmal auf *Volumenkörper* (*Solid Body*), und selektieren Sie die Umgebungsgeometrie.
- Um diesen Bewegungskörper sofort mit einem Festgelenk zu versehen, das ihn mit dem Boden verbindet, aktivieren Sie im Menü den Schalter *Verbindung ohne Gelenk fixieren* (*Fix the Motion Body without Joint*).

Alternativ zu *Verbindung ohne Gelenk fixieren* (*Fix the Motion Body without Joint*) können Sie auch hinterher ein Gelenk vom Typ *Fest* (*Fixed*) erzeugen, das den Umgebungskörper fest mit der Umgebung verbindet.

- Bestätigen Sie mit OK. Der Bewegungskörper wird nun erzeugt.

Nun sind beide Bewegungskörper erzeugt, und es besteht ein Gelenk zur festen Umgebung. Wenn Sie möchten, können Sie jetzt einen dynamischen Testlauf durchführen, bei dem das Rad durch die Umgebungsgeometrie hindurchfallen wird, weil noch kein Kontaktelement definiert wurde. Dieses Kontaktelement wird in den beiden folgenden Abschnitten diskutiert und durchgeführt.

2.3.1.5 Funktionsweise des 3D-Kontakts

Mithilfe des Features *3D-Kontakt* kann das Kollisionsverhalten zweier Körper modelliert werden. Dieser Kontakt kann zwischen zwei bewegten oder auch zwischen einem bewegten und einem unbewegten Umgebungskörper stattfinden.

Die Einstellungen beim Kontakt unterscheiden sich, je nachdem, ob der Simcenter 3D Motion-Solver, der RecurDyn-Solver oder der Adams-Solver genutzt wird. Jedoch bleibt die grundlegende Funktionsweise bei all diesen Solvern die gleiche. Unsere Erklärungen sind derart gewählt, dass die Erkenntnisse für all diese Solver genutzt werden können.

Die Bewegung wird in kleine Schritte unterteilt.

Wenn ein 3D-Kontakt im Motion-Modell enthalten ist, muss das System die Bewegung in viele kleine Teile unterteilen (Bild 2.54). Es werden dabei sogar über die vom Anwender vorgegebene Zahl von Schritten noch weitere Unterteilungen vorgenommen. Daher wird es bei Vorhandensein eines 3D-Kontakts zu erheblich größeren Rechenzeiten kommen.

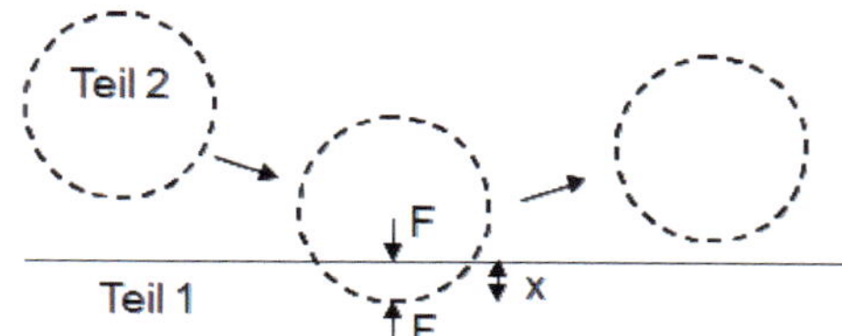

Bild 2.54
Bei der Kontaktrechnung kommt es zu kleinen Überschneidungen, weil die Bewegungskörper nicht flexibel sind.

Während jedes Schritts müssen die beteiligten Flächenpaare bezüglich ihres Kontaktverhaltens geprüft werden. Falls ein Kontaktflächenpaar dabei Durchdringung aufweist, berechnet das System sofort Kontaktrückstellkräfte sowie weitere Kräfte, die für das Reib- und Dämpfungsverhalten verantwortlich sind. Beim nächsten Rechenschritt sorgen diese Kräfte dafür, dass die beiden beteiligten Körper an weiterer Durchdringung gehindert werden sowie dass möglichst realistische Reibwirkungen entstehen.

Die grundlegende Gleichung zur Berechnung der Kontaktrückstellkräfte F lautet wie folgt:

Die Kontaktrückstellkräfte werden über eine nichtlineare Beziehung berechnet.

$$F = K \cdot x^{e}$$

Dabei ist K die Steifigkeit (Stiffness), x die Durchdringung und e der Kraftexponent für nichtlineare Kontaktsteifigkeit (Force Exponent). Der Steifigkeitswert und Kraftexponent können vom Anwender geändert und der Realität angepasst werden, jedoch existieren Voreinstellungen für diese Parameter, die in vielen Fällen zunächst einmal genutzt werden können. Um realistischere Ergebnisse zu erhalten, müssen diese Parameter beispielsweise durch Messungen an Versuchen abgeglichen werden.

Zu den Kontaktrückstellkräften kommen, um das Kontaktverhalten noch realistischer beschreiben zu können, Reibungs- sowie Dämpfungskräfte hinzu, die im folgenden Abschnitt beschrieben werden.

2.3.1.6 Funktionsweise der Reibung am 3D-Kontakt

Bei der Reibung wird nach dem Coulombschen Modell vorgegangen. Es werden Reibkräfte berechnet, die aus der Andruckkraft zwischen den beiden Bauteilen und einem vom Anwender definierbaren Reibbeiwert m ermittelt werden. Die Reibbeiwerte ergeben sich aus einem Beiwert für Haftreibung und einem für Gleitreibung.

Entsprechend Bild 2.55 müssen darüber hinaus noch die zwei Geschwindigkeiten *Statische Reibungsgeschwindigkeit* (*Stiction Velocity*) und *Reibungsgeschwindigkeit* (*Friction Velocity*) angegeben werden, die folgendermaßen vom System angewandt werden:

Die Reibung wird nach dem Coulombschen Gesetz berechnet.

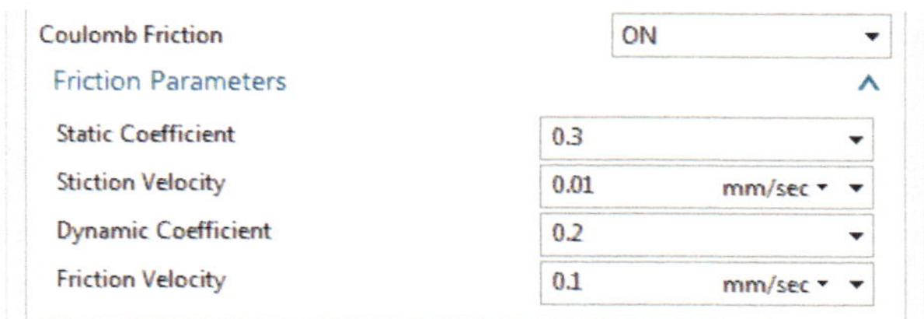

Bild 2.55 Die Parameter zur Definition von Reibung im Gelenk

Die kleinere Geschwindigkeit muss die *Stiction Velocity* sein. Diese gibt an, bis zu welcher Geschwindigkeit der Haftkoeffizient gelten soll. Die größere Geschwindigkeit muss die *Friction Velocity* sein. Diese gibt an, ab welcher Geschwindigkeit der Gleitreibungskoeffizient gelten soll. Zwischen den beiden Geschwindigkeitswerten bleibt ein Geschwindigkeitsbereich, in dem der Reibbeiwert vom Haft- zum Gleitbeiwert überführt wird.

Die beiden Geschwindigkeiten sollten nicht zu eng beieinander gewählt werden, weil sonst, aufgrund von sehr abrupt aufgebrachten Kräften, das Konvergenzverhalten der internen Berechnung gestört wird.

Für all diese Reibparameter liegen Voreinstellungen vor, die in vielen Fällen zunächst einmal genutzt werden können.

2.3.1.7 Funktionsweise der Dämpfung am 3D-Kontakt

Dämpfungseigenschaften verringern die Geschwindigkeiten bei der Bewegung. Beim Adams-Solver kann die Dämpfung vom Anwender durch Angabe eines *Kraftmodells* (*Force Model*) definiert werden. Beim RecurDyn-Solver ist nur das Modell *Auswirkung* (*Impact*) möglich. Dieses wollen wir nachfolgend erklären. Auf vergleichbare Weise funktioniert auch die Kontaktkraftberechnung des Simcenter 3D Motion-Solvers.

Beim Kontaktmodell werden ein Dämpfungswert (unter *Material dämpfen* bzw. *Material Damping*) und eine *Eindringtiefe* (*Max Penetration Depth*) angegeben (Bild 2.56). Der Dämpfungswert wird bei einem Eindringen nicht sofort voll aufgebracht, sondern sanft ansteigend, sodass er erst bei der vorgegebenen Eindringtiefe auf seinen vollen Wert angestiegen ist. Diese Methode wird angewandt, damit möglichst keine abrupten Kräfte aufgebracht werden, die das Konvergenzverhalten der internen Berechnung stören würden. Des Weiteren werden in diesem Menü auch die vorher beschriebene Kontaktsteifigkeit und der Kraftexponent definiert.

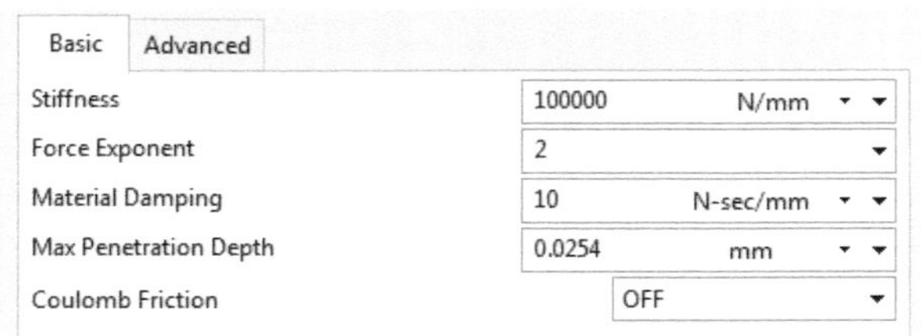

Bild 2.56 Für die Berücksichtigung von Dämpfung gibt es zwei verschiedene Modelle.

2.3.1.8 Erzeugung eines 3D-Kontakts

Jeder Kontakt erhöht die Rechendauer spürbar.

Ein 3D-Kontakt wird jeweils zwischen zwei Volumenkörpern definiert. Falls an mehreren Volumenkörpern mit Kontakt gerechnet werden soll, so sind entsprechend mehrere 3D-Kontaktelemente in das Modell einzufügen. Dabei ist zu bedenken, dass jeder zusätzliche 3D-Kontakt die Rechendauer erheblich vergrößert. Auch sollte berücksichtigt werden, dass Kontaktelemente zwischen komplexen Geometrieobjekten ebenfalls zu erheblichen Rechenverzögerungen führen, weil die Anzahl der Kontaktprüfungen dann viel größer ist.

Eine effiziente Methode, um Kontakte zu nutzen, besteht übrigens darin, dass immer nur Körper mit Kugel-Flächen oder planaren Flächen als Kontaktkörper definiert werden, weil auf diese Weise die Kontaktprüfungen vereinfacht werden. Notfalls können Körper mit komplexer Geometrie auch in mehrere einfachere Körper aufgeteilt werden, die jeweils mit Fixgelenken verbunden werden. Wenn es die Geometrie hergibt, kann anstelle der Kontaktberechnung basierend auf den CAD-Geometrien auch mit analytischen Kontakten gerechnet werden. Hier können Kugelflächen, Extrudes und Revolutes in unterschiedlicher Kombination zur vereinfachten Kontaktberechnung herangezogen werden.

Im Fall unseres Beispiels soll an zwei Stellen der Kontakt berücksichtigt werden: einerseits zwischen dem Reifen und der Umgebungsgeometrie und andererseits zwischen dem Bremskörper und der Umgebungsgeometrie. Es sollen dabei, der Einfachheit halber, erstmals alle Voreinstellungen des Systems akzeptiert werden. Gehen Sie für die Erzeugung des ersten 3D-Kontakts folgendermaßen vor:

Der 3D-Kontakt wird zwischen zwei Volumenkörpern definiert.

- Rufen Sie die Funktion *3D Kontakt* auf.
- Selektieren Sie den Volumenkörper des Reifens.
- Selektieren Sie den Volumenkörper der Umgebungsgeometrie.
- Bestätigen Sie mit OK. Das Kontaktelement wird nun erzeugt.

Sie finden das Kontaktelement im Bewegungsnavigator unter der Gruppe *Contacts*. Hier können Sie das Element bei Bedarf manipulieren.

Contacts
CNT_Rad-Umgebung
CNT_Rad-Umgebung_1

- Auf entsprechende Weise erzeugen Sie das Kontaktelement zwischen dem Bremskörper (*vr_radtraeger_rechts*) und der Umgebungsgeometrie.

2.3.1.9 Lösung und Animation der Ergebnisse

- Erstellen Sie nun eine *Lösung* (*Solution*), sofern Sie dies noch nicht gemacht haben. Wählen Sie *Dynamische Analyse* (*Dynamic Analysis*) und eine möglichst realistische Simulationszeit von beispielsweise fünf Sekunden und eine Schrittanzahl von beispielsweise 300.

Die Berechnung der Simulation kann bei Kontakten erheblich länger dauern.

- Wählen Sie bei der Richtung der Schwerkraft die Y-Richtung.
- Bestätigen Sie mit OK.
- Berechnen (*Solve*) Sie die Lösung.

Bedenken Sie, dass die Berechnung, je nach Konfiguration der Hardware, mehrere Sekunden bis Minuten in Anspruch nehmen kann.

- Jetzt können Sie die *Animation* durchführen.

Sie werden feststellen, dass die Bewegung nicht ausfällt wie erwartet. Der Reifen trifft auf der Treppe auf und kippt um. Das erwartete Hüpfen ist kaum zu erkennen. Der Grund dafür liegt in den Kontaktparametern, die sich nach den Materialien der Kontaktpartner richten. Da es sich hier um eine Materialpaarung mit Gummi und einem deutlich steiferen Material wie Stahl handelt, müssen die Werte entsprechend angepasst werden. Richtwerte für verschiedene Materialien finden Sie in der NX-Hilfe unter „Guidelines for contact materials“. Auch fehlt die Reibung, um unrealistisches Rutschen zu verhindern.

- Bearbeiten Sie den Kontakt zwischen Reifen und Umgebung, und verwenden Sie die in Bild 2.57 dargestellten Werte.

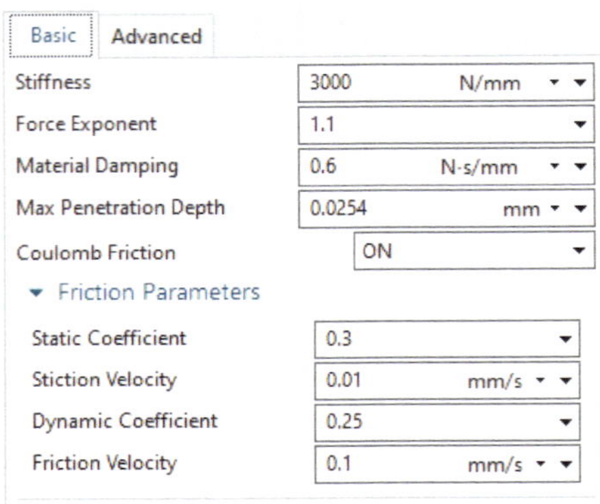

Bild 2.57
Kontaktparameter für den Kontakt zwischen Gummi und Stahl

2.3.1.10 Erzeugung einer Bewegungsspur

Eine Spur ist auch ohne Animation nützlich für die Darstellung des Weges.

Um eine Spur der Bewegung zu erzeugen, ist es beispielsweise sinnvoll, einen Punkt in der Mitte des Rades während der Bewegung aufzuzeichnen. Jedoch wäre es auf entsprechende Weise ebenfalls möglich, einen ganzen Volumenkörper oder eine sonstige Geometrie aufzuzeichnen. Im Folgenden wollen wir einen Punkt in der Radmitte erzeugen, der dem Bewegungskörper des Rades zugeordnet wird, damit er sich mit dem Rad mitbewegt. Daraufhin wird der Punkt als Zeichenobjekt definiert und in der Animation aufgezeichnet. Gehen Sie bei dieser Methode folgendermaßen vor:

- Erzeugen Sie einen gewöhnlichen Punkt etwa in der Mitte des Rades anhand folgender Funktion der Main-Menüleiste: EINFÜGEN > BEZUGSOBJEKT > PUNKT … + (INSERT > DATUM > POINT …).

Fügen Sie nun den neuen Punkt dem Bewegungskörper des Rades zu:

- Selektieren Sie den Bewegungskörper (*Motion Body*) im Bewegungsnavigator, und wählen Sie im Kontextmenü die Funktion BEARBEITEN (EDIT).
- Im erscheinenden Erzeugungsdialog selektieren Sie den Punkt. Eventuell ist es hilfreich, den Selektionsfilter vorher auf *Punkt* zu stellen.

Unter Umständen hilft es, die Geometrie des Rades auszublenden.

- Bestätigen Sie mit OK. Der Punkt wird nun zugefügt.
- Wählen Sie jetzt die Funktion *Zeichnen* (*Trace*) in der Funktionsgruppe *Analysis* (Bild 2.58).
- Selektieren Sie nun den neu erstellten Punkt und bestätigen Sie das Menü mit OK.

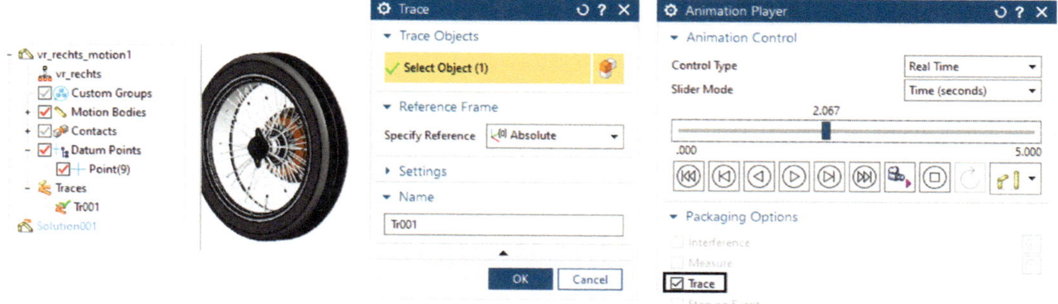

Bild 2.58 Diese Einstellungen sind für das Aufzeichnen von Bewegungsspuren nötig.

Es wird ein Trace-Objekt in den Bewegungsnavigator eingefügt. Eine neue Berechnung ist nicht erforderlich.

- Rufen Sie die Animationsfunktion auf, um eine Bewegung durchzuführen.
- Unter den Optionen des Menüs der Animation finden Sie nun unter der Gruppe *Optionen für geom. Berechnung* (*Packaging Options*) den Schalter zum Aktivieren des Trace-Objekts. Diesen schalten Sie ein (Bild 2.58).
- Nun lassen Sie mit der Funktion *Spiel* (*Play*) die Bewegung durchlaufen.

Bei jedem Bewegungsschritt wird einmal der Punkt aufgezeichnet. Daher ergibt sich die gewünschte Spur. Nach Wunsch können Sie noch Änderungen, z. B. an den Reibwerten des Kontakts, durchführen und kontrollieren, wie sich die Bewegung des Rades verändert (Bild 2.59).

Damit schließen wir die Dynamik-Lernaufgabe ab.

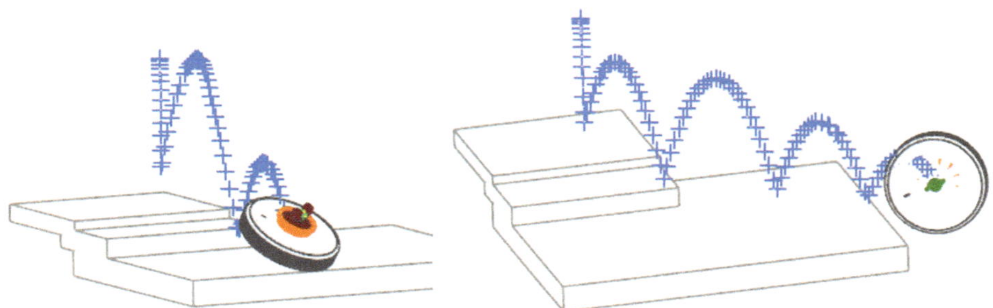

Bild 2.59 Die Bewegungsspur links ergibt sich ohne Reibung, die rechte mit Reibung.

2.4 Lernaufgaben zur Co-Simulation

Die Co-Simulation erlaubt es, dass komplexe Geometriemodelle aus dem NX-System mit komplexen Regelungssystemen aus dem Amesim- oder MATLAB-Simulink-System verknüpft berechnet werden. Das ist sehr vielversprechend, denn alle drei Softwaresysteme sind auf dem jeweiligen Gebiet mächtig, und wir erhalten damit die Möglichkeit zur Simulation von komplexen mechatronischen Systemen.

Amesim oder MATLAB Simulink wird zusätzlich benötigt.

Die Lösung der nachfolgenden Lernaufgabe wird mithilfe von NX und MATLAB Simulink durchgeführt. Daher ist es für die Durchführung des Beispiels erforderlich, dass Sie zusätzlich zu NX auch das Programm MATLAB Simulink von MathWorks installiert und lizenziert haben.

2.4.1 Balancieren eines Pendels

In dieser Lernaufgabe soll ein auf den Kopf gestelltes Pendel balanciert werden. In MATLAB Simulink wird dazu ein P-Regler definiert. Dieser bekommt als Eingangsmessgröße die Winkelabweichung des Pendels von der Senkrechten. Ein Proportionalregler (P-Regler) verarbeitet diese Messgröße (mit einem Verstärkungsfaktor), und die Ausgangsgröße wird in *NX/Simcenter 3D Motion* als Stellgröße (Kraft) angewendet.

Durch die Kraft wird die Basis unter den Schwerpunkt des Pendels geschoben, das Pendel fällt dann in die andere Richtung, die Kraft schiebt die Basis wieder unter den Schwerpunkt des Pendels usw. Dies entspricht dem Verhalten eines P-Reglers (Bild 2.60).

Mit anderen Reglertypen können auch höherwertigere Regelungen realisiert werden (z. B. PID-Regler).

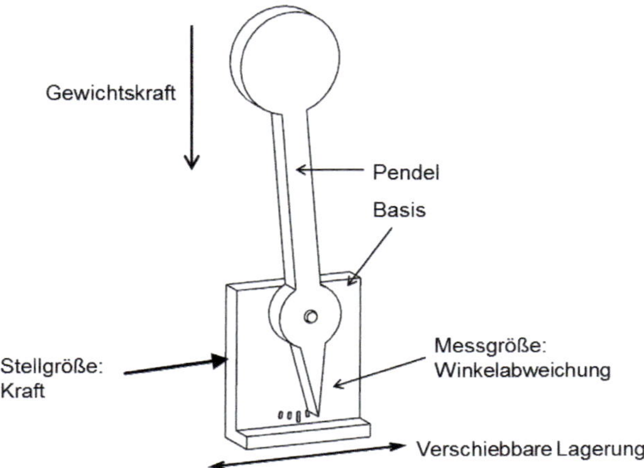

Bild 2.60 Das Pendel möchte stets runterkippen. Die geregelte Kraft am Schieber soll es daran hindern.

2.4.1.1 Aufgabenstellung

Das dargestellte Pendel soll analysiert werden. Es soll die Bewegung ermittelt werden, die sich ergibt, wenn ein P-Regler darauf angewandt wird. Gegeben sind die CAD-Baugruppe des Pendels sowie die Simulink-Datei *P_Regler.mdl*, in der ein einfacher P-Regler definiert ist (Bild 2.61).

Bild 2.61 Dies ist ein einfacher P-Regler, mit dem wir die Lösung zeigen wollen.

2.4.1.2 Anpassung der Anwenderstandards

In den *Anwenderstandards* (*Customer Defaults*) muss das ausführbare Programm *matlab.exe* angegeben sein (Bild 2.62). Dies ist nach Voreinstellung nicht der Fall.

- Prüfen Sie die Einstellung in den Anwenderstandards, und tragen Sie den richtigen Pfad gegebenenfalls ein.

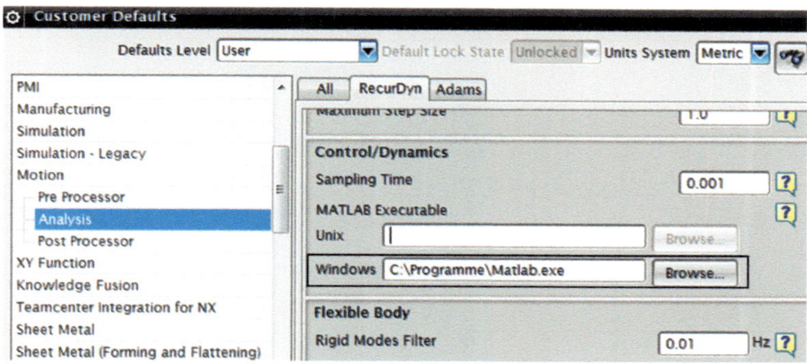

Bild 2.62 Das Programm *matlab.exe* muss angegeben werden, so wie es auf dem Rechner installiert ist.

2.4.1.3 Start der Anwendung für Co-Simulation

Führen Sie die folgenden Schritte zum Erzeugen der Co-Simulation durch (vgl. Bild 2.63):

- Öffnen Sie die Pendel-Baugruppe *Bgr_Pendel.prt* aus dem Verzeichnis *CoSimulation*.
- Starten Sie die Anwendung *NX/Simcenter 3D Motion*.
- Erzeugen Sie im Simulationsnavigator eine *Neue Simulation*.
- Wählen Sie, entsprechend Bild 2.63 im Menü *Umgebung* (*Environment*), die Einstellung *Dynamik* und *Co-Simulation*. Klicken Sie auf OK.
- Brechen Sie den erscheinenden *Assistent: Kinematikverbindung* (*Motion Joint Wizard*) ab.

- Wählen Sie die Funktion *Lösung* (*Solution*) aus.
- Stellen Sie darin, entsprechend Bild 2.63, die Einstellungen *Analysis Type* auf *Control/Dynamics*, *Zeit* (*Time*) auf 5 s, *Schritte* (*Steps*) auf 500 und *Schwerkraftrichtung* auf -Y.
- Die MATLAB-Datei für den Regler muss schon existieren. Sie wird hier angegeben. Ganz unten bei *Template Simulink Model File* wählen Sie mit der Browsefunktion die Datei *P_Regler.mdl*. Klicken Sie auf OK.

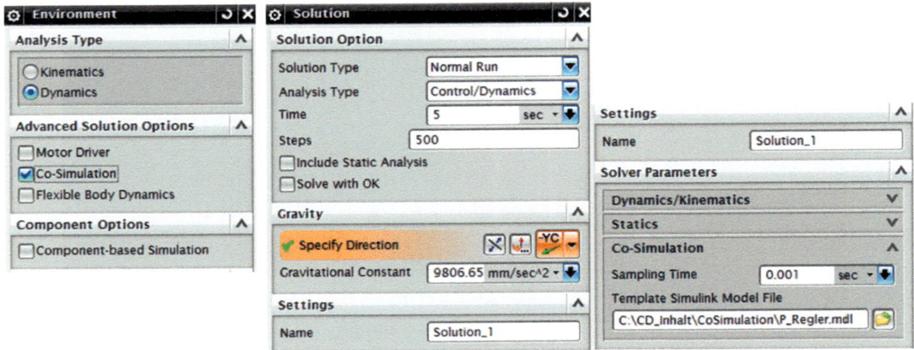

Bild 2.63 Die Co-Simulation ist ab der NX6 möglich. Hier sehen Sie, wie diese aktiviert wird.

2.4.1.4 Erzeugung der Bewegungskörper und Gelenke

- Erzeugen Sie einen Bewegungskörper für die Basis (Bild 2.64). Akzeptieren Sie die Voreinstellungen für automatische Massenanalyse.
- Erzeugen Sie auf die gleiche Weise einen Bewegungskörper für das Pendel.
- Erzeugen Sie nun ein Schiebegelenk von der Basis zur Umgebung und ein Drehgelenk vom Pendel zur Basis; beide zunächst ohne Antrieb.

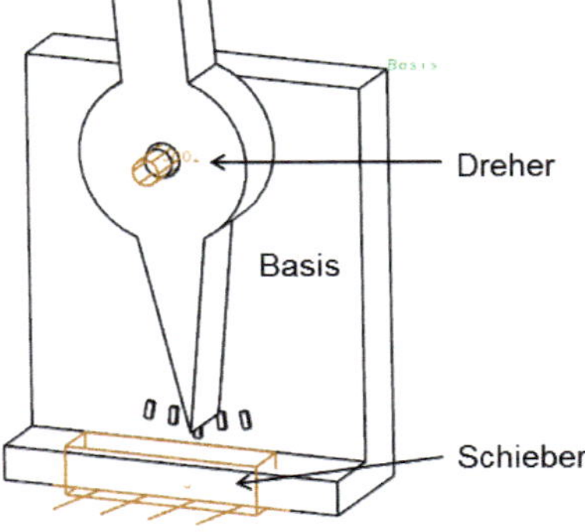

Bild 2.64
Wir nutzen ganz einfache Gelenke – einen Schieber und einen Dreher, beide ohne Antrieb.

2.4.1.5 Marker und Sensor erzeugen

Der Sensor misst den Pendelwinkel und versorgt die Regelung mit dieser Information.

An der Basis und dem Pendel werden zunächst *Markierungen* (*Marker*) erzeugt. Daraus wird ein Sensor erzeugt, anhand dessen die Messgröße, d.h. der Winkel, aufgenommen werden kann. Dabei ist das Vorzeichen der Messgröße zu beachten.

Gehen Sie für die Markierung an der Basis wie folgt vor:

- Wählen Sie die Funktion *Markierung* (*Marker*) aus.
- Selektieren Sie die Basis an einer Kreiskante des Zapfens. Damit sind zugehörige Körper und der Orientierungspunkt des neuen Markers definiert.
- Wählen Sie bei *KSYS bestimmen* (*Specify CSYS*) eine Kreiskante des Zapfens. Damit ist die Orientierung des Markers bestimmt.
- Bestätigen Sie mit OK. Die Markierung mit dem Namen *A001* wird nun erzeugt.

Das Koordinatensystem für diese Markierung wird wie in Bild 2.65 angezeigt. Die X-Richtung zeigt horizontal nach rechts.

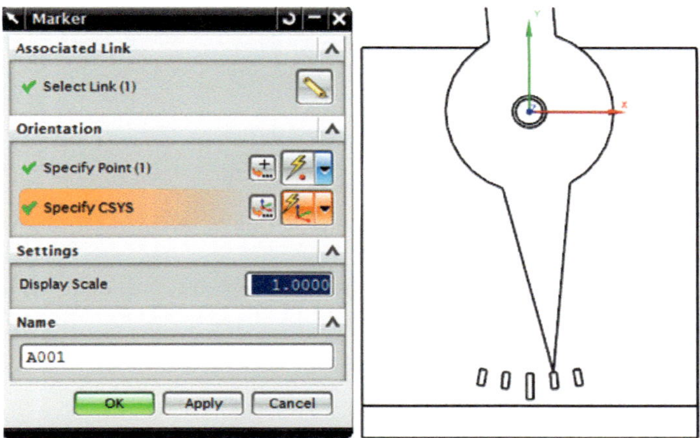

Bild 2.65 Zuerst werden zwei Markierungen definiert, dann der Sensor, der sich darauf bezieht. Hier erfolgt die erste Markierung.

Entsprechend gehen Sie für die Markierung am Pendel vor:

- Wählen Sie die Funktion *Markierung* (*Marker*) aus.
- Selektieren Sie das Pendel an einem Kreiskanten-Mittelpunkt.
- Wählen Sie bei *KSYS bestimmen* (*Specify CSYS*) z.B. die Funktion zum Definieren eines Koordinatensystems über drei Punkte, und erzeugen Sie es so, dass es, entsprechend Bild 2.66, mit dem Pendel verdreht ist.

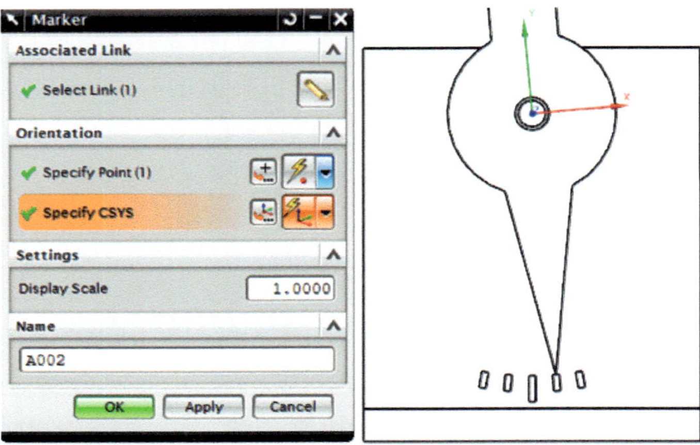

Bild 2.66 Die Definition eines Markers

Nun erfolgt die zweite Markierung.

Zwischen diesen beiden Markierungen kann nun ein Sensor erzeugt werden, der während der Analyse stets den Winkel der beiden Teile zueinander misst. Gehen Sie folgendermaßen vor:

- Wählen Sie die Funktion *Sensor* (Bild 2.67).
- Stellen Sie den Typ auf *Verschiebung* (*Displacement*).
- Wählen Sie als *Komponente* die Option *RZ* und als *Referenzrahmen* (*Reference Frame*) die Option *Relativ*.
- Selektieren Sie bei *Messung* (*Measurement*) die erste Markierung und bei *Relativ* die zweite.
- Bestätigen Sie mit OK. Der Sensor wird nun erzeugt.

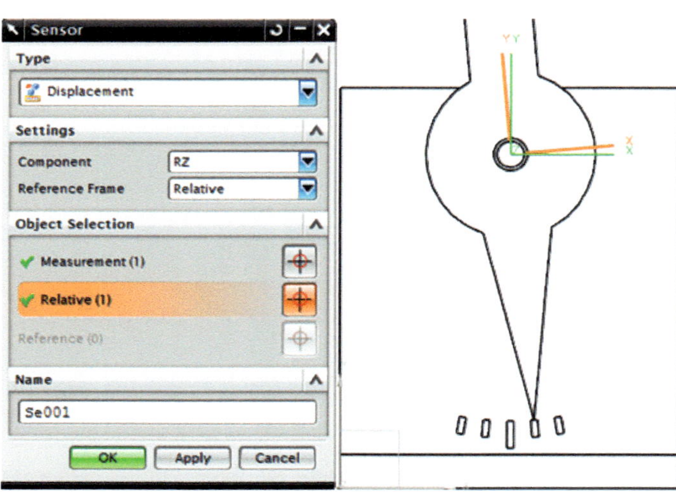

Bild 2.67 Der Sensor misst Verschiebung/Verdrehung zwischen den z-Achsen der beiden Markierungskoordinatensysteme.

2.4.1.6 Messgrößenausgang für Simulink erzeugen

Zunächst erzeugen wir das Messgrößenausgangselement, mit dem Simulink die Information über den aktuellen Winkel bekommt.

- Wählen Sie die Funktion *Plant Output* .
- Stellen Sie den Typ auf *Sensor*, und selektieren Sie den Sensor.
- Bestätigen Sie mit OK. Der Messgrößenausgang wird nun erzeugt.
- Der Name des gerade erzeugten Messgrößenausgangselements ist *Pou001*.

Der Sensor ist der Messgrößenausgang.

2.4.1.7 Messgrößeneingang erzeugen und mit Kraft verknüpfen

Jetzt erzeugen wir die Funktion für den Messgrößeneingang:

Der Messgrößeneingang hat zunächst nichts weiter als einen Namen.

- Wählen Sie die Funktion *Plant Input* .
- Akzeptieren Sie den vorgeschlagenen Namen *Pin001* dieses Elements, und bestätigen Sie mit OK.

Erzeugen Sie nun eine Kraft in der Schieberichtung des Schiebegelenks und verknüpfen diese mit dem gerade erzeugten Messgrößeneingangselement *Pin001*:

- Wählen Sie die Funktion *Skalare Kraft* (*Scalar Force*). Es erscheint ein Dialog.
- Selektieren Sie im Dialog bei *Aktion* den Schiebe-Bewegungskörper und bei *Origin* einen beliebigen Punkt darauf. Auf diesen Punkt soll die Kraft wirken.
- Definieren Sie im Dialog bei *Basis* einen zweiten Punkt. Mit diesen zwei Punkten definieren Sie die Richtung der Kraft. Am Symbol der Kraft können Sie hinterher leicht erkennen, ob die Richtung stimmt.
- Wählen Sie bei *Typ* die Option *Funktion* (Bild 2.68).
- Wählen Sie den grünen Pfeil rechts und darin die Option *Funktionsmanager*.
- Im Funktionsmanager wird die Funktion *F001_Math* in der Liste angezeigt. Diese selektieren Sie und bestätigen sie mehrmals mit OK.
- Der Messgrößeneingang wird mit der Kraft erzeugt.

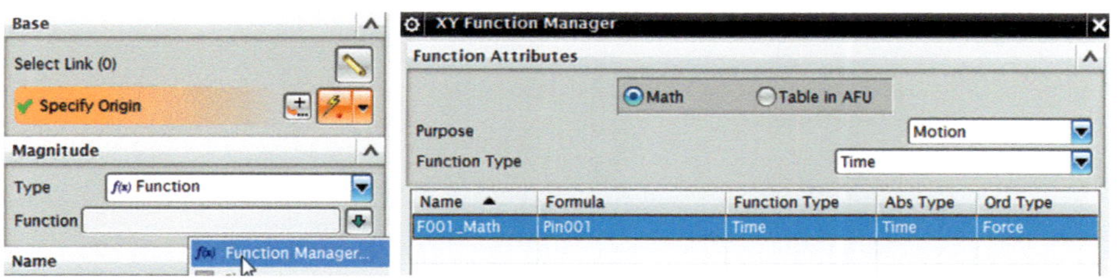

Bild 2.68 Die Kraft auf die Basis wird erzeugt und mit einer Funktion definiert. Als Funktion für die Kraft wählen wir den Messgrößeneingang von Simulink.

2.4.1.8 Lösung der Co-Simulation

- Wählen Sie die Funktion *Berechnen* (*Solve*, siehe Bild 2.69).
- Stellen Sie die Einstellung *Host Program* auf die Option *NX Motion* und die Einstellung *Übergeben* (*Submit*) auf die Option *Kontrollsystem-Integration*.
- Bestätigen Sie mit OK.

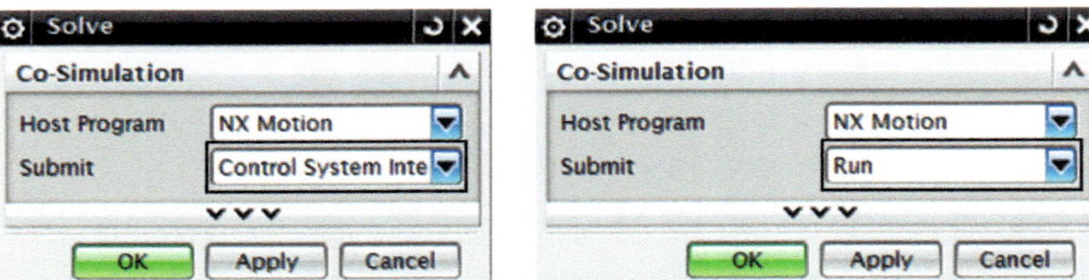

Bild 2.69 Das Lösen geschieht in zwei Schritten. Zuerst wird das Regelungssystem integriert.

Die Datei des Reglers wird in MATLAB Simulink geöffnet, ebenso erscheint der *Motion Plant* (Bild 2.70).

- Setzen Sie den erscheinenden *Motion Plant* mit Drag and Drop in das Reglerschaltbild ein.
- Wählen Sie in MATLAB Simulink die Funktion SPEICHERN, und beenden Sie MATLAB Simulink.

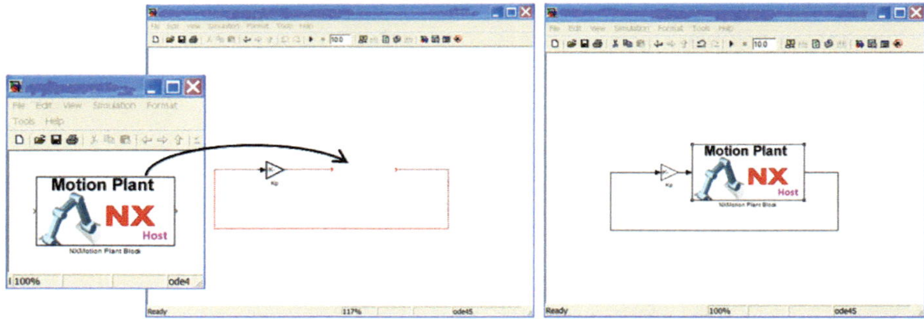

Bild 2.70 Einfügen des *NX/Simcenter 3D Motion*-Modells in das MATLAB-Simulink-Regelungssystem

Dann wird die eigentliche Berechnung durchgeführt.

- In NX wählen Sie die Funktion *Berechnen* (*Solve*).
- Bei SUBMIT wählen Sie diesmal die Option AUSFÜHREN (RUN) und klicken dann auf OK.

Jetzt wird die Co-Simulation berechnet.

2.4.1.9 Postprocessing für einen P-Regler

Für das Postprocessing lassen Sie die Animation ablaufen oder erzeugen einen Graphen, z. B. mit dem Sensorwinkel über der Zeit, wie in Bild 2.71 dargestellt.

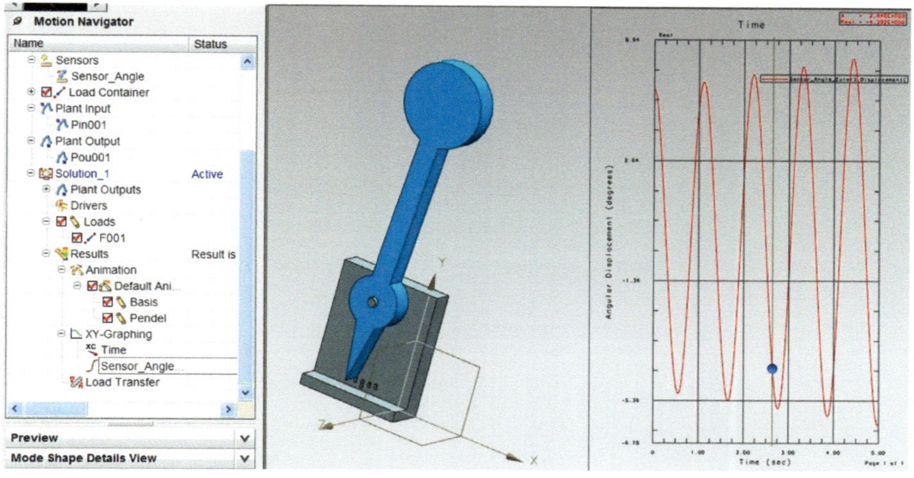

Bild 2.71 Als Ergebnis bewegt sich das Pendel schwingend hin und her. Der Antrieb sorgt dafür, dass es nicht herunterkippt.

Der Proportionalregler hält das Pendel zwar oben, jedoch bleibt es die ganze Zeit über in einem Schwingungszustand, der nicht abklingt.

2.4.1.10 Ergebnisse bei einem PD-Regler

Wird statt des einfachen P-Reglers ein Proportional-Differential-Regler (PD) verwendet, so wird als zusätzlicher Messgrößenausgang für Simulink die Winkelgeschwindigkeit des Pendels gebraucht.

Mit einem PD-Regler wäre das Ergebnis ruhiger.

Das Ergebnis der Winkelbewegung in diesem Fall sähe wie in Bild 2.72 aus. Der PD-Regler unterdrückt die Schwingungen und hält das Pendel fast exakt vertikal. Allerdings bewegt sich die Basis als Ergebnis der Kraft, weil das Pendel nicht exakt vertikal gehalten wird.

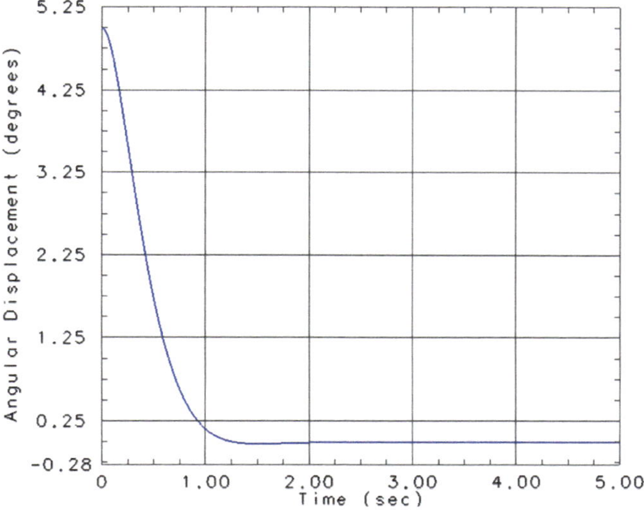

Bild 2.72 Der Bewegungsverlauf bei Einsatz eines PD-Reglers

2.4.1.11 Ergebnisse bei einem PID-Regler

Wird ein Proportional-Integral-Differential-Regler (PID) eingesetzt, so bleibt das Pendel noch etwas genauer in der Vertikalen, und die Querbewegungen der Basis sind viel kleiner (Bild 2.73).

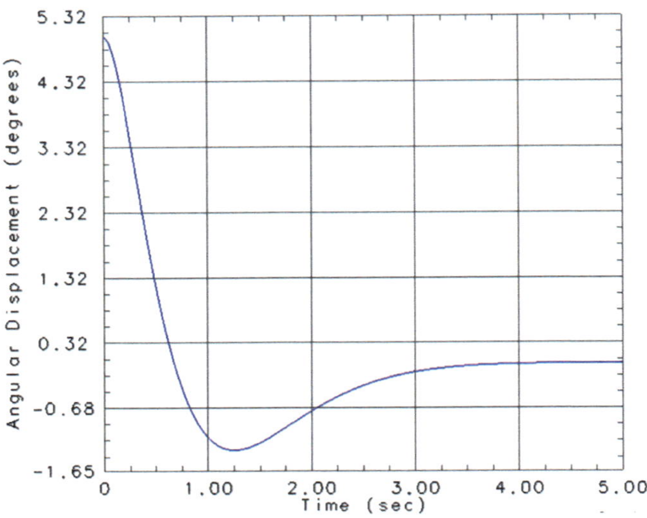

Bild 2.73 Mit dem PID-Regler wäre nach dem Einschwingen fast keine Bewegung mehr zu erkennen.

Literatur

[adams1] Overview of ADAMS/SOLVER. Online-Dokumentation zu NX

[HaugerSchnellGross] *Hauger, W./Schnell, W./Gross, D.:* Technische Mechanik 3: Kinetik. 12. Auflage. Springer Verlag, Berlin/Heidelberg/New York 2012

[recurdyn1] Using RecurDyn. Online-Dokumentation zu NX

3 NX Design Simulation (FEM)

Mit dem Modul *NX Design Simulation* kann der Konstrukteur Einzelteile und Baugruppen, die in 3D konstruiert wurden, strukturmechanisch analysieren. Er kann dabei schon in frühen Konstruktionsphasen Kenntnisse über die Eigenschaften seines Produkts erlangen, die sonst erst am Prototyp gefunden werden könnten. So bleibt bis zum Bau der Prototypen noch genügend Zeit für die Korrektur von Fehlern.

Einsatzszenarien und Nutzen der Design-Simulation in der Praxis

Mit der Design-Simulation können statische Strukturanalysen, Berechnungen der Eigenfrequenzen, Knick- und Thermotransferanalysen durchgeführt werden. Kennzeichen des Werkzeugs *NX Design Simulation* ist, dass dabei keine besonderen Abstraktionen, beispielsweise durch Schalen- oder Balkenvernetzungen, vorgenommen werden. Vielmehr wird direkt mit der vorhandenen 3D-Geometrie des CAD-Modells und automatischen Tetraedervernetzungen gearbeitet. Lediglich kleine Formelemente werden entfernt. Die Analysen bewegen sich stets im Bereich linearer FEM. Daher sind sie relativ einfach durchzuführen und zu interpretieren.

Durch solche Arten von Analysen erhält der Konstrukteur einerseits ein besseres Verständnis für seine Konstruktion, indem beispielsweise der Kraftfluss in einem Bauteil dargestellt wird. Sehr leicht sind auch A-B-Vergleiche möglich, bei denen neue Konstruktionen mit ehemaligen Teilen verglichen werden. Selbstverständlich können Bauteilverformungen und Spannungen abgeschätzt werden. Andererseits können auch Spannungs- und Verformungsergebnisse mit höherem Genauigkeitsanspruch berechnet werden, wie sie beispielsweise für Festigkeitsnachweise benötigt werden. Dafür sind jedoch die manuelle Steuerung der Vernetzung und die eingehendere Kontrolle der Randbedingungen erforderlich, was gewisse Erfahrungen des Anwenders erfordert. Die detaillierte, manuelle Steuerung der Vernetzung ist in der Design-Simulation allerdings nicht das Ziel. Wer dieses Ziel verfolgt, sollte das Modul *NX/Simcenter 3D Pre/Post* einsetzen.

Einfache FEM-Analysen helfen bei A-B-Vergleichen und zur Verbesserung des Verständnisses.

In vielen Fällen können Randbedingungsgrößen für FEM-Analysen gefunden werden, indem vorher Bewegungsanalysen mit den massebehafteten Körpern durchgeführt werden. Dazu zählen z. B. Beschleunigungen und Lagerreaktionen, die aus dynamischen Motion-Analysen hervorgehen.

MKS-Analysen sind den FEM-Analysen oft vorangestellt.

Da die erzeugten Dateiformate von *NX Design Simulation* kompatibel zur *Pre/Post*-Anwendung sind, können begonnene Aufgaben im weiterführenden Werkzeugmodul fortgesetzt werden. Dies könnte der Fall sein, wenn sich herausstellt, dass nichtlineare

Effekte wie abhebende oder auftreffende Kontakte, plastisches Materialverhalten oder große Verformungen berücksichtigt werden müssen.

Anwender von *NX Design Simulation* sollten in der Modellierung von Einzelteilen und Baugruppen mit dem NX-System vertraut sein. Die Beispiele dieses Buchs setzen zwar auf fertigen Baugruppen auf, jedoch müssen hin und wieder einfache Geometrieelemente erzeugt oder manipuliert werden. Außerdem wird grundsätzlich im Baugruppenkontext gearbeitet. Darüber hinaus sollten mechanische Grundlagen bezüglich Spannungen, Verformungen und Bewertung dieser Größen, also Teile der Festigkeitslehre, bekannt sein, da diese Themen im Buch lediglich gestreift werden. Weitere Vorkenntnisse sind nicht erforderlich.

Die Inhalte dieses Kapitels

In Abschnitt 3.1 werden zunächst Theorie, Grenzen, spezielle Effekte und Regeln linearer FEM dargestellt. Daraufhin folgen Lernaufgaben zur linearen FEM, die mit einem Grundlagenbeispiel zur Statik beginnen (siehe Abschnitt 3.2.1). Dieses Beispiel sollte von allen FEM-interessierten Lesern durchgearbeitet werden, weil die hier erläuterten Prinzipien bei allen weiteren Lernaufgaben wichtig sind. Bei der zweiten Aufgabe handelt es sich um einfache Thermotransferanalysen (siehe Abschnitt 3.2.2).

3.1 Einführung und Theorie

Mit *NX Design Simulation* können mechanische Aufgaben der Strukturmechanik gelöst werden. Die betrachteten Körper sind elastischer Natur und können daher deformieren. Das Gebiet der Strukturmechanik wird üblicherweise mit FEM-Programmen (Finite-Elemente-Methode) berechnet. Anstelle von elastischen Körpern wird allgemein auch von Strukturen gesprochen. Auch die in *NX Design Simulation* mögliche Analyse von stationären Temperaturfeldern kann in diese Klasse eingeordnet werden. Innerhalb der Strukturmechanik können mit *NX Design Simulation* Aufgaben zu linearer Statik, zu Eigenfrequenzen, zu Thermotransfer und zum linearen Beulen gelöst werden (Bild 3.1).

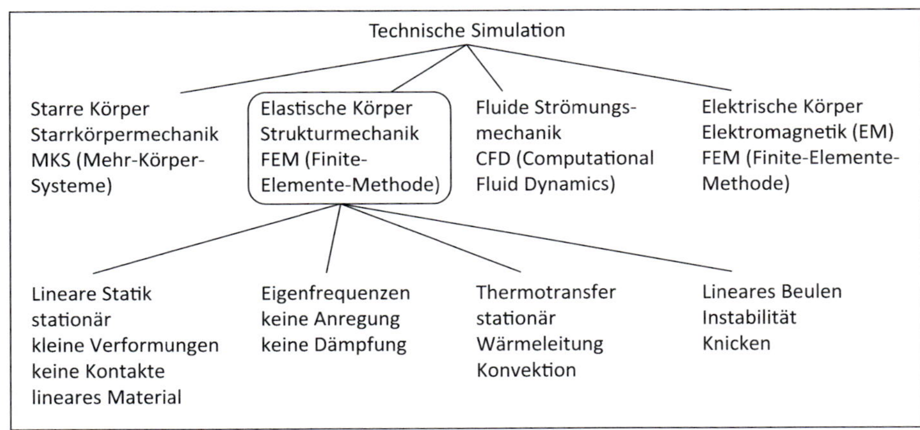

Bild 3.1 Unterteilung der technischen Simulation: Möglichkeiten von *NX Design Simulation*

Im Folgenden werden die vier Typen in gesonderten Abschnitten näher erläutert. Da linear statische Analysen zu den wichtigsten Aufgaben bei CAD-integrierten FEM-Berechnungen gehören, soll insbesondere hierauf eingegangen werden.

Die Methode der finiten Elemente wird auf anschauliche Weise erklärt. Diese Erklärung soll ausreichen, um mit einer FEM-Software sinnvoll arbeiten zu können und insbesondere die Grenzen der FEM zu verstehen. Wer ein wenig tiefer in die Materie eindringen und ein kleines Balkenbeispiel mit der FEM von Hand, d. h. ganz ohne Softwareunterstützung, durcharbeiten möchte, der wird in Kapitel 8 fündig. Dieses Beispiel erklärt auch Themen wie die Bedeutung der Ansatzfunktion und der Steifigkeitsmatrix.

Kapitel 8 zur manuellen Berechnung eines FEM-Beispiels vermittelt noch mehr Hintergrundverständnis.

Wer noch mehr Hintergrundwissen sucht, dem empfehlen wir die Lektüre von

Literaturhinweise

- [RiegHackenschmidt] für eine sehr verständliche Einführung – mit Einblicksmöglichkeiten in die Softwarealgorithmen eines kleinen FEM-Programms,
- [Schäfer] für eine integrierende Darstellung der gängigen numerischen Methoden im Maschinenbau,
- [Bathe] als Grundlagenwerk, dessen Methoden in den meisten Softwareprogrammen genutzt werden, und
- [Komzsik] als Werk, das insbesondere bei der Entwicklung des Nastran-Solvers umgesetzt wird und wurde.

3.1.1 Lineare Statik

Kennzeichen der Statik ist, dass Bauteile oder Baugruppen eingespannt und mit Kräften, Drücken, Momenten, aufgezwungenen Verformungen oder Temperaturlasten beaufschlagt werden. Berechnet werden die Verformungen, Dehnungen und Spannungen, wobei es sich stets um den ruhenden, d. h. von der Zeit unabhängigen, Zustand handelt.

Linear bedeutet, dass Ursache und Wirkung immer proportional zueinander sind. Ursache sind z. B. die aufgebrachten Kräfte und Wirkung sind die berechneten Verformungen und Spannungen. Wenn eine lineare Rechnung durchgeführt wird, heißt das also, dass ein Verdoppeln der Kräfte immer genau zu einem Verdoppeln der Verformungen und Spannungen führt.

Lineare Statik lässt sich auch dadurch charakterisieren, dass während der Berechnung keine Änderungen an den Randbedingungen und an der Steifigkeit des Teils auftreten dürfen. Was dies bedeutet, wird in den weiteren Ausführungen dieses Kapitels noch genauer erklärt. Im Falle der linearen Statik kann auch das Superpositionsprinzip angewandt werden. Die Ergebnisse von verschiedenen Lastfällen lassen sich also überlagern.

Kennzeichen der linearen Statik

Das Vorgehen bei der Lösung von linear statischen Aufgaben mit einem FEM-Programm ist üblicherweise wie folgt (Bild 3.2):

- Nachdem die 3D-Geometrie im CAD-System erstellt wurde,
- ist der nächste Schritt die *Idealisierung,* d. h. die Entfernung von irrelevanten Formelementen, das Erzeugen von Symmetrieschnitten oder die Unterteilung von Flächen für spätere Randbedingungen.
- Im nächsten Schritt erfolgen die *Vernetzung* der Geometrie mit finiten Elementen und die Zuordnung von Materialeigenschaften. Die Zuordnung von Materialeigenschaften kann jedoch auch schon bei der Geometrie erfolgen.

- Weitere Schritte betreffen die Definition der *Einspannbedingungen* und der *Lasten*.
- Damit ist das Modell aufgebaut und kann *gelöst* werden.
- Abschließend werden die *Ergebnisse* ausgewertet. Gegebenenfalls wird die Konstruktion geändert und erneut analysiert.

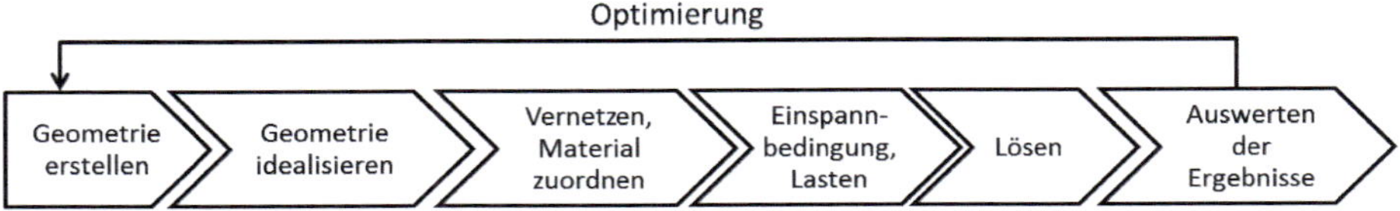

Bild 3.2 Prozess der FEM

Programmintern werden die finiten Elemente gemeinsam mit den Einspannbedingungen zu einem Steifigkeitsmodell des Körpers verarbeitet. Dies wird erreicht, weil die Einzelsteifigkeitseigenschaften eines finiten Elements theoretisch vorliegen. Ein einfachstes Element, das sich zur Anschauung eignet, ist ein Federelement, das durch einen einzigen Steifigkeitswert k beschrieben wird. Die Gleichung $k \cdot u = F$ dient dann zur Berechnung der unbekannten Verschiebung u aus der Steifigkeit k und der Knotenkraft F (Bild 3.3).

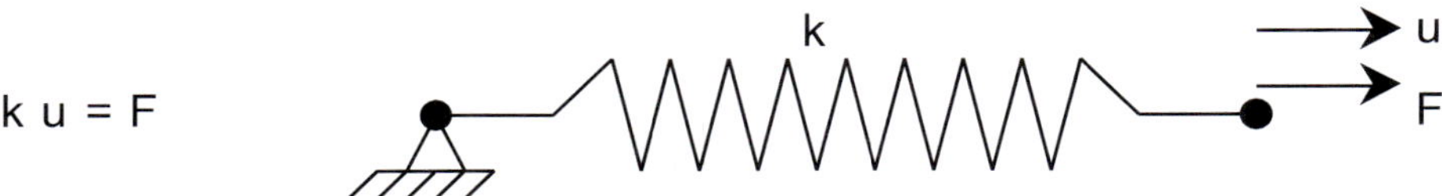

Bild 3.3 Federmodell als einfachstes finites Element

Prinzip der linearen FEM

Einzelsteifigkeiten finiter Elemente können mithilfe entsprechender Algorithmen zur Gesamtsteifigkeit des Bauteils zusammengesetzt werden. Dabei stellen die Verschiebungen der Knoten der finiten Elemente die gesuchten Freiheitsgrade u_1, u_2 … dar. Die Steifigkeit wird daher in Form einer Matrix, der Steifigkeitsmatrix, dargestellt (Bild 3.4).

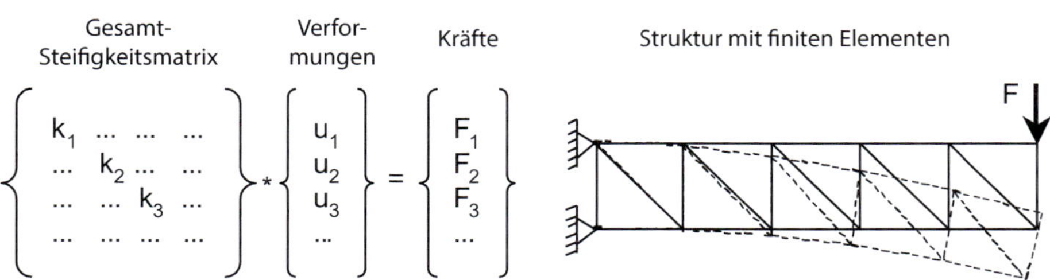

Bild 3.4 Erklärung der Steifigkeitsmatrix und des FEM-Gleichungssystems

Reale Einspannbedingungen werden in Knotenfreiheitsgrade übersetzt.

Einspannbedingungen werden immer an den Knoten der finiten Elemente vorgegeben. Reale Randbedingungen müssen dabei vom Anwender in Freiheitsgrade der Knoten übersetzt werden. Eine fixe Einspannung an einer Fläche beispielsweise hält alle Freiheitsgrade an den Knoten der Fläche fest. Eine gleitende Randbedingung dagegen hält die Knoten nur in der Richtung senkrecht zur Fläche fest.

Wie die Einspannbedingungen, so müssen auch die realen Lasten in Knotenlasten der finiten Elemente übersetzt werden. Beispielsweise wird eine Flächenlast von 50 N in viele einzelne Kräfte an den beteiligten Knoten der Fläche unterteilt, die gemeinsam in 50 N resultieren. Entsprechend wird eine Gravitationslast oder Fliehkraft derart in Einzelkräfte aufgeteilt, dass jeder Knoten des ganzen Bauteils einen Anteil davon bekommt.

Lasten werden auf die Knoten verteilt.

Also ergeben sich eine Steifigkeitsmatrix, ein Kraftvektor mit den Knotenkräften und ein Vektor mit den unbekannten Knotenverschiebungen. Diese drei Komponenten bilden ein lineares Gleichungssystem, das aufgelöst werden kann, und daher ergeben sich als primäre Ergebnisgrößen der linearen FEM die Verschiebungs- bzw. Verformungswerte an jedem Knoten.

Wenn die Verformungen an dem Bauteil bekannt sind, kann über den Zwischenschritt der Dehnungen auf die vorliegenden Spannungen geschlossen werden. Dehnung ist als Änderung der Länge geteilt durch die originale Länge definiert und lässt sich daher aus den Verformungsgrößen an jedem Punkt ermitteln. Aus den Dehnungen wird mithilfe eines Materialgesetzes auf die Spannungen geschlossen. Bei der linearen FEM wird immer das Hookesche Gesetz verwendet, das einen linearen Zusammenhang zwischen Dehnung und Spannung vorsieht. Auf diese Weise können die Spannungen an jedem Element ermittelt werden (Bild 3.5).

Bild 3.5
Die lineare FEM verwendet das Hookesche Gesetz.

Wichtigstes Kennzeichen der linearen FEM ist, dass die Steifigkeit der Struktur auf Basis der unverformten Geometrie ermittelt und unveränderlich in der Steifigkeitsmatrix eingetragen wird. Die lineare Methode hat den Vorteil der Einfachheit und Schnelligkeit, und in sehr vielen Fällen lassen sich damit geeignete Ergebnisse erzielen.

Lineare Berechnungen führen normalerweise zwangsläufig zu einem Ergebnis, nichtlineare Berechnungen nicht unbedingt, da diese instabil werden können. Das Ergebnis muss iterativ ermittelt werden und kann dabei divergieren. Inzwischen gibt es allerdings nichtlineare Berechnungsmethoden, die sehr stabil funktionieren, und der Berechner braucht sich nur noch verhältnismäßig wenig um die Stabilisierung des Iterationsprozesses zu kümmern.

Nichtlineare Berechnungen sind viel anspruchsvoller.

3.1.2 Nichtlineare Effekte

Es ergeben sich klare Grenzen der linearen FEM. Es handelt sich dabei um die Grenzen zu nichtlinearen Aufgabenstellungen, die nicht vernachlässigt oder missverstanden werden dürfen. Diese Grenzen ergeben sich durch zwei wichtige Eigenschaften der linearen Rechnungen, über die sich der Anwender immer klar sein muss:

- Die Ergebnisse bei linearer Berechnung sind immer skalierbar, d. h., eine Verdoppelung der Kräfte führt immer zur Verdoppelung der Verformung und Spannung.
- Die Richtungen der Verformungen bleiben immer erhalten. Jeder Punkt verformt sich also in die Richtung, in die er sich im ersten Moment verformt hat.

Zwei Eigenschaften der linearen FEM

Der Anwender eines FEM-Programms muss also selbst entscheiden, ob eine reale Aufgabenstellung mit linearer Analyse geeignet berechenbar ist. Falls die Realität sich nicht annähernd linear beschreiben lässt, muss zu nichtlinearen Berechnungsmethoden gegriffen oder ein schwer abschätzbarer Fehler in Kauf genommen werden.

Es gibt drei wichtige Klassen von Nichtlinearitäten.

Die technisch wichtigsten Grenzen der linearen FEM lassen sich in drei Klassen unterteilen: nichtlinearer Kontakt, nichtlineares Material und große Verformungen. Diese drei Effekte werden in den folgenden Abschnitten verdeutlicht.

3.1.2.1 Kontakt-Nichtlinearität

Tritt während der Verformung eines Bauteils ein Kontakt bzw. Anschlag auf, wird die lineare Eigenschaft verletzt, weil ein Verdoppeln der Kraft nicht mehr zu einer Verdopplung des Verformungsweges führt. Dies kann auch so erklärt werden: Charakteristisch für Kontakt-Nichtlinearitäten ist, dass sich bei unterschiedlicher Verformung unterschiedliche Lagerbedingungen ergeben. Folglich ändert sich die Steifigkeit des realen Bauteils während der Verformung sehr abrupt. Die lineare FEM kann dies nicht berücksichtigen, weil immer die Steifigkeit der ursprünglichen Geometrie verwendet wird (Bild 3.6).

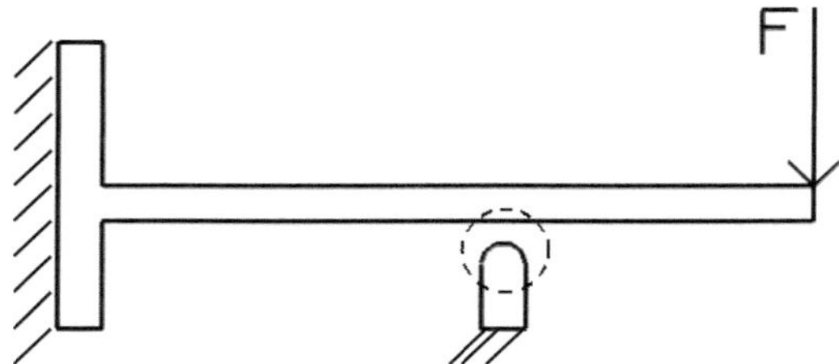

Bild 3.6
Wenn sich während der Verformung die Randbedingungen ändern, liegt nichtlineares Verhalten vor. Dies passiert bei Kontakten.

Diese Einschränkung der linearen FEM führt bei vielen Aufgabenstellungen mit Baugruppen zu erheblichen Schwierigkeiten. Obwohl Kontaktanalysen wegen ihrer Nichtlinearität schwieriger sind, werden sie in der NX-Software umfassend unterstützt. Schon im einfacheren Werkzeug *NX Design Simulation* sind Kontakte mit Einschränkungen berechenbar. Die Funktion dafür hat den Namen *Fläche-zu-Fläche-Kontakt*. In den weiterführenden Werkzeugen aus der *NX/Simcenter 3D Pre/Post*-Umgebung sind dann, je nach Lösungsmethode, umfassende Kontaktwerkzeuge verfügbar.

3.1.2.2 Nichtlineares Material

Wenn die Spannungen nicht proportional mit den Dehnungen anwachsen, liegt nichtlineares Materialverhalten vor (Bild 3.7). Dies kommt beispielsweise bei Stahl vor, wenn die Spannungen in den plastischen Bereich reichen. Die lineare FEM kann lediglich linear elastische Spannungen berechnen. In den meisten Fällen reicht dies jedoch aus, weil plastische Verformungen meist unerwünscht sind und in der linearen FEM daran erkannt werden kann, dass die Spannungen über die elastische Grenze des Materials hinausgehen.

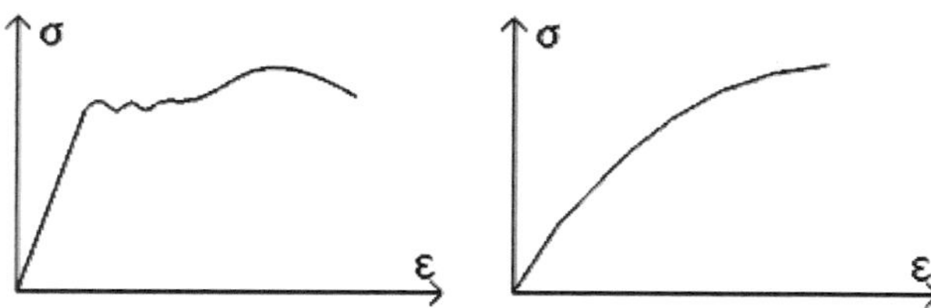

Bild 3.7 Wenn das Hookesche Gesetz nicht gilt, liegt nichtlineares Material vor.

Jedoch gibt es auch Materialien, beispielsweise manche Kunststoffe, die vor allem im elastischen Bereich nichtlineares Spannungs-Dehnungsverhalten zeigen. Solche Werkstoffe lassen sich nur mit der *Pre/Post*-Anwendung berechnen.

3.1.2.3 Große Verformungen bzw. nichtlineare Geometrie

Wenn die Verformungen des Bauteils so groß werden, dass sich die Steifigkeitsmatrix und der Verformungsvektor in der verformten Lage erheblich von den Größen des unverformten Modells unterscheiden, wird von großen Verformungen gesprochen (Bild 3.8). Die lineare FEM, die ja mit den Größen des unverformten Modells arbeitet, wird dann fehlerbehaftet sein. Dies kann auch so erklärt werden: Die Verformungsrichtungen in der linearen Rechnung bleiben so wie im ersten Moment der Verformung. Das Beispiel eines Biegebalkens zeigt, dass dies bei kleinen Verformungsrichtungen weitgehend richtig ist. Wird jedoch die Verformung größer, so würde sich in Realität immer mehr eine gebogene Verformung am Kraftangriffspunkt einstellen. Genau dieser Bogen würde aber in der linearen Berechnung nur als Linie berechnet werden.

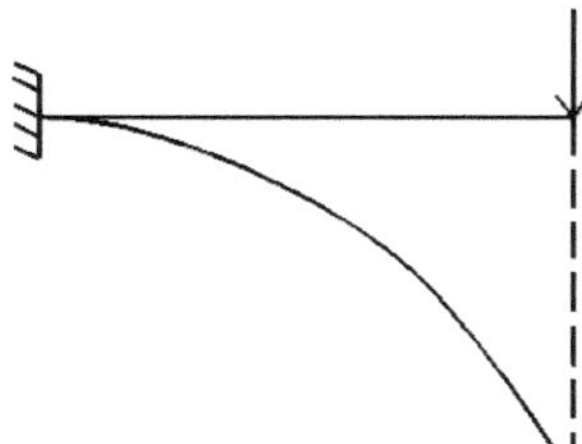

Bild 3.8
Wenn das verformte Bauteil eine abweichende Steifigkeit hat, liegen nichtlineare, große Verformungen vor.

3.1.3 Einfluss der Netzfeinheit

Die Netzfeinheit beeinflusst das Ergebnis erheblich.

Neben nichtlinearen Effekten, Lasten und Einspannbedingungen hat insbesondere die Netzfeinheit einen entscheidenden Einfluss auf die Ergebnisgenauigkeit einer FE-Analyse. Bei einem bestimmten zugrundeliegenden FE-Netz ist der Abstand des ermittelten zum exakten Ergebnis in der Regel unbekannt. Einige Programmsysteme bieten daher die Möglichkeit, quasi auf Knopfdruck das Netz doppelt so fein zu machen. Wird dann bei einer erneuten Rechnung festgestellt, dass es nur noch geringe Änderungen zur vorausgegangenen Rechnung gibt, so kann das erste Ergebnis quasi als ausreichende Näherung angesehen werden. Eine andere Möglichkeit besteht darin, eine höherwertige Ansatzfunktion für die Elemente zu verwenden.

In Bild 3.9 ist der Konvergenzverlauf dargestellt, der erhalten wird, wenn eine Vernetzung schrittweise verfeinert wird. In diesem Fall ist das exakte Spannungsergebnis aus einer analytischen Rechnung bekannt.

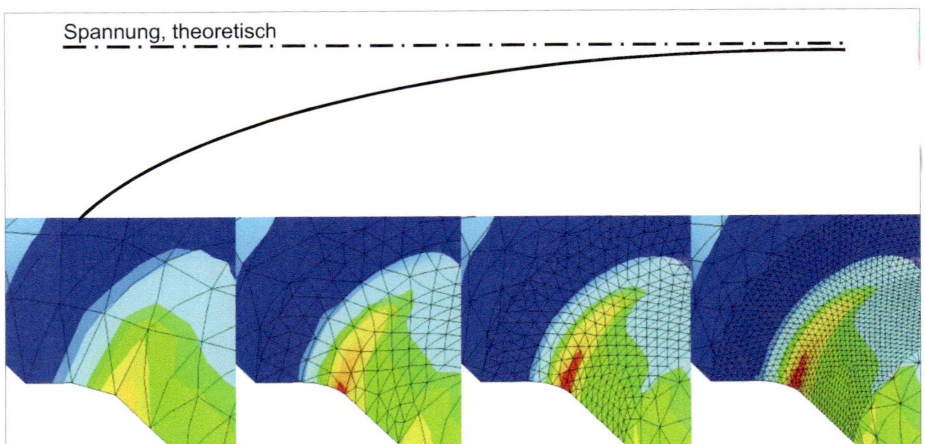

Bild 3.9 Die Prüfung der Konvergenz hilft bei der Beurteilung der Genauigkeit.

Es können zwei Regeln bezüglich der Netzfeinheit und Spannungsergebnissen angegeben werden:

Zwei wichtige Regeln

- *Regel 1:* Mit feinerer Vernetzung werden Spannungsspitzen feiner aufgelöst. Daher steigen die FE-Spannungsergebnisse bei kleineren Elementgrößen an.
- *Regel 2:* Die Spannungswerte nähern sich asymptotisch dem exakten Ergebnis an. Dieser Effekt wird als Konvergenz bezeichnet.

Daher ist es eine gängige Methode zur Verifikation der Genauigkeit einer FE-Analyse, den Unterschied der errechneten Spannungswerte zu vergleichen, der sich bei verschieden feiner Vernetzung aus der FE-Rechnung ergibt. Ein kleiner Unterschied deutet auf genaue Ergebnisse hin. Auch andere Verifikationsmethoden sind gängig, z. B. der Vergleich von den gemittelten und den ungemittelten Spannungsergebnissen. Dazu kommen wir aber erst später (siehe Abschnitt 3.2.1.31).

Solch eine Verifikation von Spannungsergebnissen wird in unserer ersten FEM-Lernaufgabe durchgeführt.

3.1.4 Singularitäten

Singularitäten sind Störungen des Kraftflusses am FE-Modell. Dies kommt in der Realität nicht vor. Daher verfälscht es die Ergebnisse.

In Zusammenhang mit der Genauigkeit und dem Konvergenzverhalten von FE-Berechnungen muss unbedingt auch der Effekt von singulären Stellen beachtet werden. Singuläre Stellen sind Stellen, an denen der reale Kraftfluss im FE-Modell nicht korrekt abgebildet wird. Oftmals treten diese Stellen an Radien oder Kerben auf, die im CAD- und FE-Modell der Einfachheit halber weggelassen wurden. Wird solch eine Kerbe unter Zug belastet, so ist der Kraftfluss gestört. Dies macht sich bei FE-Analysen dadurch bemerkbar, dass an dieser Stelle unrealistische Spannungsergebnisse berechnet werden (Bild 3.10).

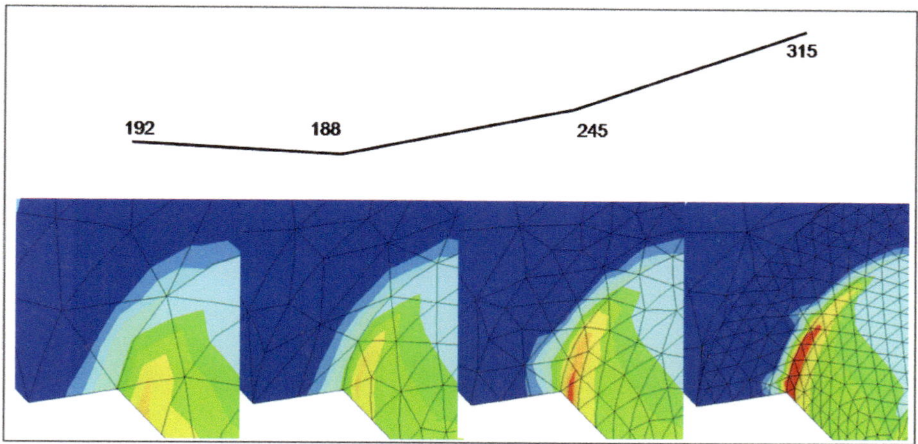

Bild 3.10 An einer Singularität steigen die Spannungen immer weiter an.

In der Realität gibt es dieses Problem nicht. Perfekt scharfe Ecken bekommt der beste Schlossermeister nicht in das Werkstück hinein. Es gibt immer einen – wenn auch noch so kleinen – Radius. Außerdem werden örtlich begrenzte Spannungsspitzen durch mikroskopisch kleine plastische Verformungen sofort abgebaut. Dann würde aus einer hypothetischen, perfekt scharfen Ecke auch sofort ein Radius werden. Wir reden also über etwas, das es in Wirklichkeit gar nicht gibt, sondern nur an einem vereinfachten Modell der Realität, dem CAD- bzw. FEM-Modell.

Die Spannungsergebnisse steigen in solch einem Fall mit feinerer Vernetzung immer weiter an, und die Konvergenz kann an dieser Stelle nicht nachgewiesen werden.

Einspannungen und Lasteinleitungen führen oft zu Störungen des Kraftflusses.

Ein weiterer wichtiger Fall von Störungen des Kraftflusses sind Einspannungen, die nicht realistisch abgebildet sind. Auch hier ist keine Konvergenz zu erreichen, und es wird von Singularitäten gesprochen. Solche singulären Stellen sind in der Praxis meist nicht zu vermeiden. Der Anwender sollte deswegen wissen, welcher Einfluss von ihnen ausgeht und wie sie zu beurteilen sind. Die Regel ist: An der singulären Stelle dürfen keine Spannungsaussagen gemacht werden, an allen anderen Stellen schon.

3.1.5 Eigenfrequenzen

Mit Eigenfrequenzanalysen werden dynamisch beanspruchte Systeme untersucht. Sie geben dem Anwender die Möglichkeit, sich ein Bild von dem zu erwartenden Schwingungsverhalten zu machen.

Bild 3.11
Der Einmassen-Schwinger ist ein plausibles Beispiel für eine freie Schwingung.

Ausgangspunkt ist die ungedämpfte Schwingungsdifferentialgleichung für freie Schwingungen. Der Parameter **M** beschreibt dabei die Masseneigenschaften, der Parameter **K** die Steifigkeitseigenschaften und **u** die Verschiebung/Verformung:

$$\mathbf{M}\ddot{\mathbf{u}} + \mathbf{K}\mathbf{u} = \mathbf{0}$$

Mit dem Ansatz für die Verformung

$$\mathbf{u}_i = \varphi_i \sin(\omega_i \cdot t)$$

kann die Bewegungsgleichung als ein Eigenwertproblem formuliert werden:

$$\left(\mathbf{K} - \omega_i^2 \mathbf{M}\right)\varphi_i = \mathbf{0}$$

Nach dieser Methode werden Eigenfrequenzen berechnet.

Gesucht werden also Lösungen ϕ_i, die über ein gemeinsames Zeitgesetz *sin(ωt)* die Schwingungsdifferentialgleichung erfüllen. Nichttriviale Lösungen ergeben sich, wenn

$$\det\left(\mathbf{K} - \omega_i^2 \mathbf{M}\right) = \mathbf{0}$$

Die Lösung dieses Eigenwertproblems liefert n Eigenvektoren ϕ_i, die bis auf einen konstanten Faktor bestimmt sind, und die dazugehörigen Eigenkreisfrequenzen ω_i. Die Variable n ist die Anzahl der Freiheitsgrade.

Am Beispiel des Einmassen-Schwingers aus Bild 3.11 mit der Steifigkeit c und der Masse m ergibt sich nach Lösung von

$$c - \omega^2 m = 0$$

eine Eigenkreisfrequenz von

$$\omega = \sqrt{\frac{c}{m}}$$

Die Kreisfrequenz ω ist dabei mit der Frequenz f über $\omega = 2\pi f$ verknüpft.

Auch ein klingendes Glas oder eine Stimmgabel sind Beispiele für freie Schwingungen.

Die Ergebnisse der Eigenfrequenzanalyse sind also die Frequenzen, bei denen eine Struktur ohne Einfluss von außen frei ausschwingt, nachdem sie kurz angestoßen wurde, z. B. ein klingendes Weinglas oder eine Stimmgabel.

Außerdem wird auch die Form der entstehenden Schwingung ermittelt. Da die Anregung gar nicht berücksichtigt wird, kann die Amplitude der Schwingung allerdings nicht ausgerechnet werden.

Schlüsse für die Konstruktion

Aus der vorangegangenen Gleichung können übrigens sofort Schlüsse für die Konstruktion gezogen werden: Oft ist es schwer, eine Eigenfrequenz an einem Bauteil zu verändern, denn sobald irgendwo Material weggenommen wird, verringert sich dort meist auch die Steifigkeit. Die Eigenfrequenz ändert sich dann kaum, weil, entsprechend der Gleichung, die Steifigkeit mit der Masse im Verhältnis steht. Die Kunst ist es also, die Steifigkeit ohne die Masse zu ändern oder umgekehrt. Dies erreicht man beispielsweise durch den Einsatz von zusätzlichen lokalen Massepunkten.

In den Lernaufgaben zu *NX/Simcenter 3D Pre/Post* (FEM) ist eine solche Modalanalyse enthalten (siehe Abschnitt 4.2.3).

3.1.6 Thermotransfer

Bei Wärmetransportproblemen ist es die Aufgabe, die Verteilung der skalaren Temperatur T in einem Körper zu ermitteln. Aus dem Gradienten der Temperatur ergibt sich der Wärmestrom , der Übergang von Wärmeenergie vom wärmeren Ort zum kälteren. Diese Größe ist also für den „Wärmestau" verantwortlich und daher auch von Interesse für den Konstrukteur.

Berechnung der Temperaturverteilung im Bauteil

Die beschreibende Differentialgleichung ergibt sich aus einer Gleichung für die Beschreibung des Wärmeleitungseffekts, der Energiegleichung sowie einigen Annahmen zur Vereinfachung [Schäfer].

Als Materialgleichung für den Wärmestromvektor bzw. den Effekt der Wärmeleitung wird das Fouriersche Gesetz für isotrope Materialien eingesetzt:

$$h_i = -\kappa \frac{\partial T}{\partial x_i}$$

Demnach ist der Wärmestrom h proportional zum Temperaturgradienten. Der Proportionalitätsfaktor ist die Wärmeleitfähigkeit κ.

In *NX Design Simulation* wird von stationärem Wärmetransport ausgegangen. In der *Pre/Post*-Umgebung können dagegen auch komplexere Temperaturaufgaben gelöst werden. Unter Berücksichtigung der Energieerhaltungsgleichung, bei Annahme einer konstanten spezifischen Wärmekapazität c_p, sowie Vernachlässigung der Arbeit, die durch Druck und Reibungskräfte geleistet wird, ergibt sich mit q als Wärmequelle oder -senke die beschreibende Differentialgleichung:

Das Modul *NX Design Simulation* kann, im Gegensatz zu Simcenter 3D mit dem Thermal-Solver, nur einfache Wärmeeffekte berücksichtigen.

$$\rho q + \frac{\partial}{\partial x_i}\left(\kappa \frac{\partial T}{\partial x_i}\right) = 0$$

Übliche Randbedingungen sind folgende:

Randbedingungen bei einfachen thermischen Analysen

- Vorgabe der Temperatur T
- Vorgabe des Wärmestroms h
- Der Wärmestrom wird proportional zum lokalen Wärmetransport angenommen. Diese Randbedingung wird genutzt, um konvektiven Wärmeübergang zu beschreiben. Der Parameter α ist dabei der Wärmeübergangskoeffizient:

$$\kappa \frac{\partial T}{\partial x_i} n_i = \alpha\left(T_s - T\right)$$

Nach dem Lösen der Differentialgleichung mittels FEM sind die Temperaturen und Wärmeströme an allen Punkten ermittelt und stehen für das Postprocessing zur Verfügung.

In den Lernaufgaben zur Design-Simulation ist eine solche Thermoanalyse enthalten (siehe Abschnitt 3.2.2).

3.1.7 Lineares Beulen

Mithilfe der linearen Beulanalyse werden Knick- bzw. Beullasten sowie die zugehörigen Beulformen ermittelt. Eine Beullast ist die kritische Last, bei der eine Struktur instabil wird. Eine Beulform ist die zugehörige Form.

Beulen ist die Ursache für das Versagen von Bauteilen unter Drucklast. Unter Zuglast macht eine solche Berechnung keinen Sinn. Würde man eine Struktur, die auf Druck beansprucht ist, nur statisch linear berechnen, bekäme man ein falsches Bild über die Festigkeit. Erst eine Beulanalyse zeigt, ob diese Struktur versagt oder nicht.

Beulgefahr besteht bei druckbeanspruchten Bauteilen.

In einer linear statischen Analyse wird angenommen, dass sich eine Struktur im stabilen Gleichgewicht befindet. Bei ansteigender Belastung geht die Verformung proportional hoch. Falls die Belastung entfernt wird, geht die Struktur wieder in die ursprüngliche Form zurück. Wenn eine Struktur instabil wird, bedeutet dies, dass die Verformung der Struktur zunimmt, ohne dass die Belastung weiter ansteigt. Die Belastung, ab der dieser Effekt auftritt, wird kritische Beullast genannt.

Wenn man einen instabilen Druckzustand mit einer linear statischen Analyse berechnet, wird die Instabilität nicht sichtbar, und die Ergebnisse führen zu falschen Schlüssen. Das Auftreten von Instabilität kann nur durch eine vorherige Beulanalyse überprüft werden.

Eine lineare Beulanalyse findet die Lastbedingungen, die eine Struktur instabil machen. Dies geschieht auf Basis einer Eigenwertanalyse. Dafür wird die Nastran-Lösungsmethode 105 verwendet.

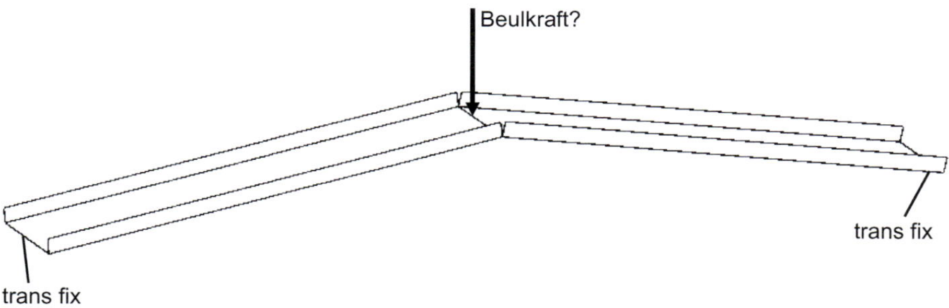

Bild 3.12 Ein Beispiel für eine Beulaufgabe

3.2 Lernaufgaben zur Design-Simulation

Die folgenden Lernaufgaben sind nicht nur für Anwender von *NX Design Simulation* sinnvoll, sondern auch für alle FEM-Interessierten, die eigentlich mit der weiterführenden *NX/Simcenter 3D Pre/Post*-Anwendung arbeiten möchten. Da die beiden Module kompatibel zueinander sind, können einfachere Aufgaben sowohl in dem einen als auch in dem anderen Werkzeug durchgeführt werden, und auch die Methodik bis hin zu den Mausklicks sind die gleichen.

3.2.1 Kerbspannung am Lenkhebel (Sol 101)

Diese Lernaufgabe zeigt die wesentlichen Schritte für eine FE-Analyse mit dem NX-System. Insbesondere aber wird auch die qualitative Bewertung behandelt, also die Frage, wie gut und wie genau die Ergebnisse einzuschätzen sind.

HINWEIS: Dieses erste Beispiel ist von grundlegendem Charakter und sollte daher von allen Lesern durchgearbeitet werden, die einen Einstieg in FEM-Berechnungen mit dem NX-System suchen. Dies gilt auch für Anwender, die später mit der weiterführenden *NX/Simcenter 3D Pre/Post*-Anwendung arbeiten werden.

Um die Genauigkeit der Ergebnisse zu beurteilen, werden in dieser ersten Analyse theoretische Werte herangezogen, die sich aus der DIN ergeben. Diese Vorgehensweise zur Bewertung ist selbstverständlich nur bei ausgesuchten Aufgabenstellungen möglich, beispielsweise bei Kerbspannungen einfacher Geometrien unter ganz klaren äußeren Lasten. Normalerweise ist in der Praxis das theoretische Ergebnis unbekannt, sonst wäre ja die FEM-Rechnung überflüssig. Für den Einsteiger in FEM soll dieser Vergleich zwischen Theorie/FEM dazu dienen, dass er Erfahrungen bzgl. der zu erwartenden Genauigkeit seiner späteren FE-Analysen entwickelt.

Für die Bewertung der Genauigkeit werden theoretisch exakte Ergebnisse herangezogen.

Solche Erfahrungen lassen sich in vielen Fällen auf andere Analysefälle übertragen, die durchaus komplexe Geometrien haben können. Sehr oft müssen z. B. Gussteile unter statischer Last analysiert werden. Die gefährlichen Spannungen treten dort meist in den Verrundungen auf. Mit den Erkenntnissen aus dieser Lernaufgabe kann abgeschätzt werden, wie die Vernetzung hier aussehen muss, damit die Fehler des FE-Ergebnisses beispielsweise kleiner 10 % werden.

Auf ähnliche Weise kann bei vielen anderen Aufgaben vorgegangen werden.

Außerdem wird in diesem Beispiel auf die sonstigen, wichtigen Fehlerquellen hingewiesen, die bei linear statischen FE-Analysen auftreten können und die der FE-Anwender kennen und abschätzen können sollte.

Damit knüpft die Lernaufgabe auch an die vorher dargestellten theoretischen Prinzipien an und verdeutlicht sie an einem Beispiel aus der Praxis.

3.2.1.1 Aufgabenstellung

In dieser Lernaufgabe wird der Lenkhebel des Vorderrads des RAK2 analysiert (Bild 3.13), der durch die Biegelast der Lenkstange beansprucht wird. Besonders gefährlich wäre z. B. die Situation, wenn das Rad festgehalten (z. B. liegt es am Bordstein an) und das Lenkrad eingeschlagen würde. Insbesondere an einem Absatz ist die Achse durch Kerbwirkung gefährdet. Daher sollen hier die Spannungen gezielt berechnet werden.

Die Gelenkkraft könnte aus einer MKS-Analyse resultieren.

Die Zugkraft der Lenkstange wird für dieses Beispiel mit 150 N angenommen. Es wäre auch möglich, diese Gelenkkraft aus einer vorherigen Motion-Analyse abzuleiten.

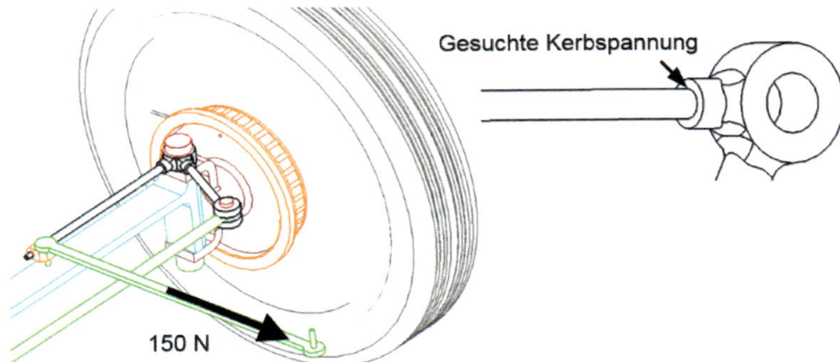

Bild 3.13 Der Lenkhebel des RAK2 wird analysiert.

3.2.1.2 Laden und Vorbereiten der Baugruppe

- Laden Sie die Baugruppe *Opel_Rak2.prt* und verschaffen Sie sich einen Überblick über das Gesamtsystem sowie die Struktur der Unterbaugruppen.

Der Lenkhebel, der uns interessiert, befindet sich in der Baugruppenstruktur an folgender Position:

OPEL_Rak2 → *vr_lenkung* → *lenkhebelmechanik* → *vr_lenkhebel_re* (Bild 3.14)

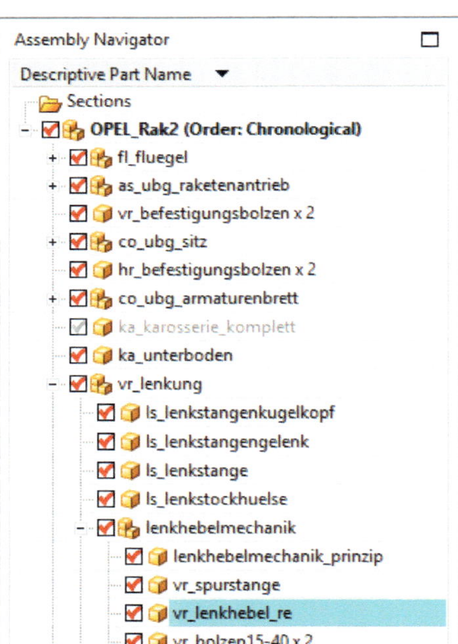

Bild 3.14 Die Baugruppenstruktur des RAK2-Modells

Bei großen Baugruppen sollte eine geeignete Unterbaugruppe für die FEM-Analyse gewählt werden.

Sie könnten nun die Komponente *vr_lenkhebel_re* zum dargestellten Teil machen bzw. von vornherein nur dieses Bauteil laden und dann mit der FE-Analyse beginnen. In diesem Fall hätten Sie jedoch keine Zugriffsmöglichkeit auf Nachbarteile, wie z. B. das Lager. Eventuell brauchen Sie aber auch diese Nachbarteile in der Analyse, um z. B. deren Positionen für Randbedingungen zu übernehmen.

Der sicherste Weg ist es daher, die Analyse von der obersten Baugruppe aus durchzuführen, was jedoch dazu führt, dass stets die gesamte Baugruppe im Speicher des Rechners gehalten werden muss. Sie sollten daher als sinnvollen Kompromiss eine Unterbaugruppe zum dargestellten Teil machen, die einerseits alle eventuell benötigten Nachbarbauteile einschließt und andererseits möglichst klein ist.

In unserem Beispiel werden voraussichtlich keine Nachbarteile benötigt.

- Daher machen Sie nun die Komponente *vr_lenkhebel_re.prt* zum dargestellten Teil.
- Wenn Sie möchten, können Sie nun die restlichen Teile der Baugruppe schließen. Auf diese Weise entlasten Sie den Speicher Ihres Rechners.

3.2.1.3 Starten der FE-Anwendung und Erstellen der Dateistruktur

Auf diese Weise wird die FEM-Anwendung gestartet.

- Achten Sie darauf, dass der *Assembly*-Modus [Assemblies] aktiv ist. Das erkennen Sie auch daran, dass die Toolbar *Baugruppen (Assemblies)* sichtbar ist.
- Zum Start der Anwendung wählen Sie im *Ribbon* die Registerkarte *Anwendung* und hier in der Gruppe *Simulation* bei *Weitere* (*More*) die *Konstruktion* (*Design*). Alternativ wählen Sie die Anwendung *NX/Simcenter 3D Pre/Post*.
- In *NX Design Simulation* erscheint automatisch das Menü *Neue FEM und Simulation* (*New FEM and Simulation*), das Sie zur Erzeugung einer neuen Simulation auffordert (Bild 3.15).
- In der *Pre/Post*-Anwendung erscheint dies nicht automatisch. Stattdessen wählen Sie im Simulationsnavigator im Kontextmenü des Mastermodells die Funktion *Neue FEM und Simulation* (*New FEM and Simulation*).

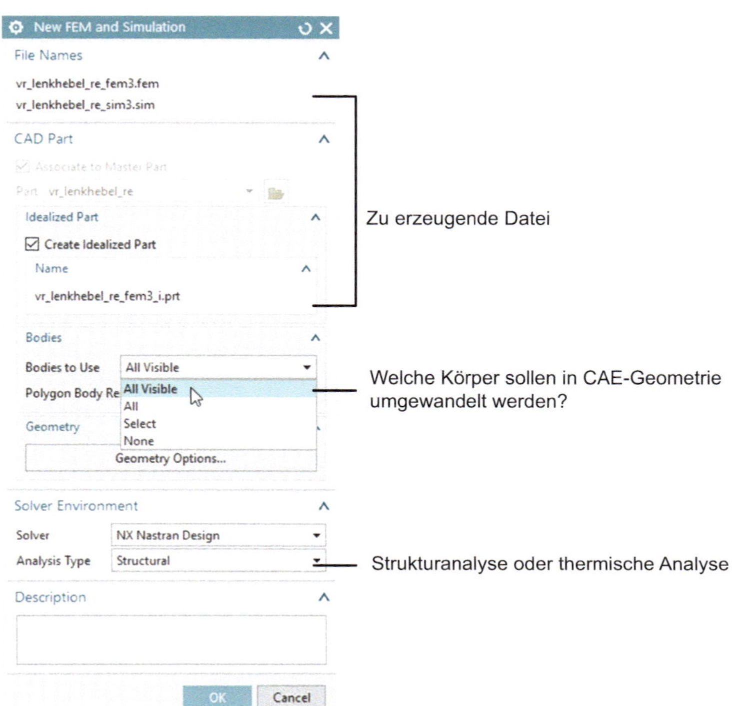

Bild 3.15 Dies sind Voreinstellungen, die in vielen Fällen einfach akzeptiert werden können.

Eigens für FEM-Berechnungen erstellt das NX-System eine besondere Dateistruktur aus drei zusätzlichen Dateien. Bevor der Aufbau des Berechnungsmodells fortgesetzt wird, wollen wir einige Erläuterungen bezüglich dieser Datenhaltung geben.

Dateistruktur bei NX Design Simulation und NX/Simcenter 3D Pre/Post

Die in Bild 3.16 dargestellte Erklärung bezüglich der Dateistruktur ist bei den beiden Modulen *NX Design Simulation* und *NX/Simcenter 3D Pre/Post* identisch. Simulationsdaten werden immer in drei separaten, aber miteinander assoziierten Dateien gehalten. Es handelt sich dabei um die Simulationsdatei, die FEM-Datei und die optionale idealisierte Datei. Hinzu kommt noch die Masterdatei, die das originale Bauteil enthält. Die Kennzeichnung der Dateien erfolgt über die Endung.

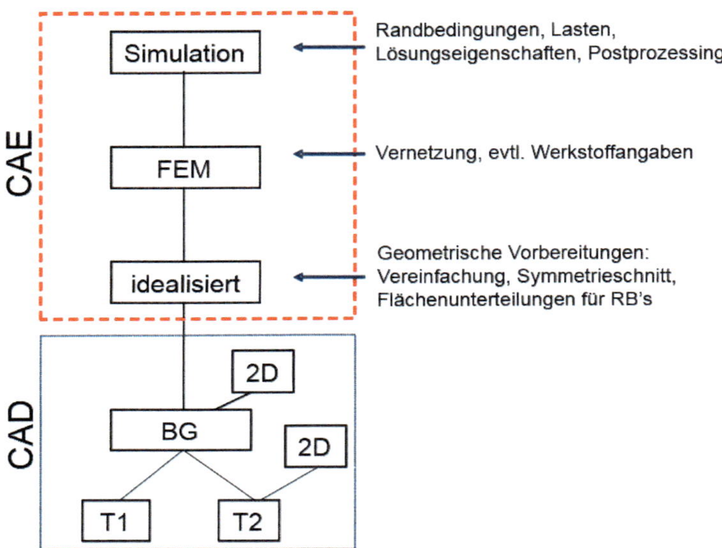

Bild 3.16 Für FEM-Analysen wird eine Dateistruktur erstellt, die kompatibel zu *NX/Simcenter 3D Pre/Post*-Simulationen ist.

Falls schon Simulationsdateien für dieses Master-Modell vorhanden sind (wahrscheinlich sind die originalen Lösungsdateien, die unter *plus.hanser-fachbuch.de* bereit stehen, schon vorhanden), so benennt das System die neu zu erstellenden Dateien mit einem neuen Index. Aus *.sim1* wird daher beispielsweise *.sim2*. Diese Datei ist schon vorhanden.

Die Datei *vr_lenkhebel_re.prt* enthält das Masterteil (Bild 3.17). Hier wird die nicht modifizierte Partgeometrie gehalten. Das Masterteil wird niemals geändert, alle Geometrievereinfachungen werden dem idealisierten Teil zugefügt. In der Anwendung *NX/Simcenter 3D Pre/Post* ist das Masterteil optional.

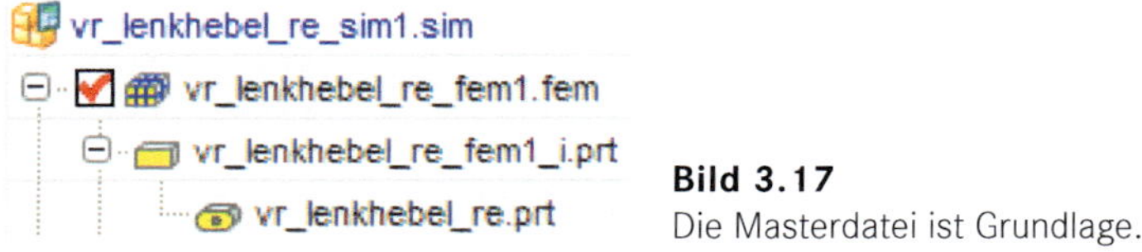

Bild 3.17
Die Masterdatei ist Grundlage.

Folgende Dateien sollen erzeugt werden:

- Die Datei *vr_lenkhebel_re_fem1_i.prt* enthält das idealisierte Teil. Das Masterteil ist mit dem idealisierten Teil über eine Baugruppenstruktur verbunden. Im idealisierten Teil können Geometrieabstraktionen des CAD-Modells vorgenommen werden. Das Masterteil muss in das idealisierte Teil angehoben (*promoted*) oder wave-gelinkt werden, um Änderungen am idealisierten Teil vornehmen zu können. Die idealisierte Datei ist optional.

Die idealisierte Datei ist für Geometrievorbereitungen.

- Die FEM-Datei *vr_lenkhebel_re_fem1.fem* enthält das FEM-Netz, also Knoten, Elemente, physikalische Eigenschaften und eventuell Materialeigenschaften. Alle Geometrien in der FEM-Datei (CAE-Geometrie) sind besonderer Art. Es handelt sich um facettierte oder tesselierte Polygongeometrien der originalen Körper. FE-Vernetzungen und weitere Geometrievereinfachungen werden immer nur auf der Polygongeometrie vorgenommen. Dies bringt Vorteile in der Leistungsfähigkeit. Die FEM-Datei ist zu dem idealisierten Teil assoziiert. Es können mehrere FEM-Dateien zu dem gleichen idealisierten Teil vorgenommen werden.

Die FEM-Datei ist für die Vernetzung.

- Die Simulationsdatei *vr_lenkhebel_re_sim1.sim* enthält alle weiteren Daten, die für die Simulation anfallen, wie Lasten, Randbedingungen, Lösungen, Lösungsschritte und weitere. Es können mehrere Simulationsdateien zu der gleichen FEM-Datei zugefügt werden.

Die Simulationsdatei enthält alle Randbedingungen.

Nun zurück zum aktuellen Menü *Neue FEM und Simulation* (*New FEM and Simulation*): Die Einstellungen *Analysetyp* und *Solver* bestimmen die Solverumgebung und somit die zur Verfügung stehenden Elemente und Randbedingungen. Die relevante Einstellung der Lösungsmethode erfolgt erst im nächsten Abschnitt.

Alle Einstellungen sind so wie in Bild 3.15 dargestellt. Bestätigen Sie mit Ok.

Das System erzeugt nun ein idealisiertes Part, eine FEM-Datei und eine Simulationsdatei. Dieser Vorgang dauert eine Weile – besonders, wenn komplexe Geometrien oder Baugruppen im Spiel sind, weil die Erstellung der Polygongeometrien dann aufwendiger wird.

Die Simulationsdatei ist zunächst aktiv und fordert Sie jetzt auf, eine Lösungsmethode zu wählen, wie im nächsten Abschnitt erläutert wird.

3.2.1.4 Wahl der Lösungsmethode

Das nachfolgend erscheinende Menü *Lösung* (*Solution*) beinhaltet grundlegende Einstellungen für die geplante Simulation. Der verfügbare Solver in der *NX Design Simulation*-Anwendung ist NX Nastran Design, der lediglich solche FEM-Funktionalitäten enthält, die in der Konstruktion und konstruktionsnahen Umgebung sinnvoll eingesetzt werden können. Der Solver, der in der *Pre/Post*-Umgebung für Strukturanalysen eingesetzt wird, ist NX/Nastran, wobei auch Schnittstellen/Integrationen zu anderen Solvern zur Verfügung stehen.

Die Lösungsmethode wird zu Beginn gewählt.

Diese Funktionalitäten können unter *Analysis Type* und *Solution Type* ausgewählt werden (Bild 3.18). Bei der Strukturanalyse gibt es

- die lineare Statik, d. h. die Berechnung von Spannungen und Verformungen aufgrund von Einspannungen und Lasten,
- die Eigenfrequenzanalyse (Vibration Modes) und
- die lineare Beulanalyse (Linear Buckling).

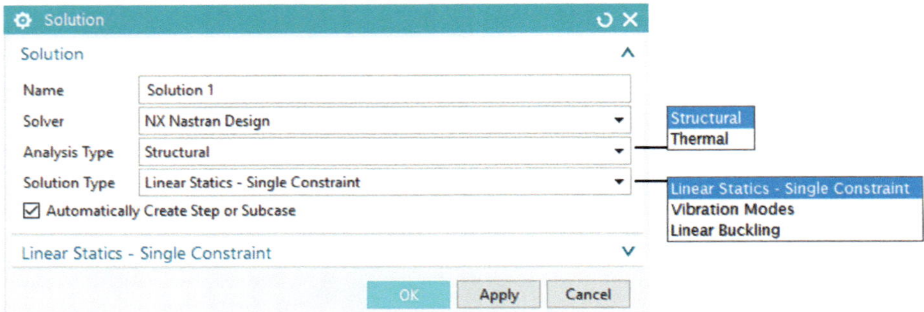

Bild 3.18 Eine Lösung für lineare Statik wird erstellt.

Bei dem thermischen Analysetyp gibt es keine weiteren Unterteilungen. Hierbei handelt es sich um die lineare Berechnung von stationären Temperaturfeldern. Vorgegeben werden Konvektionseigenschaften, vorgegebene Temperaturen oder Wärmeströme. Berechnet werden das ausgeglichene Temperaturfeld sowie der daraus resultierende Wärmestrom.

- Im Fall unseres Beispiels bestätigen Sie die Voreinstellung, d. h. lineare Statik, lediglich mit OK. Vorher müssen Sie noch den Knopf *Lösung erzeugen* (*Create Solution*) wählen.
- Das System wechselt nun automatisch in die FEM Datei, weil dort meist die weitere Arbeit beginnt.

Die assoziative Dateistruktur ist so aufgebaut, dass beim Speichern die jeweils darunterliegenden Dateien mitgespeichert werden. Sollen alle Dateien gespeichert werden, so ist es sinnvoll, in der Simulationsdatei zu speichern.

3.2.1.5 Umgang mit dem Simulation Navigator

Der Simulation Navigator erscheint nun an oberster Stelle der Palettenleiste. Er bietet Optionen zum Erzeugen, Bearbeiten und Löschen von Simulationen sowie zum Wechseln zwischen ihnen. Darüber hinaus gibt es weitere Funktionen zum Erzeugen von FE-Features. Am einfachsten finden Sie die Möglichkeiten heraus, wenn Sie das Kontextmenü der jeweiligen Knoten betrachten. Im Folgenden werden die wichtigsten Funktionen der einzelnen Kontextmenüs erläutert.

Ein Navigator stellt die Struktur der Features und Dateien dar.

Die vier obersten Knoten im Navigator stellen die vorher beschriebene Dateistruktur dar. Am Masterknoten und am idealisierten Teil ist jeweils lediglich die Funktion *In Fenster öffnen (Open in Window)* verfügbar. Falls an der Mastergeometrie gearbeitet werden soll, wechseln Sie über diese Funktion in den Master. Falls an der Geometrieidealisierung oder der Vernetzung gearbeitet werden soll, wechseln Sie in das entsprechende Teil. Nachdem die Änderungen erfolgt sind, wechseln Sie wieder in die oberste Simulationsdatei. An der FEM-Datei besteht darüber hinaus die Möglichkeit, FEM-Netze und Netz-Verbindungen zu erzeugen. Das Wechseln zwischen den vier Dateien wird durch die *Simulationsdateiansicht* (*Simulation File View*) erleichtert, die weiter unten im Navigator verfügbar ist. Diese ist in Bild 3.19 dargestellt.

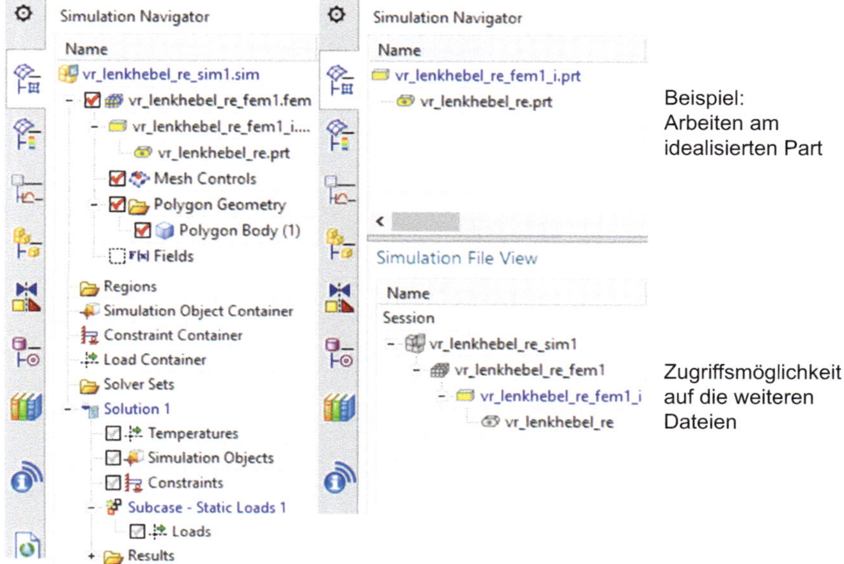

Bild 3.19 Jeder Knoten verfügt über ein Kontextmenü mit zugehörigen Funktionen. Im unteren Bereich des Navigators kann die Dateistruktur nochmals dargestellt werden (*Simulation File View*).

3.2.1.5.1 Navigation in der Dateistruktur

Die *Simulationsdateiansicht* (*Simulation File View*) dient der einfachen Übersicht und bietet Zugriff auf die weiteren Dateien. Mit Doppelklick auf einen der Knoten wird dieser zum dargestellten Teil gemacht.

3.2.1.5.2 Der Knoten der Simulationsdatei

Der oberste Knoten zeigt die Simulationsdatei. Hier finden sich die Möglichkeiten zum Erzeugen einer neuen Lösung (*New Solution*), zum Importieren einer Lösung (*Import Results*) oder zum Erzeugen eines Lösungsprozesses (*New Solution Process*), d.h. einer adaptiven Lösung (*Adaptivity*), einer Ermüdungslösung (*Durability*), einer Parameteroptimierung (*Geometry-Optimization*), einer dynamischen Antwortsimulation (*Response Dynamics*) oder anderer Typen.

Nützlich ist die Funktion zum Erzeugen einer neuen Lösung (*New Solution*, siehe Bild 3.20). Sie erlaubt es, in einer Simulationsdatei mehrere Lösungen zu verwalten, die beispielsweise mit der gleichen Geometrie bzw. Vernetzung, aber mit verschiedenen Lasten, Randbedingungen oder Lösungsmethoden durchgeführt wurden. Beispielsweise kann ein Bauteil zunächst statisch und dann thermisch berechnet werden. Natürlich kann dies auch unter Zuhilfenahme von zwei Simulationsdateien erreicht werden.

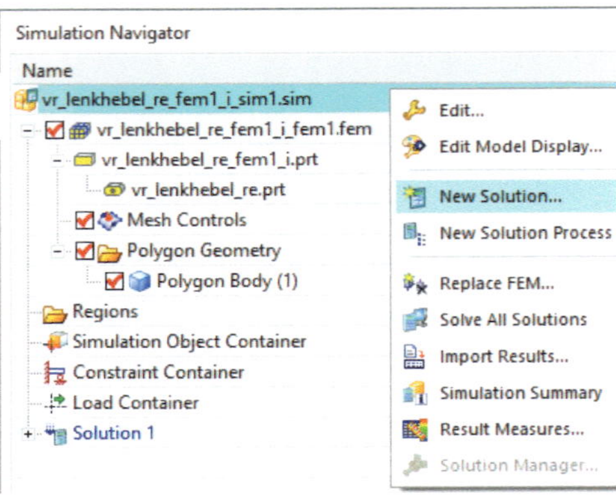

Bild 3.20
Am Simulationsknoten kann z. B. eine neue Lösung eingefügt werden.

3.2.1.5.3 Der Knoten Polygon Geometry

Geometrien werden durch Polygonkörper dargestellt. Diese können ein- und ausgeblendet werden.

Dieser Knoten verfügt nicht über ein Kontextmenü. Er dient lediglich zur Ansicht und zum Aus- und Einblenden der Polygongeometrien, d. h. also die Geometrien, die für die Vernetzung verfügbar sind. In unserem Beispielfall existiert hier lediglich ein solcher Polygonkörper, weil die Simulation von einem Einzelteil gestartet wurde.

Bei einer Baugruppe können hier auch viele Geometrien entstehen. Die Erzeugung dieser Polygonkörper kann recht lange dauern, daher muss bei einer Baugruppe nicht jeder Körper in einen Polygonkörper umgewandelt werden. Dies wird erreicht, indem im vorher beschriebenen Menü *New FEM and Simulation* nur die gewünschten Körper selektiert werden.

3.2.1.5.4 Der Knoten Simulation Object Container

Besondere Simulationsobjekte werden in einer eigenen Gruppe zusammengefasst.

Dieser Knoten enthält besondere Simulationsobjekte wie nichtlineare Kontakte (*Surface to Surface Contact*) oder besondere Randbedingungen für thermische oder Strömungsanalysen. Welche dieser Simulationsobjekte verfügbar sind, hängt von den Möglichkeiten des aktiven Solvers ab. Der in der Anwendung *NX Design Simulation* eingesetzte Solver verfügt über die beiden Funktionen *Fläche-zu-Fläche-Kontakt* und *Fläche-zu-Fläche-kleben*. Die Kontaktfunktion meint den nichtlinearen Kontakt, der ein Auftreffen während der Verformung erlaubt, und die Klebefunktion erlaubt die feste Verbindung zweier Körper an einer Fläche.

3.2.1.5.5 Die Knoten Load Container und Constraint Container

Load- und Constraint-Container fassen alle benötigten Randbedingungen zusammen.

Weiterhin gibt es jeweils einen *Container*-Knoten für Lasten (*Load*) und Zwangsbedingungen (*Constraints*). Entsprechend sind von den Kontextmenüs der beiden Knoten Funktionen verfügbar, die entweder die Erzeugung von neuen Lasten oder neuen Zwangsbedingungen ermöglichen.

Diese Containerknoten sind quasi als Vorratsbehälter zu verstehen, in denen beliebig viele verschiedene Lasten und Zwangsbedingungen zunächst erzeugt und abgelegt werden. Welche der Lasten bzw. Zwangsbedingungen dann für eine Analyse wirklich zum Einsatz kommen, stellen Sie in der jeweiligen *Solution* (*Lösung*) ein, die im Folgenden beschrieben wird.

3.2.1.5.6 Der Knoten Solution

Der Knoten *Solution* enthält als Wichtigstes die Funktionen *Bearbeiten* (*Edit*) und *Edit Solver Parameters*, welche Änderungen einiger Eigenschaften der Lösung oder des Solvers zulassen (Bild 3.21).

Eine Simulationsdatei kann mehrere Lösungsknoten haben.

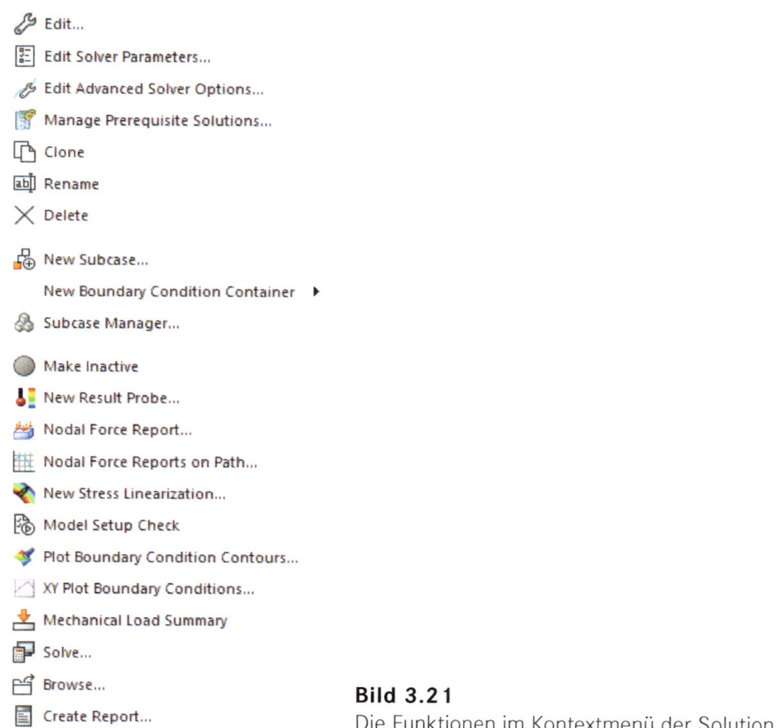

Bild 3.21
Die Funktionen im Kontextmenü der Solution

Wenn Sie mehrere Lösungen zu berechnen haben, dann hilft Ihnen das Tool *Manage Prerequisite Solutions*. Hier können Sie eine Reihenfolge der zu berechnenden Lösungen vergeben.

Des Weiteren gibt es hier die Funktionen zum Umbenennen (*Rename*), Löschen (*Delete*) und Klonen (*Clone*) einer Lösung. Das Klonen dient zum Verdoppeln einer Lösung, um dann durch Veränderung eine Lösungsvariante zu erzeugen.

Hier befindet sich auch die Funktion zum Erzeugen neuer Lastschritte (*New Subcase*) und zum Verwalten bestehender Lastschritte (*Subcase Manager*). Lastschritte oder -fälle sind als Lastsituationen zu verstehen, die mit gleicher Geometrie und Vernetzung, gleichen Randbedingungen und gleicher Lösungsmethode, aber unterschiedlichen Lasten berechnet werden. Solche Lastfälle lassen sich bei linearer FE-Analyse miteinander kombinieren, beispielsweise kann ein Lastfall für Torsionsbelastung mit einem weiteren für Querbelastung kombiniert werden. Man erspart sich dadurch oftmals das wiederholte Durchrechnen eines FE-Modells, wenn sich der gewünschte Lastfall durch eine Kombination von bereits bestehenden ergibt.

Auch zum Deaktivieren (*Make Inactive*) der Lösung steht hier eine Funktion zur Verfügung.

Mit *Model Setup Check* am *Solution*-Knoten werden grobe Fehler des FE-Modells gefunden, beispielsweise wenn das Material nicht angegeben wurde. Dieser Check wird nach Voreinstellung vor dem Berechnen automatisch durchgeführt.

Unter *Mechanical Load Summary* kann eine Übersicht der mechanischen Last, also aller Kräfte und Momente, in einem Informationsfenster angezeigt werden.

Die *Berechnen*-Funktion (*Solve*) führt die FEM-Berechnung durch.

Abschließend kann mit der Funktion *Bericht Erstellen* (*Create Report*) ein automatischer Bericht erstellt werden, der alle bereits definierten Features beschreibt.

Lasten und Randbedingungen können per Drag and Drop eingefügt werden.

Der Knoten *Zwangsbedingungen* (*Constraints*) unterhalb der *Solution* enthält später die tatsächlich für diese Lösung eingesetzten Randbedingungen. Entsprechend enthält der Knoten *Lasten* (*Loads*) die eingesetzten Lasten. Lasten und Randbedingungen können entweder direkt hier oder zunächst „auf Vorrat" im Container-Knoten erstellt und dann per Drag and Drop in die Knoten der jeweiligen Lösung hineingezogen werden.

3.2.1.6 Überblick über die Lösungsschritte

Weitere Schritte

Nachdem Sie die Dateistruktur der Simulation erzeugt haben, sind besonders grundlegende Informationen schon festgelegt. Das System weiß, dass eine statische Strukturanalyse mit dem Solver NX Nastran Design durchgeführt werden soll. Die weiter erforderlichen Schritte betreffen Folgendes:

- Vorbereitung und Vereinfachung der Geometrie
- Vernetzung
- Angabe von Materialeigenschaften
- Definition von Lasten und Randbedingungen
- Durchführung der Lösung

Die Reihenfolge der Abarbeitung dieser vier Punkte ist zunächst beliebig, lediglich die Geometrievorbereitung sollte als Erstes erfolgen. Im Folgenden werden wir die einzelnen Lösungsschritte behandeln.

3.2.1.7 Vorbereitungen der Geometrie

Meistens müssen CAD-Modelle für FEM-Analysen vereinfacht werden.

Eine Vorbereitung der CAD-Geometrie für das Berechnungsmodell ist in den meisten Fällen sinnvoll und erforderlich, weil Konstruktion und Berechnung leider in der Regel unterschiedliche Anforderungen an die Geometrie stellen. In unserem Fall liegt das CAD-Modell so vor, wie es in der Konstruktion oftmals erstellt wird. Dabei sind z. B. die Verrundungen weggelassen worden, an denen jedoch Spannungen berechnet werden sollen.

Zunächst wollen wir die allgemeinen Erfordernisse der Berechnung erläutern, die an das CAD-Modell gestellt werden. Einige dieser Erfordernisse treten in unserem Beispiel schon auf und werden dann umgesetzt. Dabei wird eine Reihe von Spezialfunktionen aus dem NX-System eingesetzt und dargestellt.

3.2.1.7.1 Erfordernisse an die CAD-Geometrie

Aus folgenden Gründen werden CAD-Geometrien speziell für die FEM-Berechnungen vorbereitet:

- *Ausblenden von Nachbarbauteilen:* Um bei FE-Analysen den Aufwand zu begrenzen, wird für gewöhnlich nur der interessierende Teil einer Konstruktion aus seiner Umgebung herausgeschnitten. An den Schnittstellen werden später entsprechende FE-Randbedingungen gesetzt. Diese Methode ist zulässig, wenn die aufzubringenden FE-Randbedingungen die weggelassene Umgebung exakt oder zumindest näherungsweise nachbilden können.
- *Vergröberungen der Geometrie:* Geometrieelemente, die offenbar keinen Einfluss auf das gewünschte Ergebnis haben, jedoch zu wesentlich mehr FE-Elementen führen würden, sollten entfernt werden. Hierzu gehören meist kleine Features, d.h. Fasen, Verrundungen und Bohrungen. Manchmal kann dies jedoch auch dazu führen, dass gefährliche Spannungen nicht bemerkt werden, weil z.B. eine Verrundung entfernt wurde. Weiteres wird im nächsten Punkt erläutert. Im NX-System gibt es die Funktion *Geometrie idealisieren* (*Idealize Geometry*) sowie die sehr leistungsfähige Funktion LÖSCHEN (DELETE) unter der *Gruppe Synchrone Konstruktion* (*Synchronous Modeling*), die bei der Vergröberung helfen. In unserem Beispiel soll ein Teil des Lenkhebels vergröbert bzw. entfernt werden.

  Meistens wird die Geometrie vergröbert.
- *Verfeinerungen der Geometrie:* An den interessierenden und gefährdeten Stellen soll das Modell möglichst wirklichkeitsgetreu dargestellt sein. Hierzu gehören z.B. Schweißnähte, Kerben und eben solche Geometrien, an denen lokal Spannungs- oder Dehnungsergebnisse ermittelt werden sollen. In vielen Fällen werden CAD-Modelle der Einfachheit halber an solchen Stellen nicht wirklichkeitsgetreu modelliert, z.B. werden kleine Verrundungen an Gussteilen weggelassen. Es gilt hier stets, einen sinnvollen Kompromiss zu finden, weil ein detailliertes CAD-Modell die Anzahl der FE-Elemente in die Höhe treibt, ein grobes CAD-Modell jedoch keine lokalen Aussagen zulässt. Ideal ist ein Modell, das an den kritischen Stellen detailliert und an den restlichen Bereichen grob ist. Leider weiß man oft nicht von vornherein, wo die kritischen Stellen sind. Eine Möglichkeit besteht darin, mit einem groben Modell zu beginnen, nach einer ersten Analyse die kritischen Stellen zu erkennen und dann in einer zweiten Analyse diese Bereiche zu detaillieren. In unserem Beispiel wird die Kerbe, in der die Spannung ermittelt werden soll, detaillierter modelliert.

  In manchen Fällen ist auch eine Verfeinerung der CAD-Geometrie erforderlich.
- *Nutzung symmetrischer Eigenschaften:* Falls die Geometrie und die Belastung des zu analysierenden Bauteils symmetrisch sind, so sollte dies ausgenutzt werden, um FE-Elemente zu sparen. Im Fall von Spiegelsymmetrie muss das CAD-Modell dafür an der Symmetrieebene geschnitten werden, im Fall von Achsensymmetrie muss es derart geschnitten werden, dass ein Halbschnitt entsteht. An den Schnittstellen müssen entsprechende Randbedingungen gesetzt werden, die dafür sorgen, dass nur symmetrische Verformungen möglich sind.
- *Flächenunterteilungen für FE-Randbedingungen:* FE-Randbedingungen werden üblicherweise assoziativ mit den topologischen Elementen des CAD-Modells (Volumenkörper, Flächen, Kanten oder Eckpunkte) verknüpft. Beispielsweise wird eine Schwerkraft mit einem Volumenkörper und eine Druckbeaufschlagung mit einer Fläche verknüpft. Da die Flächen des CAD-Modells jedoch oft nicht mit den gewünschten Bereichen der Randbedingungen übereinstimmen, müssen die Flächen der CAD-Modelle an diesen

  Für spätere Randbedingungen werden Flächenunterteilungen gemacht.

Stellen unterteilt werden. Erst dann können hier gezielte FE-Randbedingungen angebracht werden. In *NX Design Simulation* gibt es dafür die Funktion *Fläche unterteilen* (*Divide Face*), in der *Pre/Post*-Anwendung darüber hinaus noch die Funktion *Fläche teilen* (*Split Face*), die auf der Polygongeometrie arbeitet.

Flächenbereiche mit unnötig vielen Kanten stören die Vernetzung.

- *Zusammenfügen von CAD-Flächen:* Wenn die CAD-Geometrie aus sehr vielen kleinen oder spitzen Flächen besteht, haben FE-Vernetzer meist Schwierigkeiten, hochwertige Netze zu erstellen. Oftmals kann dann auch überhaupt kein sinnvolles Netz erstellt werden. Das liegt daran, dass beim Vernetzungsvorgang zunächst alle Eckpunkte und Kanten des CAD-Modells mit Knoten versehen werden. Zu eng beieinanderliegende Punkte und Kanten machen dann Schwierigkeiten. In solchen Fällen ist ein Zusammenfügen von problematischen Flächenbereichen in Flächenverbunde erforderlich. In der *Pre/Post*-Umgebung gibt es dafür die sehr hilfreiche Funktion *Fläche vereinigen* (*Merge Face*), die auf der Polygongeometrie arbeitet.

3.2.1.7.2 Voraussetzungen für Geometrieänderungen in der FE-Umgebung

Die Geometrievorbereitung soll nicht das Master-Modell verändern.

Eine direkte Änderung der Geometrie in den Simulationsdateien ist nicht ohne Weiteres möglich, weil die Simulationsdateien wie Baugruppen funktionieren und von hier aus die Mastergeometrie zwar gesehen, jedoch nicht geändert werden kann. Für solche Änderungen der Geometrie gibt es verschiedene Methoden.

Die einfachste Methode zur Änderung der Geometrie für eine FE-Analyse ist die direkte Modifikation der Mastergeometrie. Hierbei können Operationen wie Unterdrücken von Formelementen, Trimmen, Verrunden oder die Funktionen der *Synchronen Konstruktion* (*Synchronous Modeling*) genutzt werden. Nachteil dieser Methode ist, dass gewöhnlich die Mastergeometrie auch für andere Folgeprozesse, wie z. B. die Zeichnungserstellung, gebraucht wird. Daher widerspricht eine Modifikation der Mastergeometrie dem Master-Model-Konzept und sollte möglichst vermieden werden.

Eine assoziative Kopie des Master-Modells ist also sinnvoll.

Es ist also eine Trennung der Geometrie für das Berechnungsmodell von der Mastergeometrie erforderlich. So eine Trennung kann erfolgen, indem eine Kopie der Mastergeometrie erzeugt und alle gewünschten Modifikationen an dieser Kopie vorgenommen werden. Im optimalen Fall wären die Kopie und alle Modifikationen assoziativ zur Ausgangsgeometrie im Master-Modell. Dann können bei Änderungen am Master-Modell das Berechnungsmodell sowie eventuell die Zeichnung und alle sonstigen Ableitungen automatisch aktualisiert werden.

Im NX-System gibt es zwei Funktionen, die den genannten Anforderungen gerecht werden: Es handelt sich um die Funktion *Wave* und die Funktion *Anheben* (*Promote*). Beide Funktionen erzeugen assoziative Kopien von Volumen- oder Flächenkörpern und können für die Trennung des Master-Modells vom Berechnungsmodell genutzt werden.

Bei der Erstellung eines Wave-Links wird ein zweiter Körper erzeugt, der genau auf der Position des Master-Teils liegt. Daher ist es sinnvoll, nach der Wave-Link-Erstellung das Masterteil auszublenden, damit keine Verwechslungen auftreten. Die Anhebefunktion erzeugt keinen zweiten Körper, daher braucht das Masterteil nicht ausgeblendet zu werden.

Die Vorteile des Wave-Geometrie-Linkers gegenüber der Anhebefunktion liegen in der Anwendung bei Baugruppen. Hier geht man so vor, dass die Geometrien, die für die Berechnung relevant sind, „gewavet“ und dann einfach die ganze Baugruppe ausgeblendet wird. Damit sind nur noch die benötigten Geometrien zu sehen und können bearbeitet werden. Ein weiterer Vorteil liegt in der Bearbeitung von Wave-Links. So können die zugrundeliegenden Körper einfacher geändert werden.

Aus diesen Gründen wird in unseren Lernaufgaben ausschließlich mit der *Wave*-Funktion gearbeitet, die auch unter dem Namen *Wave-Geometrie-Linker* bekannt ist.

3.2.1.7.3 Erzeugung eines Wave-Geometrie-Links des Bauteils

Der *Wave-Geometrie-Linker* erzeugt eine assoziative Kopie des Master-Modells. Diese Methode wird empfohlen.

- Zunächst machen Sie über den Simulationsnavigator das idealisierte Teil zum dargestellten, denn CAD-Geometrievorbereitungen müssen an diesem Teil erfolgen.
- Erzeugen Sie nun die Kopie, indem Sie die *WAVE*-Funktion anwählen, den Typ auf *Körper* (*Body*) stellen und die Geometrie des Lenkhebels selektieren.
- Bestätigen Sie mit Ok.
- Blenden Sie nun im Baugruppennavigator das Masterteil aus, damit Sie den Körper nicht doppelt sehen. Anstelle des Ausblendens kann im Baugruppen-Navigator auch das *Referenz-Set* auf *Leer* (*Empty*) gestellt werden.

Um den Wave-Link sichtbar zu machen, können Sie auch den *Teile-Navigator* (*Part-Navigator*) öffnen (Bild 3.22). Hier ist das Feature sichtbar und kann z. B. umbenannt oder auch gelöscht werden.

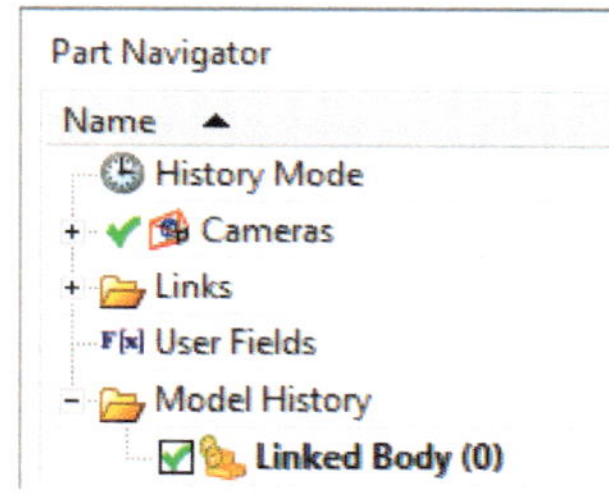

Bild 3.22
Im Part-Navigator wird ein *Verbundener Körper* (*Linked Body*) dargestellt.

Nun können an dem Hebel problemlos Änderungen durchgeführt werden, die sich nicht auf das Master-Modell auswirken. Umgekehrt werden aber Änderungen am Master-Modell an das Berechnungsmodell weitergegeben.

3.2.1.7.4 Symmetrieschnitt am Hebel

Eine Ausnutzung von Spiegelsymmetrie ist immer dann möglich, wenn sowohl die Geometrie als auch die Belastung auf gleiche Weise symmetrisch sind. In unserem Fall des Lenkhebels liegt Spiegelsymmetrie um die Mittelebene vor, daher werden wir dies ausnutzen (Bild 3.23). Für die Ausnutzung der Spiegelsymmetrie wird nur eine Hälfte der symmetrischen Geometrie betrachtet. Weiterhin ist zu beachten, dass in so einem Falle auch nur die Hälfte der Last aufgebracht werden darf.

Symmetrie vereinfacht die Berechnung.

Symmetrie muss nicht ausgenutzt werden, es empfiehlt sich aber, weil auf diese Weise FE-Elemente und damit Rechenzeit und Datenvolumen gespart werden. Allerdings erfordert das Nutzen der Symmetrie meist etwas kompliziertere Randbedingungen, und es können sich daher beim unerfahrenen Anwender leichter Fehler einschleichen. Auf der anderen Seite gibt es auch Fälle, bei denen erst durch Nutzung von Symmetrie geeignete Randbedingungen möglich sind. An einer so einfachen Geometrie, wie bei unserem Hebel, könnte man jedoch auch ohne Nutzung der Symmetrie erfolgreich arbeiten. Trotzdem wollen wir die Methodik für Symmetrienutzung hier durchführen:

Bei Bedarf kann auf die volle Funktionalität der Konstruktionsanwendung des NX-Systems zugegriffen werden.

Um mit einer Hälfte der Geometrie weiterzuarbeiten, ist ein Schnitt des Hebels erforderlich. Der im idealisierten Teil bereits vorhandene *Linked Body* des Hebels ist Voraussetzung dafür, dass der Hebel im idealisierten Teil geschnitten werden kann. Allerdings steht die dafür benötigte CAD-Funktion *Trimmen* (*Trim Body*) unter den Funktionen zur Geometrievorbereitung nicht zur Verfügung. In so einem Fall dürfen Sie problemlos in die Konstruktionsanwendung von NX wechseln, die Ihnen alle nötigen Funktionen zur CAD-Konstruktion zur Verfügung stellt. Dies gilt übrigens auch, wenn nicht NX, sondern das Simcenter 3D (SC)-Programm genutzt wird. Auch SC enthält die wichtigsten Geometriefunktionen.

- Im idealisierten Part starten Sie daher nun die Anwendung *Konstruktion* (*Modeling*).
- Erstellen Sie eine *Bezugsebene* (*Datum-Plane*) in der Mitte des Hebels.
- Nutzen Sie die Funktion *Körper Trimmen* (*Trim Body*) zum Beschneiden des Hebels an der Bezugsebene.

Eine *Datum-Plane*, die im Master-Modell schon vorhanden ist, kann hier nicht für das Trimmen genutzt werden (sie müsste erst „gewavet“ werden). Es muss eine neue Datum-Plane im idealisierten Teil erzeugt werden.

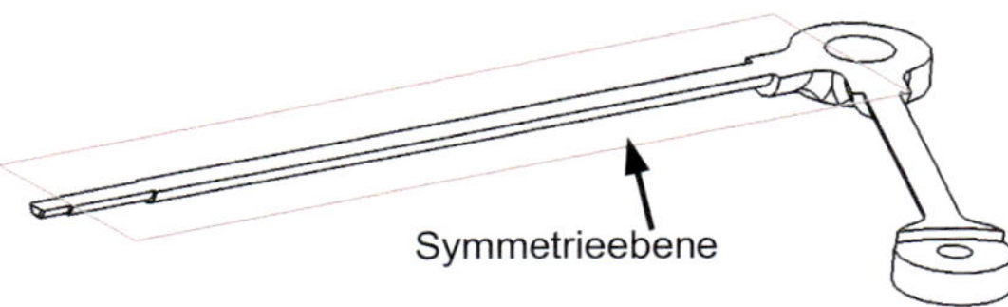

Bild 3.23
Hier besteht Spiegelsymmetrie.

3.2.1.7.5 Freischnitt irrelevanter Geometrieteile

Das Modell sollte für die FE-Analyse so weit wie möglich vereinfacht werden.

Bei FE-Analysen muss schon bei der Vorbereitung der Geometrie über die aufzubringenden Randbedingungen nachgedacht werden. Der interessierende Teil der Geometrie sollte so weit wie möglich isoliert betrachtet werden. Als Regel gilt, dass Geometrieteile immer dann abgeschnitten werden sollten, wenn es möglich ist, statt der beschnittenen Geometrie eine entsprechende FE-Randbedingung zu setzen. Als einfache Randbedingungen gibt es Lasten, also Kräfte, Drücke, Momente, Temperaturdehnungen, und auf der anderen Seite Einspannungen wie feste oder in beliebige Richtung verschiebbare Lagerungen. Randbedingungen werden später genauer erläutert.

Dabei dürfen die relevanten Eigenschaften jedoch nicht verändert werden.

Ein erstes Freischneiden irrelevanter Teile hat bereits durch die Auswahl des Einzelteils aus der Baugruppe stattgefunden. Die Wirkung der angrenzenden Teile muss später durch FE-Randbedingungen nachgebildet werden.

Bild 3.24 zeigt vier verschiedene Möglichkeiten, nach denen Beschnitte der Geometrie in Verbindung mit FE-Randbedingungen möglich wären.

- Die *erste Variante* enthält gar keine Beschnitte. Lediglich an den Grenzen zu den Nachbarteilen werden Bedingungen aufgebracht. Es handelt sich um die Zugkraft von 150 N, die von der Lenkstange übertragen wird, die drehbare Lagerung an der Verbindung zum Querträger und die Einspannung am Angriffspunkt des zweiten Hebelarms.
- An der Einspannung des zweiten Hebelarms kann problemlos ein Stück abgeschnitten werden, wie es in der *zweiten Variante* dargestellt ist. Damit wird sich zwar die Verfor-

mung des gesamten Teils verändern, jedoch hat diese Maßnahme keinen Einfluss auf die Beanspruchung am gefragten Absatz.

- Die *dritte Variante* zeigt eine noch weitergehende Vereinfachung. Hier wird der zweite Hebel komplett entfernt, und auch die eigentlich drehbare Lagerung wird durch simple Einspannung abgebildet. Da die gefragte Kerbe weit genug entfernt ist, sollte dies jedoch keinen Einfluss auf deren Beanspruchung haben. Daher ist diese Variante ebenfalls möglich.
- Die *letzte Variante* ersetzt die Zugkraft mit ihrem Hebelarm durch ein entsprechendes Biegemoment. Eine solche Vereinfachung berücksichtigt zwar das Biegemoment, das von der Kraft erzeugt wird, aber nicht die Querkraftbeanspruchung. Bei langen Balken kann dies in der Regel hingenommen werden, weil die Momentwirkung wesentlich größer als die Querkraftwirkung ist.

Bei allen vier Varianten gilt, dass eine Symmetrierandbedingung an der Symmetrieschnittstelle erforderlich ist.

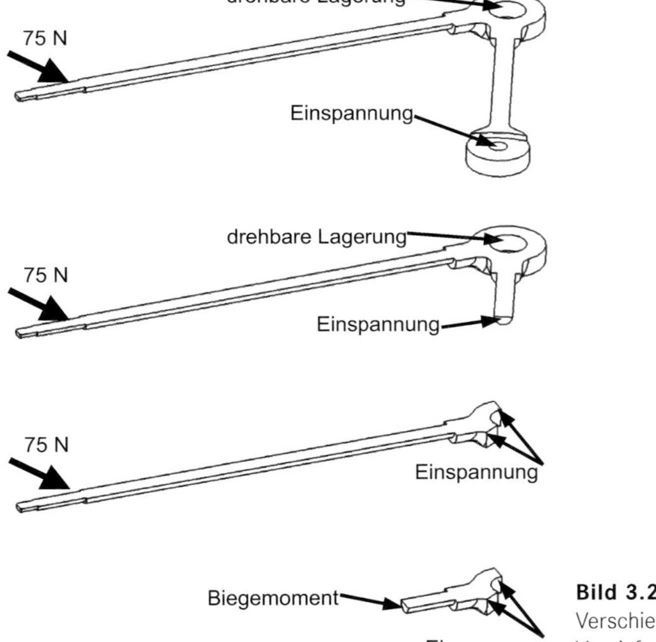

Bild 3.24
Verschiedene Möglichkeiten für die Vereinfachung der Geometrie

Alle vier Varianten wären möglich und würden ungefähr die gleichen Ergebnisse in der Kerbe liefern. Wir entschließen uns aus didaktischen Gründen für die zweite Variante, an der die interessante Randbedingung einer drehbaren Lagerung sowie ein Teil des zweiten Hebelarms mitbetrachtet werden.

Wir wählen die zweite Variante.

Um nun den Körperschnitt vorzunehmen, gehen Sie beispielsweise wie folgt vor:

- Erzeugen Sie in der Konstruktionsanwendung eine *Skizze* auf der vorher erstellten Symmetrieebene des Hebels.
- Zeichnen Sie ein Rechteck zum Beschneiden des Hebels. Die Maße sind nicht besonders relevant.

Dies sind CAD-Methoden.

- Beenden Sie die Skizze .
- Extrudieren Sie das Rechteck in die Tiefe, und wählen Sie in der Extrusionsfunktion die Option *Subtrahieren* , um den extrudierten Körper vom Hebel abzuziehen.

3.2.1.7.6 Detaillierung im Bereich der Kerbe

Da im Bereich der Kerbe genaue Spannungen ermittelt werden sollen, muss hier dafür gesorgt werden, dass die Geometrie möglichst genau die Realität wiedergibt. Insbesondere muss gewährleistet sein, dass der Kraftfluss des realen Bauteils im FE-Modell nachgebildet wird.

Eine Absatzkante, wie in diesem Beispiel, wird in vielen Fällen der Einfachheit halber am CAD-Modell ohne Radius dargestellt. Für das FE-Modell bedeutet so eine scharfe Kante aber eine Störung des Kraftflusses. Dies führt dazu, dass falsche Kerbspannungen berechnet werden. In unserem Beispiel soll die Kerbspannung berechnet werden, daher muss der korrekte Radius unbedingt eingefügt werden. Dieser Radius soll für unser Beispiel mit 2 mm angenommen werden (Bild 3.25).

- Daher fügen Sie nun innerhalb der Konstruktionsanwendung eine 2-mm-Verrundung an der Kante (*Edge Blend*) ein.

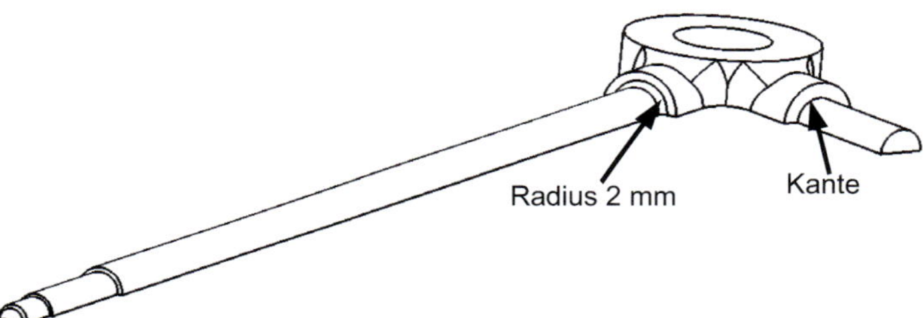

Bild 3.25 Wenn in einer Kerbe Spannungen ermittelt werden sollen, muss die Geometrie genau nachgebildet werden.

Am zweiten Hebel, den wir ja aus didaktischen Gründen teilweise mitbetrachten, existiert der gleiche Absatz, und daher herrscht hier das gleiche Problem. Wir wollen aber an diesem zweiten Hebelabsatz keine Verrundung einfügen, weil wir uns erstens nicht für die Spannung interessieren und zweitens sehen wollen, wie sich eine solche Störung des Kraftflusses auswirkt.

3.2.1.7.7 Vergröbern der Geometrie

In unserem Fall ist die Geometrie bereits recht einfach, ein weiteres Vergröbern ist daher kaum erforderlich. Komplexe Geometrien wie z. B. Gussteile oder Schweißkonstruktionen müssen jedoch in der Regel umfangreich vergröbert werden. In unserem Beispiel soll einzig eine kleine Fase am Ende des langen Hebelarms entfernt werden. Dazu nutzen Sie eine einfache nützliche Funktion, die speziell für das Entfernen einzelner Flächen bei FE-Analysen konzipiert ist.

- Wechseln Sie wieder in die Simulations-Anwendung *Konstruktion* (*Design*) oder *NX/Simcenter 3D Pre/Post.*

- Rufen Sie in der Gruppe *Synchrone Konstruktion* (*Synchronous Modeling*) die Funktion LÖSCHEN (DELETE) auf, selektieren Sie die Fläche der Fase und bestätigen Sie dies.

Fasen und Verrundungen werden entfernt.

Die Fase wird jetzt entfernt. Solche Operationen arbeiten auf Basis der reinen Geometrie und nicht auf Basis von Geometriefeatures, d. h., sie können auch auf Modelle angewandt werden, die keine Feature-Historie haben. Dies ist ein großer Vorteil.

Das NX-System verfügt über viele Möglichkeiten für die Vereinfachung von CAD-Modellen für FEM.

Zum Test können Sie über den Simulationsnavigator auf das Master-Modell schalten, um zu sehen, dass sich die Geometrievorbereitungen hier nicht ausgewirkt haben. Hinterher arbeiten wir in der FEM-Datei weiter:

- Machen Sie nun über den Simulationsnavigator die FEM-Datei zum dargestellten Teil.

Das Modell, das Sie jetzt sehen, hat sich noch nicht aktualisiert, d. h., Sie sehen immer noch den vollständigen Hebel. Ein Blick in den Ordner *Polygongeometrie* zeigt Ihnen, dass nun zwei Polygonkörper vorhanden sind: einmal der („gelinkte") vereinfachte Hebel und einmal das Original.

- Das Polygonmodell des originalen Hebels sollten Sie über den Simulationsnavigator ausblenden, indem Sie den roten Haken am entsprechenden Knoten ausschalten.
- Es ist nun zu empfehlen, das bisher aufgebaute Modell zu speichern.

3.2.1.8 Allgemeines zur Vernetzung

Die geeignete Erstellung der Vernetzung ist neben der korrekten Wahl von Randbedingungen die wichtigste, aber auch schwierigste Aufgabe des FEM-Anwenders. Der Grund dafür ist, dass Vernetzung und Randbedingungen in hohem Maße das Ergebnis (Spannungen und Verformungen) beeinflussen. Dies wird an dieser Lernaufgabe, aber auch an allen weiteren Aufgaben deutlich, wenn Versuche mit unterschiedlichen Vernetzungen oder Randbedingungen unternommen werden. Der Neuling wird erstaunt darüber sein, wie stark Ergebnisse voneinander abweichen können, bei denen die Eingaben nur geringfügig abweichen.

Die Vernetzung beeinflusst das Ergebnis sehr.

Die wichtigsten Punkte, die bei der Vernetzung mit Volumenelementen beachtet werden müssen, sind

- die *Feinheit* der Vernetzung,
- die *Form der Elemente* und
- das Auftreten von *Singularitäten.*

Wichtige Aspekte bezüglich der Vernetzung von Volumenbauteilen

Für die Behandlung dieser Punkte wird in unserer Lernaufgabe die erforderliche Methodik vermittelt.

Eine geeignete Vernetzung zu finden ist meist abhängig von dem betrachteten Bauteil oder sogar dem Formelement, an dem Ergebnisse gefragt sind. Oftmals gehen Erfahrungswerte ein, die sich ergeben, wenn immer wieder ähnliche Bauteile analysiert werden. Dann können sehr genaue Regeln angegeben werden, nach denen die Vernetzung erstellt werden muss, um präzise Ergebnisse zu erhalten. Daher sind Konstrukteure oder Ingenieure im Vorteil, die immer wieder ähnliche Komponenten entwickeln. Im Nachteil sind dagegen diejenigen, die immer wieder andere Bauteile analysieren, denn hier müssen immer wieder neue Erfahrungen gewonnen werden.

Welcher Ergebnistyp wird gefragt?

Die Empfindlichkeit der Ergebnisse hängt insbesondere auch davon ab, welche Auswertung der FE-Ergebnisse gebraucht wird. Die reine FE-Berechnung liefert ja zunächst nur Verformungen und Reaktionskräfte. Alle anderen Größen werden davon abgeleitet. Anhand einfacher Prinzipformeln, die in Bild 3.26 dargestellt sind, können die Zusammenhänge erklärt werden, die sich auf die Genauigkeit und erforderliche Vernetzung auswirken:

- Bei *Eigenfrequenzberechnungen* kann die einfache Formel für den Einmassenschwinger zur Erklärung genutzt werden. Die Vernetzung beeinflusst nur in geringem Maße die Ergebnisse, weil die Steifigkeit k (und dies wird ja durch die Vernetzung repräsentiert) unter der Wurzel steht. Veränderungen (d. h. auch Fehler) von k wirken sich also gar nicht so sehr auf das Ergebnis ω aus. Dieser Effekt kann schnell an einem einfachen FEM-Beispiel gezeigt werden, es muss nur bei verschiedenen Netzfeinheiten die Eigenfrequenz berechnet werden. Es zeigt sich, dass das Ergebnis kaum variiert. Daher reicht bereits ein grobes Netz für die Berechnung von Eigenfrequenzen aus.

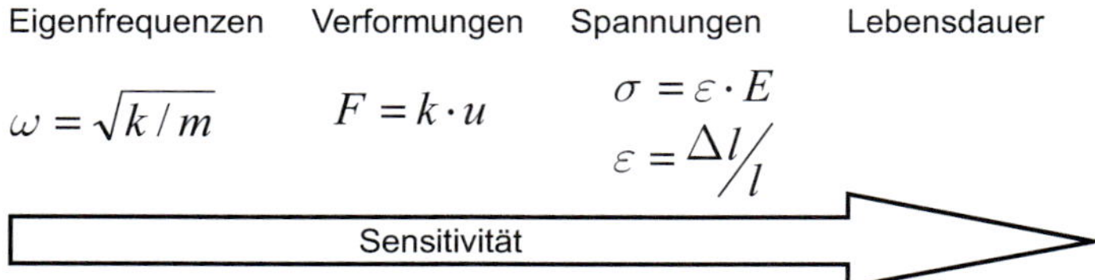

Bild 3.26 Prinzipformeln zeigen: Spannungsanalysen erfordern bessere und feinere Netze als Verformungsanalysen.

Eine Erklärungen dafür, dass Verformungen einfach zu berechnen sind.

Bei *Verformungsberechnungen* steht die Steifigkeit k linear mit dem Ergebnis (F: Reaktionskraft oder u: Verformung) in Zusammenhang. Daher wirken sich Fehler in der Vernetzung stärker aus. Trotzdem ist noch kein dramatischer Effekt zu erwarten, wenn sich Ungenauigkeiten in der Vernetzung einschleichen sollten. Es kann daher auch noch grob vernetzt werden.

Spannungsanalysen erfordern, dass zunächst die Verformungen in Dehnungen umgerechnet werden. Da Dehnungen an jedem Ort lokal berechnet werden, gehen hier bereits kleine Fehler der Elemente deutlich ein. Beispielsweise an grob vernetzten Kerben sind die Verformungswerte problemlos, jedoch die Dehnungswerte abhängig von dem jeweiligen FE-Element in der Kerbe. Daher erfordern Spannungsanalysen feine Vernetzungen insbesondere an den interessierenden Stellen.

Falls sogar die *Lebensdauer* berechnet werden soll, greift die Vernetzungsqualität dramatisch in das Ergebnis ein. Lebensdaueraussagen sollten daher nur mit großer Vorsicht unternommen werden.

3.2.1.9 Erzeugung der Standardvernetzung

Für die ersten groben Tests reicht eine Vernetzung „auf Knopfdruck“.

Eine Standardvernetzung bedeutet eine Vernetzung, die „auf Knopfdruck“ erzeugt wird, ohne dass Sie sich über weitere Details Gedanken machen. Von einer solchen Vernetzung kann keine große Genauigkeit der Ergebnisse erwartet werden. Sie dient zum schnellen, qualitativen Betrachten. Oftmals nutzt man diese Art, um zu prüfen, ob sich die Randbedingungen so verhalten, wie es erwartet wurde. Falls ausschließlich Verformungen berechnet werden sollen, reicht allerdings in vielen Fällen eine solche Grobvernetzung aus, weil ja Verformungsanalysen viel weniger Ansprüche an die Vernetzung stellen als Spannungsanalysen.

Gehen Sie folgendermaßen vor:

- Wechseln Sie über den Simulationsnavigator in das FEM-Teil. Nun sind die Funktionen zur Vernetzung aktiv. Vorher waren sie ausgeblendet.
- Für die Erstellung dieser Grobvernetzung wählen Sie die Funktion *3D-Tetraeder* (*3D Tetrahedral*, siehe Bild 3.27).
- Selektieren Sie den zu vernetzenden Volumenkörper und nutzen Sie die Funktion *Automatische Elementgröße* (gelber Blitz) zum automatischen Vorschlag einer geeigneten Elementgröße.

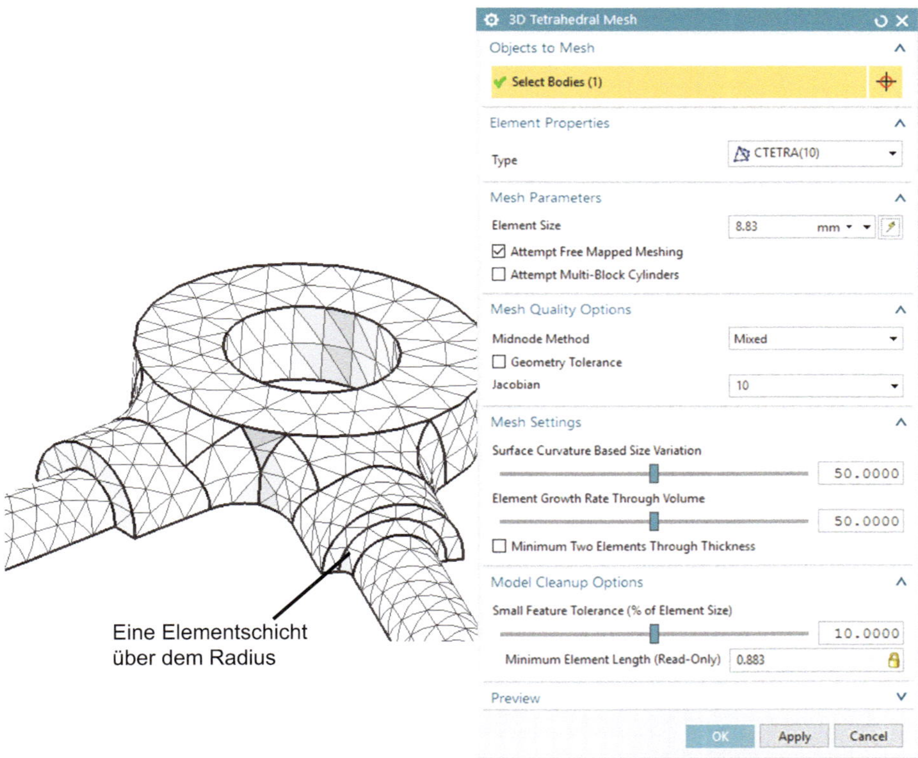

Bild 3.27 Hier wird ein „Knopfdruck"-Netz erstellt. Dies ist für den ersten Versuch zu empfehlen.

Das System berechnet nun aufgrund der Größe des Bauteils und weiterer geometrischer Features einen Vorschlag für die „Elementgröße" (Element Size), also die ungefähre Größe der zu erzeugenden finiten Elemente. Wir empfehlen, für die Erstellung einer Grobvernetzung immer den hier vorgeschlagenen Wert zu akzeptieren.

- Bestätigen Sie mit OK. Das Netz wird nun erstellt.

Es sollten immer Elemente mit Mittelknoten eingesetzt werden.

Der vom System voreingestellte Elementtyp steht auf *CTETRA(10)*, d. h., es werden tetraederförmige Elemente erzeugt, die auf jeder Kante einen Mittelknoten besitzen. Diese

Voreinstellung ist für Statikanalysen unbedingt zu empfehlen, und Sie sollten hier nichts verändern. Unter weiteren Menüpunkten gibt es noch einige Einstellungen, die jedoch vernünftig voreingestellt sind, daher soll hier zunächst nichts geändert werden.

Bild 3.27 zeigt das grobe Netz, das auf diese Weise erstellt worden ist. Typisch ist, dass die automatische Vernetzung eine einzige Elementschicht über dem gefragten Radius erzeugt hat.

3.2.1.10 Definition der Materialeigenschaften

Sinnvollerweise können bereits dem Masterteil Materialeigenschaften zugewiesen werden. Diese können dann in Folgeprozessen wie FEM genutzt werden.

Materialeigenschaften können im Masterteil, aber auch im idealisierten Teil oder in der FEM-Datei definiert werden. Einmal definierte Materialeigenschaften werden in der Struktur von unten nach oben weitervererbt, solange sie nicht an einer anderen Stelle der Struktur überschrieben werden. Damit ist es möglich, beispielsweise dem Masterteil ein Material zuzuordnen und dieses in der FEM-Datei zu überschreiben. Dies entspricht einer „Was-wäre-wenn"-Studie. Oft empfiehlt es sich, die Materialeigenschaften im Masterteil zuzuordnen, weil dann alle nachfolgenden Anwendungen, wie beispielsweise die Motion-Simulation, darauf zugreifen können.

Materialeigenschaften können entweder manuell definiert oder aus der Bibliothek ausgewählt werden. Um Materialeigenschaften aus der Bibliothek auszuwählen und sie dem Körper in der FEM-Datei zuzuordnen – d. h. alle eventuell vorhandenen Materialdefinitionen aus dem Masterteil werden überschrieben – gehen Sie folgendermaßen vor (siehe auch Bild 3.28):

- Bleiben Sie in der FEM-Datei.
- Wählen Sie aus der Gruppe *Properties* (*Eigenschaften*) die Funktion *Materialien zuweisen* (*Assign Materials*) aus.
- Selektieren Sie die Lenkhebel-Geometrie im Grafikfenster.
- Wählen Sie das passende Material, in diesem Fall *Stahl* (*Steel*), aus der Liste aus.
- Bestätigen Sie mit OK.

Wir geben hier ein Material *Stahl* aus der Bibliothek vor.

Alternativ kann auch ein eigenes Material über die Eingabe der ausschlaggebenden Werte, Elastizitätsmodul und Querkontraktionszahl definiert und erstellt werden. Es kann eine Vielzahl von weiteren Materialgrößen definiert werden. Diese spielen für die Berechnung jedoch nur in bestimmten Fällen eine Rolle, z. B. die Dichte wird gebraucht, wenn Fliehkraft oder Eigengewicht in die Berechnung eingehen sollen; der Wärmeausdehnungskoeffizient entsprechend, wenn Temperaturlasten enthalten sind. Viele Materialgrößen, die hier auftauchen, werden nur in sehr speziellen Fällen benötigt.

So wie hier dargestellt könnten Sie ein Material selbst definieren.

Falls Sie manuell ein Material definieren möchten, so wählen Sie im Menü *Materialeigenschaften* ganz unten die Funktion *Material erzeugen* (*Create Material*). Es erscheint ein Dialog für die Eingabe von Materialeigenschaften.

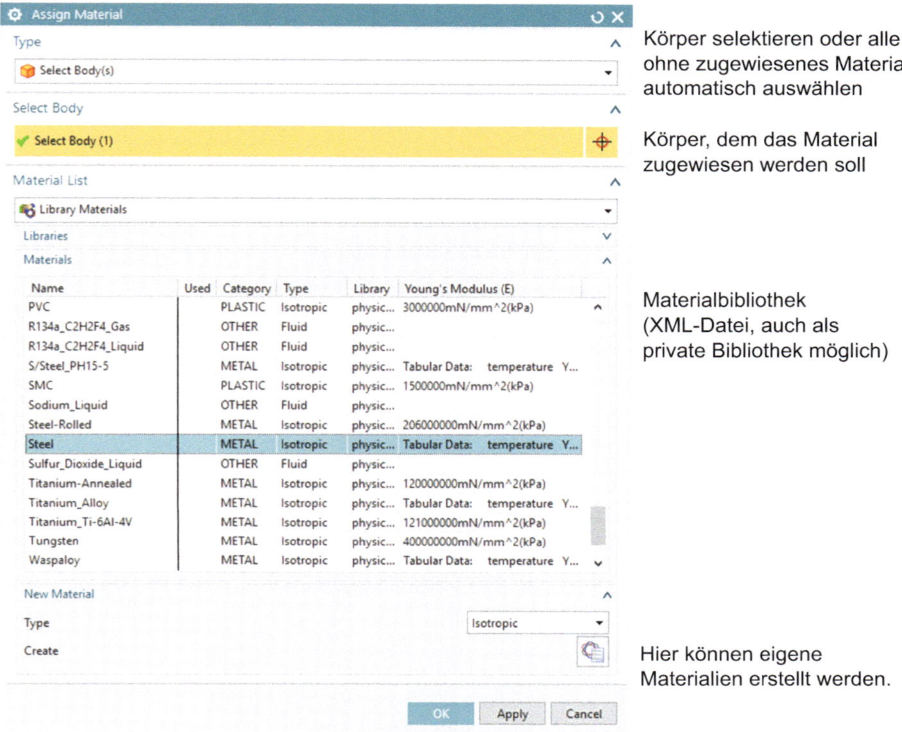

Bild 3.28 Liste der Standardmaterialien, die mit der NX-Installation mitgeliefert wird

Für unser Beispiel könnten die Eigenschaften von gängigem Stahl eingesetzt werden. Folgende Werte sollten dann für Stahl angegeben werden:

- für die *Dichte* (*Mass Density*): 7,85e-6 [kg/mm^3]
- der *Elastizitätsmodul* (*Young's Modulus*): 2,1e5 [N/mm^2]
- die *Querkontraktionszahl* (*Poisson's Ratio*): 0,33
- Daraufhin könnte das Material mit APPLY erzeugt werden.
- Für die Zuordnung würden Sie das neu erzeugte Material oben in der Liste selektieren, den Körper im Grafikfenster und mit OK bestätigen.

Wesentliche Eigenschaften für FEM sind der EModul und die Querkontraktionszahl.

In der Statuszeile erscheint: „Material wurde erfolgreich erzeugt/geändert“.

Sie können prüfen, welches Material einem Körper zugeordnet ist.

Zum Nachprüfen von vergebenen Materialeigenschaften eines Körpers sollte in der Funktion *Materialien zuweisen* (*Assign Materials*) der Körper selektiert werden. In der Statuszeile erscheint dann die Information über das zugeordnete Material. Alternativ kann auch das Material des Körpers mit der Funktion *Information, Objekt* oder über das Informationsfenster des Netzes (*RMB auf das Netz, Information*) nachgeprüft werden.

Falls kein Material definiert ist, so wird NX zunächst nachsehen, ob das Bauteil schon eine Materialdefinition aus dem Master-Modell hat. Wenn keine Materialdefinition vorliegt, wird eine Fehlermeldung beim Aufrufen des Nastran-Solvers angezeigt.

3.2.1.11 Erzeugung der Last

Lasten und Randbedingungen sind Objekte, die in das Simulationspart gehören. Daher muss für deren Erzeugung das entsprechende Part File dargestellt werden.

Lasten und Einspannungen werden in der Simulationsdatei erzeugt.

- Machen Sie die Simulationsdatei zum dargestellten Teil.

Statt der echten Zugkraft durch das Lenkgetriebe erzeugen Sie nun eine Kraft auf die betroffene Fläche. Die angenommene Kraft von 150 N wird aufgrund des Halbmodells (Symmetrie) ebenfalls auf die Hälfte reduziert. Eine detaillierte Modellierung der Krafteinleitung ist nicht erforderlich, denn die Krafteinleitung ist weit von dem interessierenden Bereich entfernt. Es muss lediglich darauf geachtet werden, dass der Hebelarm, die Richtung und der Betrag der Kraft korrekt angegeben werden. Daher kann aus der Funktionsgruppe ein einfacher Krafttyp ausgewählt werden. Ein Überblick über weitere Lasttypen wird im nächsten Abschnitt gegeben.

- Sie finden die Funktion für die Erzeugung einer einfachen Kraft unter der Funktionsgruppe für Lasttyp mit dem Symbol *Kraft* (*Force*). Rufen Sie nun diese Funktion auf.
- Im erscheinenden Menü wählen Sie oben in der Liste die erste Option *Betrag und Richtung* (*Magnitude and Direction*) aus.
- Mit dem ersten Selektionsschritt wählen Sie entsprechend Bild 3.29 die zu beaufschlagende Fläche.
- Tragen Sie nun die Größe von 75 N ein, also die Hälfte der vollen Kraft.
- Zur Definition der Richtung wählen Sie den entsprechenden Richtungspfeil. Unter Umständen muss die Richtung umgekehrt (*Reverse Direction*) werden. Sie können auch eine Kante anwählen, die in diese Richtung zeigt.
- Bestätigen Sie mit OK.

Die Kraft ist ein assoziatives Objekt.

Die Kraft erscheint als Symbol im Grafikfenster und als Feature im Simulationsnavigator. Die erzeugte Kraft wird vom NX-System gleichmäßig auf der selektierten Fläche verteilt. Zunächst wird die Kraft mit der CAD-Fläche verknüpft, später wird sie jedoch automatisch mit den jeweiligen FE-Knoten, die mit der Fläche verbunden sind, verknüpft und an den Solver übergeben.

Dieses geometriebasierte Konzept gilt für alle Arten von Randbedingungen und auch für weitere Informationen wie das Material. Alle diese Informationen werden mit der Geometrie verknüpft und erst am Ende automatisch an die zugehörigen FE-Knoten und Elemente übergeben. Vorteil dieser Methode ist, dass Sie jedes dieser erzeugten Features bearbeiten können, ohne dass ein anderes Feature betroffen ist. Beispielsweise kann eine Vernetzung gelöscht und neu erzeugt werden, ohne dass Randbedingungen dabei verloren gehen.

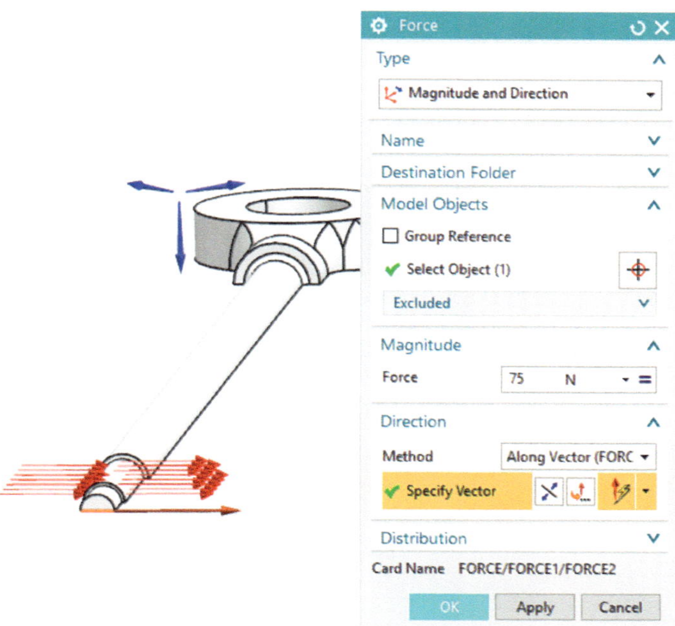

Bild 3.29 Die Kraft wird an der Stelle und in Richtung des Lenkhebels erzeugt.

3.2.1.12 Überblick über weitere Lasttypen

In diesem Abschnitt wird ein Überblick über die weiteren verfügbaren Lasttypen der Anwendungen *NX Design Simulation* und *NX/Simcenter 3D Pre/Post* gegeben.

Der wichtigste Lasttyp ist die einfache Kraft.

- *Kraft* (*Force*): Eine Kraft wird gleichmäßig auf eine Fläche, Kante oder einen Punkt verteilt. Es gibt eine Reihe von Möglichkeiten, wie die Richtung angegeben werden kann: Anhand einer Richtungsangabe, senkrecht zur Fläche, mithilfe der Richtungspfeile oder anhand des Koordinatensystems. Mithilfe der Feldmethode kann die Kraft (wie auch die meisten übrigen Lasttypen) auch ungleichmäßig verteilt werden.
- *Lager* (*Bearing*): Dieses Feature wird auf einer Zylinderfläche definiert und erzeugt eine Kraftverteilung, die ungefähr einer Lagerbelastung (z. B. eine Welle in einer Bohrung oder ein Lagersitz) entspricht. Die Kraftverteilung ist dann parabolisch oder auch sinusförmig. Die Kraft steigt also an und nimmt wieder ab.
- *Drehmoment* (*Torque*): Es werden auf einer Zylinderfläche Kräfte erzeugt, die gemeinsam ein Drehmoment bilden. Die Drehachse des Moments ist immer die Achse der zylindrischen Fläche.
- *Druck* (*Pressure*): Mit dieser Funktion können Drucklasten auf Flächen erzeugt werden, z. B. für Belastungen bei hydraulischen Druckbehältern.

Alle Lasttypen auf einen Blick

- *Hydrostatischer Druck* (*Hydrostatic Pressure*): Dieser Druck steigt linear an. Damit kann also z. B. die Belastung beschrieben werden, die Flüssigkeit bei ansteigender Tiefe auf Wandflächen ausübt.
- *Zentrifugaler Druck* (*Centrifugal Pressure*): Hier wird ein Druck auf Rotationskörper aufgebracht, der je nach Radius ansteigt oder abfällt.

- *Gravitation* (*Gravity*): Dies ist eine Beschleunigungskraft, die auf das ganze vernetzte Teil ausgeübt wird. Falls so eine Kraft verwendet wird, ist es natürlich von großer Bedeutung, dass jedem vernetzten Teil die korrekte Dichte zugeordnet wurde. Die Software rechnet für jedes finite Element eine kleine Masse aus und verteilt diese auf die zugehörigen Knoten. Voreingestellt ist die Größe der Erdbeschleunigung, d. h., in diesem Falle ergibt sich gerade die eigene Gewichtskraft.
- *Drehung* (*Rotation*): Zentrifugalkräfte entstehen, wenn sich ein Teil um eine Achse dreht. Dieses Feature erwartet die Angabe der Drehachse und der Winkelgeschwindigkeit oder -beschleunigung. Daraus berechnet sich die Kraft für jeden Knoten am vernetzten Bauteil. Auch hier ist die korrekte Angabe der Dichte erforderlich.
- *Temperaturlast* (*Temperature Load*): Mit dieser Funktion können Temperaturen auf Körper aufgebracht und deren Wärmedehnungen in die FE-Analyse einbezogen werden. Die betroffenen finiten Elemente werden dann, entsprechend der Materialangabe *Thermischer Ausdehnungskoeffizient* (*Thermal Expansion Coefficient*), ausgedehnt oder geschrumpft. Darüber hinaus gibt es noch einen anderen Weg, um Temperaturen vorzugeben: Temperaturen können einem *Lösungsschritt* (*Solution Step*) als *Vorlast* (*Pre-Load*) zugefügt werden. Solche Temperaturen müssen durch eine vorherige Temperaturanalyse berechnet worden sein.

3.2.1.13 Erzeugung der fixen Einspannung

Einspannungen beziehen sich immer auf die zugehörigen Knoten.

Eine fixe Einspannung bedeutet bei volumenvernetzten Bauteilen (Tetraeder oder Hexaeder), dass alle drei Translationsfreiheitsgrade festgehalten werden. Damit wird bei einer Fläche jede Bewegung unmöglich. Bei einer geraden Kante dagegen wäre noch eine Drehung um die eigene Achse möglich, bei einem Punkt wären noch alle drei Drehfreiheitsgrade frei.

- Für unser Beispiel wählen Sie aus der Funktionsgruppe *Zwangsbedingungen* (*Constraints*) die Funktion *Feste Zwangsbedingung* (*Fixed Constraint*) aus.
- Selektieren Sie die gewünschte Fläche wie in Bild 3.30.
- Bestätigen Sie mit OK. Die Randbedingung wird nun als Symbol an der Geometrie und im Simulationsnavigator dargestellt.

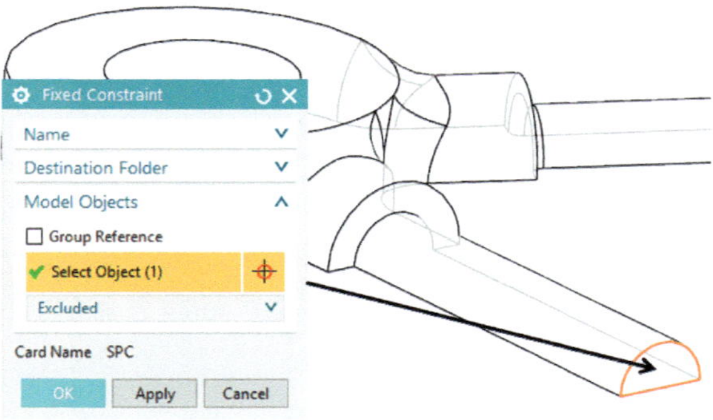

Bild 3.30 Eine fixe Einspannung einer Fläche verhindert jede Bewegung.

3.2.1.14 Erzeugung der drehbaren Lagerung

Eine drehbare Lagerung wird programmintern durch den Einsatz eines zylindrischen Koordinatensystems realisiert, das in der Drehachse positioniert wird. Die zu lagernde Fläche wird dann in der radialen Richtung festgehalten und in der tangentialen freigelassen. Für kleine Verformungen entspricht diese Methode gerade der Drehung. In NX gibt es hierfür folgende Funktionen:

Bei einer Drehlagerung verwendet die Software intern Zylinderkoordinaten.

- *Rotationssymmetrische Zwangsbedingung* (*Pinned Constraint*): Hierbei wird zusätzlich noch die axiale Richtung festgehalten.
- *Zylindrische Zwangsbedingung* (*Cylindrical Constraint*): Hierbei werden alle drei Freiheitsgrade getrennt vom Anwender angegeben.

Da wir die axiale Verschiebungsmöglichkeit erhalten möchten, werden wir für dieses Beispiel die zylindrische Bedingung nutzen.

- Wählen Sie aus der Funktionsgruppe *Zwangsbedingungstyp* (*Constraint Type*) die Funktion *Zylindrische Zwangsbedingung* (*Cylindrical Constraint*) aus.
- Selektieren Sie die innere Zylinderfläche, weil wir hier die drehbare Lagerung vorgeben wollen.
- Stellen Sie entsprechend Bild 3.31 (links)
  - die radiale Richtung *Radialwachstum* (*Radial Growth*) auf *Fixed*,
  - die *Axialdrehung* (*Axial Rotation*) auf *Free* und
  - das Axialwachstum (*Axial Growth*) ebenfalls auf *Free*.
- Bestätigen Sie mit OK.

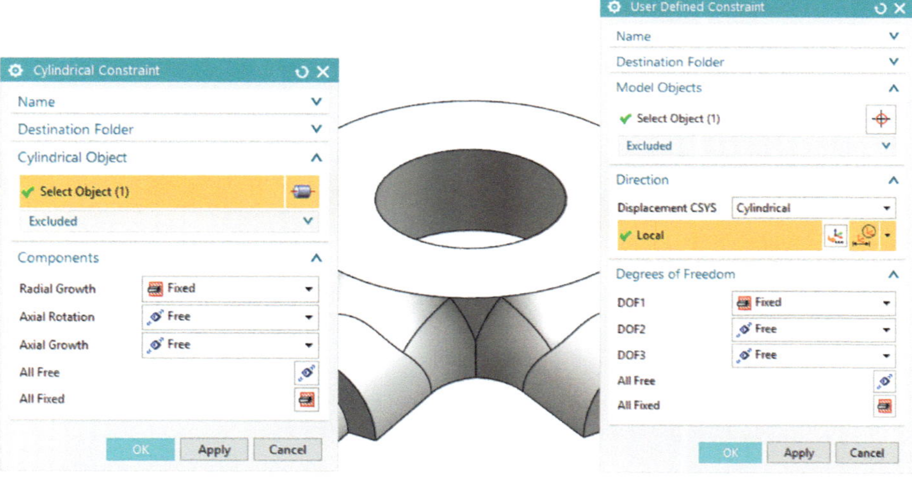

Bild 3.31 Links: Jeder Freiheitsgrad im Zylinderkoordinatensystem kann eingestellt werden. Die innere Fläche ist jetzt drehbar gelagert. Rechts: Die anwenderdefinierte Randbedingung könnte alternativ auch eingesetzt werden. Das Ergebnis wäre das gleiche.

Die Randbedingung wird im Grafikfenster und im Simulationsnavigator dargestellt. Alternativ zu den vorgefertigten Randbedingungen könnte auch eine *Benutzerdefinierte Zwangsbedingung* (*User Defined Constraint*) genutzt werden. Um den gewünschten

Effekt einer drehbaren Lagerung zu erzielen, müsste, entsprechend Bild 3.31, das Koordinatensystem auf *Cylindrical* geschaltet und im zweiten Selektionsschritt die Kreiskante als Richtung selektiert werden. Nun werden die Richtungen der Freiheitsgrade in Zylinderkoordinaten angegeben. Die radiale Richtung *DOF1* müsste fixiert werden, die tangentiale *DOF2* und die Z-Richtung *DOF3* müssten frei bleiben.

3.2.1.15 Erzeugung der Bedingung für eine Spiegelsymmetrie

Eine Bedingung für Spiegelsymmetrie bei volumenvernetzten Bauteilen bedeutet, dass jede Verformung senkrecht zur Symmetrieebene unterbunden wird. Verformungen in den Querrichtungen müssen dagegen möglich sein.

- Rufen Sie die Funktion *Symmetrie-Zwangsbedingung* (*Symmetric Constraint*) auf und erzeugen Sie eine Symmetriebedingung (Bild 3.32).
- Selektieren Sie die Symmetrieschnittfläche des Bauteils.
- Bestätigen Sie mit Ok.

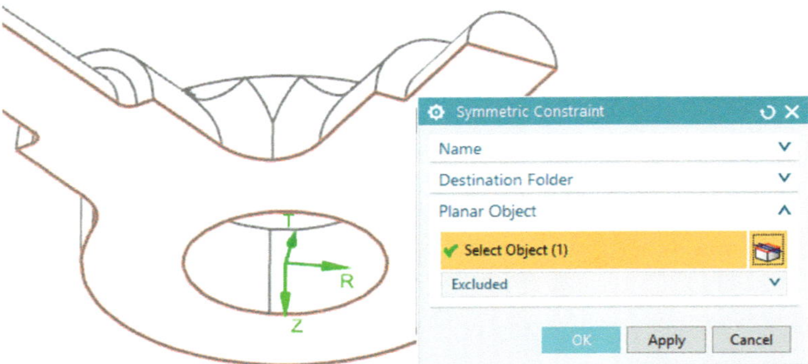

Bild 3.32 An der Schnittebene wird eine Symmetriebedingung erzeugt.

Alternativ kann eine solche Symmetriebedingung auch mit der Funktion *Benutzerdefinierte Randbedingung* (*User Defined Constraint*) erzeugt werden, bei der jeder Freiheitsgrad getrennt manuell eingestellt werden kann.

3.2.1.16 Vollständigkeit der Einspannung prüfen

Eine statische FE-Analyse erfordert, dass ein Satz von Randbedingungsarten vorliegt, der das FE-Modell statisch korrekt lagert. Damit ist gemeint, dass die Lagerung nicht unterbestimmt sein darf. Das Modell darf also nicht die Möglichkeit haben, sich in irgendeine Richtung frei zu bewegen oder um eine Achse zu drehen.

Statische FE-Analysen erfordern, dass jedes Bauteil vollständig gelagert ist. Überbestimmungen sind jedoch erlaubt.

Diese korrekte Einspannung muss durch Randbedingungen erreicht worden sein. Es reicht nicht aus, dass Lasten aufgebracht werden, die miteinander im Gleichgewicht sind.

Falls eine solche Unbestimmtheit vorliegt, spricht man von Starrkörperbewegung, und das System kann die Berechnung in der Regel nicht durchführen. Es kommt dann, je nach eingesetztem Solver, zu Fehlermeldungen, die auf eine singuläre Matrix hinweisen. Hintergründe zu dieser Problematik sind z. B. in [RiegHackenschmidt] nachzulesen.

Eine Überbestimmung der Lagerung, beispielsweise durch mehrmalige Fixierung eines Freiheitsgrades an verschiedenen Stellen, kann dagegen problemlos mit FEM berechnet werden. Dies ist sogar dann möglich, wenn Vorverschiebungen aufgezwungen werden. Die FEM ist daher auch ein ausgezeichnetes Werkzeug für die Berechnung von überbestimmten Systemen.

3.2.1.17 Überblick über weitere Zwangsbedingungen

In diesem Abschnitt wird ein Überblick über die übrigen verfügbaren Zwangsbedingungsarten der Anwendungen *NX Design Simulation* und *NX/Simcenter 3D Pre/Post* gegeben:

- *Feste Zwangsbedingung* (*Fixed Constraint*): Diese Bedingung fixiert alle Freiheitsgrade, die von den späteren finiten Elementen unterstützt werden. Dabei ist zu beachten, dass bei Volumenelementen nur die drei Translationsfreiheitsgrade berücksichtigt werden, während bei Schalen- und Balkenelemente (also nur in der *Pre/Post*-Anwendung) alle sechs Freiheitsgrade eingestellt und berücksichtigt werden können (z. B. für die Biegeübertragung zwischen zwei Balkenelementen).
- *Feste Verschiebungszwangsbedingung* (*Fixed Translation Constraint*): Diese Zwangsbedingung hält lediglich die Verschiebungsfreiheitsgrade fest und lässt die Drehfreiheitsgrade frei. Daher ergibt sich bei volumenvernetzten Bauteilen kein Unterschied zwischen dieser und der ersten Bedingung.
- *Feste Drehungszwangsbedingung* (*Fixed Rotational Constraint*): Diese Einspannung bestimmt alle Drehfreiheitsgrade. Bei Solidnetzen ist diese Randbedingung wirkungslos und steht daher in der Design-Simulation nicht zur Verfügung.
- *Erzwungene Verschiebungszwangsbedingung* (*Enforced Displacement Constraint*): Hiermit wird eine vorgegebene Verschiebung auf eine Fläche, Kante oder Punkt aufgezwungen. Damit lassen sich z. B. manche Arten von Vorspannungen realisieren.

Alle Einspannbedingungen auf einen Blick

- *Einfach unterstützte Zwangsbedingung* (*Simply Supported Constraint*): Hier kann sich das Bauteil in eine Richtung nicht mehr bewegen. Es entspricht also etwa einer Auflage, wobei das Teil auch nicht von der Auflage abheben kann.
- *Verstiftete Zwangsbedingung* (*Pinned Constraint*): Diese Bedingung kann auf Zylinderflächen erzeugt werden. Es wird dann die Axialbewegung festgehalten und die Drehbewegung der Fläche frei gelassen.
- *Rotationssymmetrische Zwangsbedingung* (*Cylindrical Constraint*): Hierbei werden zylindrische Koordinaten angewandt, die sich auf die selektierte Zylinderfläche beziehen. Zunächst werden alle Freiheitsgrade fest eingestellt. Der Anwender kann jedoch frei wählen, welchen der drei er frei beweglich haben möchte.
- *Schiebereglerzwangsbedingung* (*Slider Constraint*): Hierbei wird nur eine Verschieberichtung frei gelassen. Diese wird vom Anwender vorgegeben.
- *Rollenzwangsbedingung* (*Roller Constraint*): Hierbei erlaubt man einer Fläche, dass sie sich um eine Achse drehen oder entlang der Achse verschieben kann. Die Achse kann frei vorgegeben werden.
- *Symmetrische Zwangsbedingung* (*Symmetric Constraint*): Bei einer Fläche, die zu einem volumenvernetzten Bauteil gehört, wird hier die Normalenrichtung der Fläche gesperrt. Bei volumenvernetzten Bauteilen genügt dies. Bei Schalen- oder Balkenelementen (*Pre/Post*-Anwendung) ist die Symmetriebedingung aufwendiger.

- *Antisymmetrische Zwangsbedingung* (*Anti-Symmetric Constraint*): In manchen Fällen liegt ein symmetrisches Bauteil vor. Die Lasten sind auch symmetrisch, jedoch umgekehrt bezüglich der Symmetrieebene. In solch einem Fall wäre eine antisymmetrische Bedingung sinnvoll.
- *Automatische Kopplung* (*Automatic Coupling*) koppelt automatisch die Knoten einer unabhängigen zu einer abhängigen Seite. Diese Randbedingung kann zum Beispiel für Rotationssymmetrie genutzt werden.
- *Manuelle Kopplung* (*Manual Coupling*) bietet entweder die Möglichkeit der Kopplung von Freiheitsgraden oder das Erzeugen von Multi-Point-Constraints zwischen selektierten Knoten.

Die wichtigste Einspannbedingung ist die anwenderdefinierte.

- *Anwenderdefinierte Zwangsbedingung* (*User Defined Constraint*): Mit dieser Bedingung lassen sich alle sechs Freiheitsgrade getrennt einstellen (in der Design-Simulation nur die drei translatorischen). Die Einstellung kann fest, frei oder mit aufgezwungener Verschiebung vorgenommen werden.

Da nun alle Informationen für das FEM-Modell zugefügt worden sind, kann als Nächstes eine erste FE-Analyse durchgeführt werden.

3.2.1.18 Berechnung der Ergebnisse

Nachdem das Modell aufgebaut wurde, d. h., Material, Lasten, Randbedingungen und die Vernetzung erzeugt worden sind, kann der Berechnungsjob an den Solver übergeben werden. Gehen Sie dazu folgendermaßen vor:

Das Berechnungsmodell wird an den Solver übergeben.

- Machen Sie über den Simulationsnavigator das Simulationsteil zum dargestellten Teil. Nun sind die zum Lösen zugehörigen Funktionen verfügbar.
- Selektieren Sie im Simulationsnavigator den Knoten *Solution 1* und wählen Sie im zugehörigen Kontextmenü die Funktion *Berechnen* (*Solve*).
- Im folgenden Fenster bestätigen Sie mit OK.

Der *Job-Monitor* zeigt das Ende der Berechnung an.

Eventuell, je nach Einstellungen in den Anwenderstandards, erscheint noch eine Frage, die den iterativen Solver für diese Berechnung vorschlägt. Dies können Sie akzeptieren oder ablehnen. Der iterative Solver ist in der Regel schneller als der direkte, wenn ein im numerischen Sinn gut konditioniertes System vorliegt. Dies ist der Fall, wenn eine reine Tetraedervernetzung besteht, die wir ja haben. Daher kann der iterative Solver hier gut eingesetzt werden.

Ein kleines Fenster mit dem *Job-Monitor* zeigt den Lauf an. Das Ende der Berechnung wird mit *Completed* angezeigt. Die Ergebnisse können im Simulationsnavigator anhand des Symbols *Results* erkannt werden (farbig dargestellt, wenn Ergebnisse vorhanden sind). Ein Doppelklick auf *Results* öffnet die Ergebnisse und startet den Postprozessor.

3.2.1.19 Überblick über den Postprozessor

Im Postprozessor werden die Ergebnisse dargestellt.

Bevor die Ergebnisse dieses Jobs erläutert werden, soll in diesem Abschnitt ein Überblick über die Funktionen des Postprozessors gegeben werden.

Nachdem der Analyse-Job beendet ist, führen Sie einen Doppelklick auf *Ergebnisse* (*Results*) aus und öffnen damit den Postprozessor. Sie können auch direkt auf den *Navigator für die Nachbearbeitung* (*Post Processing Navigator*) zum Darstellen und Auswerten der Ergebnisse gehen.

Die Steuerung des Postprozessors geschieht auf der einen Seite über die Toolbars der Registerkarte *Ergebnisse* (*Results*), auf der anderen Seite über den *Navigator für die Nachbearbeitung (Post Processing Navigator*). Die Toolbars bieten im Wesentlichen folgende Funktionen (Bild 3.33):

- *PP-Ansicht bearbeiten* (*Edit Postview*): Einstellen der Optionen für Darstellung und Art der Ergebnisse, der Farbskala und der Beschriftung
- *Kontur-Plot* (*Contour-Plot*): Definieren der Darstellungsart des jeweiligen Ergebnisses
- *Ergebnisse Identifizieren* (*Identify Results*): Abfragen von Ergebnissen an bestimmten Bereichen
- *Animieren*: Animieren eines Ergebnisses
- *Einzelne Ansicht* (*Single View*) Einstellen von Layouts mit mehreren Ergebnisfenstern
- *Zurück an die Ausgangsposition* (*Return to Home*): Beenden des Postprozessors und Rückkehr zum Modell

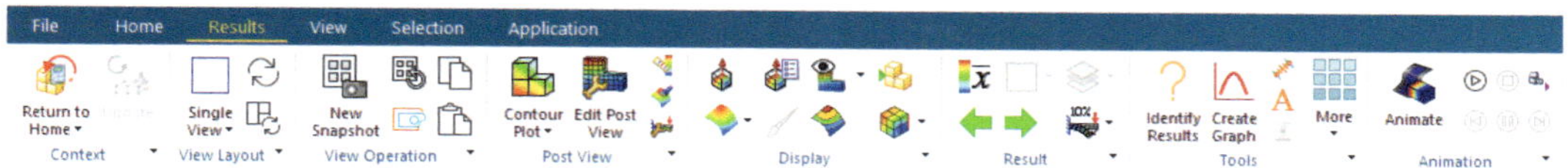

Bild 3.33 Die Toolbar mit Funktionen für das Postprocessing

Mithilfe des Simulationsnavigators (Bild 3.34) wird der Typ des darzustellenden Ergebnisses eingestellt. Dazu wird der Knoten *Solution 1* im Navigator aufgeklappt.

Die wichtigsten Ergebnistypen

Hier sind alle verfügbaren Ergebnisse zu finden, also im Wesentlichen *Verformungen* (*Displacement*), *Spannungen* (*Stress*), *Dehnungen* (*Strain*) und *Reaktionskräfte* (*Reaction Force*). Unterhalb des Knotens mit dem Ergebnistyp finden sich seine einzelnen Komponenten oder auch Kombinationen von Komponenten (Bild 3.34).

So sind z. B. bei dem Ergebnistyp *Verformung* die richtungsbezogenen Verformungen X, Y und Z sowie der *Betrag* (*Magnitude*) der drei Komponenten zu finden.

Der Ergebnistyp *Spannung – Element-Knoten* (*Stress – Element Nodal*) enthält die drei Spannungen in X-, Y- und Z-Richtung (*XX*, *YY* und *ZZ*) und die Schubspannungen in den entsprechenden Ebenen und Richtungen (*XY*, *YZ* und *ZX*). Dies sind zunächst die reinen Ergebniskomponenten aus der FE-Rechnung. Darüber hinaus sind die wichtigen Kombinationen: *größte Hauptspannung* (*Max Principal*), *kleinste Hauptspannung* (*Min Principal*), *maximale Schubspannung* (*Max Shear*) sowie die in den meisten Fällen zunächst betrachtete Vergleichsspannung nach von Mises bzw. *Gestaltänderungsenergiehypothese* (*Von Mises*) verfügbar.

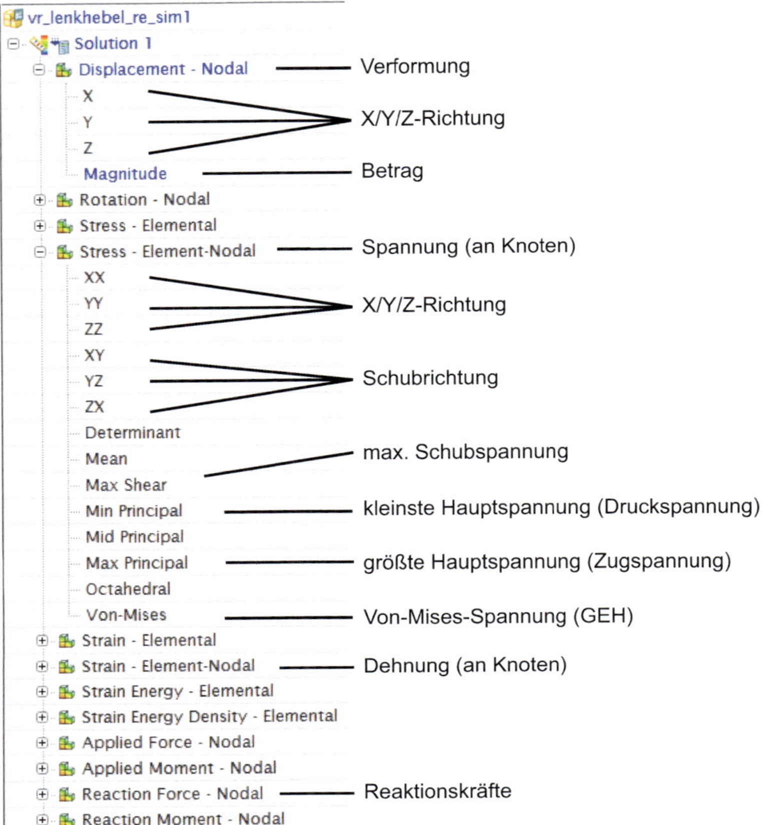

Bild 3.34 Der Postprocessing Navigator erlaubt den Zugriff auf die verschiedenen Ergebnisse: Verformungen, Dehnungen und Spannungen. Unterhalb der Knoten *Verformung* und *Spannung* finden sich die jeweiligen Komponenten.

Zwischen den verschiedenen Ergebnissen kann umgeschaltet werden, indem der entsprechende Knoten durch Doppelklick aktiviert wird. Alternativ kann auch in der Funktion *PP-Ansicht bearbeiten* (*Edit Post View*) oder über Post Processing Navigator > Post View > Edit zwischen den Ergebnissen umgeschaltet werden (Bild 3.35).

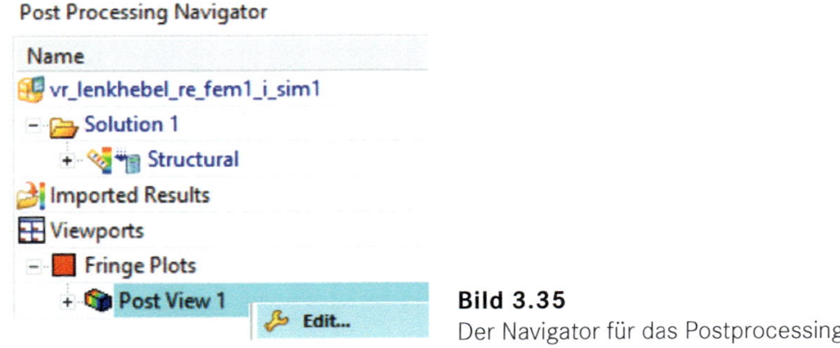

Bild 3.35 Der Navigator für das Postprocessing

3.2.1.20 Beurteilung der Verformungsergebnisse

- Um die Verformungen darzustellen, doppelklicken Sie im Simulationsnavigator auf den Knoten *Verschiebung - Knoten* (*Displacement - Nodal*).

Nach Voreinstellung wird in diesem Fall immer der Betrag der Verformungen, also der Unterknoten *Magnitude,* dargestellt.

Zuerst sollten die Verformungen kontrolliert werden.

Ihr Ergebnis sollte etwa wie in Bild 3.36 aussehen.

Bild 3.36 Zuerst sollten die Verformungen kontrolliert werden.

Bei jeder FE-Analyse sollte zuerst anhand der Verformungsdarstellung festgestellt werden, ob das Ergebnis plausibel ist und ob die Randbedingungen sich wie erwartet verhalten.

- Um die Plausibilität zu beurteilen, ist es oftmals sinnvoll, die Animation des Ergebnisses zu betrachten. Dazu führen Sie die Funktion *Animation* aus (Bild 3.37).

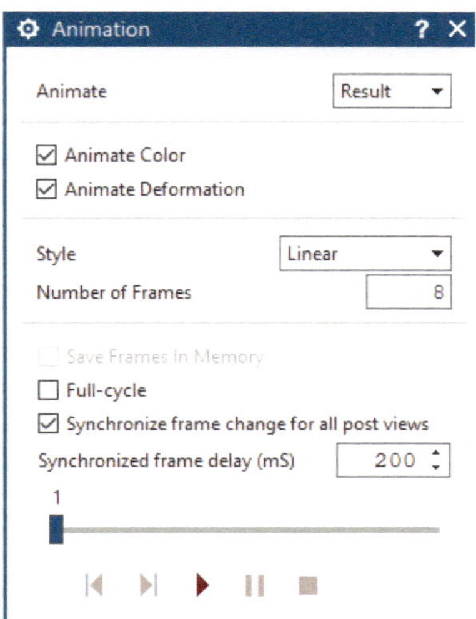

Bild 3.37
Die Animation der Verformung hilft beim Verständnis.

Die Animation eines Ergebnisses simuliert ein langsames Ansteigen der Last von null bis auf den Maximalwert. Dies hilft, um ein Verständnis für die Charakteristik der Belastung zu erlangen.

Die Ergebnisplausibilität der Verformung ist gegeben, weil sich die ermittelte Bauteildurchbiegung wie erwartet einstellt. Nun wird der Betrag der Verformung abgelesen und ebenfalls auf Plausibilität geprüft: Maximale Verformung tritt an dem roten Bereich auf. Der Maximalwert liegt bei ca. 5,5 mm, was bei einer Gesamtgröße des Bauteils von ca. 470 mm durchaus plausibel erscheint.

- Stoppen Sie die Animation .

Die lineare Theorie erfordert „kleine“ Verformungen.

Es folgt die Beurteilung, ob es sich bei den Verformungen noch um „kleine“ Verformungen im Sinne der linearen Theorie oder etwa um solche handelt, die mit der linearen Methode nicht mehr ohne Weiteres behandelt werden sollten.

- Dazu muss zunächst die Verformung ohne Über- oder Untertreibung dargestellt werden, eben so, wie sie wirklich berechnet worden ist. Dies erreichen Sie, indem Sie die Funktion *PP Ansicht bearbeiten* (*Edit Post View*) aufrufen und hier unter dem Register *Verformung* (*Deformation*) die Einstellung *Maßstab* (*Scale*) auswählen. Es erscheint der in Bild 3.38 dargestellte Dialog.

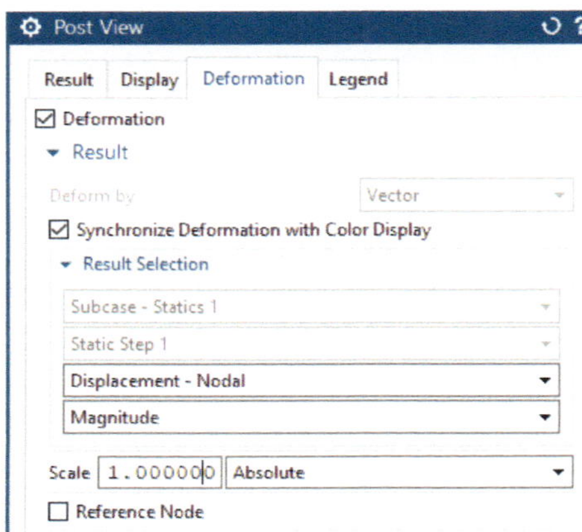

Bild 3.38 Definition der Darstellungsskalierung: Meist wird die Darstellung mit Eins und Absolut skaliert.

Im Dialog sehen Sie, dass die Methode für die Übertreibung der Darstellung auf 10 % der Modellgröße voreingestellt ist. Es ist also gleichgültig, ob die berechnete Verformung sehr groß oder auch sehr klein ist. Die Darstellung der Verformung richtet sich immer nur nach der Größe des Bauteils. Damit wird erreicht, dass immer eine deutliche Verformung dargestellt wird, die zum qualitativen Beurteilen meist geeignet ist.

Verformungen werden üblicherweise übertrieben dargestellt. Wir stellen sie auf absolut zurück.

- Um nun die echte Verformung, also die ca. 5,5 mm, darzustellen, schalten Sie von *%-Modell* auf *Absolut*, wählen die Größe „1“ beim *Maßstab* (*Scale*) und bestätigen mit OK.
- Außerdem können Sie den Schalter *Undeformiertes Modell anzeigen* (*Show Undeformed Model*) einschalten, damit zum Vergleich die unverformte Geometrie mit angezeigt wird.

Das Ergebnis sollte nun wie in Bild 3.39 aussehen.

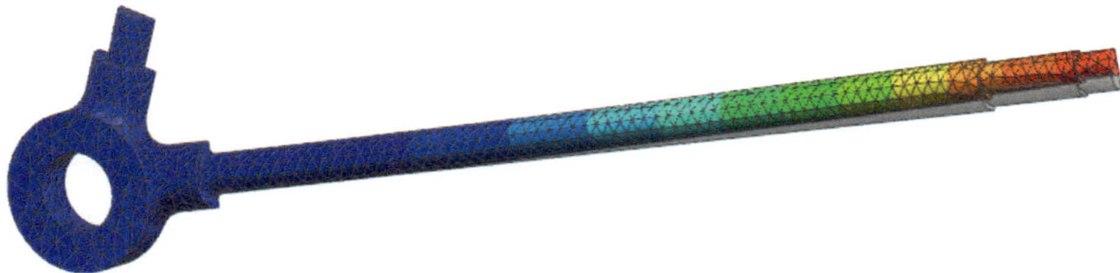

Bild 3.39 Die nicht übertriebene Darstellung der Verformung zeigt, dass es sich um kleine Verformungen handelt.

Die Entscheidung über kleine oder große Verformungen bzw. die Gültigkeit der linearen Theorie sollte nach folgendem Gesichtspunkt getroffen werden: Betrachten Sie dazu gedanklich die neu entstandene und die alte Geometrie. Die entscheidende Frage ist: Hat das Bauteil mit der neuen Geometrie eine nennenswert andere Steifigkeit als das Bauteil mit der alten Geometrie? Wenn Sie also die neue Geometrie modelliert hätten und damit die gleiche FE-Analyse durchführen würden: Würden die nun berechneten Verformungen sich von den ca. 5,5 mm der Originalgeometrie unterscheiden? Die Antwort ist: Die Formänderung von der alten zur neuen Geometrie ist so klein, dass beide Geometrien etwa die gleichen Steifigkeitseigenschaften haben. Daher ist die Voraussetzung der „kleinen Verformungen“ in diesem Fall problemlos gegeben.

Wir haben es mit kleinen Verformungen zu tun.

3.2.1.21 Vorläufige Spannungsergebnisse ablesen

Die Spannungen werden bei FE-Analysen aus den Verformungen abgeleitet. Dabei werden aus den Verformungen zuerst Dehnungen abgeleitet und hieraus, unter Ausnutzung der Spannungs-Dehnungsbeziehung des Materials, die Spannungswerte ermittelt. Zunächst ergeben sich dabei die sechs Komponenten des Spannungstensors. Für die Beurteilung der Festigkeit wird meist eine Vergleichsspannungshypothese herangezogen, mit deren Hilfe sich diese sechs Komponenten auf eine Vergleichsspannung reduzieren lassen. Diese Vergleichsspannung kann dann mit Materialkennwerten, wie z. B. der Fließgrenze, verglichen werden.

Die Auswahl einer geeigneten Vergleichsspannungshypothese hat in der Regel mit den Materialeigenschaften zu tun, die für den Bruch relevant sind. Als einfache Regel gilt:

Bei zähem Material wird die Von-Mises-Spannung bewertet, bei sprödem die maximale Hauptspannung.

- Bei zähen Materialien wie Stahl haben Schub- und Zugspannungen Einfluss auf den Bruch. Daher wird hier die Vergleichsspannungshypothese nach von Mises angewandt, die auch unter dem Namen Gestaltänderungsenergiehypothese (GEH) bekannt ist.
- Bei spröden Materialien wie Grauguss sind die Schubspannungen weniger relevant. Es zählen die reinen Zugspannungen. Daher nutzt man die Zughauptspannung (größte Hauptspannung) oder auch die Druckhauptspannung (kleinste Hauptspannung) als Vergleichsspannung.

Da es sich in diesem Beispiel um Stahl handelt, wollen wir die Von-Mises-Spannung nutzen. Beachten Sie dabei bitte, dass die Von-Mises-Spannung nicht anzeigt, ob es sich um Zug oder Druck handelt. Lediglich große oder kleine Belastung wird gezeigt. Für den späteren Vergleich mit theoretisch exakt berechneten Spannungswerten wollen wir auch die Zughauptspannung ablesen.

Weitere Hintergrundinformation zu festigkeitsrelevanten Themen finden Sie in [FKM] und [RoloffMatek].

Literatur

- Um die Spannungen anzuzeigen, schalten Sie im Simulationsnavigator auf *Spannung - Element-Knoten* (*Stress - Element Nodal*).

Nach Voreinstellung wird nun die Von-Mises-Vergleichsspannung angezeigt. Dies ist der üblichste Weg für die Darstellung von Spannungsergebnissen. Das Ergebnis sollte ähnlich Bild 3.40 aussehen.

Die Ergebnisunterschiede können bei grober Vernetzung groß sein.

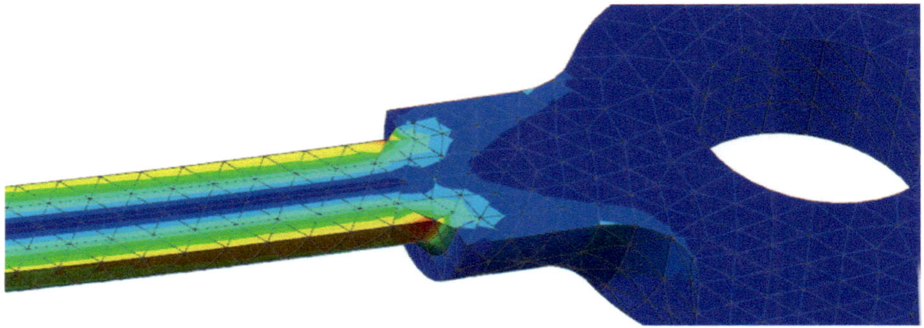

Bild 3.40 Von-Mises-Spannungen am interessierenden Bereich: Die Qualität der Ergebnisse ist plausibel, die Vernetzung ist aber zu grob.

Bedenken Sie bei den hier angegebenen Zahlenwerten und denen, die Sie selbst ausrechnen – insbesondere den Spannungswerten –, dass Unterschiede in der Größenordnung von 50 % auftreten können, solange wir derart grobe Vernetzungen in der interessierenden Verrundung haben.

Während Verformungsergebnisse schon bei grober Vernetzung recht genau sind, müssen Vernetzungen für Spannungsergebnisse höheren Anforderungen genügen. Ihnen ein Verständnis hierfür zu vermitteln, gehört auch zu den Zielen dieses Grundlagenbeispiels.

Um den gesuchten Kerbspannungswert abzulesen, kann nun die Farbskala verwendet werden. Sie sollten jedoch nicht einfach den Maximalwert ablesen, der in der Skala auftritt, denn dieser Wert kann auch an einer anderen Stelle des Modells auftreten, die unter Umständen gar nicht von Interesse ist.

- Nutzen Sie zum gezielten Ablesen eines Wertes, z. B. auf einer Fläche, die Funktion *Identifizieren* ? (*Identify*).
- Die Funktion ist für die manuelle Auswahl einzelner Knoten voreingestellt. Günstiger in diesem Fall ist es, den *Pick*-Filter von *Einzeln* (*Single*) auf *Feature Edge* oder *Feature Face* zu stellen und die Ergebnisse auf eine Kante oder Fläche der Verrundung gleichzeitig auszulesen.

In dem Ausgabefenster der *Identifizieren*-Funktion wird Ihnen unter anderem der Maximalwert aller Knoten der Fläche angezeigt.

Lesen Sie nun Spannungswerte ab, und notieren Sie sich diese am besten. Auf der zugbeanspruchten Seite der Verrundung lesen wir einen Von-Mises-Kerbspannungswert ab, der ungefähr bei 234 N/mm^2, und einen Hauptspannungswert, der etwa bei 269 N/mm^2 liegen sollte. Dies sind nun die sogenannten „ungemittelten Knotenspannungen“.

3.2.1.22 Gemittelte und ungemittelte Knotenspannungen

Spannungen werden mit der FEM zunächst in etwa der Mitte eines jeden finiten Elements berechnet. Dies sind die sogenannten Integrations- oder Gausspunkte. Diese Spannungen werden mit „Elementspannungen“ bezeichnet und können in NX dargestellt werden. Wichtiger als die Elementspannungen sind jedoch die „Knotenspannungen“, die ermittelt werden, indem die Spannungen der Integrationspunkte auf die Knoten des jeweiligen Elements extrapoliert werden. Diese Knotenspannungen sind daher nahezu immer größer als die Elementspannungen. Bedenken Sie jedoch, dass ein Knoten meist zu mehreren Elementen gehört. Daher hat ein Knoten auch unterschiedliche Knotenspannungen, je nachdem, von welchem Element er abgefragt wird. Wird unter diesen unterschiedlichen Spannungswerten eines Knotens nun einfach der Durchschnitt gebildet, so sprechen wir von den sogenannten „gemittelten Knotenspannungen“.

Zwischen diesen verschiedenen Spannungsdarstellungen kann in NX mit der Funktion *Ergebnis* (*Result*) gewechselt werden. Dazu muss nur unter *Knotenkombination* (*Nodal Combination*) auf *Durchschnitt* (*Average*) umgeschaltet werden (Bild 3.41). Die ungemittelten Maximalwerte der Spannung liegen fast immer höher als die gemittelten und können bei grober Vernetzung auch über dem theoretischen Wert liegen.

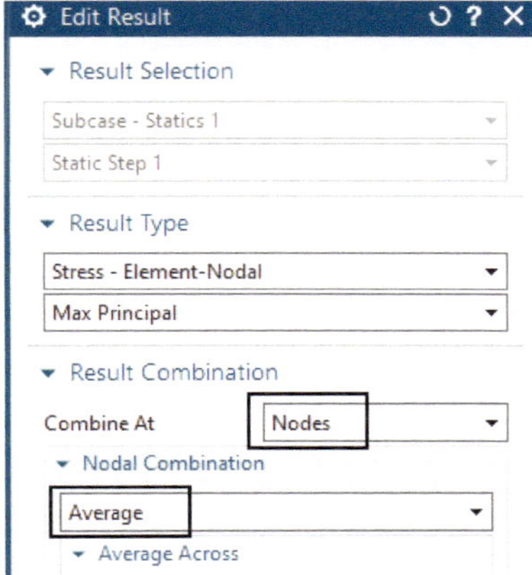

Bild 3.41
Die ungemittelten Spannungen sind größer. Hier kann zwischen beiden Typen umgeschaltet werden.

Werden die Spannungswerte in unserem Beispiel erneut mit gemittelten Ergebnissen abgelesen, so ergibt sich für die Von-Mises-Kerbspannung ein Wert von ungefähr 234 N/mm^2 und ein Hauptspannungswert von etwa 269 N/mm^2. Achten Sie darauf, dass sowohl die gemittelten wie auch die ungemittelten Werte aufgrund von Fehlereinflüssen nur sehr vorläufigen Charakter haben. Solche Fehlereinflüsse, die bei allen FE-Analysen zu berücksichtigen sind, sollen im Folgenden diskutiert werden.

3.2.1.23 Vergleich der FE-Ergebnisse mit der Theorie

DIN 743-2 für die analytische Berechnung von Kerbspannungen

Unser Grundlagenbeispiel des Lenkhebels ist nun mit FEM berechnet worden, wobei noch keine Bemühungen für die Erreichung einer besonderen Genauigkeit unternommen worden sind. Bevor die Genauigkeit nun verbessert wird, soll zunächst das theoretisch exakte Ergebnis für einen solchen Lastfall ermittelt werden, damit dieses als Vergleich dienen kann. Die Ermittlung des theoretisch exakten Ergebnisses ist in diesem Fall möglich, weil eine Norm zur Verfügung steht, die diese Geometrie und ungefähr diesen Lastfall angibt. Es handelt sich um die DIN 743-2, mit deren Hilfe die Zughauptspannung von gekerbten, abgesetzten Wellen unter Biegemomentbelastung theoretisch exakt berechnet werden kann. Weitere solcher Normen können im Tabellenbuch [RoloffMatekTab] gefunden werden.

Dabei ist anzumerken, dass diese Norm von reiner Biegemomentbelastung ausgeht, in unserem Fall jedoch eine Kombinationslast aus Biegemoment und Querkraft auftritt. Bei langen Balken kann der Querkraftanteil allerdings vernachlässigt werden, weil dieser im

Verhältnis zur Biegebelastung verschwindend klein wird. Für unser Beispiel ist die Annahme eines langen Balkens gerechtfertigt. In der FE-Analyse wird aber der genaue Lastfall bestehend aus Biegung und darüber hinaus geringer Querkraftwirkung berechnet, was dazu führt, dass bei genauer Berechnung tendenziell leicht höhere Spannungswerte erreicht werden als in der Norm.

Die Kerbspannung $\sigma_{\max K}$ ergibt sich aus dem Produkt aus der Nennspannung der ungekerbten Welle σ_n und einem Kerbfaktor α_σ, der sich nach der im Folgenden genannten Formel aus den geometrischen Maßen des Absatzes und des Kerbradius ergibt.

$$\sigma_{\max K} = \sigma_n \cdot \alpha_\sigma$$

Die Kerbspannungen lassen sich in diesem Fall exakt aus der DIN 743-2 berechnen.

$$\sigma_n = \frac{M_b}{\pi \cdot d^3 / 32}$$

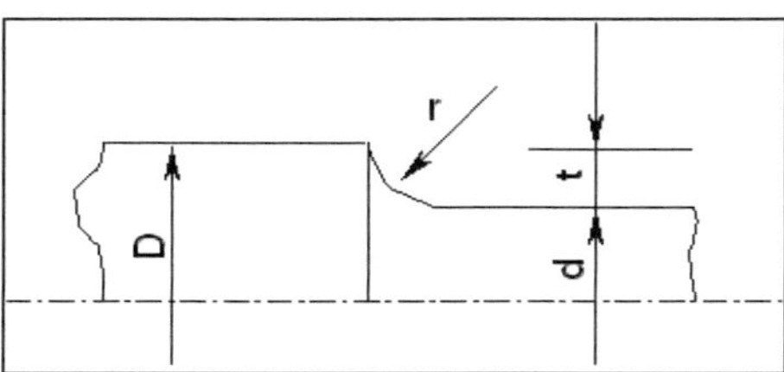

Bild 3.42
Die Berechnung der Kerbspannungen mittels konventioneller Methode

Berechnung des Kerbfaktors

$$\alpha_\sigma = 1 + \frac{1}{\sqrt{0{,}62 \cdot \frac{r}{t} + 11{,}6 \cdot \frac{r}{d} \cdot \left(1 + 2 \cdot \frac{r}{d}\right)^2 + 0{,}2 \cdot \left(\frac{r}{t}\right)^3 \cdot \frac{d}{D}}}$$

Das Biegemoment M_b ergibt sich aus dem wirksamen Hebelarm von 359,5 mm und der Biegekraft von 150 N zu 53.925 Nmm.

Mit D = 25 mm, d = 15 mm, t = 5 mm und r = 2 mm ergibt sich dann für die Nennspannung s_n = 162,7 N/mm² und für den Kerbfaktor *as* = 1,723.

Somit erhalten wir eine theoretische Zugspannung in der Kerbe von 280 N/mm².

Der Fehler bei der ersten Analyse beträgt ca. 30 %.

Das Ergebnis aus der ersten FEM-Berechnung brachte uns einen Wert von 269 N/mm² für die ungemittelte und 205 N/mm² für die gemittelte Zugspannung (*Max. Principal*). Der relative Fehler bezogen auf den theoretischen Wert beträgt also ca. 4 % (ungemittelte Spannung) und ca. 27 % (gemittelte Spannung).

Diese Ergebnisse zeigen nun als erste Erfahrungswerte, dass bei FE-Analysen durchaus mit derartigen Fehlern gerechnet werden muss, wenn keine besonderen Anforderungen an die Vernetzung gestellt werden. (Die gute Annäherung der ungemittelten Ergebnisse darf nicht überbewertet werden. Anpassungen an den Elementen werden auch hier noch starke Änderungen des Ergebnisses hervorrufen.) Wie im Folgenden gezeigt wird, resultieren diese Fehler allein aus der Vernetzung. Die Randbedingungen oder Lasten üben in diesem Fall keinen Fehlereinfluss auf die ermittelte Kerbspannung aus, denn diese sind hier fehlerfrei aufgebracht worden.

3.2.1.24 Beurteilung der FE-Netzgüte

Die Qualität der Spannungsergebnisse von FE-Analysen hängt entscheidend von der Güte der Vernetzung ab, die zum Einsatz kommt. Dabei ist auf der einen Seite der gewählte Elementtyp entscheidend, auf der anderen Seite die Größe und Form der jeweiligen Elemente.

Als Elementtyp haben wir *zehnknotige Tetraederelemente* (*Tet10*) gewählt, was in den meisten Fällen der richtige und einfachste Weg ist. Vierknotige Tetraeder führen zu sehr viel geringerer Genauigkeit und haben ihre Daseinsberechtigung nur aufgrund besonderer Spezialfälle, wie beispielsweise Kontaktanalysen, bei denen Mittelknotenelemente manchmal nicht optimal sind.

Tetraeder mit Mittelknoten liefern viel genauere Ergebnisse als solche ohne Mittelknoten.

Hexaederelemente sind von der Genauigkeit noch höherwertiger als *Tet10*-Elemente einzustufen, jedoch haben sie den Nachteil, dass sie nur bei sehr einfachen Geometrien automatisch erzeugt werden können.

Daher wird in den allermeisten Fällen von voluminösen Bauteilen komplexer Gestalt das *Tet10*-Element Einsatz finden. Im Folgenden werden wir daher nur noch von diesem Elementtyp sprechen. In der Anwendung *NX Design Simulation* ist dies (neben *Tet4*) der einzig verfügbare Elementtyp. In späteren Lernaufgaben werden auch andere Elementtypen behandelt, sofern sie zweckmäßig sind.

3.2.1.24.1 Visuelle Kontrolle

In vielen Fällen ist die visuelle Kontrolle des FE-Netzes schon ausreichend, um die Qualität zu beurteilen (Bild 3.43). Insbesondere an Bereichen, an denen Sie die Spannung (oder Dehnung, nicht jedoch Verformung) interessiert, sollten die folgenden vier Kriterien geprüft werden.

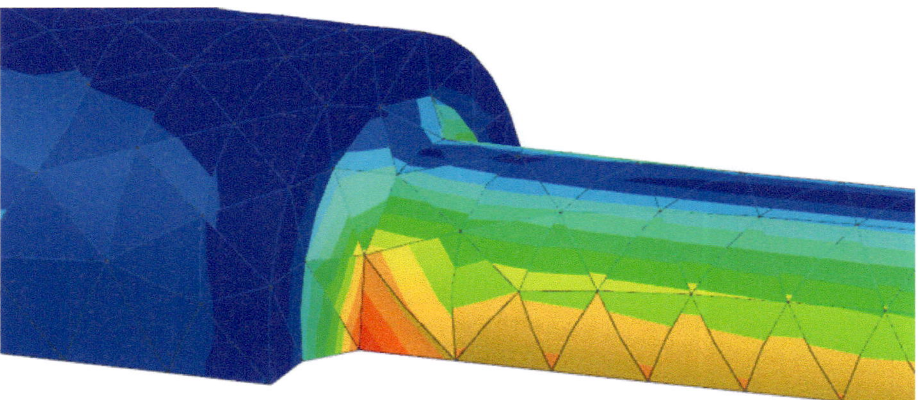

Bild 3.43 An den kritischen Bereichen sollte das Netz optisch kontrolliert werden.

Kriterien für die optische Kontrolle

- *Ort der Spannung:* Vorsicht ist geboten, wenn Orte, an denen Sie Spannungen erwarten würden, in der FE-Analyse keine besonderen Spannungen zeigen. Zwei Gründe können insbesondere zu diesem Effekt führen:
  - Wie wir später in diesem Beispiel darstellen werden, zeigen Elemente mit größerer Gestalt in der Regel kleinere Spannungen als solche mit kleiner Gestalt. Daher kann es sein, dass ein Ort, der eigentlich erhebliche Spannung trägt, nur grob vernetzt ist

und in den Spannungsergebnissen kaum auffällt. Prüfen Sie also immer, ob solche Bereiche in Ihrem Ergebnis vorkommen. In unserem Beispiel ist dies nicht der Fall. Der Kerbbereich zeigt die erwartete Spannungskonzentration.

- Darüber hinaus kann es auch vorkommen, dass kleine Geometriedetails gar nicht im CAD-Modell erzeugt worden sind oder auch „wegvereinfacht“ worden sind, obwohl sie hochbeansprucht sind. In solch einem Fall können natürlich auch keine besonderen Spannungen hier angezeigt werden.

Ein Element soll keinen zu großen Spannungsgradienten haben.

- *Spannungsabbildung:* Große Spannungsgradienten müssen durch mehrere Elementschichten abgebildet werden, weil jedes Element für sich nur einen relativ einfachen Spannungsverlauf darstellen kann. Dieses Kriterium ist meist das wichtigste. In unserem Beispiel deckt im Bereich der Spannungskonzentration nur eine Elementschicht den Großteil der Spannung ab. Hier ist mit erheblichen Ungenauigkeiten zu rechnen.
- *Elementform:* Es sollten keine stark verzerrten Elemente an interessierenden Stellen vorliegen. Im optimalen Fall haben die Elemente die Form von gleichseitigen und gleichwinkligen Tetraedern. Spitze Elemente im kritischen Bereich führen zu ungenauen Ergebnissen. Im Fall unseres Beispiels sind die Elementformen im Radius durchaus akzeptabel.
- *Geometrieabbildung:* An interessierenden Stellen soll die reale Bauteilgeometrie von den Elementen möglichst genau abgebildet werden. Zu grobe Elemente können dies oft nicht leisten. In unserem Beispiel deckt beispielsweise nur eine Elementschicht den gefragten Radius ab. Daher wird die Kante nicht als Kreis, sondern lediglich als gerade Linie abgebildet. Daraus folgt ein erheblicher Genauigkeitsverlust.

3.2.1.24.2 Kontrolle durch automatische Prüfung der Elementformen

Kontrolle mithilfe des NX-Systems

Eine automatische Prüfung der Elementformen hilft Ihnen, alternativ zur visuellen Kontrolle schnell einen Überblick über die Elemente mit der schlechtesten Form zu gewinnen. Dies ist in vielen Fällen sinnvoll, weil einige Solver, beispielsweise NX Nastran, sehr hohe Ansprüche an die Elementform stellen. Falls nur ein einziges Element ein kritisches Qualitätskriterium nicht besteht, so bricht der Solver den Job ab. Wenn Sie die automatische Prüfung nutzen, sollten Sie die visuelle Kontrolle der Vernetzung trotzdem durchführen, weil neben der Elementform auch andere Kriterien, z. B. die Elementgröße, von Bedeutung sind.

- Die automatische Prüfung wird im FEM-Teil durchgeführt. Machen Sie daher zunächst dieses zum dargestellten Teil.
- Wählen Sie nun im Simulationsnavigator den Knoten des 3D-Netzes und führen in dessen Kontextmenü die Option *Prüfen, Elementformen* (Check, *Element Shapes*) aus oder wählen aus der Gruppe *Prüfungen und Informationen* in der Toolbar die Funktion *Elementqualität* (*Element Quality*) aus und führen mit dem Knopf unten *Elemente prüfen* (*Check Elements*) die Überprüfung durch.

Das Ergebnis sollte Bild 3.44 ähneln.

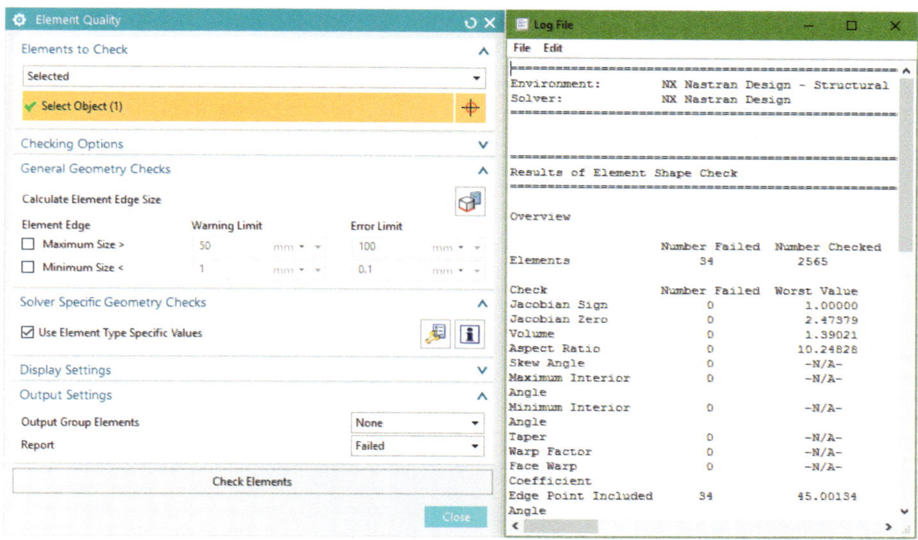

Bild 3.44 Bei diesem Check sind einige Elemente durchgefallen.

Das Ergebnis zeigt an, dass einige Elemente die Prüfung nicht bestanden haben. Wenn Sie im Informationsfenster nach dem Fehlerkriterium suchen, dann werden Sie feststellen, dass alle fehlgeschlagenen Elemente in der Kategorie *Edge Point Included Angle* aufgeführt sind. Dieses Fehlerkriterium beschreibt die Summe zweier bestimmter Winkel eines Elements, die zusammen nicht größer als die beschriebene Toleranz in den Grenzen von 30° bis 45° werden dürfen.

Da der Nastran-Solver einen Systemelement-Check durchführt und das *Edge Point Included Angle*-Kriterium dort nicht auftaucht, können wir diese Fehler Meldung hier ignorieren.

3.2.1.24.3 Kontrolle durch Vergleich der gemittelten und ungemittelten Spannungen

Aus dem Unterschied der ungemittelten zu den gemittelten Spannungsergebnissen kann auch sinnvoll auf die Qualität des Netzes und die Genauigkeit der Ergebnisse geschlossen werden.

Dies ist auch eine beliebte Art der Kontrolle.

In unserem Fall liegen die Werte der Zugspannung (erste Hauptspannung) zwischen 4 % (ungemittelt) und über 27 % (gemittelt) unterhalb des theoretischen Werts. Trotz der guten Annäherung der ungemittelten Ergebnisse ist zu erkennen, dass die Ergebnisse im Vergleich noch sehr weit auseinanderliegen. Wird das Netz verfeinert, so nähern sich die beiden Werte dem theoretischen Wert und somit auch gegenseitig an. Ist nur noch eine kleine Differenz zwischen den Werten vorhanden, so kann also ein genaues Ergebnis angenommen werden.

3.2.1.25 Möglichkeiten zur Verbesserung des FE-Netzes

Eine Verfeinerung der finiten Elemente führt in der Regel automatisch zu einer Verbesserung der Netzgüte, weil alle beschriebenen Kriterien zur visuellen Kontrolle dadurch begünstigt werden. Im Folgenden werden vier Methoden beschrieben, die zur Verfeinerung genutzt werden können. Die vierte Methode wird dann für dieses Beispiel eingesetzt.

3.2.1.25.1 Verringerung der Gesamtelementgröße

Eine Verfeinerung der Elemente führt zu einem genaueren Ergebnis.

Im einfachsten Fall kann eine globale Verringerung der Elementgröße durchgeführt werden, um bessere Ergebnisse zu erhalten. Da sich diese Methode jedoch auf das ganze Bauteil auswirkt, führt dies zu einem erheblichen Anstieg der Knoten- und Elementanzahl. Je nachdem, wie leistungsfähig die eingesetzte Hardware und wie groß bzw. komplex das zu berechnende Modell ist, kann auf diese Weise aber durchaus zielführend gearbeitet werden.

Allerdings steigt mit der Anzahl der Elemente auch die Größe der Dateien an, die für die Verarbeitung benötigt werden. Es folgt eine mehr oder weniger starke Verzögerung aller interaktiven Aktionen am Rechner, also Öffnen, Schließen, Zoomen, Drehen usw. Noch viel unangenehmer wird es, wenn am Modell nichtlineare Berechnungen durchgeführt werden müssen, weil dann die Analyse iterativen Charakter bekommt und zu einem Vielfachen der Rechendauer führt.

3.2.1.25.2 Lokale Verfeinerung mithilfe von 2D-Oberflächennetzen

Bei Spannungsanalysen an Kerben müssen diese fein vernetzt werden.

Die Verfeinerung einer lokalen Stelle, wie z.B. einer Fase oder Verrundung, kann mithilfe eines 2D-Netzes auf der Oberfläche erreicht werden. Dazu wird ein 2D-Netz mit der gewünschten Feinheit auf der interessanten Stelle erzeugt. Wichtig dabei ist, dass die Option *Gitter zum Solver exportieren* (*Export Mesh to Solver*) ausgeschaltet wird, da es sich nur um ein Hilfsnetz handelt. Nun kann, wie gewohnt, 3D vernetzt werden, und die Knoten des 2D-Netzes werden für das 3D-Netz übernommen. Spätere Änderungen an dem 2D-Netz führen dazu, dass das 3D-Netz aktualisiert oder neu erstellt werden muss. Diese Methode steht allerdings nur im Modul *NX/Simcenter 3D Pre/Post* zur Verfügung und soll deshalb für dieses Beispiel nicht genutzt werden.

3.2.1.25.3 Lokale Verfeinerung mit der Gittersteuerung

Die *Netzeinstellungen* (*Mesh Controls*) bieten verschiedene Optionen zum Steuern von lokalen Netzen. So können die Größe oder die Anzahl von Elementen auf Kanten, die Elementgröße auf einer Fläche oder speziell auf Verrundungen und Zylinderflächen vorgegeben werden (Bild 3.45).

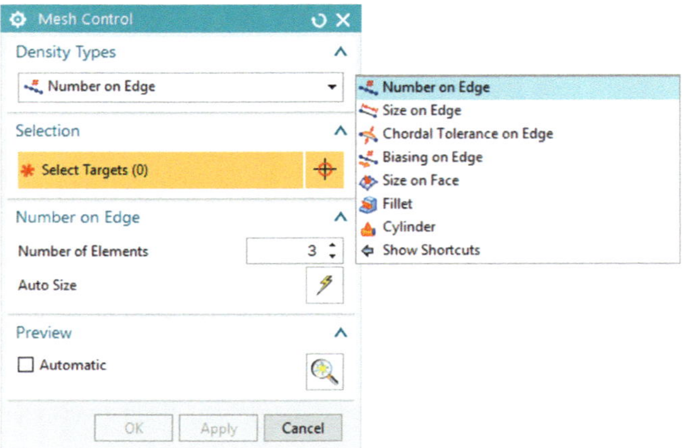

Bild 3.45
Funktionen für die lokale Netzsteuerung

3.2.1.25.4 Lokale Verfeinerung durch Volumenpartitionierung

Eine Verfeinerung lediglich an den interessierenden Volumenbereichen wird oft gewünscht, um einerseits Elemente zu sparen und andererseits genaue Ergebnisse bis ins Volumen hinein zu erhalten. Im Falle unseres Beispiels handelt es sich dabei um den Bereich der Verrundungsfläche des Absatzes. Diese sinnvolle Methode, die sowohl für Design- als auch Advanced-Simulation Gültigkeit hat, wollen wir hier einsetzen.

Der ganze Körper wird unterteilt.

Im Folgenden wird die erforderliche Methodik für eine lokale Netzverfeinerung mit Partitionierung in diesem Bereich beschrieben.

3.2.1.26 Volumenpartitionierung am interessierenden Bereich

Das gewünschte FE-Netz sollte im interessierenden Bereich fein sein und im restlichen Bereich grob. Dabei sollte der Übergang von dem feinen zum groben Bereich möglichst sanft sein.

Im Falle unseres Beispiels sollen die Verrundung sowie die beiden angrenzenden Bereiche verfeinert werden. Diese werden mitberücksichtigt, damit im kritischen Bereich kein abrupter Übergang von grob nach fein entsteht. Dazu wird der Körper unterteilt und einzeln vernetzt (Bild 3.46). Im Folgenden wird die Methodik zur Unterteilung des Körpers beschrieben.

- Die folgenden Arbeiten müssen am idealisierten Part durchgeführt werden. Machen Sie dieses daher zunächst zum dargestellten Teil.
- Wechseln Sie in die Konstruktionsumgebung.

Hier wird der interessierende Bereich unterteilt.

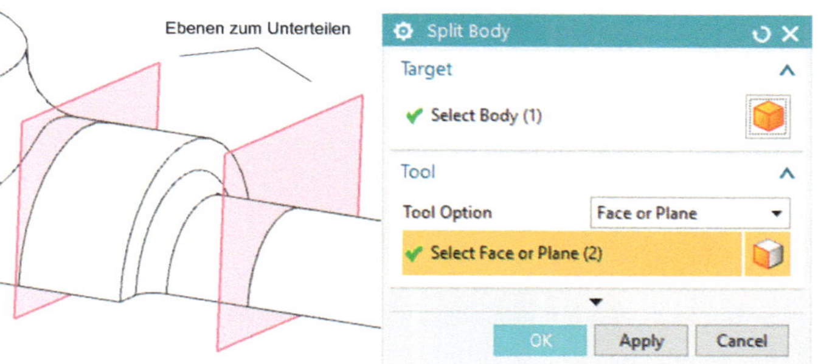

Bild 3.46 Zur Vorbereitung der Volumenpartitionierung werden Ebenen erzeugt. Daraufhin wird der Körper mit CAD-Funktionen an den Ebenen unterteilt.

Nun werden Sie die Geometrie angeben, an der der Körper aufgeteilt werden soll. Es kann sich dabei um eine Fläche oder eine Ebene handeln. In unserem Fall wäre es sinnvoll, zwei Referenzebenen (*Datum Plane*) zu nutzen, die als Abstandsebene von der planen Absatzfläche mit beispielsweise 10 mm erzeugt wird.

- Erzeugen Sie zwei *Bezugsebenen* (*Datum Plane*) an den Stellen, an denen der Körper geteilt werden soll, etwa so, wie in Bild 3.47 dargestellt.
- Nun wählen Sie die Funktion *Körper teilen* (*Split Body*), selektieren bei *Ziel* (*Target*) den zu unterteilenden Körper und bei *Werkzeug* (*Tool*) die beiden Ebenen, an denen geteilt werden soll, und bestätigen mit OK.
- Jetzt ist der Körper unterteilt in drei einzelne Körper. In der FEM-Datei kann im Simulationsnavigator nachgesehen werden, ob zwei neue Polygonkörper erzeugt

wurden. Es müssten jetzt vier Polygonkörper existieren: der originale und drei Stücke des vereinfachten.

- Wechseln Sie wieder in die *NX Design Simulation-* oder *Pre/Post-*Anwendung.
- Gehen Sie in die FEM-Datei, löschen Sie die alte Vernetzung, und prüfen Sie die Polygonkörper. Stellen Sie sicher, dass nur die drei aufgeteilten Stücke sichtbar sind

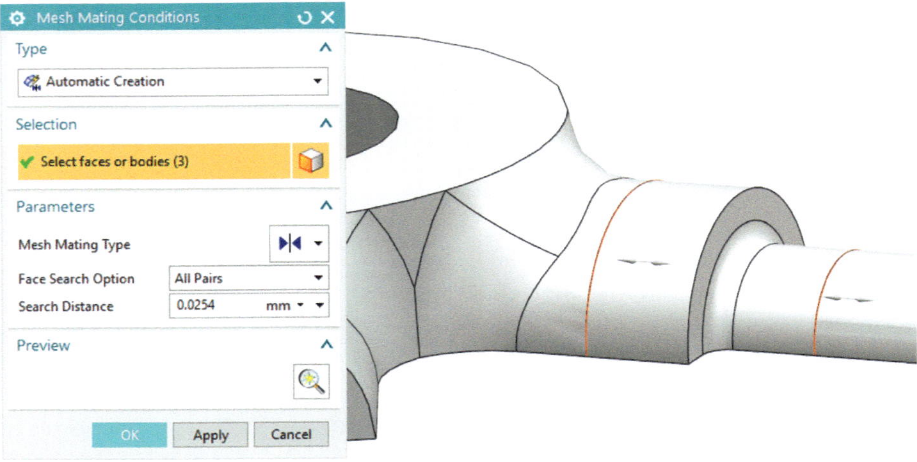

Bild 3.47 Das Modell ist nun in drei Volumenkörper unterteilt, die mittels Netzverknüpfungen verbunden werden.

Die einzelnen Körper müssen nun so verknüpft werden, dass die Knoten der zu erzeugenden Netze aufeinanderliegen.

Gitterverknüpfungen erlauben, dass Netze miteinander verbunden werden.

- Wählen Sie die Funktion *Netzverknüpfung* (*Mesh Mating*) und ziehen Sie ein Fenster über alle drei Körper.
- Der Netzverknüpfungstyp sollte (dies ist die Voreinstellung) auf *Verbunden koinzident* (*Glue Coincident*) stehen. Prüfen Sie dies nach.

Verbunden koinzident bedeutet, dass die Knoten der geteilten Körper aufeinanderliegen und miteinander verschmolzen werden sollen. Damit kann der Lenkhebel vernetzt werden wie ein einziger Körper, aber mit drei verschiedenen Netzen.

- Bestätigen Sie mit OK. Die zwei Flächenpaare werden automatisch gefunden und verknüpft.

3.2.1.27 Vernetzung der unterteilten Körper

Nun sollen die unterteilten Körper einzeln vernetzt werden. Dazu ist es sinnvoll, das feinste Netz zuerst zu erstellen, also in dem Bereich, in dem die Verrundung liegt, damit die Knoten des feinen Netzes auch von den gröberen Netzen übernommen werden.

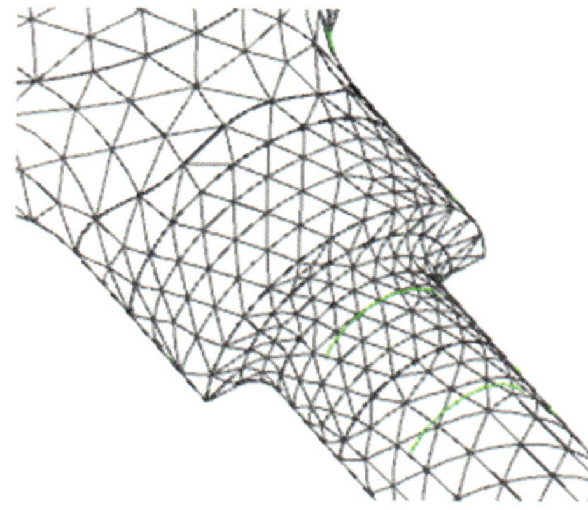

Bild 3.48
Darstellung des vernetzten Modells

- Wählen Sie das *3D-Tetraeder* (*3D Tetrahedral*) und selektieren Sie im Grafikbereich den Polygonkörper mit der Verrundung.
- Stellen Sie den Typ auf *CTETRA(10)*-Elemente.
- Erzeugen Sie ein Netz mithilfe der automatischen Elementgröße (*Automatic Element Size*).
- Erstellen Sie so die Gitter der anderen beiden Körper auf die gleiche Weise.
- Nun müssen Sie den beiden neu hinzugekommenen Körpern noch das Material zuweisen.

Es ergibt sich ein lokal verfeinertes Netz. Auf diese Weise erhalten wir eine deutlich genauere Berechnung.

3.2.1.28 Nacharbeitung an den Randbedingungen

Mit der Unterteilung des Körpers sind die Randbedingungen hinfällig geworden. Daher müssen diese nun entweder gelöscht und neu erzeugt oder kontrolliert und neu zugeordnet werden.

- Wechseln Sie in die Simulationsdatei.
- Prüfen Sie die einzelnen Zwangsbedingungen und die Last.

Die Symmetriebedingung bezieht sich nur auf eine Fläche.

- Da nun zwei weitere hinzugekommen sind, weisen Sie der Symmetriebedingung die beiden neuen Flächen zu.

3.2.1.29 Neuberechnung

Nun ist das unterteilte und verfeinerte Modell bereit für die nächste Berechnung.

- Berechnen Sie die Ergebnisse erneut mit der Funktion *Berechnen* .

Nachdem die neue FE-Analyse durchgeführt wurde, öffnen Sie die Ergebnisse und lesen wieder die Zughauptspannungen in der Kerbe als gemittelte und ungemittelte Werte ab. Es ergeben sich jetzt ein Wert von ca. 255 N/mm^2 für die gemittelte Spannung und ca. 292 N/mm^2 für die ungemittelte. Die gemittelten Werte haben sich also an den theoretischen Wert angenähert, die ungemittelten liegen jetzt über dem theoretischen Wert und nähern sich bei weiterer Netzverfeinerung von oben her an. Die Verformung hat sich übrigens fast gar nicht geändert.

Der Fehler ist deutlich kleiner geworden.

3.2.1.30 Weitere Verfeinerungen bis zur Konvergenz

Um einen Konvergenznachweis zu erbringen, ist es erforderlich, dass gezeigt wird, dass sich die Ergebnisse einer FE-Analyse kaum noch ändern, wenn die Vernetzung weiter verfeinert wird. Erst durch den Nachweis dieser Eigenschaft ist die Sicherheit gegeben, dass die ermittelten Ergebnisse nahe am theoretisch exakten Wert sind bzw. dass der Fehler durch die FE-Analyse nur noch klein ist.

Sie sollten die Konvergenz an Ihrer Aufgabe selbst nachweisen.

- Daher sollten Sie als Nächstes eine Vernetzung erstellen, die beispielsweise ungefähr vier Elementschichten über der Verrundung hat (dies ergibt sich mit der Hälfte der automatischen Elementgröße).
- Dann sollten Sie die Berechnung durchführen und danach eine weitere Vernetzung mit ca. sechs Schichten erstellen (dies ergibt sich mit einem Viertel der automatischen Elementgröße).

Wird das Netz des Körpers mit der Verrundung geändert, so ist zu empfehlen, die anderen Netze vorher zu löschen und anschließend neu zu erstellen, sodass das wichtigste Netz immer zuerst aufgebaut wird. Die gröberen Netze richten sich dann nach den Knoten des feinen.

- Berechnen Sie jedes Mal die Spannungen und notieren Sie das Ergebnis.

3.2.1.31 Gegenüberstellung der Ergebnisse und Bewertung

Werden die Spannungsergebnisse dieser vier FE-Analysen jeweils in gemittelter und ungemittelter Art bei zunehmender Netzfeinheit gegenübergestellt, so kann das charakteristische asymptotische Konvergenzverhalten (Bild 3.49) festgestellt werden. Es gelten folgende drei Regeln:

Es gelten drei Regeln.

1. Große Elemente führen zu ungenaueren Spannungen als kleine. Bei schrittweiser Verfeinerung nähern sich die Spannungen an das theoretische Ergebnis an.
2. Die gemittelten Spannungsergebnisse aus FEM nähern sich von unten an das theoretisch exakte Ergebnis an.
3. Die ungemittelten Spannungsergebnisse sind in der Regel größer als die gemittelten, weil lokale Peaks existieren. Typischerweise sind sie bei grober Vernetzung ebenfalls zu klein, bei Verfeinerung überholen sie das theoretische Ergebnis und nähern sich dann von oben wieder daran an.

Empfehlungen

Unsere allgemeine Empfehlung bezüglich der Spannungsauswertung ist es daher, die ungemittelten Knotenspannungen, also die voreingestellten, zu verwenden, weil diese schon bei grober Vernetzung relativ genau sind.

In vielen Fällen ergeben sich größere oder kleinere Schwankungen gegenüber der dargestellten Kurve, denn die Ergebnisse hängen ja auch von der Qualität der jeweiligen Elementformen ab, die in der Spannungskerbe liegen.

Zu sehr sollte nicht verfeinert werden.

Außerdem wollen wir aber auch darauf hinweisen, dass die Elemente nicht zu sehr verkleinert werden dürfen, weil sonst der numerische Fehler (Rundungsfehler) an Bedeutung gewinnen kann. Dies passiert z. B. dann, wenn die Koordinaten von zwei benachbarten Knoten nicht mehr unterschieden werden können, weil ein Computer nur eine begrenzte Zahl an Nachkommastellen verarbeitet. Also soll das Netz nicht extrem stark verfeinert werden.

Mit den Erkenntnissen aus diesem Beispiel haben Sie als neuer FE-Anwender nun erste sehr wichtige Erfahrungen gesammelt, denn Sie haben gesehen, wie die Genauigkeit von FE-Ergebnissen von der Art der Vernetzung abhängt. Vorteil ist, dass sich die hier erlangten Erkenntnisse auch auf andere Beispiele übertragen lassen. Sie können also bei zukünftigen Aufgaben die Genauigkeit einer FE-Analyse abschätzen, wenn Sie die Art der Vernetzung vergleichen.

Die gewonnenen Erkenntnisse sind übertragbar.

Es ist zu beachten, dass eine Übertragung der hier gewonnenen Erkenntnisse insbesondere dann erfolgreich ist, wenn es sich um ein ähnliches Formelement und einen ähnlichen Belastungszustand handelt, z. B. ist das bei Gussteilen der Fall, bei denen in den Verrundungen gefährliche Kerbspannungen auftreten. Bauteile mit Verrundungen, die unter Zugbelastung stehen, sollten daher für sehr genaue Spannungsergebnisse mit vier Elementschichten über dem Radius vernetzt sein. Grobe Aussagen sind aber auch schon mit nur einer Schicht möglich.

Dieses Beispiel liefert wertvolle Erfahrungen.

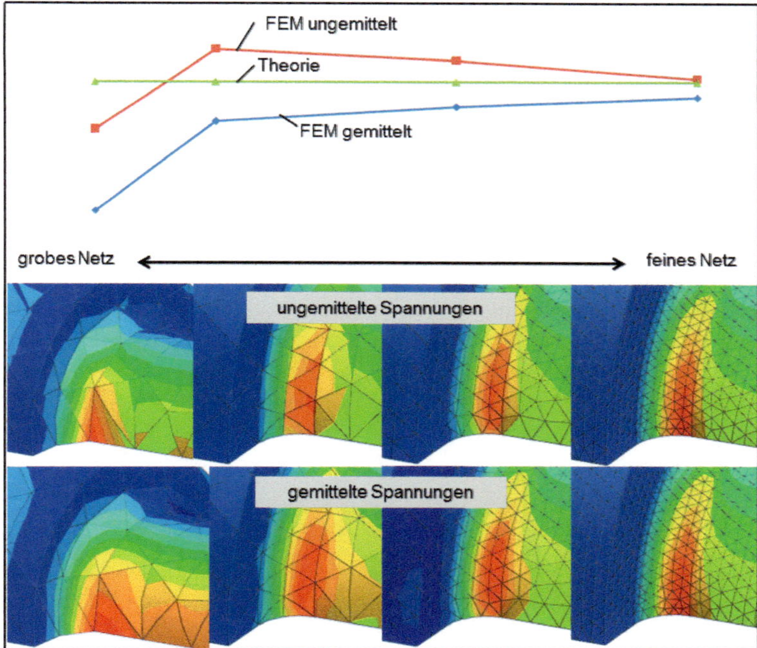

Bild 3.49 Ein gelungener Konvergenznachweis mit dem typischen Verhalten der Spannungen: Die gemittelten Spannungen nähern sich von unten an das theoretische Ergebnis an. Die ungemittelten Spannungen überschwingen das exakte Ergebnis und nähern sich dann an.

Noch einmal sei darauf hingewiesen, dass in diesem Beispiel der reine Fehler durch die FE-Methode betrachtet wird. Dieser Fehler kann also nahezu bis auf null reduziert werden, wenn auf die gezeigte Weise vorgegangen wird. In der Praxis werden wahrscheinlich andere Fehlereinflüsse eine größere Rolle spielen, die wir unter dem Begriff Modellfehler zusammenfassen können. Beispiele für wichtige solche Fehlereinflüsse sind:

- **Unsicherheiten bzgl. der Lasten:** Die äußeren Belastungen sind meist sehr ungewiss. Daher können in vielen Fällen nur grobe Annahmen darüber getroffen werden.

- **Unsicherheiten bezüglich der Lagerung oder Einspannung:** Die reale Situation kann oft nur angenähert wiedergegeben werden.
- **Vorspannungen des Bauteils aus der Montage oder aus Temperatureinflüssen:** Diese Einflüsse können nur über Toleranzanalysen berücksichtigt werden.

Weitere Fehlereinflüsse neben der Vernetzung

- **Unsicherheiten über die genaue Geometrie:** Bei Gussradien oder Schweißnähten ist die genaue Form z. B. unbekannt. Daher können hier auch keine genauen Spannungen ermittelt werden. Wenn ein Vergleich Rechnung/Messung fehlschlägt, kann das auch darauf hindeuten, dass das Bauteil in seinen Abmessungen nicht mit der Zeichnung übereinstimmt, nach der das Bauteil erstellt wurde, oder dass sich im Inneren des Bauteils Fehlerstellen befinden (Guss-Lunker). Abhilfe verschafft hier ein Wiegen des Bauteils und Vergleich mit den Gewichtsdaten aus dem CAD-System. Wenn die Masse nicht übereinstimmt, ist so ein Fehler sehr wahrscheinlich.
- **Inhomogenitäten des Materials,** z. B. durch Oberflächenbehandlungen oder den Entstehungsprozess hervorgerufene Verfestigungen: Diese Größen können in der FE-Analyse nur schwer berücksichtigt werden.

Alle diese Unsicherheiten müssen am realen Praxisfall vom Anwender beachtet werden und in die Bewertung des Ergebnisses einbezogen werden. Daher ist für die Festigkeitsbeurteilung in vielen Fällen der Versuch einzubeziehen. Für A-B-Vergleiche unter gleichen Bedingungen ist die FE-Analyse jedoch hervorragend geeignet.

3.2.1.32 Der Effekt von Singularitäten

Singularitäten sind Störungen des Kraftflusses am FE-Modell. Hier dürfen Spannungen nicht abgelesen werden.

Während die Geometrie realer Bauteile stets klar und korrekt vorliegt, haben wir es bei CAD- oder FE-Modellen mit Nachbildungen der realen Geometrie zu tun. Dabei treten Fehler auf, beispielsweise werden bei Gussmodellen keine Lunker modelliert. Auch Rauigkeiten realer Oberflächen werden in CAD als glatte Flächen dargestellt. Beim Übergang vom CAD- zum FE-Modell werden diese Ungenauigkeiten übernommen und oftmals noch verstärkt, weil viele kleine Formelemente des CAD-Modells im FE-Modell unerwünscht sind.

In manchen Fällen führen solche Vereinfachungen der realen Geometrie dazu, dass der Kraftfluss des realen Bauteils im FE-Modell nicht mehr korrekt dargestellt werden kann. Sehr oft tritt dieser Effekt beispielsweise auf, wenn Verrundungen am realen Bauteil im FE-Modell unterdrückt bzw. gar nicht vorhanden sind, die in Realität unter Zugspannung stehen. An solchen Stellen können am FE-Modell die realen Kraftlinien nicht nachgebildet werden. Man spricht in diesem Fall von Singularitäten. Eine Singularität wirkt sich so aus, dass im Bereich dieser Störung keine korrekten Spannungen oder Dehnungen ermittelt werden können. Die lokale Stelle ist nicht bestimmbar. In einer gewissen Entfernung von dieser Stelle, wenn die Kraftlinien am FE-Modell wieder korrekt ausgebildet sind, wirkt dieser Effekt nicht mehr, und die angezeigten Werte sind wieder ernst zu nehmen.

Scharfe Kerben, Einspannungen und Lasteinleitungen führen oft zu Singularitäten.

Zu singulären Stellen zählen neben zugbeanspruchten scharfen Kerben oft auch Lasteinleitungen, die einen Flächenbereich abrupt belasten. Auch an so einer Stelle werden die Kraftlinien gestört, denn in Realität wird eine Flächenbelastung immer erst langsam ansteigen, bis sie den vollen Wert erreicht hat.

Außerdem gehören auch Einspannbedingungen oft zu den singulären Stellen, an denen Spannungswerte nicht bewertet werden dürfen. Der Grund liegt darin, dass reale Einspannungen immer eine mehr oder weniger große Nachgiebigkeit haben, die im FE-

Modell meist durch eine fixe Bedingung abgebildet wird. Die starre Einspannung am FE-Modell führt wieder zu einer Störung der realen Kraftlinien, und daher können in diesen Bereichen Spannungen und Dehnungen nicht korrekt ermittelt werden.

Ein kleines Experiment am FE-Modell des Lenkhebels soll den Effekt von Singularitäten verdeutlichen. Es soll gezeigt werden, wie sich die Spannung in einer singulären Kerbe verhält, wenn die Vernetzung grob bzw. immer feiner wird. Gehen Sie dazu wie folgt vor:

Hier provozieren wir einmal dieses Verhalten einer Singularität.

- Löschen Sie die Verrundung, die wir im idealisierten Modell erzeugt haben.
- Nachdem Sie die Verrundung gelöscht haben, müssen Sie das FE-Modell aktualisieren.
- Prüfen Sie, ob die Randbedingungen noch mit den korrekten Flächen verbunden sind. Dies erledigen Sie in der Simulationsdatei.
- Vernetzen Sie nun das Bauteil zunächst grob und dann in dem Bereich der gelöschten Verrundung schrittweise immer feiner. Lassen Sie die Ergebnisse berechnen und ermitteln Sie die maximal auftretende Spannung auf den beiden Flächen.

Das Ergebnis sollte ungefähr wie in Bild 3.50 aussehen, wobei das Verhalten der beiden Kurven auch deutlich abweichen kann.

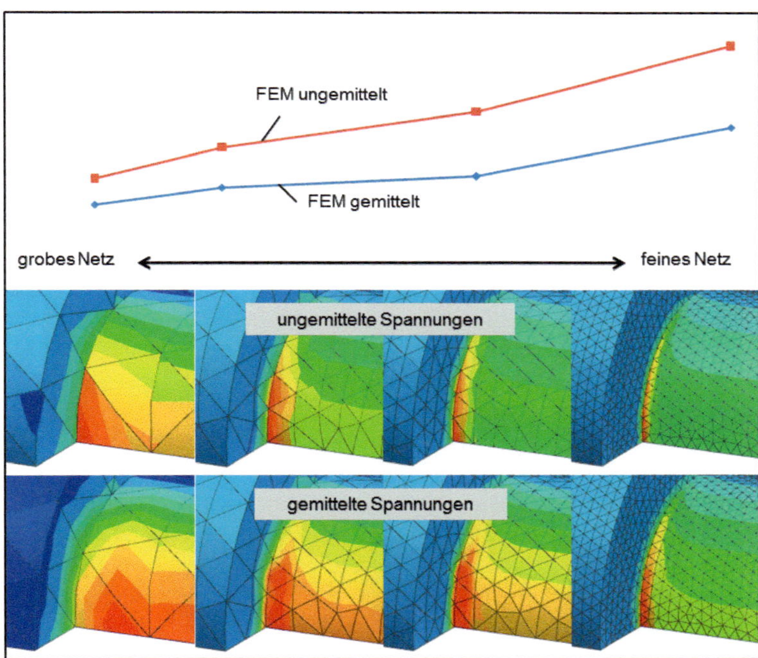

Bild 3.50 An einer Singularität steigt die Spannung bei feinerer Vernetzung immer weiter an.

Die Ergebnisse zeigen, dass der vorher kennengelernte asymptotische Verlauf hier nicht erkennbar ist. Vielmehr steigen die Spannungen mit feiner werdender Vernetzung immer weiter an, und zwar unabhängig davon, ob die Knotenergebnisse gemittelt werden oder nicht. Dieses Verhalten ist typisch für Störungen am Kraftfluss bzw. Singularitäten. In solch einem Fall darf die Spannung an dieser Stelle nicht ausgewertet werden, da ihre Größe beliebig mit der Vernetzungsfeinheit schwankt.

Umgang mit Singularitäten in der Praxis

In der Praxis kommen solche oder ähnliche Singularitäten an fast jedem FE-Modell vor. Meist lassen sie sich gar nicht oder nur mit erheblichem Aufwand beheben oder entfernen. Der Anwender muss daher diesen Effekt kennen und darf auf keinen Fall den Fehler machen, dass Spannungsergebnisse an solchen Störungsbereichen ausgewertet werden. In einer kleinen Entfernung von der Singularität dagegen ist der störende Effekt schon abgeklungen. Daher darf an allen anderen Stellen ruhig bewertet werden, nur eben in der Kerbe selbst nicht.

Damit ist dieses FEM-Grundlagenbeispiel beendet.

3.2.2 Temperaturfeld in einer Rakete (Sol 153)

Der RAK2 wurde von einem Raketenmagazin mit 24 einzelnen Raketen angetrieben. Eine solche Rakete besteht aus einem Rohr, das auf einer Seite verschlossen ist und auf der anderen Seite eine Düse hat. Im Rohr wird der Brennstoff gelagert. Für dessen Zündung ist ein Zündgeber vorgesehen, der vom Fahrer bedient wird (Bild 3.51).

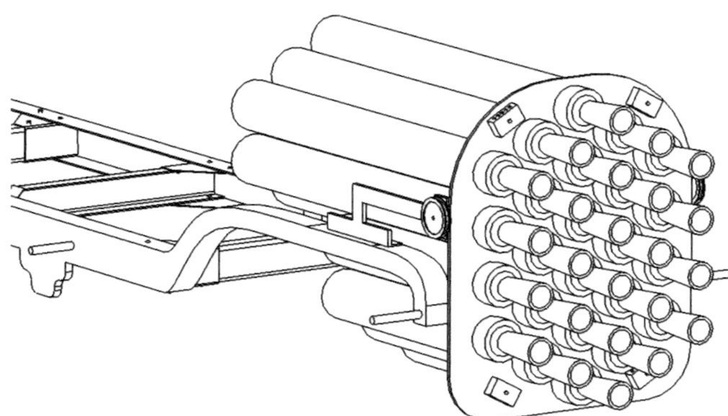

Bild 3.51 Das Raketenmagazin vom Opel RAK2

Was Sie dabei lernen können

Sie lernen bei dieser Aufgabe die Durchführung, die Möglichkeiten und Grenzen einer Temperaturfeldanalyse in der Anwendung *NX Design Simulation*. Außerdem werden Vorgehensweisen für die Behandlung achsensymmetrischer Probleme behandelt, die in der Praxis häufiger vorkommen. Auch die Behandlung von Netzverbindungen, beispielsweise für Bauteilverbindungen, wird in diesem Beispiel erklärt. Darüber hinaus wird dargestellt, wie mehrere Lösungen in einer Simulationsdatei behandelt werden.

Auch für Anwender der *NX/Simcenter 3D Pre/Post*-Anwendung ist dieses Beispiel empfehlenswert, um die Möglichkeiten des NX Nastran-Solvers im thermischen Bereich kennenzulernen.

Komplexere thermische Aufgaben sollten mit dem Simcenter Thermal-Solver gelöst werden.

Wir wollen auch darauf hinweisen, dass der Nastran-Solver, der seine Stärken in der Strukturmechanik hat, lediglich für einfachere thermische Simulationen konzipiert ist (so wie in diesem Beispiel gezeigt). Für komplexere thermische Simulationen sollte besser der Simcenter Thermal-Solver, vielleicht sogar gekoppelt mit dem Simcenter Flow-Solver eingesetzt werden. Den Thermal-Solver, der auch unter dem Namen TMG bekannt ist, können wir aufgrund des beschränkten Umfangs dieses Buchs jedoch nicht behandeln.

3.2.2.1 Aufgabenstellung

Die reale thermische Situation am Raketenantrieb des RAK2 ist selbstverständlich von komplexer Natur. Dies rührt zum einen daher, dass die auftretenden physikalischen Effekte, z.B. die Verbrennung, komplex sind. Zum anderen bestehen große Unsicherheiten bezüglich der real auftretenden Randbedingungen, beispielsweise der Temperaturen und Konvektionseigenschaften.

Bei der Temperaturfeldanalyse in *NX Design Simulation* werden Annahmen getroffen.

Eine thermische Berechnung mit linearer FEM muss Annahmen voraussetzen, die schwer abschätzbare Fehlereinflüsse zulassen. Daher ist die hier gezeigte Methodik nicht geeignet, den realen Raketenantrieb des RAK2 genau zu berechnen, sondern allenfalls abzuschätzen. Vielmehr soll es Ziel dieser Methodik sein, Möglichkeiten und Grenzen der Temperaturfeldanalyse im NX-System mit der Anwendung *NX Design Simulation* zu verdeutlichen. Die Aufgabenstellung wird deshalb sehr stark vereinfacht.

In dieser Aufgabe soll das Temperaturfeld in einer der Antriebsraketen berechnet werden, wenn die folgenden Randbedingungen herrschen: An der Austrittsfläche der Düse herrscht eine Temperatur von 500 °C. Auf allen Außenflächen des Raketenrohrs findet konvektiver Wärmeaustausch mit der Umgebungsluft statt, die eine Temperatur von 18 °C habe. Zwischen dem Brennstoff und dem Raketenrohr sei ein idealer Wärmedurchgang angenommen (Bild 3.52).

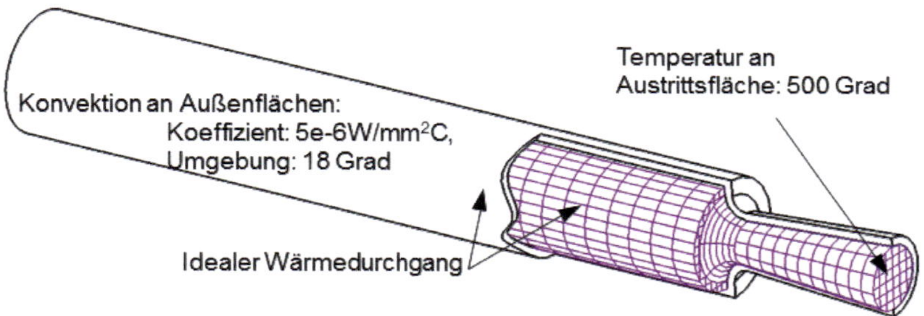

Bild 3.52 Eine Rakete und die angenommenen Randbedingungen

Der Wärmeübergangskoeffizient zwischen dem Rohr und der Umgebungsluft betrage 0,5e-5 W/mm^2 C. Das Rohr sei aus einem Werkstoff mit der Wärmeleitfähigkeit von 0,052 W/mm C, der Brennstoff habe dagegen nur 0,026 W/mm C.

Wie weit kühlt das Rohr hinten ab?

Gesucht ist der Temperaturverlauf im Rohr. Insbesondere interessiert uns, wie weit das Rohr im hinteren Bereich abkühlen wird.

3.2.2.2 Laden der Teile

Das zu berechnende Raketenrohr finden Sie im Verzeichnis des *RAK2* unter der Benennung *as_rakete.prt*. Dieses Teil beinhaltet ebenfalls die Geometrie für die Brennstofffüllung. Da offenbar keine weiteren Bauteile aus übergeordneten Baugruppen für die geplante Analyse gebraucht werden, laden Sie dieses Teil nun im NX-System und fahren mit den nächsten Schritten fort.

- Laden Sie die Datei *as_rakete.prt* in NX.

Für die FEM-Analyse wird eine eigene Dateistruktur erzeugt.

3.2.2.3 Erzeugung der Dateistruktur

- Als Nächstes schalten Sie in die Anwendung *NX Design Simulation* .
- Wählen Sie im Simulationsnavigator die Funktion *Neues FEM und Simulation* (*New FEM and Simulation*) zum Erzeugen der Dateistruktur.

Eventuell startet diese Funktion auch automatisch, je nach Einstellungen in den Anwenderstandards (*Customer Defaults*).

- Im nun erscheinenden Menü *Neues FEM und Simulation* (*New FEM and Simulation*) können die Voreinstellungen für spätere Lösungen angegeben werden. Da Sie eine thermische Analyse durchführen möchten, wählen Sie unter *Analysetyp* die Option *Thermisch* (*Thermal*).
- Bestätigen Sie mit OK.

Daraufhin werden Sie vom System nach der Lösung gefragt, die Sie verwenden möchten. Vorher sollte jedoch über die Symmetrieeigenschaften der Aufgabe nachgedacht werden.

3.2.2.4 Überlegungen zu Symmetrie und Lösungstyp

Um Elemente und damit Rechenzeit sowie Datenvolumen zu sparen, sollten eventuell vorhandene symmetrische Eigenschaften ausgenutzt werden. Symmetrische Eigenschaften können immer dann ausgenutzt werden, wenn sowohl die Geometrie als auch die Randbedingungen in gleicher Art symmetrisch sind. Im NX-System können Spiegelsymmetrien, Achsensymmetrien und Antisymmetrien ausgenutzt werden. Im Falle unseres Beispiels liegt Achsensymmetrie vor.

Achsensymmetrische Probleme können in NX auf zwei verschiedene Weisen behandelt werden:

- mit der *volumenbasierten Methode*, die ein „Kuchenstück" des Bauteils berechnet
- mit der *ringelementbasierten Methode:* Bei dieser Methode wird nur ein Schnitt der Geometrie mit flächenartigen Elementen vernetzt, wobei jedes Element für sich wie ein Ring in die Analyse eingeht.

Die ringelementbasierte Methode ist Nutzern der Anwendung *NX/Simcenter 3D Pre/Post* vorbehalten.

Für ringartige Bauteile gibt es die achsensymmetrische Berechnungsmethode.

Bei der ringelementbasierten Methode muss beim Erzeugen der Lösung der Analysetyp auf *Axisymmetric Structural* oder *Axisymmetric Thermal* geschaltet werden, je nachdem, ob Verformungen oder Temperaturen berechnet werden sollen.

3.2.2.5 Erzeugung der Lösung

Bei der volumenbasierten Methode zur Symmetrienutzung, die nachfolgend genutzt werden soll, müssen keine besonderen Einstellungen vorgenommen werden, d. h., es wird der Analysetyp *Thermal* verwendet.

Eine andere Möglichkeit zur Symmetrienutzung besteht in der Analyse eines „Kuchenstücks".

- Schalten Sie daher im Menü *Lösung* (*Solution*) den Analysetyp auf *Thermal*. Falls Sie vorher schon die Voreinstellung durchgeführt haben, steht die Option bereits auf *Thermisch*.

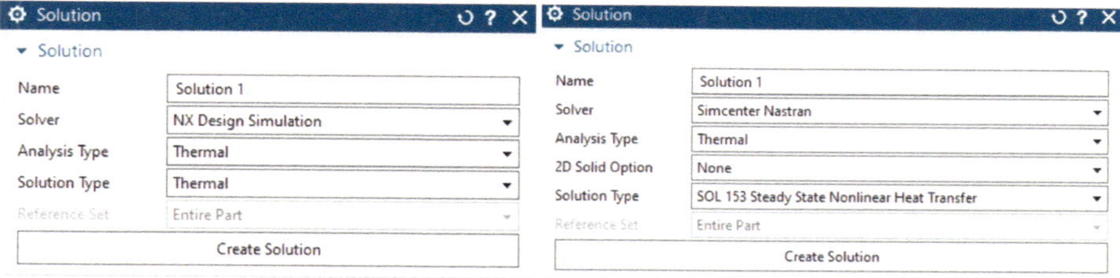

Bild 3.53 Das Erzeugen einer thermischen Lösung: links bei *NX Design-Simulation,* rechts bei *NX/Simcenter 3D Pre/Post*

Mit dieser Option wird im System eine neue Umgebung aktiviert, was zu einer Veränderung der Funktionen führt, die dem Anwender zur Verfügung stehen. Die thermische Umgebung lässt beispielsweise keine Definition von Strukturbedingungen wie Einspannungen oder Kräften mehr zu, sondern nur noch Temperaturen, Konvektionen und Wärmeflüsse.

- Bestätigen Sie mit OK, woraufhin die Lösung erzeugt wird.

Für die volumenbasierte Symmetrienutzung wird, wie schon vorher erwähnt, ein Kuchenstück der zu analysierenden Bauteile benötigt. An den Schnittflächen werden dann später entsprechende Symmetrierandbedingungen erzeugt. Im Folgenden werden die dafür erforderlichen Geometrievorbereitungen erklärt.

3.2.2.6 Erzeugung eines WAVE-Links

In die Analyse gehen die beiden Volumenkörper des Raketenrohrs und des Brennstoffs ein. Daher sollen nun zwei Schnitte durch diese Teile gelegt werden, die das „Kuchenstück" definieren. Dabei besteht wieder die Anforderung, dass der Schnitt nicht an der Mastergeometrie, sondern lediglich am Berechnungsmodell durchgeführt werden soll. Aus diesem Grunde werden zunächst im idealisierten Teil Wave-Geometrie-Links für die beiden Volumenkörper erzeugt.

Gehen Sie dazu wie folgt vor:

Für die Geometrievorbereitung ist eine assoziative Kopie erforderlich.

- Zunächst machen Sie das idealisierte Teil zum dargestellten Teil.
- Dann wählen Sie die Funktion *WAVE-* und stellen den Typ auf *Körper*.
- Selektieren Sie die Körper des Raketenrohrs sowie des Brennstoffs und bestätigen Sie mit OK.
- Prüfen Sie eventuell im Part-Navigator, ob wirklich beide Körper im Wave-Link enthalten sind.

Die Master-Part-Geometrien und die erzeugten Wave-Links liegen jetzt übereinander, und es könnten später irrtümlicherweise die falschen Körper selektiert werden, z. B. bei den Geometrievereinfachungen. Daher ist es sinnvoll und wichtig, die Master-Teil-Geometrien auszublenden.

Dies kann im Baugruppennavigator erledigt werden:

- Schalten Sie im Baugruppennavigator den roten Haken des ganzen Parts ab, damit nur noch die gelinkten Körper zu sehen sind.

3.2.2.7 Erzeugung der Symmetrieschnitte

- Um die Symmetrieschnitte zu erzeugen, wechseln Sie in die Anwendung *Konstruktion* (*Modeling*), weil die benötigten Funktionen in der FEM-Anwendung nicht zur Verfügung stehen (Bild 3.54).
- Erzeugen Sie zwei Ebenen (*Datum Planes*) durch die Symmetrieachse der Teile, die in einem Winkel von beispielsweise 30° zueinander stehen.

Die Größe des Kuchenstückwinkels ist willkürlich. Zu empfehlen ist ein kleines Kuchenstück, weil dann weniger Elemente benötigt werden, allerdings führt ein zu kleiner Winkel später zu spitzen Elementen. Daher können Winkel zwischen 15° und 45° für das Kuchensegment empfohlen werden.

- Beschneiden Sie die beiden Volumenkörper mit der Funktion *Körper trimmen* (*Trim Body*) an den beiden Ebenen.
- Nachdem nun die Vorbereitungen der Geometrie abgeschlossen sind, schalten Sie wieder in die Anwendung *NX Design Simulation* zurück.

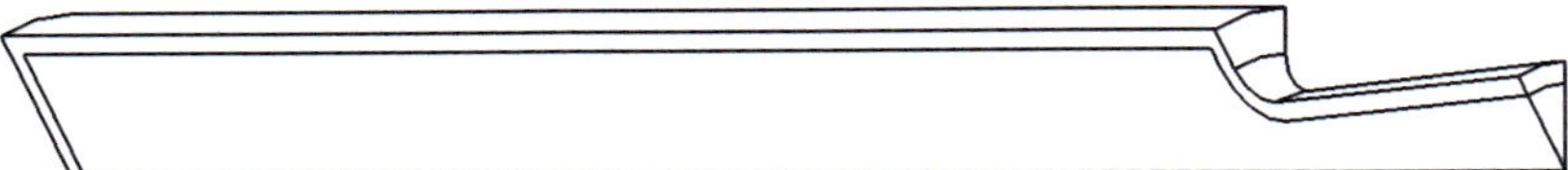

Bild 3.54 Symmetrieschnitte können in der Konstruktionsumgebung erzeugt werden.

3.2.2.8 Erzeugung und Zuordnung der Materialeigenschaften

Für die thermische Analyse ist als Werkstoffkennwert lediglich die Wärmeleitfähigkeit erforderlich. Daher sollen nun zwei Materialien für die unterschiedlichen Kennwerte erzeugt und den entsprechenden Körpern zugeordnet werden. Gehen Sie dazu folgendermaßen vor:

- Machen Sie die FEM-Datei zum dargestellten Teil.

Die Polygonkörper müssen ausgeblendet werden.

In der FEM-Datei werden Sie feststellen, dass die Symmetrieschnitte aus dem idealisierten Part nicht mehr zu sehen sind. Der Grund dafür ist, dass für alle Teile Polygonkörper erstellt worden sind, also sowohl für die originalen Teile aus der Masterdatei als auch für die gelinkten und vorbereiteten Teile der idealisierten Datei. Nun liegen alle diese Körper übereinander. Da wir aber nur mit den gelinkten, vorbereiteten Körpern arbeiten wollen, sollten die Master-Geometrien ausgeblendet werden.

- Schalten Sie im Simulationsnavigator im Ordner *Polygon Geometry* die roten Haken aus, sodass nur noch die Körper der vorbereiteten Geometrie sichtbar bleiben.
- Rufen Sie die Funktion *Material zuweisen* (*Assign Materials*) auf und wählen Sie darin *Material erzeugen* (*Create Material*).
- Im Feld *Name* tragen Sie den Namen des ersten Materials ein, beispielsweise „Rohrmaterial".

Für diese Analyse ist die Angabe der Wärmeleitfähigkeit erforderlich.

- Im Feld *Wärmeleitfähigkeit* (*Thermal Conductivity*) tragen Sie die Wärmeleitfähigkeit des Rohrs von 0,052 W/mm C ein. Achten Sie darauf, dass die korrekte Einheit eingestellt ist.

Diese Angabe reicht von Seite der FEM aus, um das Material für die thermische Analyse zu definieren, jedoch erfordert das NX-System bei jedem Material die Angabe einer Dichte.

- Ohne Angabe der Dichte kann das Material nicht erzeugt werden, daher tragen Sie im Feld *Massendichte* (*Mass Density*) beispielsweise den Wert 7,5e-6 kg/mm³ ein.
- Bestätigen Sie mit OK, damit das Material erzeugt wird.
- Selektieren Sie nun im Grafikbereich die geschnittene Rohrgeometrie und bestätigen Sie mit ANWENDEN, um der Geometrie das eben erstellte Material zuzuweisen.
- Verfahren Sie auf entsprechende Weise für die Definition des zweiten Materials. Benennen Sie es beispielsweise mit „Brennstoff“.
- Tragen Sie für die Wärmeleitfähigkeit den Wert 0,026 W/mm C und für die Dichte 7,5e-6 kg/mm³ ein.
- Bestätigen Sie mit ANWENDEN, damit das zweite Material erzeugt wird.
- Ordnen Sie auf die vorangehend genannte Weise auch das Material des zweiten Körpers zu.

3.2.2.9 Erzeugung der Netzverbindung

Die Funktion *Gitterverknüpfung* (*Mesh Mating*) kann genutzt werden, um eine feste Verbindung zweier Netze für eine Strukturanalyse zu definieren. Dabei werden zwei Netze an ihren Flächen bezüglich der Verschiebungen gekoppelt. So ist das schon im vorherigen Beispiel durchgeführt worden.

Auf entsprechende Weise kann diese Funktion *Gitterverknüpfung* in der thermischen Analyse genutzt werden, um zwei Netze bezüglich ihrer Temperaturgrößen zu koppeln. Das Ergebnis einer solchen Kopplung ist daher ein idealer Temperaturdurchgang von einem Körper zum anderen. Dies ist in unserer Aufgabe gefordert.

Der Wärmedurchgang zwischen zwei unterschiedlichen Bauteilen wird berücksichtigt.

Gehen Sie für die Erzeugung wie folgt vor:

- Falls dies nicht schon der Fall ist: Machen Sie die FEM-Datei zur dargestellten Datei.
- Wählen Sie dann die Funktion *Gitterverknüpfung* (*Mesh Mating*, siehe Bild 3.55).

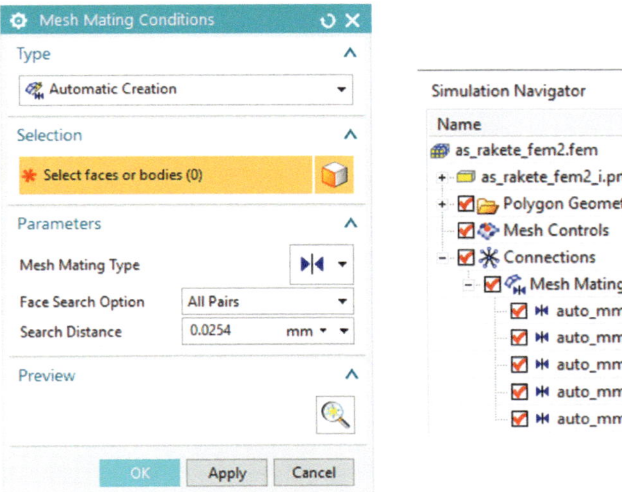

Bild 3.55 Die Gitterverknüpfungen werden im Navigator angezeigt.

Es sollen alle angrenzenden Flächen verbunden werden, die im Modell vorhanden sind. Daher kann die automatische Methode zur Erzeugung genutzt werden.

- Setzen Sie also den *Typ* auf *Automatische Erzeugung* (*Automatic Creation*). Dies ist die Voreinstellung.
- Zur Sicherheit wählen Sie die Funktion *Vorschau* (*Preview*) und prüfen nach, dass alle fünf Flächenpaare gefunden worden sind.
- Der *Gitterverknüpfungstyp* (*Mesh Mating Type*) muss auf der Option *Klebend koinzident* (*Glue Coincident*) stehen, weil hiermit identische Knoten an den Kontaktstellen erzeugt werden. Dies ist ebenfalls die Voreinstellung.
- Bestätigen Sie mit OK, woraufhin die fünf Bedingungen erzeugt werden. Sie werden im Simulationsnavigator dargestellt.

3.2.2.10 Erzeugung der Vernetzung

Die Vernetzung kann auf grobe Weise erfolgen.

Für die Vernetzung reicht eine Grobvernetzung aus, weil Temperaturfeldanalysen (ganz ähnlich den Verformungsanalysen) relativ unkritisch bezüglich der Elementgröße sind. Jedoch sollte am Rohr, aufgrund der dünnwandigen Geometrie, dafür gesorgt werden, dass mindestens zwei Elementschichten über der Dicke erzeugt werden, um eine akzeptable Genauigkeit zu erhalten (Bild 3.56).

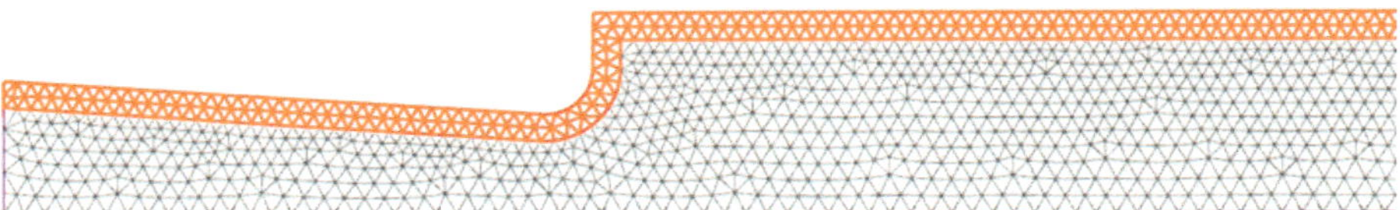

Bild 3.56 Über der Wand des Rohrs brauchen wir mindestens zwei Schichten.

Gehen Sie daher folgendermaßen vor, um die Vernetzung mit zwei Schichten am Rohr zu erzeugen:

- Wählen Sie die Funktion *3D-Tetraeder* .
- Selektieren Sie den Körper des Rohrs und wählen Sie die Funktion zum automatischen Ermitteln einer geeigneten Elementgröße .
- Teilen Sie diesen Wert z. B. durch 3.

Es kann dafür einfach eine „/3“ hinter den Vorschlagswert geschrieben werden. Mit dieser Elementgröße sollten sich zwei Schichten ergeben.

- Bestätigen Sie mit OK.
- Erzeugen Sie auf die gleiche Weise das zweite Netz für den Brennstoff.

Alternativ kann hier auch mit einer gröberen Elementgröße und der Option *Mindestens zwei Elemente durch Stärke* gearbeitet werden. Es sollte nur darauf geachtet werden, dass keine stark verzerrten Elemente erzeugt werden.

3.2.2.11 Erzeugung der Temperaturrandbedingung

- Wechseln Sie nun in die Simulationsdatei.
- Die Temperaturrandbedingung erzeugen Sie, indem Sie unter der Funktionsgruppe *Zwangsbedingungen* (*Constraints*) die Funktion *Thermische Zwangsbedingungen*

(*Thermal Constraints*) aufrufen, und die Fläche selektieren, die mit der konstanten Temperatur beaufschlagt werden soll (Bild 3.57).

- Tragen Sie unter *Temperature* den Wert 500 ein, und achten Sie darauf, dass die Einheit der Temperatur auf „C" steht.

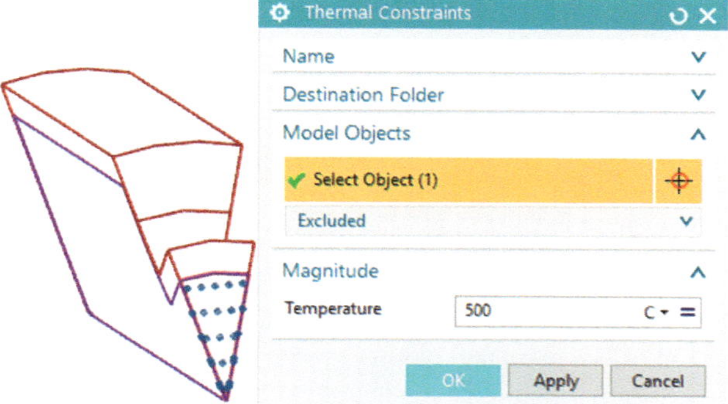

Bild 3.57 Eine Randbedingung für thermische Analyse wird aufgebracht.

- Bestätigen Sie mit OK, damit die Randbedingung erzeugt wird.

An dieser Stelle wird die Temperatur vorgegeben.

3.2.2.12 Erzeugung der Konvektionsrandbedingung

- Die Konvektionsrandbedingung erzeugen Sie, indem Sie die Funktion *Konvektion* (*Convection*) aufrufen und alle Flächen selektieren, an denen die Raketengeometrie mit der äußeren Luft in Berührung ist, bis auf die Fläche mit der Temperaturbedingung (Bild 3.58).
- Tragen Sie unter *Konvektionskoeffizient* (*Convection Coefficient*) den Wert 0,5e-5 in der Einheit W/mm² C ein, und unter *Umgebungstemperatur* (*Ambient Temperature*) 18 in der Einheit „C".
- Bestätigen Sie mit OK, damit die Randbedingung erzeugt wird.

Die äußeren Flächen erhalten eine Konvektionsrandbedingung.

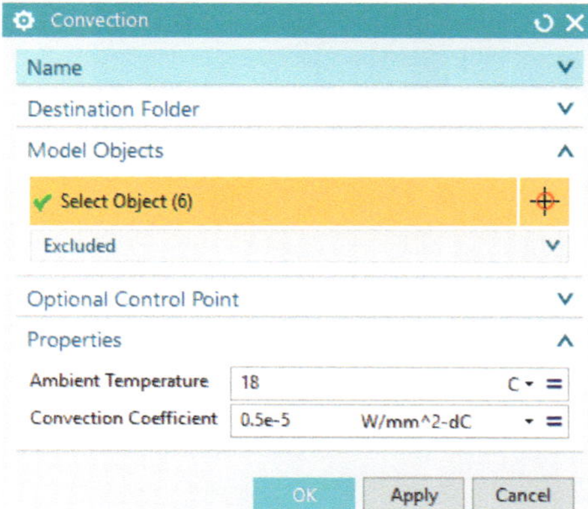

Bild 3.58
Die Parameter für eine Konvektionsbedingung

3.2.2.13 Die thermische Symmetrierandbedingung

Die Symmetriebedingung soll die Eigenschaft haben, dass durch die Schnittflächen des „Kuchenstücks" keine Wärme ausgetauscht wird. Es soll also eine perfekte Isolation an den Schnittflächen herrschen. Diese Art von Bedingung wird erreicht, indem einfach gar keine FE-Randbedingung hier vergeben wird. Also brauchen diese Flächen keine Bedingungen zu erhalten.

3.2.2.14 Berechnung und Anzeige der Ergebnisse

- Nachdem das Modell so weit erstellt wurde, kann es mit der Funktion *Berechnen* (*Solve*) gelöst werden.
- Nach dem Durchlauf des Berechnungsvorgangs schalten Sie mit der Funktion *Results* in die Ergebnisdarstellung.

Als Ergebnis wird zunächst die Temperaturverteilung angezeigt (Bild 3.59). Im Bereich der vorgegebenen Temperatur am Raketenaustritt sollte genau die Temperatur von 500 °C angezeigt werden. Im hinteren Bereich der Rakete sollte die Temperatur auf ca. 100 °C abgefallen sein.

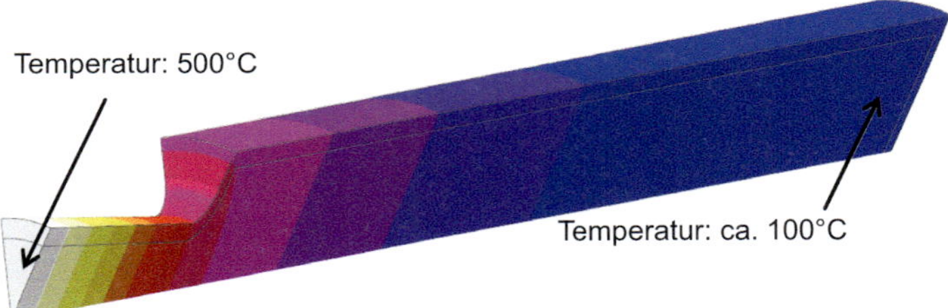

Bild 3.59 Das Ergebnis ist der Temperaturverlauf in der Rakete.

Im Simulationsnavigator können bei Bedarf weitere Größen, wie der Temperaturgradient oder der Wärmefluss (Heat Flux), angezeigt werden (Bild 3.60).

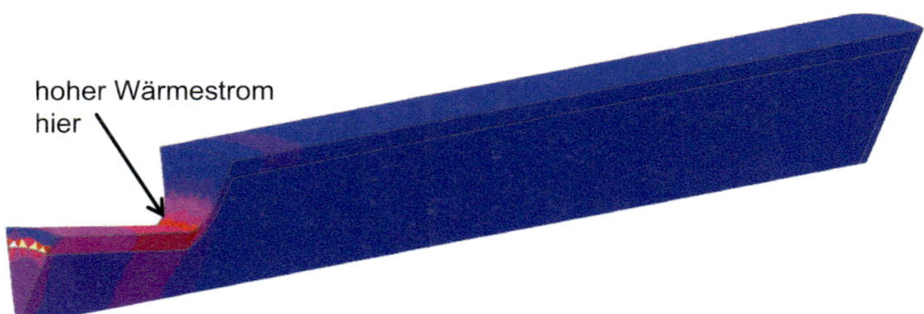

Bild 3.60 Der Wärmestrom zeigt die Stellen an, an denen sich der Wärmefluss staut.

Damit ist die Lernaufgabe zur thermischen Simulation abgeschlossen

Literatur

[Bathe] *Bathe, H. J.:* Finite-Elemente-Methoden. 2. Auflage. Springer Verlag, Berlin/Heidelberg/New York/Tokyo 2006

[FKM] *Forschungskuratorium Maschinenbau e. V. (FKM):* Rechnerischer Festigkeitsnachweis für Maschinenbauteile aus Stahl, Eisenguss- und Aluminiumwerkstoffen (FKM-Richtlinie). 6., erweiterte Ausgabe. VDMA Verlag 2012

[Komzsik] *Komzsik, L.:* What every Engineer should know about Computational Techniques of Finite Element Analysis. 2. Auflage. CRC Press, London/New York 2009

[RiegHackenschmidt] *Rieg, F./Hackenschmidt, R.:* Finite Elemente Analyse für Ingenieure. Eine leicht verständliche Einführung. 3. Auflage. Carl Hanser Verlag, München 2009

[RoloffMatek] *Muhs, D./Wittel, H./Jannasch, D./Voßiek, J.:* Roloff/Matek Maschinenelemente. Normung, Berechnung, Gestaltung. 21. Auflage. Springer Vieweg, Wiesbaden 2013

[RoloffMatekTab] *Muhs, D./Wittel, H./Jannasch, D./Voßiek, J.:* Roloff/Matek Maschinenelemente. Tabellen. 18. Auflage. Vieweg+Teubner Verlag, Wiesbaden 2007

[Schäfer] *Schäfer, M.:* Numerik im Maschinenbau. Springer Verlag, Berlin/Heidelberg/New York 1999

4 NX/Simcenter 3D FEM

Einsatzszenarien und Nutzen des Moduls *NX/Simcenter 3D Pre/Post* in der Praxis

Das in früheren NX-Versionen *Advanced Simulation* genannte Modul wird mittlerweile als *NX/Simcenter 3D Pre/Post*-Anwendung bezeichnet. Das Kürzel *Pre/Post* steht hierbei für eine Pre-Prozessor- bzw. Postprozessor-Umgebung, die mit unterschiedlichen Solvern kombiniert werden kann, um die verschiedenen physikalischen Effekte zu simulieren.

Die *Pre/Post*-Anwendung eröffnet dem Berechnungsingenieur oder auch dem berechnungsinteressierten Konstrukteur im FEM-Bereich Möglichkeiten zur Simulation von komplexen mechanischen Effekten. Dabei gehen auf der einen Seite die berechenbaren physikalischen Phänomene weit über die lineare FEM hinaus. Beispielsweise können hierklassische Nichtlinearitäten wie Kontakt, nichtlineares Material und große Verformungen, aber auch Spezialbereiche wie Crash, Tiefziehvorgänge oder Laminatanalysen berechnet werden. Auf der anderen Seite ist es möglich, wesentlich komplexere Geometrie zu analysieren, als dies in *NX Design Simulation* möglich ist, weil viele Funktionalitäten zur Geometrievorbereitung, Vernetzungssteuerung und Kopplung von Netzen bestehen.

In diesem Kapitel wird der Teil der *Pre/Post*-Anwendung diskutiert, der mit FEM arbeitet. Mit dem CFD-Teil, der Strömungen und komplexe thermische Probleme umfasst, befassen wir uns in Kapitel 5. Den Abschluss bildet Kapitel 6 mit der elektromagnetischen Simulation.

HINWEIS: Anwender von *NX/Simcenter 3D Pre/Post* (FEM) sollten im Umgang mit der 3D-Konstruktion von Einzelteilen und einfachen Baugruppen im NX-System vertraut sein. Außerdem sollten Grundlagen im Bereich linearer FEM bestehen, so wie sie in Kapitel 3 zu *NX Design Simulation* (FEM) vermittelt werden. Eine vorherige Durcharbeit von Kapitel 3 (zumindest die Durchsicht des ersten Beispiels) ist auch deswegen sinnvoll, weil die CAE-Dateistruktur und viele Grundfunktionen dieselben sind wie in der *Pre/Post*-Anwendung. Diese grundlegenden Informationen werden daher in diesem Kapitel nicht mehr wiederholt. Weitere Voraussetzungen an Vorkenntnissen bestehen jedoch nicht.

Inhalt des Kapitels

In Abschnitt 4.1 werden zunächst die Nastran-Lösungsmethoden erläutert, die in den späteren Beispielen genutzt werden. Dabei wird beschrieben, wie sie funktionieren, was sie leisten können und wo ihre Grenzen liegen.

In Abschnitt 4.2 bis Abschnitt 4.4 folgen Lernaufgaben zu den Themen lineare Analyse, grundlegende nichtlineare Analyse (*Basic Nonlinear Analysis*) und fortgeschrittene nichtlineare Analyse (*Advanced Nonlinear Analysis*). Die Lernaufgaben entstammen alle dem Kontext des RAK2-Raketenwagens.

Inhalt der Lernaufgaben

Bei den Lernaufgaben zur linearen Analyse werden zunächst komplexere Vernetzungen behandelt. Im ersten Beispiel (Abschnitt 4.2.1) werden Schalenelemente, im zweiten Beispiel (Abschnitt 4.2.2) Balkenelemente und im dritten Beispiel (Abschnitt 4.2.3) Massenpunkte verwendet. Das vierte Beispiel (Abschnitt 4.2.4) zeigt schließlich die Kontaktfunktion, die streng genommen in den nichtlinearen Teil gehört. Da diese vereinfachte Kontaktfunktion jedoch der Lösungsmethode für lineare Statik (Sol 101) zugeordnet ist, soll sie auch in diesem Zusammenhang dargestellt und genutzt werden.

Die Lernaufgaben zur grundlegenden nichtlinearen Analyse (*Basic Nonlinear Analysis*) beschreiben die nichtlinearen Effekte „große Verformungen" (Abschnitt 4.3.1) und „nichtlineares Materialverhalten" (Abschnitt 4.3.2) mithilfe der Nastran-Lösungsmethode Sol 106. Die Sol 106 hat den Vorteil, dass sie in das grundlegende Lizenzpaket hineingehört und daher allen Anwendern zur Verfügung steht. Sie ist jedoch vom Funktionsumfang begrenzt und daher eher den einfachen nichtlinearen Aufgabenstellungen zugeordnet.

Schließlich wird für die komplexere nichtlineare Analyse (*Advanced Nonlinear Analysis*) die NX/Nastran-Lösungsmethode Sol 401 erläutert, indem ein Schnapphaken unter Berücksichtigung von Kontakt und großen Verformungen analysiert wird (Abschnitt 4.4.1).

4.1 Einführung

Mechanische Aufgabenstellungen können in vier Gebiete gegliedert werden: starre Körper, elastische Körper, Fluide und elektrisch/magnetische Körper. Starrkörpermechanik wird mithilfe von MKS-Programmen (Mehrkörpersimulation) berechnet. Im NX-System wird dies mithilfe des Moduls *NX/Simcenter 3D Motion* ermöglicht. Elastische Körper bzw. Strukturmechanik werden üblicherweise mit FEM (Finite-Elemente-Methode) und Strömungsmechanik mit CFD (*Computational Fluid Dynamics*) berechnet. Elektrische/magnetische Körper bzw. Elektromechanik werden wiederum meist mit der FEM berechnet (Bild 4.1).

Simulationsdisziplinen: FEM, CFD, Thermal, EM und gekoppelte Systeme

Die *Pre/Post*-Anwendung bietet in erster Linie die Möglichkeit zur Nutzung der Methoden FEM und CFD. Wir wollen aber dazu sagen, dass die heutigen Solver-Programme so aufwendig sind, dass sie oftmals mehrere der Methoden vereinen. So wird z. B. Erwärmung/Abkühlung von Festkörpern mit FEM gerechnet, während die gleichzeitig simulierte Fluid-Strömung mit CFD berechnet wird. Der Wärmeübergang zwischen Fluid und Festkörper wird mit besonderen Methoden simuliert, die auch Turbulenzmodelle genannt werden.

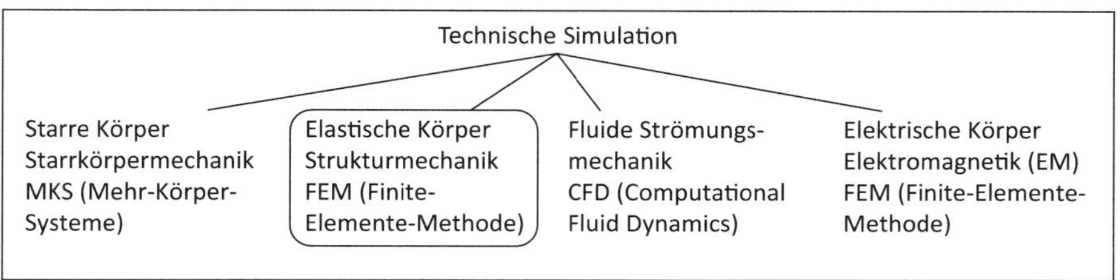

Bild 4.1 Vier grundlegende Unterteilungen der technischen Simulation

In diesem Kapitel wird der FEM-Teil betrachtet, der CFD-Teil folgt in Kapitel 5. Wir wollen darauf hinweisen, dass mit der *Pre/Post*-Anwendung auch komplexe thermodynamische Aufgaben gelöst werden können, wofür ein eigener Solver namens NX Thermal (ehemals TMG) zur Verfügung steht. Diese Disziplin wird aufgrund ihrer Komplexität jedoch nicht in diesem Buch behandelt. Darüber hinaus gibt es die Disziplin der elektromagnetischen Feldberechnungen (EM) mit dem dafür konzipierten Solver MAGNETICS. Dieses Thema wird in Kapitel 6 näher betrachtet. Zusätzlich können auch manche dieser Berechnungen miteinander gekoppelt werden, um zusammenhängende physikalische Phänomene zu analysieren.

In der Strukturmechanik wird mithilfe von linearer und nichtlinearer FEM eine Vielzahl mechanischer Aufgaben gelöst. Das NX Nastran-System teilt diese Aufgaben in Klassen ein, die mit einer jeweiligen Lösungsmethode angegangen werden können. Zum Beispiel ist die Lösungsnummer 101 die Methode für lineare Statik. Die Auswahl einer dieser Lösungsmethoden gehört für den Anwender zu den ersten durchzuführenden Schritten. Dabei ist zu beachten, dass den jeweiligen Lösungsmethoden im NX-System auch eigene Lizenzen zugeordnet sind.

Von der eingestellten Lösungsmethode hängt selbstverständlich der weitere Aufbau des Berechnungsmodells ganz entscheidend ab. Daher werden als Erstes die Lösungsmethoden vorgestellt, die in den Lernaufgaben später angewendet werden.

Lösungsmethoden von NX Nastran

Die hier vorgestellten Lösungsmethoden sind lediglich eine Auswahl aus den umfangreichen Lösungsmöglichkeiten, die in NX Nastran zur Verfügung stehen. Von diesen NX Nastran-Lösungen werden immer mehr in die Oberfläche des NX-Systems integriert und können so leichter eingesetzt werden. In diesem Buch werden aber nur grundlegende Lösungsmethoden vorgestellt, die im NX-System zur direkten Nutzung vorgesehen sind.

Beispielsweise behandeln wir hier nicht die zahlreichen Nastran-Lösungsmethoden für dynamische Analyse, d. h. die Lösungsnummern 107 bis 112, die in NX integrierte Antwortsimulation (*Response Analysis*). Auch das Thema „Superelemente" und akustische Simulationen werden nicht behandelt. Solche Nastran-Lösungsmethoden, die nicht in die NX-Oberfläche integriert sind, können vom NX-Anwender genutzt werden, allerdings muss dafür die Solver-Eingabedatei manuell bearbeitet werden, die vom NX-System an Nastran übergeben wird. Dazu werden die genauen Kommandos benötigt. Einen Einstieg in diese Thematik finden Sie z. B. in [nxn_user]. Schließlich bietet NX/Nastran durch seine sehr strukturierte Programmiersprache DMAP (*Direct Matrix Abstraction Programming*) die Möglichkeit zur Entwicklung eigener Lösungsmethoden. Eine Dokumentation darüber finden Sie in [nxn_dmap].

4.1.1 Sol 101: Lineare Statik und Kontakt

Die am häufigsten eingesetzte Lösungsmethode

Wie auch das einfachere Modul *NX Design Simulation* behandelt die Lösung 101 (Solution 101) die lineare Statik. Die Besonderheit ist jedoch, dass trotz des linearen Grundcharakters der Lösungsmethode 101 die Funktion zur Berechnung von Kontakt enthalten ist, obwohl dies eigentlich eine nichtlineare Lösung erfordert. Falls also die Kontaktfunktion genutzt wird, läuft programmintern eine nichtlineare Berechnung ab. Der Grund für diese Eigenart ist, dass Kontakte sehr häufig bei Statikanalysen erforderlich sind. Also wurde entschieden, dass diese wichtige Kontaktfunktion in der Statik verfügbar sein soll. Die Kontaktfunktionalität der Solution 101 (Sol 101) wird in der Lernaufgabe zur Klemmsitzanalyse am Flügelhebel behandelt.

4.1.2 Sol 103: Eigenfrequenzen

Die Solution 103 (Sol 103) führt die Berechnung von Eigenfrequenzen durch, wie dies auch in *NX Design Simulation* möglich ist. Der Unterschied besteht lediglich darin, dass in der *Pre/Post*-Umgebung komplexere Vernetzungen und weitere Elementtypen genutzt werden können. Außerdem können auch gezielt Massenpunkte erzeugt werden, was besonders zum Beeinflussen von Eigenfrequenzen nützlich ist. Diese Lösungsmethode wird am Beispiel „Eigenfrequenzen des Fahrzeugrahmens“ genutzt.

4.1.3 Sol 106: Nichtlineare Statik

Kleinere nichtlineare Effekte können mit der Solution 106 berechnet werden.

Kleinere nichtlineare Effekte können mithilfe der Lösung 106 (Sol 106) analysiert werden. Hier sind die Effekte große Verformung und plastisches Material berechenbar. Kontakt ist auch möglich, allerdings werden dafür die sogenannten Gap-Elemente genutzt, die weniger komfortabel in der Anwendung sind. Die Methode für nichtlineares Materialverhalten ist aufgrund der verwendeten Algorithmen begrenzt. Der Einsatz wird nicht mehr empfohlen, wenn Dehnungen größer als ca. 4 % vorliegen. Komplexere nichtlineare Effekte sollten in den weiterführenden Lösungen 401 oder 402 (Sol 401 und Sol 402) durchgeführt werden.

Der nichtlineare Lösungsvorgang basiert darauf, dass die Lasten iterativ ansteigend aufgebracht werden, wobei jede einzelne Iteration einer linearen FE-Analyse entspricht. Neue Knotenpositionen und Randbedingungsrichtungen nach einer Iteration werden in die Steifigkeitsmatrix sowie den Last- und Verschiebungsvektor eingefügt. Damit wird nichtlineares Verhalten nachgebildet. Zum Beispiel werden auf diese Weise Steifigkeitsänderungen, wie sie bei großen Verformungen oder nichtlinearem Material entstehen, in der Analyse berücksichtigt. Eine eingehende Beschreibung der verwendeten Verfahren ist in [nxn_nonlinear106_1] und in [nxn_nonlinear106_2] verfügbar.

Die Lösung 106 wird an zwei Lernaufgaben erläutert. Bei der Aufgabe der Blattfeder werden große Verformungen und bei der Aufgabe am Bremspedal wird nichtlineares Material berücksichtigt.

4.1.4 Sol 401/402: Multi-Step Nonlinear

Mit diesen Solvern sind die Nichtlinearitäten große Verformung, Material, Nichtlinearität und Kontakt gleichzeitig berechenbar. Darüber hinaus sind auch zeitlich veränderliche Lasten und Randbedingungen möglich. Die beiden Lösungsmethoden können daher statische und auch dynamische Aufgabenstellungen lösen.

Die Lösung 401 ist neu entwickelt. Die Lösung 402 basiert auf der Technologie des FEM-Systems Samcef.

Die Lösungsmethode 401 (Sol 401) wurde seit einigen Jahren neu von Siemens selbst entwickelt. Ziel war es, einen modernen nichtlinearen Struktursolver zu haben, der nicht nur als Fremdprogramm integriert wird, sondern vollständig auf Nastranbasis aufgebaut ist. Sol 401 kommt auch zum Einsatz, wenn der Solver Multiphysics gewählt wird. Es handelt sich dabei um eine Kombination aus Struktur, Thermal, Flow und eventuell weiteren Solverdisziplinen. Sol 401 ersetzt die vorherige Nastran-Lösung 601, die auf Technologie des FEM-Systems ADINA beruhte. Lösung 601 (Sol 601) steht zwar noch zur Verfügung, wird aber nicht mehr neu verkauft.

Zusätzlich und alternativ zu Sol 401 gibt es seit einer Weile auch noch die Lösung 402 (Sol 402), die eine Integration des Solvers Samcef ist. Es handelt sich dabei um eine Technologie, die von Siemens gekauft wurde. Samcef ist eine Art Solverbaukasten, der ebenfalls im nichtlinearen Strukturbereich sehr leistungsstark ist. Sol 402 verwendet Samcef, gibt dem Anwender aber das vertraute *Look and Feel* von Nastran bzw. *NX/Simcenter 3D Pre/Post*. Samcef kann auch direkt als Solver aufgerufen werden, was jedoch eher für Anwender gedacht ist, die ehemals mit dem puren Samcef gearbeitet haben.

In diesem Buch konzentrieren wir uns auf aktuellste Technologien und daher auf Sol 401/402. Diese beiden Lösungen haben leider keine klare Abgrenzung. Normale bzw. einfachere Anwendungen aus dem nichtlinearen Strukturbereich lassen sich mit beiden gut lösen. Im Detail finden sich jedoch Unterschiede in den verfügbaren Features. Diese Vielfalt der Technologien ist komplex, aber vorteilhaft, weil industrielle Simulationsaufgaben oft so komplex sind, dass alle Möglichkeiten ausgenutzt werden müssen. Manche Aufgaben lassen sich nur durch detailliert ausgearbeitete Features lösen. Sol 401 und Sol 402 führen in ihrer Vielfalt mit hoher Wahrscheinlichkeit zu einer erfolgreichen Lösung. Wichtigster Vorteil von Sol 401 ist die Fähigkeit, sich mit dem Simcenter Thermal Solver und dem Simcenter Flow-Solver koppeln zu können. Dadurch lassen sich Fluid-Struktur-Interaktions-Aufgaben (FSI) simulieren, z. B. ein dynamisch schwingender Tragflügel im Windkanal. Sol 402 besitzt dagegen wichtige Stärken im Bereich Bewegungen und bei Komposite-Materialien.

Das nichtlineare Lösungsverfahren basiert auf iterativ ansteigenden Lasten oder Verfahrenswegen, damit Steifigkeits- oder Geometrieänderungen, die während der Verformung auftreten, aktualisiert werden können. Während jeder Iteration werden Gleichgewichtsbedingungen zwischen äußeren und inneren Kräften oder Energien aufgestellt und bezüglich Konvergenz geprüft.

Bei einer zeitabhängigen Analyse müssen neben den Lastiterationen auch noch Zeitschritte durchgeführt werden. Damit werden auch Massenkräfte, Geschwindigkeiten und Beschleunigungen berücksichtigt. Neben der festen Vorgabe einer Zeitschrittgröße sind unterschiedliche Verfahren zur automatischen Zeitschrittsteuerung verfügbar. Auf diese Weise wird dafür gesorgt, dass die Zeitschrittgröße möglichst optimal eingestellt wird. Das bedeutet, dass in kritischen Zeitbereichen, beispielsweise bei einem Kontakt, kleine Zeitschritte gemacht werden, während unkritische Zeitbereiche nur grob aufgelöst werden.

Außerdem gibt es eine Reihe von Features zur Beeinflussung des Konvergenzverhaltens, die gegebenenfalls eingesetzt werden. Dazu zählen folgende:

Hilfsfunktionen bzw. Features für den nichtlinearen Lösungsprozess

- Steifigkeitsstabilisierung (beide)
- Begrenzung des Verformungsinkrements (401-Standard)
- Line-Search-Methode (nur Sol 402)
- Auto-Time-Stepping (ATS) (nicht mehr ATS, sondern adaptives Zeitschritt-Verfahren, Standard aktiv)
- Kontaktdämpfung (beide)
- Kontaktflächen-Erweiterung (Sol 402)
- Anfangsdurchdringungen (beide)
- Kompatibilitätsfaktor (eher: Steuerung der Kontaktsteifigkeit und Durchdringungsverhalten)
- Sol 401: Arc-Length-Methode, kollabierende Systeme, nichtlineare Knicken, kraftbasiert

Weitere Informationen zur Lösungsmethode 401/402 können in [multistep_guide] oder in entsprechenden Schulungsdokumenten [Binde4] nachgelesen werden.

Die Simcenter Nastran-Lösungsmethode 401 wird in diesem Buch an einer Lernaufgabe dargestellt, die einen Schnapphaken analysiert. Hierfür wird ein zeitabhängiger Verfahrweg definiert, und es werden Kontakt sowie große Verformungen berücksichtigt.

In Bild 4.2 zeigen wir einige Illustrationen von nichtlinearen Simulationen, die aus [Binde4] stammen. Die vier Bildteile stellen einen Blechstreifen dar, der plastisch umgeformt wird. Für diese Simulation wird eine Lösung vom Typ Sol 401 durchgeführt, in der die nichtlinearen Effekte Plastizität (nichtlineares Material), große Verformungen und Kontakt berechnet werden. Der Weg des Werkzeugs ist in zwei Teile unterteilt. Der erste Weg führt die vertikale Bewegung und der zweite die horizontale Bewegung aus.

Bild 4.3 zeigt eine Simulation des Aufpralls einer Kugel (z. B. eines Golfballs oder Hagelkorns) auf eine gewölbte Blechfläche (z. B. ein Autodach). Die Kugel fällt aus einem Meter Höhe herab und verursacht bleibende plastische Verformungen an dem Blech. Für die Simulation wird die Sol 401 oder Sol 402 genutzt, in denen neben Kontakt, großen Verformungen und Plastizität auch dynamische Effekte erfasst werden. Bei der Zeit 0,45 s. ist die Kugel kurz vor dem Aufprall, bei 0,46 sec. ist der Kontakt vollständig eingetreten, und bei 0,47 s. springt die Kugel wieder zurück.

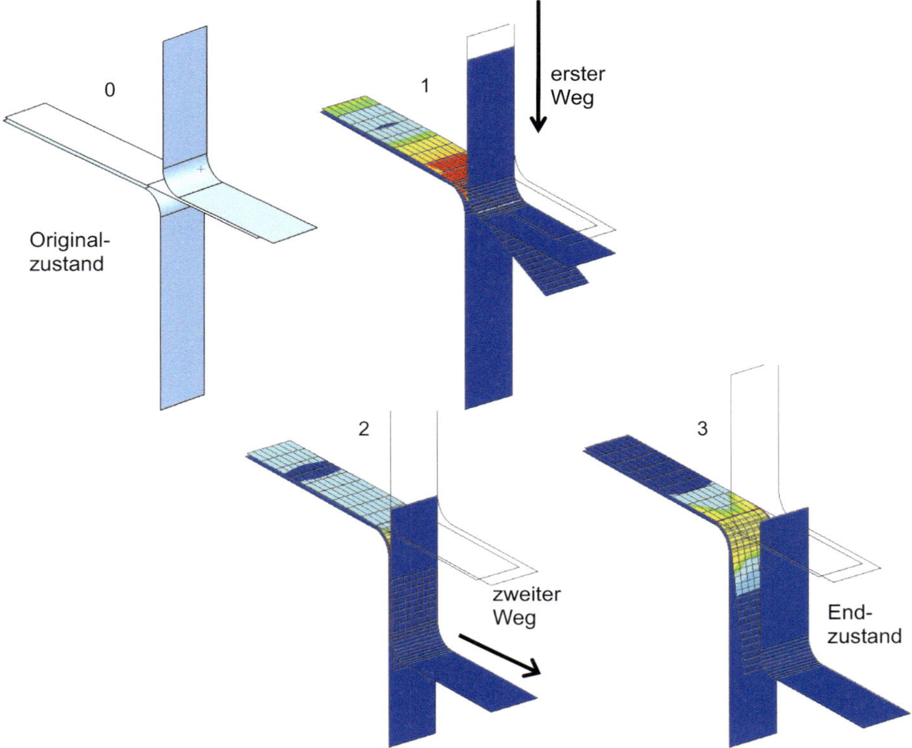

Bild 4.2 Eine Umformsimulation eines Bleches. Das Blech wird von zwei L-förmigen Werkzeugen plastisch umgeformt.

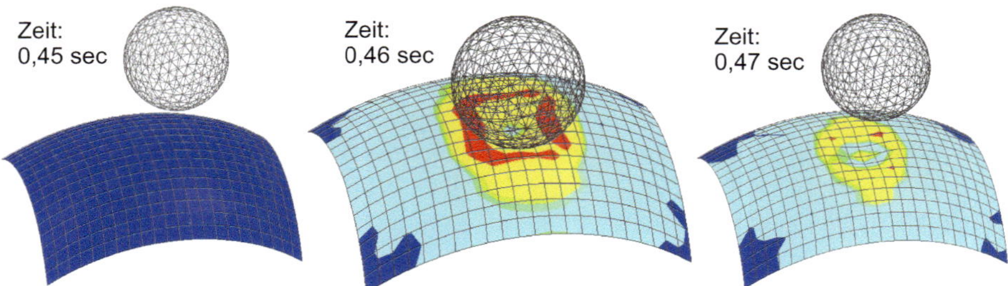

Bild 4.3 Eine Aufprall-Simulation mit plastischer Deformation, bei der auch der dynamische Einfluss berücksichtigt wird

4.2 Lernaufgaben zur linearen Analyse und Kontaktfunktion (Sol 101/103)

4.2.1 Steifigkeit des Fahrzeugrahmens

Ein wichtiger Anwendungsfall für lineare FEM-Berechnungen sind Steifigkeitsanalysen. So werden z. B. neue Fahrzeugkarosserien für verschiedene Einsatzfälle (Torsion, Biegung, Eigengewicht) umfangreich auf ihre Steifigkeit untersucht und optimiert. In dieser Lernaufgabe soll der Blechrahmen des RAK2 bezüglich seiner Steifigkeit gegen Durchbiegung untersucht werden. Dies entspricht etwa der Belastung durch das Eigengewicht des Fahrzeugs.

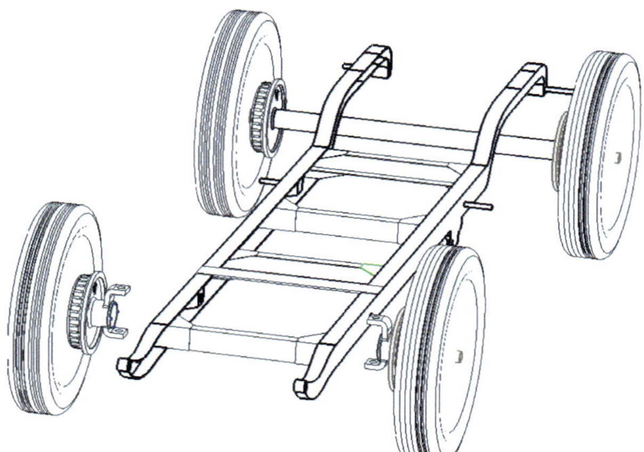

Bild 4.4
Der Rahmen des RAK2 besteht aus Längs- und Querträgern.

Schalenelemente und Netzverbindungen gehören zu den Lerneffekten dieses Beispiels. Auch die Technik der Assembly-FEMs wird gezeigt.

Sie lernen dabei den Umgang mit Schalenelementen, die oft bei dünnwandigen Geometrien (Blechteile, dünne Kunststoffgerippe) einzusetzen sind. Darüber hinaus werden auch wichtige Techniken beschrieben, um z. B. drehbare Einspannsituationen zu definieren. Im zweiten Teil der Lernaufgabe, den Sie auch unabhängig vom ersten durchführen können, lernen Sie, wie ein Baugruppen-FEM-Modell aufgebaut wird, das auf fertig vernetzte Einzelteile zugreift. Anhand dieser sehr komfortablen Technik werden dann die vernieteten Rahmenteile im Verbund analysiert. Dabei lernen Sie auch Techniken, mit deren Hilfe Schalenbauteile miteinander verbunden werden können (Nieten, Schweißpunkte). Letztendlich könnte auf diese Weise das vollständige Fahrzeug im Verbund analysiert werden.

Die reale Lastsituation des Rahmens beinhaltet eine ganze Reihe von verbundenen Anbauteilen, die einen mehr oder weniger starken Einfluss ausüben. Auf der einen Seite sind die vier Räder zu nennen, die mittels Blattfedern am Rahmen angebracht sind. Auf der anderen Seite sind die Gewichtskräfte des Fahrers und des Raketenantriebs sowie des Flügels von erheblicher Bedeutung. Des Weiteren ist die Belastung des Rahmens auch entscheidend von der Art und Weise des Fahrens abhängig. Kurvenfahrt, Beschleunigung und Abbremsen sowie Fahren auf verschiedenen Untergründen sind Lastfälle, die zu betrachten wären.

Im Rahmen der Methodikanleitungen dieses Buches sollen die komplexe Last- und Einspannsituation eines solchen Rahmens sowie die Fahrbedingungen stark vereinfacht dargestellt werden, damit die Anzahl der vom Anwender durchzuführenden Lösungsschritte überschaubar bleibt. Erweiterungen können vom Anwender selbstverständlich durchgeführt werden.

4.2.1.1 Aufgabenstellung (Teil 1)

Der Rahmen des RAK2 besteht aus mehreren miteinander vernieteten Blechteilen. Bei statischer Belastung durch den Fahrer und das Eigengewicht des Fahrzeugs werden im Wesentlichen die beiden Längsträger durch Biegung belastet (Bild 4.5).

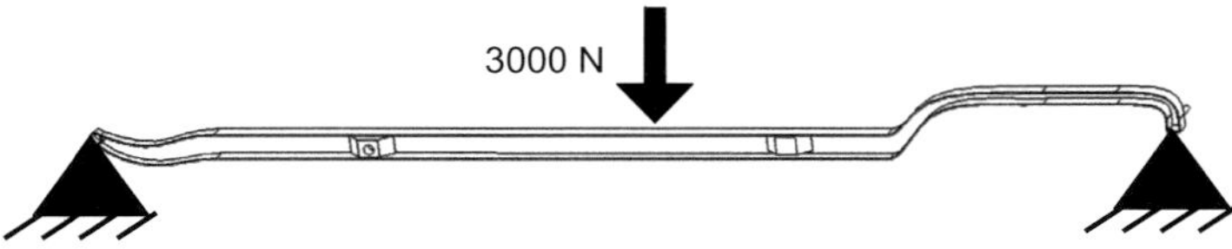

Bild 4.5 Ein Längsträger unter Belastung

Um einen Längsträger hinsichtlich seiner Steifigkeit zu beurteilen, soll er in diesem Beispiel unter dem halben Gesamtgewicht bezüglich seiner Durchbiegung analysiert werden. Dazu soll der Längsträger am Anfang und am Ende drehbar gelagert und in seiner Mitte durch eine Kraft von 3000 N belastet werden.

4.2.1.2 Vorüberlegungen zur Baugruppenstruktur

In dieser Teilaufgabe soll lediglich das Teil Längsträger betrachtet und berechnet werden, später sollen dann die übrigen Teile für den vollständigen Rahmen in die Berechnung einbezogen werden. Dies entspricht einer typischen Vorgehensweise in der fortschreitenden Konstruktion und Entwicklung, weil zu Beginn noch kein vollständiges Produkt konstruiert worden ist. Trotzdem sollen die bis dahin konstruierten Einzelteile schon berechnet werden. Daher wollen wir hier zunächst eine Einzelteilanalyse des rechten Längsträgers durchführen. Später soll das FEM-Netz dieses Einzelteils in der Baugruppenberechnung gemeinsam mit den übrigen Teilen/Netzen weiterverwendet werden.

Wir beginnen mit einer Einzelteilanalyse.

- Laden Sie die Datei *rh_laengstraeger_re.prt* aus dem *RAK2*-Verzeichnis.

4.2.1.3 Überlegungen zur Vernetzung

Die Geometrie des Längsträgers ist durch dünne Wände gekennzeichnet, die miteinander verschweißt sind. Eine Vernetzung mit Tetraederelementen, wie im Grundlagenbeispiel, wäre prinzipiell möglich, jedoch würde sie erfordern, dass über der Wandstärke der Blechteile genügend viele Elemente angeordnet sind, damit eine ausreichende Genauigkeit erreicht wird. Wegen der großen Abmessungen und dünnen Wände des Teils würden bei einer Tetraedervernetzung so viele Elemente erforderlich sein, dass voraussichtlich die Rechnerkapazität überstiegen wird.

Dünnwandige Teile sollten mit Schalenelementen vernetzt werden.

Selbst für Verformungsberechnungen, die ja weniger hochwertige Netze erfordern, würde eine Tetraedervernetzung dieses Bauteils nicht geeignet sein. Viel zweckmäßiger ist im Fall von solch dünnwandigen Bauteilen die Wahl von Schalenelementen. Mit Schalenelementen wird nur die Mittelfläche eines dünnwandigen Teils vernetzt. Die Elemente haben eine 2D-Geometrie und verarbeiten die Dicke des Bauteils durch ihre interne Steifigkeitsbeschreibung. An jedem Knoten eines Schalenelements werden translatorische und rotatorische Freiheitsgrade verarbeitet. So kann das Biegeverhalten von einem zum nächsten Element übertragen werden. Außerdem können daher auch Momentbelastungen direkt eingeleitet werden. Auf diese Weise können dünnwandige Teile sehr effizient berechnet werden (Bild 4.6).

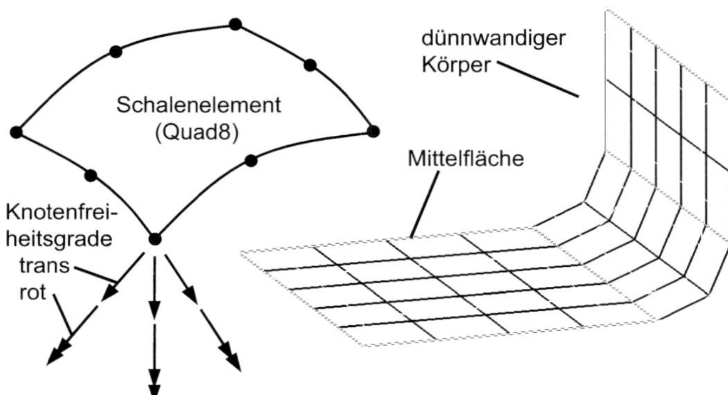

Bild 4.6 Schalenelemente verarbeiten Translations- und Rotationsfreiheitsgrade an den Knoten. Die Rotationsfreiheitsgrade sind erforderlich, damit die Biegung übertragen werden kann.

Schalenelemente sind etwas schwieriger zu handhaben als Tetraederelemente. Die Gründe liegen auf der einen Seite in der aufwendigeren Vorbereitung der Geometrie, weil eine Mittelfläche extrahiert werden muss. Auf der anderen Seite sind die Ergebnisdarstellung und Bewertung anspruchsvoller. Spannungs- und Dehnungsergebnisse der Schalen werden über der Dicke an den drei Stellen Außenseite, Innenseite und Mitte berechnet: Im Postprozessor muss daher genau beachtet werden, welches der drei Ergebnisse dargestellt wird. Hierbei kann es leicht zu Verwechslungen kommen.

Denkbar wäre auch eine Vernetzung des Rahmens mit Balkenelementen. Dies würde die reale Geometrie jedoch sehr stark vereinfachen.

4.2.1.4 Erzeugung der Dateistruktur für die Schalenelement-Simulation

Für Schalenelemente geht man etwas anders vor.

Bevor die Dateistruktur mit dem idealisierten Teil, dem FEM-Teil und der Simulationsdatei erzeugt wird, sollte über die benötigte Geometrie für die anschließende Vernetzung nachgedacht werden. Nach Voreinstellung erzeugt das NX-System Polygongeometrien für alle Körper, die in der Masterdatei enthalten sind. In unserem Fall wird jedoch nicht der Volumenkörper des Längsträgers, sondern eine entsprechende Mittelfläche benötigt, die mittels einer speziellen Funktion in der idealisierten Datei abgeleitet werden kann. Daher wollen wir bei der nachfolgenden Erstellung der Dateistruktur die automatische Erstellung von Polygongeometrien unterdrücken. Nachdem die Mittelfläche in der idealisierten Datei erstellt worden ist, wollen wir deren nachträgliche Überführung in eine Polygongeometrie durchführen.

Gehen Sie folgendermaßen vor:

- Wechseln Sie in die Anwendung *NX/Simcenter 3D Pre/Post* .
- Erzeugen Sie im Simulationsnavigator eine Simulation (*Neues FEM und Simulation*).
- Im nachfolgenden Menü (siehe Bild 4.7) wählen Sie unter *Zu verwendende Körper* (*Bodies to use*) die Option *Keine* (*None*).

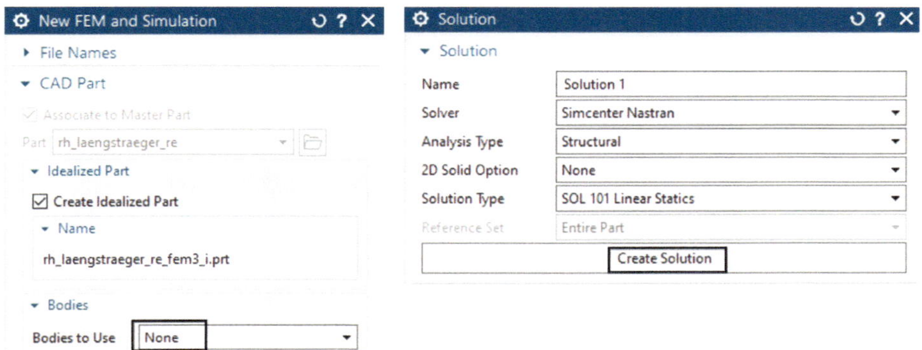

Bild 4.7 Dialoge bei der Erzeugung der Sim- und FEM-Dateien

- Im nächsten Menü *Lösung erzeugen* (*Create Solution*) stellen Sie, wie schon im Grundlagenbeispiel erklärt, wieder die Optionen für Ihren Solver und die linear statische Analysemethode ein. Diese Element sollten normalerweise so voreingestellt sein, sodass Sie hier nur noch mit *Create Solution* und dann OK bestätigen müssen.

Die Mittelflächen werden später nachträglich zu den Polygonmodellen zugefügt.

Wir gehen wieder vom Solver Simcenter Nastran aus. Die Wahl des Solvers hat jedoch für dieses Beispiel keine besondere Relevanz, da es sich bei der Aufgabe um lineare Statik handelt, die von allen Solvern gleichermaßen unterstützt wird.

Am Längsträger müssen nun verschiedene Geometrievorbereitungen durchgeführt werden. Die wichtigste Vorbereitung betrifft die Erzeugung einer Mittelfläche für die spätere Schalenvernetzung. Außerdem müssen kleine Formelemente entfernt sowie Markierungen für Randbedingungen erstellt werden.

4.2.1.5 Markierungen für spätere Randbedingungen erzeugen

Nachdem die Dateistruktur erstellt wurde, befinden Sie sich in der Simulationsdatei.

- Da nachfolgend Vorbereitungen der CAD-Geometrie durchzuführen sind, wechseln Sie nun über den Simulationsnavigator in das idealisierte Teil.
- Falls die Meldung *Idealisierte Teilewarnung* (*Idealized Part Warning*) erscheint, so bestätigen Sie diese mit OK.

Bevor irrelevante Formelemente entfernt werden, sollen zunächst noch zwei Positionen für spätere Randbedingungen markiert werden. Es handelt sich um die Stellen an den beiden Enden des Längsträgers, an denen später drehbare Lagerungen angebracht werden sollen (Bild 4.8). Das CAD-Modell hat hier einen zylindrischen Bolzen und eine Bohrung, die in eine entsprechende Hülse und einen Zapfen der Nachbarteile passen. An diesen Bolzen soll jeweils am Kreismittelpunkt eine Punktmarkierung erzeugt werden, die später für die Randbedingung genutzt wird.

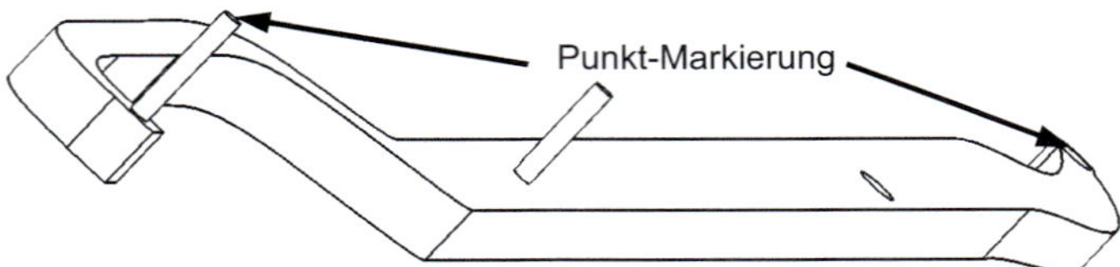

Bild 4.8 An beiden Markierungen werden später die Randbedingungen definiert.

Eine solche Markierung kann durch einen einfachen Punkt geschehen. Für die Berechnung ist es gleichgültig, ob es sich dabei um einen assoziativen Punkt handelt oder um einen nicht assoziativen. Sie können daher problemlos die aus der Konstruktion bekannten Methoden verwenden, um die beiden Punkte zu erstellen.

- Erzeugen Sie einen *Wave-Link* für den Körper des Längsträgers.
- Blenden Sie dann über den Baugruppennavigator die ganze darunterliegende Baugruppe aus oder schalten Sie das Referenz-Set auf *Leer* (*Empty*). (Es ist nur das Teil *rh_laengstraeger_re*.) Es bleibt also nur noch der gelinkte Körper sichtbar.
- Wechseln Sie in die *Konstruktionsumgebung (Modeling)*.
- Erzeugen Sie nun die beiden Punktmarkierungen. Nutzen Sie dafür beispielsweise folgende Funktion: MAIN-MENU > EINFÜGEN > BEZUGSOBJEKT > PUNKT + (MAIN-MENU > INSERT > DATUM > POINT). Selektieren Sie, entsprechend Bild 4.8, die jeweilige Kreiskante, um einen Punkt in der Kreismitte zu erzeugen. Achten Sie darauf, dass nicht versehentlich zwei Punkte an der gleichen Position erzeugt werden.

4.2.1.6 Entfernung unrelevanter Formelemente

Als Nächstes sollen für die Steifigkeit des Trägers irrelevante Geometrien entfernt werden. Diese Geometrievereinfachung hat auch noch den Zweck, dass die Bauteilgeometrie für die spätere automatische Mittelflächenerstellung verbessert wird. Diese Arbeit wird ebenfalls im idealisierten Teil durchgeführt.

In Bild 4.9 sind drei Bereiche dargestellt, die vereinfacht werden sollen.

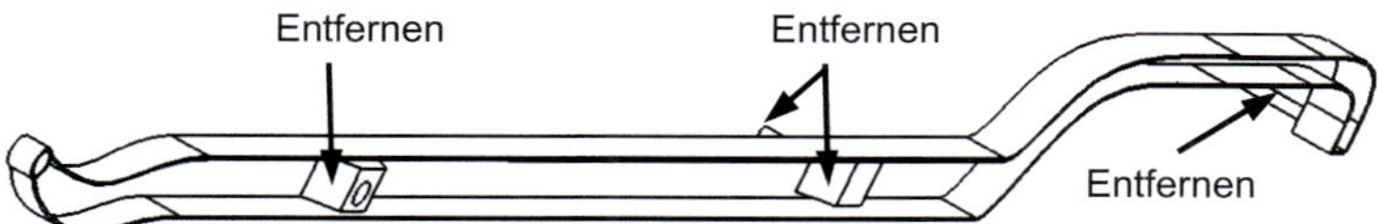

Bild 4.9 Der Längsträger enthält einige Formelemente, die bei der Mittelflächenerzeugung und der Vernetzung stören.

Für das Entfernen dieser Flächen kann entweder die Funktion *Geometrie idealisieren* (*Idealize Geometry*) aus der Funktionsgruppe der Geometrievorbereitung oder alternativ die Funktion *Fläche löschen* (*Delete Face*) aus der Funktionsgruppe des *Synchronous Modeling* genutzt werden.

Wir wollen darauf hinweisen, dass die *Synchronous Modeling*-Funktionen sehr vielfältig und mächtig sind. Neben der Funktion zum Löschen von Flächen steht noch eine Reihe weiterer nützlicher Funktionen zur Verfügung. Da die *Synchronous Modeling*-Funktionen insbesondere für die Vorbereitung von FEM-Modellen sehr nützlich sind, soll in unserem Beispiel mit einigen dieser Funktionen gearbeitet werden (Bild 4.10).

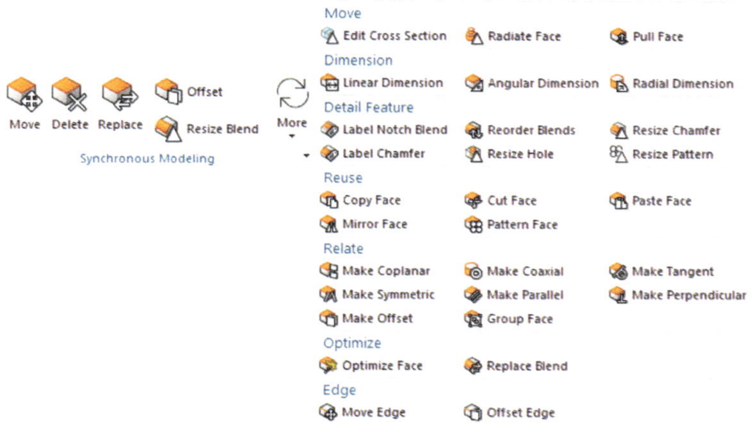

Bild 4.10 *Synchronous Modeling* ist sehr gut zur Modellvorbereitung geeignet.

Die wichtigste Vereinfachungsfunktion ist LÖSCHEN (DELETE). Eigentlich sollte sie besser *Fläche löschen* genannt werden, weil sie immer auf Flächen angewendet wird. Sie arbeitet unabhängig von der Featurestruktur des CAD-Modells, daher hat sie den Vorteil, dass sie auch mit unparametrischen oder schlecht parametrisierten Geometrien arbeiten können. Vor der Anwendung einer solchen Funktion muss ein Promote oder ein Wave-Link erstellt werden, was ja in unserem Fall schon geschehen ist.

Für die Funktion LÖSCHEN werden immer Flächen selektiert, die aus dem CAD-Modell entfernt werden sollen. Nach dem Entfernen der Flächen ist der CAD-Körper zunächst nicht mehr geschlossen. Dies darf natürlich nicht so bleiben. Die Funktion versucht daher, den Körper wieder zu schließen, indem die Nachbarflächen der entfernten Flächen auf ihre natürliche Weise verlängert oder verkürzt werden. Falls sich der Körper auf diese Weise schließen lässt, so wird die Funktion erfolgreich abgeschlossen. Ansonsten erscheint eine entsprechende Fehlermeldung.

Gehen Sie wie folgt vor:

- Wählen Sie die Funktion LÖSCHEN (DELETE) aus der Toolbar *Synchrone Konstruktion* aus.
- Nun selektieren Sie die Flächen, die entfernt werden sollen (siehe dazu Bild 4.11).

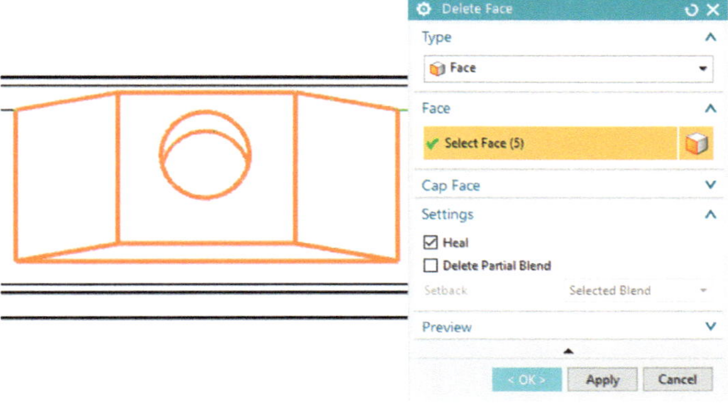

Bild 4.11 Dieser Bereich soll für die Simulation entfernt werden.

Sie können nur die Flächen eines Bereichs oder auch alle drei Bereiche gleichzeitig selektieren. Bei komplexen Geometrievereinfachungen empfiehlt sich die Angabe möglichst kleinerer Bereiche, damit die Funktion erfolgreich durchgeführt werden kann. Sinnvoll ist auch die Nutzung der sehr ausgeklügelten Selektionsfilter.

- Nachdem Sie mit OK bestätigt haben, wird die Operation durchgeführt.

Als Letztes soll der Bereich am vorderen Ende des Längsträgers vereinfacht werden, indem die an den Blechen angeschweißte Buchse abgeschnitten wird. Diese Beschneidung kann auf verschiedene Weisen erfolgen. Wir schlagen folgende universelle Methode vor (Bild 4.12):

- Erzeugen Sie einen Sketch mit einem Rechteck auf einer Fläche des Längsträgers.
- Extrudieren Sie dieses Rechteck. In der Extrusionsfunktion wählen Sie den Modus *Subtrahieren* und wählen den Längsträgerkörper als Zielkörper.

Das Ergebnis ist eine vereinfachte Geometrie des Längsträgers, von der nun leicht eine Mittelfläche erstellt werden kann.

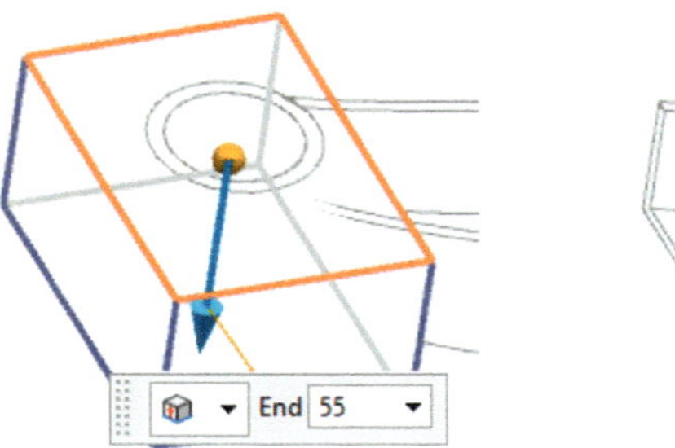

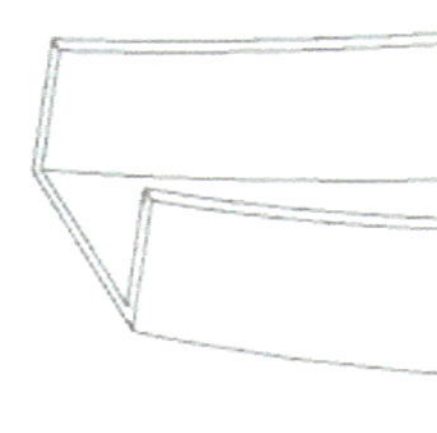

Bild 4.12
Dieser Bereich stört bei der Erstellung der Mittelfläche. Daher wird er abgeschnitten (rechts: der beschnittene Körper).

4.2.1.7 Erzeugung der Mittelfläche

Die Mittelfläche kann auf verschiedene Weisen erstellt werden. Grundsätzlich steht dem Anwender neben der hier dargestellten speziellen Funktion *Mittelfläche durch Flächenpaare* (*Midsurface by Face Pairs*) der volle Funktionsumfang aus der Konstruktionsanwendung mit dem NX-System zur Verfügung, um die Mittelfläche zu generieren oder auch zu manipulieren.

Je nach Erzeugungsmethode ist die Mittelfläche schon während der Konstruktion entstanden.

In vielen Fällen sind dünnwandige Bauteile so konstruiert, dass von vornherein von der Mittelfläche ausgegangen und dann in beide Richtungen aufgedickt wurde. Manche Bauteile werden gar nicht als Volumen konstruiert, sondern als reines Flächenmodell. In diesen Fällen ist die Mittelfläche schon vorhanden und kann sofort für die FE-Analyse genutzt werden.

Die Mittelflächenfunktion, die im Simcenter-System zur Verfügung steht, kann in vielen Fällen vollautomatisch ablaufen. In anderen Fällen werden nur Teile automatisch erstellt, und es muss manuell nachgearbeitet werden. Es empfiehlt sich dabei die Kenntnis der Funktionen aus dem Freiformbereich.

Die Mittelflächenfunktion aus dem Simcenter-System bietet drei unterschiedliche Methoden für die Vorgehensweise, die im Folgenden erläutert werden (Bild 4.13).

Bild 4.13
Das NX-System verfügt über drei verschiedene Methoden zur Mittelflächenerzeugung.

- *Flächenpaare* (*Face Pairs*): Diese Methode sucht im Modell nach Flächenpaaren, deren Flächen sich immer gegenüberstehen. Für jedes gefundene Flächenpaar wird eine eigene Mittelfläche erzeugt. Die erzeugten Flächen werden automatisch so weit verlängert, dass sie aneinander angrenzen. Der Anwender muss die entstehenden Einzelflächen nachträglich zu einem Flächenkörper vernähen. Die Funktion eignet sich gut für Geometrien, die durch solche Paarungen von Flächen gekennzeichnet sind. Hiermit kann daher auch verrippte Geometrie verarbeitet werden. Als Besonderheit kann die Dicke des Körpers automatisch in der Fläche verarbeitet und an das spätere Schalennetz übergeben werden.
- *Offset*: Diese Methode ist nicht für verrippte Geometrie, sondern nur für einzelne Bleche oder dünne Wände geeignet. Die Funktion sucht nach einer Außenseite des Bleches, indem die Glattheit der Übergänge der einzelnen Flächenstücke untersucht wird. Normalerweise sollte auf jeder Seite des Blechs diese Glattheit vorliegen, an den Schnitträndern hingegen nicht. Daher kann die Funktion die gesamte Seite eines Bleches automatisch identifizieren. Von der identifizierten Seite des Bleches erzeugt die Funktion dann eine Abstandsfläche mit der halben Dicke. Auch hier kann die Dicke des Körpers automatisch in der Fläche verarbeitet und an das spätere Schalennetz übergeben werden.
- *Anwenderdefiniert* (*User Defined*): Diese Methode erlaubt dem Anwender, eine selbst erstellte Fläche einzusetzen und dieser eine beliebige Dickeninformation zu übergeben.

Wir nutzen in unserem Beispiel die Methode *Flächenpaare* (*Face Pairs*), da der vorliegende Körper auf seiner Außenseite nicht glatt bzw. verrundet ist und deswegen die Methode *Offset* nicht funktionieren würde. Bei verrundeten Blechteilen empfehlen wir die Methode *Offset* aufgrund ihrer Robustheit.

Die Methode *Flächenpaar* eignet sich gut für Bleche, die aneinander anstoßen.

- Wechseln Sie in die Anwendung *NX/Simcenter 3D Pre/Post*.
- Rufen Sie die Funktion *Mittelfläche durch Flächenpaare* (*Midsurface by Face Pairs*) aus der Funktionsgruppe der Modellvorbereitung auf, und selektieren Sie den Körper.
- Wählen Sie als Nächstes den Schalter *Flächenpaare automatisch erzeugen* (*Automatically Create Face Pairs*) im Menü der Mittelflächenfunktion aus und belassen Sie die Einstellung der Strategie auf *Fortschreitend* (*Progressive*). Damit sucht das System nun automatisch nach Flächenpaaren und erzeugt alle Mittelflächen des Längsträgers.
- Um die Mittelflächen nach der Erstellung zu sehen, sollten Sie den Volumenkörper ausblenden. Dies kann später manuell über die Funktion *Show/Hide* oder direkt im Menü der Mittelfläche durch das Aktivieren des Schalters *Volumenkörper ausblenden* (*Hide Solid Body*) geschehen.
- Bestätigen Sie nun mit OK, woraufhin die Mittelflächen erzeugt werden.

Die einzelnen Mittelflächen sollten nun noch vernäht werden, damit ein einziger Flächenkörper entsteht. Das Vernähen der Einzelflächen ist nicht unbedingt erforderlich, da

Die einzelnen Flächen sollten vernäht werden.

auch die Einzelflächen jeweils für sich vernetzt werden könnten. Es müsste dann aber dafür gesorgt werden, dass die Knoten zwischen den Einzelflächen verschmolzen werden. Diesen Schritt mit allen zugehörigen Unsicherheiten vermeiden wir durch die beschriebene Vernähoperation.

- Wählen Sie dazu die Funktion *Zusammenfügen* (*Sew*) aus der Funktionsgruppe der Modellvorbereitungen.
- Selektieren Sie zuerst eine der Flächen und ziehen dann ein Fenster über alle anderen Flächen.
- Nach dem Bestätigen mit OK wird die Vernähoperation durchgeführt.

Nicht vernähte Flächen lassen sich schlechter vernetzen.

Beim Vernähen muss darauf geachtet werden, dass die Einzelflächen an allen aneinander angrenzenden Kanten verbunden werden. Eine nicht verbundene Kante kann unmittelbar nach dem Vernähen daran erkannt werden, dass die neu entstandene Flächenbegrenzung temporär angezeigt wird. Falls zwei zu vernähende Kanten einen Abstand haben, der größer als die im Menü *Zusammenfügen* angegebene Toleranz ist, so muss diese Toleranz vergrößert oder der Abstand korrigiert werden.

Eine sehr leistungsfähige Alternative für das Vernähen ist die Funktion *Kante zusammenfügen* (*Stitch Edge*), die Sie in der FEM-Datei finden.

4.2.1.8 Unterteilung der Fläche für den Lastangriff

Der Angriff der Last soll in unserem Beispiel in der Mitte des Trägers erfolgen, was eine grobe Näherung der realen Situation darstellt. Dazu könnte eine Punktlast genau in einem Knoten des FE-Modells erzeugt werden. Jedoch ist eine Punktlast meist sehr unrealistisch, die wirkliche Last greift immer auf einen Bereich zu. Außerdem führt eine Punktlast zu einer Singularität. Daher soll die Kraft auf eine Kreisfläche aufgebracht werden. Dafür muss zunächst ein Kreis auf der Seitenfläche konstruiert und daraufhin eine Flächenunterteilung an dem Kreis vorgenommen werden. Gehen Sie dazu wie folgt vor:

- Schalten Sie in die Konstruktionsumgebung.
- Erzeugen Sie einen Sketch mit einem Kreis auf der Seitenmittelfläche des Trägers – etwa so, wie in Bild 4.14 dargestellt.

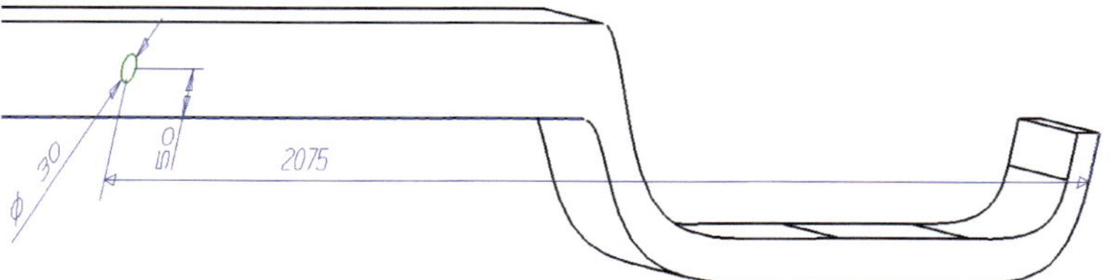

Bild 4.14 Eine Skizze kennzeichnet den Bereich, an dem die Kraft eingeleitet werden soll.

- Schalten Sie dann wieder in die FEM-Umgebung zurück.
- Wählen Sie die Funktion zum *Fläche teilen* (*Divide Face*) aus der Funktionsgruppe der Modellvorbereitungen aus.
- Bei *Zu teilende Flächen* (*Faces to Divide*) selektieren Sie die Seitenmittelfläche des Trägers.

Eine Flächenunterteilung für die spätere Lastaufbringung

- Bei *Unterteilende Objekte* (*Dividing Objects*) selektieren Sie dann den neu erstellten Kreis.
- Nach Bestätigen mit OK wird die Flächenunterteilung erstellt. Eventuell kommt eine Fehlermeldung, weil die Projektionsrichtung nicht stimmt. In diesem Fall wählen Sie die entgegengesetzte Richtung.

Damit sind die Arbeiten in der idealisierten Datei abgeschlossen.

4.2.1.9 Polygongeometrie für die Mittelfläche hinzufügen

In diesem Abschnitt soll die Vernetzung des Flächenkörpers mit Schalenelementen durchgeführt werden. Vernetzungen sind in der FEM-Datei durchzuführen.

- Schalten Sie daher zunächst über den Simulationsnavigator in die FEM-Datei.

Sie werden feststellen, dass der neu erstellte Flächenkörper in der FEM-Datei nicht zu finden ist. Der Grund dafür ist, dass wir bei der Erzeugung der FEM-Datei die Option *Zu verwendende Körper* auf *Keine* gestellt hatten. Daher wird nun diese Einstellung der FEM-Datei geändert, und der neue Flächenkörper wird nachträglich zugefügt, damit von ihm eine Polygongeometrie erstellt wird.

Gehen Sie dazu folgendermaßen vor:

Die neue Mittelfläche muss manuell dem Polygonmodell zugefügt werden.

- Öffnen Sie im Simulationsnavigator das Kontextmenü des Knotens des FEM-Teils (rechter Mausklick auf *rh_laengstraeger_re_fem1.fem*).
- Wählen Sie hierin die Funktion *Bearbeiten* (*Edit*).

Es erscheint das Menü *FEM bearbeiten* (*Edit FEM*), das in Bild 4.15 zu sehen ist.

- Aktivieren Sie die Option *Zu verwendende Körper bearbeiten* (*Edit Bodies to Use*).
- Stellen Sie die Option auf *Auswählen* (*Select*).

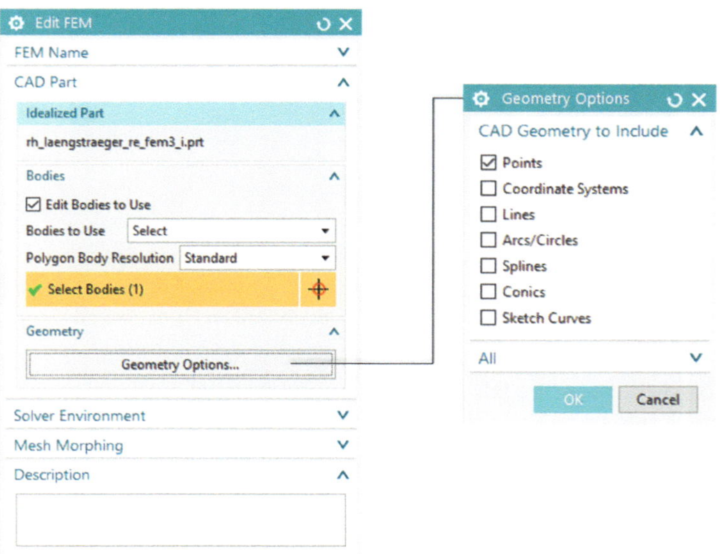

Bild 4.15 In diesem Menü wird die Mittelfläche nachträglich zur Polygongeometrie hinzugefügt. Außerdem werden hier Punkte aus der Konstruktion in der FEM-Datei sichtbar geschaltet.

Nun haben Sie die Möglichkeit, Geometrien aus dem idealisierten Teil zuzufügen oder zu entfernen.

- Selektieren Sie die Geometrie des neu erstellten Mittelflächenkörpers.

Darüber hinaus sollen auch die zwei Punkte für die späteren Randbedingungen in das FEM-Modell übernommen werden.

- Aktivieren Sie zusätzlich unter *Geometrieoptionen* die Option *Punkte* (*Points*).

Bestätigen Sie mit Ok, und speichern Sie die Datei.

Die Polygongeometrie wird nun aktualisiert, die beiden Punkte werden zugefügt und müssen jetzt zu sehen sein. Im Folgenden kann nun vernetzt werden.

4.2.1.10 2D-Vernetzen des Flächenmodells

Die Vernetzung geschieht, wie schon vorher erläutert, mit Schalenelementen.

- Wählen Sie dazu aus der Funktionsgruppe für Vernetzungen die Funktion *2D-Netz* (*2D Mesh*) aus.
- Selektieren Sie den Flächenkörper. Achten Sie darauf, dass Sie nicht nur eine einzelne Fläche, sondern den ganzen Polygonkörper selektieren.
- Im 2D-Gitter-Menü tragen Sie in der Option für den Type *CQUAD4* ein bzw. das Symbol für Vierecke ohne Mittelknoten.
- Wählen Sie nun die Funktion zum automatischen Ermitteln einer geeigneten Elementgröße, die immer einen Vorschlag für ein grobes Netz macht.
- Um eine bessere Vernetzung zu erreichen, verwenden Sie die Hälfte des Vorschlagswerts. Tragen Sie hinter dem Vorschlagswert „/2“ ein.
- Als Letztes bestätigen Sie mit Ok. Das Netz wird nun erstellt. Eventuell erscheint eine Warnung, die sagt, dass einige Elemente Grenzwerte überschritten haben. Dies müssen wir nun akzeptieren. Später werden wir noch einmal auf die Elementqualität zurückkommen.

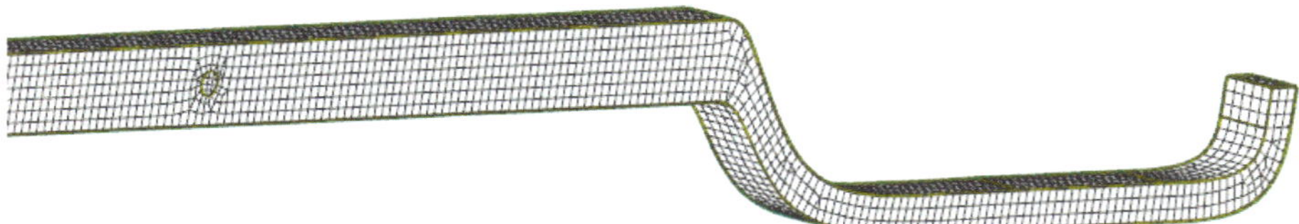

Bild 4.16 Dünnwandige Teile wie Bleche werden mit 2D-Schalenelementen vernetzt.

Der hier angewandte Elementtyp, d. h. Vierecke ohne Mittelknoten, erreicht eine verhältnismäßig gute Genauigkeit. Elemente mit Mittelknoten sind für statisch lineare Analysen zwar immer genauer als solche ohne Mittelknoten. Außerdem sind Viereckelemente genauer als Dreiecke. Das beste Element ist demnach das *CQUAD8*. Jedoch können diese 2D-Mittelknotenelemente auf komplexeren Geometrien oft nicht sofort mit ausreichender Formgüte erzeugt werden. Manuelle Nacharbeit oder das Setzen von zusätzlichen Parametern beim Solven ist erforderlich. Daher haben wir uns für das universelle Quad4 entschieden. Dieses ist in der Berechnungspraxis am häufigsten zu finden.

4.2.1.11 Angabe der Wandstärke

Die Wandstärke des dünnwandigen Körpers wird den 2D-Elementen zugeordnet. Damit kann das Steifigkeitsverhalten der realen 3D-Struktur auch bei 2D-Elementen nachgebildet werden.

Die Wandstärke wird im Netzkollektor bzw. in den physikalischen Eigenschaften angegeben.

- Rufen Sie im Simulationsnavigator das Kontextmenü des 2D-Netzkollektors auf. Der Kollektor hat einen Namen wie *ThinShell(1)*. Wählen Sie die Option *Bearbeiten*.
- Hier selektieren Sie in der kleinen Liste neben *PSHELL1* den Button *Bearbeiten* (*Edit*).
- Im nächsten Fenster geben Sie unter *Standardstärke* (*Default Thickness*) den Wert für die Materialstärke an. In unserem Fall beträgt die Dicke 4 mm.
- Bestätigen Sie zweimal mit OK, um die Dialoge zu verlassen.

4.2.1.12 Verbindung des Netzes mit den Lagerungspunkten

Die Besonderheit der Lagerung, wie sie in diesem Beispiel gewählt werden soll, liegt darin, dass sie an eigens definierten Punkten vorgenommen werden soll. Dies hat den Vorteil, dass sich Randbedingungen sehr gut bezüglich ihrer Freiheitsgrade beeinflussen lassen.

Es gilt nun, die Punkte mit dem eigentlichen Körper zu verbinden. Jeder der beiden Lagerungspunkte muss also an einem gewissen Bereich mit dem Längsträger verbunden werden. Die Verbindung wird auf starre Weise ausgeführt, d.h., jede Bewegung des Punktes wird direkt auf den jeweiligen Anknüpfbereich des Längsträgers übertragen. Auf diese Weise werden die vorgegebenen Freiheitsgrade am Punkt entsprechend auf den Anknüpfbereich am Längsträger übertragen.

Formal gesprochen wird eine mathematische Kopplung der jeweiligen Knotenfreiheitsgrade des FE-Systems erzeugt, die einer absolut starren Kopplung der beiden Bereiche gleichkommt. So eine Kopplung wird mit sogenannten Kopplungselementen erreicht. Diese sind im NX-System unter der Funktion *1D-Verbindung* (*1D-Connection*) zu finden (Bild 4.17).

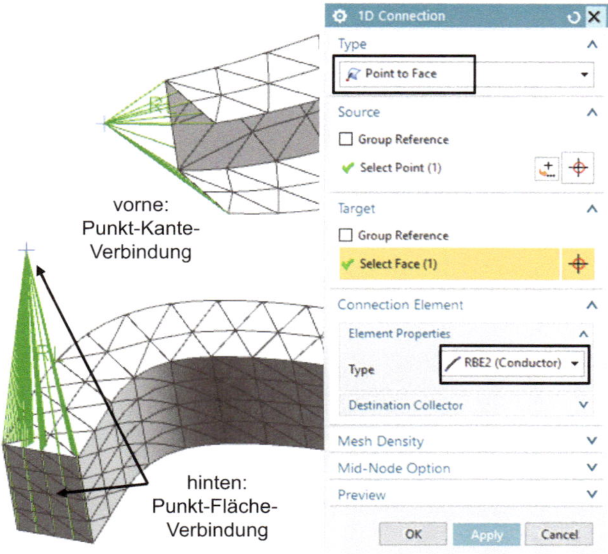

Bild 4.17 Solche Arten von Verbindungen werden sehr oft benötigt.

Die Vorgehensweise, um einen Punkt starr mit einer vernetzten Fläche zu verbinden, wird bei FE-Analysen in vielen Fällen genutzt.

Gehen Sie wie folgt vor (siehe auch Bild 4.17):

- Wählen Sie unter der Funktionsgruppe für Vernetzungen die Funktion *1D-Verbindung* (*1D-Connection*).

Jeder Knoten der Kanten wird steif mit dem Punkt verbunden.

Ganz oben im Menü wird eingestellt, ob es sich um eine *Punkt-Kante-* (*Point to Edge*), *Punkt-Fläche*-Verbindung (*Point to Face*) oder einen anderen Typ handelt. Wir wollen hinten eine Punkt-Fläche- und vorne eine Punkt-Kante-Verbindung erstellen (Bild 4.17). Beginnen wir mit dem vorderen Teil.

- Stellen Sie die *Type*-Option auf *Punkt zu Kante* (*Point to Edge*).
- Im unteren Optionsfeld *Type* wählen Sie als Verbindungselement die Option *RBE2*. *RBE2* bedeutet *Rigid Body Element Type 2* und definiert eine starre Kopplung.
- Selektieren Sie nun als *Quelle* (*Source*) den vorderen Punkt, der mit dem Träger verbunden werden soll.
- Als *Ziel* (*Target*) wählen Sie dann die drei Kanten des Längsträgers, die mit dem Punkt verknüpft werden sollen.
- Bestätigen Sie mit OK.

Daraufhin wird das Verbindungsnetz erstellt. Es sieht wie eine Spinne aus. Daher rührt auch die Bezeichnung solcher Netze als „Spinnen".

- Auf entsprechende Weise gehen Sie auf der hinteren Seite des Längsträgers vor. Wählen Sie hierfür die Option *Punkt zu Fläche* und wählen die entsprechende Fläche.

Wird das 2D-Netz des Körpers geändert oder gelöscht und neu erstellt, so passen sich die 1D-Verbindungen automatisch an die neuen Knoten an.

- Speichern Sie die Datei.

4.2.1.13 Materialeigenschaften

Materialeigenschaften werden aus dem Master übernommen.

Materialeigenschaften brauchen in diesem Fall nicht angegeben zu werden, weil bereits im Masterteil der Baugruppe die Eigenschaften von Stahl zugeordnet worden sind. Diese Vorgehensweise ist zu empfehlen, denn sie erspart Arbeit und bringt Sicherheit. Außerdem kann von allen Baugruppen, in denen der Längsträger verbaut ist, auf die Materialeigenschaften zugegriffen werden. Wird dies bei allen Komponenten so geregelt, dann könnte z. B. sofort die Masse der ganzen Baugruppe ermittelt werden.

Falls eine „Was wäre wenn"-Studie mit einem anderen Material durchgeführt werden sollte, so könnte nun in der FEM-Datei ein anderes Material an das Netz übergeben werden. Auf diese Weise würde das originale Material überschrieben.

4.2.1.14 Erzeugung der Last

Die Last entspricht der Belastung aus dem Eigengewicht und einem Faktor für die Beschleunigung.

Als Nächstes soll die Last aufgebracht werden.

- Da Lasten und Randbedingungen in die Simulationsdatei gehören, schalten Sie nun über den Simulationsnavigator in die Simulationsdatei.
- Wählen Sie aus der Funktionsgruppe für Lasten (*Load Type*) die Funktion *Kraft* (*Force*).

- Selektieren Sie die neu unterteilte Kreisfläche.
- Tragen Sie die Größe von 3000 N ein.
- Wählen Sie mit der Richtungsmethode die Y-Richtung.
- Bestätigen Sie mit Ok.

4.2.1.15 Erzeugung der Lagerungen

Die Lagerungen sollen in diesem Beispiel auf die anfangs markierten Punkte aufgebracht werden, die vorher mit der Geometrie des Rahmens verbunden worden sind.

Die Definition von Lagerungsbedingungen auf Punkten, die mit der Geometrie verbunden sind, ist eine Vorgehensweise, die sehr oft bei FEM-Aufgaben angewandt wird. Sie erlaubt auf der einen Seite eine große Flexibilität bei der Definition der Position der Lagerung, weil die Position über einen externen Punkt angegeben wird. Auf der anderen Seite ergeben sich Vorteile, weil Freiheitsgrade auf Punkten oft gezielter vorgegeben werden können als auf Kanten oder Flächen. Insbesondere Drehfreiheitsgrade lassen sich auf Punkten sehr flexibel vorgeben, wie im Folgenden gezeigt wird.

Die Einspannbedingungen sollen derart ausgeführt werden, dass beide Lagerungspunkte ein Drehen um die Querachse des Fahrzeugs erlauben. Zusätzlich soll einer der beiden Lagerungspunkte das Loslager darstellen und in der Längsrichtung Verschiebungen zulassen.

Beide Lager sollen Drehen zulassen.

Daher erzeugen Sie nun Randbedingungen mit den Einstellungen, die in Bild 4.18 dargestellt sind:

- Wählen Sie aus der Funktionsgruppe *Zwangsbedingungstyp* (*Constraint Type*) die Funktion *Benutzerdefinierte Zwangsbedingung* (*User Defined Constraint*).
- Stellen Sie in der Selektionsleiste den Filter auf *Punkt*.
- Selektieren Sie den jeweiligen Punkt, und tragen Sie die Freiheitsgrade so ein, wie Bild 4.18 es zeigt.

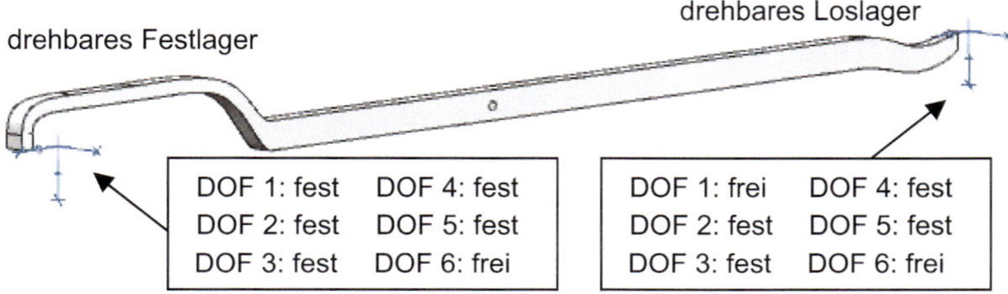

Bild 4.18 Die Freiheitsgrade der Lagerungen werden, wie hier dargestellt, eingestellt.

- Bestätigen Sie mit Ok.
- Führen Sie dies für die vordere und die hintere Lagerung, entsprechend Bild 4.18, durch.
- Speichern Sie die Datei.

Damit sind die gewünschten Einspannbedingungen erzeugt, und das Modell kann berechnet werden.

4.2.1.16 Berechnung und Bewertung der Lösungen

- Nachdem das FE-Modell nun fertig aufgebaut ist, können Sie die Lösungen mit der Funktion *Berechnen* (*Solve*) berechnen lassen.
- Nach Abschluss der Lösung wechseln Sie in den *Postprozessor*, um die Verformungsergebnisse zu analysieren.

Zunächst werden die Verformungsergebnisse angezeigt und auf Plausibilität geprüft. Die Lagerungen lassen die gewünschte Verdrehung zu. Daher ergibt sich ein plausibles Bild (Bild 4.19).

Bild 4.19 Die Verformung des Längsträgers ist plausibel.

Nachdem die Verformungen plausibel erscheinen, können auch Spannungen dargestellt werden. Als Vergleichsspannung soll aufgrund der duktilen Eigenschaften von Stahl die Von-Mises-Vergleichsspannung bewertet werden.

- Schalten Sie im Postprocessing-Navigator auf die Spannungen, also *Spannung - Element-Knoten* (Bild 4.20).

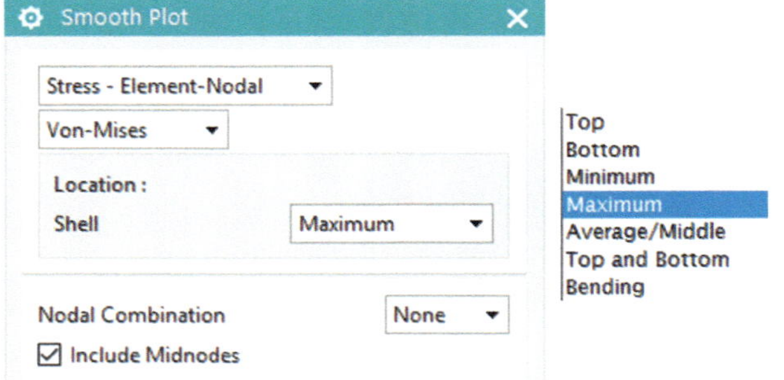

Bild 4.20 Hier wird angegeben, auf welcher Seite der Schale die Spannungen angezeigt werden sollen.

Mit der Funktion *Ergebnis* (*Result*) kann gewählt werden, welche Spannung angezeigt werden soll (Bild 4.20).

- *Schale Oben* (*Shell Top*): Hiermit werden die Spannungen auf der Oberseite des dünnwandigen Körpers angezeigt. Im nächsten Abschnitt wird gezeigt, wie Sie die Oberseite des Netzes identifizieren können.

Bei der Darstellung von Spannungen muss zwischen der Außenseite, der Innenseite und der Mittelfaser unterschieden werden.

- *Schale Unten* (*Bottom*): Hierbei handelt es sich um die Spannungen auf der Unterseite des dünnwandigen Körpers.
- *Schale Minimal*: Diese Methode zeigt den kleinsten Wert der drei Möglichkeiten Außenseite, Innenseite oder Mitte an. Dies macht nur Sinn, um sich Druckspannungen anzeigen zu lassen.
- *Schale Maximal*: Diese Methode zeigt den größten Wert der drei Möglichkeiten Außenseite, Innenseite oder Mitte an. Dies ist die sicherste Methode, um den größten Wert zu finden.

- *Schale Oben und Unten* (*Shell Top and Bottom*): Diese Option ist zu empfehlen. Sie zeigt, je nachdem von welcher Seite gesehen, die entsprechende Spannung an.
- *Schale Biegen* (*Shell Bending*): Hiermit wird lediglich der Biegeanteil und nicht der Membrananteil der Spannung angezeigt.

Um die Ober- bzw. Unterseite eines Netzes zu identifizieren, müssen Sie den Postprozessor noch einmal verlassen. Unter *Checks and Information* finden Sie die Funktion *2D Element Normalen* (Bild 4.21). Nach Aufruf dieser Funktion und Selektion des gefragten Netzes werden Pfeile dargestellt, die in Richtung der Oberseite des Netzes zeigen. Dies ist die Seite, auf die sich die Ergebnisse *Top* beziehen.

Um auf der sicheren Seite zu sein, wollen wir nun die Spannung anzeigen, die auf jeden Fall die größte ist. Daher schalten wir in der Funktion *Ergebnis* (*Result*) auf *Maximum*.

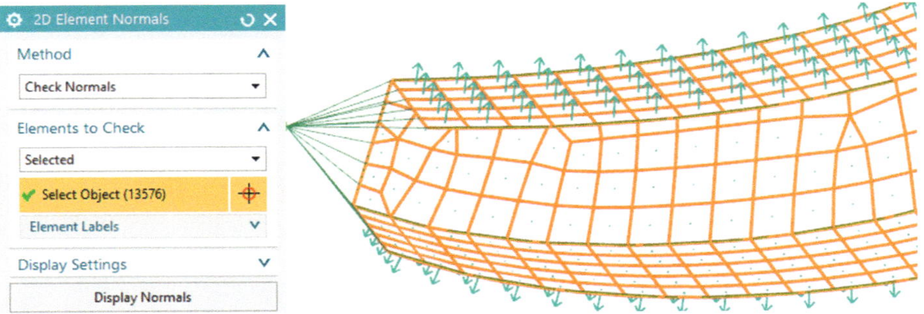

Bild 4.21 So kann die Oberseite der Schalenelemente herausgefunden werden.

Der am stärksten beanspruchte Bereich sollte Bild 4.22 ähneln.

Beurteilung der Genauigkeit des Ergebnisses

Es kann festgestellt werden, dass bei unserem FE-Modell im Bereich der hohen Beanspruchung keine Störungen im Kraftfluss vorliegen. Daher liegt keine Spannungssingularität vor, und daher dürfen die Spannungsergebnisse überhaupt erst sinnvoll bewertet werden. Die Vernetzung scheint auch schon ausreichend fein zu sein. Das Ergebnis sollte also weitgehend auskonvergiert sein. Um sicherzugehen, sollte jedoch immer eine zweite Rechnung mit verfeinertem oder vergröbertem Netz durchgeführt werden. Erst wenn nachgewiesen wurde, dass sich das Ergebnis kaum mehr ändert, ist der Konvergenznachweis erbracht.

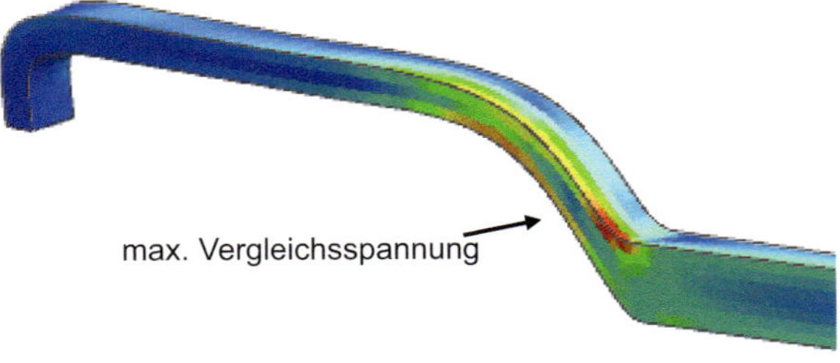

Bild 4.22 Die höchsten Spannungen ergeben sich an einem Übergangsbereich des Querschnitts.

4.2.1.17 Verifikation anhand einfacher Balkentheorie

Um Vertrauen zu FEM-Rechnungen zu gewinnen und sich abzusichern, sollte der Einsteiger regelmäßig überschlägige Nachrechnungen durchführen. Doch auch Berechnungsexperten tun dies oft, um z. B. grobe Fehler auszuschließen, neue Elementtypen zu testen oder um die neue Version der Software zu prüfen. Dabei hilft in ganz vielen Fällen die einfache Balkentheorie, denn viele Aufgaben lassen sich mehr oder weniger stark vereinfacht als Balken ansehen (Bild 4.23).

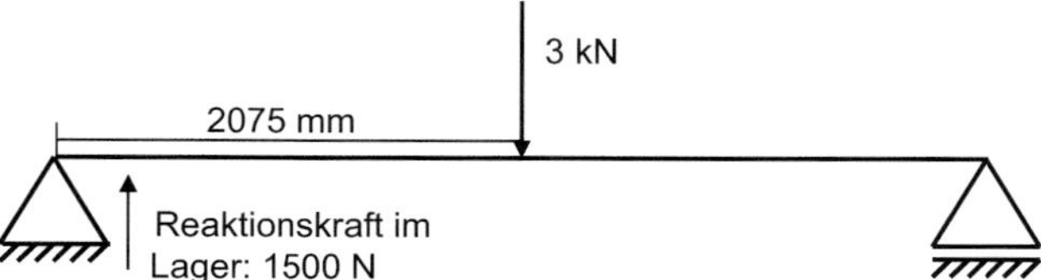

Bild 4.23 Mit der einfachen Balkentheorie sollten überschlägige Nachrechnungen durchgeführt werden.

Übrigens finden Sie in [nxn_verif] ein sehr umfassendes Verifikationsmanual für NX/Nastran, in dem viele FEM-Beispiele mit theoretischen Lösungen verglichen und die Korrektheit des Solvers nachgewiesen wird.

Es kann natürlich nicht erwartet werden, dass die Ergebnisse der Balkentheorie immer genau mit den FEM-Ergebnissen übereinstimmen. Vielmehr lassen sich die Abweichungen erklären. Es bringt viel Vertrauen, wenn gezeigt wird, dass die Methoden der klassischen Mechanik mit FEM-Berechnungen übereinstimmen.

Solch eine Balkenrechnung „per Hand" sollte so einfach wie möglich gehalten werden. Daher wird vereinfachend ein Balken mit konstantem Querschnitt angenommen, während der reale Träger seinen Querschnitt verändert. Wir entscheiden uns für den Querschnitt des wesentlichen Teils des Trägers und tun so, als würde dieser Querschnitt konstant bleiben. Also werden nun die geometrischen Werte des Längsträgers aus dem CAD-Modell heraus gemessen. Sie ergeben sich wie in Bild 4.24 dargestellt.

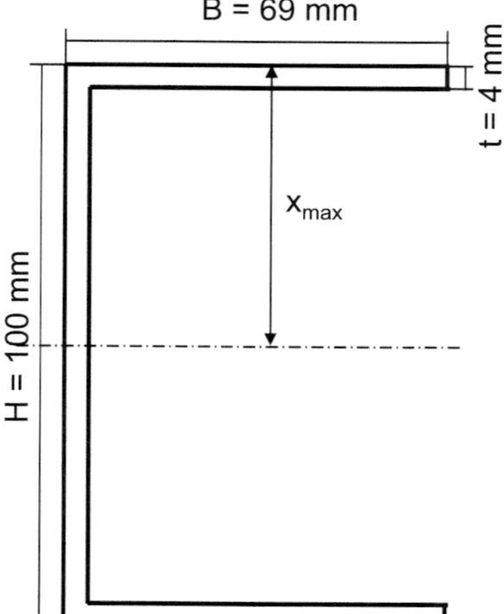

Bild 4.24 Der Querschnitt unseres Balkens im ungestörten Bereich

Der theoretische Spannungswert, der sich aus der Balkentheorie ergibt, wird aus dem Biegemoment M_b und dem Widerstandsmoment W zu

Die theoretische Spannung ergibt sich aus dem Biegemoment geteilt durch das Widerstandsmoment.

$$\sigma_{max} = \frac{M_b}{W}$$

berechnet, wie es sich aus den klassischen Formeln der Mechanik, die z. B. in [SchnellGrossHauger] nachzulesen sind, ergibt.

Das Widerstandsmoment eines C-Profils errechnet sich laut [Dubbel] wie in Bild 4.25 dargestellt aus der Geometrie des Querschnitts. Daraus ergibt sich W = 1532106,67 mm^4.

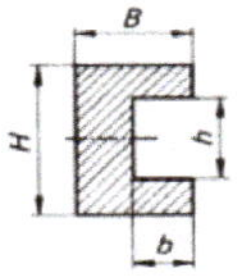

$$I = \frac{BH^3 - bh^3}{12} \qquad W = \frac{BH^3 - bh^3}{6H}$$

Bild 4.25
Die Berechnung des Widerstandsmoments für das gegebene Profil

Berechnet man nun das Biegemoment M_b für unser Beispiel aus der Reaktionskraft an einem der beiden Lager, multipliziert mit dem Hebelarm, der sich aus der halben Balkenlänge ergibt, so erhält man M_b = 3112500 Nmm. Mit den beiden errechneten Werten erhält man für die theoretische Balkenspannung einen Wert von 101,6 N/mm^2.

Für unseren FEM-Vergleichswert wählen wir die Von-Mises-Spannung (oder auch Zugspannung) und suchen die Werte auf der Außenseite in der Mitte des Trägers, so wie es unserer Balken-Vergleichsrechnung entspricht. Die Werte, die wir finden, schwanken zwischen 45 und 150 N/mm^2. Sie schwanken also deutlich um den theoretischen Wert herum (Bild 4.26).

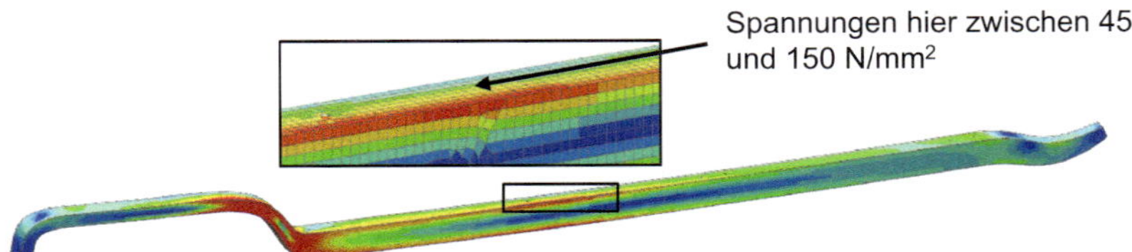

Bild 4.26 Von der Größenordnung stimmen die Handrechnung und die FEM-Ergebnisse überein. Die Unterschiede sind erklärbar: FEM kann genauer rechnen als klassische Maschinenelemente-Formeln.

Von der Größenordnung stimmen die beiden Rechnungen – FEM und Balkentheorie – überein. Zugegeben, eine geringere Streuung wäre wünschenswert, aber die grobe Abschätzung ist zufriedenstellend. Es ist deutlich, dass unser FEM-Längsträger kein „reiner" Balken ist. Gleichzeitig wird klar, dass die Ergebnisse aus der FEM-Rechnung viel detaillierter als solche der klassischen Mechanik sind. Die FEM-Spannungen werden an jedem Punkt lokal ausgerechnet und können beurteilt werden, während die Balkentheorie nur einen allgemeinen Spannungswert liefert. Dies ist auch der Grund dafür, dass oftmals bei FEM-Analysen größere Spannungen ausgerechnet werden als bei klassischen Maschinenelemente-Formeln. Mit FEM werden die kleinen Details der Geometrie berechnet – natürlich nur, wenn sie in dem Netz enthalten sind, während die klassischen Formeln dies oft übergehen. Außerdem werden bei den klassischen Formeln oft gewisse mechanische Effekte vernachlässigt. Im Fall der Balkentheorie ist dies z. B. der Effekt der

Querkraft auf die Biegespannung. Man nimmt an, dass der Balken lang ist und daher der Biegeeinfluss viel wichtiger ist als die Querkraft. In der FEM-Analyse wird dies automatisch mit berechnet. Dies ist auch ein Grund für etwas größere Spannungen im FEM-Ergebnis.

Das Ergebnis der FEM-Analyse ist damit glaubwürdig gemacht worden. Somit können auch Ergebnisse an Stellen, die nicht so einfach per Hand zu berechnen sind, als glaubwürdige Werte angesehen werden.

- Schließen Sie in NX alle Dateien.

Damit ist diese Teilaufgabe abgeschlossen.

4.2.1.18 Aufgabenstellung (Teil 2)

Diesen Aufgabenteil können Sie auch unabhängig von Teil 1 durchführen. Nachdem im ersten Teil der Aufgabe der rechte Längsträger als Einzelteil erfolgreich analysiert wurde, möchten wir nun die gesamte Rahmenbaugruppe mit all ihren Querträgern und Nietverbindungen berechnen (Bild 4.27). Mit der Gesamtbaugruppenanalyse versprechen wir uns realistischere Ergebnisse, weil jedes weggelassene Teil einen ungewissen Einfluss ausübt. Natürlich kann erst mit einer Betrachtung des Gesamtsystems auf die Fahrzeugsteifigkeit geschlossen werden. Die Ergebnisse der beiden Analysen sollen verglichen werden.

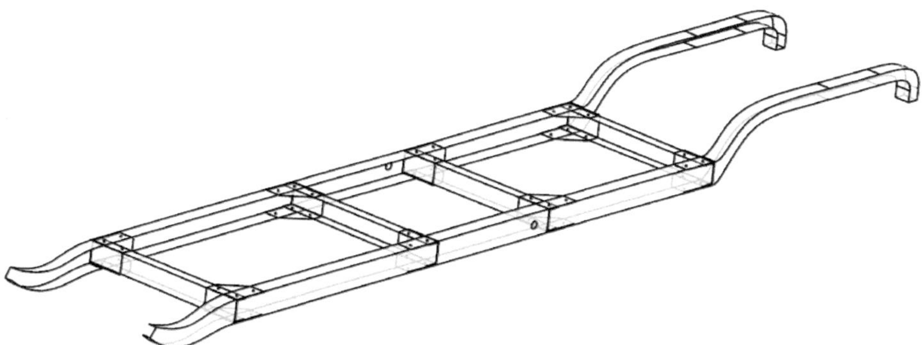

Bild 4.27 Nun soll der Rahmen als FEM-Baugruppe analysiert werden. Daraus wird ein deutlich komplexeres FEM-Modell entstehen.

Sie erlernen an diesem Beispiel Techniken für Baugruppen-FEM-Modelle und Methoden zur Verbindung von FE-Netzen. Es werden insbesondere Verbindungstechniken für Nieten dargestellt. In sehr ähnlicher Weise können aber auch Schweißpunkte, Schrauben oder ähnliche Verbindungen aufgebaut werden.

Wir nehmen an, dass die anderen Einzelteile des Gesamtrahmens, d. h. die Querträgerteile und der linke Längsträger, schon als Einzelteile analysiert worden sind. So wäre dies z. B. durch andere Konstrukteure im Unternehmen im Laufe der Entwicklung geschehen. Um Ihnen als Anwender den Arbeitsaufwand zu erleichtern, sind die FEM-Modelle dieser Teile unter *plus.hanser-fachbuch.de* vorhanden. Die Methodik für deren Aufbau enthält keine neuen Lerninhalte. Daher brauchen diese Modelle nicht selbst aufgebaut zu werden, sondern es kann einfach darauf zugegriffen werden.

Im Folgenden werden wir erklären, welche Möglichkeiten es beim Aufbau von Baugruppen-FEM-Modellen gibt.

4.2.1.19 Möglichkeiten für Baugruppen-FEMs

FEM-Modelle für Baugruppen können auf zwei unterschiedliche Weisen aufgebaut werden. Einerseits können die FEM-Netze aller Teile in einer einzigen FEM-Datei gemeinsam erstellt und gespeichert werden. Andererseits können die FEM-Netze der Einzelteile in jeweils eigenen Dateien gehalten werden. Im letzteren Fall sprechen wir von der Assembly-FEM (kurz: AFEM), im ersten Fall vom konventionellen Aufbau von FEM-Baugruppen. Die beiden Methoden werden in Bild 4.28 gegenübergestellt.

Vor- und Nachteile der beiden Methoden

Die Assembly-FEM-Methode hat den klaren Vorteil, dass die Netze der Einzelteile in nachfolgenden Baugruppenanalysen weiterverwendet werden können. Damit unterstützt die Methode den natürlichen Verlauf bei der Bottom-up-Entwicklung: Zunächst werden Einzelteile konstruiert und berechnet. Dann werden die Einzelteile in Baugruppen zusammengesetzt und im Verbund analysiert.

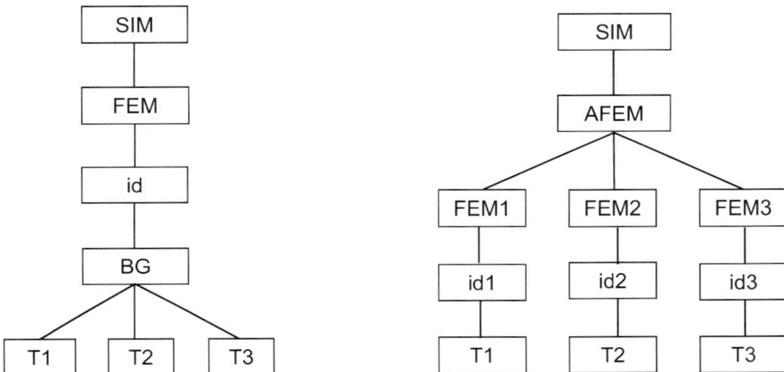

Bild 4.28 Links die konventionelle, rechts die AFEM-Methode für den Aufbau von Baugruppen-FEM-Modellen

Allerdings hat die Assembly-FEM-Methode gegenüber der konventionellen Methode auch einen Nachteil. In manchen Fällen möchte man an den Kontaktstellen von zwei Teilen die FEM-Knoten miteinander ausrichten, z. B. weil diese miteinander verbunden werden sollen oder weil eine Kontaktrechnung ablaufen soll, die bei ausgerichteten Knoten die beste Genauigkeit bringt. Solch ein Ausrichten von Knoten an zwei angrenzenden Bauteilen ist deutlich einfacher zu bewerkstelligen, wenn die beiden Netze in derselben Datei sind. Dies spricht also für die konventionelle Methode.

Für unsere Beispielaufgabe könnten beide Methoden eingesetzt werden. Wir wollen hier den Weg der AFEM einschlagen, weil der typische Entwicklungsverlauf damit unterstützt wird, den wir ja mit dem ersten Aufgabenteil schon begonnen haben. Die Einzelteilvernetzungen (und eventuell auch deren Berechnungen) liegen also bereits vor. Nun brauchen lediglich deren Netze weiterverwendet zu werden. Sie werden sehen, dass dies sehr einfach und komfortabel vonstattengeht.

4.2.1.20 Aufbau einer Assembly-FEM

Ausgangspunkt für den Aufbau einer Assembly-FEM ist die CAD-Baugruppe, die wichtige Informationen enthält. Insbesondere die Positionierung der Einzelteile und die Anzahl der verbauten Einzelteile sind in der CAD-Baugruppe enthalten. Diese Informationen können nun für die AFEM genutzt werden, d.h., welche Netze eingefügt werden sollen und wie diese im Raum orientiert sind, kann einfach aus der CAD-Baugruppe abgeleitet werden. Gehen Sie wie folgt vor:

- Öffnen Sie die Datei *rh_rahmen.prt.*
- Schalten Sie in die Anwendung *NX/Simcenter 3D Pre/Post.*
- Wählen Sie im Kontextmenü des Simulationsnavigators die Option *Neues Baugruppen-FEM* (*New Assembly FEM*, siehe Bild 4.29).
- Im folgenden Fenster geben Sie einen Dateinamen und Ordner für die neu zu erstellende AFEM-Datei an. Geben Sie hier sinnvollerweise als Namen *rh_rahmen_assyfem1.afm* an. Bestätigen Sie mit OK.
- Im nachfolgenden Fenster *Neues Baugruppen-FEM* sind alle Voreinstellungen richtig. Bestätigen Sie mit OK.

Die Schritte beim Aufbau einer Assembly-FEM

Mit dieser Einstellung können die Informationen über die bereits vorhandenen Baugruppenkomponenten und deren Positionierung leicht aus der angegebenen Baugruppendatei *rh_rahmen.prt* abgeleitet werden.

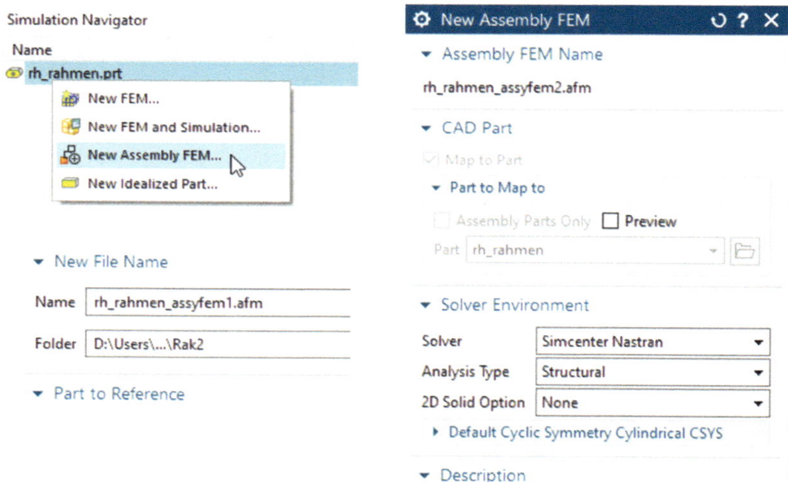

Bild 4.29 Dialoge bei der Erzeugung eines Assembly-FEM-Modells

Die originale CAD-Baugruppe *rh_rahmen* wird als „Muster" genutzt.

Nachdem dies erledigt ist, zeigt der Simulationsnavigator unter der AFEM-Datei die CAD-Baugruppe und deren Komponenten an. Alle Komponenten haben jetzt noch den Status *Ignoriert* (*Ignored*), weil wir noch nicht angegeben haben, welche der Komponenten überhaupt in die Berechnung eingehen sollen bzw. für welche Teile schon FEM-Netze vorliegen (siehe Bild 4.30). Die nächste Aufgabe ist es nun, die FEM-Netze der Komponenten zuzuordnen, die in die Baugruppenanalyse eingehen sollen. Gehen Sie dazu folgendermaßen vor:

- Suchen Sie im Simulationsnavigator die erste Komponente aus, für die ein FEM-Netz vorliegt, das Sie zuordnen wollen. Beginnen Sie z.B. mit *rh_laengstraeger_re.prt.*
- Wählen Sie im Kontextmenü dieses Knotens die Option *Vorhandene zuordnen* (*Map Existing*).

Die gewünschten Komponentennetze werden zugeordnet.

- Im nächsten Menü wählen Sie die Option Öffnen und selektieren dann die FEM-Datei des zugehörigen Netzes *rh_laengstraeger_re_fem1.fem*.

An dieser Stelle können Sie auswählen, ob Sie die von Ihnen selbst erstellte Vernetzung des Längsträgers verwenden möchten oder die Vorlage unter *plus.hanser-fachbuch.de*.

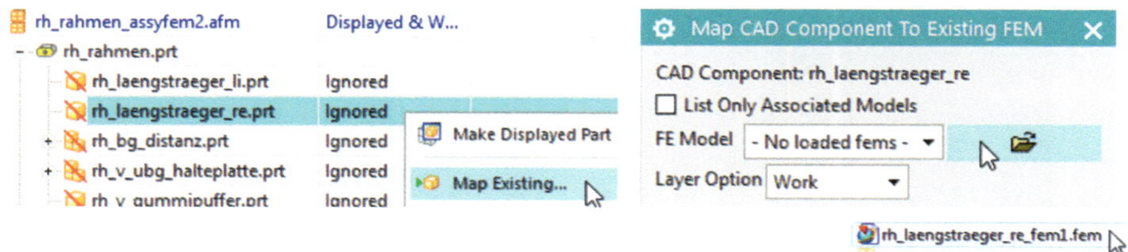

Bild 4.30 Mehrfachverwendungen von Netzen sind damit einfach möglich.

- Bestätigen Sie weitere Fragen mit Ok, woraufhin das FEM-Netz der Komponente in die AFEM eingefügt wird.
- Auf die gleiche Weise ordnen Sie nun das FEM-Netz der Komponente *rh_laengstraeger_li* zu. Dieses haben Sie zwar nicht selbst erstellt, es ist aber unter *plus.hanser-fachbuch.de* zu finden.
- Schließlich ordnen Sie ebenfalls die Netze der Komponente *rh_ubg_quertraeger* zu. Beachten Sie, dass diese Komponente viermal verbaut ist. Daher ordnen Sie diese Komponente viermal zu.

Es wird klar, dass die Vernetzung des Querträgers durch die Baugruppentechnik nur einmal wirklich erstellt worden ist, aber viermal eingefügt und an unterschiedlicher Stelle positioniert wird. Alle diese Informationen konnten aus der CAD-Baugruppe abgeleitet werden.

Die restlichen Teile, die in der Baugruppe verbaut sind, wollen wir nicht in diese Analyse einbeziehen – einerseits, weil noch keine FEM-Netze für sie vorliegen, andererseits, weil wir annehmen, dass diese Teile keinen nennenswerten Einfluss auf das Steifigkeitsverhalten ausüben (Bild 4.31).

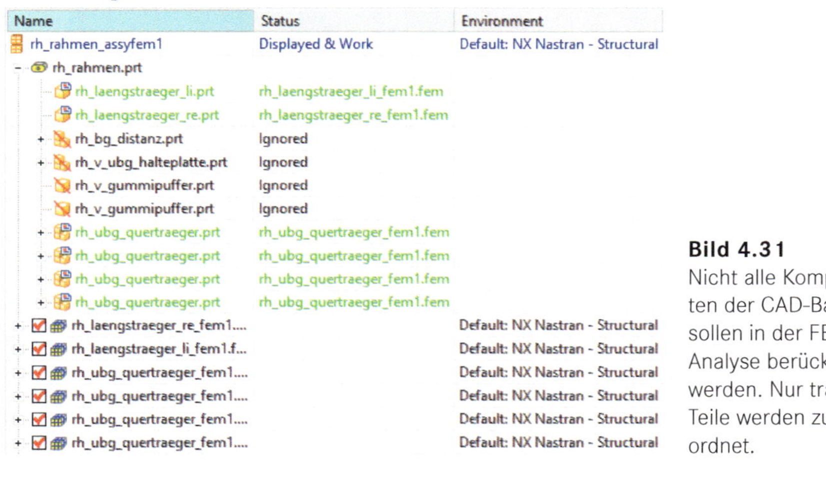

Bild 4.31 Nicht alle Komponenten der CAD-Baugruppe sollen in der FEM-Analyse berücksichtigt werden. Nur tragende Teile werden zugeordnet.

Als Nächstes folgt die Verbindung der Einzelnetze durch FEM-Nietmodelle. Diese Verbindungselemente werden konsequenterweise in der neu erstellten Baugruppen FEM-Datei erzeugt. Wir verbleiben also weiterhin in dieser Datei.

4.2.1.21 Erzeugung von Modellen für Nietverbindungen

Die Verbindung zweier Blechteile mit Nieten kann in FEM nachgebildet werden.

Reale Nietverbindungen haben zu komplexe Eigenschaften, als dass sie in unserem Beispiel analysiert werden könnten. Es gilt hier vielmehr, ein Modell für Nietverbindungen zu erstellen, das die Wirkung der echten Nieten auf die benachbarten Bauteile wiedergibt. In der Analyse darf dann nicht nach detaillierten Ergebnissen im lokalen Bereich einer Niete gefragt werden, denn hierfür ist das Modell zu grob. In einiger Entfernung davon kann jedoch damit gerechnet werden, dass die Ergebnisse vernünftig sind.

Für unser Beispiel sollen die Nieten derart modelliert werden, dass eine Kreiskante von einem Blech mit einer Kreiskante des zweiten Bleches verbunden wird. Die Kreiskanten entsprechen ungefähr den Auflageflächen der Niete. Dies ist eine durchaus übliche Art der FEM-Modellierung solcher Verbindungen.

Als Besonderheit des hier vorgeschlagenen Nietenmodells soll die Verbindung derart gestaltet sein, dass die Kreise zwar fest miteinander verbunden sind, Drehungen um die Achse der Niete sollen aber frei möglich sein – also so, wie auch eine reale Niete noch Drehungen zulässt (Bild 4.32). Zwar wird sich diese spezielle Eigenschaft nur wenig auf das Ergebnis in diesem Beispiel auswirken, jedoch kann diese Methode für andere Fälle sinnvoll genutzt werden, wenn es darum geht, einen Drehfreiheitsgrad zwischen zwei Teilen zu erhalten (z. B. Schrauben, Bolzen …).

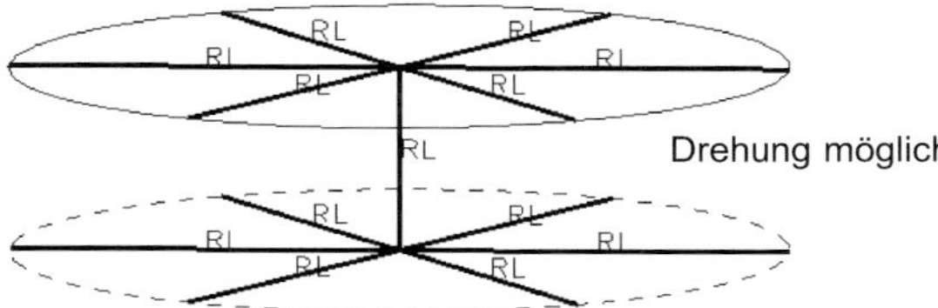

Bild 4.32
FEM-Modell einer Niete

Eine „Spinne" aus Kopplungselementen bildet das Modell für eine Nietverbindung.

Das Nietenmodell wird durch eine Kombination aus Kopplungselementen zusammengesetzt, die auf ähnliche Weise erstellt werden wie schon vorher die Verbindung des Längsträgers zu seinen Einspannpunkten (Spinnen). An den Querträgernetzen, die Sie eingefügt haben, sind diese Nietmodelle schon fertig. Dort können Sie, wie in Bild 4.33 dargestellt, einen Blick darauf werfen.

Es sind 32 Nieten!

Bedenken Sie bitte, dass der nachfolgende Arbeitsabschnitt an jeder Niete, d. h. 32-mal, durchgeführt werden muss, um den vollständigen Rahmen fertigzustellen. Wenn Ihnen dies zu mühsam ist und Sie lediglich das Prinzip sehen möchten, so sollten Sie einfach einige der Querträgernetze wieder aus der AFEM entfernen. Mindestens einer der Querträger sollte natürlich verbleiben. In dem Fall hätten Sie nur acht Nieten zu erstellen. Wenn Sie noch stärker vereinfachen wollen, so erzeugen Sie lediglich eine oder zwei Nieten auf jeder Seite. Sie können auch so vorgehen, dass Sie eine oder zwei Nieten erzeugen, dann aber das fertige AFEM-Modell unter *plus.hanser-fachbuch.de* weiterverwenden.

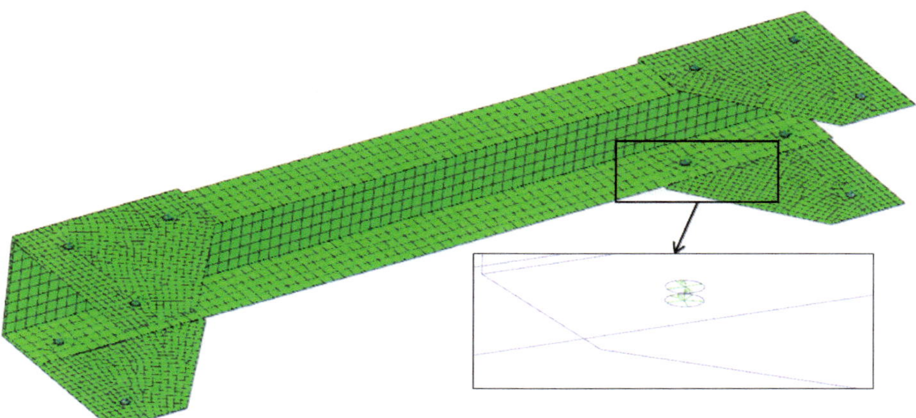

Bild 4.33 Nicht alle Komponenten der CAD-Baugruppe sollen in der FEM-Analyse berücksichtigt werden. Nur tragende Teile werden zugeordnet.

Woraus eine Niete besteht

Eine Niete an unserem Rahmen besteht im CAD-Modell aus zwei oder drei Kreiskanten (je nach Anzahl der Bleche). Wir werden nun so vorgehen, dass wir zuerst von den Kreiskanten jeweils eine Spinne zu deren jeweiligen Mittelpunkten erzeugen und dann jeweils Punkt-zu-Punkt-Verbindungen der Mittelpunkte erzeugen.

Wie Sie sich die Arbeit vereinfachen können

Alternativ zur hier beschriebenen Methode mit der Funktion *1D-Verbindung* (*1D-Connection*) kann auch die etwas schnellere Funktion *Bolzenverbindung* (*Bolt Connection*) genutzt werden. Diese erlaubt es, direkt zwei Kreiskanten zu selektieren, und erzeugt die Spinnen automatisch dazwischen. Wir wollen diese aber nicht verwenden, weil in unserem Beispiel schon einige Spinnen vorhanden sind und nur noch ergänzt werden müssen. Dafür ist die Funktion *1D-Verbindung* besser geeignet.

Gehen Sie für die Erzeugung eines Nietenmodells wie folgt vor:

- Entscheiden Sie sich für eine der Positionen, und zoomen Sie diese Position dicht heran. Schalten Sie geeigneter Weise in den statischen Drahtmodus.
- Blenden Sie die 2D-Netze aus (im Navigator die roten Haken bei *2D-Kollektoren* ausschalten).
- Wählen Sie die Funktion *1D-Verbindung* (*1D-Connection*).
- Wählen Sie den Typ *Punkt zu Kante* und *RBE2*.
- Selektieren Sie als *Quelle* den Kreismittelpunkt der ersten Kante und als *Ziel* die Kante selbst. Bestätigen Sie mit ANWENDEN.
- Führen Sie dies auch für die zweite (und eventuell dritte) Kante durch.

Mit nur drei Mausklicks kann eine „Spinne" erzeugt werden.

Bedenken Sie: Es sollten drei Mausklicks reichen, um eine solche „Spinne" zu erzeugen: Der erste Klick geht auf die Kreiskante, damit wird der Mittelpunkt selektiert. Der zweite Klick geht ebenfalls auf die Kreiskante, damit wird die Kante selbst selektiert. Der dritte Klick ist die Funktion ANWENDEN. Am besten Sie erzeugen auf diese Weise erst einmal alle Spinnen. Zugegeben, für alle 32 Nieten müssen Sie ein wenig klicken. Doch Sie werden sehen, dass diese Drei-Klick-Methode sehr schnell ist. (Wir sind geübt im „Klicken" und haben diese Arbeit in ca. vier Minuten erledigt.)

- Schließlich verbinden Sie die beiden Punkte, indem Sie erneut die Funktion *1D-Verbindung*, nun aber den Typ *Punkt zu Punkt* nutzen. Als *Quelle* selektieren Sie den ersten Punkt und als *Ziel* den zweiten. (Das kostet einen geübten „Klicker" noch einmal fünf Minuten Zeit.)

Damit haben Sie eine Nietverbindung erstellt, wobei zunächst alle Freiheitsgrade fest miteinander gekoppelt sind. Dieses Modell entspricht also in etwa dem Verhalten eines Schweißpunkts. Da eine reale Niete aber Drehungen zulässt, könnte diese Eigenschaft nun auch in unserem FEM-Modell der Niete realisiert werden. Wenn Sie dies möchten, geben Sie nun dem 1D-Netz, das die beiden Mittelpunkte verbindet, die besondere Eigenschaft, dass es Drehungen um eine Achse erlaubt. Dies erreichen Sie folgendermaßen:

- Optional: Selektieren Sie im Simulationsnavigator die entsprechenden 1D-Netze, denen die Drehung erlaubt werden soll. Eine Mehrfachauswahl ist möglich.
- Optional: Wählen Sie im zugehörigen Kontextmenü die Option *Verknüpfte Gitterdaten bearbeiten* (*Edit Mesh Associated Data*). Es erscheint das in Bild 4.34 dargestellte Menü.

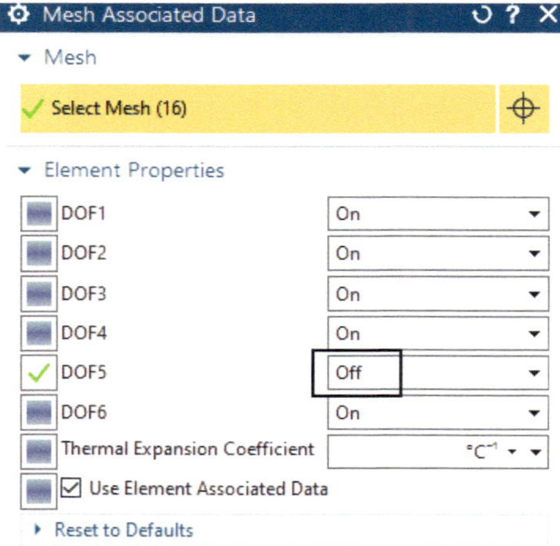

Bild 4.34
Die Freiheitsgrade für das Nietmodell

Der Drehfreiheitsgrad des mittleren Kopplungselements wird unbestimmt eingestellt.

In diesem Menü sind alle Freiheitsgrade des Kopplungselements auf *On* voreingestellt, also handelt es sich zunächst um eine vollkommen feste Verbindung.

- Optional: Schalten Sie, je nachdem, wie das absolute Koordinatensystem ausgerichtet ist, den gewünschten Drehfreiheitsgrad auf *Aus* (*Off*). In unserem Beispiel ist dies der Freiheitsgrad Y-Rotation, also der *DOF5*.
- Optional: Bestätigen Sie mit OK, damit die Einstellungen angewandt werden.
- Optional: Diese Arbeit führen Sie nun für jede gewünschte Niete aus.

4.2.1.22 Vereinigung doppelter Knoten

Beim Aufbau solcher FEM-Baugruppen wie dem Fahrzeugrahmen kommt es häufig vor, dass doppelte Knoten existieren. Dies passiert z. B. beim Erzeugen der RBE2-Elemente: Ein RBE2 wird erzeugt, damit entstehen auch zwei neue Knoten. An der Verbindungsstelle zum Nachbarelement ist aber schon ein Knoten. Diese beiden Knoten liegen also nun sehr eng beieinander. Sie haben praktisch die gleichen Koordinaten, aber sie sind nicht verbunden. Solch einen Zustand muss die Software erkennen und die beiden Knoten vereinigen lassen. Falls das Vereinigen nicht automatisch funktioniert und die Rechnung durchgeführt wird, kann etwas wie in Bild 4.35 dabei herauskommen. Es kann aber auch passieren, dass die Rechnung gar kein Ergebnis bringt, weil eventuell eine unterbestimmte Lagerungssituation dabei entsteht, die ja mit der linearen statischen FEM nicht berechnet werden kann.

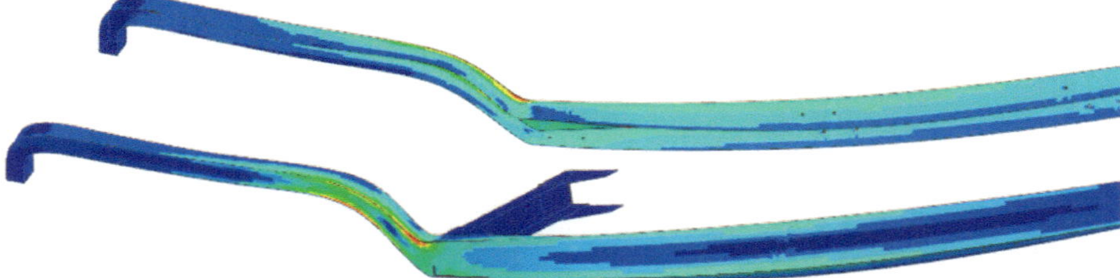

Bild 4.35 So kann es aussehen, wenn doppelte Knoten vorhanden sind: Die Teile sind nicht verbunden.

Daher sollte jetzt eine Funktion ausgenutzt werden, die diese Prüfung auf eng aneinander liegenden Knoten explizit durchführt und die gefundenen Knoten gegebenenfalls vereinigen lässt.

- Wählen Sie unter *Prüfungen and Information* (*Checks and Information*) die Funktion *Doppelte Knoten* (*Duplicate Nodes*, siehe Bild 4.36).
- Machen Sie alle Netze wieder sichtbar und ziehen Sie ein Fenster über alle.
- Wählen Sie im Dialog *Knoten anzeigen* (*List Nodes*) aus.

Die Toleranz steht nach Voreinstellung auf 0,001 mm. Es werden also alle Knoten, die enger beieinanderliegen als 0,001 mm, gefunden.

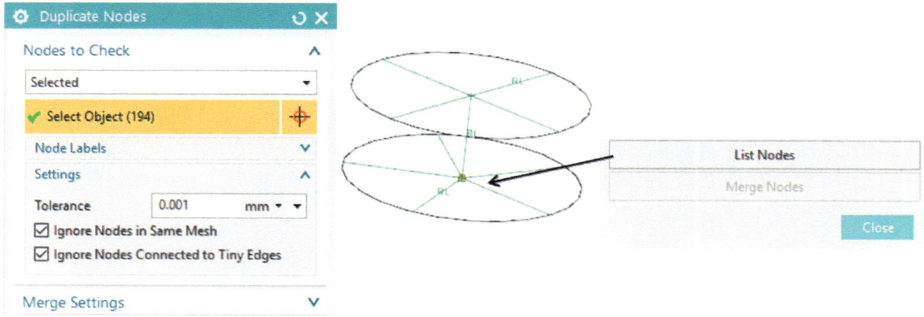

Bild 4.36 Ein doppelter Knoten wurde gefunden, der vereinigt werden muss.

Nach einer Weile wird ein Informationsfenster ausgegeben, das geschlossen werden kann. Interessanter ist die Darstellung am Modell selbst. Die gefundenen Knoten leuchten in der Grafik auf. (Sie lassen sich manchmal schlecht erkennen, suchen Sie daher ein wenig.)

Nachdem diese ungewünschten Knoten nun gefunden wurden, müssen sie nur noch vereinigt werden.

- Falls in Ihrem Modell doppelte Knoten gefunden wurden, wählen Sie im Dialog die Funktion *Knoten verschmelzen* (*Merge Nodes*, siehe Bild 4.36).

Die doppelten Knoten werden nun vereinigt. Eine entsprechende Meldung erscheint in der Statuszeile.

4.2.1.23 Auflösung von Nummerierungskonflikten

Die Nummern der Knoten und Elemente müssen eindeutig sein.

Würde jetzt direkt eine FEM-Analyse durchgeführt werden, so käme eine Fehlermeldung, die darauf hinweisen würde, dass Nummerierungskonflikte bestehen. Der Grund liegt darin, dass beispielsweise der Knoten mit der Nummer eins mehrmals in dem Gesamtmodell vorkommt. Jedes Einzelteil, das in der Assembly-Baugruppe enthalten ist, wurde alleine vernetzt, und dabei sind die Knoten und Elementnummern jedes Mal von eins beginnend hochgezählt worden. Daher kommt nun der Konflikt, weil doppelte Nummern nicht vorkommen dürfen. Dieser Konflikt kann aber problemlos aufgelöst werden, indem innerhalb der AFEM-Datei neue Nummern für die Knoten und Elemente vergeben werden. Dazu wird der sogenannte *Manager für Baugruppenbezeichnungen* verwendet. Sie gehen also folgendermaßen vor:

- Wählen Sie im Simulationsnavigator auf dem Knoten der AFEM-Datei die Funktion *Baugruppenprüfungen* (*Assembly Checks*) und dann *Manager für Baugruppenbezeichnungen* (*Assembly Label Manager*).

In der AFEM-Datei werden die Nummern nach Regeln neu vergeben.

Der Managerdialog öffnet sich. Hier wird eine ganze Reihe von Möglichkeiten zur Verfügung gestellt, um die neue Nummerierung zu kontrollieren. Im einfachsten Fall möchten Sie erreichen, dass die Konflikte automatisch aufgelöst werden, d. h., die Nummern werden einfach neu hochgezählt.

- Wählen Sie in diesem Dialog die Funktion mit dem gelben Blitz: *Automatisch lösen* (*Automatically Resolve*).
- Bestätigen Sie mit OK.
- Speichern Sie die Datei.

4.2.1.24 Erzeugung einer Simulationsdatei

Die Sim-Datei wird hier manuell erzeugt.

Die AFEM-Datei funktioniert nun in derselben Weise wie bisher die einfache FEM-Datei. Es gehört daher noch eine Simulationsdatei darüber. Diese Simulationsdatei zu dieser AFEM wurde nicht automatisch erzeugt, vielmehr muss sie jetzt manuell erstellt werden.

- Falls Sie die vorherigen Schritte nicht selbst durchgeführt haben, so öffnen Sie jetzt das AFEM-Modell unter *plus.hanser-fachbuch.de*: *rh_rahmen_assyfem1.afm*. Ansonsten arbeiten Sie mit Ihrem selbst erstellten Modell weiter.
- Wählen Sie im Simulationsnavigator auf dem Knoten der AFEM-Datei das Kontextmenü und hierin die Funktion *Neue Simulation* (*New Simulation*).
- Geben Sie einen Dateinamen und Ordner für die neue Simulationsdatei an. Wählen Sie beispielsweise *rh_rahmen_assyfem1_sim1.sim*.
- Bestätigen Sie mit OK und bestätigen Sie auch die Voreinstellungen im folgenden Menü *Neue Simulation* mit OK.
- Es folgt das Menü *Lösung* (*Solution*) zur Auswahl des Nastran-Lösungstyps. Wählen Sie *Lösung Erzeugen* (*Create Solution*). Bestätigen Sie die Voreinstellungen für eine linear statische Analyse 101 mit OK.

Nun können wieder Lasten und Randbedingungen definiert werden. Wir wollen beispielsweise eine entsprechende Lastsituation wie in Aufgabenteil 1 erreichen.

Wir wollen solche Lasten und Einspannungen erzeugen, die der Einzelteilberechnung entsprechen.

- Erzeugen Sie die gleichen Einspannbedingungen wie in Aufgabenteil 1 nun noch einmal. Definieren Sie diese Bedingung jedoch diesmal auf beiden Längsträgern.
- Definieren Sie die gleichen Kräfte wie in der vorigen Analyse auf beiden Trägern, d. h. 3000 N auf dem rechten und 3000 N auf dem linken.

4.2.1.25 Einen Fehler im Modellaufbau finden und lösen

- Führen Sie die Funktion *Berechnen* (*Solve*) aus.
- Beim automatischen Model Check kommt es (eventuell) zu einer Fehlermeldung.

Die Meldung „Failed to Write and Solve, see info window for details“ wird durch eine genauere Erklärung im Informationsfenster ergänzt, wie in Bild 4.37 zu sehen ist.

Eine Fehlermeldung mit der zugehörigen Empfehlung für die Lösung des Problems

```
ERROR
DOF 1 of node 24377 is set as dependent by element 24167 in mesh
"[rh_ubg_quertraeger_fem1]:RBE2 Collector(2):1d_mesh(28)" and by element 19 in mesh
"[rh_rahmen_assyfem1.afm]:RBE2 Collector(2):connection_recipe_19_mesh".
SUGGESTION: Set parameter "AUTOMPC" to "YES" in the "Edit Solution..." dialog.
```

Bild 4.37 Fehlermeldung des Simcenter Nastran-Solvers und Empfehlung für AUTOMPC

Das NX-System hat einen Fehler im Modellaufbau festgestellt. Um den Fehler zu verstehen, sollte folgender Zusammenhang bekannt sein: Die Rigid-Elemente (RBE2), die wir hier einsetzen, verbinden zwei Knoten durch eine feste Kopplung. Solch ein Element hat daher einen abhängigen und einen unabhängigen Knoten. Rechnerintern werden innerhalb der Steifigkeitsmatrix die jeweiligen Freiheitsgrade gleichgesetzt. Es werden die sogenannten *Multi Point Constraints* (MPCs= erzeugt. Nun gilt die einfache Regel, dass ein Freiheitsgrad nur von einem und nicht von mehreren anderen Freiheitsgraden abhängig sein darf. Es dürfen also keine Redundanzen dabei auftreten. Die Definition des unabhängigen und abhängigen Knotens ist bei der Erzeugung des Rigid-Elements automatisch erfolgt: Der erste Klick hat den unabhängigen und der zweite den abhängigen Knoten festgelegt.

In unserem Modell befindet sich jedoch, wegen der zusammengesetzten Nietelementkonstruktionen, eine ganze Reihe von Rigid-Elementen. Außerdem haben wir bei der Erzeugung nicht darauf geachtet, welcher Knoten von welchem abhängig sein soll. Es wäre auch viel verlangt vom Anwender, wenn er dies durchdenken müsste. Vielmehr wollen wir eine Funktion einsetzen, die automatisch Redundanzen bei den MPCs oder Rigid Links auflöst. Diese Funktion wird schon in der Fehlererklärung im NX-Informationsfenster vorgeschlagen: Sie heißt AUTOMPC und muss als Parameter an den Nastran-Solver übergeben werden. Führen Sie dazu folgende Schritte durch:

Wir setzen den Parameter AUTOMPC.

- Wählen Sie im Kontextmenü des Knotens *Solution 1* im Simulationsnavigator die Funktion BEARBEITEN (EDIT).
- Im folgenden Menü wechseln Sie in das Register *Case Control* (Bild 4.38).
- Wählen Sie die Funktion *Modellobjekt erzeugen* (*Create Modeling Object*) in der Zeile *Parameters* (*Param*) zum Erzeugen einer neuen Parameterliste.
- Es erscheint eine große Liste mit allen möglichen NX Nastran-Parametern (alphabetisch sortiert). Wenn Sie die Liste bei *A-B* aufklappen, finden Sie den Parameter *AUTOMPC*.

- Setzen Sie diesen auf JA (YES), und schalten Sie den Schalter daneben ein, damit dieser Parameter zusätzlich in die Nastran-Eingabedatei geschrieben wird.
- Bestätigen Sie mehrmals mit OK, um alle Menüs wieder zu verlassen.

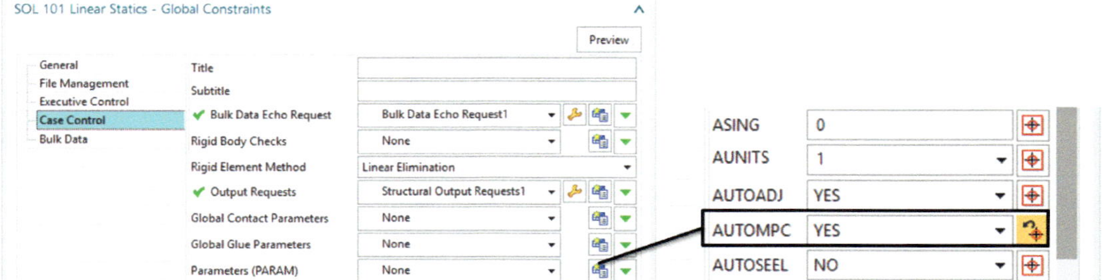

Bild 4.38 Hier wird eine Parameterliste erzeugt, die zusätzlich in die Nastran-Eingabedatei geschrieben wird.

Nun haben Sie eine zusätzliche Parameterliste mit einem Eintrag für *AUTOMPC = Yes* erzeugt und aktiviert. Dieser Parameter wird in die Nastran-Eingabedatei geschrieben. Sie können dies nachprüfen, indem Sie nach dem Lösen die **.dat*-Datei mit einem Texteditor öffnen und nach AUTOMPC suchen.

4.2.1.26 Berechnung der Lösungen

- Führen Sie nun erneut die Funktion *Berechnen* (*Solve*) aus.

Der Rechenjob sollte nun erfolgreich durchgeführt werden. Es kann jedoch ein Weilchen dauern, weil dieses Modell nicht mehr ganz so klein ist.

- Warten Sie das Ende des Nastran-Jobs ab.
- Wechseln Sie in den *Postprocessing-Navigator* (*Post Processing Navigator*), öffnen Sie das Ergebnis, und analysieren Sie es nach Belieben.

Bild 4.39 Die berechneten Von-Mises-Spannungen am Rahmen

4.2.1.27 Gegenüberstellung von zwei verschiedenen Ergebnissen

Für einen A-B-Vergleich wird das alte Ergebnis zunächst importiert.

Jetzt liegen Ergebnisse für diese zweite Analyse vor. Wir wollen eine kleine Vorbereitung vornehmen, die dazu dient, dass im Postprozessor die Ergebnisse der ersten Simulation vergleichsartig mit betrachtet werden können. Für diese Vorbereitung gehen Sie wie folgt vor:

- Wechseln Sie in den *Postprocessing-Navigator* (*Post Processing Navigator*).
- Wählen Sie hier im Kontextmenü des Knotens *Importierte Ergebnisse* (*Imported Results*) die Funktion *Ergebnisse importieren* (*Import Results*).
- Wählen Sie nun die Funktion *Durchsuchen* (*Browse*) und selektieren die Ergebnisdatei der Einzelteilberechnung, also die Datei *rh_laengstraeger_re_sim1-solution_1.op2*.
- Bestätigen Sie zweimal mit OK.

Im Navigator wird ein Verweis auf die erste Simulation hinzugefügt. Die Ergebnisse dieser ersten Analyse können nun nach Belieben dargestellt werden. Um eine Gegenüberstellung der beiden Ergebnisse zu erstellen, gehen Sie folgendermaßen vor:

Die Ergebnisse des A-B-Vergleichs sollen gegenübergestellt werden.

- Schalten Sie anhand der Funktion *Oben und unten* (*Upper and Lower*) auf ein Layout mit beispielsweise zwei Ansichten.

Der Bildschirm wird in zwei Bereiche aufgeteilt. Wenn Sie vorher schon ein Ergebnis dargestellt hatten, so ist dieses jetzt in einem der beiden Fenster zu sehen. Das andere Fenster zeigt das Modell aus dem Preprocessing. Wir wollen gerne in der oberen Ansicht die Spannungsergebnisse der Einzelteilanalyse und in der unteren Ansicht die Spannungsergebnisse der Baugruppenanalyse darstellen. Dazu ist Folgendes zu tun:

- Wählen Sie im Kontextmenü des importierten Ergebnisses auf dem Knoten *Spannung - Element-Knoten* die Funktion *New Plot*. Daraufhin klicken Sie mit der Maus in die obere Ansicht. Das Spannungsergebnis wird nun hier dargestellt.
- Das Gleiche tun Sie noch einmal mit dem Spannungsergebnis der Baugruppenanalyse. Hier wählen Sie die untere Ansicht.

Die beiden Ergebnisse werden jetzt in beiden Ansichten angezeigt. Die Bauteile können in den beiden Ansichten getrennt gedreht und verschoben werden.

Hier werden die Ansichten synchronisiert.

- Natürlich sollen die Ansichten gleichartig ausgerichtet werden. Dies erreichen Sie, indem Sie die Funktion *Synchronisierung anzeigen* (*Synchronize Views*) aufrufen, die beiden Ansichten selektieren und im Fenster *Viewport* bestätigen. Wenn Sie nun eine Bewegung vornehmen, so richten sich beide Ansichten miteinander aus.

Im Navigator werden die Ansichten und die dargestellten Ergebnisse übersichtlich dargestellt (Bild 4.40). Unter *Viewports* ist zu erkennen, dass derzeit zwei Ergebnisansichten dargestellt werden. Die Symbole dabei zeigen sehr deutlich, welche Ansicht die obere und welche die untere ist. Auf jeder dieser Ansichten bzw. *Post Views* kann das Kontextmenü genutzt werden, um Veränderungen, z. B. der Legende, für diese Ansicht zu erreichen. Es können auch mehrere Ansichten gleichzeitig manipuliert werden, indem mehrere der Post Views markiert werden und dann die Funktion *PP-Ansicht bearbeiten* (*Edit Post View*) oder eine andere genutzt wird.

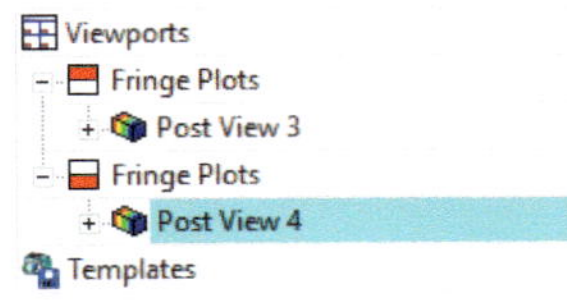

Bild 4.40
Ansicht des Navigators, wenn mehrere Berechnungsergebnisse enthalten sind

Auf diese Weise können Sie nun noch einige Änderungen für beide Ansichten hinzufügen:

- Markieren Sie im Navigator beide Ansichten.
- Wählen Sie die Funktion *PP-Ansicht bearbeiten* (*Edit Post View*).
- Im Register *Kanten/Flächen* (*Edges and Faces*) wählen Sie bei *Kanten* (*Edges*) die Option *Formelement* (*Feature*). Nun werden die Elementkanten der finiten Elemente nicht dargestellt.
- Wählen Sie jetzt die Funktion *Ergebnis* (*Result*) und darin bei *Schale* (*Shell*) die Option *Maximum*. Jetzt werden die Ergebnisse von Außen- und Innenseite so dargestellt, dass immer das maximale angezeigt wird.

Das Ergebnis sollte nun so aussehen wie in Bild 4.41. Es lässt sich erkennen, dass in der Baugruppenanalyse offenbar die Querträger einen spannungsmindernden Einfluss auf den Rahmen ausüben. Dieser Einfluss resultiert wohl daher, dass die starke Torsionsverdrehung des Längsträgers, die in der ersten Simulation erkennbar war, nun unterbunden wird.

Ein Konvergenztest für die Genauigkeit der Ergebnisse wäre noch sinnvoll.

Die in Bild 4.41 angegebenen Spannungsergebnisse sind aus zwei Gründen mit Vorbehalt zu betrachten. Zum einen wurde bei der Vernetzungsfeinheit in diesem Fall nicht die Konvergenz entsprechend des Grundlagenbeispiels nachgewiesen. Daher können die angegebenen Spannungswerte noch schwer abschätzbaren Schwankungen unterliegen. Einem Konvergenznachweis soll in dieser Lernaufgabe aus Gründen des Umfangs und des Prinzipcharakters des Beispiels nicht weiter nachgegangen werden. Zum anderen liegen recht große Unsicherheiten bezüglich der Nietgeometrie vor, denn hier wurde die reale Geometrie deutlich vereinfacht. Aus diesen Gründen sollten die absoluten Zahlenwerte der Spannungen an diesen Stellen nicht bewertet werden, lediglich ein Vergleich der beiden Simulationen ist zulässig.

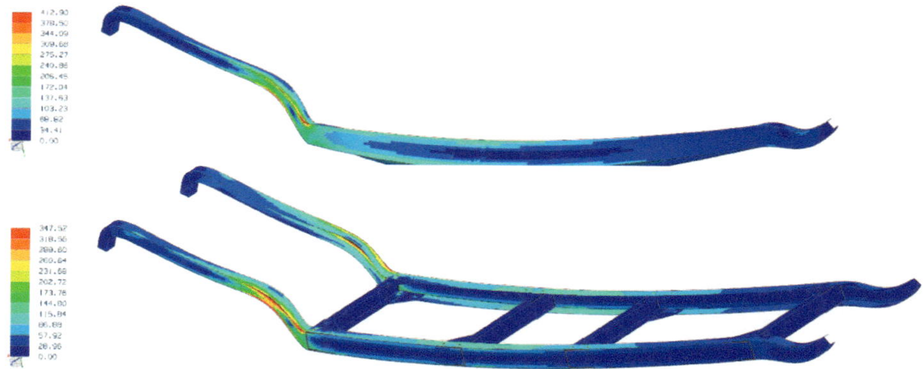

Bild 4.41 Der zusätzliche Querträger wirkt leicht spannungsmindernd.

Die Verformungsergebnisse hingegen sind von diesen genannten Einflüssen kaum betroffen und können daher mit größerer Sicherheit verwendet werden. Die Verformungen sind global interessierende Größen. Daher haben kleine Störungen, wie sie z. B. von den Nietmodellen ausgehen, keinen merklichen Einfluss auf das Ergebnis. Sie hängen lediglich von den Einspannbedingungen und der Belastung ab.

Diese Aussage lässt sich verallgemeinern: Verformungsergebnisse bei FE-Analysen sind meist einfach zu ermitteln, weil sie global interessieren. Spannungsergebnisse werden gerne in den geometrischen Details abgelesen, daher sind sie sehr viel empfindlicher bzw. störempfindlicher.

Verformungen sind einfacher zu berechnen als Spannungen.

Damit ist diese Lernaufgabe abgeschlossen.

4.2.2 Auslegung einer Schraubenfeder

Der RAK2 hat Trommelbremsen an allen vier Rädern. Dabei werden jeweils zwei Bremsbacken von einer Nocke so auseinandergedrückt, dass die Bremsbeläge mit der drehenden Außentrommel reiben. Wenn die Bremse hinterher wieder losgelassen wird, muss dafür gesorgt werden, dass die Bremsbacken wieder aus der Andruckstellung zurückgeholt werden. Für diesen Zweck wird die Rückholfeder konstruiert, die in dieser Lernaufgabe ausgelegt werden soll (Bild 4.42).

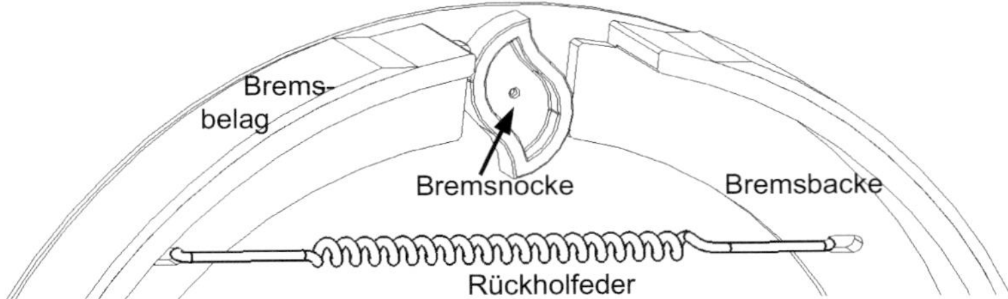

Bild 4.42 Eine Schraubenfeder lässt sich gut mit FEM auslegen. Dabei können die parametrischen Funktionen des CAD-Systems sinnvoll genutzt werden.

Idealerweise wird die auszulegende Feder derart parametrisch im CAD-System aufgebaut, dass alle eventuell anzupassenden geometrischen Größen als Parameter bzw. *Ausdrücke* (*Expressions*) änderbar sind. In der FE-Analyse werden dann ebenfalls alle Elemente als assoziative Features erzeugt, was zu einem vollständig parametrischen FEM-Modell führt. Jede gewünschte Änderung eines Geometrieparameters führt nach einfachem Aktualisieren des Modells zu neuen Ergebnissen. Mithilfe dieser Methode kann sehr effizient eine manuelle Optimierung der Geometriegrößen vorgenommen werden, wie in dieser Lernaufgabe gezeigt wird.

In dieser Lernaufgabe erfahren Sie Näheres zur Ausnutzung der parametrischen und assoziativen Elemente, um in der beschriebenen Weise vorzugehen. Darüber hinaus erlernen Sie den Umgang mit Balkenelementen und die Berechnung von Reaktionskräften. Des Weiteren erfahren Sie, wie aufgezwungene Verschiebungen als Randbedingungen auf ein FE-Modell aufgebracht werden.

Ein weiterer Lerneffekt dieses Beispiels betrifft vorgespannte Lagerungen.

4.2.2.1 Aufgabenstellung

Ausgehend von einem parametrischen CAD-Modell soll in dieser Lernaufgabe eine Federauslegung durchgeführt werden. Die Feder soll im eingebauten Zustand gerade entspannt oder nahezu kräftefrei sein. Legen Sie die Drahtstärke so aus, dass bei einem Arbeitsweg von 4 mm die maximale Zughauptspannung in der Feder von 500 N/mm^2

nicht überschritten wird und dass gleichzeitig die Spannkraft bei der Verformung von 4 mm nicht kleiner als 30 N wird. Der für die Fertigung der Feder zur Verfügung stehende Drahtdurchmesser liegt in Größenschritten von 0,1 mm vor (Bild 4.43).

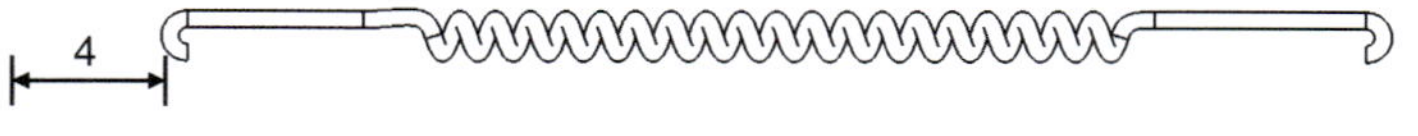

Auslenkung: 4 mm
Variabel: Drahtdurchmesse
Spannkraft: Minimum 30 N
Zugspannung: Maximal 500 N/mm²

Bild 4.43 Gesucht ist der Drahtdurchmesser der Schraubenfeder.

4.2.2.2 Überblick über die Lösungsschritte

Im ersten Schritt wird die aktuelle Federgeometrie analysiert. Es wird eine Auslenkung von 4 mm aufgeprägt und die Reaktionskraft sowie die auftretende Zugspannung werden ermittelt.

Falls das Ergebnis die Anforderungen nicht erfüllt, so wird ein anderer Drahtdurchmesser gewählt und das Modell neu analysiert. Dies wird so lange wiederholt, bis ein Drahtdurchmesser gefunden wird, der den Anforderungen gerecht wird.

4.2.2.3 Aufbau des parametrischen CAD-Modells

Grundlage für den geeigneten Aufbau eines assoziativ-parametrischen FE-Modells ist die Parametrisierung der zugrunde liegenden CAD-Geometrie der Feder. Federn werden im NX-System oftmals durch die Helix-Funktion aufgebaut, die eine Kurve entsprechend einer Feder formt. Dabei können die Parameter Radius, Steigung und Anzahl der Gänge parametrisch variiert werden.

Um den Anfang und das Ende der Feder zu gestalten, werden beispielsweise Skizzen zugefügt, die beliebig geformt sein können. Eventuell kann der Übergang der Helix zu einem Sketch durch eine Bridgekurve gestaltet werden. Abschließend wird die so weit vorbereitete Kurve mittels der Funktion *Cable* zu einem Rohr bzw. Kreisprofil aufgedickt.

Bild 4.44 stellt den Feature-Aufbau des Federmodells dar, wie es bereits fertig erstellt ist und im *RAK2*-Verzeichnis als *bs_rueckholfeder.prt* zur Verfügung steht.

Bild 4.44
Das CAD-Modell ist parametrisch aufgebaut.

4.2.2.4 Überlegungen zur Vernetzungsstrategie

Prinzipiell wäre eine Vernetzung des Volumenkörpers der Feder mit Tetraederelementen möglich. Allerdings wäre in diesem Fall eine relativ große Menge an Tetraederelementen erforderlich, um den Körper mit einer geeigneten Feinheit zu vernetzen, weil die Geometrie dünne und lang gezogene Eigenschaften hat. Bei einer solchen Feder handelt es sich um eine Geometrie, die einem Balken entspricht. Daher bietet sich in diesem Beispiel die Verwendung von Balkenelementen an.

Alternativ wäre aber auch eine 1D-Balkenvernetzung der Feder möglich. Zwingend erforderlich wird die Balkenvernetzung erst bei komplexer balkenartiger Geometrie, z. B. bei Maschinenportalen, die aus Balkenträgern zusammengeschraubt oder geschweißt sind. Ein Beispiel für solch eine Aufgabe ist in Bild 4.45 dargestellt. In diesem Fall wäre eine geeignete Vernetzung mit Tetraederelementen kaum noch möglich. Eine kombinierte Schale/Balkenvernetzung macht die Sache jedoch recht einfach.

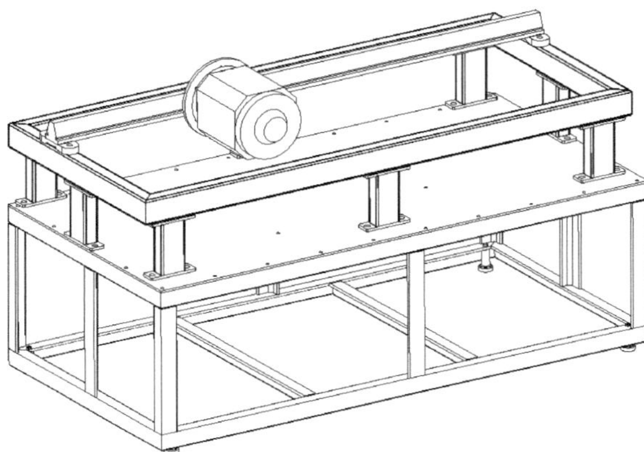

Bild 4.45 Maschinengestelle sind andere Beispiele für den sinnvollen Einsatz von Balkenelementen.

Balkenelemente haben eine geometrisch eindimensionale Form und verbinden zwei Punkte im Raum miteinander. Daher wird visuell nur eine Linie dargestellt, allerdings werden programmintern die Eigenschaften eines Balkens analysiert, d. h., es können Zug-, Druck-, Biege- und Torsionskräfte in allen drei Raumrichtungen übertragen werden. Jeder Knoten eines Balkenelements kann also Verschiebungen, Drehungen, Kräfte oder Momente aufnehmen, wie in Bild 4.46 dargestellt ist.

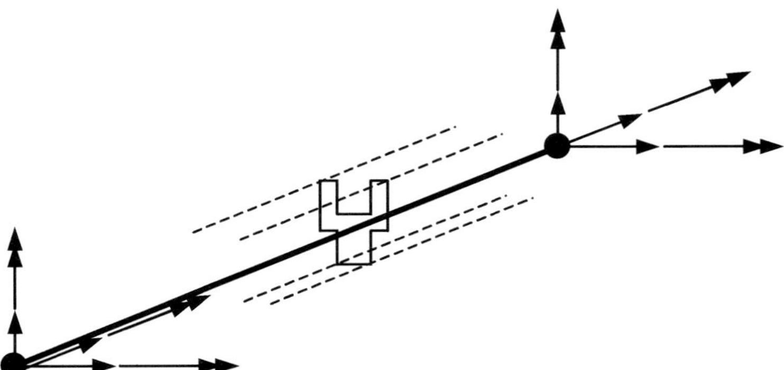

Bild 4.46 Ein Balkenelement überträgt Zug, Druck, Biegung und Torsion. Die Knoten müssen daher auch rotatorische Freiheitsgrade verarbeiten.

Die Steifigkeitseigenschaften des Balkenmodells gehen durch ein Querschnittsprofil ein, das der Anwender auf verschiedene Weisen definieren kann und dem Balken zuordnet. Selbstverständlich müssen auch Materialeigenschaften zugeordnet werden.

Voraussetzung ist, dass pro Balken ein gleichbleibender Querschnitt vorliegt. Wechselt der Querschnitt, so können auch unterschiedliche Balkenelemente aneinandergekoppelt werden. Im Fall unserer Federaufgabe liegt ein gleichbleibender Kreisquerschnitt vor, der durch Zug und Torsion belastet ist. Aus diesen Gründen ist der Einsatz von Balkenelementen für die Lösung dieser Aufgabe sinnvoll.

Für die Erzeugung der Balkenelemente wird die Mittellinie des Federdrahts benötigt. Daher muss im Folgenden dafür gesorgt werden, dass die entsprechenden Spline-Kurven in das FEM-Teil übertragen werden.

4.2.2.5 Überlegungen zu Randbedingungen

Die aufgezwungene Verformung ist eine besondere Randbedingung.

Statt der realen Einbausituation der Feder in der Bremse müssen an den beiden Stellen Randbedingungen erzeugt werden, an denen im FE-Modell die Umgebung entfernt wurde. Auf einer der beiden Seiten sollen die Randbedingungen für eine Einspannung sorgen, die dem Einhängen des Hakens entspricht, auf der anderen Seite soll eine Einspannung vorliegen, die, entsprechend der Aufgabenstellung, zusätzlich eine vorgegebene Verschiebung von 4 mm aufbringt.

4.2.2.6 Erzeugung der Dateistruktur und der Lösungsmethode

- Öffnen Sie im NX-System das Teil *bs_rueckholfeder.prt*.
- Schalten Sie in die Anwendung *NX/Simcenter 3D Pre/Post*.
- Erzeugen Sie im Simulationsnavigator mit *Neue FEM und Simulation* (*New FEM and Simulation*) eine neue Simulationsdateistruktur.
- Im nachfolgend erscheinenden Menü *Neue FEM und Simulation* (*New FEM and Simulation*) aktivieren Sie unter *Geometry Options* die Funktion *Skizzenkurven* (*Sketch Curves*), wie in Bild 4.47 dargestellt.

Die gewöhnlichen Schritte beim Modellaufbau

Diese Einstellungen sorgen dafür, dass die Mittelkurven der Feder in das FEM-Teil eingefügt werden. Nach Voreinstellung werden also keine Kurven oder Punkte aus dem CAD-Modell in die Simulation übernommen, weil dies meist nicht erwünscht ist.

- Bestätigen Sie zweimal mit OK. Daraufhin wird die Dateistruktur erstellt.

Als Nächstes erscheint das Menü *Lösung* (*Solution*).

- Da es sich bei der Aufgabe um die statische Analyse von Verformungen, Spannungen und Reaktionskräften handelt, akzeptieren Sie in diesem Menü die Voreinstellungen für die Lösung 101, d. h., Sie wählen *Lösung erzeugen* (*Create Solution*) und bestätigen mit OK.

Das System erstellt jetzt die Simulationsdateien und stellt diese im Simulationsnavigator dar.

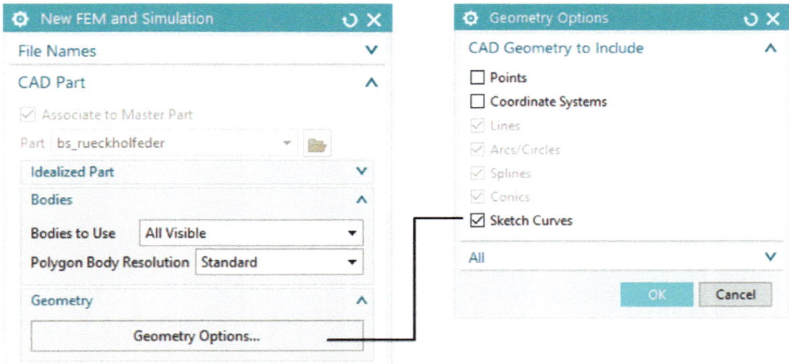

Bild 4.47 Falls Kurven oder Punkte aus dem CAD in der Simulation gebraucht werden, muss dies hier eingeschaltet werden.

4.2.2.7 Vorbereitungen für Randbedingungen

- Nachfolgende Arbeiten betreffen die Vernetzung. Daher machen Sie nun die FEM-Datei zum dargestellten Teil.

Zunächst ist an allen Stellen, an denen später Randbedingungen an Punkten gesetzt werden sollen, jeweils ein sogenannter *Netzpunkt* (*Mesh Point*) zu erzeugen. Diese Vorbereitung ist immer dann erforderlich, wenn Randbedingungen oder auch Lasten auf Punkten erzeugt werden sollen. Wichtig ist dabei, dass der Netzpunkt genau der Geometrie zugeordnet wird, die später vernetzt wird. Dies kann besonders schnell falsch gemacht werden, wenn der gewünschte Punkt an mehreren Geometrieobjekten angrenzt, wie dies auch in unserem Beispiel der Fall ist. Falls Sie den Netzpunkt einer Geometrie zuordnen, die nicht vernetzt wird, so kommt es beim Berechnen zu Fehlermeldungen, die schwer verständlich sind.

In unserem Beispiel soll die Randbedingung am Ende der geraden Linie der Feder aufgebracht werden. Also muss hier ein Netzpunkt erzeugt werden, wobei dieser unbedingt der langen geraden Linie zugeordnet werden muss und keinesfalls dem Halbkreis (Bild 4.48).

Bild 4.48 Ein Netzpunkt zwingt den Vernetzer, hier einen Knoten zu setzen.

Für die Erzeugung des Netzpunkts gehen Sie folgendermaßen vor:

- Blenden Sie im Simulationsnavigator den Polygonkörper der Feder aus.
- Wählen Sie in der Main-Menüleiste die Funktion Einfügen > Modellvorbereitung > Netzpunkt … (Insert > Model Preparation > Mesh Point …).
- Aktivieren Sie die Punktmethode für den Endpunkt .
- Selektieren Sie die gerade Linie auf der entsprechenden Seite und bestätigen mit Anwenden.
- Erzeugen Sie einen weiteren *Netzpunkt* auf der anderen Seite der Feder.

4.2.2.8 Vernetzung mit Balkenelementen

Balkenelemente gehören in Simcenter zu den *1D-Netzen* und stehen dicht neben den anderen Arten von eindimensionalen Elementen, nämlich den Stabelementen, Kopplungselementen und Federelementen. Im Folgenden erklären wir die wesentlichen Eigenschaften der fünf wichtigsten Typen von 1D-Netzen. Diese Elemente sind unter der Funktion *1D-Netz* (*1D-Mesh*) zu finden (Bild 4.49).

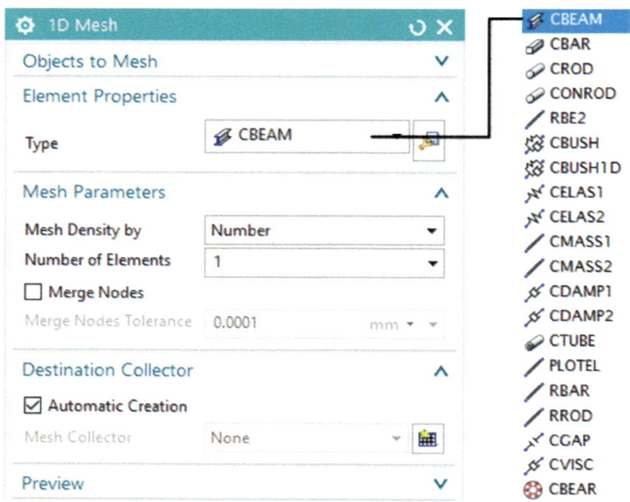

Bild 4.49 Balkenelemente gehören zu den 1D-Netzen.

Unterschiedliche Typen von 1D-Netzen

- *Balken* CBEAM: Hierbei handelt es sich um Balkenelemente, die die gewöhnlichen Eigenschaften Zug, Druck, Biegung und Torsion übertragen können. Diesem Elementtyp müssen ein Querschnittsprofil und ein Material zugeordnet werden. Als Besonderheit ist dieses Element auch in der Lage, einen konischen Querschnittsverlauf zu besitzen (dies ist der Unterschied zum CBAR-Element). Damit ist auch ein Übergang von einem Querschnittprofil auf ein anderes möglich.
- *Stab* CROD: Dies sind Stabelemente, d.h., es können Zug und Druck übertragen werden, aber keine Biegung und keine Torsion. Dem Element werden ein Flächeninhalt und ein Material zugeordnet. Aus diesen Eigenschaften werden die nötigen Steifigkeitswerte des Elements ermittelt.
- *Rigid Body Element* RBE2: Diese Elemente sind Kopplungselemente, die feste Verbindungen ohne Nachgiebigkeit darstellen. Es ist möglich, diese Elemente so einzustellen, dass nur bestimmte Freiheitsgrade übertragen werden.
- *Allgemeine Feder* CBUSH: Hierbei handelt es sich um allgemeine Feder/Dämpfer-Elemente, welche die Definition von Feder- und Dämpfungseigenschaften in allen Raumrichtungen erlauben.
- *Eindimensionale Feder* CELAS2: Diese Elemente erlauben die Definition von translatorischen oder torsionsartigen Federeigenschaften in einer Raumrichtung.

Schritte für die Erzeugung eines Balkennetzes

Entsprechend Bild 4.50 handelt es sich bei unserem Modell um fünf einzelne Kurven: Zwei gerade Linien, zwei Brückenkurven und die große Helix. Für die 1D-Vernetzung der Kurven gehen Sie wie folgt vor:

- Wählen Sie die Funktion *1D-Gitter* aus.
- Schalten Sie den Typ auf die Option *Balken* CBEAM.
- Schalten Sie im Menü die Option *Gitterdichte nach* (*Mesh Density by*) auf die Option *Größe* (*Size*).
- Im Feld für die *Elementgröße* (*Element Size*) tragen Sie beispielsweise 0.5 ein. Dies entspricht einer ausreichenden Elementfeinheit über den Windungen.

In manchen Fällen, wenn mit mehreren Netzen gearbeitet wird, kommt es vor, dass ein Knoten eines Netzes sehr dicht an einem anderen Knoten eines anderen Netzes liegt (siehe auch die Lernaufgabe „Steifigkeit des Fahrzeugrahmens", Abschnitt 4.2.1). Solch eine Situation führt dazu, dass keine Verbindung an dieser Stelle vorliegt. Visuell kann dies kaum erkannt werden. Daher bietet das FE-System eine Möglichkeit, um solche „doppelten" Knoten zu finden und sie gegebenenfalls zu verschmelzen. Mit der nachfolgenden Option wird schon bei der Erzeugung darauf geachtet.

Die Knoten verschiedener Körper verschmelzen manchmal nicht automatisch.

- Aktivieren Sie die Option *Knoten verschmelzen* (*Merge Nodes*), um dicht zusammenliegende Knoten der verschiedenen Kurven zu verschmelzen.
- Selektieren Sie die erste Kurve, die vernetzt werden soll.

Beachten Sie, dass je nach Selektionsposition mehr am Anfang oder mehr am Ende der jeweiligen Kurve Pfeile angezeigt werden (siehe Bild 4.50). Diese Pfeile sind von Bedeutung, denn sie zeigen in die X-Richtung der mitlaufenden Koordinatensysteme der Balkenelemente. Achten Sie darauf, dass diese Pfeile bei jedem Kurvenstück in die gleiche Richtung zeigen. Falls es zu einem Wechsel der Pfeilrichtung kommt, so würde das mitlaufende Koordinatensystem unerwünscht die Richtung wechseln. Die Richtung der Pfeile ist nicht ausschlaggebend, solange alle Kurven dieselbe haben. Für die vollständige Definition dieses Koordinatensystems ist noch eine weitere Richtungsangabe für Y oder Z erforderlich. Diese Richtung kann später in den Eigenschaften des 1D-Netzes definiert werden. In unserem Fall ist dies nicht erforderlich, weil es sich um einen Kreisquerschnitt handelt.

Pfeilrichtungen müssen berücksichtigt werden.

Bild 4.50 Pfeile kennzeichnen die X-Richtung des mitlaufenden Koordinatensystems für den Balkenquerschnitt.

- Selektieren Sie nun die anderen vier Kurven jeweils am Anfang oder am Ende der Kurve, so wie Sie es bei der ersten Kurve getan haben, um eine einheitliche Richtung zu erhalten.
- Bestätigen Sie mit OK. Die Vernetzung wird erzeugt.

4.2.2.9 Zuordnung von Material

Das Material wird auf gewohnte Weise im Materialdialog erzeugt oder aus der Bibliothek übernommen. Lediglich die Zuordnung geschieht auf andere Weise. Bisher wurde das Material immer der zugrundeliegenden Geometrie zugeordnet, die es an die entsprechende Vernetzung vererbt hat. In diesem Beispielfall muss das Material jedoch direkt dem Netz zugeordnet werden, weil es nicht möglich ist, den Kurven ein Material zuzuordnen. Gehen Sie folgendermaßen vor:

Bei Balkenelementen wird das Material direkt dem Netz zugeordnet.

- Die FEM-Datei ist nach wie vor das dargestellte Teil.
- Selektieren Sie im Simulationsnavigator unter *1D-Kollektor* (*1D Collectors*) und im Kontextmenü des *Beam Collector* die Funktion Bearbeiten (Edit).
- Im Fenster *Netzkollektor* (*Mesh Collector*) wählen Sie neben *Beam Property* noch einmal die Funktion Bearbeiten (Edit).
- Im nächsten Menü *PBEAML* selektieren Sie *Material wählen* (*Choose Material*).
- Nun können Sie das benötigte Material (*Stahl*) aus der Liste auswählen und mehrmals mit Ok bestätigen.

4.2.2.10 Erstellung und Zuordnung eines Balkenquerschnitts

Nachdem Balkenelemente für die Vernetzung ausgewählt wurden, muss noch der Querschnitt definiert und dem 1D-Gitter zugewiesen werden, dessen Steifigkeitseigenschaften verwendet werden sollen (Bild 4.51). Der Querschnitt wird dem Netz, ganz ähnlich wie schon das Material, zugeordnet, nämlich im Dialog der Eigenschaften des *PBEAML*.

Bild 4.51 Der vorgesehene Querschnitt für die Balkenelemente wird definiert. Eine Bibliothek für Querschnitte steht zur Verfügung.

- Bearbeiten Sie den Gittersammler wie schon zuvor, und gehen Sie in das Menü *PBEAML*.
- Wählen Sie die Funktion *Schnitt-Manager anzeigen* (*Show Section Manager*) aus.
- Im nächsten Fenster *Balkenquerschnitts-Manager* (*Beam Section Manager*) wählen Sie die Funktion *Querschnitt erzeugen* (*Create Section*) aus.

Hier kann nun der gewünschte Balkenquerschnitt erstellt werden. Die dafür zur Verfügung stehenden Optionen werden im Folgenden kurz erläutert.

Die Standard-Querschnitte werden erklärt.

Zur einfachen Definition von Standardquerschnitten steht eine Bibliothek mit 20 verschiedenen gebräuchlichen Querschnittgeometrien, wie beispielsweise das dünnwandige Rechteckprofil, zur Verfügung. Diese Standardprofile müssen nur noch von ihren Abmessungen her definiert werden. Dazu sind weiter unten im Menü die gewünschten Abmessungen für Höhe, Breite, Wandstärke usw. anzugeben. Dabei sind die neben dem Symbol angegebenen y-z-Koordinatenrichtungen zu bemerken, die jedem Element ein Koordinatensystem zuordnen. Diese Orientierung hat z. B. bei einem L-Profil eine wichtige Bedeutung, weil die Steifigkeit natürlich davon abhängt. Im Falle unseres Beispiels ist diese jedoch ohne Belang, weil der verwendete Kreisquerschnitt in allen Richtungen gleiche Eigenschaften hat.

Im Folgenden wird das Querschnittprofil für unser Beispiel erzeugt:

- Wählen Sie die Option *Rod* ROD.
- Tragen Sie als einziges erforderliches Maß unter *Bemaßung* (*Dimension*) den Radius von 0,75 mm ein.

Es gibt komfortable Möglichkeiten für die Definition von Querschnittsprofilen.

Der Querschnitt wird dem 1D-Netz zugeordnet.

Die y-z-Koordinatenrichtungen sind im Fall des Kreisquerschnitts nicht relevant, weil die Orientierung des Kreises nicht von Bedeutung ist.

- Bestätigen Sie mit OK, woraufhin der Querschnitt erzeugt wird. Klicken Sie dann auf SCHLIESSEN. Sie befinden sich nun wieder im Menü *PBEAML*.
- Die Zuordnung des gerade erzeugten Profils erfolgt im Menü *PBEAML* unter *Fore Section*, indem der gerade erzeugte Querschnitt *ROD1* aus der Liste selektiert wird.
- Klicken Sie zweimal auf OK.

Damit sind die Erzeugung und Zuordnung des Querschnitts abgeschlossen.

Der zugeordnete Querschnitt sollte entsprechend Bild 4.52 visuell nachgeprüft werden.

- Speichern Sie die Datei.

Falls die Orientierung des Querschnitts doch eine Rolle spielt, d.h., falls wir z.B. ein L-Profil hätten, so müsste noch die Y-Richtung der Element-Koordinatensysteme definiert werden. Dies würde im Menü *Verknüpfte Gitterdaten* (*Mesh Associated Data*) des 1D-Gitters geschehen.

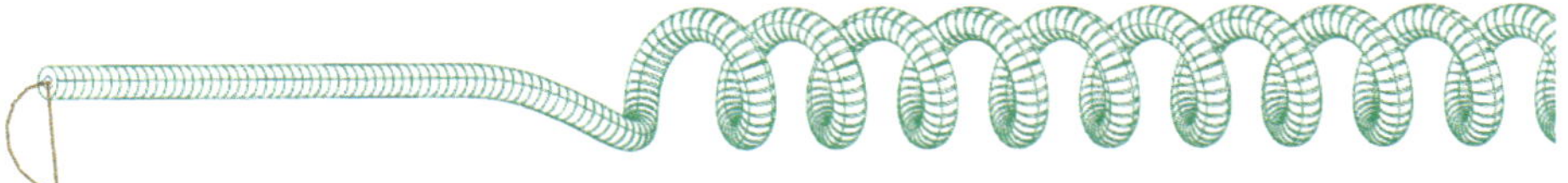

Bild 4.52 Der Querschnitt wird zur Kontrolle optisch dargestellt.

4.2.2.11 Erzeugung der Einspannung

Die Einhängung des Hakens entspricht etwa einer Kugellagerung, d.h., es würden die translatorischen Freiheitsgrade festgehalten, die rotatorischen blieben frei. Allerdings kommt im Falle dieser Feder dazu, dass der Federdraht an der Wand anliegt. Daher wird auch die Verdrehung mindestens in eine Richtung behindert. Als FE-Randbedingung sollte deshalb auch eine Fixierung der rotatorischen Freiheitsgrade vorgenommen werden. Diese rotatorische Fixierung sollte auch deswegen vorgenommen werden, weil es sonst zu einer unrealistischen Durchbiegung der Feder kommt, die daher rührt, dass die Angriffspunkte der Randbedingungen nicht genau auf der neutralen Achse liegen.

Bild 4.53 Die feste Einspannung auf der einen Seite der Feder

Für die Erzeugung dieser fixen Einspannung gehen Sie wie folgt vor:

- Wechseln Sie zunächst über den Simulationsnavigator in die Simulationsdatei.
- Blenden Sie gegebenenfalls die Polygongeometrie des Federkörpers und auch das 1D-Netz aus.
- Wählen Sie in der Gruppe *Zwangsbedingungstyp* (*Constraint Type*) die Funktion *Feste Zwangsbedingung* (*Fixed Constraint*).
- Selektieren Sie den *Netzpunkt* (*Mesh Point*) auf einer der beiden Seiten der Feder und bestätigen Sie mit OK.

Alternativ können Sie die Funktion *User Defined Constraint* verwenden und die Freiheitsgrade alle auf *Fest* stellen.

4.2.2.12 Erzeugung der aufgezwungenen Verschiebung

Auf der anderen Seite der Feder soll eine Verschiebung vorgegeben werden. Gehen Sie dazu wie folgt vor:

- Wählen Sie in der Gruppe *Zwangsbedingungstyp* (*Constraint type*) die Funktion *Erzwungene Verschiebungszwangsbedingung* (*Enforced Displacement Constraint*).
- Selektieren Sie den *Netzpunkt* (*Mesh Point*) auf der entsprechenden Seite der Feder.
- Tragen Sie die Freiheitsgrade wie in Bild 4.54 dargestellt ein.

Wir brauchen 4 mm aufgezwungenen Weg für die Feder.

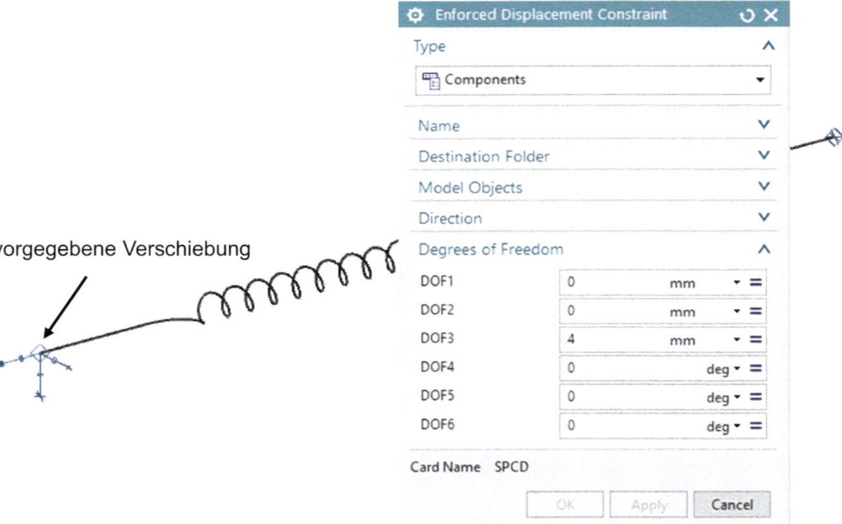

Bild 4.54 Auf diese Weise wird eine aufgezwungene Verformung definiert.

Bis auf die Translation in der Z-Richtung (*DOF3*) werden wieder alle Freiheitsgrade festgehalten, d. h, sie bekommen die Verschiebung von 0 mm aufgezwungen. Die gewünschte Verschiebung in der Z-Richtung erreichen Sie durch die Angabe des Betrags „4“ an dem Freiheitsgrad *DOF3*.

- Bestätigen Sie mit OK, damit die Randbedingung erzeugt wird.

Da mit der Angabe dieser zwei Zwangsbedingungen ein gespannter Zustand definiert wurde, ist die Angabe von Lasten nicht erforderlich. Die FE-Analyse wird den Verformungs- und Spannungszustand ermitteln, der sich aufgrund der Einspannung und der vorgegebenen Verschiebung einstellt. Darüber hinaus werden in der FE-Analyse auch die Reaktionskräfte ermittelt, die erforderlich sind, um den gegebenen Zustand aufrechtzuerhalten.

4.2.2.13 Berechnung der Lösungen

Nachdem das Berechnungsmodell so weit aufgebaut wurde, kann es nun gelöst werden.

- Wählen Sie dazu die Funktion *Berechnen* (*Solve*) und bestätigen Sie im nächsten Menü mit OK.
- Der Job sollte nur wenige Sekunden laufen, da die Anzahl der Knoten und Elemente sehr gering ist.
- Wenn der Job-Monitor das Ende des Jobs anzeigt, schalten Sie in den Postprozessor zum Analysieren der Ergebnisse.

Das Lösen geht sehr schnell, wenn nur Balkenelemente enthalten sind.

4.2.2.14 Ermittlung der Reaktionskraft

Reaktionskräfte werden an den Knoten der Einspannstellen des FE-Modells berechnet. Prinzipiell werden Reaktionskräfte zwar an allen Knoten berechnet, jedoch haben sie nur an den Einspannstellen einen von null verschiedenen Wert.

Die Methode für das Auswerten von Reaktionskräften

Bei unserem Beispiel bestehen die Einspannstellen jeweils nur aus einem Knoten, daher werden an diesen beiden Knoten die gesamten Reaktionskräfte angezeigt. Falls beispielsweise eine Fläche eingespannt würde, zu der mehrere Knoten gehören, so ergäbe sich die Reaktionskraft aus der Summe der Reaktionskräfte aller zugehörigen Knoten. In so einem Fall kann die Funktion *Identifizieren* genutzt werden, die es erlaubt, die Summe einer Ergebnisgröße auf einer Fläche zu ermitteln.

- Um die Reaktionskraft darzustellen, wählen Sie im Navigator das Ergebnis *Reaktionskraft - Knoten* (*Reaction Force - Nodal*, siehe Bild 4.55).
- Unterhalb dieses Knotens können die X-, Y- und Z-Richtungen der Reaktionskraft sowie der geometrische Betrag (*Magnitude*) ausgewählt werden. Hier schalten Sie auf die Z-Richtung, weil diese der Verformungsrichtung der Feder entspricht.

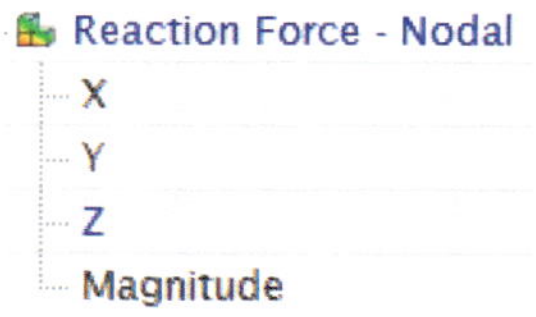

Reaction Force - Nodal
- X
- Y
- Z
- Magnitude

Bild 4.55
Die Reaktionskraft kann über den Navigator dargestellt werden. Es sollte immer nur eine Richtung betrachtet werden.

- Das Ablesen der Werte an den beiden Knoten kann entweder anhand der Farbskala oder der Funktion *Identifizieren* (*Identify*) durchgeführt werden.
- Entsprechend Bild 4.56 wurde eine Reaktionskraft in Z-Richtung von ca. 73 N ermittelt.

Bild 4.56 Die Ergebnisse an den beiden Randknoten

Einer der Knoten hat eine positive, der andere eine negative Reaktionskraft, sodass in Summe das Kräftegleichgewicht erfüllt ist.

Die Steifigkeit R dieser Feder ergibt sich mit

$$R = \frac{F}{s}$$

Die Ergebnisse stimmen mit dem Tabellenbuch überein.

zu 18,3 N/mm. Aus Maschinenbau-Handbüchern, wie z. B. [RoloffMatek], kann die Steifigkeit bzw. Rate einer Schraubenfeder durch

$$R = \frac{G \cdot d^4}{8 \cdot n \cdot D^3}$$

zu 18,8 berechnet werden. Dabei sind die Parameter wie folgt zu definieren:

- G = 80 000 N/mm² (Schubmodul)
- d = 1,5 mm (Drahtdurchmesser)
- n = ca. 21,5 (Anzahl der Windungen)
- D = 5 mm (Windungsdurchmesser)

4.2.2.15 Ermitteln der maximalen Zughauptspannung

Bei Balkenelementen werden theoretische Spannungen an vier sogenannten Zugentlastungspunkten berechnet.

Ähnlich wie bei Schalenelementen, bei denen Spannungsergebnisse auf der Außenseite, Innenseite und der Mitte berechnet werden, wird bei Balkenelementen die Berechnung der Spannungen auch an charakteristischen Punkten vorgenommen. Dies sind die sogenannten Zugentlastungspunkte (*Stress Recovery Points*).

Dabei handelt es sich um vier Positionen am äußersten Rand des Querschnittprofils des Balkens, die standardmäßig von Interesse für die Spannungsbewertung sind. Diese Punkte werden mit C, D, E und F gekennzeichnet und sind in Bild 4.57 dargestellt.

Um nun, entsprechend der Aufgabenstellung, die Zughauptspannung im Federdraht anzuzeigen, öffnen Sie im Simulationsnavigator den Knoten *Spannung - Element-Knoten* (*Stress - Element-Nodal*) und aktivieren den Unterknoten *Maximale Hauptspannung* (*Max Principal*).

Bei einer eigenen Definition eines Querschnittprofils können diese Positionen vom Anwender vorgegeben werden, bei Auswahl eines der Standardprofile dagegen ist die Lage der *Zugentlastungspunkte* (*Stress Recovery Points*) vorgegeben. Die Lage der Punkte kann eingesehen werden, wenn im Menü *1D-Elementschnitt* (*1D Element Section*) der schon erstellte Querschnitt ausgewählt und die Funktion *View Section Properties* ausgeführt wird. Die Funktion öffnet ein Textfenster, in dem neben den Flächenträgheitseigenschaften die Koordinaten der Punkte angegeben sind. Die Koordinaten beziehen sich dabei auf das mitlaufende Balkenkoordinatensystem (Bild 4.57).

Um sich die Spannungsverteilung über dem Querschnitt, die anhand der *Stress Recovery Points* berechnet wurde, anzeigen zu lassen, kann auch die Funktion *Querschnittsansicht* (*Beam Cross-Section View*) verwendet werden. Es muss nur der Knoten gewählt werden, an dem die Spannung interessiert, beispielsweise der Knoten mit der maximalen Spannung. Aus den vier berechneten Punkten werden die restlichen Werte interpoliert, und es kann so ein komplettes Bild der Spannungsverteilung erstellt werden. Auch hier ist es wieder möglich, sich den maximalen Wert anzeigen zu lassen. Außerdem kann über *Result* eingestellt werden, welche Spannung im Schnitt angezeigt werden soll.

```
Section name: ROD(1)
Type of section:      ROD

Section dimensions:

DIM1                          : = 0.75  (mm)

Section properties:

Area                               =      1.767145846 (mm^2)
Centroid,            Z             =      0.000000000 (mm)
Centroid,            Y             =      0.000000000 (mm)
Shear Center,        Z             =      0.000000000 (mm)
Shear Center,        Y             =      0.000000000 (mm)
Eccentricity,        Z             =      0.000000000 (mm)
Eccentricity,        Y             =      0.000000000 (mm)
Moment of Inertia,   Iz            =      0.248504882 (mm^4)
Moment of Inertia,   Iy            =      0.248504882 (mm^4)
Moment of Inertia,   Iyz           =      0.000000000 (mm^4)
Torsional Constant,  K             =      0.497009763 (mm^4)
Warping Constant,    Cw            =      0.000000000 (mm^6)
Shear Factor along y axis,  K1       =      0.857209979
Shear Factor along z axis,  K2       =      0.857213143

Location of stress recovery points (extreme fibers):

    Stress Recovery Point, C(z)  =        0.000000000 (mm)
    Stress Recovery Point, C(y)  =        0.750000000 (mm)
    Stress Recovery Point, D(z)  =        0.750000000 (mm)
    Stress Recovery Point, D(y)  =        0.000000000 (mm)
    Stress Recovery Point, E(z)  =        0.000000000 (mm)
    Stress Recovery Point, E(y)  =       -0.750000000 (mm)
    Stress Recovery Point, F(z)  =       -0.750000000 (mm)
    Stress Recovery Point, F(y)  =        0.000000000 (mm)
```

C
y
F z D
E

Bild 4.57 Die genaue Position der vier Berechnungspunkte für Spannungen am Balken kann hier eingesehen werden.

Damit von den vier Punkten A, B, C oder D auf jeden Fall immer der größte dargestellt wird, stellen Sie Folgendes ein:

- Wählen Sie die Funktion *Ergebnis* (*Result*), und schalten Sie unter *Stab* (*Beam*) die Option *Maximum* ein.

Am sichersten ist die Darstellung des größten der vier berechneten Spannungspunkte.

Jetzt können Sie erkennen, dass der Maximalwert dieser Spannung im Bereich einer der Brückenkurven auftritt.

- An der Farbskala oder anhand der Funktion *Identifizieren* können Sie einen Wert von ca. 548 N/mm² ablesen (Bild 4.58).
- Verlassen Sie den Postprozessor .

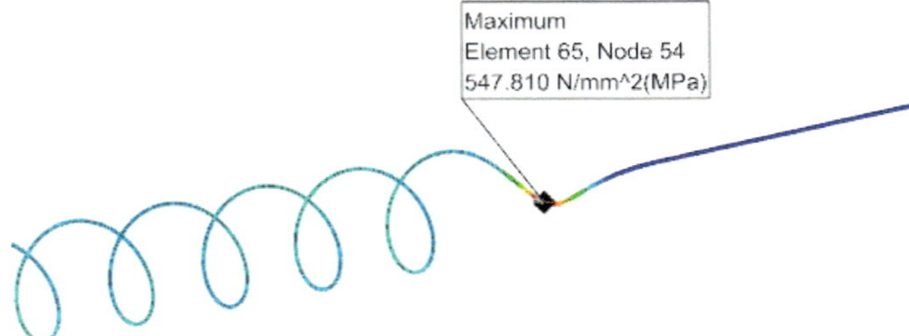

Bild 4.58 Am sichersten ist die Darstellung des größten der vier berechneten Spannungspunkte.

4.2.2.16 Schlussfolgerungen für die Konstruktion

Die Konstruktion muss geändert werden. Dabei hilft die Parametrik des CAD-Systems.

Laut Aufgabenstellung soll die maximal auftretende Zugspannung in der Feder den Wert von 500 N/mm^2 nicht überschreiten. Gleichzeitig soll die Federkraft bei einer Auslenkung von 4 mm die Grenze von 30 N nicht unterschreiten. Mit der aktuellen Konstruktion der Feder ist daher die zweite Forderung erfüllt, die erste hingegen nicht, denn die Spannung ist etwas zu hoch. Also muss eine Konstruktionsänderung erfolgen.

Es lässt sich schwer voraussagen, ob der Federdraht dünner oder dicker werden muss, um die Spannung zu verringern. Daher soll dies einfach ausprobiert werden. Der nächste Versuch soll mit einem um 0,2 mm schwächeren Drahtdurchmesser durchgeführt werden.

4.2.2.17 Änderung der Konstruktion und Neuanalyse

Um die Stärke des Kreisquerschnittprofils auf den neuen Wert zu ändern, gehen Sie wie folgt vor:

- Wechseln Sie in die FEM-Datei.
- Rufen Sie die Funktion *1D-Elementquerschnitt* (1D-*Element* Section) auf.
- Wählen Sie den erzeugten Querschnitt *ROD1* aus.
- Starten Sie die Funktion *Schnitt bearbeiten* (*Edit Section*).
- Tragen Sie im Radiusfeld den neuen Wert 0,65 mm ein, und bestätigen Sie mit OK und SCHLIESSEN.
- Wechseln Sie wieder in die Simulationsdatei.
- Daraufhin wird der Job mit der Funktion *Solve* neu gestartet, und die neuen Ergebnisse werden wieder im Postprozessor ermittelt.

Die geänderte Konstruktion entspricht nun den Anforderungen.

Es stellt sich heraus, dass nun eine Reaktionskraft von ca. 42 N und eine maximale Zughauptspannung von ca. 476 N/mm^2 berechnet werden. Diese Werte entsprechen unseren Anforderungen, daher kann die Konstruktion für dieses Beispiel mit einem Drahtdurchmesser von 1,3 mm erfolgen.

- Speichern Sie die Dateien und schließen Sie diese.

Damit ist diese Lernaufgabe abgeschlossen.

4.2.3 Eigenfrequenzen des Fahrzeugrahmens

Der Fahrzeugrahmen wurde in einem früheren Beispiel schon unter statischer Last analysiert. Nun sollen darüber hinaus noch seine Eigenfrequenzen bestimmt werden. Wir erwarten, dass der Rahmen insbesondere in der vertikalen Richtung, also auf und ab, Schwingungen ausführen kann. Über die Vertikalschwingungen hinaus sind wahrscheinlich noch andere Schwingungsformen möglich, jedoch sind vertikale Schwingungen des Rahmens für die Fahreigenschaften des RAK2 von besonderer Wichtigkeit, weil alle Unebenheiten der Fahrbahn während der Fahrt zur Anregung dieser Schwingungsform führen können.

Der Fahrzeugrahmen kann während der Fahrt in Schwingungen geraten.

Diese Lernaufgabe vermittelt Ihnen die Möglichkeiten und die Grenzen, die mit Eigenfrequenzanalysen im Simcenter-System zu beachten sind. Außerdem lernen Sie den Umgang mit zusätzlich eingefügten Punktmassen.

4.2.3.1 Aufgabenstellung

In diesem Beispiel soll ein Modell gebildet werden, das einerseits sehr einfach zu erstellen ist und andererseits die reale Situation näherungsweise wiedergeben kann.

Ähnlich wie in der statischen Analyse kann auch hier argumentiert werden, dass die Hauptsteifigkeit in der vertikalen Richtung durch die Längsträger verkörpert wird. Daher soll die Eigenfrequenz des Gesamtrahmens anhand der Eigenfrequenz nur eines Längsträgers abgeschätzt werden.

Ein Längsträger reicht bereits für die Schwingungsanalyse aus.

Falls Sie jedoch gerne ein etwas größeres FE-Modell betrachten möchten, so können Sie problemlos als Ausgangspunkt das Gesamtmodell des Rahmens für diese Lernaufgabe verwenden, das ja schon aus den vorherigen Aufgaben bekannt ist.

Die Einspannsituation des Längsträgers soll entsprechend der Methodik der statischen Analyse vorgenommen werden, indem er am Anfang und am Ende drehbar gelagert wird. Dies entspricht in etwa der realen Situation.

Eine Belastung durch Kräfte, wie im statischen Fall, braucht für diese Analyse nicht vorgenommen zu werden, weil bei Eigenfrequenzen lediglich die Steifigkeit und die Masse eine Rolle spielen. Das Gewicht des Fahrers und der weiteren Komponenten, das im statischen Fall mit 3000 N angenommen wurde, wird im Fall einer Eigenfrequenzanalyse durch gezieltes Aufbringen einer Masse realisiert. Daher soll für diese Analyse eine Masse von 300 kg in der Mitte des Längsträgers wirken (Bild 4.59).

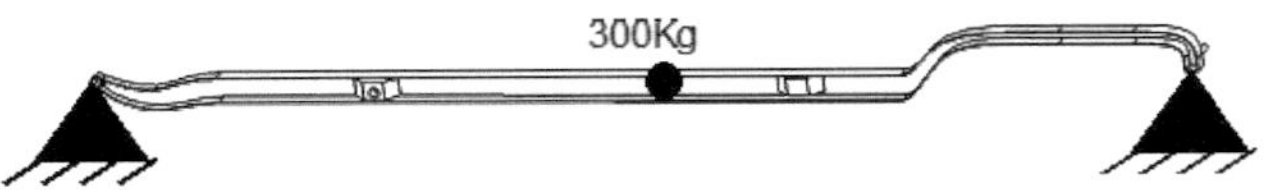

Bild 4.59 Das Modell des Rahmens

4.2.3.2 Klonen eines ähnlichen Modells

Zur Lösung dieser Aufgabe braucht das Modell nicht von Grund auf neu erstellt zu werden, weil es der bereits bestehenden statischen Analyse des Längsträgers bzw. Fahrzeugrahmens ähnelt. Die statische Analyse beinhaltet schon das Mittelflächenmodell des Längsträgers, die Vereinfachungen der Geometrie und die Lagerungen. Daher kann diese

Ein ehemaliges Berechnungsmodell wird kopiert und dann modifiziert.

Simulation geklont werden. Hinterher müssen lediglich noch einige Dinge geändert werden. Gehen Sie dazu folgendermaßen vor:

- Öffnen Sie im Simcenter-System die Simulationsdatei *rh_laengstraeger_re_sim1.sim* zur Steifigkeitsanalyse des Längsträgers.

Um eine Simulationsdatei zu öffnen, stellen Sie im Dialog Datei > Öffnen den *Dateityp* auf *Simulation Files* (*Simulationsdateien*), wie in Bild 4.60 dargestellt.

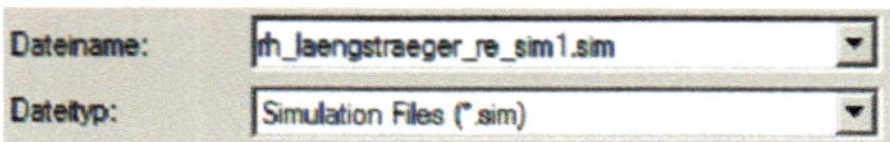

Bild 4.60 Dialog beim Erzeugen der FEM- und Sim-Dateien

Das Simcenter-System schaltet automatisch in die Simulationsanwendung. Im Simulationsnavigator erkennen Sie, dass nur die Simulationsdatei und die FEM-Datei automatisch geladen wurden. Die idealisierte Datei und das Master-Modell wurden nicht geladen.

- Für das Klonen ist eine vollständige Öffnung der Dateistruktur erforderlich. Daher führen Sie, entsprechend Bild 4.61, auf dem Knoten der nicht geladenen Datei die Funktion *Laden* (*Load*) aus.

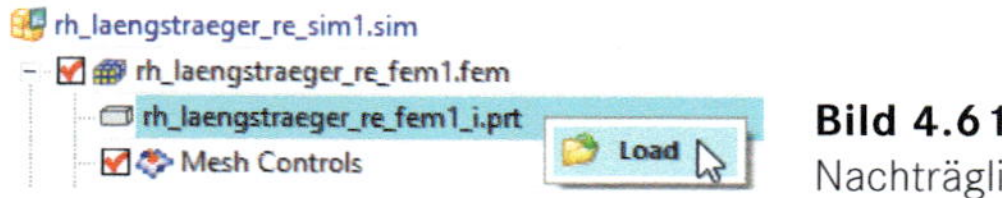

Bild 4.61 Nachträgliches Öffnen des idealisierten Modells

Bevor der Klonvorgang ausgeführt wird, muss festgelegt werden, welche Dateien der Struktur bleiben und welche geklont werden sollen. Folgende Überlegungen sind zu unternehmen:

Wir haben jetzt zwei Berechnungen am selben Master-Modell. Die Organisation der Daten geschieht entsprechend dem Master-Modell-Konzept.

Das Master-Modell soll nicht geändert werden. Das idealisierte Modell enthält die Mittelfläche und Punktmarkierungen. Dies soll ebenfalls bleiben.

Das FEM-Modell muss leicht geändert werden, denn es soll eine Punktmasse in Form eines speziellen Elements zugefügt werden. Daher muss dies geklont werden. Aufgrund der Baugruppenstruktur muss dann auch das darüber angeordnete Simulationsmodell geklont werden.

- Daher wird nun die FEM-Datei zum dargestellten Teil gemacht und die Funktion Datei > Speichern unter ... (File > Save As ...) ausgeführt.
- Das System fragt nun nach einem neuen Namen für die FEM-Datei. Geben Sie hier beispielsweise *rh_laengstraeger_re_fem2.fem* an.

Es ist sinnvoll, dass die Dateinamen der FE-Analysen ihren Stamm behalten und nur die Nummer hochgezählt wird.

- Nach dem Bestätigen mit Ok fragt das System nach einem neuen Namen für die Simulationsdatei. Geben Sie beispielsweise *rh_laengstraeger_re_sim2.sim* an.
- Die folgende Frage des Systems „Möchten Sie Speichern unter durchführen, um fortzufahren?" („Do you want the Save As to continue?") wird mit Ja bestätigt. Der Klonvorgang wird daraufhin durchgeführt.

Nach diesem Klonvorgang der Dateien befinden Sie sich gleich in der neuen Dateistruktur. Die alte wurde geschlossen.

4.2.3.3 Erzeugen einer Punktmasse am Rahmen

- Die nachfolgenden Schritte betreffen die Vernetzung. Machen Sie daher die FEM-Datei zum dargestellten Teil.

Statt der statischen Kraft von 3000 N soll nun an der gleichen Stelle eine Punktmasse mit einem Gewicht von 300 kg zugefügt werden. Die Kraft wurde einer kleinen Kreisfläche zugefügt. Daher soll, der Einfachheit halber, diese Kreisfläche auch für den Massenpunkt genutzt werden. Da jedoch ein Punkt gewünscht ist[1], erzeugen wir vorher wieder eine 1D-Verbindung („Spinne") von der Kreiskante zu einem Mittelpunkt. Gehen Sie dazu wie folgt vor:

Das Gesamtgewicht des Fahrzeugs wird durch eine Punktmasse angesetzt.

- Erzeugen Sie die Verbindung von der Kante zu dem Punkt, indem Sie die Funktion *1D-Verbindung* (*1D Connection*) unter der Funktionsgruppe für Vernetzungen wählen.
- Schalten Sie im Menü *1D-Verbindung* den *Typ* auf *Punkt zu Kante* (*Point to Edge*) und den Elementtyp auf *RBE2*.
- Selektieren Sie den Mittelpunkt des Kreises, an dem ehemals die Kraft angegriffen hat, und anschließend seine Kante.
- Bestätigen Sie mit OK.

Die Punktmasse wird über eine „Spinne" an einer Kreisfläche angebunden.

Die Verbindung wird jetzt erstellt. Die Punktmasse erzeugen Sie abschließend wie folgt:

- Wählen Sie die Funktion *0D-Netz* (*0D Mesh*) aus der Gruppe der Vernetzungen (Bild 4.62).
- Selektieren Sie den Kreismittelpunkt und stellen Sie den Typ auf *CONM2* ein.
- Wählen Sie dann die Funktion *Verknüpfte Netzdaten bearbeiten* (*Edit Mesh Associated Data*), und geben Sie für die Masse 300 kg ein.
- Bestätigen Sie zweimal mit OK.

Im Grafikfenster wird als Symbol ein *CM* angezeigt, und im Simulationsnavigator erscheint das Element ebenfalls.

- Speichern Sie die Datei.

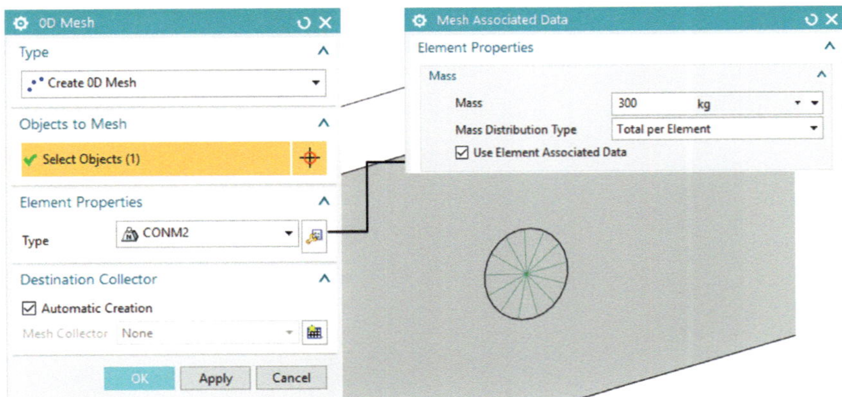

Bild 4.62 Ein Massenpunkt ist im NX-System ein 0D-Gitter.

1 Alternativ könnte die Masse auch direkt der Kreisfläche zugeordnet werden. Die Methode mit dem Punkt ist jedoch sehr flexibel nutzbar, weil der Punkt auch an eine entfernte Position gelegt werden könnte.

4.2.3.4 Einfügen einer Lösung für Eigenfrequenzen

- Die nachfolgenden Arbeiten betreffen Randbedingungen und Lösungen. Daher machen Sie nun die Simulationsdatei zum dargestellten Teil.

Eine Simulation kann durchaus zwei Lösungen enthalten: eine für Statik und eine für Frequenzen.

Zunächst enthält die geklonte Simulationsdatei noch die alte Lösungsmethode für Statikanalyse. Diese Lösungsmethode kann nicht nachträglich geändert werden, vielmehr muss eine neue Lösung erzeugt werden.

- Löschen Sie im Simulationsnavigator die alte Lösung *Solution 1*.

Optional können Sie auch die alte Kraft von 3000 N löschen, die für die statische Analyse gebraucht wurde. Die Kraft stört jedoch nicht, denn sie wird nicht in die Eigenfrequenzlösung eingefügt. Sie verbleibt einfach in dem Lastencontainer.

- Fügen Sie nun im Simulationsnavigator eine neue Lösung ein, indem Sie im Kontextmenü des obersten Knotens die Funktion *Neue Lösung …* (*New Solution …*) wählen.

Im erscheinenden Menü *Lösung* (*Solution*) müssen nun, entsprechend Bild 4.63, wieder der *Solver*, der *Analysetyp* und der *Lösungstyp* (*Solution Type*) eingestellt werden.

- Für eine Modalanalyse stellen Sie den *Lösungstyp* auf *SOL 103 Real Eigenvalues* (in älteren NX-Versionen: *SEMODES 103*) und wählen *Lösung erzeugen* (*Create Solution*).

Der Name *SEMODES* steht übrigens für *Superelemente Modal*, d. h., hiermit ist es auch möglich, bei sehr großen Modellen Teilbereiche zu sogenannten Superelementen zusammenzufassen. Superelemente erlauben, dass die Steifigkeitseigenschaften ganzer FEM-Modellbereiche, z. B. der Flügel an einem Flugzeug, zu einzelnen Superelementen zusammengefasst und eventuell in der Komplexität reduziert werden. Bei nachfolgenden Berechnungen können diese Superelemente dann sehr schnell berechnet werden.

- Des Weiteren soll eingestellt werden, dass die untersten fünf Frequenzen berechnet werden. Dies geschieht im Register *Case Control*.
- Bearbeiten Sie die Einstellungen unter *Lanczos Data*, und geben Sie für die *Anzahl der gewünschten Knoten* (*Number of Desired Modes*) den Wert 5 ein.

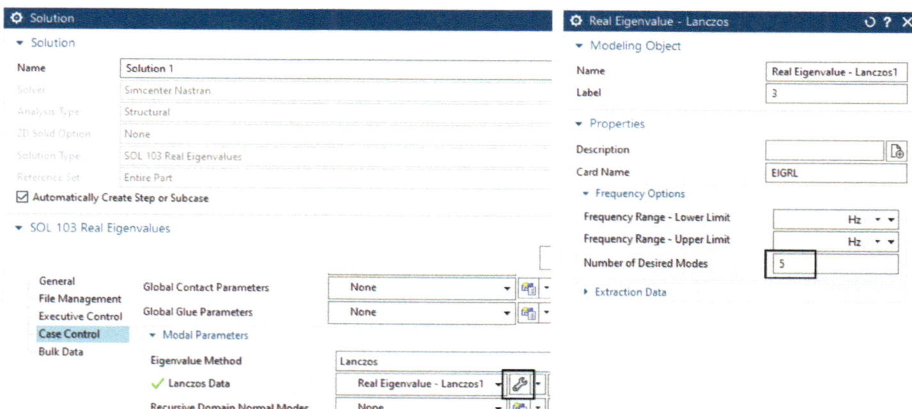

Bild 4.63 Der Nastran-Lösungstyp 103 berechnet Eigenfrequenzen.

Dies bedeutet, dass die fünf tiefsten Eigenfrequenzen des Trägers berechnet werden. In vielen Fällen interessiert nur die tiefste Eigenfrequenz, weil dies meist die kritischste ist. Bedenken Sie, dass eine höhere Zahl hier auch zu einer erheblich höheren Rechendauer führt. Falls Sie in diesem Menü gar keine Einstellung vornehmen, so werden nach Voreinstellung die ersten zehn Frequenzen berechnet.

- Bestätigen Sie dreimal mit OK, und die Lösung wird erzeugt.

4.2.3.5 Zuweisen der Randbedingungen zur neuen Lösung

Unterschiedliche Lösungen können auch unterschiedliche Randbedingungen haben.

Da wir unsere Simulationsdatei aus der ehemaligen kopiert haben, existieren noch die alten Randbedingungen in der Datei. Diese können Sie im *Constraint Container* sehen. Beim Erzeugen einer neuen Lösung werden existierende Randbedingungen aber nicht automatisch der Lösung zugefügt. Vielmehr ergibt sich die Möglichkeit auszuwählen, welche Randbedingungen in dieser Lösung angewandt werden sollen. Das ist insbesondere dann interessant, wenn mehrere Lösungen in einer Simulationsdatei vorhanden sind, denn in so einem Fall können gewisse Randbedingungen in der ersten, andere dagegen in der zweiten Lösung angewandt werden.

In unserem Fall beinhaltet die neue Lösung noch gar keine Randbedingungen. Sie können dies kontrollieren, indem Sie die Constraints prüfen, die der neuen Lösung zugeordnet sind. Es darf nicht vergessen werden, diese zuzuweisen, denn ansonsten würde die Eigenfrequenzanalyse ohne Einspannungen durchgeführt werden.

- Weisen Sie die vorhandenen Randbedingungen der neuen Lösung zu, indem Sie die entsprechenden Knoten im Simulationsnavigator aus der Gruppe *Constraint Container* mit der Maus in die Gruppe *Constraints* der neuen Lösung ziehen.

Der Simulationsnavigator sollte jetzt so aussehen, wie in Bild 4.64 dargestellt.

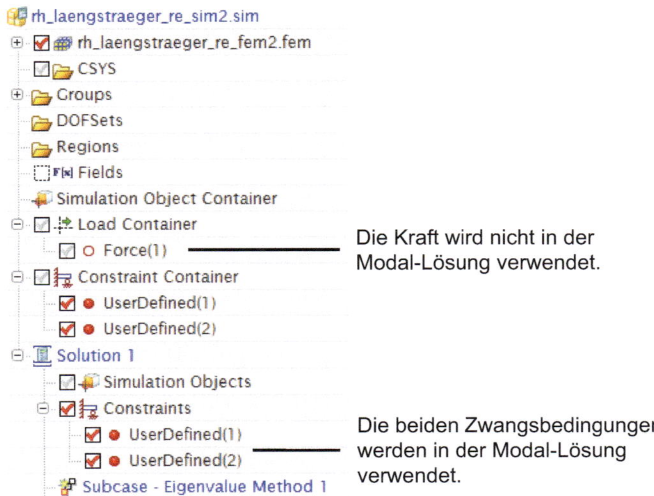

Bild 4.64 Der Navigator stellt die Struktur des Berechnungsmodells dar. Lasten und Randbedingungen können per Drag and Drop aus den Containern in die Lösungen gezogen werden.

4.2.3.6 Berechnen und Bewerten der Schwingungsformen und Frequenzen

- Starten Sie die Berechnung mit der Funktion *Berechnen* (*Solve*), und bestätigen Sie mit OK.
- Nachdem die Lösung abgeschlossen ist, starten Sie den Postprozessor.

In dieser Eigenfrequenzanalyse wurden die ersten fünf Frequenzen des Bauteils berechnet. Diese fünf Ergebnisse werden nun im Simulationsnavigator, wie in Bild 4.65 dargestellt, angezeigt. *Mode 1* bedeutet dabei, dass es sich um die tiefste gefundene Eigenfrequenz handelt. Die Zahl dahinter gibt die Frequenz in der Einheit Hertz an.

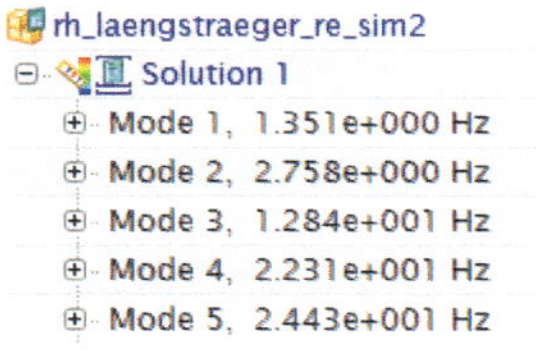

rh_laengstraeger_re_sim2
Solution 1
Mode 1, 1.351e+000 Hz
Mode 2, 2.758e+000 Hz
Mode 3, 1.284e+001 Hz
Mode 4, 2.231e+001 Hz
Mode 5, 2.443e+001 Hz

Bild 4.65
Der *Result*-Knoten zeigt die errechneten Eigenfrequenzen für alle Modi an.

- Aktivieren Sie nun die Verschiebungsergebnisse des ersten Modes, der bei einer Frequenz von 1,3 Hz auftritt (= das Pluszeichen aufklappen).

Am leichtesten lässt sich das Ergebnis beurteilen, wenn es animiert dargestellt wird. Gehen Sie dazu wie folgt vor:

Für Schwingungsergebnisse sollten die Einstellungen der Animation geändert werden.

- Wählen Sie die Funktion *Animation*.
- Schalten Sie im folgenden Menü den *Stil* (*Style*) auf *Modal.*
- Tragen Sie unter *Anzahl der Einzelbilder* (*Number of Frames*) beispielsweise 30 ein.
- Aktivieren Sie die Option *Vollständiger Zyklus* (*Full cycle*).
- Starten Sie die Animation mit.

Es sollte sich für den *Mode 1* eine Schwingungsform einstellen, die den Längsträger seitwärts verformt, wie in Bild 4.66 links dargestellt ist.

Da in unserem Beispielfall lediglich Schwingungen in der vertikalen Richtung interessieren, braucht diese seitliche Schwingungsform nicht näher betrachtet zu werden. Außerdem würde die seitliche Bewegung in der realen Situation in dieser Form wahrscheinlich nicht auftreten, weil der Rahmen durch den Einfluss der Querträger in der seitlichen Richtung wesentlich steifer ist.

Daher wird nun die nächsthöhere Eigenfrequenz analysiert.

- Sie aktivieren also im Simulationsnavigator den *Mode 2* und sehen sich wieder die animierten Verformungsergebnisse an.

Die Animation zeigt, dass es sich hierbei um eine Schwingungsform in der vertikalen Richtung handelt. Dies ist eine Schwingungsform, die in Realität auftreten könnte, denn die vernachlässigten Querträger und der zweite Längsträger würden diese Schwingungsform nicht wesentlich behindern. Die zum *Mode 2* zugehörige Eigenfrequenz von ca. 2,7 Hz kann also für eine grobe Abschätzung der Eigenschwingung des Fahrzeugrahmens verwendet werden.

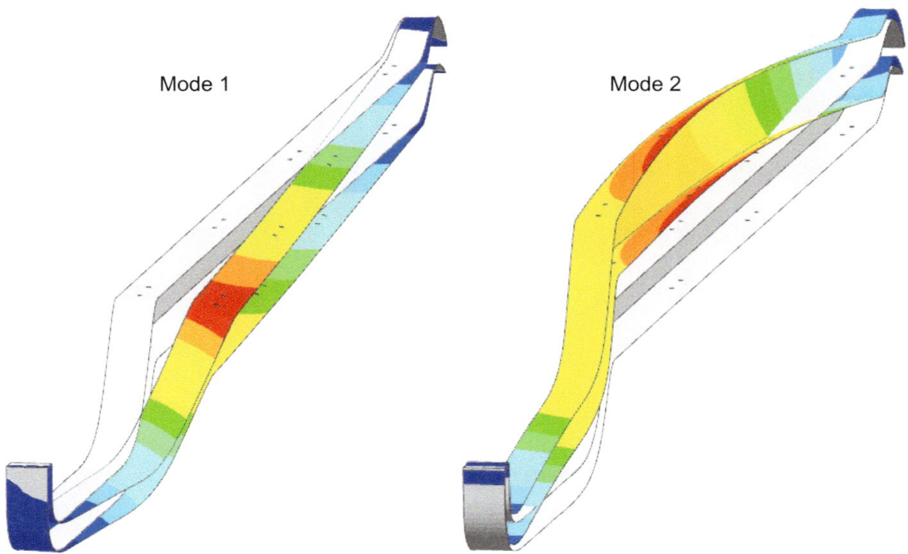

Bild 4.66 Animierte Eigenfrequenzergebnisse machen die Schwingungsformen deutlich.

4.2.3.7 Bewerten sonstiger Ergebnisgrößen

Die Modal- oder Eigenfrequenzanalyse zeigt neben der Eigenfrequenz und -form noch weitere Ergebnisse, nämlich Verformungen und Spannungen. Diese Ergebnisse sind jedoch mit Vorsicht zu betrachten, wie im Folgenden erläutert wird.

Grundlage der Erklärungen ist die Tatsache, dass folgende Größen nicht in der Eigenfrequenzanalyse verarbeitet werden, die in der Realität aber eine bedeutende Rolle spielen:

Die Modalanalyse berücksichtigt nicht die Anregung und Dämpfung.

- Die *Anregung*, durch die eine Schwingung hervorgerufen wird, geht nicht in die Modalanalyse ein. In Realität wird an einer oder mehreren Stellen des Bauteils eine Bewegung oder Kraft aufgezwungen. Diese Bewegung müsste in ihrem zeitlichen und örtlichen Verlauf definiert werden und in die FE-Analyse eingehen, damit das Resultat dementsprechend gedeutet werden könnte. Die Eigenfrequenzanalyse berücksichtigt dies jedoch nicht. Vielmehr wird lediglich die freie Schwingung betrachtet.
- Die *Dämpfung* des Materials geht auch nicht in die Modalanalyse ein. Die Dämpfung bewirkt den Verlust von Energie während der Schwingung. Ohne Dämpfungseigenschaften würde die Amplitude der Schwingung im Resonanzfall unendlich hoch werden.

Daher kann die Größe des Schwingungsausschlags nicht angegeben werden.

Die Amplitude der Schwingung, die sich in Realität wirklich einstellt, ist also von der Anregung und der Dämpfung abhängig. Spannungen oder Dehnungen im Bauteil, die sich während einer Schwingung einstellen, sind wiederum abhängig von der Größe der Schwingungsamplitude, die sich einstellt. Da aber Anregung und Dämpfung nicht verarbeitet werden, kann über die sich einstellende Amplitude und die Spannungen bei Eigenfrequenzanalysen nahezu keine Aussage gemacht werden.

Die einzigen Aussagen, die hierbei möglich sind, begründen sich in der vom System vorgenommenen Annahme über die Größe der Amplitude. Mit so einer willkürlich angenommenen Amplitude kann auf die Spannungen geschlossen werden, die bei dieser

Amplitude auftreten würden. Dies ist der Weg, der vom FE-System eingeschlagen wird, um Aussagen über Spannungen zu ermöglichen. Für den Anwender bedeutet dies, dass die angezeigten Spannungen lediglich qualitativ einzuschätzen sind, d. h., er kann erkennen, wo im Schwingungsfall große bzw. kleine Spannungen auftreten würden. Der Zahlenwert selbst hat keine Bedeutung. Diese Information kann jedoch für die Konstruktion durchaus von großem Interesse sein.

- Um diesen qualitativen Spannungsverlauf darzustellen, öffnen Sie daher im Simulationsnavigator die Unterstruktur des Knotens *Mode 2*. Hier finden Sie alle sonstigen Ergebnisse.
- Wenn Sie bei den Schalenelementen auf der sicheren Seite sein möchten, d. h., wenn Sie den größten Wert der Außenseite, Innenseite oder Mitte des Blechs sehen möchten, dann aktivieren Sie den Knoten *Stress - Element Nodal* und stellen bei *Ergebnis* (*Result*) die Shell-Option auf *Maximum*.

Das Ergebnis sollte nun wie in Bild 4.67 dargestellt aussehen. In diesem Fall ist es empfehlenswert, die Legende abzuschalten, damit die willkürlichen Zahlenwerte nicht erkennbar sind.

- Speichern Sie die Dateien, und schließen Sie diese.

Damit ist diese Lernaufgabe abgeschlossen.

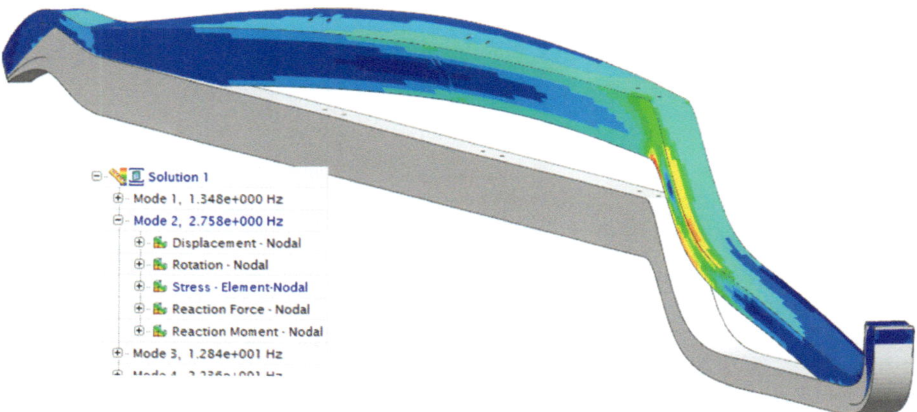

Bild 4.67 Bei Modalanalysen kann der Spannungsverlauf nur qualitativ angegeben werden.

4.2.4 Klemmsitzanalyse am Flügelhebel mit Kontakt

Analytische Formeln helfen nicht mehr.

Für Klemmverbindungen (auch Spannelemente, Presspassungen oder Ähnliches) gibt es zwar Auslegungsformeln in Maschinenbau-Handbüchern [RoloffMatek], jedoch werden diese Maschinenelemente meist vom Konstrukteur gestaltet und mit in Bauteile und Baugruppen integriert. Dies führt dazu, dass komplexe Geometrie zum Einsatz kommt – mit der Folge, dass analytische Auslegungsformeln aus den Maschinenbau-Handbüchern nur noch sehr bedingt sinnvolle Ergebnisse liefern. Daher sind Berechnungen von Klemmverbindungen und ähnlichen Elementen zu einer wichtigen Anwendung für FEM geworden. Die Methodik dafür soll an dieser Lernaufgabe erläutert werden.

Schwerpunkt dieser Lernaufgabe ist der Einsatz des nichtlinearen Kontakts, der in solchen Anwendungsfällen, aber auch in vielen anderen, erforderlich ist (Bild 4.68). Daher werden in dieser Lernaufgabe die Notwendigkeit, die Funktionsweise, die Einstellparameter und schließlich die Anwendung des Kontakts an diesem kontakttypischen Beispiel dargestellt. Die dabei vorgestellte Methodik kann auf andere Kontaktbeispiele in sehr ähnlicher Weise angewandt werden.

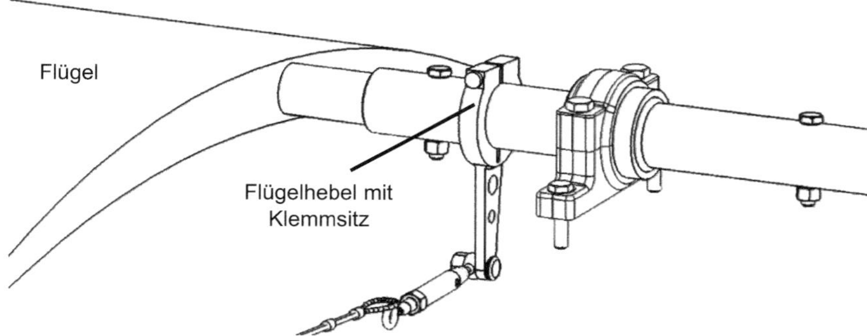

Bild 4.68 Klemmsitze, Spannelemente oder Presspassungen werden in FEM meist mit nichtlinearem Kontakt berechnet.

4.2.4.1 Aufgabenstellung

Um das erforderliche übertragbare Drehmoment zu erreichen, muss am Klemmsitz des Flügelhebels eine Schraubenanzugskraft von 2500 N erreicht werden. Die Frage ist, ob bei dieser Belastung die zulässige Flächenpressung in der Kontaktfläche oder die zulässige Spannung in der restlichen Geometrie überschritten wird. Daher soll mit FEM eine Spannungsanalyse durchgeführt werden, anhand der die auftretenden Flächenpressungen und Spannungen abgeschätzt werden können.

4.2.4.2 Notwendigkeit für nichtlinearen Kontakt und Alternativen

Ein nichtlinearer Kontakt ist immer dann erforderlich, wenn in Realität während der Verformung Auftreff-, Abhebe- oder Rutsch-/Reibsituationen zwischen Körperflächen auftreten und wenn diese Effekte in der Simulation detailliert nachgebildet werden müssen.

Kontaktanalysen führen zu deutlich höheren Rechenzeiten.

Also ist der nichtlineare Kontakt oft bei Baugruppenanalysen wichtig. Theoretisch müsste also zwischen allen Teilen einer Baugruppe nichtlinearer Kontakt berechnet werden, weil es ja sein könnte, dass irgendwo eine Berührung auftritt. Dies sollte aber unbedingt vermieden werden, weil eine Kontaktberechnung zu ganz deutlich höheren Rechenzeiten führt und auch noch weitere Schwierigkeiten auftreten können, wie in diesem Beispiel gezeigt wird. Daher ist es sehr wichtig, dass der FE-Berechner vorausdenkt und sinnvoll entscheidet, an welchen Stellen Kontakt berechnet werden soll und an welchen vielleicht eine vereinfachte Art der Verbindung ausreicht. Oftmals reicht es nämlich schon aus, wenn zwischen Bauteilen feste Verbindungen erzeugt werden.

Solche festen Bauteilverbindungen sind dann einfach linearer Natur, d. h., sie werden von vornherein definiert, und auch während der Verformung bleiben die Teile stets in Verbindung. Funktionen für solche Arten von festen Verbindungen sind:

Übersicht über lineare Funktionen für Verbindungen

- *Fläche zu Fläche kleben* (*Surface to Surface Glueing*) für die flächige Verbindung zweier Körper
- *Kante zu Fläche kleben* (*Edge to Surface Glueing*) für die Verbindung von z. B. Schalennetzen an Volumen
- *Kante zu Kante kleben* (*Edge to Edge Glueing*) für die Verbindung an zwei Kanten
- *Gitterverknüpfung* (*Mesh Mating*) für die Ausrichtung oder Verschmelzung der Knoten zweier Körper an einer Fläche
- *1D-Connection* mit *RBE2*-Elementen (beispielsweise eines Punktes mit einer Fläche über steife Kopplungselemente)

Solche Fälle wurden bereits in früheren Beispielen behandelt. Die Funktionen, die im Simcenter-System für nichtlinearen Kontakt in der Nastran-Lösung 101 dafür bereitstehen, sind folgende:

Übersicht über nichtlineare Funktionen für Kontakte

- *Fläche-zu-Fläche-Kontakt* (*Surface to Surface Contact*) für flächenartige Kontaktsituationen
- *Kante-zu-Kante-Kontakt* (*Edge-to-Edge Contact*)
- *1D-Connection mit CGAP-Elementen*, die beispielsweise von einer Kante zu einer anderen Kante definiert werden können

Der Klemmsitz ist ein Beispiel, bei dem zwei Teile aufeinander abrutschen oder reiben. Vielleicht bestünde sogar ein Anfangsspalt zwischen den Kontaktflächen, oder vielleicht möchte sich aufgrund der Belastung irgendwo ein Spalt einstellen. Ein einfaches festes Verbinden an der Kontaktfläche, so wie es die Funktionen *Fläche zu Fläche kleben* oder *Gitterverknüpfung* erlauben, ist nicht zielführend, wenn die Spannungen an der Kontaktfläche mit guter Genauigkeit bestimmt werden sollen, weil ja mit dem Verkleben alle Querbewegungen der Teile zueinander unterbunden werden, die in Wirklichkeit möglich sind. Das einfache Verkleben der Teile würde daher zu unrealistischen Querspannungen führen. Aus diesem Grund ist im Falle des Klemmsitzes der nichtlineare Kontakt sinnvoll.

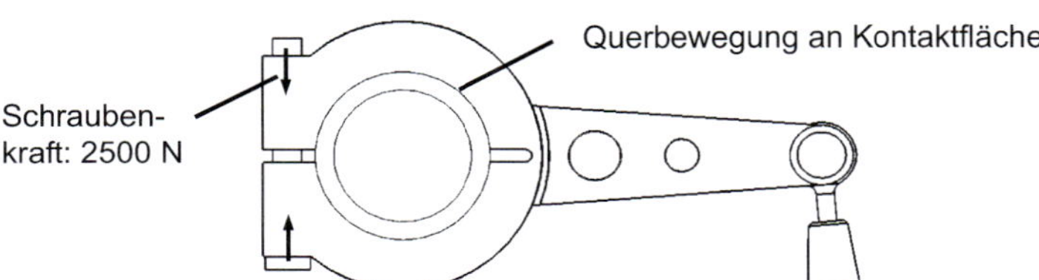

Bild 4.69 Bei einer Klemmung verformen sich beide Teile. Die Kontaktkräfte zwischen den Teilen ändern sich während der Verformung. Außerdem rutschen die Flächen aufeinander ab.

Die Klebefunktion kann in manchen Fällen den nichtlinearen Kontakt ersetzen.

Eine mögliche Alternative zum nichtlinearen Kontakt in diesem Fall erlaubt uns die Funktion *Fläche zu Fläche kleben* (*Surface to Surface Glueing*), wenn diese so eingestellt wird, dass sie in der Tangentialrichtung – also der Rutschrichtung – eine kleine und in der Normalrichtung eine große Steifigkeit besitzt. So eingestellt entspricht sie einem gleitenden Verbund. Das ist möglich, weil in der Funktion eine getrennte Definition der beiden Steifigkeitsrichtungen möglich ist.

4.2.4.3 Funktionsweise des nichtlinearen Kontakts

Bei der linearen FE-Analyse werden Steifigkeit und Randbedingungen vom Bauteil nur einmal bestimmt und in die Steifigkeitsmatrix sowie den Last- und Verschiebungsvektor eingefügt. Dagegen wird bei der Analyse mit nichtlinearem Kontakt im Laufe der Verformung immer wieder geprüft, ob sich Kontaktflächenpaare durchdringen. Falls es zu einer solchen Durchdringung kommt, müssen Gegenkräfte gebildet werden, die der Durchdringung entgegenwirken.

Der Kontakt führt zu Iterationen.

Um dies zu realisieren, ist es erforderlich, dass die äußere Belastung in kleinen Schritten aufgebracht und nach jedem Schritt geprüft wird, ob es im potenziellen Kontaktbereich zu Überschneidungen kommt. Solche Überschneidungen können leicht gefunden werden, indem geometrisch die Positionen der entsprechenden Knoten geprüft werden.

Jeder dieser Lastschritte wird durch eine lineare FE-Analyse realisiert, die ganz ähnlich abläuft wie sonst auch. Der einzige Unterschied besteht darin, dass die Lastschritte nicht vom entspannten Körper ausgehen, sondern immer die Vorspannung des bis dahin schon belasteten Körpers einbeziehen.

Solange keine Überschneidungen auftreten, wird die Last einfach weiter erhöht, bis am Ende die volle gewünschte Belastung erreicht wird oder bis es zu einer Überschneidung von Knoten kommt. Das schrittweise Erhöhen der Last und Finden der Kontaktknoten nennen wir die äußere Iteration oder auch Status-Loop. Wenn es erstmals zur Knotenüberschneidung kommt, beginnt ein Algorithmus, den wir innere Iteration oder *Force-Loop* nennen und der dafür sorgt, dass die Knoten wieder zurückgedrückt werden, damit sie am Ende flächig und wirklichkeitsgetreu aneinander aufliegen (Bild 4.70).

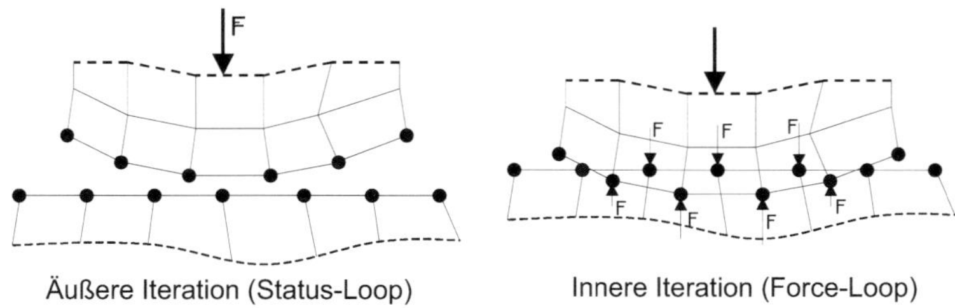

Bild 4.70 In der ersten Iteration werden die äußeren Kräfte stückweise aufgebracht.

In der zweiten Iteration werden Kontaktrückstellkräfte aufgebracht.

Das Zurückschieben der Knoten in der inneren Iteration wird erreicht, indem Rückstellkräfte auf die entsprechenden Knoten aufgebracht werden. Es werden also weitere lineare FE-Analysen durchgeführt, bei denen nun zusätzlich diese Rückstellkräfte eingefügt werden. Die Rückstellkräfte können von der Software nur grob abgeschätzt werden, indem die aktuelle Durchdringung eines Knotens mit einem vorgegebenen Steifigkeitswert multipliziert wird. Mit so einer abgeschätzten Rückstellkraft wird sicherlich nicht gleich erreicht werden können, dass die Kontaktknoten genau auf einer Fläche liegen bleiben. Die Rückstellkraft ist vielmehr entweder zu groß oder zu klein angenommen worden. Daher wird anschließend die Rückstellkraft anhand der sich ergebenden Knotenüberschneidung erneut berechnet und in der nächsten linearen FE-Analyse aufgebracht. Nun sollte die Überschneidung kleiner geworden sein. Diese innere Iteration wird so lange wiederholt, bis ein Konvergenzkriterium erreicht worden ist (Bild 4.71).

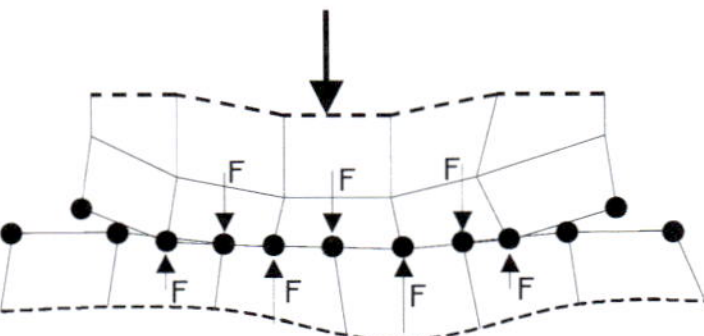

Bild 4.71
Nachdem die Kontaktrückstellkräfte korrekt gefunden wurden, kann das nächste Stück der äußeren Kraft aufgebracht werden.

Nachdem die innere Iteration zur Konvergenz gekommen ist, wird in der äußeren Iteration das nächste Stück Last aufgebracht, und die innere Iteration beginnt von Neuem.

Es handelt sich bei dem nichtlinearen Kontakt also um eine zweifach geschachtelte Iteration von jeweils linearen FE-Analysen. Es ergeben sich daher ganz erheblich größere Rechenzeiten. Ein nichtlinearer Kontakt sollte also nur verwendet werden, wenn es unbedingt erforderlich ist.

4.2.4.4 Laden der Baugruppe und Erzeugen der Dateistruktur

- Um mit der Aufgabe zu beginnen, laden Sie nun die Baugruppe *fl_bg_fluegeleinheit.prt* aus dem *RAK2*-Verzeichnis.

Diese Baugruppe enthält die beiden Teile *fl_fluegeltr_klemmhebel* und *fl_fluegeltraeger*. Dies sind der Klemmhebel und das Rohr, auf dem die Klemmung realisiert werden soll.

- Schalten Sie nun in die Anwendung *NX/Simcenter 3D Pre/Post.*
- Erzeugen Sie im Simulationsnavigator die Struktur für die Simulation.

Zuerst wird noch kein Körper in die Berechnung aufgenommen.

Beachten Sie dabei, dass nicht alle Körper in Polygongeometrien umgewandelt werden müssen, sondern nur die Geometrie des Klemmhebels und des Rohrs. Darüber hinaus sollen diese beiden Körper in der idealisierten Datei noch stark verändert werden. Deswegen ist es sinnvoll, zunächst einmal noch keinen Körper als Polygongeometrie erzeugen zu lassen und erst zu einem späteren Zeitpunkt diese Auswahl vorzunehmen.

- Stellen Sie die Option *Zu verwendende Körper* (*Bodies to Use*) auf *Keinen* (*None*, siehe Bild 4.72).

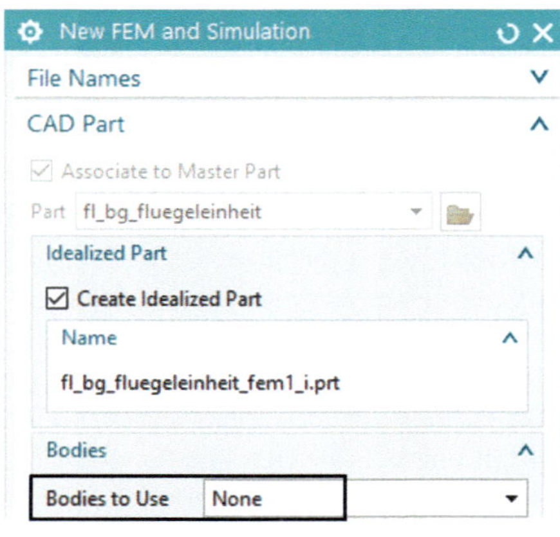

Bild 4.72
Die Option *Bodies to Use* definiert die zu erzeugenden Polygonkörper.

4.2.4.5 Kontaktspezifische Parameter in der Lösungsmethode

Nach dem Erzeugen der Dateistruktur werden Sie aufgefordert, die Lösung zu definieren. In den bisherigen Beispielen wurde hier meist mit Ok bestätigt. Damit wurden die Voreinstellungen akzeptiert. Auch im Falle dieses Beispiels können die Voreinstellungen akzeptiert werden. Zunächst sollen jedoch einige wichtige Einstellungen für die Kontrolle des Kontaktalgorithmus erläutert werden.

In manchen Fällen bei Kontaktanalysen empfiehlt es sich, an diesen Parametern Änderungen vorzunehmen, um zu einem akzeptablen Ergebnis zu kommen. Wir beziehen uns bei den Erklärungen auf den Kontaktalgorithmus von NX Nastran. Einstellungen für andere Solver-Typen müssen in der Online-Hilfe nachgelesen werden.

Die voreingestellten Parameter müssen nur bei Problemen geändert werden.

Nachfolgend erklären wir die Bedeutung und geben Empfehlungen zu einigen wichtigen Kontaktparametern. Diese Erklärungen sind teilweise aus dem Dokument *Simcenter Nastran User's Guide* [nxn_user] entnommen, das zur Online-Hilfe von Simcenter Nastran gehört. Teilweise sind die Erklärungen durch unsere eigenen Erfahrungen angereichert.

Bild 4.73 zeigt das Menü bzw. die vier Register der globalen Kontaktparameter, in dem die hier erklärten Parameter an Nastran übergeben werden. Sie finden diese im Menü *Edit Solution* im Register *Case Control* unter *Global Contact Parameters, Create Modeling Object*. Im Menü sollte die *Lösungsanwendbarkeitsansicht* (*Solution Applicability View*) von *Alle Lösungen* auf *SOL 101 Linear Statics* umgeschaltet werden, damit nur die Einstellungen gezeigt werden, die für unseren Lösungstyp 101 relevant sind.

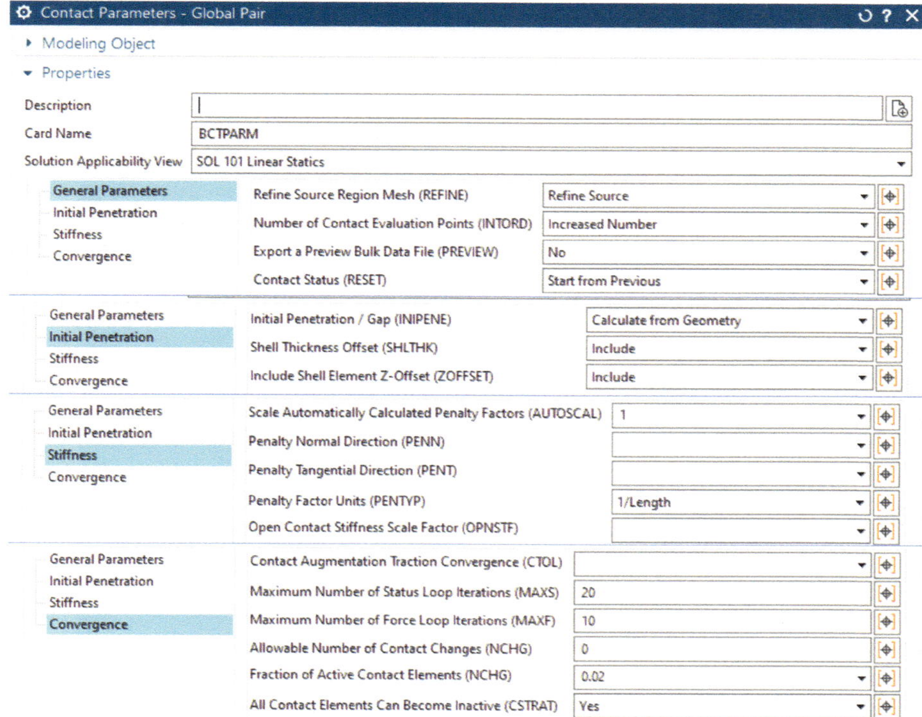

Bild 4.73 Das Menü der globalen Kontaktparameter und die voreingestellten Werte

Steifigkeitswerte und Empfehlungen beim Kontakt

Register *Steifigkeit* (*Stiffness*)

- *Penalty Normalenrichtung* (*Penalty Normal Direction, PENN*): Dieser Wert kontrolliert die Steifigkeit in der normalen Richtung, wenn die Kontaktflächen in Überschneidung geraten. Allgemein führt ein größerer Wert zu schnellerer Konvergenz und zu kleinerer bleibender Überschneidung. Jedoch führt ein zu großer Wert auch dazu, dass gar keine Konvergenz erreicht werden kann. Voreingestellt ist ein Wert von 10. Dieser wird aber nicht angezeigt, sondern ist nur programmintern hinterlegt. Wird ein Wert eingegeben, so wird der voreingestellte Wert für die Rechnung überschrieben. Es bestehen folgende Empfehlungen:
  - Steifigkeiten zwischen 1000 und 10 000 sind in den meisten Fällen gut geeignet.
  - Steifigkeiten zwischen 10 und 100 sind gut geeignet, wenn die Kontaktflächen identisch sind, die Knoten aber nicht übereinstimmen. Kleinere Werte können Unregelmäßigkeiten von nicht übereinstimmenden Netzen glätten. Falls Kontaktspannungen ermittelt werden sollen, erhält man die besten Ergebnisse, wenn übereinstimmende Netze auf beiden Seiten des Kontakts existieren.
  - Sehr kleine Steifigkeitswerte, d. h. Werte kleiner eins, führen zu sehr langsamer Konvergenz und werden nicht empfohlen.
- *Penalty Tangentialrichtung* (*Penalty Tangential Direction, PENT*): Dieser Wert kontrolliert die Konvergenz von Reibungskräften, wenn die Reibung ungleich null ist. Der Wert sollte allgemein zehn- bis hundertmal kleiner sein als die *Penalty Normal Direction*.

Abbruchkriterien für den Kontakt

Register *Konvergenz* (*Convergence*)

- *Kontaktsteigerungs-Zugkraftkonvergenz* (*Contact Augmentation Traction Convergence, CTOL*): Dies ist der Grenzwert für die Kontakt-Konvergenz-Toleranz (Eucid-Norm). Sobald die Kontakt-Konvergenz-Toleranz kleiner als dieser Grenzwert wird, hat der Kontaktalgorithmus konvergiert.
- *Maximale Anzahl an Kontaktschleifen* (*Maximum Number of Force Loop Iterations, MAXF*): Hier kann die maximal mögliche Anzahl von Iterationen für die innere Iterationsschleife bzw. den Force Loop angegeben werden.
- *Maximale Anzahl an Statusschleifen* (*Maximum Number of Status Loop Iterations, MAXS*): Hier kann die maximale Anzahl von Iterationen für die äußere Iteration bzw. den Status-Loop angegeben werden.

Wenn der Kontakt schon früher abbrechen soll ...

- *Zulässige Kontaktänderungsanzahl* (*Allowable Number of Contact Changes, NCHG*): Hiermit kann erreicht werden, dass die Kontaktberechnung schon abbricht, obwohl noch nicht alle Kontaktelemente auskonvergiert bzw. inaktiv geworden sind. Dies macht Sinn, wenn mit gröberer Genauigkeit gerechnet werden soll oder wenn im Konvergenzverlauf zu erkennen ist, dass die letzten Kontaktelemente nur sehr langsam oder gar nicht konvergieren. Solch ein Verhalten deutet auf sogenanntes Kontakt-Oszillieren hin, d. h., Kontaktelemente schwingen zwischen dem geschlossenen und dem offenen Zustand hin und her. Wenn in diesem Parameter z. B. 0,01 angegeben wird, so bedeutet dies, dass 1 % der Kontaktelemente nicht auszukonvergieren braucht.

Register *Anfangsdurchdringung* (*Initial Penetration*)

- *Anfangsdurchdringung/-lücke* (*Initial Penetration/Gap, INIPENE*): Leider existieren oftmals winzige Anfangsdurchdringungen einzelner Knoten der Kontaktflächen. Dies erkennen Sie am FEM-Netz fast gar nicht, jedoch resultieren daraus unrealistische

Spannungspeaks auf den Kontaktflächen. Dieser Parameter kontrolliert, wie solche Situationen behandelt werden sollen. Die Voreinstellung *Berechnung aus Geometrie* (*Calculate from Geometry*) verändert nichts an der gegebenen Geometrie. Die Option *Durchdringung ignorieren/Lücken verwenden* (*Ignore penetration/Use gaps*) entfernt an den Stellen, bei denen Anfangsdurchdringungen existieren, künstlich die Durchdringung, setzt diese Bereiche also auf exakt aneinander anliegend. Die dritte Option *Auf null gesetzt* (*Set to Zero*) setzt alle Kontaktflächenbereiche exakt auf null Abstand. Diese dritte Option ist sehr wirksam. In vielen Praxisaufgaben hat sich herausgestellt, dass nur mit dieser Option gute Kontaktergebnisse erzielt werden konnten.

- *Offset der Stärke der Schalenfläche* (*Shell Thickness Offset, SHLTHK*): Die Kontaktfunktion in NX Nastran kann sowohl für Schalen als auch für 3D-Elemente genutzt werden. Dieser Wert ist nur bei Schalen relevant und steuert die Kontrolle der Dicke im Kontaktbereich. Falls für diese Option *Einschließen* (*Include*) eingesetzt wird, nimmt das System an, dass die Schalenelemente in der Mitte des Körpers liegen, d. h., die Dicke wird auf beiden Seiten mit $t/2$ angenommen. Falls die Schalenelemente jedoch die äußere Fläche des Körpers darstellen, tragen Sie hier *Ausschließen* (*Exclude*) ein, dann wird die Dicke ignoriert.

Register *Allgemeine Parameter* (*General Parameters*)

- *Kontaktstatus* (*Contact Status, RESET*): Falls mehrere Lastfälle gerechnet werden, wird mit der voreingestellten Option *Von vorheriger starten* (*Start from Previous*) erreicht, dass für die Berechnung des nachfolgenden Lastfalls der Kontaktendzustand des vorherigen Lastfalls zugrunde gelegt wird. Das macht oft Sinn, um die Kontaktberechnung zu beschleunigen.

Im Fall unseres Beispiels können alle Voreinstellungen akzeptiert werden.

Bestätigen Sie daher mit OK, woraufhin die Lösung erzeugt wird.

4.2.4.6 Teil 1: Grobanalyse mit Tetraedern

In diesem ersten Teil der Aufgabe wollen wir auf schnelle Weise zu einem Ergebnis kommen. Wir wollen lediglich die nötigsten Arbeiten durchführen. Dafür akzeptieren wir einen gewissen Genauigkeitsverlust. Im zweiten Teil der Aufgabe werden dann alle Register für eine hochwertige Kontaktanalyse gezogen.

4.2.4.7 Geometrievereinfachungen für Symmetrie

Spiegelsymmetrie liegt immer dann vor, wenn links von der Symmetrieebene genau das Gleiche passiert wie rechts davon. So ein Zustand liegt bei unserer Aufgabe gleich zweimal vor. Bild 4.74 zeigt die beiden Symmetrieebenen und das bereits geschnittene Modell, so wie es nach den Arbeitsschritten dieses Abschnitts vorliegen sollte.

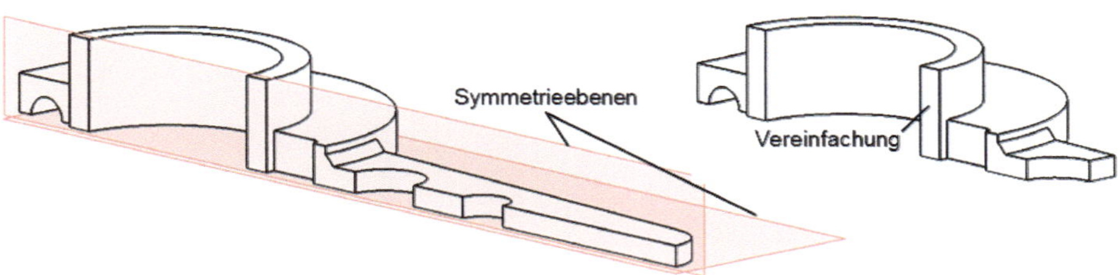

Bild 4.74 Das Modell wird vereinfacht. Zweifache Symmetrie wird genutzt.

Meist wird die Symmetrie bei FEM-Aufgaben ausgenutzt, um Rechenzeit und Speicherplatz zu sparen. Es macht schließlich keinen Sinn, die doppelten Ergebnisse zu produzieren, wenn wir doch wissen, dass links der Ebene das Gleiche wie rechts rauskommt. Symmetrie sollte auf jeden Fall ausgenutzt werden, insbesondere, wenn abzusehen ist, dass die Rechnung länger dauert. Bei einer Kontaktaufgabe ist dies auf jeden Fall zu erwarten.

Um zum dargestellten Ergebnis des zweifach geschnittenen Modells zu kommen, sind folgende Schritte vorzunehmen:

- Schalten Sie in die idealisierte Datei, und erzeugen Sie je einen Wave-Link für das Rohr und den Klemmhebel.
- Blenden Sie im Baugruppennavigator die gesamte Baugruppe *fl_bg_fluegeleinheit* aus. Die beiden „gewaveten" Teile bleiben sichtbar.
- Schalten Sie in die Konstruktionsanwendung, legen Sie Ebenen in die entsprechenden Symmetrieebenen, und trimmen Sie die beiden Körper an diesen Ebenen.
- Wenn Sie möchten, können Sie auch noch – wie in Bild 4.74 rechts dargestellt – einen Teil des Hebels abschneiden, weil dieser Bereich kaum Einfluss auf unser Ergebnis hat.
- Auch kann das Rohr noch ein Stück weit gekürzt werden, sodass wirklich nur der interessierende Teil übrig bleibt.
- Wechseln Sie wieder zurück in die Simulationsanwendung.

4.2.4.8 Polygongeometrien nachträglich zufügen

- Wechseln Sie in die FEM-Datei.

Die Polygonkörper sind noch nicht da oder müssen noch mal ausgetauscht werden.

Sie stellen fest, dass es keinen einzigen Polygonkörper in der FEM-Datei gibt. Das ist auch richtig so, weil wir beim Erzeugen der FEM-Datei die Option *Zu verwendende Körper* auf *Keine* gestellt haben. Nun haben wir die Geometrie in der idealisierten Datei fertig vorbereitet, sodass davon Polygongeometrie für die Vernetzung erzeugt werden soll. Um die nachträgliche Erzeugung der Polygongeometrie durchzuführen, gehen Sie folgendermaßen vor:

- Wählen Sie im Simulationsnavigator auf dem obersten Knoten im Kontextmenü die Funktion BEARBEITEN.
- Aktivieren Sie den Schalter *Zu verwendende Körper bearbeiten* (*Edit Bodies to Use*). Jetzt wird im Grafikfenster temporär die idealisierte Datei angezeigt.
- Schalten Sie die Option *Zu verwendende Körper* (*Bodies to Use*) auf AUSWÄHLEN (SELECT).
- Selektieren Sie die beiden vereinfachten Körper Rohr und Klemmhebel.
- Bestätigen Sie mit OK.

Jetzt werden die beiden gelinkten und vereinfachten Geometrien in der FEM-Datei dargestellt und können weiterverwendet werden.

4.2.4.9 Materialeigenschaften

Sowohl das Rohr als auch der Klemmhebel sollen aus gewöhnlichem Stahl sein.

- Wählen Sie die Funktion *Materialien zuweisen* (*Assign Materials*).
- Suchen Sie in der Bibliothek nach dem Material *Stahl*.
- Selektieren Sie die beiden Körper.
- Bestätigen Sie mit Ok.

4.2.4.10 Vernetzung mit Tetraedern

Für eine grobe Kontaktanalyse wird eine einfache Tetraedervernetzung mit Verfeinerung auf die Hälfte bzw. ein Viertel des Vorschlagswertes erzeugt. Gehen Sie folgendermaßen vor:

Eine grobe Analyse sollte immer zuerst durchgeführt werden.

- Wählen Sie die Funktion *3D Tetrahedral Mesh*.
- Belassen Sie den Elementtyp auf den voreingestellten *CTETRA10*.
- Selektieren Sie den Klemmhebel.
- Wählen Sie den gelben Blitz für den Vorschlag einer Elementgröße.
- Teilen Sie diesen Vorschlagswert durch zwei.
- Bestätigen mit Ok.
- Führen Sie die gleichen Schritte noch einmal für die Welle durch. Verwenden Sie hier den Vorschlagswert geteilt durch vier.

Das Ergebnis sollte wie in Bild 4.75 dargestellt aussehen. Wie Sie sehen, stimmen die Knoten an der Kontaktstelle nicht überein. Mit dieser Vernetzung kann zwar die Kontaktrechnung durchgeführt werden, aber die Ergebnisgenauigkeit im Kontaktbereich ist eingeschränkt.

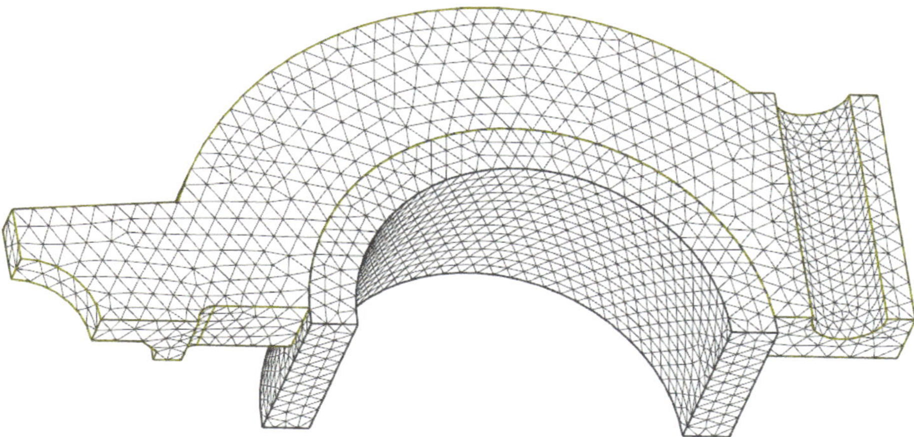

Bild 4.75 Dies ist eine Standardvernetzung: Tet10-Elemente und halber Vorschlagswert bzw. ein Viertel des Vorschlagswerts für die Elementgröße

4.2.4.11 Symmetrie- und weitere Randbedingungen

- Wechseln Sie in die Simulationsdatei.

Die Bedingung für Symmetrie ist, dass es keine Verformung senkrecht zur Symmetrieebene gibt.

Auf allen Symmetrieschnittflächen muss nun eine entsprechende Randbedingung aufgebracht werden. Dafür stehen zwei Möglichkeiten zur Auswahl: Erstens könnte die Funktion *Symmetrische Zwangsbedingung* (*Symmetric Constraint*) und zweitens die allgemeine Funktion *Anwenderdefinierte Zwangsbedingung* (*User Defined Constraint*) genutzt werden.

Bei der symmetrischen Zwangsbedingung brauchen Sie sich keine Gedanken über die Richtungen zu machen. Sie sollten lediglich vermeiden, alle Symmetrieflächen in einer einzigen Bedingung zusammenzufassen. Fassen Sie vielmehr immer die Flächen zusammen, die zum gleichen Schnitt gehören – also die, die in die gleiche Richtung zeigen.

Bei Nutzung der anwenderdefinierten Funktion ist zu beachten, dass für eine Symmetriebedingung bei Volumenelementen immer der Freiheitsgrad senkrecht zur Schnittfläche festgehalten und alle anderen freigelassen werden müssen.

Wir wollen hier die symmetrische Zwangsbedingung verwenden:

- Wählen Sie die Funktion *Symmetrische Zwangsbedingung* (*Symmetric Constraint*) und selektieren Sie alle Flächen, die zu dem ersten Symmetrieschnitt gehören. Dies sind drei Flächen.
- Bestätigen Sie mit OK.
- Erzeugen Sie die gleiche Bedingung noch einmal auf den drei Flächen, die zu dem zweiten Symmetrieschnitt gehören.

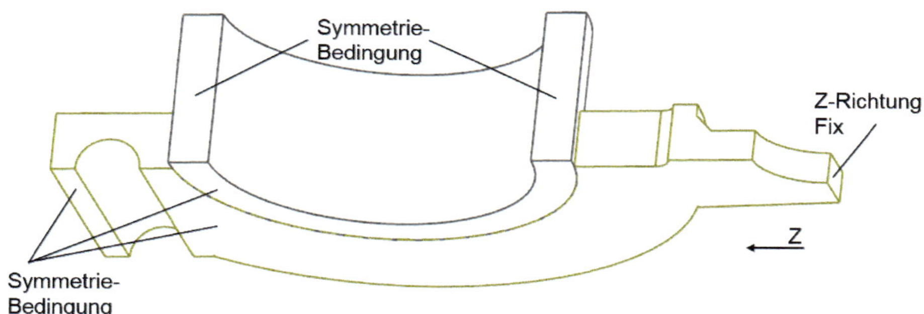

Bild 4.76 Diese Randbedingungen verhindern die Bewegung des Klemmhebels, aber noch nicht die der Hülse.

Im Navigator ist an der Lösung zu erkennen, dass Konflikte bei den Randbedingungen existieren. Der Grund ist, dass an einigen Kanten beide Symmetriebedingungen gleichzeitig wirken. Das System zeigt diese Konfliktsituation an (Bild 4.77), und der Anwender soll nun eingreifen und definieren, wie an diesen Kanten vorgegangen werden soll. Dazu gibt es mehrere Möglichkeiten: Die erste (*Apply – Symmetric(1)*) oder die zweite (*Apply – Symmetric(2)*) Bedingung kann wirken, oder die Freiheitsgrade sollen einzeln angegeben werden (*Werte angeben* (*Specify Values*)).

- Nachdem die beiden Symmetriebedingungen erzeugt wurden, rufen Sie im Navigator auf dem Knoten der Lösung mit der rechten Maustaste die Funktion *Zwangsbedingungen auflösen* (*Resolve Conflicts*) auf (Bild 4.77).

- Im folgenden Dialog wählen Sie mit der rechten Maustaste auf dem angezeigten Konflikt die Funktion *Werte angeben* (*Specify Values*) aus und stellen die X- und Y-Translationen, d.h. *DOF1* und *DOF2*, auf *Fix* sowie die Z-Translation auf *Frei* (Bild 4.78).
- Klicken Sie auf ANWENDEN (APPLY) und SCHLIESSEN (CLOSE). Die Konflikte sind nun gelöst.

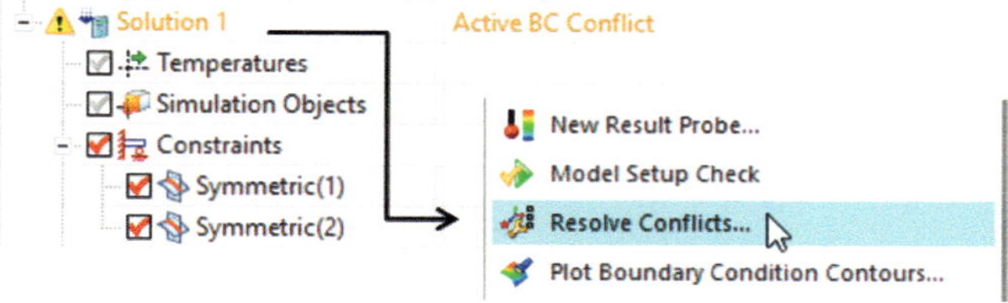

Bild 4.77 Die Funktion zum Lösen von Konflikten bei überlappenden Randbedingungen

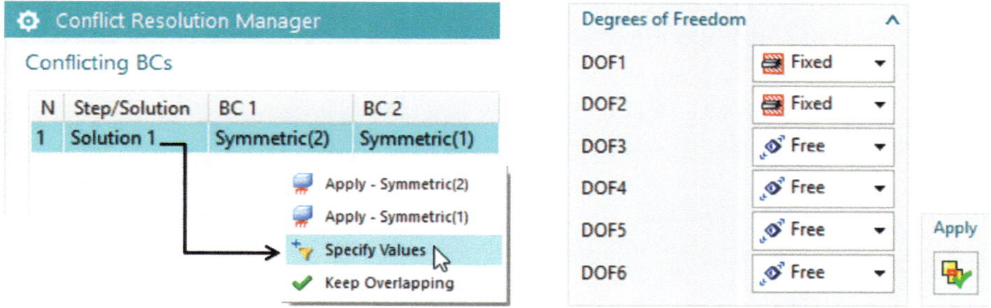

Bild 4.78 Weitere Optionen für das Lösen von Konflikten bei Randbedingungen

Darüber hinaus müssen Bewegungen in Z-Richtung unterbunden werden. Dies ist sogar dann erforderlich, wenn unter den gegebenen Lasten keine Bewegungen in Z-Richtung auftreten würden. Die statische FEM-Analyse erfordert nämlich, dass eine statisch bestimmte Lagerung der Teile vorliegt. Eine überbestimmte Lagerung ist erlaubt, nicht jedoch eine unterbestimmte.

- Daher erzeugen Sie entsprechend Bild 4.76 einen *User Defined Constraint* an der kleinen Schnittfläche, der die Z-Richtung fixiert.
- Nun entsteht schon wieder ein Überlappungskonflikt in der Lösung. Lösen Sie diesen z.B., indem Sie die Symmetriebedingung zuweisen.

Mit diesem Zwangsbedingungssatz ist der Klemmhebel statisch bestimmt gelagert. Das Rohr jedoch hat noch eine Bewegungsmöglichkeit in der Z-Richtung. Um diesen wollen wir uns im nächsten Abschnitt kümmern.

4.2.4.12 Weiche Federlagerungen für statische Bestimmtheit zufügen

Die Forderung nach statisch bestimmter Lagerung macht insbesondere bei Kontaktanalysen in vielen Fällen Schwierigkeiten. Das liegt daran, dass in Realität der Kontakt zur Lagerung beiträgt, in der FE-Analyse ein nichtlinearer Kontakt jedoch nur in Form von Kräften auf die Teile wirkt. Die statische Lagerung muss im FE-System jedoch allein durch Randbedingungen erreicht werden. Die Kontaktkräfte zählen daher nicht dazu.

Die Lagerung darf überbestimmt sein, aber nicht unterbestimmt.

Wenn wir bei unserer Aufgabe jedes Teil auf seine Lagerungssituation überprüfen, stellen wir fest, dass das Rohr noch in der Z-Richtung unbestimmt ist. Nun haben wir ein typisches Problem: Auf der einen Seite braucht das Rohr eine Randbedingung in der Z-Richtung, auf der anderen Seite jedoch würde so eine Randbedingung das Ergebnis verfälschen, weil ja die Position des Rohrs in der Z-Richtung erst durch die Kontaktkräfte bestimmt wird.

Dieses Problem ist typisch bei Kontaktanalysen. Eine Lösungsmöglichkeit besteht darin, das Rohr mit einer weichen Feder in der Z-Richtung zu lagern. Mit solch einer weichen Lagerung kann sich die Position des Rohrs nahezu frei einstellen. Trotzdem besteht eine statisch bestimmte Lagerung, und die FE-Analyse kann durchgeführt werden. Gehen Sie für die Erzeugung solch einer weichen Federlagerung folgendermaßen vor (Bild 4.79):

- Machen Sie zunächst die FEM-Datei zum dargestellten Teil.
- Erzeugen Sie ein *0D Netz* (*0D Mesh*) des Typs *CBUSH (Grounded)* auf einer Kante des Rohrs. Es ist nicht wichtig, welche Kante Sie verwenden.
- Im Navigator entsteht ein Netzkollektor für das *0D Netz*. Bearbeiten Sie diesen und bearbeiten Sie weiterhin die darin enthaltene *Cbush Property*. Tragen Sie bei der Steifigkeit in Z-Richtung einen kleinen Wert, z. B. 0,01 N/mm, ein.

Die hier verwendeten Federelemente *CBUSH Grounded* haben die Eigenschaft, dass sie automatisch mit der Erde verbunden sind. Das bedeutet, dass keine weitere Einspannung in der SIM-Datei nötig ist.

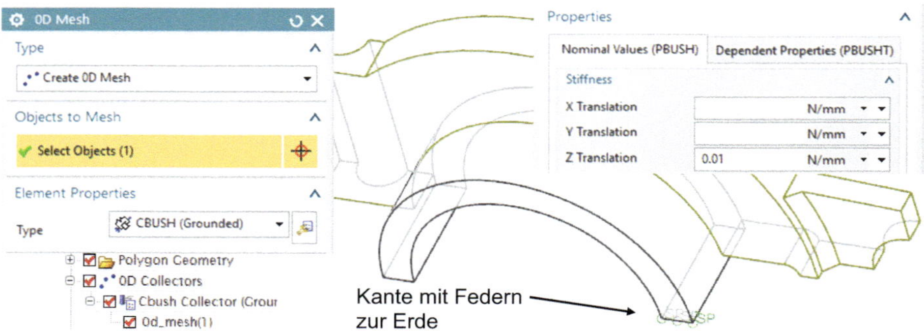

Bild 4.79 Weiche Federn sind eine Möglichkeit, um Lagerungen zu erreichen, ohne dabei harte Zwänge auszuüben.

4.2.4.13 Definition des Kontaktbereichs

Es folgt die Definition des Kontaktbereichs, d. h. der Flächenpaare, an denen während der Verformung Überschneidungen geprüft und gegebenenfalls Rückstellkräfte aufgebracht werden sollen. Außerdem wird hier auch der Reibbeiwert angegeben, der in diesem Kontaktbereich gelten soll. Gehen Sie zur Definition wie folgt vor (Bild 4.80):

- Machen Sie die Simulationsdatei zur dargestellten Datei.
- Wählen Sie unter der Funktionsgruppe *Simulationsobjekttyp* (*Simulation Object Type*) die Funktion *Fläche-zu-Fläche-Kontakt* (*Surface to Surface Contact*).

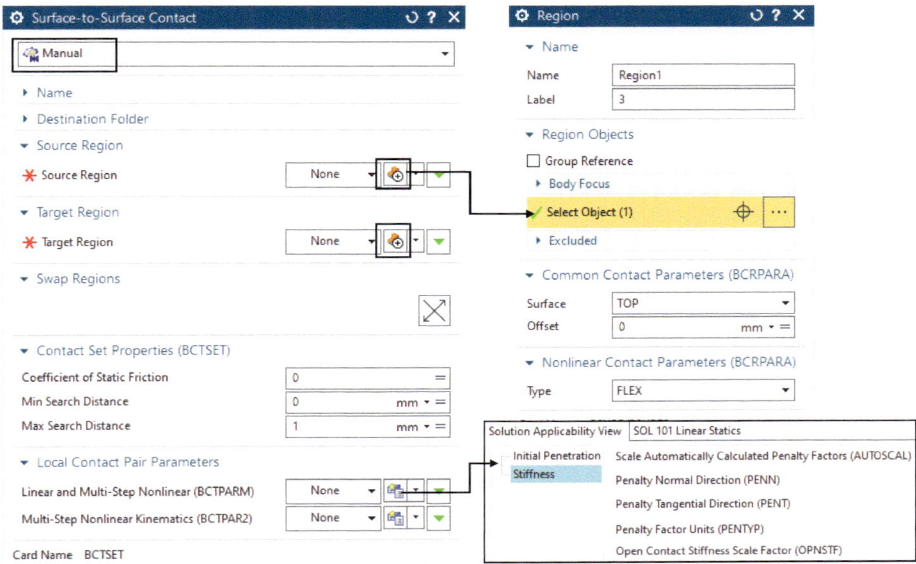

Bild 4.80 Der Kontakt ist eine nichtlineare Funktion in der ansonsten auf lineare Statik begrenzten Nastran-Lösung 101.

Der Kontakt erfordert die Definition von einem Flächenpaar. Den ersten der beiden Partner nennen wir *Ausgangsbereich* (*Source Region*), den zweiten *Zielbereich* (*Target Region*).

Es gilt folgende Regel: Falls die Vernetzungen auf den beiden Seiten des Kontakts unterschiedlich sind, so sollte für die erste Seite, d.h. den Ausgangsbereich, die Seite mit dem feineren Netz gewählt werden. Hintergrund ist, dass die Kontaktprüfung immer von der ersten Seite aus durchgeführt wird. Es werden also von den Knoten der ersten Seite Normalprojektionen zu den Flächen der zweiten Seite durchgeführt. Wenn die erste Seite feiner vernetzt ist, kann die Kontaktberechnung mit größerer Genauigkeit durchgeführt werden (Bild 4.81).

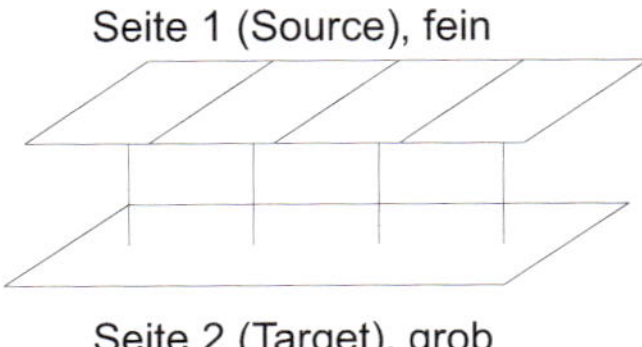

Bild 4.81
Bei unterschiedlich feinen Netzen ist auf die Selektionsreihenfolge zu achten: Das erste soll das feinere sein.

In unserem Beispiel ist die Kontaktfläche am Rohr feiner vernetzt und sollte daher zum Ausgangsbereich werden. Gehen Sie also folgendermaßen vor:

- Wählen Sie oben im Menü die Option *Manuell*.
- Wählen Sie bei *Ausgangsbereich* (*Source Region*) die Funktion *Bereich erzeugen* (*Create Region*).
- Selektieren Sie die zylindrische Kontaktfläche am Rohr.

- Lassen Sie alle Einstellungen im Menü *Bereich* (*Region*) wie voreingestellt und bestätigen mit OK.
- Wählen Sie bei *Zielbereich* (*Target Region*) entsprechend die andere Kontaktfläche am Klemmhebel.

Nun haben Sie ein Flächenpaar für den Kontakt erzeugt. Wieder zurück im Hauptmenü des Kontakts sind noch einige weitere Einstellungen möglich, die manchmal sehr nützlich sind. Dazu zählen folgende:

Die Kontaktparameter auf einen Blick

- *Koeffizient der Haftreibung* (*Coefficient of Static Friction*): Hier wird der Reibbeiwert angegeben, der dafür verantwortlich ist, dass Schubkräfte von einem Körper zum anderen übertragen werden. Diese Kräfte werden entsprechend dem Coulombschen Reibgesetz mithilfe der Andruckkraft berechnet.
- *Min. und Max. Suchabstand* (*Min./Max. Search Distance*): Der Kontaktalgorithmus wird nur in einem Bereich zwischen diesen beiden Grenzwerten nach Kontakt suchen. Für die voreingestellte Einstellung null und eins bedeutet dies, dass die Kontaktberechnung nur durchgeführt wird, wo die Kontaktflächen einen kleineren Abstand haben als 1 mm.

Falls Übermaß bei Presspassungen im Spiel ist …

- Die im Menü *Bereich* (*Region*) verfügbare Einstellung *Offset* kann genutzt werden, um die Kontaktfläche künstlich ein wenig zu verschieben. Dies entspricht etwa einer zusätzlichen Materialschicht im Kontaktbereich. Diese könnte beispielsweise eine Farbschicht darstellen, die nicht eigens FE-modelliert sein soll, die jedoch für den Kontakt berücksichtigt werden soll. Auch kann damit eine Anfangsdurchdringung der Kontaktflächen modelliert werden, wie es z. B. bei der Analyse von Presspassungen mit Übermaß benötigt wird.

Bei Schalenelementen gibt es Besonderheiten.

- *Oberfläche* (*Surface*): Diese Einstellung aus dem Menü *Bereich* (*Region*) ist nur relevant, wenn Schalenelemente im Kontaktbereich liegen und darüber hinaus die Schalenelemente als *Source-Region* definiert werden sollen. Falls dies der Fall ist, werden die Kontaktprüfungen normalerweise in Richtung der *Top*-Seite der Schalenelemente durchgeführt. Wenn dies aber die falsche Seite ist, so kann mit dieser Option auf die *Bottom*-Seite umgeschaltet werden.
- Schließlich gibt es noch die Einstellungen unter *Linear and Multi-Step Nonlinear (BCTPARM)*. Hier können einige der globalen Kontakteinstellungen überschrieben werden. Dies wird gebraucht, wenn mehrere Kontakte im Modell sind und dafür unterschiedliche Steifigkeitswerte gebraucht werden.
  - Bestätigen Sie mit OK, damit die Kontaktfunktion erzeugt wird.

4.2.4.14 Erzeugung der Schraubenkraft

Als Letztes fehlt noch die Schraubenkraft von 2500 N. Diese kann beispielsweise, entsprechend Bild 4.82, auf die Auflagefläche des Schraubenkopfes aufgebracht werden. Bedenken Sie, dass die aufzubringende Schraubenkraft im FEM-Modell aufgrund der Symmetrie nur die Hälfte beträgt.

- Erzeugen Sie, entsprechend Bild 4.82, eine Kraft von 1250 N in die positive y-Richtung auf der Schraubenkopfauflagefläche.
- Speichern Sie die Dateien.

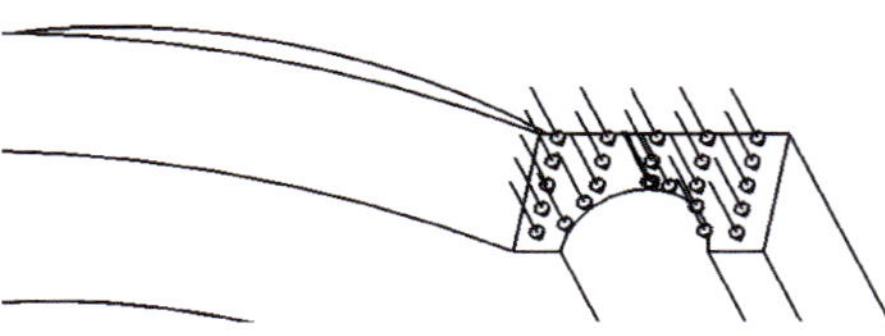

Bild 4.82
Die Schraubenkraft wirkt auf die Auflagefläche des Schraubenkopfs.

Diese Art der Schraubenkraft berücksichtigt nicht den eventuell auftretenden Schraubenkraftanstieg oder Abfall durch die Betriebskraft. Falls dies erforderlich ist, muss die Schraube über ein *1D-BEAM*-Element erzeugt werden, das den Durchmesser der Schraube erhält, oder durch Volumenelemente mit den realistischen Geometrieabmessungen der Schraube. Die Schraubenkraft muss dann mit der Funktion *Bolzenvorspannkraft* (*Bolt Pre-Load*) definiert werden.

Schrauben können auf viele verschiedene Weisen in FEM modelliert werden. Wir haben hier eine sehr einfache Methode ausgewählt.

4.2.4.15 Ausgabe von Kontaktpressung anfordern

Bei der Kontaktberechnung werden also nebenbei die Kontaktkräfte berechnet. Diese können genutzt werden, um die Flächenpressung im Kontakt auszurechnen. Übrigens gibt es noch eine weitere interessante Größe, die bei Kontaktanalysen ausgerechnet werden kann, nämlich die Spaltgröße des Kontakts. Falls diese zusätzlichen Ergebnisse im Postprozessor angezeigt werden sollen, so muss dies in den sogenannten *Ausgabeanforderungen* (*Output Requests*) angefordert werden. Gehen Sie dafür folgendermaßen vor:

- Wählen Sie im Simulationsnavigator im Kontextmenü des Knotens *Solution 1* die Funktion BEARBEITEN (EDIT).
- Wechseln Sie ins Register *Case Control*.
- Wählen Sie bei *Ausgabeanforderung* (*Output Requests*) die Funktion BEARBEITEN.
- Es erscheint das Menü *Strukturausgabeanforderungen* (*Structural Output Requests*). Um nur die relevanten Optionen darzustellen, setzen Sie die Option *Lösungsanwendbarkeitsansicht* (*Solution Applicability View*) von *Alle Lösungen* auf *SOL 101 Linear Statics*.
- Wechseln Sie ins Register *Kontaktergebnis* (*Contact Result*).
- Aktivieren Sie den Schalter *BCRESULTS-Anforderung aktivieren* (*Enable BCRESULT Request*).
- Wählen Sie bei *Trennung und Gleitabstand* (*Separation and Slide Distance*) die Option *SEPDIS*.
- Bestätigen Sie zweimal mit OK.

Zusätzliche Ergebnisse, die zwar berechnet, aber nicht ausgegeben werden, können angefordert werden.

4.2.4.16 Lösungen berechnen und Ergebnisse beurteilen

Die Lösungen werden auf übliche Weise berechnet, wobei, aufgrund der Nichtlinearität, größere Rechenzeiten (ca. zwei bis fünf Minuten, je nach Hardware) zu erwarten sind.

- Führen Sie die Funktion *Berechnen* (*Solve*) aus.
- Wechseln Sie nach Abschluss der Lösung in den Postprozessor.
- Stellen Sie für die Kontaktpressung das Ergebnis *Kontaktdruck - Knoten* (*Contact Pressure - Nodal*) dar.

Falls keine Ergebnisse berechnet werden, sollte in der *f06*-Datei nach Fehlermeldungen (*FATAL*) gesucht werden. Hier wird auch der Lösungsfortschritt dokumentiert. Nach einer erfolgreichen Lösung sollte wieder zunächst die Verformung betrachtet und auf Plausibilität geprüft werden.

Das Ergebnis für die Kontaktpressung zeigt den erwartungsgemäßen Verlauf (Bild 4.83). Wegen der nicht ausgerichteten Knoten auf den beiden Kontaktseiten ist der Verlauf ein wenig ungleichförmig. Es erlaubt aber durchaus die Verwendung der Werte. Wenn Peaks ganz am Rand ausgeschlossen werden, ergeben sich Maximalwerte von ca. 35 N/mm^2.

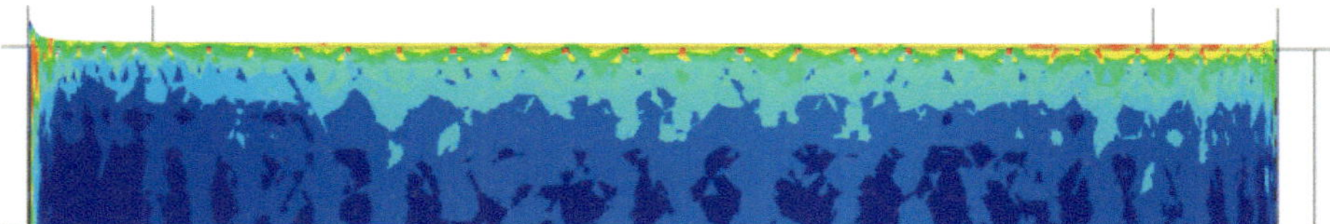

Bild 4.83 Das Ergebnis der Kontaktpressung mit der Tetraedervernetzung zittert ein wenig. Dies kann im zweiten Aufgabenteil durch eine bessere Vernetzung verbessert werden.

- Stellen Sie das Ergebnis für die Mises-Spannung dar.

Als Ergebnis für die Spannungen ergibt sich der in Bild 4.84 dargestellte Verlauf. Im Bereich des Kontakts ist die Mises-Spannung ähnlich dem in Bild 4.83 dargestellten Ergebnis der Kontaktpressung. Das muss auch so sein, denn Pressung und Spannung sind dasselbe. Die Kontaktpressung ist nur eine genauere Berechnung der Spannung im Kontaktbereich.

Für diese Beispielaufgabe bedeutet dies, dass die Flächenpressung weit unterhalb der zulässigen Werte liegt und die Schraubenanzugskraft daher unbedenklich ist.

Bild 4.84 Darstellung der Mises-Spannungen

4.2.4.17 Teil 2: Alternative Vernetzung mit Hex-Tet-Übergang

Die vorherige Analyse mit reiner Tetraedervernetzung aus Teil 1 dieser Aufgabe hat recht einfach funktioniert. Daher spricht gar nicht viel dafür, nun noch eine aufwendigere Vernetzung zu erstellen. Trotzdem soll in diesem zweiten Teil eine Alternative für die Vernetzung gezeigt werden, die zu genaueren und gleichmäßigeren Ergebnissen im Kontaktbereich führt. Insbesondere, wenn im Kontaktbereich sehr genaue Ergebnisse erwünscht sind, gibt es zwei Anforderungen an die Vernetzung:

- Es sollten Hexaederelemente ohne Mittelknoten verwendet werden.
- Die Knoten der beiden Kontaktflächen sollten miteinander ausgerichtet sein.

Wenn wir diesen beiden Wünschen nachkommen wollen, so haben wir einiges zu tun. Elemente ohne Mittelknoten sind entweder achtknotige Hexaeder (Hex8) oder vierknotige Tetraeder (Tet4). Tet4-Elemente sollen, wenn möglich, wegen ihrer deutlichen Ungenauigkeit, vermieden werden. Daher kommen nur die achtknotigen Hexaederelemente infrage, die wegen ihrer hohen Gleichmäßigkeit und guten Genauigkeit gerne eingesetzt werden. Mit guter Genauigkeit meinen wir hier, dass schon bei grober Vernetzung genaue Ergebnisse erzielt werden. Die Tet4-Elemente sind natürlich auch genau, allerdings erst bei sehr, sehr feiner Vernetzung. Hexaederelemente haben jedoch die Eigenschaft, dass sie sich nur auf extrusionsfähiger Geometrie erzeugen lassen. Um Hexaeder einzusetzen, müsste das Modell derart in Teile zerlegt werden, dass jeder Teil für sich extrusionsfähig ist.

Um die Anforderungen an eine sehr hochwertige Vernetzung zu erfüllen, müssen einige Vorbereitungen unternommen werden.

Diese Methode wäre bei unserem Modell zwar machbar, im Allgemeinen jedoch viel aufwendiger als die einfache Tetraedervernetzung. Eine gute Möglichkeit ist es auch, mit Übergängen zu arbeiten. Wir können demnach nur den Bereich des Kontaktes mit Hexaedern vernetzen, dann auf Tetraeder übergehen und im Übergangsbereich zur korrekten Kopplung der beiden Elementtypen Pyramidenelemente verwenden. Diese Methode ist oftmals sehr gut geeignet, weil sie sehr flexibel ist. Diesen Weg wollen wir nachfolgend gehen.

Wir wollen also folgende Strategie für die Vernetzung anwenden:

Wichtige Geometrie wird mit Hex-, andere mit Tet-Elementen vernetzt.

- Am Rohr und am Klemmhebel unterteilen wir die Geometrie jeweils so, dass im interessierenden Kontaktbereich extrusionsfähige Teile entstehen.
- An den Unterteilungsgrenzen erzeugen wir sogenannte *Gitterverknüpfungen* (*Mesh Matings*), die dafür sorgen, dass miteinander ausgerichtete und verschmolzene Knoten entstehen.
- An den Kontaktflächen erzeugen wir ebenfalls *Gitterverknüpfungen*, jedoch wählen wir hier eine Option, die zwar die Knoten von beiden Seiten ausrichtet, aber die Knoten nicht verschmelzen lässt.
- Diese extrusionsfähigen Teile werden mit Hex8 vernetzt.
- Die restlichen Teile werden mit Tet10 vernetzt, und im Übergangsbereich von Hex auf Tet erzeugen wir Pyramidenelemente.

Nachfolgend werden die Arbeitsschritte im Simcenter-System dafür gezeigt. Wir beginnen mit dem Klonen der vorhandenen Dateistruktur:

- Speichern Sie die Simulationsdatei, und wechseln Sie in die idealisierte Datei.
- Wählen Sie die Funktion DATEI > SPEICHERN UNTER ... (FILE > SAVE AS ...).
- Geben Sie für die neue idealisierte Datei den *Namen fl_bg_fluegeleinheit_fem2_i.prt* an.
- Es folgt sofort die Frage nach der neuen FEM-Datei. Geben Sie hier den Namen *fl_bg_fluegeleinheit_fem2.fem* und für die Simulationsdatei den Namen *fl_bg_fluegeleinheit_sim2.sim* an.
- Bestätigen Sie die Frage „Möchten Sie mit Speichern unter fortfahren?" („Do you want the Save As to continue?") mit JA.

Die Arbeitsschritte in Simcenter

Sie befinden sich jetzt in der neuen idealisierten Datei, in der wir nun die Körperunterteilungen durchführen wollen.

4.2.4.18 Körperunterteilungen für Hexaedervernetzung erzeugen

Beginnen wir mit dem Rohr. Hier brauchen wir eine Unterteilung, die den Kontaktbereich von den restlichen Teilen trennt. Dafür kann eine Ebene, wie in Bild 4.85 gezeigt, genutzt werden.

- Erzeugen Sie eine Ebene, wie in Bild 4.85 dargestellt.
- Wählen Sie die Funktion *Körper teilen* (*Split Body*), und selektieren Sie das Rohr.
- Wählen Sie in der Funktion bei *Werkzeugoption* (*Tool Option*) die Option *Fläche oder Ebene* (*Face or Plane*), und selektieren Sie die gerade erzeugte Ebene.
- Schalten Sie in dem Menü unter *Simulationseinstellungen* (*Simulation Settings*) die Option *Gitterverknüpfungsbedingungen erzeugen* (*Create Mesh Mating Conditions*) ein.

Körperunterteilungen sind oft als Vorbereitung nötig.

Mit dieser Option wird an der Grenzfläche automatisch die Bedingung erzeugt, die für ausgerichtete und verschmolzene Knoten sorgt. Alternativ können Sie diese Bedingung hinterher in der FEM-Datei auch manuell erzeugen. Jedoch ist es sehr sinnvoll, wenn diese Information schon in dieser Unterteilungsfunktion angegeben wird, weil die Software dann immer automatisch für die korrekten Gitterverknüpfungen sorgt. Außerdem hat sich gezeigt, dass die Vernetzung robuster funktioniert, wenn diese Bedingung eingeschaltet ist.

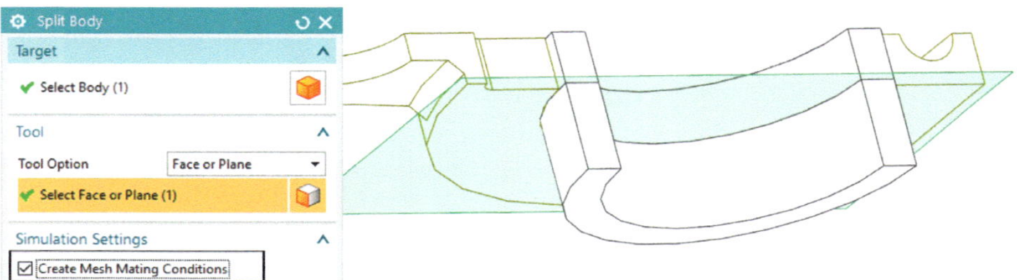

Bild 4.85 Körperunterteilungen helfen dabei, extrusionsfähige Körper zu erhalten.

- Bestätigen Sie mit OK, woraufhin die Unterteilung erstellt wird.

Als Nächstes folgt eine Unterteilung des Klemmhebels, damit dieser im Kontaktbereich extrusionsfähig wird. Um dies zu erreichen, wollen wir eine kreisartige Unterteilung vornehmen.

- Erzeugen Sie eine Skizze mit einem 54-mm-Durchmesser-Kreis auf der Klemmhebelfläche wie in Bild 4.86 dargestellt.
- Wählen Sie die Funktion *Körper teilen* (*Split Body*) aus, und selektieren Sie den Klemmhebel.
- Wählen Sie in der Funktion bei *Werkzeugoption* (*Tool Option*) die Option *Extrudieren* (*Extrude*), und selektieren Sie bei *Schnitt* (*Section*) den gerade erzeugten Kreis.
- Bei *Richtung* (*Direction*) wählen Sie z. B. erneut den Kreis.

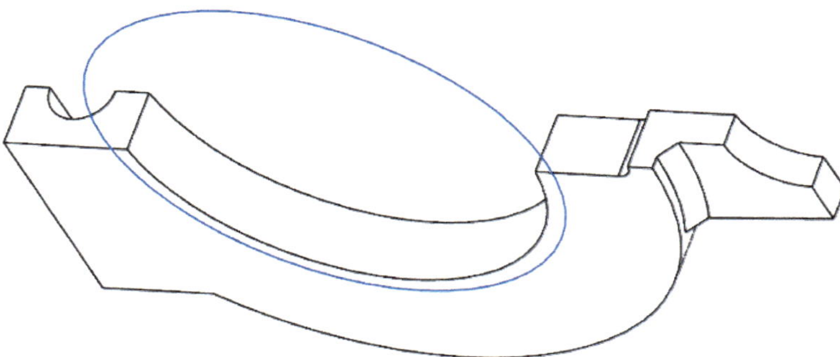

Bild 4.86 Extrusionsfähig muss nicht unbedingt quaderförmig bedeuten. Auch die hier dargestellte Unterteilung ist möglich.

- Schalten Sie wieder die Option *Gitterverknüpfungsbedingung erzeugen* (*Create Mesh Mating Conditions*) ein.
- Bestätigen Sie mit OK, woraufhin die Unterteilung erzeugt wird.

Nun sind zwei zusätzliche Körper entstanden. Wenn Sie in die FEM-Datei wechseln, wird Ihnen auffallen, dass die beiden neuen Körper fehlen, weil sie nicht als Polygonkörper selektiert wurden. Daher sollten Sie diese neuen Körper noch hinzuholen:

- Wechseln Sie in die FEM-Datei.
- Führen Sie die Funktion *Update* aus.
- Löschen Sie zunächst die beiden alten Tetraedernetze. Das *0D-Netz* mit den Federelementen kann bestehen bleiben.
- Wählen Sie im Simulationsnavigator auf dem obersten Knoten im Kontextmenü die Funktion BEARBEITEN.
- Aktivieren Sie den Schalter *Zu verwendende Körper bearbeiten* (*Edit Bodies to Use*).
- Wählen Sie bei *Zu verwendende Körper* (*Bodies to Use*) die Option AUSWÄHLEN (SELECT).
- Selektieren Sie die beiden neu dazugekommenen Körper.
- Bestätigen Sie mit OK.

Der neu dazugekommene Polygonkörper muss in der FEM-Datei zugefügt werden.

Achten Sie darauf, dass im Simulationsnavigator unter der Gruppe *Verbindungskollektoren* (*Connection Collectors*) zwei Gitterverknüpfungen dazugekommen sind. Prüfen Sie, ob diese beiden Bedingungen entstanden sind. Falls sie nicht entstanden sind, müssen sie noch manuell, ganz ähnlich wie im folgenden Abschnitt, hergestellt werden.

4.2.4.19 Erzwingen einer übereinstimmenden Vernetzung im Kontaktbereich

- Wählen Sie die Funktion *Gitterverknüpfung* (*Mesh Mating*).
- Schalten Sie im Menü bei *Gitterverknüpfungstyp* (*Mesh Mating Type*) auf die Option *Frei koinzident* (*Free Coincident*).
- Ziehen Sie ein Fenster im Grafikbereich über das gesamte Modell.
- Bestätigen Sie nun mit OK.

Übereinstimmende Knoten führen zu bester Genauigkeit bei Kontaktberechnungen.

Die Software durchsucht alle selektierten Flächen nach solchen, die aneinander anliegen. Sie wird drei Paare finden, zwei davon sind allerdings diejenigen, die schon ihre Verknüpfungen haben, diese werden daher nicht mehr berücksichtigt. Also bleibt als einziges Flächenpaar unser gewünschtes Kontaktflächenpaar übrig. Hier wird die neue Bedingung erzeugt.

Die *Option für Flächensuche* (*Face Search Option*) lassen Sie auf dem voreingestellten Wert *Alle Paare*. In diesem Fall werden auch Flächen verbunden, die nicht exakt gleich sind, sondern auch solche, die überlappen, wie in unserem Fall. In manchen Fällen ist es nicht möglich, übereinstimmende Flächen zu erzeugen. Dies passiert beispielsweise, wenn die Flächen einen nennenswerten Abstand voneinander haben. In solch einem Fall kann die Gitterverknüpfung nicht auf diese Weise erzeugt werden.

Sie sollten die erfolgreiche Erzeugung im Simulationsnavigator kontrollieren. An den Symbolen können Sie den Typ erkennen (Bild 4.87).

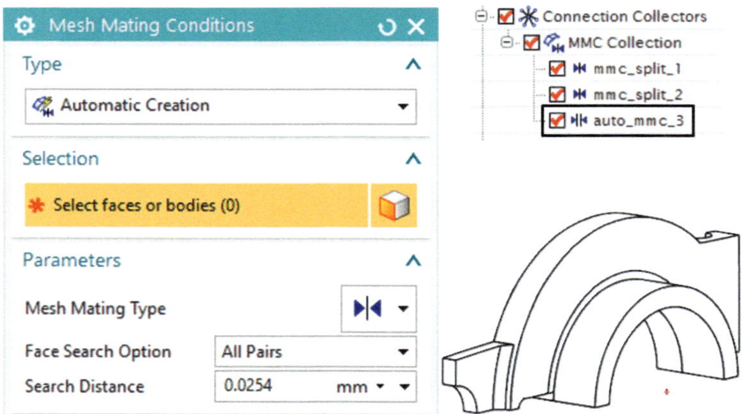

Bild 4.87 Das Symbol der Gitterverknüpfung im Navigator zeigt den Typ an.

Falls gezielt ausgewählt werden soll, wo Verknüpfungen erzeugt werden, so kann im Menü der Typ *Manuelle Erzeugung* gewählt werden. In diesem Fall müssen jeweils die beiden zu verknüpfenden Flächen selektiert werden.

Die Flächen können zusammenkleben oder nur ausgerichtete Knoten haben.

Die Funktion erzeugt nach Voreinstellung den Verknüpfungstyp *Verbunden koinzident* ▸|◂ (*Glue Coincident*). Dieser Typ sorgt für die ausgerichteten Knoten, die auch miteinander verschmolzen werden. Diese Option ist richtig für die Verbindung der vorher unterteilten Körper. Wir haben im Kontaktbereich nun aber eine andere Option, nämlich *Frei koinzident* ▸||◂ (*Free Coincident*). Diese Option wird die Knoten zwar miteinander ausrichten, aber nicht verschmelzen. Genau so wollen wir es für die Kontaktanalyse haben.

Nun besteht das Rohr aus zwei jeweils extrudierbaren Körpern. Durch die Unterteilung haben wir erreicht, dass im Kontaktbereich sowohl identische Flächen vorliegen, als auch, dass die Körper extrusionsfähig sind. Identische Flächen sind Voraussetzung dafür, dass auch identische Knoten mithilfe der Gitterverknüpfung erzeugt werden können.

Zwei kleine Flächen sind dabei übrigens vergessen worden, wie in Bild 4.88 dargestellt wird. Eigentlich hätten wir auch hier Volumenunterteilungen vornehmen müssen, damit der Kontaktbereich von dem restlichen wirklich getrennt ist. Jedoch sind Volumenunterteilungen nicht unbedingt nötig. Es reichen Flächenunterteilungen, weil diese die Extrusionsfähigkeit des Körpers in diesem Fall nicht stören. Diese Flächenunterteilungen sind übrigens automatisch von der Gitterverknüpfung erzeugt worden. Diese Funktion ist nämlich schlau: Sie weiß, dass nur identische Flächen auch identische Knoten haben können. Also erzeugt sie sich diese identischen Flächen notfalls selbst durch entsprechende Flächenunterteilungen.

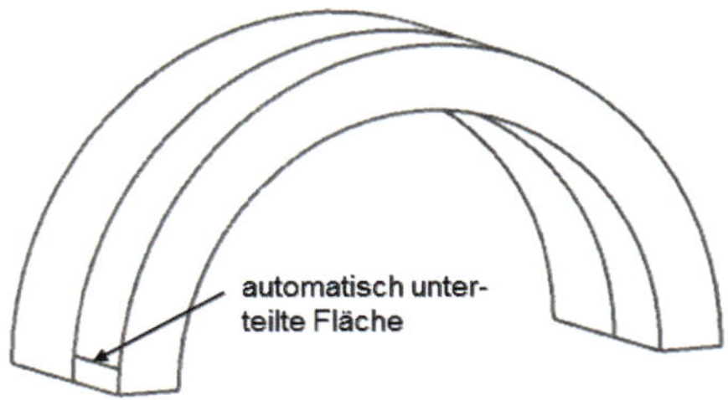

Bild 4.88
Übereinstimmende Vernetzungen erfordern auch übereinstimmende Flächen.

4.2.4.20 Vernetzung mit Hexaederelementen

Wenn die Vorbereitungen soweit vorgenommen wurden, gestaltet sich die Hexaedervernetzung recht einfach. Gehen Sie wie folgt vor:

- Wählen Sie die Funktion *Extrudiertes 3D-Netz* (*3D Swept Mesh*), und stellen Sie den Typ auf die Option *Bis Ziel* (*Until Target*).
- Selektieren Sie bei *Ausgangsfläche auswählen* (*Select Source Face*) entsprechend Bild 4.89 die mit „1“ gekennzeichnete *Source*-Fläche und bei *Zielfläche auswählen* (*Select Target Face*) die entsprechende *Target*-Fläche.

Sinnvollerweise sollte beim Vernetzen mit den wichtigsten Körpern begonnen werden. Die anderen müssen sich dann an diese Netze anknüpfen.

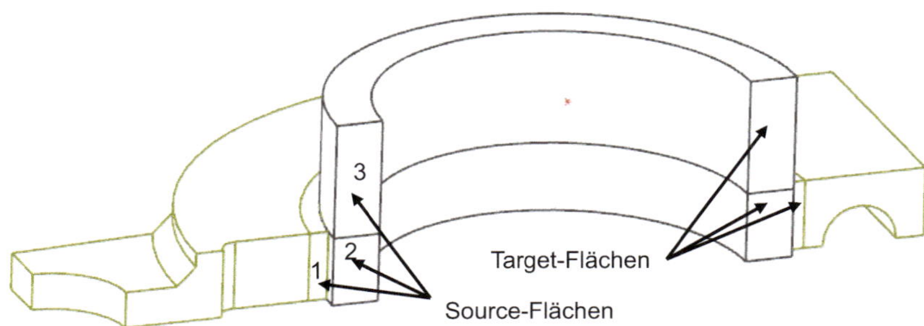

Bild 4.89 Wir geben jeweils Start und Ziel für die Hexaedervernetzung an. Es gibt verschiedene Möglichkeiten und Reihenfolgen.

- Wählen Sie die voreingestellte Option *CHEXA8* für Elemente ohne Mittelknoten.
- Als *Größe des Ausgangselements* (*Source Element Size*) wäre z. B. die Hälfte des Vorschlagswerts, den Sie mit dem gelben Blitz erhalten, sinnvoll.
- Alle anderen Optionen lassen Sie wie voreingestellt und bestätigen mit OK.
- Auf die gleiche Weise vernetzen Sie die beiden anderen Körper.
- Spielen Sie ein wenig mit der Elementgröße, sodass ein gleichmäßiges Netz entsteht. Eventuell hilft auch der Schalter *Versuch der Strukturierung freier Netze* (*Attempt free Mapped Meshing*).

Die beiden Hexaedernetze werden erstellt und sollten etwa wie in Bild 4.90 aussehen.

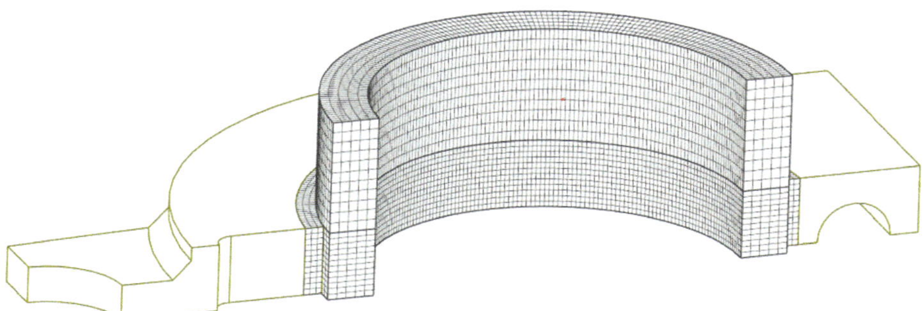

Bild 4.90 Für die genaue Berechnung von Kontaktpressungen sollten lineare Elemente verwendet werden.

4.2.4.21 Vernetzung mit Pyramidenübergang und Tetraederelementen

Diese Art der Vernetzung ist sehr hochwertig, weil alle Freiheitsgrade der unterschiedlichen Elemente korrekt gekoppelt werden.

- Wählen Sie die Funktion *3D-Tetraeder* (*3D Tetrahedral*) und selektieren Sie den Klemmhebelkörper.
- Im Menü erscheint nun eine zusätzliche Option *Übergang mit Pyramidenelementen* (*Transition with Pyramid Elements*). Diese Option schalten Sie ein.
- Nutzen Sie die voreingestellten Tet10-Elemente.
- Für die Elementgröße wählen Sie z. B. die Hälfte des Vorschlagswertes, den Sie mit dem gelben Blitz erhalten.
- Bestätigen Sie mit OK, woraufhin das Netz erzeugt wird.

Wenn Sie genau nachschauen, d. h. die Polygonkörper und anderen Netze ausblenden, erkennen Sie die Pyramidenelemente im Übergangsbereich (Bild 4.91).

Diese Methode der Vernetzung mit Pyramiden für den Hex-Tet-Übergang und ausgerichteten Knoten im Kontaktbereich ermöglicht sehr hohe Genauigkeit für Kontaktberechnungen.

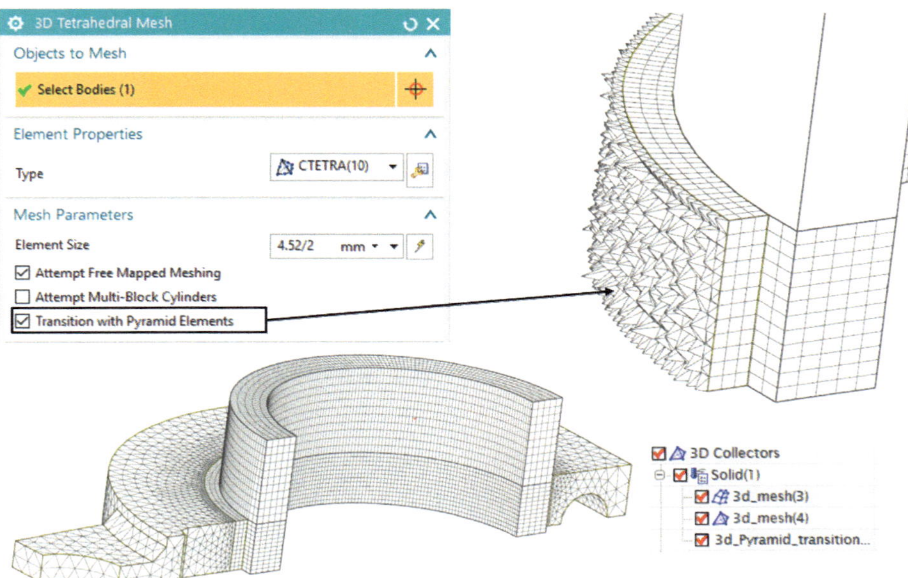

Bild 4.91 Lineare Hexaederelemente und quadratische Tetraederelemente können über Pyramidenelemente miteinander verbunden werden. Hex im wichtigen Bereich, Tets im weniger wichtigen Bereich – das ist ein gutes Netz!

4.2.4.22 Weitere Schritte bis zum Ergebnis

Diese letzten Schritte sind nichts Neues mehr.

- Erzeugen Sie die Federelemente neu bzw. prüfen Sie, ob diese noch existieren.
- Fügen Sie allen Teilen Materialeigenschaften zu.
- Wechseln Sie in die Simulationsdatei.

Sie werden feststellen, dass einige der Randbedingungen ihre Zuordnung zur Geometrie verloren haben. Dies zeigt sich immer durch das Symbol des roten Kreises mit Querstrich (Bild 4.92). Sie können sich entscheiden, ob Sie diese Bedingungen löschen und neu erzeugen oder ob Sie sie wieder „zum Leben erwecken", indem Sie ihnen die Geometrie neu zuordnen. Dies funktioniert, indem Sie die jeweilige Funktion bearbeiten und die jeweilige Fläche, Kante oder den Punkt neu anklicken.

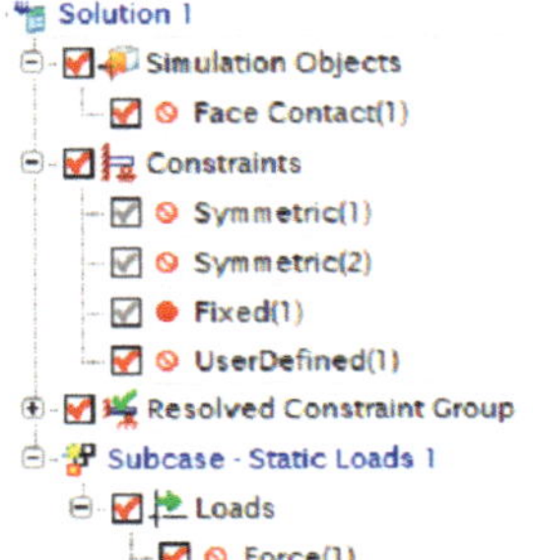

Bild 4.92
Hier werden die Assoziativitäten wieder hergestellt.

- Korrigieren Sie die Randbedingungen, die Kraft und den Kontakt, oder löschen Sie die Funktionen, und erzeugen Sie sie neu.
- Berechnen Sie die Lösung.
- Nachdem Nastran beendet wurde, wechseln Sie in den Postprozessor und stellen wieder die Von-Mises-Spannung und den Kontaktdruck dar.

Was die Zahlenwerte anbelangt, unterscheiden sich die beiden Analysen nicht großartig, lediglich die Gleichmäßigkeit ist bei der besseren Vernetzung überzeugender (Bild 4.93).

Damit ist diese Lernaufgabe fertiggestellt.

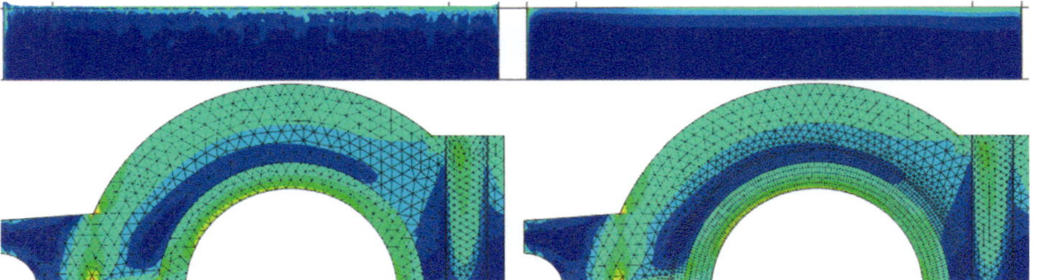

Bild 4.93 Links ist die einfache Tetraedervernetzung und rechts die hochwertige Vernetzung dargestellt. Oben ist der Kontaktdruck und unten die Von-Mises-Spannung erkennbar. Die Gleichmäßigkeit beim Kontaktdruck ist bei der hochwertigen Vernetzung besser. Ansonsten sind die Ergebnisse sehr ähnlich.

4.3 Lernaufgaben zur Basic Nonlinear Analysis (Sol 106)

4.3.1 Analyse der Blattfeder mit großer Verformung

Blattfedern werden oft zur einfachen Federung bei Nutzfahrzeugen eingesetzt. Für die Belange der Berechnung gilt die Blattfeder als ein klassisches Beispiel für nichtlineare Geometrie.

An diesem Beispiel lernen Sie den Umgang mit Aufgaben, bei denen große Verformungen bzw. nichtlineares Geometrieverhalten eine Rolle spielen. Das Beispiel der Blattfeder macht deutlich, welche Unterschiede sich ergeben, wenn der Effekt der großen Verformung in der Analyse berücksichtigt wird.

4.3.1.1 Aufgabenstellung

Die Federung des RAK2 ist durch Blattfedern an jedem Rad realisiert. Dabei ist die eine Seite jeder Blattfeder über einen Drehpunkt an den Rahmen gekoppelt und die andere Seite über eine zusätzliche Schwinge. Diese Schwinge hat die Aufgabe, eventuell auftretende Querausdehnungen der Blattfeder beim Einfedern auszugleichen (Bild 4.94).

In dieser Aufgabe soll ermittelt werden, wie groß diese Querausdehnungen beim Einfedern sein werden. Die maximale Kraft, die dabei vom Rad auf die Blattfeder ausgeübt wird, betrage 20 kN.

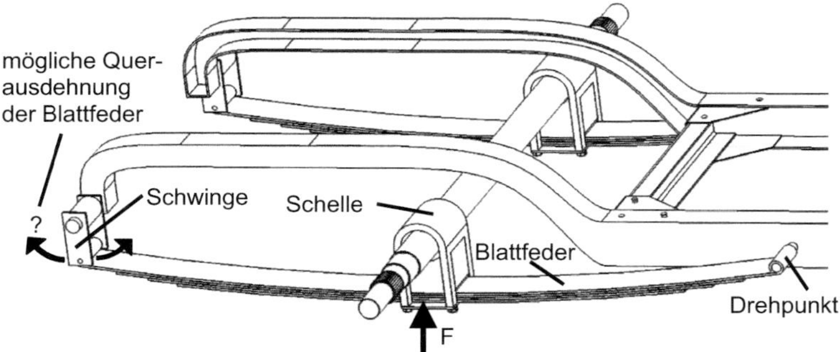

Bild 4.94 Die Räder des RAK2 wurden mit Blattfedern gefedert.

4.3.1.2 Notwendigkeit für geometrisch nichtlineare Analyse

Bei der hier angenommenen Kraft wird die Blattfedergeometrie erheblich verformt, wie in den Analysen noch ermittelt werden wird. Die Annahme von „kleinen Verformungen“, so wie sie bei der linearen FE-Analyse vorausgesetzt wird, gilt daher eventuell nicht mehr. Deshalb soll in dieser Analyse geprüft werden, welche Unterschiede sich zwischen der linearen FE-Analyse und der nichtlinearen Analyse unter Berücksichtigung des Effekts der großen Verformung ergeben.

Um den Effekt der kleinen und großen Verformung zu verdeutlichen, soll die in Bild 4.95 dargestellte schematische Abbildung der Blattfederaufgabe betrachtet werden. Analysiert wird die Verschiebung des linken Punkts der Lagerung. Solange die Verformung der Blattfeder klein ist, wird sich der Punkt lediglich nach links verschieben. Erst bei einer großen Verformung wird, aufgrund der geänderten geometrischen Verhältnisse, eine Verschiebung nach rechts eintreten.

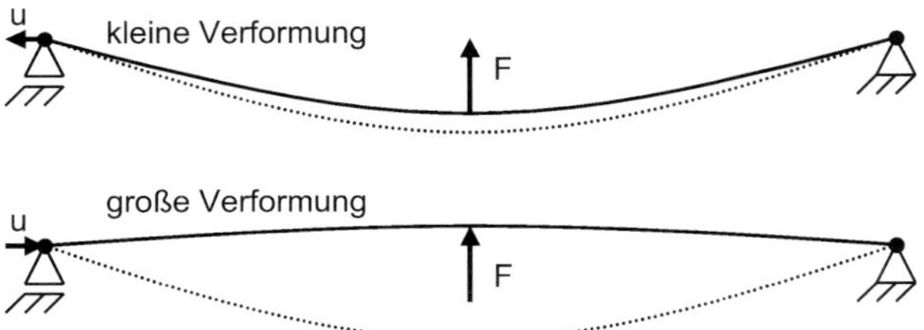

Bild 4.95 Die Blattfeder ist ein klassisches Beispiel für nichtlineares Geometrieverhalten.

Eine lineare FE-Analyse wird immer die Steifigkeit berücksichtigen, die sich bei kleiner Verformung ergibt. Wenn sich daher der Punkt bei einer minimal kleinen Kraft, beispielsweise 1 Newton, um beispielsweise 1 mm nach links verschiebt, so ist damit die Steifigkeit des Körpers bekannt. Die Steifigkeit wird in der linearen Analyse nicht mehr geändert, d. h., falls die Kraft nun 1000 N beträgt, so wird als Verschiebung exakt 1000 mm ausgerechnet. Die Verschiebungsrichtung bleibt dabei ebenfalls erhalten.

4.3.1.3 Funktionsweise der geometrisch nichtlinearen Analyse

Die Steifigkeitsmatrix wird während der Verformung mehrmals aktualisiert.

Der Fehlereinfluss bei großer Verformung kommt also durch die sich während der Verformung ändernde Steifigkeit des Bauteils. Wird die Steifigkeit nur einmal ermittelt, so wird zwar Rechenaufwand gespart, aber die geänderten geometrischen Verhältnisse gehen nicht in die Analyse ein. Erst durch ein mehrmaliges Aktualisieren der Steifigkeitsmatrix während der Verformung kann das reale Verhalten korrekt nachgebildet werden. Solch ein mehrmaliges Aktualisieren der Steifigkeitseigenschaften wird im FE-System dadurch erreicht, dass die äußere Last in beispielsweise zehn Schritte unterteilt wird. Zunächst wird also nur ein Zehntel der vollen Kraft aufgebracht, und es ergeben sich als Ergebnis geänderte Knotenkoordinaten. Mit diesen geänderten Knotenkoordinaten wird die Steifigkeitsmatrix des Teils neu berechnet, und die nächste Analyse mit dem zweiten Zehntel der vollen Kraft wird anhand der neuen Steifigkeitsmatrix durchgeführt. Dabei werden die bereits berechneten Spannungen des ersten Lastschritts als Vorspannungen im zweiten Lastschritt aufgebracht. Auf diese Weise wird die sich ändernde Steifigkeit berücksichtigt.

4.3.1.4 Überblick über die Lösungsschritte

In den folgenden Lösungsschritten wird zunächst ein lineares FE-Analysemodell aufgebaut und gelöst. Um daraufhin die nichtlineare Lösungsstrategie einzuschlagen, ist es lediglich erforderlich, den Lösungstyp auszutauschen, was mit geringem Aufwand möglich ist. Allerdings wird die Rechenzeit für die Berechnung der zweiten Lösung erheblich ansteigen, was bei diesem kleinen Modell allerdings kaum zu spüren ist.

Die lineare soll mit der nichtlinearen Analyse verglichen werden.

Das FE-Modell soll mithilfe von Schalenelementen aufgebaut werden, weil es sich bei der Blattfeder um eine Geometrie mit konstanter Dicke handelt. Die Blattfeder, die aus einzelnen Schichten von Blechen besteht, wird dabei der Einfachheit halber als ein zusammenhängender Körper betrachtet. Wir vernachlässigen also, dass die Blechschichten eventuell aufeinander abrutschen können. Dies wäre der Fall, wenn die Blechschichten miteinander verklebt, verschweißt oder an mehreren Stellen vernietet wären. Sollte das Rutschen der Blechschichten mitberücksichtigt werden, so wäre zusätzlich die Methode des nichtlinearen Kontakts einzufügen. Dies wäre eher eine geeignete Aufgabe für die Nastran-Lösungsmethode 401 oder 402, die weiterführende nichtlineare Methoden bereitstellen.

4.3.1.5 Vorbereitungen und Erzeugung der Lösung für lineare Statik

Zunächst werden die erforderlichen Bauteile bzw. Baugruppen im Simcenter-System geladen. Die Geometrie für eine Blattfeder ist in der Datei *hr_blattfeder* enthalten, allerdings ist die Geometrie einer Schelle ebenfalls erforderlich, weil hierdurch der Kraftangriff in die Blattfeder *hr_ubg_schelle* gekennzeichnet wird. Eine Baugruppe, die beide Teile enthält, ist die Datei *hr_ubg_schelle.prt*.

- Laden Sie die Datei *hr_ubg_schelle.prt* im Simcenter-System.
- Schalten Sie dann in die Anwendung *NX/Simcenter 3D Pre/Post*, und erzeugen Sie im Simulationsnavigator die Dateistruktur.
- Bei der Frage nach den zu verwendenden Körpern wählen Sie die Option *Keine* (*None*).

Wir müssen bedenken, dass Schalenelemente genutzt werden sollen und daher von der originalen Geometrie kein Körper in eine Polygongeometrie umgewandelt werden muss. Vielmehr soll eine noch zu erzeugende Mittelfläche verwendet werden. Daher wählen wir zunächst die Option *Keine* und wollen später die Selektion gegen die Mittelfläche austauschen.

Wir wollen Schalenelemente verwenden.

- Alle weiteren Voreinstellungen können mit OK akzeptiert werden.
- Bei der anschließenden Frage nach der Lösung bestätigen Sie die Voreinstellungen für lineare Statik, also die Lösung 101.

Erst in der späteren nichtlinearen Lösung muss diesbezüglich eine Änderung durchgeführt werden.

Materialeigenschaften brauchen wir nicht zuzuordnen, denn sie sind schon in der Mastergeometrie der Blattfeder definiert worden.

4.3.1.6 Mittelfläche erzeugen und der Polygongeometrie zufügen

- Wechseln Sie zunächst in das idealisierte Teil.

Bevor die Mittelfläche erzeugt wird, sollen die einzelnen Blechschichten zu einem Körper vereinigt werden. Für die Vereinigung ist wiederum erforderlich, dass die einzelnen Körper gelinkt werden.

Die Schritte für die Erzeugung der Mittelfläche

- Erzeugen Sie daher zunächst vier Wave-Links von den vier Blechschichten.
- Blenden Sie im Baugruppennavigator die Baugruppe *hr_ubg_schelle* aus.
- Wechseln Sie in die Konstruktionsumgebung, und vereinigen Sie die vier Blechschichten zu einem einzigen Körper.
- Zurück in der Simulationsanwendung wählen Sie die Funktion *Mittelfläche durch Flächenpaare* (*Midsurface by Face Pairs*) und selektieren den vereinigten Körper.
- Stellen Sie die Option *Strategie* auf *Manuell* (*Manual*).
- Selektieren Sie bei *Seitenfläche 1 auswählen* (*Select Side 1 Face*) die eine planare Seitenfläche und bei *Seitenfläche 2 auswählen* (*Select Side 2 Face*) die zweite planare Fläche.
- Wählen Sie dann den Schalter *Create Face Pair* und klicken auf OK.
- Um die Mittelfläche der Polygongeometrie hinzuzufügen, wechseln Sie in die FEM-Datei.
- Wählen Sie im Simulationsnavigator im Kontextmenü des obersten Knotens die Funktion BEARBEITEN aus.
- Aktivieren Sie im darauffolgenden Menü die Option *Zu verwendende Körper bearbeiten* (*Edit Bodies to use*).
- Bei *Zu verwendende Körper* (*Bodies to Use*) wählen Sie die Option AUSWÄHLEN (SELECT).
- Selektieren Sie die neue Mittelfläche.
- Selektieren Sie zusätzlich das Einspannblatt (Bild 4.96). Dies wird später zur Definition des Bereichs für den Kraftangriff gebraucht. Dafür müssen Sie es vorher kurzzeitig im Baugruppennavigator wieder einblenden.
- Bestätigen Sie mit OK.

Nun werden die Mittelfläche und das Einspannblatt in die Polygongeometrie übernommen und können weiterbearbeitet und vernetzt werden.

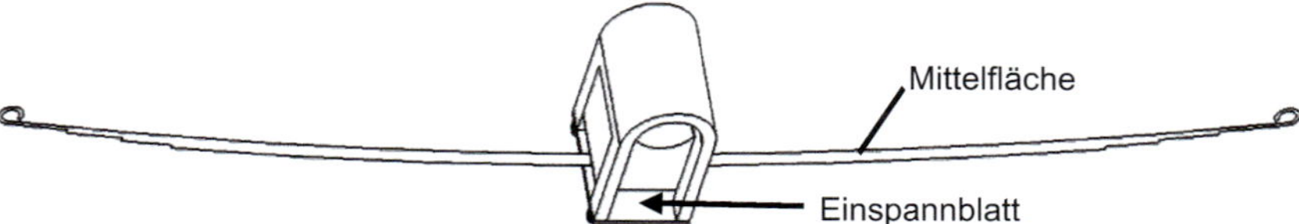

Bild 4.96 Die Blattfeder wird durch eine Mittelfläche idealisiert.

4.3.1.7 Kantenunterteilung an der Polygongeometrie

Um die Krafteinleitung in die erzeugte Mittelfläche zu realisieren, muss die untere Kante der Fläche, wie in Bild 4.97 dargestellt, unterteilt werden.

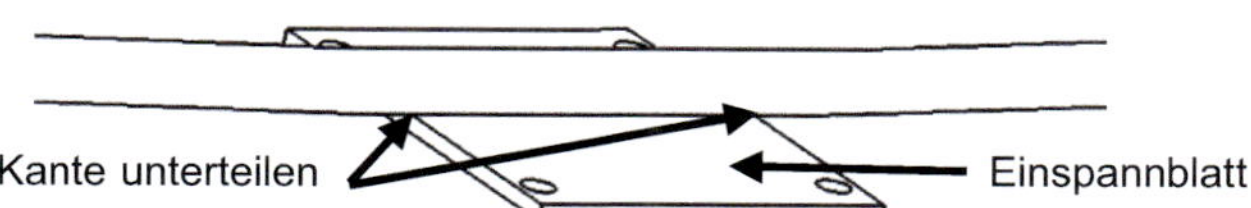

Bild 4.97 Für den späteren Kraftangriff muss eine Kante unterteilt werden.

Die Funktion zur Unterteilung einer Kante ist ähnlich der Funktion zur Flächenunterteilung zu verstehen, wobei sie nicht auf Basis der CAD-Geometrie, sondern der Polygongeometrie arbeitet. Da Geometrievorbereitungen an der Polygongeometrie erhebliche Vorteile in der Leistungsfähigkeit gegenüber solchen an der CAD-Geometrie haben, gibt es eine ganze Reihe von Funktionen zur Geometrievorbereitung an der Polygongeometrie. Hier gibt es auch eine zusätzliche Funktion zur Flächenunterteilung, d.h., die Flächenunterteilung kann sowohl an der CAD- als auch an der Polygongeometrie durchgeführt werden. Im Folgenden werden einige wichtige Funktionen erläutert, die zur Bearbeitung der Polygongeometrie verfügbar sind:

Wichtige Funktionen zur Bearbeitung des Polygonmodells auf einen Blick

- *Autom. reparieren* (*Auto Heal*): Sie geben eine Toleranz für kleine Features an. Alle Geometrie-Features mit kleineren Abmessungen als die Toleranz werden bei der Vernetzung ignoriert. Darüber hinaus kann mit der Option *Verrundungen bearbeiten* (*Process Fillets*) speziell für Verrundungen angegeben werden, ob sie in der Vernetzung ignoriert werden sollen.
- *Kante teilen* (*Split Edge*): Diese Funktion lässt die Unterteilung einer Kante zu, wie es in unserem Beispiel für den Kraftangriff erforderlich ist.
- *Fläche teilen* (*Split Face*): Hiermit kann eine Fläche unterteilt werden. Ganz ähnlich wirkt die Funktion *Fläche unterteilen* (*Subdivide Face*), die in der idealisierten Datei verfügbar ist. Entscheidender Unterschied ist, dass die Funktion in der FEM-Datei auf Basis des Polygonmodells wirkt.
- *Kanten verschmelzen* (*Merge Edge*): Diese Funktion erlaubt das Vereinigen von zwei angrenzenden Kanten.

Flächen verschmelzen und *Kante zusammenfügen* (*Stitch Edge*) sind zwei besonders nützliche Funktionen.

- *Flächen verschmelzen* (*Merge Face*): Die Funktion dient zum Vereinigen zweier Flächen eines Flächenkörpers. Dabei verschwindet die Kante zwischen den beiden Einzelflächen. Diese Funktion ist als Vorbereitung wichtig, wenn Geometrie vernetzt werden soll, deren Oberflächen aus vielen Einzelstücken bestehen (Flickenteppich). Die Vernetzung kann damit wirkungsvoll verbessert werden.

- *Kante zusammenfügen* (*Stitch Edge*): Dies ist eine wirkungsvolle Funktion, mit der Kanten aneinander angepasst werden können, die kleine Abstände haben, wie es oftmals bei importierter Geometrie aus Fremdsystemen vorkommt. Eine Besonderheit ist dabei auch, dass mehr als zwei Kanten zusammengefügt werden können, wie es z.B. bei einem T-Stoß der Fall ist, der mit 2D-Elementen vernetzt werden soll.
- *Kante trennen* (*Unstitch Edge*): Diese Funktion trennt Kanten wieder auf, die mit der Funktion *Stitch Edge* zusammengefasst wurden.
- *Kante schrumpfen* (*Collapse Edge*): Mit dieser Funktion kann eine kleine Kante des Polygonmodells zu einem Punkt zusammengefasst werden. Alle anschließenden Kanten oder Flächen fügen sich entsprechend der geänderten Kante neu an. Dies ist sehr wirkungsvoll, um kleine äußere Kanten zu vereinfachen.

Wichtige Funktionen zur Bearbeitung des Polygonmodells auf einen Blick

- *Zurücksetzen* (*Reset*): Diese Funktion löscht alle vorgenommenen Bearbeitungen wie Unterteilungen usw. zurück. Es kann lediglich eine Fläche selektiert werden oder ein ganzer Körper.
- *Kreisförmiger Aufdruck* (*Circular Imprint*): Mit dieser Funktion kann eine runde Flächenunterteilung um einen Punkt oder eine Kreiskante erstellt werden. Dies kann genutzt werden, um schnell die Flächenaufteilung für z.B. Schraubenauflagen o.Ä. herzustellen.

- Um nun für unsere Beispielaufgabe die Kante für den späteren Lastangriff zu unterteilen, wählen Sie die Funktion *Kante teilen* (*Split Edge*).
- Selektieren Sie die Kante etwa an den beiden Punkten, an denen das Einspannblatt angrenzt. Nutzen Sie dafür den Typ *Position auf Kante* (*Location on Edge*).
- Erzeugen Sie auf diese Weise zwei Kantenunterteilungen.
- Blenden Sie den Polygonkörper für das Einspannblatt nun aus.

4.3.1.8 Vernetzung für Analysen mit nichtlinearer Geometrie

Bei der späteren Analyse unter Berücksichtigung von großen Verformungen müssen lineare Elemente eingesetzt werden, d.h. Elemente ohne Mittelknoten. Werden quadratische Elemente eingesetzt, so kann der nichtlineare Effekt in der Lösung 106 nicht berücksichtigt werden. Diese Einschränkung gilt nicht in den *weiterführenden Nonlinear*-Lösungen, d.h. der Lösung 401 und 402.

- Die Vernetzung der Mittelfläche soll mit einem 2D-Netz durchgeführt werden.
- Wählen Sie daher als Elementtyp *CQUAD4* und als Gesamtelementgröße beispielsweise drei.

Es ergibt sich eine Vernetzung mit zwei Elementschichten im dünnsten Bereich (Bild 4.98). Diese Feinheit sollte mindestens erreicht werden.

- Bearbeiten Sie den entstandenen Netzkollektor *ThinShell(1)*.
- Weisen Sie seinen physikalischen Eigenschaften bei *Standardstärke* (*Default Thickness*) die Dicke von 90 mm zu.

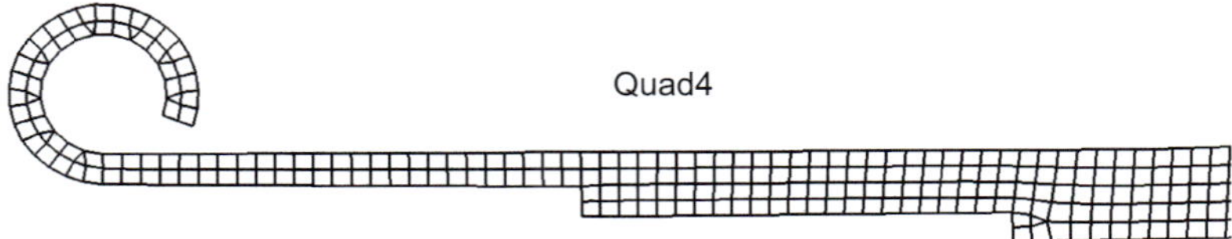

Bild 4.98 In der Solution 106 sind Elemente ohne Mittelknoten erforderlich.

4.3.1.9 Erzeugung der Randbedingungen

Auf den beiden Seiten der Blattfeder, an denen die Lagerungen angeordnet sind, erzeugen Sie die üblichen Stützkonstruktionen (Spinnen), wie in Bild 4.99 dargestellt.

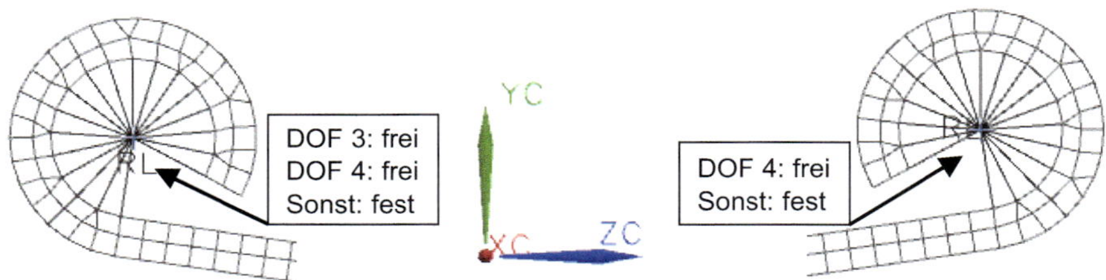

Bild 4.99 Beide Seiten sind drehbar gelagert. Die eine Seite kann sich darüber hinaus verschieben.

- Erzeugen Sie die *1D-Verbindung* *Punkt zu Kante* vom Typ *RBE2* jeweils vom Kreismittelpunkt zur dargestellten Kante.
- Um die Randbedingungen zu erzeugen, wechseln Sie in die Simulationsdatei.
- Für die drehbare Lagerung erzeugen Sie eine *Anwenderdefinierte Zwangsbedingung* (*User Defined Constraint*), die entsprechend Bild 4.99 rechts derart eingestellt wird, dass lediglich die Rotation um die gewünschte Drehachse, also der DOF4, frei bleibt.
- Auf der zweiten Seite ist eine Randbedingung erforderlich, die sowohl Drehung als auch Verschiebung zulässt. Dafür werden die entsprechenden Freiheitsgrade des *User Defined Constraints* entsprechend Bild 4.99 eingestellt.

4.3.1.10 Erzeugung der Lasten für zwei Lastfälle

Um einen Vergleich zwischen kleinen und großen Verformungen ziehen zu können, werden eine kleine und eine große Last auf die Blattfeder aufgebracht. Um eine getrennte Berechnung dieser Lastfälle zu erreichen, werden die verschiedenen Lasten jeweils eigenen Lösungen zugeordnet. Die zusätzlichen Lösungen sind später noch zu erzeugen. Alle zu betrachtenden Lasten können zunächst im *Load-Container* aufgehoben werden, wie in Bild 4.100 dargestellt.

Wir nutzen einen Lastfall für die große und einen für die kleine Kraft. Die Lastfälle werden nacheinander berechnet.

Bild 4.100
Ansicht der Lasten im Simulationsnavigator

Später werden sie dann den entsprechenden Lösungen zugeordnet. Die beiden Lasten werden auf der vorher unterteilten Kante der Mittelfläche erzeugt. Gehen Sie dazu wie folgt vor:

- Rufen Sie die Funktion *Kraft* (Force) auf, und selektieren Sie die vorher unterteilte Kante der Mittelfläche.
- Wählen Sie als Richtung die Y-Richtung, und tragen Sie einen Betrag von 500 N ein.
- Benennen Sie das Element beispielsweise mit *Force_klein*.
- Erzeugen Sie auf die gleiche Weise eine Kraft mit dem Betrag 20 000 N und dem Namen *Force_gross*.

4.3.1.11 Erzeugung einer zweiten Lösung für lineare Statik

Eine Lösung für lineare Statik ist bei der Erzeugung der Dateistruktur schon angelegt worden. In diese Lösung sind auch gleich alle Lasten und Randbedingungen eingefügt worden, die vorhanden sind. Es ist zu bemerken, dass jede Kraft oder Randbedingung zweimal im Simulationsnavigator auftritt: einmal im Container und einmal unter der Lösung.

Wir wollen mehrere Lösungen miteinander vergleichen.

Die erste Lösung soll nun derart geändert werden, dass sie lediglich die kleine Kraft enthält. Sie werden daher nun die große Kraft aus der Lösung entfernen, dabei wird die große Kraft jedoch nicht aus dem *Load Container* gelöscht. Dies hat den Vorteil, dass die große Kraft in einer anderen Lösung eingesetzt werden kann (Bild 4.101).

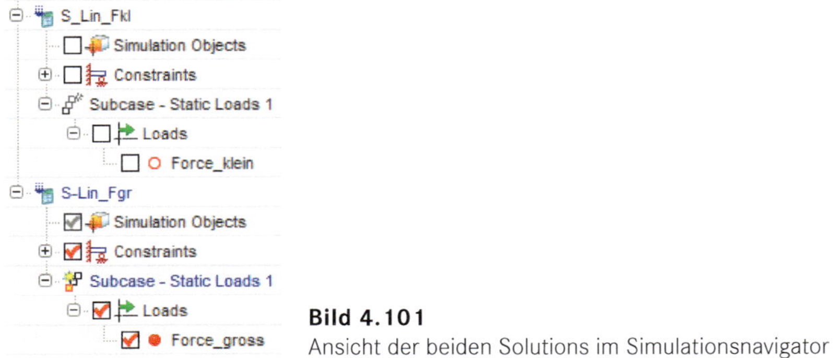

Bild 4.101
Ansicht der beiden Solutions im Simulationsnavigator

Gehen Sie folgendermaßen vor:

- Selektieren Sie die große Kraft unter der Lösung *Solution 1*.
- Nutzen Sie dann die Funktion *Entfernen* (*Remove*) im Kontextmenü.

Nun enthält jede Lösung ihre eigene Last.

Die Kraft verschwindet aus der Lösung, verbleibt aber im *Load-Container*.

- Um diese Lösung später von weiteren unterscheiden zu können, benennen Sie das Lösungselement mit einem aussagekräftigen Namen, beispielsweise *S_Lin_Fkl*.

Des Weiteren brauchen wir eine zweite Lösung, die der ersten ähnlich ist.

- Daher nutzen wir die Funktion *Klonen* (*Clone*) im Kontextmenü des Lösungselements und erhalten damit eine identische Kopie der ersten Lösung, die Sie folgendermaßen manipulieren: Entfernen Sie die kleine Kraft und fügen Sie die große Kraft hinzu.

Das Entfernen geht so wie vorangehend beschrieben. Das Hinzufügen erreichen Sie, indem Sie mit der Maus das Element *Force_gross* aus dem Container in die neue Lösung hineinziehen. Ziehen Sie es also im neuen Lösungselement in die Gruppe *Loads* unter *Subcase* hinein.

- Schließlich geben Sie der neuen Lösung einen entsprechenden Namen, beispielsweise *S_Lin_Fgr*.

Wenn Sie möchten, können die beiden Lösungen nun mit der Funktion *Berechnen* (*Solve*) berechnet werden. In der Praxis würde man diesen Weg nun auch einschlagen, d. h., man würde vor jeder nichtlinearen Rechnung immer erst die lineare Rechnung durchführen und kontrollieren, ob alles (bis auf die Nichtlinearität) plausibel ist.

Wir wollen der Einfachheit halber einen Weg gehen, bei dem zuerst alle erforderlichen Lösungselemente angelegt und dann alle gemeinsam berechnet werden.

4.3.1.12 Erzeugung der Lösungen für nichtlineare Statik

Es folgt die Erzeugung von zwei Lösungen entsprechend den vorher bereits erstellten, wobei nun die nichtlineare Lösungsmethode gewählt werden muss.

- Um eine neue Lösung in die Simulation einzufügen, nutzen Sie die Funktion *Lösung* (Solution) aus der Toolbar.

Nastran Sol 106 ist die „kleine“ nichtlineare Lösung von Nastran.

Es erscheint das bekannte Menü der *Lösung* (*Solution*).

- Um die Berücksichtigung von nichtlinearer Geometrie zu aktivieren, wählen Sie den Nastran-Lösungstyp *SOL 106 Nonlinear Statics* (Der Name in früheren Simcenter-Versionen war *NLSTATIC 106*). Wählen Sie *Lösung erzeugen* (*Create Solution*).
- Aktivieren Sie im Register *Bulk Data* die Option *Große Verschiebungen* (*Large Displacements*) entsprechend Bild 4.102.
- Bestätigen Sie mit OK. Das neue Lösungselement wird nun hinzugefügt.

Die Lösungsmethode für einfache nichtlineare Statik hat die Bezeichnung Sol 106.

Die neue Lösung enthält noch keine Randbedingungen und auch keine Lasten.

- Ziehen Sie daher beide Randbedingungen aus dem *Constraint-Container* in die Gruppe *Constraints* der neuen Lösung.
- Ziehen Sie nun die kleine Kraft aus dem *Load-Container* in die Gruppe *Loads* der neuen Lösung.
- Benennen Sie die neue Lösung mit einem aussagekräftigen Namen, beispielsweise *S_NL_Fkl* (Bild 4.103).

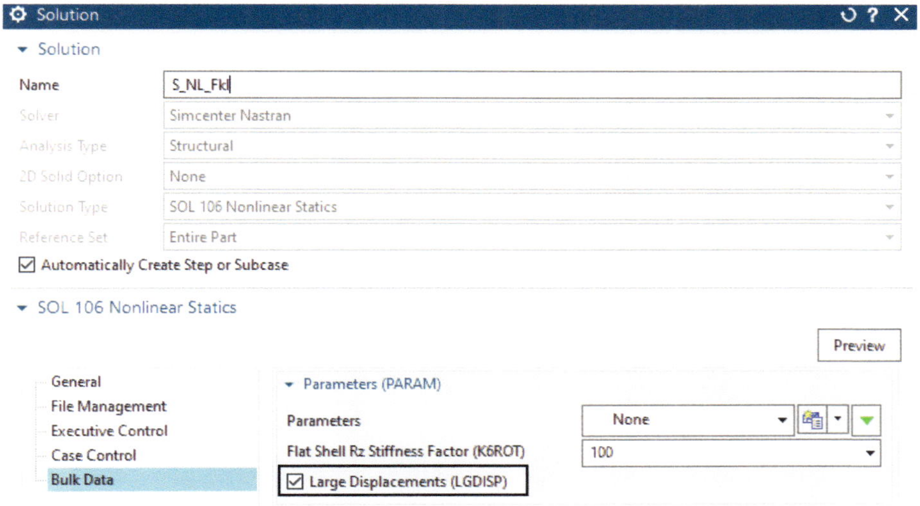

Bild 4.102 Aktivieren der Option für nichtlineare Geometrie

Schließlich brauchen wir noch die zweite nichtlineare Lösung, in der die große Kraft eingefügt ist.

- Klonen Sie dazu das eben erstellte nichtlineare Lösungselement.
- Entfernen Sie die kleine Kraft, und ziehen Sie die große Kraft hinein.
- Benennen Sie diese Lösung *S_NL_Fgr* (Bild 4.103).

Damit existieren nun vier Lösungselemente, die im nachfolgenden Abschnitt gelöst werden.

- Speichern Sie die Datei.

Bild 4.103
Vier Lösungen im Simulationsnavigator

4.3.1.13 Automatisches Abarbeiten aller Lösungen

Mehrere Lösungen können im Batch abgearbeitet werden.

Jede einzelne Lösung kann mit der Funktion *Berechnen* (*Solve*) gelöst werden, jedoch bietet es sich im Fall unseres Beispiels an, dass alle Lösungen nacheinander automatisch abgearbeitet werden.

- Nutzen Sie dazu die Funktion *Alle Lösungen berechnen* (*Solve all Solutions*) im Kontextmenü des Simulationsknotens (Bild 4.104).

Nun wird viermal nacheinander Simcenter Nastran aufgerufen. Je nach Rechnerleistung können die Berechnungen einige Zeit benötigen. Das Ende der Berechnungen wird durch eine entsprechende Meldung angezeigt.

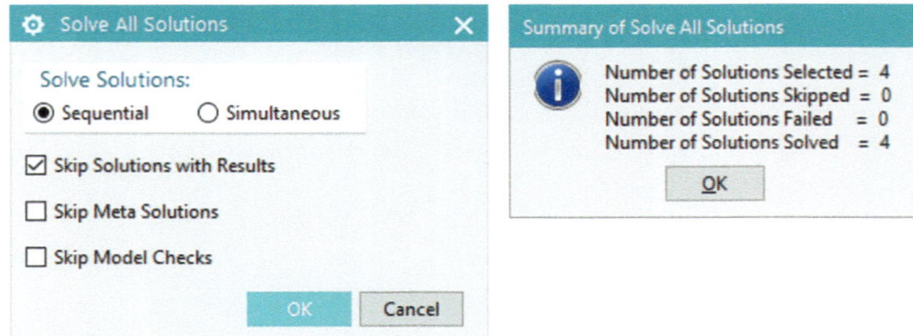

Bild 4.104 Alle vier Lösungen werden nacheinander durchgerechnet.

4.3.1.14 Gegenüberstellen und Bewerten der Ergebnisse

Nachdem alle vier Lösungen berechnet wurden, sollen die Ergebnisse gegenübergestellt werden. Entsprechend der Aufgabenstellung interessieren die Verschiebungen des Lagerungspunkts, der mit der Schwinge verbunden ist. Daher sollen die Ergebnisse der Verschiebungen in der Z-Richtung betrachtet und verglichen werden (Bild 4.105).

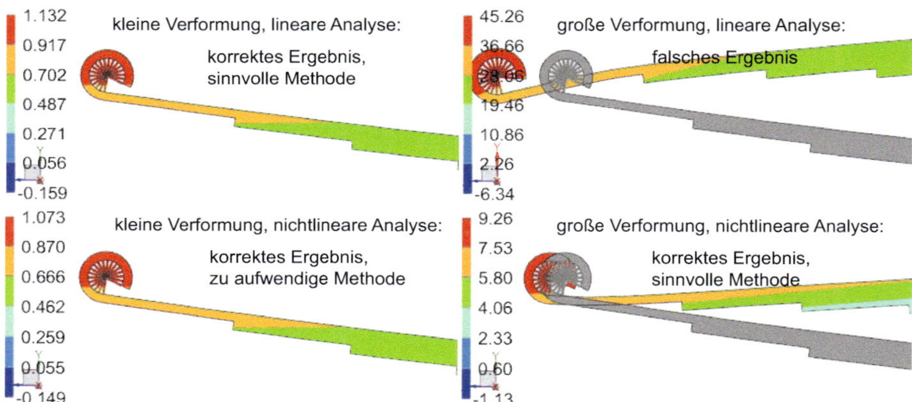

Bild 4.105 Bei der großen Kraft weichen die Ergebnisse der linearen und nichtlinearen Analyse deutlich voneinander ab.

Es ergeben sich die nachfolgend aufgelisteten Ergebnisse für die vier unterschiedlichen Lösungen (Bild 4.105):

- *S_Lin_Fkl* (kleine Kraft/Verformung, lineare Analyse): 1,13 mm
- *S_NL_Fkl* (kleine Kraft/Verformung, nichtlineare Analyse): 1,07 mm
- *S_Lin_Fgr* (große Kraft/Verformung, lineare Analyse): 45 mm
- *S_NL_Fgr* (große Kraft/Verformung, nichtlineare Analyse): 9,3 mm

Die Ergebnisse zeigen, dass der Unterschied zwischen der linearen und der nichtlinearen Analyse bei kleinen Verformungen nur gering ist. Bei großen Verformungen jedoch ergibt sich ein erheblicher Unterschied. Die große Kraft (20 000 N) ist genau das 40-Fache der kleinen Kraft (500 N). Daher ist bei der linearen Analyse auch die Verformung unter großer Kraft (45,26 mm) sehr genau das 40-Fache der Verformung unter kleiner Kraft

(1,132 mm). Erst die mehrmalige Aktualisierung der Steifigkeit bei der nichtlinearen Analyse kann den nichtlinearen Effekt korrekt berücksichtigen. Daher wird hier die realistischere, wesentlich kleinere Verformung (9,3 mm) berechnet.

Damit ist diese Lernaufgabe fertiggestellt.

4.3.2 Plastische Verformung des Bremspedals

Bremspedale von Fahrzeugen müssen stets auf ihr Festigkeitsverhalten bei Pedaldruck analysiert werden. Dabei muss herausgefunden werden, welche bleibenden Schäden bei einer Maximalbelastung hervorgerufen werden. Daher wird hier eine Analyse unter statischem Pedaldruck durchgeführt, wobei plastisches Materialverhalten berücksichtigt wird.

Daneben müssen druckbeaufschlagte Teile meist auch auf Beulen/Knicken untersucht werden, was in dieser Lernaufgabe jedoch außer Acht gelassen wird. Mit einer Knick- oder Beulanalyse wird eine eventuell vorliegende Instabilität der Geometrie gefunden, die in der statischen Analyse nicht gefunden werden kann.

In der Praxis werden solche Untersuchungen meist durch Versuche abgesichert. Das Ziel der Berechnung ist es, die Anzahl der Versuche zu minimieren.

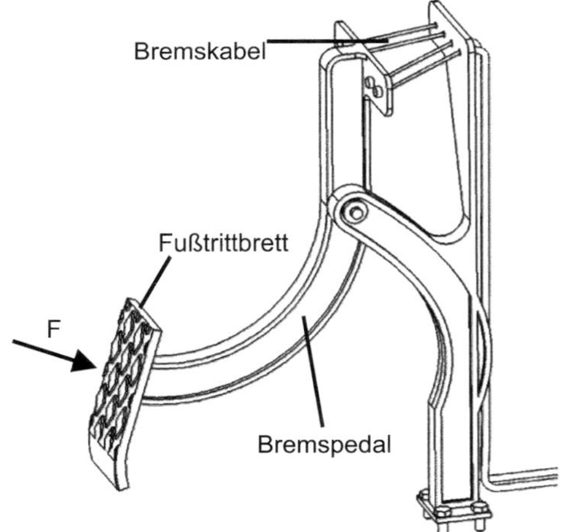

Bild 4.106
Bremspedale müssen große Belastungen ertragen, die bis zum Materialfließen führen können.

In diesem Beispiel wird anhand des RAK2-Bremspedals dargestellt, wie nichtlineare plastische Materialeigenschaften in einer statischen FE-Analyse berücksichtigt werden können. Die hierfür eingesetzte Lösungsmethode ist die Nastran-Lösung 106, die auch schon im Beispiel der großen Verformung an der Blattfeder eingesetzt wurde. Alternativ zu der Lösung 106 kann plastisches Materialverhalten auch mit der Lösung 401 oder 402 berechnet werden, die noch weiterführende Möglichkeiten im nichtlinearen Bereich eröffnet.

Wir möchten darauf hinweisen, dass vor einer solchen nichtlinearen Analyse immer eine lineare Rechnung durchgeführt werden sollte, in der die Plausibilität der Ergebnisse (bis auf die fehlende Nichtlinearität) kontrolliert wird. Erst dann sollte die Nichtlinearität dazu genommen werden.

4.3.2.1 Aufgabenstellung

Das Bremspedal soll unter der Belastung des Niedertretens analysiert werden. Bei voller Bremsleistung sei angenommen, dass, einschließlich einer Sicherheitsreserve, eine Kraft von 4000 N auf das Pedal wirkt. Falls es dabei zur plastischen Verformung kommt, so sollen die verformte Geometrie nach dem Loslassen der Pedalkraft sowie der verbleibende Eigenspannungszustand des Pedals ermittelt werden.

Gegeben sind die Materialeigenschaften des Stahls mit der nichtlinearen Spannungsdehnungskurve.

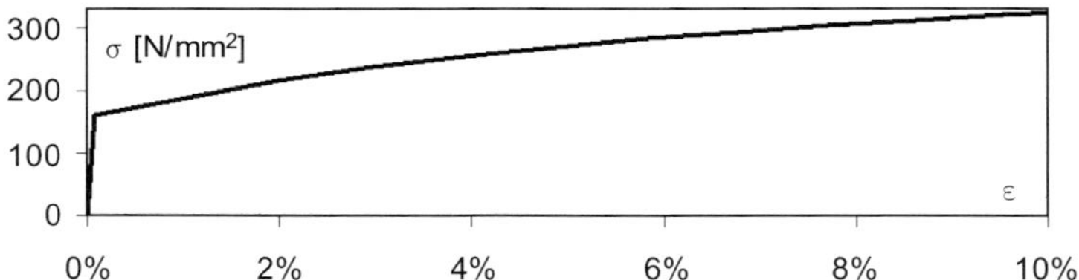

Bild 4.107 Die nichtlineare Spannungsdehnungskurve wird in der Analyse berücksichtigt.

4.3.2.2 Modelle für Plastizität

Bei plastischer Verformung verläuft die Belastung entlang der nichtlinearen Spannungsdehnungskurve, während die Entlastung lediglich elastisch verläuft. Dabei spielt eine Reihe von Effekten eine Rolle, die programmintern durch entsprechende Berechnungsmodelle beschrieben werden.

Prinzipiell können alle diese Berechnungsmodelle geändert und angepasst werden, jedoch werden bei Nutzung der Simcenter-Oberfläche stets Voreinstellungen angewandt und an Nastran übergeben, die in vielen Fällen sinnvoll sind. Falls Änderungen erforderlich sind, so kann dies in den Materialeigenschaften geändert werden (Bild 4.108). Dazu sollte oben die ANSICHT (VIEW) so eingestellt werden, dass lediglich die relevanten Materialeigenschaften gezeigt werden: Die Ansicht *MAT1* zeigt die wichtigsten Nastran-Eigenschaften für Strukturmechanik. Um auch die Eigenschaften für nichtlineares Material zu zeigen, muss auch der Schalter *MATS1* eingeschaltet werden. Das Register *Mechanik* zeigt uns dann die interessierenden Eigenschaften, hier beispielsweise für das Material *Steel-Rolled* aus der Standard-Materialbibliothek. Wird eine Kopie des Bibliotheksmaterials gemacht, so lassen sich die Eigenschaften auch ändern.

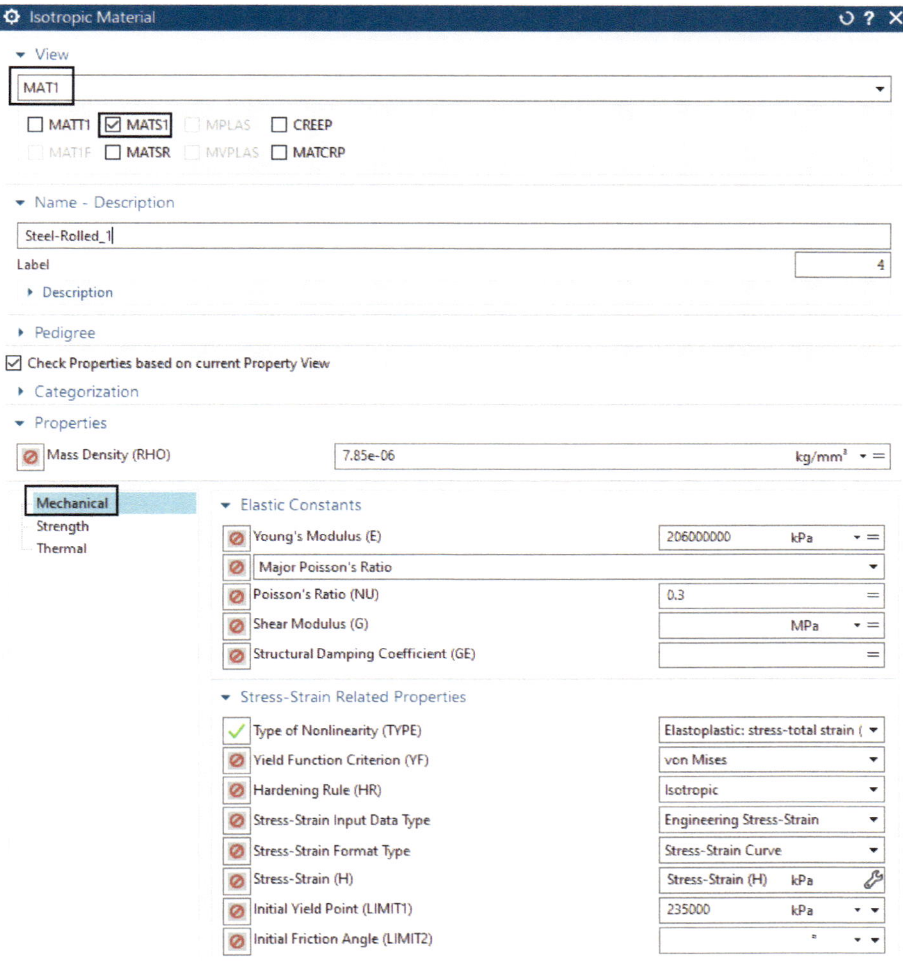

Bild 4.108 Die Modelle für Plastizität können angepasst werden.

Nachfolgend werden einige wichtige Effekte und Begriffe bezüglich Plastizität erklärt. Um die folgenden Begriffe im Material-Menü leicht zu finden, kann das Kürzel verwendet werden, z. B. LIMIT1.

- *Ursprünglicher Streckpunkt* (*Initial Yield Point*) (*LIMIT1*): Dies ist die Fließspannung oder Streckgrenze. Sie wird gewöhnlich als der Spannungswert gemessen, der die kleinste bleibende Verformung hervorruft.
- *Streckfunktionskriterium* (*Yield Function Criterion YF*): Bei einaxialer Spannung gibt es einen eindeutigen Spannungswert, ab dem Fließen eintritt. Bei mehraxialem Spannungszustand dagegen existieren Spannungskomponenten in den verschiedenen Richtungen. In diesem Fall wird ein Kriterium benötigt, das die Kombination der Spannungskomponenten angibt, bei der erstmals Fließen auftritt. Dieses Kriterium wird Fließkriterium genannt. Es beschreibt im Koordinatensystem der drei Hauptspannungen eine Fläche, die Fließfläche (*Yield Surface*), außerhalb derer Materialfließen angenommen wird (Bild 4.109). In Nastran gibt es vier verschiedene Fließkriterien: von

Mises, Tresca, Mohr-Coulomb und Drucker-Prager. Das Von-Mises-Kriterium wird meist bei plastischer Analyse von duktilem Material eingesetzt. Dieses Kriterium wird nach Voreinstellung vom Simcenter-System angewandt.

Bild 4.109 Die Fließfläche beschreibt den Raum, innerhalb dessen elastisches Materialverhalten vorliegt.

- *Fließfläche* (*Yield Surface*): Die Fließfläche beschreibt im Spannungsraum (s_1-s_2-s_3) den Bereich, innerhalb dessen kein Fließen auftritt bzw. außerhalb dessen Fließen auftritt. Für das Von-Mises-Fließkriterium entspricht die Fließfläche gerade einem Zylinder.
- *Härtungsregel* (*Hardening Rule HR*): Wenn Material plastisch deformiert wird, verfestigt es sich gewöhnlich. Dabei verändert sich die Fließfläche. Isotrope Verfestigung liegt vor, wenn die Fließfläche expandiert, und kinematische Verfestigung, wenn sich die Fließfläche verschiebt (Bild 4.110). Das Simcenter-System nutzt nach Voreinstellung die isotrope Verfestigungsmethode als Voreinstellung.

Bild 4.110 Die Dehnungsverfestigung gibt an, wie die Fließfläche verändert wird, wenn die Fließgrenze überschritten wird.

4.3.2.3 Vorbereitungen und Erzeugen der Lösung

- Laden Sie aus dem Verzeichnis des RAK2 das Teil *bs_bremspedal.prt*, und schalten Sie in die Anwendung *NX/Simcenter 3D Pre/Post*.
- Erzeugen Sie im Simulationsnavigator die Dateistruktur mit dem idealisierten Teil, dem FEM-Teil und der Simulationsdatei.
- Bei der Frage nach der Lösungsmethode schalten Sie auf den Nastran-Lösungstyp *SOL 106 Nonlinear Statics* (in früheren NX-Versionen auch *NLSTATIC 106*, siehe Bild 4.111). Wählen Sie *Lösung erzeugen* (*Create Solution*).
- Alle sonstigen Voreinstellungen können beibehalten werden. Bestätigen Sie mit OK, woraufhin die Dateistruktur mit der Lösungsmethode erzeugt wird.

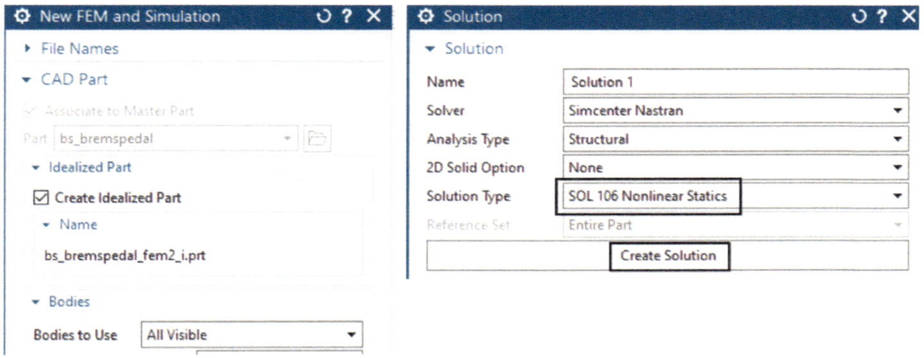

Bild 4.111 Die NX Nastran-Lösung 106 berücksichtigt nichtlineares Materialverhalten.

4.3.2.4 Vereinfachen der Geometrie

- Für die nachfolgenden Geometrievereinfachungen wechseln Sie in das idealisierte Teil.
- Erzeugen Sie zunächst einen Wave-Link der Bremspedalgeometrie (**Schritt 0** in Bild 4.112), und blenden Sie im Baugruppennavigator das Teil *bs_bremspedal* aus.
- Als nächste Operation wird das Fußtrittbrett entfernt (**Schritt 1** in Bild 4.112). Nutzen Sie hierzu die Funktion *Löschen* (*Delete*) aus der Konstruktionsanwendung, wobei Sie alle Flächen, die zum Fußtrittbrett gehören, selektieren und entfernen lassen.

Weiterhin soll Symmetrie um die Mittelebene angenommen werden, wobei dies streng genommen wegen der einseitigen Lagerung nicht korrekt ist.

Die Funktionen aus der Gruppe *Synchrone Konstruktion* eignen sich sehr gut für die Geometrievorbereitung.

- Erzeugen Sie in der Konstruktionsanwendung eine Mittelebene, und trimmen Sie die Geometrie entsprechend (**Schritt 2** in Bild 4.112).
- Als Nächstes entfernen Sie den Flansch für die Einhängung der Kabel, da hier die Ergebnisse nicht interessieren sollen. Erzeugen Sie dafür eine weitere Ebene und Trimmoperation. Gleichzeitig vereinfachen Sie den Zylinder für die drehbare Lagerung (**Schritt 3** in Bild 4.112).
- Den Zylinder für die drehbare Lagerung verlängern Sie im letzten Schritt wieder durch die Funktion *Verschieben* (*Move*) um ca. 20 mm. Auf diese Weise erhalten Sie eine einfache Geometrie für den Bereich der Lagerung, an der die Ergebnisse ebenfalls nicht interessieren (**Schritt 4** in Bild 4.112).

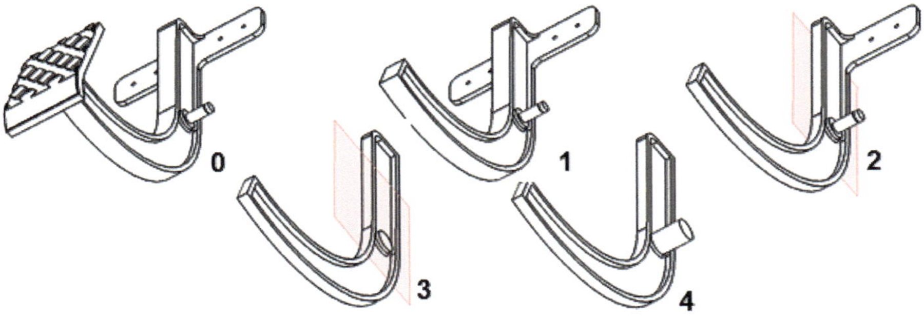

Bild 4.112 Schließlich ist das CAD-Modell für die Berechnung vorbereitet.

Damit sind die Operationen zur Geometrievorbereitung abgeschlossen.

- Speichern Sie die Datei, schalten Sie wieder in die Anwendung *NX/Simcenter 3D Pre/Post*, und wechseln Sie in die FEM-Datei für die anschließende Vernetzung.
- Falls der vereinfachte Körper in der FEM-Datei nicht angezeigt wird, so fügen Sie diesen noch zu den Polygonkörpern zu.

4.3.2.5 Vernetzung für plastische Analyse

Um genaue Spannungsaussagen zu erhalten, müsste zunächst mittels eines Konvergenznachweises die erforderliche Vernetzungsfeinheit festgestellt werden. Besonders bei einem Einsatz von vierknotigen Elementen ist für genaue Aussagen eine hohe Feinheit der Vernetzung erforderlich. Auf eine große Genauigkeit soll in diesem Beispiel aber kein besonderer Wert gelegt werden, vielmehr sollen qualitative Aussagen gemacht werden. Daher begnügen wir uns mit einer etwas verfeinerten Standardvernetzung, die etwa zwei Elementschichten über der Materialdicke enthält (Bild 4.113).

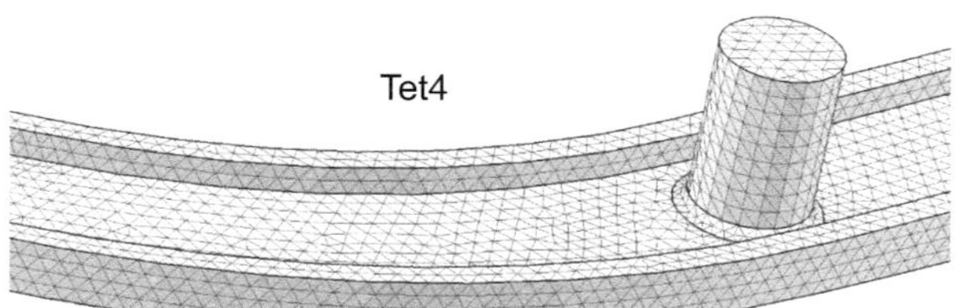

Bild 4.113 Die Vernetzung sollte mindestens zwei Schichten über der Dicke haben.

Gehen Sie dazu wie folgt vor:

- Machen Sie die FEM-Datei zum dargestellten Teil.
- Wählen Sie die Funktion *3D-Tetraeder*.
- Selektieren Sie die Geometrie, und wählen Sie im Menü die Option *CTETRA10*.
- Tragen Sie unter *Elementgröße* (*Element Size*) einen geeigneten Wert ein, der ein zweischichtiges Netz erzeugt. Einen Anhaltspunkt für einen geeigneten Wert erhalten Sie, wenn Sie den Schalter für den Vorschlag einer Elementgröße wählen und den vorgeschlagenen Wert durch zwei, drei oder vier teilen. Beispielsweise können Sie einen Wert von 3,33 mm nutzen.
- Bestätigen Sie mit OK, woraufhin das Netz erstellt wird.

4.3.2.6 Definieren der plastischen Materialeigenschaften

Die plastischen Materialeigenschaften werden im Materialeditor definiert. Sie beinhalten den Elastizitätsmodul, die Querkontraktionszahl, die Fließgrenze sowie die Spannungsdehnungskurve. Wir wollen dafür ein neues Material anlegen. Gehen Sie folgendermaßen vor:

- Rufen Sie die Funktion MAIN MENÜ > WERKZEUGE > MATERIALIEN > MATERIALIEN VERWALTEN (MAIN MENU > TOOLS > MATERIALS > MANAGE MATERIALS) auf.
- Wählen Sie darin die Funktion *Material erzeugen* (*Create Material*) aus. Es erscheint der Dialog für die Erzeugung eines neuen Materials.

- Geben Sie einen beliebigen Namen ein.
- Aktivieren Sie oben bei der *Ansicht* (*View*) den Schalter *MATS1*, damit auch die nichtlinearen Eigenschaften angezeigt werden.
- Geben Sie für den E-MODUL (*Young's Modulus*, E) den Wert 210 000 N/mm² und für den *Poisson-Koeffizient* (*Poisson Ratio*, NU) 0.3 ein.
- Bei *Typ der Nichtlinearität* (T*YPE*) (*Type of Nonlinearity*) schalten Sie auf die Option *Elastoplastisch …* (*Elastoplastic …*)
- Für *Ursprünglicher Streckpunkt* (*LIMIT1*) (*Initial Yield Point*), d. h. die *Streckgrenze*, tragen Sie den Wert 160 N/mm² ein.

Die Fließgrenze bzw. Streckgrenze (*Yield Strength*) des Materials muss angegeben werden.

- Schließlich folgt die Definition der Spannungsdehnungskurve mit dem nichtlinearen Materialverhalten. Diese wird unter *Spannung-Dehnung* (*Stress-Strain*, H) eingegeben (Bild 4.114). Klicken Sie dazu auf das Gleichheitszeichen rechts neben dem Eingabefeld. Erzeugen Sie über NEW FIELD > TABLE eine neue Tabelle.
- Im aufkommenden Menü zur Erzeugung der *Tabelle* ist für die *abhängige Domäne (Dependent)* schon die *Spannung* ausgewählt. Wählen Sie für die *Unabhängige* (*Independent*) die Option *Dehnung* (*Strain*).
- Bleiben Sie in dem Menü und wechseln in das Register *Definition*. Tragen Sie hier die Wertepaare entsprechend Bild 4.115 ein. Bei der Eingabe eines Wertepaares werden die beiden Zahlen für Dehnung und Spannung durch ein Leerzeichen getrennt und mit RETURN abgeschlossen.
- Klicken Sie zweimal auf OK und dann auf SCHLIESSEN.

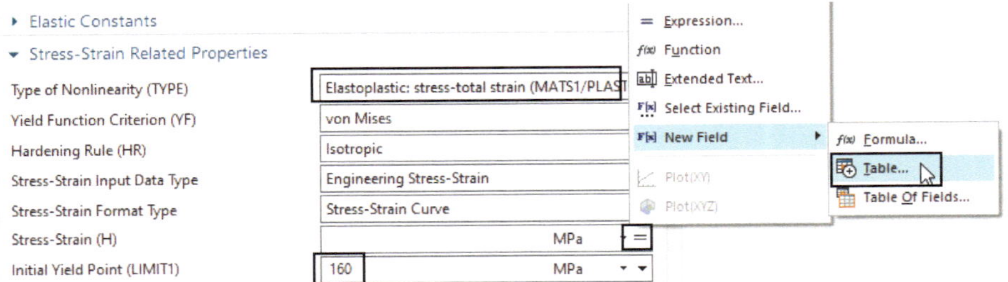

Bild 4.114 Die Definition der Spannungsdehnungs-kurve

Jedes Wertepaar definiert dabei einen Punkt in der Spannungsdehnungskurve. Für unser Beispiel reicht es aus, wenn Sie die Kurve lediglich bis zu 10 % Dehnung einfügen, d. h. also bis zu der *Row ID 12* mit dem Wert 0,1044.

Die Punkte der Spannungsdehnungskurve müssen den nachfolgenden Bedingungen genügen:

Diese Bedingungen müssen bei der Eingabe des nichtlinearen Materials erfüllt sein.

- Das erste Wertepaar muss *null - null* sein.
- Der Spannungswert des zweiten Wertepaars muss mit der vorher angegebenen Fließgrenze übereinstimmen.
- Das zweite Wertepaar muss den Elastizitätsmodul wiedergeben. Im Fall unseres Beispiels muss sich also 160 N/mm²/0,0007619 = 2,1e5 N/mm² ergeben.

- Nachdem Sie die Eigenschaften des Materials definiert haben, weisen Sie schließlich das Material der Geometrie des Bremspedals zu.
- Speichern Sie die Datei.

Damit sind die nichtlinearen Materialeigenschaften erzeugt und aktiv. Falls bei der nachfolgenden Analyse mit der Lösungsmethode 106 Spannungen oberhalb der Fließgrenze errechnet werden, so wird das Fließen des Materials damit berechnet.

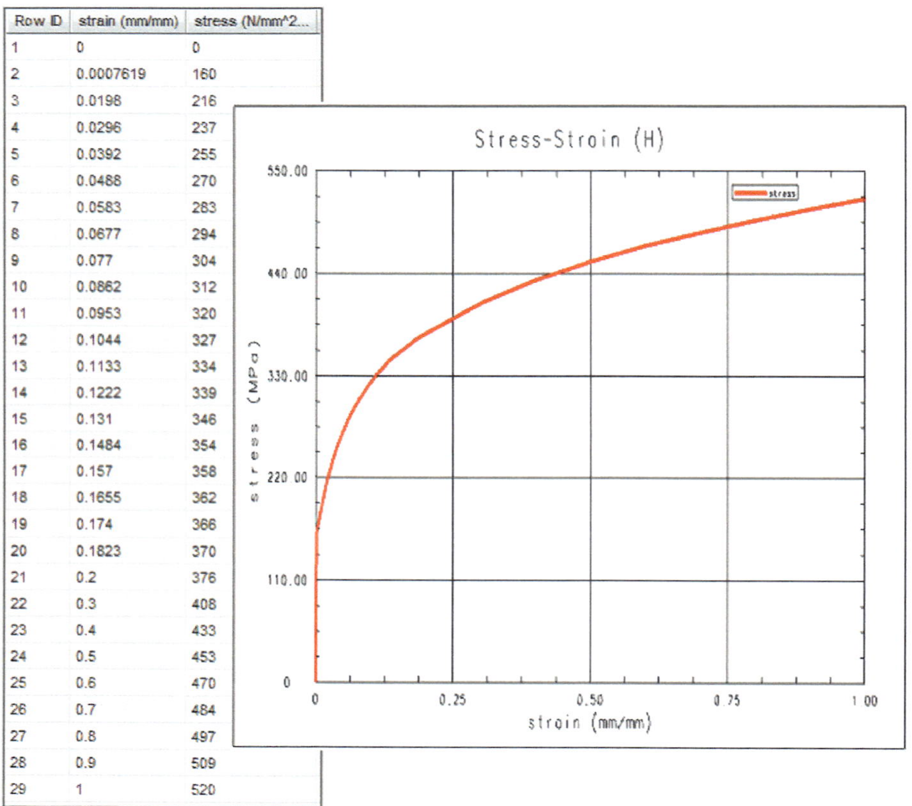

Row ID	strain (mm/mm)	stress (N/mm^2...
1	0	0
2	0.0007619	160
3	0.0198	216
4	0.0296	237
5	0.0392	255
6	0.0488	270
7	0.0583	283
8	0.0677	294
9	0.077	304
10	0.0862	312
11	0.0953	320
12	0.1044	327
13	0.1133	334
14	0.1222	339
15	0.131	346
16	0.1484	354
17	0.157	358
18	0.1655	362
19	0.174	366
20	0.1823	370
21	0.2	376
22	0.3	408
23	0.4	433
24	0.5	453
25	0.6	470
26	0.7	484
27	0.8	497
28	0.9	509
29	1	520

Bild 4.115 Die nichtlineare Spannungsdehnungskurve wird über eine Tabelle definiert und kann als Graph angezeigt werden.

4.3.2.7 Definieren der Randbedingungen

Es sind vier Randbedingungen erforderlich, um den Belastungszustand des Bremspedals zu beschreiben (Bild 4.116). Gehen Sie folgendermaßen vor:

- Wechseln Sie zunächst in die Simulationsdatei.
- Definieren Sie eine Kraft mit -2000 N auf der Fläche des Fußtrittbretts, die senkrecht zur Fläche zeigt, indem Sie in der Funktion *Kraft* den Typ *Normal* wählen.
- Weiterhin definieren Sie eine *Rotationssymmetrische Zwangsbedingung* (*Pinned Constraint*) auf der Zylinderfläche der Lagerung. Diese Funktion lässt lediglich Drehung zu.

- Um den letzten Freiheitsgrad zu unterbinden (Drehen um den Zylinder), definieren Sie auf der gegenüberliegenden Seite der Pedalkraft eine Randbedingung, die lediglich die Bewegung in X-Richtung unterbindet. Dies entspricht den Gegenkräften durch das Bremskabel.
- Definieren Sie schließlich noch die Symmetriebedingung an der Schnittfläche.
- Es ergibt sich wieder ein Konflikt in den Randbedingungen. Lösen Sie diesen auf, indem Sie z. B. der Symmetriebedingung den Vorrang lassen.

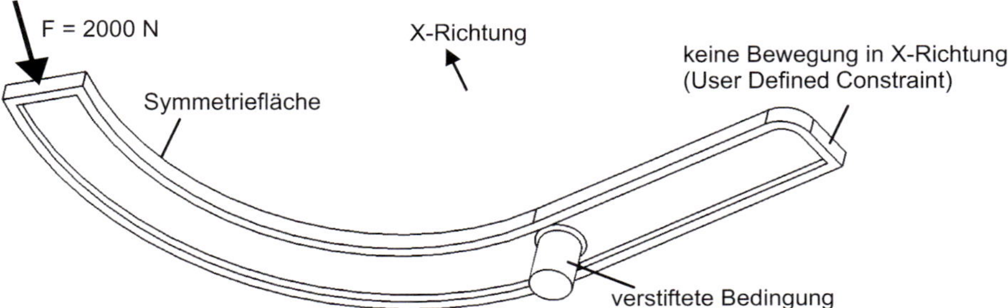

Bild 4.116 Das Modell des Bremspedals wird mit diesen Randbedingungen versehen.

4.3.2.8 Definieren der Lastschritte für Be- und Entlastung

Jeder Lastschritt, der in der Lösung vorkommt, wird nacheinander abgearbeitet. Dabei ist in der Nastran-Lösung 106 jeweils der letzte Spannungszustand Ausgangspunkt für den darauffolgenden Schritt. Daher kann im Folgenden ein erster Lastschritt für die Belastung und ein zweiter für die Entlastung definiert werden. Der erste Lastschritt enthält alle Einspannbedingungen und die vorgesehene Last. Der zweite Schritt enthält dagegen lediglich die Einspannungen und keine Last mehr, denn er erhält als Vorspannung automatisch das Ergebnis des ersten Schritts (Bild 4.117).

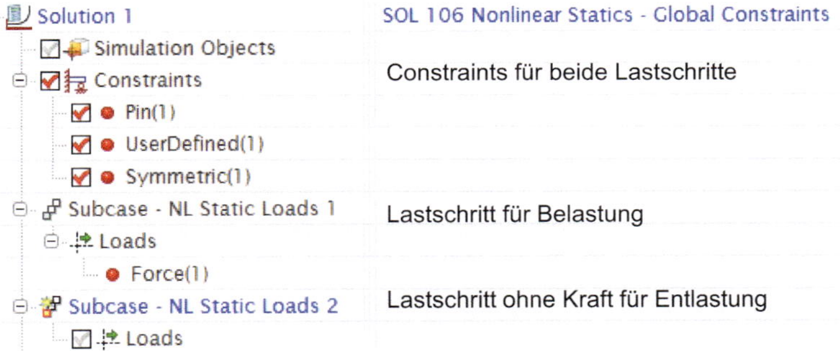

Bild 4.117 Die Be- und Entlastung wird über zwei Lastschritte definiert. Der zweite Lastschritt wird mit den Ergebnissen des ersten vorbelastet.

Der erste Lastschritt sollte automatisch schon erstellt worden sein.

- Um den zweiten Lastschritt zu erzeugen, wählen Sie im Kontextmenü der Lösung die Funktion *Neuer Lastfall* (*New Subcase*) und bestätigen den Dialog mit OK. Es entsteht ein zunächst leerer Lastschritt.

Die gewählte Lösung *SOL 106* verwendet die Zwangsbedingungen (*Constraints*) global, d. h. in allen existierenden Lastfällen oder lokal, d. h. in jedem Lastfall, werden eigene definiert. Diese Eigenschaft kann auch an der Darstellung im Navigator erkannt werden, denn in der Solution gibt es nur eine Constraint-Gruppe. Wenn die Zwangsbedingungen so definiert wurden, dann brauchen wir sie nun nicht mehr dem zweiten Lastfall zuzuweisen. Die Lasten sind auch schon korrekt, denn im neuen zweiten Lastfall ist keine Last enthalten.

Das Ergebnis im Simulationsnavigator sollte wie in Bild 4.117 aussehen.

4.3.2.9 Lösungen berechnen und bewerten

- Nachdem das Modell so weit aufgebaut worden ist, kann die Funktion *Berechnen* (*Solve*) ausgeführt werden, um die Lösungen zu berechnen.

Die Berechnung kann, aufgrund der Nichtlinearität und der zwei Lastschritte, erheblich mehr Zeit beanspruchen, als dies bei einer linearen Analyse der Fall wäre.

- Nach dem Abschluss des Lösungsvorgangs schalten Sie in den Postprozessor.

Unter dem *Results*-Knoten im Simulationsnavigator finden Sie nun die beiden Lastschritte (Bild 4.118). Unter den Lastschritten finden Sie wieder die Ergebnisse für *Verformung* (*Displacement*) und *Spannung* (*Stress*).

Unterhalb des *Results*-Knotens sind die beiden Lastschritte dargestellt.

Bild 4.118 Im Postprocessing-Navigator werden die beiden Ergebnisse der Lastschritte dargestellt.

Als Ergebnis für den ersten Lastschritt ergibt sich eine Verformung von ca. 1,7 mm und eine Spannung von ca. 161 N/mm², somit eine Beanspruchung, die im Bereich der Fließgrenze des Materials liegt. Der zweite Lastschritt zeigt den Zustand nach der Entlastung an. Die Berechnung hat eine bleibende Verformung von ca. 0,02 mm und eine verbleibende Spannung von ca. 50 N/mm² ermittelt (Bild 4.119).

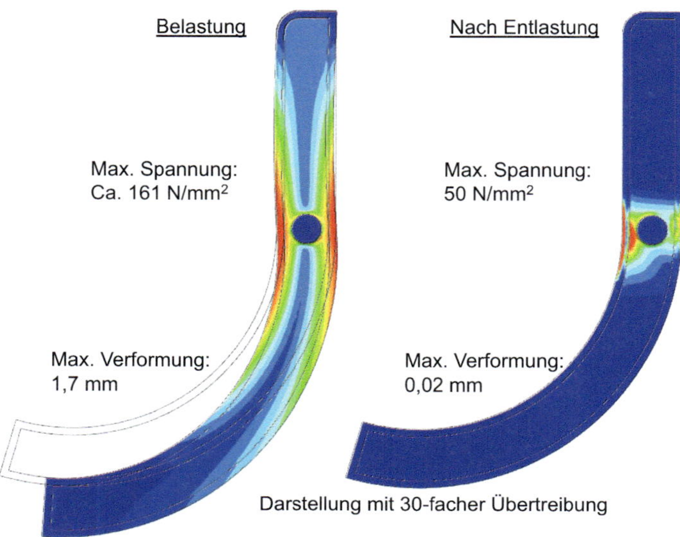

Bild 4.119 Der Spannungszustand und die Verformung vor und nach der Entlastung werden dargestellt.

Eine Analyse mit linearem Materialverhalten sollte immer vor solch eine nichtlineare angestellt werden. (Dies kann nun ganz schnell durch Einfügen einer neuen Lösung 101 und Zufügen der Randbedingungen nachgeholt werden.) Dabei ergeben sich eine geringfügig kleinere Verformung von 1,69 mm und eine deutlich höhere Spannung mit ca. 200 N/mm^2. Das elastische Material zeigt also höhere Spannungen, während beim plastischen schon lokales Fließen eintritt. Aufgrund des leichten Fließens ergeben sich wiederum höhere Verformungen beim plastischen Material.

Es sei noch darauf hingewiesen, dass eine Netzverfeinerung erforderlich ist und dass zur Absicherung der Ergebnisse die Konvergenz (Netzunabhängigkeit) nachzuweisen ist.

- Speichern Sie die Datei, und schließen Sie sie.

Damit ist diese Lernaufgabe abgeschlossen.

4.4 Lernaufgaben zur Advanced Nonlinear Analysis – Multi-Step Nonlinear (Sol 401, 402)

4.4.1 Schnapphaken mit Kontakt und großer Verformung

Schnapphaken sind beliebte Verschlussarten bei Kunststoffbauteilen, die manuell montiert werden (Bild 4.120). Bei der Konstruktion will man z. B. wissen, wie viel Kraft erforderlich ist, um einen solchen Verschluss zusammenzufügen. Außerdem darf das Material bei dem Vorgang nicht zu hoch beansprucht werden. Am Modell des RAK2 ist am Batteriekasten solch eine Verbindung zu finden.

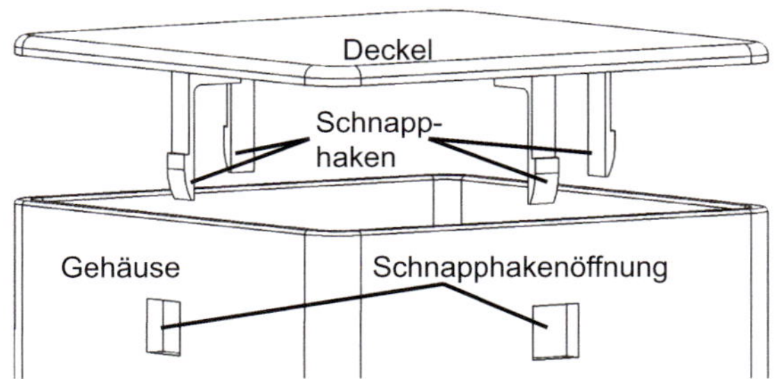

Bild 4.120 Schnapphaken sind beliebte Verschlussarten bei Kunststoffbauteilen.

An dieser Aufgabe wird anhand eines Kunststoff-Schnappverschlusses der grundsätzliche Umgang mit der Simcenter Nastran-Lösungsmethode 402 erläutert, die für komplexe nichtlineare Effekte zur Verfügung steht. Auf sehr ähnliche Weise würde auch eine Lösung mit der 401 ablaufen. Wir haben für dieses Beispiel die Lösung 402 gewählt, weil Bewegung eine dominante Rolle spielt, was bei dieser Lösung besonders gut unterstützt wird, wie auch im Namenszusatz *Kinematics* zu erkennen ist: *SOL 402 Multi-Step Nonlinear Kinematics*. Es wird ein zeitabhängiger Verfahrweg definiert, der den Montagevorgang des Deckels kontrolliert. Auf diese Weise ist es möglich, die Kraft zu ermitteln, die

Die Nastran-Lösungsmethoden 401 und 402 sind für komplexe nichtlineare Analysen vorgesehen.

für den Montagevorgang erforderlich ist. Darüber hinaus kommt auch der nichtlineare Effekt der großen Verformungen sowie Kontakt zum Einsatz. Es werden Empfehlungen gegeben, wie mit komplexen nichtlinearen Effekten im Simcenter-System umzugehen ist.

Um ein „Gefühl" zu entwickeln, sollte immer zuerst linear gerechnet werden.

Wir wollen darauf hinweisen, dass vor einer nichtlinearen Analyse meistens die einfache lineare Analyse des Problems durchgeführt werden sollte. Falls mehrere Typen von Nichtlinearität gleichzeitig vorkommen (z.B. plastisches Material und Kontakt), sollten die nichtlinearen Effekte zuerst einzeln untersucht werden. In unserer Lernaufgabe werden wir, entgegen dieser Regel, direkt mit Nichtlinearitäten arbeiten, weil der begrenzte Umfang des Buches uns dazu zwingt.

4.4.1.1 Aufgabenstellung

Der Batteriekasten soll montiert werden.

Der Batteriekasten des RAK2 sei, wie in Bild 4.120 dargestellt, mit Kunststoff-Schnappverschlüssen montiert. Dabei klinkt der Deckel an allen vier Seiten mit jeweils einem Schnapphaken in eine Öffnung des Gehäuses ein.

Gegeben sind die Materialeigenschaften des Kunststoffs sowie die Geometrie. Es soll analysiert werden, welchen Beanspruchungen der Schnapphaken ausgesetzt ist, wenn die Montage in kleinen Schritten durchgeführt wird.

4.4.1.2 Vorbereitungen und Erzeugung der Lösung

- Laden Sie die Baugruppe *as_bg_batterie,* die das Gehäuse, den Deckel sowie einige weitere Teile enthält.
- Schalten Sie dann in die Anwendung *NX/Simcenter 3D Pre/Post,* und erzeugen Sie über den Simulationsnavigator die Dateistruktur für die neue FEM und Simulation.
- Bei der Frage nach den zu verwendenden Körpern wählen Sie die Option *Körper auswählen* (*Select Bodies*), und selektieren Sie die Geometrie des Deckels und des Gehäuses.
- Nun erscheint das Menü *Lösung* (*Solution*). Hier wählen Sie für den Lösungstyp die Option *SOL 402 Multi-Step Nonlinear Kinematics* und *Lösung erzeugen* (*Create Solution*).
- Nun erscheint noch ein Menü, das zur Erzeugung des ersten Lastschritts auffordert. Voreingestellt ist der Typ *Nonlinear Statics*. Bestätigen Sie dies auch mit OK. Etwas später werden wir auf diesen Typ zu sprechen kommen.

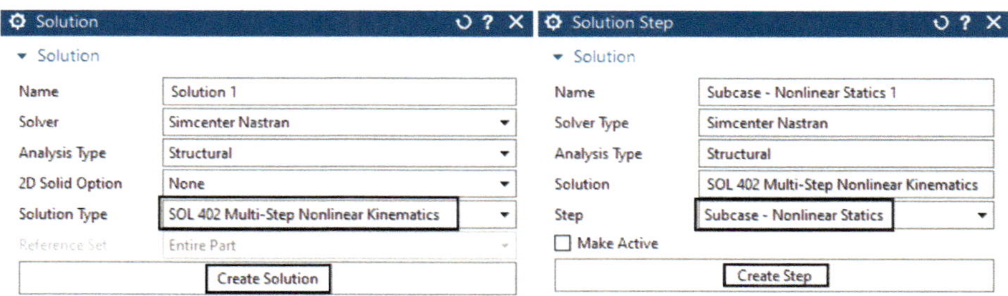

Bild 4.121 Der Dialog zur Erzeugung einer Nastran Solution 402 und des ersten zugehörigen Lastschritts vom Typ *Nonlinear Statics*

Zunächst bleiben alle Einstellungen bei ihrer Voreinstellung.

- Bestätigen Sie alle Voreinstellungen mit OK.

Die Lösungsmethode 402 kann vielfältig eingestellt werden.

4.4.1.3 Verändern der Baugruppenposition im idealisierten Teil

In der Simulation soll der Deckel vom geöffneten Zustand in den geschlossenen bewegt werden. Jedoch ist die Baugruppe im geschlossenen Zustand konstruiert worden. Diese geschlossene Position aus Sicht der Baugruppe soll auch erhalten bleiben, weil dies für Anwender, die beispielsweise eine Zeichnung der Baugruppe betrachten, erforderlich ist. Die Baugruppe ist das Master-Modell, das für alle nachfolgenden Anwendungen wie Berechnung, Zeichnungserstellung oder Fertigungsunterstützung genutzt werden soll. Falls für unsere Simulation eine andere Position der Teile zueinander benötigt wird, so muss in der idealisierten Datei eine Neupositionierung vorgenommen werden.

Die Startposition soll der geöffnete Batteriekasten sein.

Die originale Baugruppenposition des Deckels muss also in der idealisierten Datei überschrieben werden. Aus Sicht der idealisierten Datei gibt es dann eine andere Position als aus Sicht der eigentlichen Baugruppe. Gehen Sie wie folgt vor, um dies zu erreichen:

Die Position des Deckels soll für die Analyse verschoben werden.

- Machen Sie zunächst die idealisierte Datei zum dargestellten Teil.
- Schalten Sie in die Anwendung *Konstruktion* (*Modeling*), und stellen Sie sicher, dass auch die Anwendung *Baugruppen* (*Assemblies*) aktiviert ist. Nun haben Sie Zugriff auf die Baugruppenfunktionen.
- Öffnen Sie nun den Baugruppennavigator, und selektieren Sie in der Struktur die Komponente des Deckels *as_bat_deckel*.
- Wählen Sie in dessen Kontextmenü die Funktion *Position überschreiben* (*Overwrite Position*) und anschließend die Funktion *Verschieben ...* (*Move ...*).

Nun kann der Deckel in die gewünschte Position bewegt werden, wie in Bild 4.122 dargestellt. Der Schnapphaken sollte idealerweise kurz vor dem Kontaktpunkt mit dem Gehäuse stehen. Dafür können Sie auch die Masse aus Bild 4.122 verwenden.

- Tragen Sie für Z den Wert aus Bild 4.122, d. h. -16,25, in das Feld ein, und drücken Sie ENTER.

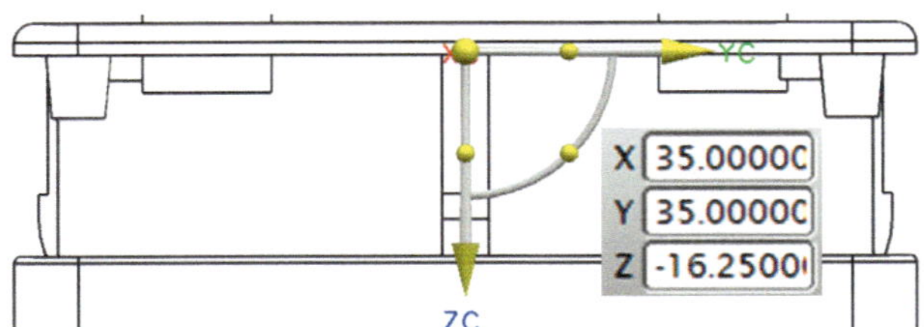

Bild 4.122
Der Deckel ist nun für die FEM-Berechnung verschoben.

- Bestätigen Sie mit OK. Die Neupositionierung, ausschließlich für Zwecke der Simulation, ist nun erfolgreich durchgeführt.

Wenn Sie möchten, können Sie nun wieder in die Anwendung *NX/Simcenter 3D Pre/Post* wechseln und die alte Position prüfen, indem Sie das Master-Teil im Simulationsnavigator zum dargestellten Teil machen. Wechseln Sie dann wieder in die idealisierte Datei zurück. Die neue Position ist jetzt wieder aktiv.

4.4.1.4 Vereinfachen und Unterteilen der Geometrie

Die Geometrie des Deckels und des Gehäuses sollten nun idealisiert werden, damit einerseits die Anzahl der finiten Elemente gering gehalten werden kann, aber andererseits die verbleibende Geometrie sich nicht wesentlich von den Steifigkeitseigenschaften der originalen Geometrie unterscheidet. Deswegen soll auch die Symmetrieeigenschaft genutzt werden.

Besonders bei nichtlinearen Analysen sollten Elemente „gespart" werden.

Die Forderung nach geringer Anzahl von finiten Elementen wird umso dringlicher, je mehr es zu nichtlinearen Effekten kommt, die berücksichtigt werden müssen, weil durch Nichtlinearitäten die Rechenzeiten enorm anwachsen. Sie werden sehen, dass schon diese Aufgabe deutlich mehr Rechenzeit braucht als die linearen Aufgaben bisher. Es gilt also, einen sinnvollen Kompromiss zu finden.

Darüber hinaus wäre es vorteilhaft, wenn die idealisierte Geometrie mit Hexaederelementen statt Tetraedern vernetzt werden könnte, weil hierdurch eine größere Gleichmäßigkeit der Vernetzung und eine bessere Genauigkeit erreicht werden kann. Eine Vernetzung mit Hexaederelementen ist immer dann möglich, wenn ein Volumenkörper extrusionsfähig ist, d.h., wenn er eine Fläche besitzt, die mit Vierecken besetzt durch den ganzen Körper gezogen werden kann. Auf diese Weise entstehen die Hexaeder- oder Quaderelemente.

Die Geometrie unseres Beispiels könnte beispielsweise auf die in Bild 4.123 dargestellte Weise vereinfacht und unterteilt werden. Dabei würde die Steifigkeit der Originalgeometrie weitgehend erhalten bleiben, und die Möglichkeit zur Hexaedervernetzung würde für beide Teile bestehen.

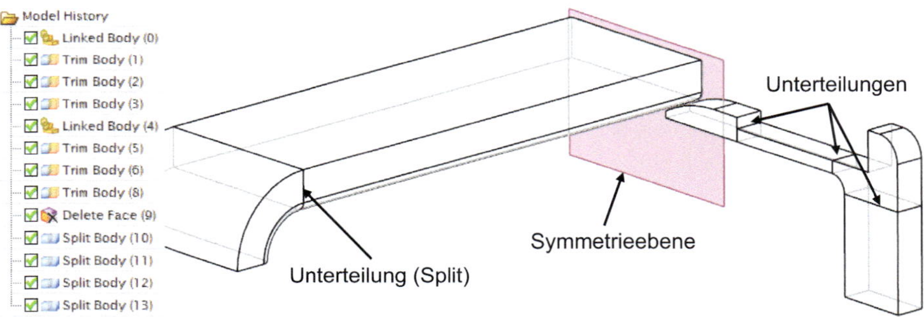

Bild 4.123 Der Batteriekasten und Schnapphaken wird für die FEM-Analyse vereinfacht. Dazu werden einige CAD-Operationen durchgeführt.

- Erzeugen Sie Wave-Links, und führen Sie Geometrieoperationen in der idealisierten Datei aus, um eine entsprechende Geometrie zu erhalten.
- Speichern Sie die Datei.

4.4.1.5 Gitterverknüpfungen

Gitterverknüpfungen vom Typ *Kleben koinzident* (*Glue Coincident*) sorgen dafür, dass die Flächen der Körperunterteilungen mit ausgerichteten Knoten vernetzt werden. Falls Sie in der idealisierten Datei beim Erzeugen der Unterteilungen mit der Funktion *Körper teilen* (*Split Body*) die Option *Gitterverknüpfungsbedingungen erzeugen* (*Create Mesh*

Mating Conditions) eingeschaltet hätten (was zu empfehlen ist), dann würden sich diese Bedingungen in der FEM-Datei automatisch erzeugen.

Andernfalls gehen Sie wie folgt vor:

Die unterteilte Geometrie soll an den Grenzen identische und verschmolzene Knoten erhalten.

- Wechseln Sie in die FEM-Datei.
- Rufen Sie die Funktion *Gitterverknüpfung* (*Mesh Mating*) auf.
- Stellen Sie sicher, dass die Option *Kleben koinzident* (*Glue Coincident*) aktiv ist.
- Ziehen Sie im Grafikbereich ein Fenster über alle Teile, und bestätigen Sie mit OK.

Die Verknüpfungen werden nun an allen vier Unterteilungen erzeugt.

4.4.1.6 Hexaedervernetzung des Gehäuses

Im Kontaktbereich selbst interessieren uns die Spannungen diesmal nicht besonders. Daher könnte hier grob vernetzt werden. Jedoch hat die Kontaktberechnung erfahrungsgemäß Schwierigkeiten mit kantigen Kontaktflächen, wie sie entstehen, wenn beispielsweise eine Verrundung sehr grob vernetzt wird. Daher soll die Verrundung, an der der Kontakt auftrifft und entlangrutscht, verfeinert vernetzt werden, damit möglichst glatte Kontaktflächen entstehen.

- Erzeugen Sie eine *Gittersteuerung* (*Mesh Control*) vom Typ *Anzahl auf Kante* (*Number on Edge*) auf der Verrundungskante im Kontaktbereich, und geben Sie eine Anzahl von vier Elementen vor (Bild 4.124).

Die Verrundung, an welcher der erste Kontakt auftritt, sollte feiner vernetzt werden.

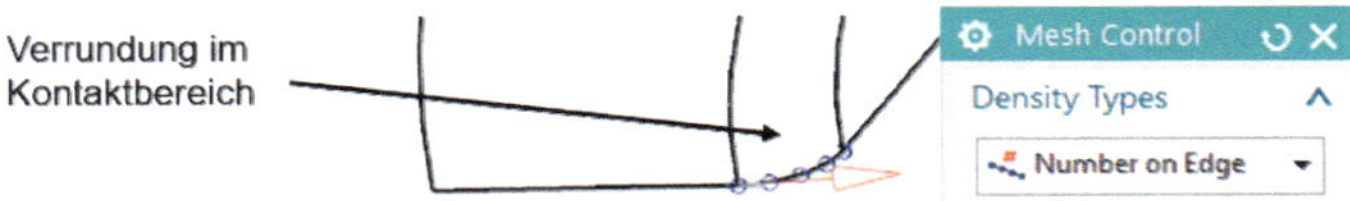

Bild 4.124 Auf der Kante wird die Vernetzungsdichte definiert.

- Für die anschließende Vernetzung rufen Sie die Funktion *Gitter mit 3D-Extrusion* (*3D Swept Mesh*) auf, stellen den Typ auf *Bis Ziel* (*Until Target*) und selektieren für *Source* und *Target* die beiden dargestellten Flächen (Bild 4.125).

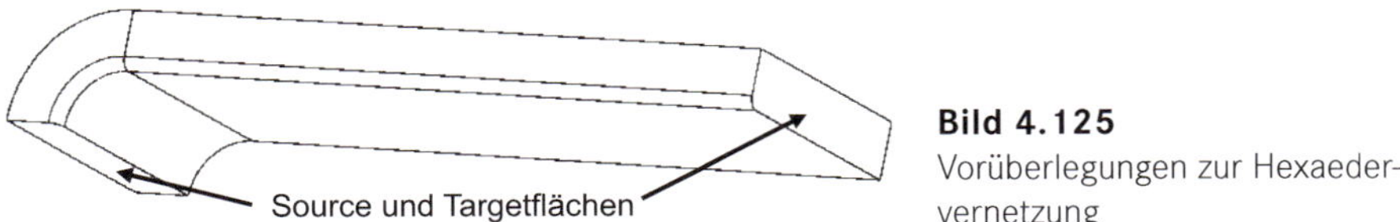

Bild 4.125 Vorüberlegungen zur Hexaedervernetzung

- Wählen Sie Hex8-Elemente und als Elementgröße den Vorschlagswert aus, den Sie mit dem gelben Blitz erhalten. Bestätigen Sie mit OK, woraufhin das Netz erzeugt wird.

Das Netz sollte wie in Bild 4.126 aussehen.

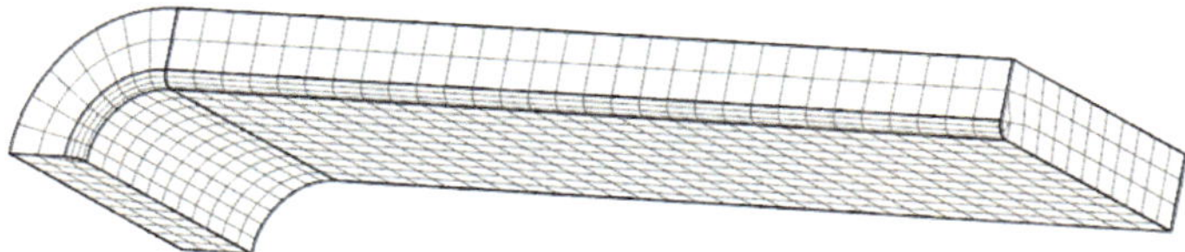

Bild 4.126 Das Hexaedernetz ist sehr gleichmäßig. Der Kontaktbereich ist feiner vernetzt.

4.4.1.7 Hexaedervernetzung des Schnapphakens

Der Körper, an dem die Spannungsergebnisse im Wesentlichen interessieren, ist der Schnapphaken. Weiterhin interessieren hier die Spannungen besonders im Biegebereich. Daher soll hier eine feinere Vernetzung angestrebt werden. Am restlichen Bereich des Schnapphakens kann gröber vernetzt werden.

Nachfolgend ist unser Vorschlag beschrieben, wie der Schnapphaken vernetzt werden sollte. Sicherlich gibt es auch andere sinnvolle Möglichkeiten. Probieren Sie es ruhig einmal aus.

- Für die Vernetzung des Biegebereichs des Schnapphakens rufen Sie die Funktion *Extrudiertes 3D-Netz* (*3D Swept Mesh*) auf, stellen den Typ auf *Mehrfachkörper - Ziel ermitteln* (*Multi Body - Infer Target*) und selektieren die Fläche wie in Bild 4.127 dargestellt.

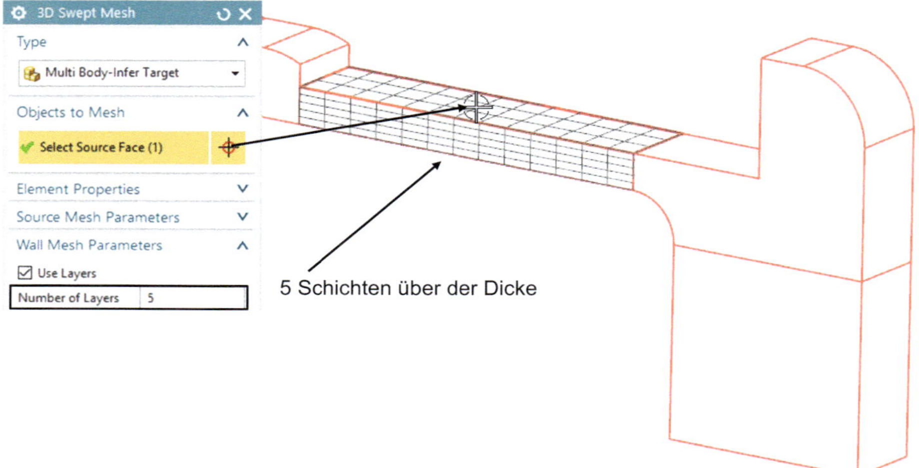

Bild 4.127 Dieser Bereich soll fünf Elementschichten über die Dicke bekommen.

Mit der Option *Mehrfachkörper - Ziel ermitteln* (*Multi Body - Infer Target*) brauchen Sie nur eine Startfläche zu selektieren. Die andere Option erfordert noch die Zielflächenselektion. Dafür kann diese zweite Option durch mehrere Körper hindurchvernetzen, wenn die Körper durch Gitterverknüpfungen verbunden sind.

- Als Elementtyp wählen Sie *Hex8* und als Elementgröße z.B. die Hälfte des Vorschlagswertes.
- Bei *Layer verwenden* (*Use Layer*) tragen Sie die gewünschte 5 ein. Klicken Sie nun auf OK.

Mit dieser Methode erreichen Sie, dass über der Dicke feiner vernetzt wird, in der Tiefe jedoch gröber.

- Als Nächstes erzeugen Sie, entsprechend Bild 4.128, wieder eine Gittersteuerung mit fünf Elementen auf der Verrundungskante, damit in diesem gefährdeten Bereich ebenfalls fein vernetzt wird.
- Damit das verfeinerte Netz langsam wieder grob wird, erzeugen Sie nun, entsprechend Bild 4.129, auf den vier Kanten weitere Gittersteuerungen. Diesmal nutzen

Sie den Typ *Normale auf Kante* (*Biasing on Edge*), der es erlaubt, solch einen Übergang zu definieren. Stellen Sie die Optionen wie in Bild 4.129 dargestellt ein.

- Nun können die übrigen Teile vernetzt werden. Verwenden Sie die Elementgrößen, wie sie in Bild 4.130 dargestellt sind.

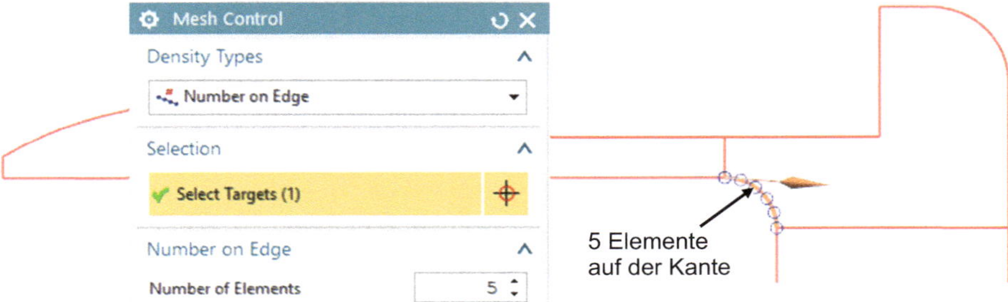

Bild 4.128 Definition einer Netzsteuerung auf einer Kante

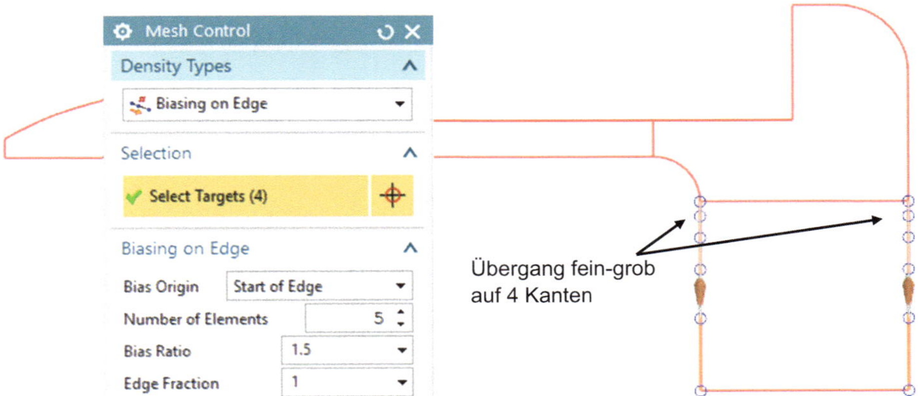

Bild 4.129 Mit mehreren Gittersteuerungen auf den Kanten wird vorgegeben, wie sich das Netz hier verhalten soll.

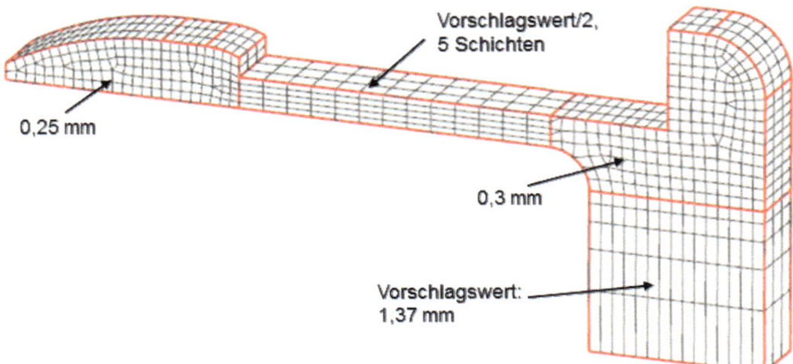

Bild 4.130 Eine gelungene Hexaedervernetzung des Schnapphakens

4.4.1.8 Vorbereitung für Reaktionskräfte zufügen

Als Ergebnis möchten wir, dass die Kraft berechnet wird, die gebraucht wird, um den Schnapphaken zusammenzufügen. Diese Kraft, die sich als Reaktionskraft in der Verschiebungszwangsbedingung ergeben wird, kann zu jedem Rechen- bzw. Zeitschritt ausgerechnet und als Graph dargestellt werden. Für ein einfaches Ablesen dieser Kraft wollen wir nun als Vorbereitung eine Punkt-Flächenverbindung auf der Fläche der späteren Verschiebungsbedingung erzeugen:

- Wählen Sie die Funktion *1D-Verbindung* (*1D Connection*) aus.
- Stellen Sie den Elementtyp *RBE2* ein, und stellen Sie den Typ auf *Punkt zu Fläche* (*Point to Face*).

Diesem Punkt wollen wir später die aufgezwungene Bewegung geben.

- Definieren Sie für den Punkt mithilfe der Funktion *Punkt Dialog* die Koordinate (x: 35, y: 10, z: -18,5), und selektieren Sie die Fläche entsprechend Bild 4.131.
- Bestätigen Sie mit OK, woraufhin die Verbindung erstellt wird.

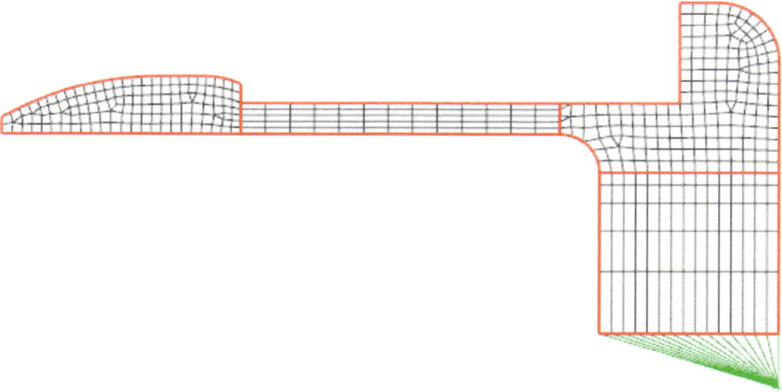

Bild 4.131 Ansicht des fertigen Netzes

4.4.1.9 Materialeigenschaften für Kunststoff

Das Material der beiden Körper soll glasfaserverstärkter Polypropylen sein. Dieser Werkstoff ist als *Polypropylene-GF* in der Materialbibliothek des Simcenter-Systems unter der Kategorie *Kunststoffe* zu finden. Andernfalls können Sie das Material auch manuell definieren. Folgende Eigenschaften werden benötigt:

- E-Modul: 3000 N/mm^2
- Poisson: 0,4

- Weisen Sie den Körpern das Material *Polypropylen GF* zu.

Es handelt sich bei diesem Bibliotheksmaterial um eine einfache lineare Beschreibung des Materials.

Empfehlungen für die Berechnung von Kunststoffen

Für den Umgang mit Kunststoffen in der FEM-Berechnung geben wir folgende Empfehlungen, die umfassender auch in [Alber-Laukant] und [RiegHackenschmidt] nachzulesen sind: Bauteile aus Kunststoff weisen zwar prinzipiell ein nichtlineares Spannungsdehnungsverhalten auf. Jedoch existiert fast immer ein linearer Bereich der Materialeigenschaften. Selbst über dieses Gebiet hinaus kann die Rechnung mit konstantem E-Modul und Querkontraktionszahl so lange erfolgen, bis der dadurch verursachte Fehler in der jeweiligen Anwendung nicht mehr toleriert werden kann. Das Vorgehen zur Berechnung von Kunststoffen sollte daher wie folgt vonstattengehen: Anhand der resultierenden Spannungen einer ersten Überschlagsrechnung mit linearen Materialeigenschaften wird herausgefunden, ob sich die Spannungen noch im linearen oder bereits im nichtlinearen Bereich befinden. Nur im zweiten Fall wird erwägt, ob der Fehler toleriert oder eine Analyse mit nichtlinearer Kurve durchgeführt wird (Bild 4.132).

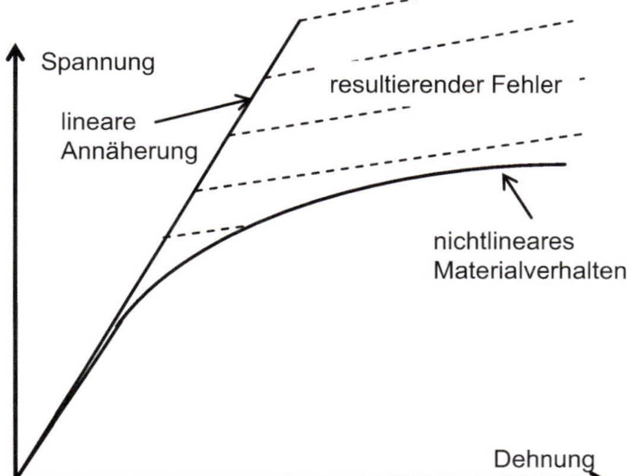

Bild 4.132
Wenn Kunststoffe linearisiert berechnet werden, muss der resultierende Fehler abgeschätzt werden.

Solch eine Materialnichtlinearität kann in der Nastran-Lösung 401/402 problemlos zugefügt werden. Das Material müsste dann in der Art definiert werden, wie es schon bei dem Beispiel mit dem plastischen Bremspedal der Fall war. Lediglich die Einstellung *Typ der Nichtlinearität (TYP)* (*Type of Nonlinearity*) sollte auf *NLELAST* gestellt werden. Dieses Kürzel steht für *Nichtlinear Elastisch* und bedeutet, dass das Verhalten elastisch, also reversibel ist. Falls es daher zu einer Entlastung kommt, so folgt das Material wieder derselben Kurve nach unten zurück. Es entsteht also keine bleibende Verformung. Dieses Modell wird oft bei Kunststoffen eingesetzt, wenn sie nichtlinear berechnet werden müssen.

Wenn die nichtlineare Spannungs-Dehnungs-Kurve berechnet werden soll …

4.4.1.10 Kontakt definieren

- Für die Kontaktflächendefinition und die weiteren Randbedingungen machen Sie nun die Simulationsdatei zum dargestellten Teil.

Bei der Kontaktdefinition gilt die Empfehlung, dass der feiner vernetzte Flächenbereich zuerst selektiert und damit in die Gruppe der *Source-Region* aufgenommen wird. Der gröber vernetzte Bereich soll als Zweites selektiert werden und der Gruppe der *Target-Region* zugeordnet werden. Der Kontaktalgorithmus wird dafür sorgen, dass die Knoten des ersten Bereichs nicht in die Flächen des zweiten Bereichs eindringen dürfen.

Die beiden Seiten des Kontakts sollten nicht willkürlich gewählt werden.

In unserem Beispiel ist nicht eindeutig zu beantworten, welche Seite die feinere ist, da sich die Netzfeinheiten der Kontaktpartner ändern. Im Zweifelsfall könnte auch ein rechenaufwendigerer beidseitiger Kontakt gewählt werden, der in den Kontaktparametern aktiviert werden kann.

- Rufen Sie die Funktion *Fläche-zu-Fläche-Kontakt* (*Surface to Surface Contact*) auf (Bild 4.133).

Beim Kontakt sollte die feiner vernetzte Seite zuerst selektiert werden.

- Wählen Sie darin den Typ *Manuell* (*Manual*) aus.
- Selektieren Sie für die *Source-Region* die Verrundungsfläche des Gehäuses sowie die untere planare Fläche, weil hier zu Beginn die feinere Vernetzung von beiden Seiten ist.

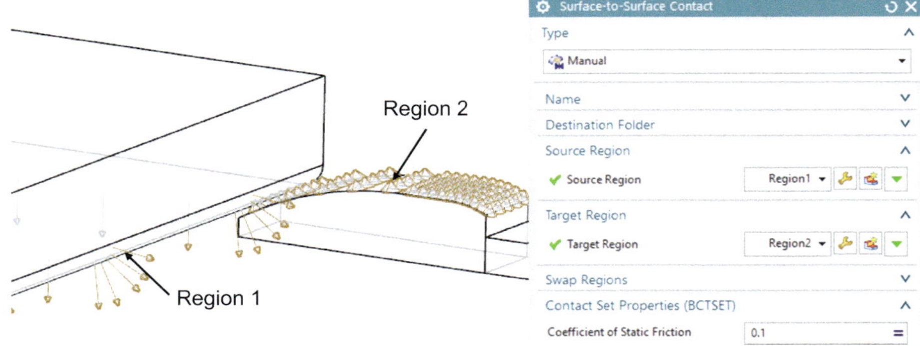

Bild 4.133 Definition eines Kontakts

Mit der Angabe von Reibung wird die Kontaktberechnung aufwendiger.

- Selektieren Sie für die *Target-Region* – entsprechend Bild 4.133 – die drei tangentialen Flächen des Schnapphakens, die in Berührung kommen können.
- Tragen Sie für *Koeffizient der Haftreibung* (*Coefficient of static Friction*) 0,1 ein.

Alle anderen Einstellungen des Menüs lassen Sie zunächst wie voreingestellt.

- Bestätigen Sie mit OK, woraufhin das Kontaktelement erzeugt wird.

4.4.1.11 Allgemeines zu den Lösungen Multi-Step Nonlinear

Die Rechnung wird in vielen kleinen Schritten durchgeführt.

Eine der Eigenschaften der Lösungen 401/402 ist es, dass zeitabhängige Randbedingungen aufgebracht werden können und sollten. Die Zeit wird dann schrittweise anhand des definierbaren Zeitschritts durchlaufen. Der gesamte gewünschte Zeitbereich kann nach Belieben in mehrere Lastschritte (*Subcases*) unterteilt oder einfach in einem einzigen durchlaufen werden. Diese Lastschritte haben aber noch weiteren Einfluss: Jeder von ihnen kann seine eigene physikalische Charakteristik haben, und trotzdem werden die Schritte nacheinander durchlaufen. Wichtig ist auch, dass nachfolgende Schritte normalerweise auf dem Resultat des Vorgängers aufbauen. Die folgenden Charakteristiken sind möglich:

- *Nonlinear Statics:* In diesem Fall werden keine dynamischen Effekte berücksichtigt, d. h., es spielt keine Rolle, ob wir unseren Weg in einer oder in zehn Sekunden durchfahren lassen. Die Kräfte durch Beschleunigung von Masse werden nicht berücksichtigt.
- *Nonlinear Dynamic:* Falls Sie diesen Typ einsetzen, so werden aus den Zeitschritten und den definierten Bewegungen auch die dynamischen Kräfte berechnet, die durch Beschleunigungen entstehen. Dann muss der betrachtete Zeitraum unbedingt realistisch eingestellt werden.
- *Preload:* Diese Art von Lastschritt erlaubt es, Schrauben zu modellieren, die zu Beginn der Simulation erst einmal vorgespannt werden sollen. Daher ist so ein *Preload*-Lastschritt meist als erster in der Reihenfolge durchzuführen.

- *Normal Modes/Complex Modes:* Mit diesem Lastschritt kann eine Eigenfrequenz-Simulation durchgeführt werden. Diese kann z. B. gebraucht werden, um zuerst eine Schwingungsform zu berechnen und dann, in einem nachfolgenden Schritt, Kräfte aufzubringen und das schon verformte Teil weiter zu belasten. Die Lösung 402 kann an dieser Stelle auch die aufwendigere komplexe Modalanalyse (*Complex Modes*) durchführen, bei der harmonische Schwingungen vollständig, d. h. mit Berücksichtigung des Imaginärteils, berechnet werden.
- *Buckling:* Dieser Typ für die Analyse von Beulvorgängen wird nur bei der Lösung 402 unterstützt.
- *Cyclic Modes:* Dies ist eine besondere Art der Eigenfrequenzanalyse, bei der rotationssymmetrische Bauteile mit Berücksichtigung der Symmetrie, auf Eigenfrequenz analysiert werden können.

Für unsere Anwendung kommt entweder der Typ *Nonlinear Statics* oder *Nonlinear Dynamics* infrage, je nachdem, ob wir den Dynamikeffekt berücksichtigen wollen. Wenn wir von einer sehr langsamen Bewegung ausgehen, dann sollte Statik oder Dynamik dasselbe Ergebnis liefern. Der statische Typ hat oftmals den Nachteil, dass es zu unrealistischen Schwingungen oder schnellen Bewegungen in der Simulation kommt, weil die Trägheit der Masse fehlt. Deswegen ist es meist am einfachsten, den Typ *Nonlinear Dynamics* zu verwenden. Für unser Beispiel haben wir den statischen Typ gewählt.

In den meisten Fällen der Lösungen 401/402 ist es zu empfehlen, eine Verfahrkraft oder den Verfahrweg zeitabhängig zu definieren, weil auf diese Weise sanfte Übergänge von einem Zeitschritt zum nächsten erreicht werden, die wiederum das Konvergenzverhalten der Lösung unterstützen.

Aus diesem Grunde soll auch in diesem Beispiel ein zeitabhängiger Verfahrweg definiert werden, der den Schnapphaken von seiner Ausgangslage bis in die geschlossene Position fährt.

4.4.1.12 Zeitschritte definieren

Je kleiner die Zeitschritte, desto leichter konvergiert die Lösung.

Da in unserer gewählten Lösung 402 mit dem Lastschritt vom Typ *Static* keine Dynamik berücksichtigt wird, ist die Größe des Zeitraums keine wichtige Angabe. Lediglich die Randbedingungen müssen dementsprechend eingestellt werden, weil sie ebenfalls zeitabhängig definiert werden. Wohl aber ist die Anzahl bzw. die Größe der Zeitschritte eine wichtige Größe, denn je kleiner die Zeitschritte, desto leichter ist es für jeden einzelnen Schritt zu konvergieren. Allerdings wird das Programm von sich aus den Zeitschritt verkleinern, falls es nicht konvergiert. Deswegen brauchten wir uns nicht zu viele Gedanken darüber zu machen, sondern eher die Zeitschritte so einzustellen, dass die Ergebnisse gut dargestellt werden können.

- Wählen Sie im Kontextmenü des Lastschritts die Funktion BEARBEITEN (EDIT).
- Unten in der Box *Zeitschrittdefinition* (*Time Step Definition*) tragen Sie unter *Zeit beenden (End Time)* die Formel 50 · 0.2 ein (Bild 4.134).
- Bei *Anzahl der Inkremente* (*Number of Increments*) tragen Sie 50 ein.

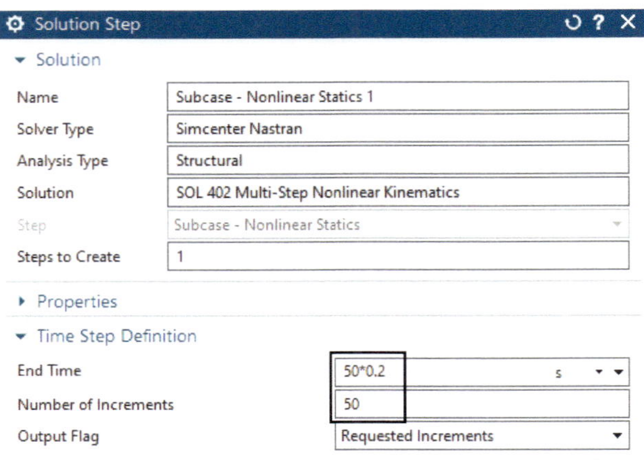

Bild 4.134 Dialog für die Definition von Zeitschritten innerhalb eines Lastschritts einer Multi-Step-Nonlinear-Lösung 402 von Simcenter Nastran

Auf diese Weise werden wir 50 Zeitschritte mit einem Zeitinkrement von jeweils 0,2 Sekunden berechnen. Es ergibt sich daraus ein Zeitraum der Simulation von zehn Sekunden. Für diesen Zeitraum muss also im Folgenden der Verfahrweg definiert werden.

4.4.1.13 Definition eines zeitabhängigen Verfahrwegs

Die Montage des Schnappverschlusses wird in zeitliche Inkremente aufgeteilt.

Ein Verfahrweg entspricht einer vorgegebenen Randbedingung. Dies kann im NX-System über die Funktion *Erzwungene Verschiebungszwangsbedingung* (*Enforced Displacement Constraint*) definiert werden, wobei auch die Funktion *Anwenderdefinierte Zwangsbedingung* (*User Defined Constraint*) möglich wäre.

- Rufen Sie die Funktion *Erzwungene Verschiebungszwangsbedingung* (*Enforced Displacement Constraint*) auf (Bild 4.135).

Unter *Type* gibt es verschiedene Optionen für die Definition der Verschiebungsrichtung. Sinnvoll ist die Nutzung der Option *Komponente* (*Components*), bei der in den Koordinatenrichtungen alle Freiheitsgrade getrennt eingestellt werden können. In unserem Fall ist die Z-Richtung entscheidend für den aufgezwungenen Weg. Alle anderen Komponenten sollen festgehalten werden.

- Stellen Sie den *Type* auf *Komponenten*, und selektieren Sie den Punkt, der über *RBE2*-Elemente mit der Fläche verbunden ist.
- Tragen Sie bei allen Freiheitsgraden bis auf den *DOF3*, also die Verschiebung in Z-Richtung, eine 0 ein.

Sowohl die translatorischen als auch die rotatorischen Freiheitsgrade haben in diesem Fall eine Bedeutung, weil wir die Randbedingung einem Punkt zufügen, der mit einer Fläche gekoppelt ist.

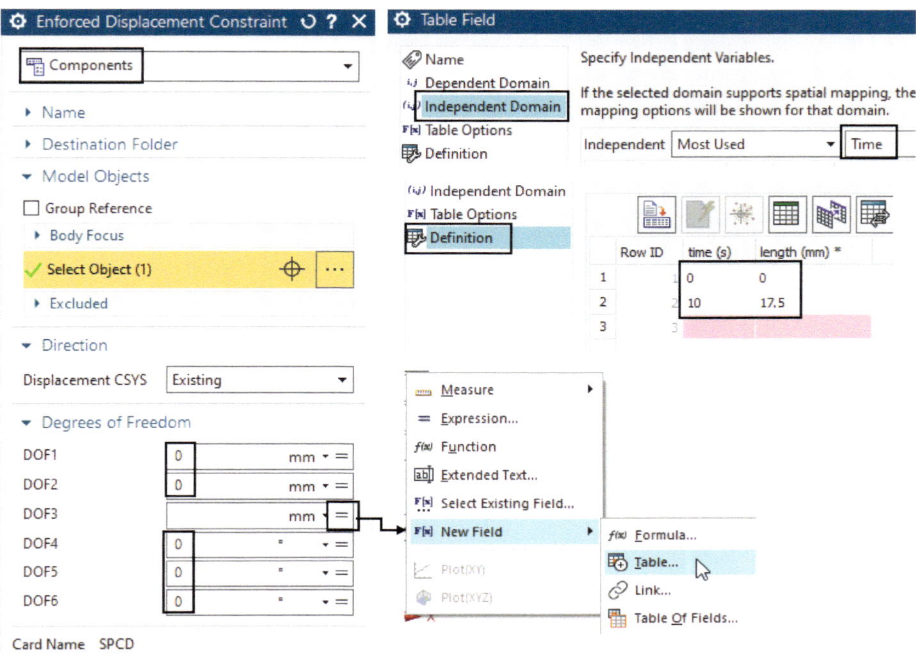

Bild 4.135 Dialoge für die Definition einer aufgezwungenen Bewegung

- Für den zeitabhängigen Weg stellen Sie bei *DOF3* die Auswahl auf *Neues Feld* (*New Field*).
- Zur Definition des Felds ist es hier am einfachsten, eine Tabelle zu verwenden. Daher gehen Sie nun bei *New Field* auf *Tabelle* (*Table*) und erzeugen ein Feld für die gewünschte Verschiebung (Bild 4.135).

Der Verfahrweg wird über eine Tabelle definiert.

- Im Dialog *Tabellenfeld* (*Table Field*) ist es zunächst erforderlich, dass für die Tabelle die unabhängige Variable, d.h. die Zeit, angegeben wird. Daher wählen Sie im Register *Unabhängige Domäne (Independent Domain)* bei *Unabhängig* (*Independent*) die Option *Zeit* (*Time*).

Die abhängige Größe ist bereits als *Länge* (*Length*) mit der Einheit mm definiert.

Nun können einzelne x-y-Wertepaare der gewünschten Funktion angegeben werden. Wenn es sich wie bei uns um nur wenige Wertepaare handelt, ist es sinnvoll, diese manuell einzugeben. Wir wollen eine lineare Funktion erzeugen, die zum Zeitpunkt 0 s den Wert 0 mm und zum Zeitpunkt 10 s den maximalen Verfahrweg von 17,5 mm hat (Bild 4.135).

Die unabhängige Variable ist die Zeit, die abhängige der Weg.

- Geben Sie in das Eingabefeld das Wertepaar „0 0“ – gefolgt von ENTER – ein.
- Geben Sie auch das zweite Wertepaar „10 17.5“ ein und klicken auf ENTER.

Die Wertepaare werden in die Tabelle übernommen. Nach Wunsch kann das definierte Feld auch als Graph dargestellt werden (Bild 4.136).

Der Verfahrweg kann in Form von Wertepaaren eingegeben werden.

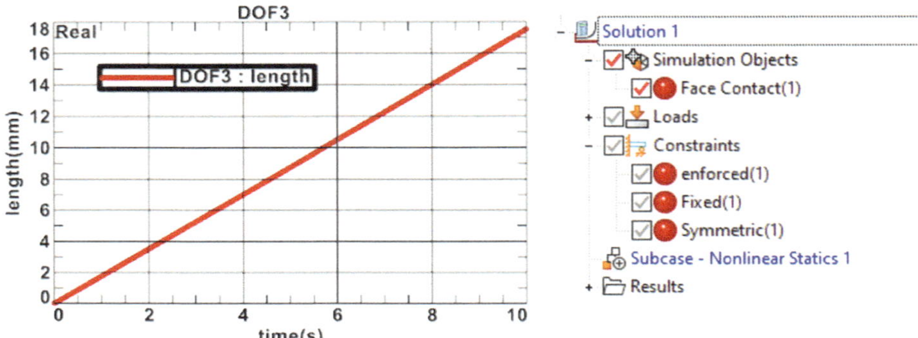

Bild 4.136 Die neu erstellte Tabelle wird der Randbedingung *enforced* zugewiesen. Rechts ist die Ansicht des Simulationsnavigators dargestellt.

- Bestätigen Sie mit OK, woraufhin Sie in das vorherige Menü geführt werden.

So erreichen Sie schließlich wieder das Menü zur Definition der Randbedingung. Im Feld für *DOF3* ist nun das neue zeitabhängige Feld eingetragen.

- Abschließend bestätigen Sie mit OK. Die zeitabhängige Verschiebungszwangsbedingung wird nun erstellt.

4.4.1.14 Definieren der weiteren Randbedingungen

Zusätzlich zu der zeitlich veränderlichen Verschiebung sind lediglich eine Fixierung des Gehäuses und eine Symmetriebedingung erforderlich.

- Erzeugen Sie eine fixe Einspannung auf der Fläche des Gehäuses, wie in Bild 4.137 dargestellt.
- Erzeugen Sie Symmetrierandbedingungen auf den Flächen, die zur Symmetrieebene gehören.

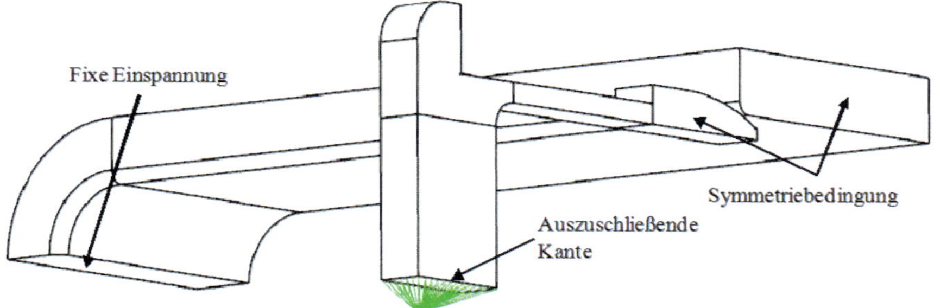

Bild 4.137 Das Gehäuse wird fest eingespannt.

Für die Flächen der Symmetriebedingung gibt es einen Konflikt, weil eine Kante existiert, an der sowohl die Symmetriebedingung als auch die RBE2-Elemente angreifen. Falls wir versuchen würden, das Modell auf diese Weise zu berechnen, würde es zu einer Fehlermeldung kommen, die auf diesen Konflikt hinweist. Dieser Konflikt kann nicht automatisch aufgelöst werden, sondern wir müssen diese Kante aus einer der beiden Bedingungen ausschließen. Am einfachsten geht das folgendermaßen:

- Wählen Sie auf der gerade erzeugten Symmetriebedingung im Kontextmenü die Funktion BEARBEITEN (EDIT).
- Klicken Sie im Menü auf den Text *Ausgeschlossen* (*Excluded*). Es öffnet sich ein weiteres Selektionsfeld.
- Selektieren Sie in diesem Selektionsfeld die in Bild 4.137 gekennzeichnete Kante, die wir aus dieser Bedingung ausschließen wollen. Klicken Sie nun auf OK.

4.4.1.15 Aktivierung der Option für große Verformungen

Für dieses Beispiel soll die Lösung unter Berücksichtigung von großen Verformungen durchgeführt werden. Diese Option muss folgendermaßen aktiviert werden:

Große Verformungen müssen aktiviert werden, wenn sich die Steifigkeit ändert.

- Wählen Sie im Simulationsnavigator auf dem Lösungsknoten die Funktion BEARBEITEN.
- Wechseln Sie ins Register *Parameter*, und aktivieren Sie den Schalter *Große Verschiebungen* (*Large Displacements, LGDISPL*, siehe Bild 4.138).

▾ SOL 402 Multi-Step Nonlinear Kinematics

	Parameters
General	☐ Large Strains (LGSTRN)
File Management	☑ Large Displacements (LGDISP)
Executive Control	☐ Material Nonlinearity (MATNL)
Case Control	Flat Shell Rz Stiffness Factor (K6ROT)
Bulk Data	Number of Layers (NLAYERS)
Parameters	
Restart Management	

Bild 4.138
In den Lösungen 401 und 402 wird hier die Option für nichtlineare Geometrie bzw. große Verformungen aktiviert.

4.4.1.16 Verstehen des Newton-Verfahrens

Um den Lösungsverlauf zu verstehen, muss erklärt werden, wie das nichtlineare Lösungsverfahren abläuft, das unter der Bezeichnung *Newton-Verfahren* bekannt ist. Die gebogene Kurve in Bild 4.139 stellt das reale nichtlineare Kraft-Weg-Verhalten eines Modells dar, das beispielsweise durch eine Materialplastizität hervorgerufen wird. Aufgabe der Berechnung ist es nun, eine Kraft auf das Modell zu geben und die Verformung entlang dieser Kurve zu berechnen.

Das Newton-Verfahren nutzt eine äußere und eine innere Iterationsschleife. Die äußere Schleife nennen wir die Zeitschritte, die in Bild 4.139 mit Δt gekennzeichnet sind, und die innere die Gleichgewichtsschritte i.

Zeitschritte durchfahren die äußeren Lasten oder Randbedingungen, die der Anwender vorgibt.

Schauen wir uns zuerst die Zeitschritte an. In dieser Schleife werden die Lasten oder sonstigen Randbedingungen entsprechend ihrer zeitlichen Definition durchfahren. Stellen wir uns also vor, dass ein FEM-Modell vorliegt und ein Last- oder Zeitschritt darauf losgelassen wird. Es wird also mit den finiten Elementen die Steifigkeitsmatrix K aufgestellt und dann aus der Kraft F die Verformung U berechnet. Würde sich das Modell linear verhalten, so wäre dies schon ausreichend, d. h., man würde sofort die korrekte Verformung erhalten. Falls aber Nichtlinearitäten im Spiel sind, also Kontakt, Plastizität oder nichtlineare Geometrie, dann hätten wir nicht die korrekte Verformung berechnet.

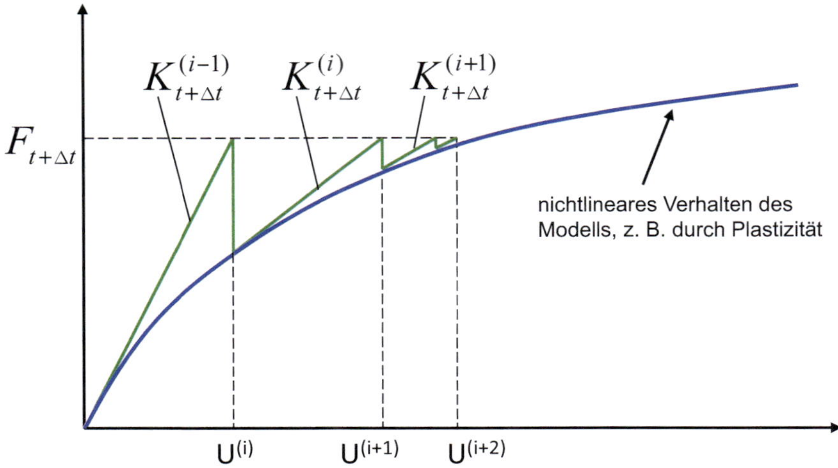

Bild 4.139 Das Newton-Verfahren

Dass sich ein Modell nichtlinear verhält, wird rechnerisch daran erkannt, dass gewisse Konvergenzgrößen nicht gleich null sind. So eine Konvergenzgröße, die auch Residuum genannt wird, ist z. B. die Differenz aus der äußeren und der inneren Energie im Gesamtmodell. Auch andere solche Bilanzen werden gebildet, z. B. für Kontaktkräfte, die ja auch in einem plausiblen Gleichgewicht stehen müssen. Sind diese Residuen groß, so sind wir offenbar weit von der nichtlinearen Kurve entfernt, und es müssen Korrekturen durchgeführt werden.

Gleichgewichtsschritte verkleinern die Residuen/Fehler wieder.

Für diese Korrektur der Fehler kommen nun die Gleichgewichtsschritte i ins Spiel: Die Fehler kommen daher, dass wir die Anfangssteifigkeit des Modells ermittelt haben, wobei sich diese Steifigkeit infolge der Nichtlinearität geändert hat. Eine hoffentlich und wahrscheinlich verbesserte Steifigkeit finden wir, indem wir die Steifigkeitsmatrix mit dem jetzt verformten Modell und auch den aktualisierten Kontaktkräften und Materialeigenschaften neu errechnen. Dann haben wir schon zwei Steifigkeiten: Eine für den ersten Teil der Kraft und eine für den zweiten Teil. Es ergibt sich damit wieder ein Verformungsergebnis. Natürlich ist auch dieses Ergebnis der Verformungen nicht fehlerfrei, was sich wieder an den Residuen zeigt, aber die Fehler sind wahrscheinlich kleiner geworden. Sind die Residuen noch zu groß, d. h. größer als vorgegebene Grenzwerte, so wird eine weitere Gleichgewichtsiteration gebraucht usw.

Sind die Residuen aber kleiner als die Grenzen, so können wir annehmen, dass ein physikalisch sinnvolles Ergebnis inklusive der Nichtlinearität für diesen Zeitschritt vorliegt. In diesem Fall sagen wir, dass der Zeitschritt Δt konvergiert hat, und es wird der nächste aufgebracht.

4.4.1.17 Verstehen des Lösungsverlaufs anhand des Lösungsmonitors

In vielen Fällen brechen nichtlineare Simulationen ab, bevor der vorgegebene Zeitraum durchlaufen wurde. Normalerweise ist dies dadurch begründet, dass für einen Zeitschritt keine konvergente Lösung gefunden wurde, d. h., die Fehler oder Residuen konnten nicht unter ihre Grenzwerte gebracht werden. So etwas passiert, wenn die Aufgabe gewissermaßen unphysikalisch ist, d. h., wir haben Randbedingungen, Material oder anderes so gewählt, wie es in Realität nicht sein kann. Natürlich kann der Grund auch sein, dass die Rechenalgorithmen nicht perfekt eingestellt sind. In der Praxis kämpfen die Simulationsingenieure sehr oft mit derartigen Problemen. Oft gibt es solche Konvergenzprobleme, wenn abrupte Ereignisse auftreten, z. B. das Auftreffen eines Kontakts oder auch das Trennen von Kontaktflächen. Es können aber auch viele andere Gründe dazu führen. Es gilt dann herauszufinden, warum die Rechnung nicht weitergeführt werden konnte. Der Lösungsmonitor der Nastran-Analyse gibt dabei Aufschluss. Im Lösungsmonitor werden alle Zeitschritte, Gleichgewichtsiterationen sowie der Verlauf der Residuen dargestellt. In Bild 4.140 ist der Lösungsmonitor im Fall einer Berechnung dargestellt, die nicht konvergiert hat. Um diese beiden Graphen zu sehen, wird im *Solution Monitor* unter *Graphs* die Option *Convergence* gewählt.

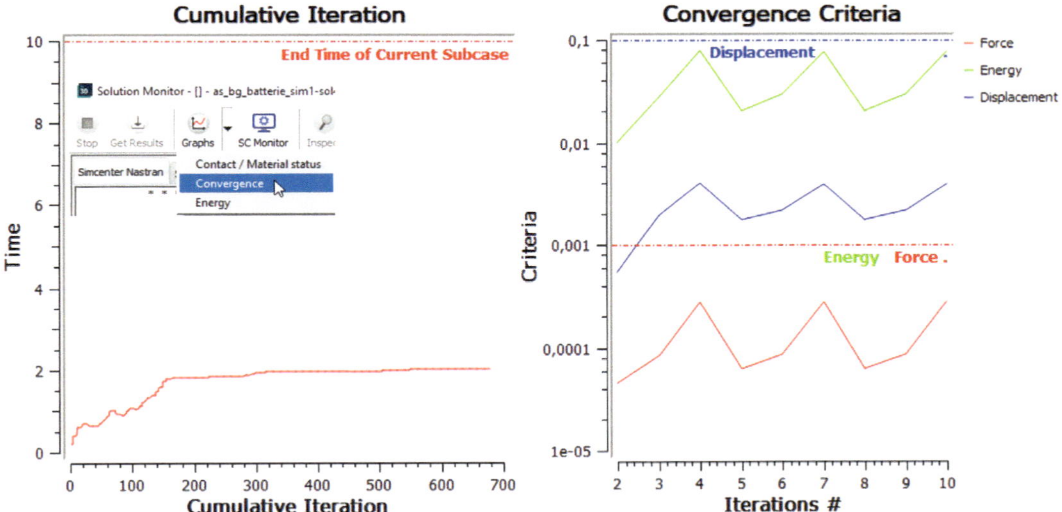

Bild 4.140 Die Darstellung zeigt eine Rechnung, die nicht konvergiert hat. Sie ist bei ca. 2 von 10 s abgebrochen (links). Rechts ist zu sehen, dass zwei von drei Residuen nicht konvergiert haben.

Bild 4.140 links zeigt das Register *Cumulative Iteration* des Lösungsmonitors. Auf der y-Achse wird die Zeit und auf der x-Achse werden die Gleichgewichtsiterationen dargestellt. Wir haben in unserer Zeitschrittdefinition gefordert, dass 50 Schritte mit jeweils 0,2 s durchgeführt werden sollen. Daher wurden die ersten Schritte bis zur Zeit von ca. 2 s erfolgreich durchgeführt. Der Graph zeigt, dass diese Zeitschritte konvergiert haben und dass weitere Schritte versucht wurden. Leider gab es bei der Zeit keine größeren Fortschritte mehr, wie die Kurve zeigt. Der Algorithmus hat automatisch die Zeitschritte verkleinert, in der Hoffnung dann zu konvergieren. Den Verlauf dieser Zeitschrittgröße zeigt der Graph *Time Steps*, der hier nicht dargestellt ist. Nach einigen erfolglosen Versuchen hat der Solver also abgebrochen. Es konnte keine Lösung gefunden werden.

Die Residuen deuten auf Probleme hin.

Umzu überprüfen, warum die weiteren Zeitschritte nicht konvergiert haben, betrachten wir in das Register *Convergence Criteria* des Lösungsmonitors (Bild 4.140 rechts). Bild 4.140 rechts bezieht sich nur auf den aktuellen Zeitschritt. Auf der x-Achse sehen wir wieder die Zahl der Gleichgewichtsiterationen und auf der y-Achse die Größe der untersuchten Residuen. Es wurden also das Energie-, das Force- und das Displacement-Residuum untersucht. Typisch ist, dass die Residuen zu Anfang groß sind und dann immer kleiner werden, was in Bild 4.140 rechts nicht besonders gut zu sehen ist. Wenn sie ihre angezeigte Grenze unterschreiten, bedeutet dies, dass sie ihr Ziel erreicht haben. Wir warten also darauf und hoffen, dass diese Grenzen erreicht werden. Die unterste Kurve, das Energieresiduum, hat sie offenbar schon bald erreicht, die anderen beiden, Force und Displacement, nach zehn Gleichgewichtsiterationen jedoch noch nicht. Die Grenzwerte und sehr viele Parameter für die Steuerung des Algorithmus lassen sich in den Solver-Einstellungen anpassen.

In unserem Fall konnte ein Residuum nicht konvergieren.

Die Voreinstellung lässt maximal zehn Gleichgewichtsiterationen bei einem Zeitschritt zu. Falls bis dahin keine Konvergenz erreicht wurde, wird die Berechnung dieses Zeitschritts abgebrochen. Wird jedoch die Berechnung die ersten Zeitschritte erfolgreich berechnet, so werden diese auch im Ergebnis angezeigt, aber keine weiteren mehr.

Im Folgenden wollen wir also klären, welche Möglichkeiten bestehen, dies zu beeinflussen.

4.4.1.18 Möglichkeiten zur Erreichung einer konvergenten Lösung

Um die Bedingungen für die erfolgreiche Durchführung der kompletten Lösung zu verbessern, gibt es viele Möglichkeiten. In diesem Abschnitt werden einige dieser Möglichkeiten beschrieben, wobei nur ein kleiner Einblick in die umfangreichen Steuerparameter der Lösungen 401 und 402 gegeben werden kann. Eine vollständige Darstellung aller Einstellungen und Empfehlungen kann in [multistep_guide] nachgelesen werden.

Die nachfolgend aufgeführten Einstellungen und Parameter sind im Simcenter-System in sogenannten Modeling-Objekten an unterschiedlichen Stellen zu finden. Um sie nicht zu verwechseln, schauen wir am besten auf die Kürzel, die immer in Klammern und großen Buchstaben dahinter stehen. Dies sind die folgenden Objekte:

Nonlinear Control Parameters: Das Kürzel ist NLCNTL bei Sol 401 und NLCNTL2 bei Sol 402. Zu finden ist dieses Objekt unter SOLUTION > EDIT > CASE CONTROL. Es ist auch unter SUBCASE > EDIT zu finden, wenn die Einstellung nicht global, sondern nur einem bestimmten Subcase zugeordnet werden soll.

Contact Parameters: Das Kürzel ist BCTPARM bei Sol 401 und BCTPAR2 bei Sol 402. Die beiden Objekte sind in jedem *Surface-to-Surface-Contact*-Menü ganz unten zu finden. Wenn hier keines der Objekte steht, so gelten die Voreinstellungen. Es kann sowohl ein BCTPARM- als auch ein BCTPAR2-Objekt erstellt werden. Damit kann ein Kontakt für beide Lösungen angepasst werden. Darüber hinaus sind die Einstellungen BCTPARM neben Sol 401 auch für die Lösungen 101, 103, 111, 112 gültig.

Doch kommen wir nun zu den eigentlichen Einstellungen, die eventuell angepasst werden müssen.

Falls keine Konvergenz erreicht werden kann, gibt es viele Einstellmöglichkeiten.

- Die *Anzahl der möglichen Gleichgewichtsschritte* kann erhöht werden, um die Lösungsbedingungen zu verbessern. Dies ist insbesondere dann zu empfehlen, wenn abzusehen ist, dass die Konvergenzparameter mit den voreingestellten zehn Schritten nahezu erreicht worden sind. Es kann dann z. B. mit 15, 20 oder 25 getestet werden. Die zugehörige Einstellung *Maximum Iterations per Time Step (MAXITER)* finden Sie unter dem Objekt NLCNTL in Sol 401. Bei Sol 402 heißt diese Einstellung *Maximum Number of*

Iterations for an Implicit Time Step (ITMA) und findet sich im entsprechenden Objekt NLCNTL2 (*Equilibrium*, Bild 4.141).

- *Anzahl der Zeitschritte erhöhen:* Eine Vergrößerung der Anzahl der Zeitschritte verbessert die Bedingungen für die Lösungsfindung erheblich, da jeder Schritt kleiner wird. Allerdings führt es auch zu erheblich größeren Rechenzeiten. Die zugehörigen Parameter *End Time* und *Number of Increments* finden Sie in jedem Subcase unter der Überschrift *Time Step Definition*. Wenn die Schrittanzahl erhöht wird, sollte natürlich entsprechend das Zeitinkrement verkleinert werden, damit der Lösungszeitraum der gleiche bleibt.
- Die Nutzung des automatischen Zeitschrittverfahrens ist eine sehr empfehlenswerte Option, besonders bei Vorhandensein von Kontakt. Das Verfahren erlaubt, dass ein Zeitschritt, der nicht konvergiert, automatisch verkleinert und wiederholt wird. Auf der anderen Seite wird ein Zeitschritt auch wieder vergrößert, wenn der vorher durchgeführte problemlos abgelaufen ist. Auf diese Weise kann an problematischen Bereichen der Zeitschritt sehr fein eingestellt werden. Trotzdem wird in den übrigen Bereichen mit grobem Zeitschritt gearbeitet und daher keine Rechenleistung verschenkt. Bei beiden Lösungen, d. h. 401 und 402, ist nach Voreinstellung schon ein automatisches Zeitschrittverfahren aktiv. Der Einsatz des Verfahrens wird im nächsten Abschnitt genauer beschrieben.

Eine Liste von empfehlenswerten Einstellparametern

- *Aktivierung von Dynamik:* Oft ist es sehr hilfreich, einen dynamischen Subcase zu verwenden, auch wenn eigentlich eine statische Situation vorliegt. Der Grund ist, dass durch die Dynamik schnelle Bewegungen gebremst werden. Die dynamischen Kräfte bewirken eine Beruhigung der Bewegung und verbessern dadurch die Konvergenz.
- *Rayleigh Dämpfung* hinzufügen: Mit dieser Art von Dämpfung kann gezielt die Steifigkeit oder die Masse oder beides gedämpft werden. Mit der Steifigkeitsdämpfung werden solche Bereiche des Modells gedämpft, die hohe Spannungen haben. Mit der Massendämpfung werden solche gedämpft, die viel bewegt werden und viel Masse haben. Dies ist in der Lösung 402 unter *Edit Solution, Parameters* mit den beiden Parametern ALPHA1 für die Massendämpfung und ALPHA2 für die Steifigkeitsdämpfung einzustellen.
- *Ändern der Konvergenzgrenzen:* Das Vergrößern der Grenzen führt zu einer leichteren Konvergenzfindung, allerdings auch zu einer ungenaueren Lösung und ist daher nicht zu empfehlen. Ein Verkleinern führt für jeden Zeitschritt zu einer genaueren Lösung oder eventuell leider auch zu gar keiner. Oft hilft das Verkleinern trotzdem, weil dadurch Ungenauigkeiten gar nicht erst zugelassen werden, die in nachfolgenden Zeitschritten zu Problemen führen. Die drei Konvergenzgrenzen, die nach Voreinstellung für die Prüfung herangezogen werden, sind für Sol 402 im Objekt *NLCNTL2* unter dem Register *Iteration und Konvergenz für Gleichgewicht* (*Equilibrium Iteration and Convergence*) zu finden und heißen *Relative Energy Tolerance* (*PRCE*), *Relative Displacement Tolerance* (*PRCQ*) und *Relative Force Tolerance* (*PRCR*). Bei Sol 401 sind dies (hier nur die Kürzel) *EPSP* für Kraft, *EPSU* für Displacement und *EPSW* für Arbeit, die im entsprechenden Objekt NLCNTL zu finden sind (Bild 4.141).

Card Name NLCNTL2

- Analysis Control
- Plasticity and Creep Control
- Time Integration
- Equilibrium Iteration and Convergence
- Automatic Time Stepping
- Restart Options
- Contact Options
- Diagnostic Listing File Printout
- User Defined

Line Search (ILNS)	0
Line Search Convergence Tolerance (PRLN)	
Minimum Line Search Factor (AMIN)	
Maximum Line Search Factor (AMAX)	
Maximum Bisections (MAXBIS)	0
Maximum Number of Iterations for an Implicit Time Step (ITMA)	10
Relative Force Tolerance (PRCR)	0.001
Relaxed Relative Force Tolerance (PRDR)	0.001
Reference Force (REFP)	0.001 N
Relative Displacement Tolerance (PRCQ)	0.1
Reference Displacement (REFU)	1 mm
Relative Energy Tolerance (PRCE)	0.001
Relaxed Relative Energy Tolerance (PRDE)	0.001
Reference Energy (REFE)	1e-06 J
Relative Contact Forces Tolerance (PRCF)	0.1
Zero-Load Convergence Option (OTRE)	Ignore Force Convergence if lower than 10*PRCF
Compute Norm of Internal or External Forces (NORM)	Calculation After Assembly
Thermal Loads Management (ITHE)	Constrained Thermal Expansion
Stiffness Update Strategy Parameter 1 (IT1K)	1
Stiffness Update Strategy Parameter 2 (IT2K)	2
Stiffness Update Strategy Parameter 3 (IT3K)	1
Variation of Stresses for a Plastic Material (PLAS)	Plastic Tangent Matrix, Plastic Computation

Bild 4.141 *Nonlinear Control Parameters* der Nastran-Lösung 402, welche die Gleichgewichtsiterationen des Newton-Verfahrens betreffen

- *Reibungsfreien Kontakt verwenden*: Der Einsatz des Reibkoeffizienten führt in vielen Fällen zu schlechteren Bedingungen für die Lösungskonvergenz. Falls die Reibung nicht sehr wichtig ist, kann daher ein Weglassen des Reibwerts bzw. ein Nullsetzen zu einer erfolgreichen Lösung führen. In selteneren Fällen kann jedoch auch das Umgekehrte der Fall sein: Erst durch die Reibung wird die Lösungsfindung begünstigt.

Bei nichtlinearen Analysen müssen die Eingabegrößen realistisch gewählt werden.

Allgemein kann gesagt werden, dass bei nichtlinearen Berechnungen alle physikalischen Größen sinnvoll und realistisch gewählt werden müssen. Während bei den linearen Rechnungen auch unsinnige Eingabegrößen zu einem Ergebnis führen (das dann natürlich auch unsinnig ist), führen unrealistische Eingabegrößen in der nichtlinearen Berechnung meist dazu, dass gar keine Lösung gefunden wird. Daher sollten alle Eingabegrößen der Analyse kritisch bezüglich ihrer Realitätsnähe geprüft werden, wenn eine Rechnung keine konvergente Lösung bringt.

4.4.1.19 Das automatische Zeitschrittverfahren

Das automatische Zeitschrittverfahren, auch *Auto Time Stepping* oder ATS genannt, ist eine sehr empfehlenswerte Methode für das Verbessern der Lösungsfindung. Dieses Verfahren ist daher bei Praxisaufgaben fast immer eingeschaltet. Bei den Lösungen 401 und 402 ist es nach Voreinstellung eingeschaltet.

ATS kontrolliert die Zeitschrittgröße mit dem Ziel, eine konvergente Lösung zu erhalten. Falls mit der vorgegebenen Zeitschrittgröße keine Konvergenz erreicht werden kann, verkleinert das Programm automatisch die Zeitschrittgröße und versucht, die Lösung erneut zur Konvergenz zu bringen. In manchen Fällen wird der Zeitschritt auch vergrößert, damit die Lösung beschleunigt wird.

Die Einstellungen für das automatische Zeitschrittverfahren finden sich im NLCNTL2-Objekt im Register *Automatic Time Stepping*. Die erste Option darin, AUTOTIM, kann genutzt werden, um es abzuschalten (Bild 4.142).

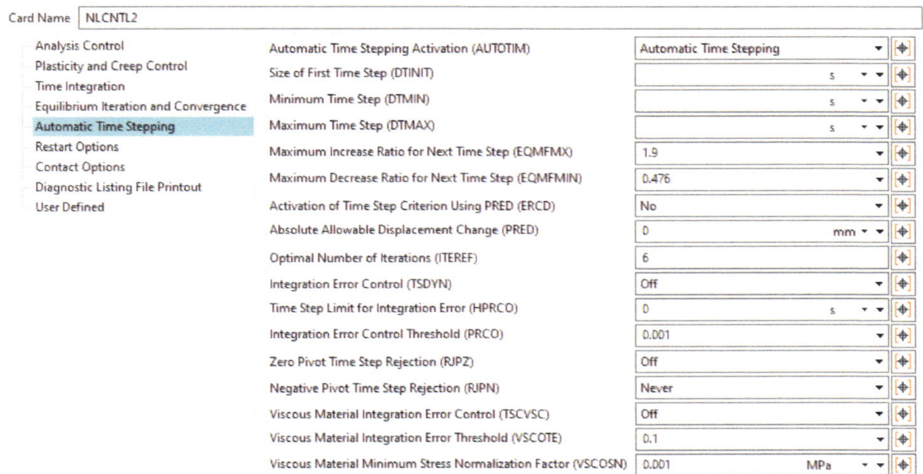

Bild 4.142 *Nonlinear Control Parameters* der Nastran Solution 402: Das automatische Zeitschrittverfahren wird fast immer genutzt.

Mit aktiviertem Auto Time Stepping verkleinert die Software den Zeitschritt, falls entweder die maximale Anzahl von Gleichgewichtsiterationen (*ITMA* im Register *Equilibrium Iteration and Convergence*) erreicht wurde oder falls die maximale Verschiebung (*DISLIM* im Register *Analysis Control*) überschritten wurde (Bild 4.143). Wenn ein Zeitschritt verkleinert wird, dann wird die neue Zeitschrittgröße durch die Vorschrift „neuer Zeitschritt = alter Zeitschritt · *EQMFMIN*" berechnet.

Das ATS (Auto Time Stepping) verkleinert die Zeitschritte. Die Steuerung ist hier definiert.

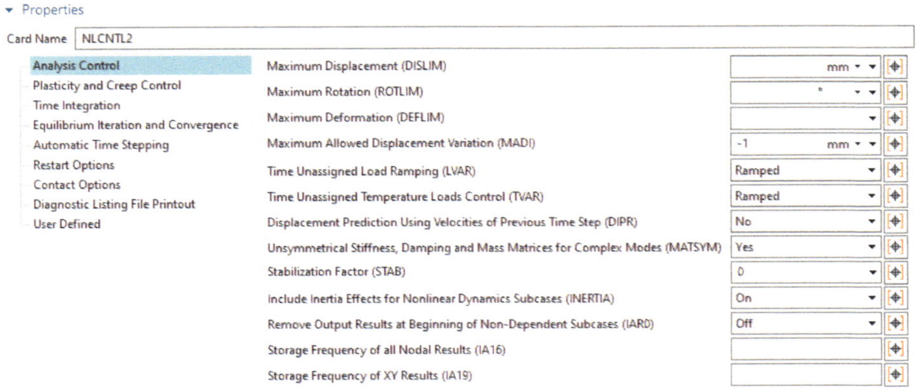

Properties
Card Name NLCNTL2
Analysis Control
Plasticity and Creep Control
Time Integration
Equilibrium Iteration and Convergence
Automatic Time Stepping
Restart Options
Contact Options
Diagnostic Listing File Printout
User Defined
Maximum Displacement (DISLIM) mm
Maximum Rotation (ROTLIM) °
Maximum Deformation (DEFLIM)
Maximum Allowed Displacement Variation (MADI) -1 mm
Time Unassigned Load Ramping (LVAR) Ramped
Time Unassigned Temperature Loads Control (TVAR) Ramped
Displacement Prediction Using Velocities of Previous Time Step (DIPR) No
Unsymmetrical Stiffness, Damping and Mass Matrices for Complex Modes (MATSYM) Yes
Stabilization Factor (STAB) 0
Include Inertia Effects for Nonlinear Dynamics Subcases (INERTIA) On
Remove Output Results at Beginning of Non-Dependent Subcases (IARD) Off
Storage Frequency of all Nodal Results (IA16)
Storage Frequency of XY Results (IA19)

Bild 4.143 *Nonlinear Control Parameters* der Nastran Solution 402: weitere wichtige Einstellparameter

Da der *EQMFMIN*-Wert (*Maximum Decrease Ratio for Next Time Step*) etwa 0.5 beträgt, wird der Zeitschritt halbiert. Bei einem schlecht konvergierenden System sollte der Zeitschritt natürlich nicht für immer verkleinert werden. Irgendwann sollte der Berechnungsjob gestoppt und dem Anwender auf diese Weise mitgeteilt werden, dass keine gute Lösung gefunden werden konnte. Der Parameter *MAXBIS* (*Maximum Bisections* im Register *Equilibrium Iteration and Convergence*) gibt an, wie oft die Zeitschrittverkleinerungen möglich sind. Vorsicht! Dieser Grenzwert ist mit 0 so voreingestellt, dass keine solche Grenze besteht.

Falls ein Zeitschritt erfolgreich berechnet werden konnte, muss entschieden werden, wie groß der nachfolgende Zeitschritt werden soll. Der Parameter *EQMFMX* (*Maximum Increase Ratio for Next Time Step*) ist auf 1.9 voreingestellt und gibt an, wie weit ein Zeitschritt vergrößert wird, falls der vorherige konvergiert hat.

- Da die Voreinstellungen für unser Beispiel durchaus sinnvoll sind, braucht nichts weiter verändert zu werden.
- Führen Sie nun die Lösung mit *Berechnen* (*Solve*) durch. Die Rechenzeit sollte ca. zehn Minuten betragen.

Die Berechnung wird vollständig durchgeführt.

Während des Berechnens kann, wie in Bild 4.144 dargestellt, der Lösungsmonitor analysiert werden. Bild 4.144 links zeigt die aufsummierten Iterationen, d.h. den zeitlichen Fortschritt der Simulation. Je steiler die Kurve zum Ziel, d.h. zu den zehn Sekunden, verläuft, desto leichter konnten die einzelnen Schritte konvergieren. Immer wieder sind Stellen zu sehen, bei denen der Fortschritt verlangsamt wird. Insgesamt kann dieser Verlauf allerdings als sehr gelungen bezeichnet werden. Bild 4.144 rechts zeigt, wie sich die Zeitschritte (obere Kurve) und die Anzahl von nötigen Gleichgewichtsiterationen verhalten haben. Auch hier ist zu sehen, dass die Zeitschritte ein- oder maximal zweimal unterteilt wurden, um Konvergenz zu erreichen. Nach den Verkleinerungen wurden sie jedoch immer wieder auf die gewünschte Größe angehoben. Die Anzahl von erforderlichen Gleichgewichtsiterationen war maximal zehn. Am Ende kann die ganze Rechnung bei 10 s erfolgreich abgeschlossen werden.

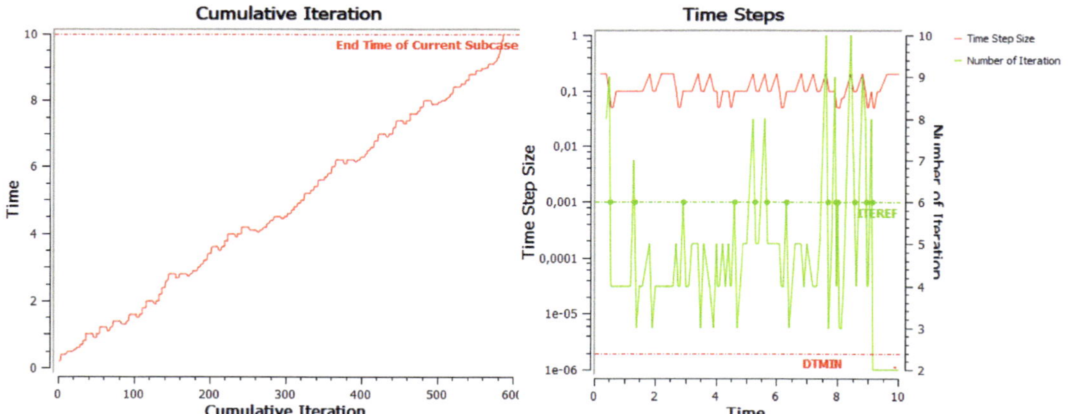

Bild 4.144 Das ATS erlaubt die Unterteilung von kritischen Zeitschritten.

4.4.1.20 Optionales Unterbrechen der Lösung zur Prüfung

Oft möchte man, dass die Nastran-Lösungen 401 und 402 unterbrochen und ihre bis dahin berechneten Zeitschritte in die Ergebnisdatei geschrieben werden, da man nicht erst bis zum Ende warten möchte, um das Ergebnis zu prüfen.

Dies kann wie folgt erreicht werden:

- Selektieren Sie den STOP-Knopf im Solution Monitor.
- Warten Sie eine Weile, bis der Nastran-Job stoppt und seine bisherigen Ergebnisse erzeugt hat.
- Öffnen Sie die Ergebnisse im Postprozessor.

Die Berechnung kann unterbrochen werden, z. B. wenn nicht das Ende der vollständigen Berechnung abgewartet werden soll.

Übrigens kann auch eine RESTART-Funktion genutzt werden, mit der die Berechnung weitergeführt wird. Genaueres dazu finden Sie in [multistep_guide].

4.4.1.21 Postprocessing

Nachdem die zehn Sekunden erfolgreich berechnet worden sind, kann das Ergebnis im Postprozessor analysiert werden.

- Öffnen Sie die Ergebnisse im Postprozessor.

Die zehn Schritte werden einzeln angezeigt. Jeder der Schritte enthält Verformungen, Spannungen, Reaktionskräfte usw. Bild 4.145 zeigt beispielsweise den 21sten Lastschritt, bei dem der Schnapphaken bereits auf der Gehäusefläche rutscht. Hier können nun die Spannungen und Reaktionskräfte abgelesen werden. Beim letzten Lastschritt ist der Schnapphaken in die Öffnung eingeschnappt und hat seine Ruheposition erreicht.

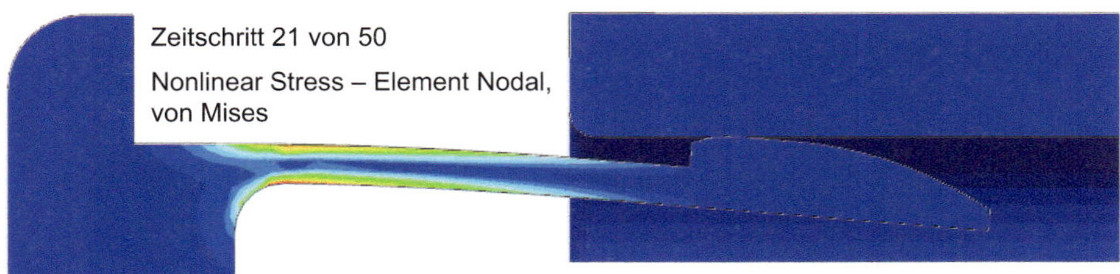

Bild 4.145 Mit dem ATS konnte die Lösung vollständig durchgeführt werden.

- Bei nichtlinearen Ergebnissen ist es wichtig, dass die voreingestellte Übertreibung der Darstellung auf den real berechneten Wert gestellt wird. Stellen Sie den Scalefaktor auf 1 und den Typ auf *Absolut*. Diese Einstellungen finden Sie unter EDIT POST VIEW > DEFORMATION RESULT.
- Um einen Film des gesamten Verfahrweges darzustellen, muss die Funktion *Animation* entsprechend Bild 4.146 derart eingestellt werden, dass die Option unter *Animate* auf *Iterations* gestellt wird.
- Daraufhin kann die Funktion *Spiel* (*Play*) gestartet werden. Der vollständige Verfahrweg des Schnapphakens wird nun als Film dargestellt.

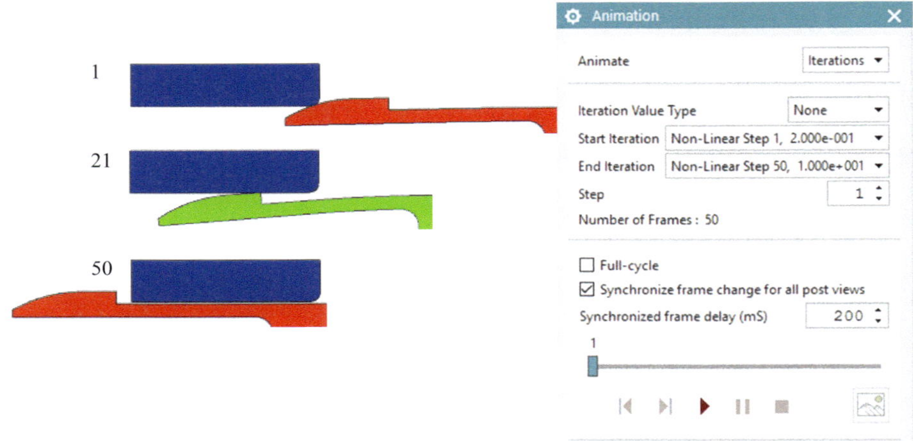

Bild 4.146 Wenn ein Film der Bewegung dargestellt werden soll, werden die Bilder aus den einzelnen Iterationen genutzt.

4.4.1.22 Alternative vereinfachte Berechnungsmethoden

Schnapphaken werden in der Praxis meist vereinfacht berechnet.

Wir wollen abschließend noch darauf hinweisen, dass ein Schnapphaken, je nach Aufgabenstellung, auch auf sehr einfache Weise sinnvoll berechnet werden kann. In der Praxis von Kunststoffkonstruktionen besteht oftmals lediglich die Frage nach den auftretenden Spannungen oder Dehnungen bei voller Auslenkung des Hakens. Wenn dann diese aufgezwungene Auslenkung auch noch bekannt ist – es wird z. B. einfach angenommen, dass das Gehäuse starr ist, dann kann die Auslenkung aus der Geometrie bestimmt werden –, kann eine ganz einfache lineare Rechnung durchgeführt werden (Bild 4.147).

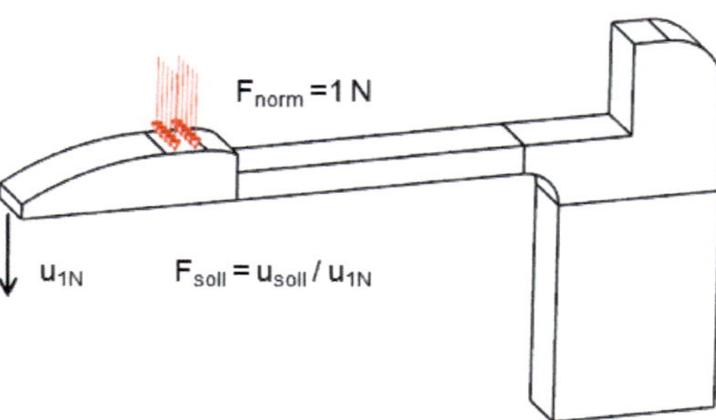

Bild 4.147
Eine lineare Analyse mit einer Einheitskraft wird genutzt, um auf die Steifigkeit zu schließen. Damit wird der Kraftfaktor bestimmt.

Angenommen, die aufgezwungene Auslenkung beträgt 2,5 mm. Der Haken bekommt dann eine feste Einspannung und eine Kraft (Einheitskraft F_{norm}) auf seine Kontaktfläche von der Größe 1 N. In einer linearen FE-Analyse wird der Weg (u_{1N}) berechnet, den sich der Haken unter dieser Kraft verformt. Beispielsweise ergibt sich ein Weg von 0,1 N. Durch lineares Skalieren, d. h. durch die einfache Rechnung 2,5/0,1, ergibt sich der Faktor für die erforderliche Kraft (F_{soll}). Die erforderliche Kraft beträgt demnach 25 N. In einer zweiten Rechnung (oder erneut durch Hochskalieren des ersten Ergebnisses) wird der Haken unter dieser Kraft berechnet.

Eine zweite Möglichkeit besteht darin, dass statt der Kraft eine aufgezwungene Verschiebung (so wie in der Lernaufgabe „Auslegung einer Schraubenfeder" in Abschnitt 4.2.2) aufgebracht wird, in der die Kontaktfläche um genau die erforderlichen 2,5 mm verformt wird. Die dazu passende Kraft kann dann in den Ergebnissen als Reaktionskraft abgelesen werden.

Alternativ kann auch der erforderliche Weg direkt aufgezwungen werden.

Die Berechnung mit Sol 401/402 und die beiden vereinfachten Berechnungsmethoden unterscheiden sich darin, dass bei den vereinfachten Methoden direkt der verformte Zustand berechnet wird und in Sol 401/402 der vollständige Weg des Zusammenfahrens. Außerdem wird in Sol 401/402 durch den Kontakt berücksichtigt, dass vom Gehäuse eine Nachgiebigkeit ausgeht, die dazu führt, dass der Haken etwas weniger verformt wird.

Damit ist diese Lernaufgabe abgeschlossen.

Literatur

[Alber-Laukant] *Alber-Laukant, B.:* Struktur- und Prozesssimulation zur Bauteildimensionierung mit thermoplastischen Kunststoffen. Validierung von Werkstoffbeschreibungen für den technischen Einsatz. 1. Auflage. Shaker Verlag 2008

[Binde4] *Binde, P.:* Simcenter Nonlinear FE-Analysis mit SC Nastran Sol 401/402. Schulungsunterlagen zum Training. Dr. Binde Ingenieure GmbH, Wiesbaden 2022

[Dubbel] *Grote, K. H./Feldhusen, J. (Hrsg.):* Dubbel. Taschenbuch für den Maschinenbau. 21. Auflage. Springer Verlag, Berlin/Heidelberg/New York 2004

[multistep_guide] Simcenter Nastran – Multi-Step Nonlinear. Dokumentation zur Simcenter Nastran-Installation

[nxn_dmap] Simcenter Nastran DMAP User's Guide. Online-Dokumentation zu Simcenter Nastran

[nxn_nonlinear106_1] Simcenter Nastran Basic Nonlinear Analysis User's Guide. Online-Dokumentation zu Simcenter Nastran

[nxn_nonlinear106_2] Simcenter Nastran Handbook of Nonlinear Analysis (106). Online-Dokumentation zu Simcenter Nastran

[nxn_qrg] Simcenter Nastran Quick Reference Guide. Dokumentation zur Simcenter Nastran-Installation

[nxn_user] Simcenter Nastran User's Guide. Online-Dokumentation zu Simcenter Nastran

[nxn_verif] Simcenter Nastran Verification Manual. Online-Dokumentation zu Simcenter Nastran

[RiegHackenschmidt] *Rieg, F./Hackenschmidt, R.:* Finite Elemente Analyse für Ingenieure. Eine leicht verständliche Einführung. 3. Auflage. Carl Hanser Verlag, München 2009

[RoloffMatek] *Muhs, D./Wittel, H./Jannasch, D./Voßiek, J.:* Roloff/Matek Maschinenelemente. Normung, Berechnung, Gestaltung. 21. Auflage. Springer Vieweg, Wiesbaden 2013

[SchnellGrossHauger] *Schnell, W./Gross, D./Hauger, W.:* Technische Mechanik 2: Elastostatik. 3. Auflage. Springer Verlag, Berlin/Heidelberg/New York 1989

5 NX/Simcenter 3D CFD

Mit dem Modul *NX/Simcenter 3D CFD* können komplexe thermische Probleme sowie gekoppelte Thermik- und Fluid-Aufgaben gelöst werden. Dies ermöglicht je ein Solver für thermische Berechnungen (Simcenter Thermal) und Fluid-Berechnungen (Simcenter Flow), die im Bedarfsfall miteinander gekoppelt werden können. In diesem Kapitel beschränken wir uns auf den Fluid-Solver (Simcenter Flow) und die dafür erforderliche Methodik.

Mit *NX/Simcenter 3D CFD* lässt sich auch die dritte Art der in Bild 5.1 dargestellten technischen Simulation im Simcenter-System behandeln: die Strömungsmechanik. Zu den anderen Arten des technischen Simulation zählt unter anderem die Starrkörpermechanik, die mit dem Modul *NX/Simcenter 3D Motion* untersucht wird. Die Module *NX Design Simulation* sowie *Simcenter 3D FEM* und *Simcenter 3D EM* behandeln die Strukturmechanik und die Elektromagnetik.

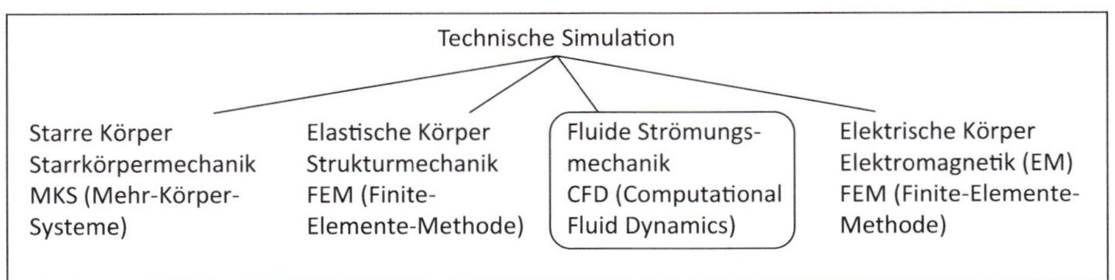

Bild 5.1 Die technische Simulation wird in vier Teile klassifiziert.

Da *NX/Simcenter 3D CFD* vollständig ins Simcenter-System integriert ist, können bei der Vernetzung dieselben Werkzeuge und Methoden wie bei der Strukturanalyse mit FEM eingesetzt werden. Bei der Erstellung und Vorbereitung von Geometrie werden die bekannten Methoden aus dem CAD-Bereich angewandt. Dies erleichtert die Anwendung für den Neueinsteiger erheblich. Darüber hinaus lassen sich die entstehenden Daten im PDM-System Teamcenter speichern und gemeinsam mit der Konstruktion verwalten.

CFD-Analysen sind in die normale Oberfläche des Simcenter-Systems integriert.

Es soll nicht verschwiegen werden, dass es sich bei Strömungen und der angewandten Lösungsmethode *Computational Fluid Dynamics* (CFD) um komplexe Themen handelt, die in der Praxis nicht ohne elementare Kenntnisse der Strömungsmechanik und numerischen Methoden angewandt werden sollten. Aufgrund des nichtlinearen Charakters ergeben sich nur sinnvolle und konvergente Lösungen, wenn die Eingabegrößen realis-

CFD-Anwender sollten Vorkenntnisse mitbringen.

tisch gewählt werden. Ein Abgleich mit Versuchsergebnissen muss in vielen Fällen vorgenommen werden, um die Ergebnisse abzusichern.

In Abschnitt 5.1 werden zunächst einige Prinzipien erläutert, die ein Basisverständnis der theoretischen Hintergründe vermitteln. In Abschnitt 5.2 folgt ein Lernbeispiel, an dem die Methodik für Strömungsanalysen an Tragflügelprofilen im Kanal gezeigt wird.

5.1 Prinzip der numerischen Strömungsanalyse

Bei Strömungsanalysen werden die grundlegenden Erhaltungsgleichungen für Masse, Impuls[1] und Energie gelöst. Ein etabliertes numerisches Lösungsverfahren für die drei vorangehend genannten Transportgleichungen ist die Finite-Volumen- Methode (FVM), die hier genutzt wird.

Fünf Erhaltungsgrößen werden über den Zellen bilanziert.

Das Prinzip der Finite-Volumen-Methode ist folgendes: Zunächst wird das Gebiet, auf dem die Gleichungen untersucht werden sollen, in eine endliche (finite) Zahl an Gitterzellen zerlegt. In jeder dieser Zellen gelten die Erhaltungssätze (Transportgleichungen). Die Veränderung einer erhaltenen Größe (z. B. der Energie) in einer Zelle kann also nur durch Ab- oder Hinzufließen (oder in Spezialfällen durch Quellen/Senken) über den Rand der Zelle passieren.

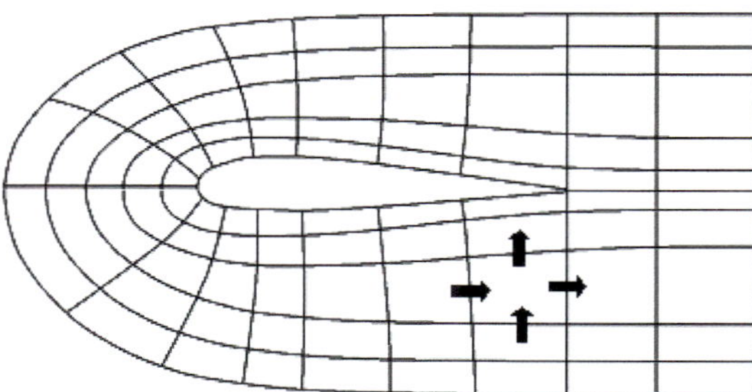

Bild 5.2 Ein typisches Rechennetz (C-Netz) für die CFD-Analyse eines Tragflügelprofils

Berechnet man diese Flüsse (oder zumindest eine gute Approximation), so lässt sich ein Gleichungssystem aufstellen, das die Veränderung mit der Zeit in den Zellen beschreibt. Dieses System von Gleichungen wird schließlich mit numerischen Methoden näherungsweise gelöst.

Eine breite Anwendung von CFD ist erst seit den 90er-Jahren möglich.

Breite Anwendungen von Strömungsanalysen mit FVM sind wegen des hohen Berechnungsaufwands erst durch intensive Hardwarenutzung möglich geworden. Daher ist erst seit Anfang der 90er-Jahre eine sinnvolle Nutzung möglich.

Der wesentliche Vorteil im Vergleich zu experimentellen Messungen, beispielsweise in Windkanälen, ergibt sich aus der räumlichen (und auch zeitlichen) Auflösung der Größen Druck, Geschwindigkeit und Temperatur.

1 Die Impuls-Erhaltungsgleichung ist auch unter dem Namen Navier-Stokes-Gleichung bekannt.

5.2 Lernaufgaben (Simcenter Flow)

5.2.1 Strömungsverhalten und Auftrieb am Flügelprofil

Die Flügel am RAK2 sollten dafür sorgen, dass der Wagen bei größeren Geschwindigkeiten nicht abhebt (Bild 5.3). Um den nötigen Abtrieb zu erzeugen, wurden sie mit negativem Winkel gegen den Fahrtwind angestellt, wie im CAD-Modell zu erkennen ist. Später erst stellte sich heraus, dass die positive Wölbung der Flügel eher zu Auftrieb als Abtrieb neigt und daher eine negative Wölbung geeigneter gewesen wäre.

Für die experimentelle Untersuchung solch einer Flügelumströmung werden oft Messungen in Windkanälen durchgeführt. Deshalb wollen wir in dieser Lernaufgabe ebenfalls den Fall einer Windkanalströmung untersuchen.

Wir wollen den Flügel im Windkanal betrachten.

Bild 5.3 Die Flügel sollten den RAK2 am Boden halten.

5.2.1.1 Aufgabenstellung

Um die Umströmung des Flügels zu untersuchen, soll das CAD-Modell des RAK2-Flügels im Windkanal mithilfe der CFD-Methode in Simcenter untersucht werden. Das Ziel sind die Ermittlung der Umströmungsgeschwindigkeiten um das Profil herum sowie die Darstellung der Strömungsrichtungen. Darüber hinaus soll der Auftrieb und Widerstand ermittelt werden, der sich durch den Fahrtwind einstellt.

Wir wollen Auftrieb und Widerstand bei 100 km/h berechnen.

Mit den Ergebnissen soll auch beurteilt werden, ob die Strömung am Profil anliegt oder abreißt (Erkennen von Wirbelbildung und Totwassergebieten). Der Flügel soll dafür mit einem negativen Anstellwinkel von 10° angeströmt werden. Die Fahrtgeschwindigkeit soll 100 km/h betragen.

Erkennen von Wirbelbildung und Totwassergebieten

5.2.1.2 Vorbereitung des CAD-Modells des Windkanals

- Öffnen Sie im Simcenter-System die Datei *fl_fluegel_links.prt* aus dem *RAK2*-Verzeichnis.
- Machen Sie den *Layer 2* sichtbar, weil hier der Strömungsraum des Windkanals zu finden ist (über Ansicht > Layer-Einstellungen > Einschalten von Layer 2). Jetzt müsste Ihr Modell wie in Bild 5.4 aussehen.

Ein Zehntel des realen Raums soll für unsere Untersuchung reichen.

Der Strömungsraum des Windkanals könnte vollständig, d. h. mit der ganzen Spannweite des Flügels, berechnet werden. Das Ergebnis wären dann die Kräfte auf einen der beiden Flügel. Allerdings würde die Berechnung einige Zeit in Anspruch nehmen, und dies würde den Lerneffekt kaum verbessern. Daher wollen wir für diese Lernaufgabe nur einen kleineren Teil des Raums berechnen. Wer möchte, kann den ganzen Raum berechnen. Dafür müsste jetzt der CAD-Parameter *p107* von 150 auf 1500 mm geändert werden.

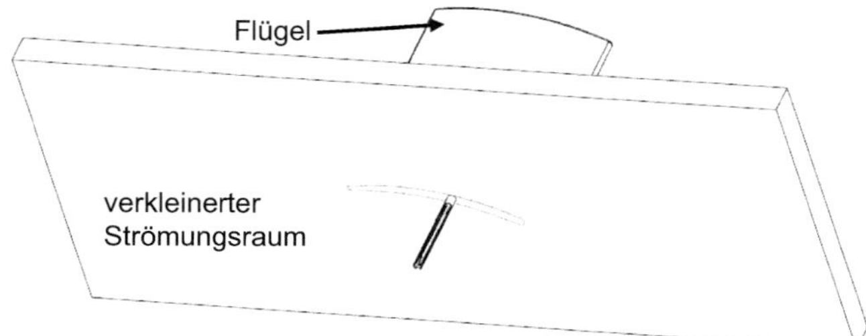

Bild 5.4 CAD-Parameter helfen bei der Anpassung der Geometrie.

Randeffekte durch Wirbelzöpfe könnten auch berechnet werden.

Also berechnen wir vom Strömungsraum nur ca. ein Zehntel seiner originalen Größe. Die Kräfte, die wir berechnen, können dann später wieder mit dem Faktor 10 multipliziert werden, um die vollständige Strömungskraft zu erhalten. Dies ist natürlich nicht ganz richtig, weil der Randeinfluss des Flügels mit seinen zu erwartenden Wirbelzöpfen nicht einfach linear in das echte Kraftergebnis eingeht. Diesen Effekt vernachlässigen wir also, aber wer möchte, kann die vollständige Rechnung durchführen.

5.2.1.3 Erstellung der Dateistruktur und Auswahl der Lösung

- Starten Sie die Anwendung *NX/Simcenter 3D Pre/Post* und erzeugen Sie im Simulationsnavigator mit dem Kontextmenü des Master-Knotens eine neue FEM und Simulation.
- Im Menü *Neue FEM und Simulation* (*New FEM and Simulation*) schalten Sie bei *Zu verwendende Körper* (*Bodies to Use*) auf die Option AUSWÄHLEN (SELECT) und selektieren den Strömungskörper. Außerdem ist zu empfehlen, die Option *Polygon Body Resolution* auf *High* zu stellen.
- Wählen Sie bei *Solver* (Bild 5.5) den Typ *Simcenter 3D Thermal/Flow*, der für komplexe thermische Analysen und Strömungsanalysen mit der CFD-Methode konzipiert ist, und bei *Analysetyp* die Option *Fluss* (*Flow*), d. h. die reine Strömungssimulation ohne Kopplung zur thermischen Analyse, weil in diesem Beispiel lediglich Strömungsgrößen interessieren.

Manchmal werden in der deutschen Übersetzung von Simcenter für den Begriff „Strömung“ Wörter wie „Fluss“, „Fließen“ oder auch „Flusskurve“ verwendet.

- Bestätigen Sie daraufhin mit OK. Die Dateistruktur wird nun erstellt.

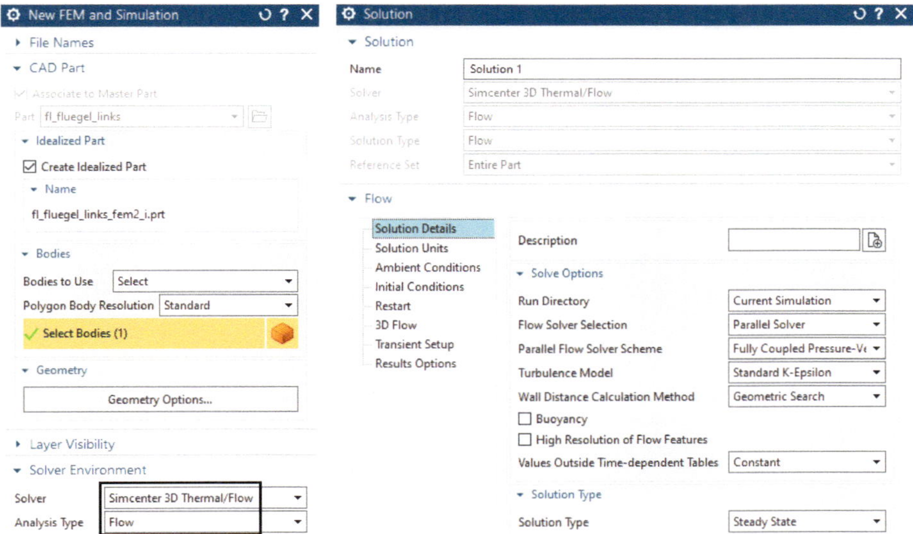

Bild 5.5 Für die CFD-Analyse wird im Simcenter-System eine Dateistruktur erstellt. Rechts sind die Einstellungen der CFD-Lösung dargestellt. Mit den Voreinstellungen kann zunächst gearbeitet werden. Nur das Turbulenzmodell wurde geändert.

Nun erscheint das Menü *Lösung* (*Solution*). Hier können die detaillierten Eigenschaften des Lösungsprozesses wie z. B. das Turbulenzmodell eingestellt werden. Die nachfolgenden Abschnitte erläutern einige wichtige Optionen. Für unseren Beispielfall werden Änderungen an der Zeitschrittgröße, dem Konvergenzkriterium, dem Turbulenzmodell und den Ergebnisausgaben vorgenommen.

- Bestätigen Sie daher das Menü *Lösung* (*Solution*) mit OK, woraufhin das Lösungselement mit den Voreinstellungen erzeugt wird. Einige Einstellungen werden im Folgenden geändert.

5.2.1.4 Zeitschrittgröße und Konvergenzgrenze

Der Zeitschritt beeinflusst die Lösungsgeschwindigkeit und Konvergenz.

Der Zeitschritt, den das Lösungsverfahren nutzt, hat einen erheblichen Einfluss darauf, ob überhaupt eine Lösung gefunden wird und wie schnell es dazu kommt. Der voreingestellte Wert für die Zeitschrittgröße beträgt im Simcenter-System 0,5 s. Dieser Wert sollte normalerweise vom Anwender sinnvoll eingestellt werden. Im Folgenden wird die Bedeutung des Zeitschritts und der Konvergenzsteuerung betrachtet, weil Änderungen an diesen Einstellungen bei Konvergenzproblemen in der Regel zuerst vorgenommen werden sollten.

Die *Zeitschrittgröße* (*Time Step*) kontrolliert die Größe eines Lösungsschritts im iterativen Verfahren des CFD-Solvers. Je kleiner der Zeitschritt ist, desto eher neigt der Solver dazu, transiente (zeitabhängige) Effekte der Strömung aufzulösen. Daher darf er nicht zu klein sein. Außerdem vergrößert sich die Berechnungszeit. Bei größerem Zeitschritt kommt die Rechnung schneller zum Ziel, bei zu großem Zeitschritt divergiert die Lösung jedoch oder kann auch zu einem falschen Ergebnis führen.

Das Konvergenzkriterium steuert die Genauigkeit der Lösung.

Das *Konvergenzkriterium* steuert, wann die Rechnung beendet wird. Für eine konvergente Lösung müssen die Konvergenzparameter kleiner als das Konvergenzkriterium werden.

Der Verlauf der Konvergenzparameter kann während der Lösung im *Solution-Monitor* beobachtet werden. Dieser wird in Abschnitt 5.2.1.21 erläutert, wobei auch weitere Empfehlungen für Zeitschritt und Konvergenzkriterium gegeben werden.

Ein Anhaltspunkt (vgl. dazu [Maya], [Binde5] und [ESCref]) für eine geeignete Zeitschrittgröße *dt* bei stationären Rechnungen kann durch die Gleichung

$$dt = \frac{L}{V}$$

ermittelt werden, wobei *L* eine charakteristische Länge (beispielsweise die Länge des überströmten Flügels) darstellt und *V* die durchschnittliche Geschwindigkeit des Fluids (Bild 5.6).

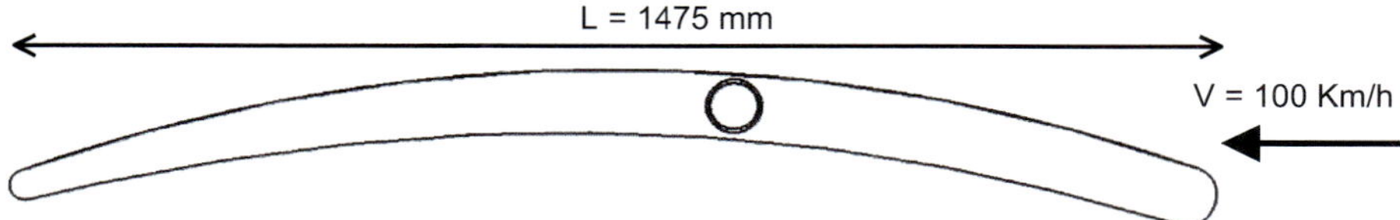

Bild 5.6 Eine Faustformel für den Zeitschritt

Demnach beträgt die geeignete Zeitschrittgröße für unser Beispiel ca. 0,05 s. Diese kann nun eingestellt werden (wobei die voreingestellte Größe von 0,5 s hier zu dem gleichen Ergebnis führt):

- Machen Sie die Simulationsdatei zum aktiven und dargestellten Teil.
- Wählen Sie im Kontextmenü des Lösungselements die Funktion *Solver-Parameter bearbeiten* (*Edit Solver Parameters*) und öffnen Sie das Register *3D Flow Solver* (*3D Fluss Solver*, siehe Bild 5.7).
- Tragen Sie bei *Zeitschritt* (*Time Step*) den Wert 0,05 s ein.

Darüber hinaus soll das Konvergenzkriterium um eine Potenz verkleinert werden, damit die Lösung genauer wird. Der voreingestellte Wert führt zwar schnell zu einem Ergebnis, jedoch ist dieses recht ungenau. In den meisten Fällen verkleinern wir diesen Wert auf ein Zehntel oder sogar noch weniger.

- Tragen Sie daher unter *Maximum Residuals* den Wert 2e-5 ein.
- Bestätigen Sie mit OK.

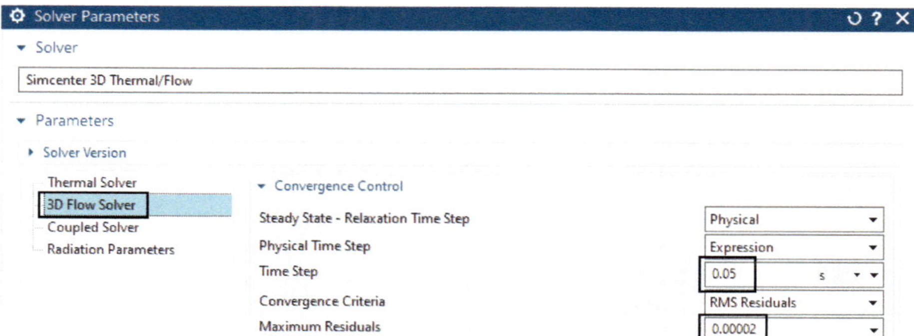

Bild 5.7 Zeitschritt und Konvergenzsteuerung in *NX/Simcenter 3D CFD*

5.2.1.5 Auswahl eines Turbulenzmodells

Laminare, d. h. schichtenartige Strömung, tritt nur bei kleinen Re-Zahlen auf. Hierbei bewegt sich jedes Teilchen geradlinig und parallel zu seinen Nachbarteilchen. Sobald die kritische Re-Zahl (ca. 2320 für Rohrströmungen) überschritten wurde, schlägt die Strömung turbulent um. Bei dieser Strömungsart existieren winzige Wirbel, die zu einer starken Durchmischung der Teilchen führen.

Technische Strömungen sind fast immer turbulent.

Fast immer sind technisch interessierende Strömungen turbulent. Laminare Strömungen treten nur in Sonderfällen auf. Beispiele sind hochviskose Fluide wie Extrudiervorgänge und Strömungen in kleinen Abmessungen (Mikrofluide, Spaltströmungen).

Die Option *Turbulenzmodell* (*Turbulence Model*) unter den Einstellungen des Lösungselements steuert das Turbulenzmodell für die Analyse (Bild 5.8). Die selten genutzte Option für rein laminare Strömung ist in der deutschen Übersetzung in Simcenter mit *Kein (Laminarer Fluss)* benannt (in Englisch: *None (Laminar Flow)*). Neben dieser Option, die also keine Turbulenz unterstellt, sind die neun Turbulenzmodelle *Feste turbulente Viskosität* (*Fixed Turbulent Viscosity*), *Mischlänge* (besser: Mischungsweglänge) (*Mixing Length*), *Standard K-Epsilon, RNG K-Epsilon, Erkennbar (Realizable) K-Epsilon, K-Omega, SST Schubspannungstransport* (*SST Shear Stress Transport*), *SA - Spalart-Allmaras* und *LES - Large Eddy Simulation* verfügbar. Die letzten sechs Modelle sind nur im Lösungstyp *Erweiterter Fluss* (*Advanced Flow*) verfügbar, der auch eine erweiterte Lizenz benötigt. Da in fast allen technischen Anwendungsfällen, besonders bei größeren Re-Zahlen, mit turbulenter Strömung zu rechnen ist, sollte meist ein Turbulenzmodell genutzt werden, außer in solchen Fällen, in denen einfache Testrechnungen durchgeführt werden. Die verfügbaren Modelle unterscheiden sich bzgl. ihrer Genauigkeit und des erforderlichen Rechenaufwands. Nachfolgend erhalten Sie eine Erläuterung der Modelle.

NX/Simcenter 3D CFD verfügt über neun Turbulenzmodelle.

- Das Modell *Feste turbulente Viskosität* (*Fixed Turbulent Viscosity*) liefert nur geringe Genauigkeit. Dabei wird eine äquivalente turbulente Viskosität als fester Wert in der gesamten Strömung berechnet. Da diese Methode keine lokalen Unterschiede berücksichtigt und sehr grob arbeitet, sollte sie nicht eingesetzt werden.

Die ersten beiden Turbulenzmodelle sind nur für grobe Testrechnungen zu empfehlen.

- Das *Mischlänge*-Modell (besser: Mischungsweglänge) (*Mixing Length*) ist genauer als das Modell *Feste turbulente Viskosität* und erfordert auch mehr Rechenaufwand. Hierbei wird die turbulente Viskosität an jedem Knoten in Abhängigkeit zur jeweiligen Strömungsgeschwindigkeit, zur Dichte und zur sogenannten *Mixing Length* berechnet. Die *Mixing Length* wird dabei aus dem Abstand des Knotens zur nächsten Wand und einer charakteristischen Länge berechnet. Auch dieses Turbulenzmodell entspricht nicht mehr dem heutigen Stand der Technik und sollte daher (außer für einfache Tests) nicht mehr eingesetzt werden.
- Das Modell *Standard K-Epsilon* ist genauer als das *Mixing Length*-Modell, erfordert aber eine höhere Rechenzeit. Die turbulente Viskosität wird hierbei ebenfalls an jedem Knoten berechnet. Dabei werden die jeweilige *kinetische Energie* (*K*) und die *Dissipationsrate* (*Epsilon*) für die Berechnung der turbulenten Viskosität verwandt. Das Modell ist praxistauglich und erfordert keine weitere Lizenz. Daher soll es in unserem Beispiel eingesetzt werden.
- Das Modell *K-Omega* ist ebenfalls ein bewährtes Modell, das alternativ zu *K-Epsilon* eingesetzt werden kann. So wie *K-Epsilon* berechnet es die turbulente Viskosität an jedem Knoten. Dabei wird ebenfalls die kinetische Energie (K) berechnet. Statt der

Einige Modelle wie *SST, KOmega* und *LES* sind nur in der Advanced-Flow-Lizenz verfügbar.

Dissipationsrate vom K-Epsilon-Modell wird hier aber eine *spezifische Dissipationsrate* (*Omega*) berechnet.

- Das Modell *SST Schubspannung Transport* (*SST Shear Stress Transport*) kann alternativ zu *K-Epsilon* oder *K-Omega* genutzt werden. Es schlägt die Brücke zwischen den beiden: In der Nähe der Wand verhält es sich wie *K-Omega* und im Inneren wie *K-Epsilon*. Dieses Modell wird bevorzugt eingesetzt, wenn es um die genaue Berechnung von Schubspannungen oder Temperaturübergängen an Wänden geht.
- Das Modell *LES – Large Eddy Simulation* berechnet Turbulenz unter den in NX/Simcenter verfügbaren Modellen am genauesten, aber auch mit dem größten Aufwand. Während bei allen anderen Turbulenzmodellen die Reynolds-gemittelten Navier-Stokes (RANS)-Gleichungen berechnet werden, verwendet LES diese Vereinfachung nicht. Stattdessen wird die Turbulenz in große (*large*) und kleinere Wirbel (*Eddy*) unterteilt und unterschiedlich verarbeitet. Die großen werden auf direkte Weise berechnet, was eine hohe Netzauflösung erfordert, für die kleinen werden weitere Annahmen getroffen.

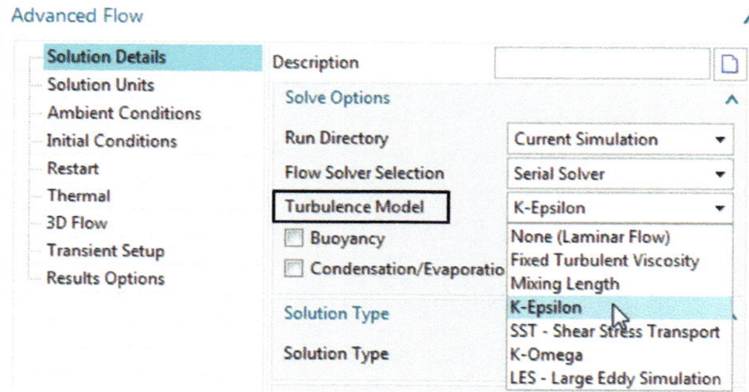

Bild 5.8 Die Turbulenzmodelle *K-Epsilon, K-Omega* und *SST* sind die genauesten, aber auch sehr rechenaufwendig.

Das *Standard K-Epsilon-Turbulenzmodell* soll für unser Beispiel angewandt werden.

Weitere Informationen zu den Turbulenzmodellen finden Sie in [nxflowref] sowie in der Online-Hilfe.

- Um das Standard K-Epsilon-Turbulenzmodell zu aktivieren, wählen Sie im Kontextmenü des Lösungselements die Option BEARBEITEN (EDIT).
- Wählen Sie das Register *Solution Details* und aktivieren Sie unter *Turbulenzmodell* die Option *Standard K-Epsilon*.
- Bestätigen Sie mit OK.

Es wäre sinnvoll, zunächst einmal nur eine grobe Voruntersuchung der Strömung durchzuführen und dabei nur ein sehr einfaches Turbulenzmodell wie das voreingestellte Mischungslänge-Modell zu verwenden. Darauf wollen wir in dieser Lernaufgabe jedoch verzichten.

5.2.1.6 Anforderung des Y+-Ergebnisses

Um an den Ergebnissen zu beurteilen, ob die Netzfeinheit an den Wänden gut eingestellt ist, nutzt man eine dimensionslose Größe mit der Bezeichnung *Y+*. Nach Voreinstellung wird diese Größe nicht in die Ergebnisdatei geschrieben. Daher aktivieren wir diese Option nun:

Y+ hilft bei der Genauigkeitskontrolle.

- Wählen Sie erneut die Funktion BEARBEITEN auf dem Lösungselement.
- Öffnen Sie das Register *Ergebnisoptionen* (*Results Options*), öffnen Sie die Box *3D-Fluss* und schalten Sie darin den Schalter *Y+* ein.

Bei der Auswertung der Ergebnisse kommen wir noch einmal auf *Y+* zurück und geben weitere Empfehlungen.

5.2.1.7 Weitere Optionen des Lösungselements

Nachdem Zeitschrittgröße, Konvergenzgrenze, Turbulenzmodell und *Y+* geeignet eingestellt wurden, können bei Bedarf noch weitere Optionen des Lösungselements berücksichtigt werden. Im Folgenden erläutern wir einige wichtige Einstellungen.

Die folgenden Optionen finden sich im Kontextmenü des Lösungselements unter der Option BEARBEITEN im Register *Lösungseinzelheiten* (*Solution Details*):

Einige optionale Funktionen und Einstellungen

- Die Option *Verzeichnis ausführen* (*Run Directory*) bewirkt, dass ein Verzeichnis angegeben werden kann, in das alle Zusatzdateien wie Logfiles usw. abgelegt werden, die während der Analyse anfallen.
- Wenn Schwerkrafteffekte berücksichtigt werden sollen, muss der Schalter *Auftrieb* (*Buoyancy*) aktiviert werden. In diesem Fall muss unter dem Register *Ambient Conditions* die Größe und Richtung der Schwerkraft angegeben werden. Bei einphasigen und isothermen Strömungen wird durch den Auftrieb lediglich die hydrostatische Druckverteilung berechnet.
- Mit der Option *Lösungstyp* (*Solution Type*) kann durch die Einstellung *Stationärer Zustand* (*Steady State*) die stationäre Strömungsanalyse und mit *Transient* die zeitabhängige Strömungsanalyse aktiviert werden. Weitere Einstellungen für die zeitabhängige Analyse finden sich im Register *Transient Setup*.

Hier kann transient gerechnet werden.

- Im Register *Anfangsbedingungen* (*Initial Conditions*) können die Anfangs-Fluid-Temperatur, der Druck und die Geschwindigkeit definiert werden. In manchen Fällen kann durch Anpassung dieser Größen an die realen Gegebenheiten die Lösung beschleunigt werden. Ungünstige Einstellungen hier können die Bedingungen für die Lösung aber auch stark verschlechtern. Daher ist die voreingestellte automatische Option zu empfehlen, bei der Geschwindigkeit und Druck zu Beginn automatisch sinnvoll eingestellt werden.
- Das Register *Neustart* (*Restart*) erlaubt die Weiterführung einer vorher unterbrochenen Analyse. Die Unterbrechung einer Lösung für einen späteren Neustart muss mit der Funktion *Pause* im *Solution Monitor* durchgeführt werden, der während der Lösung erscheint. Auf diese Weise können beispielsweise lediglich die ersten Zeitschritte durchgeführt und das Ergebnis bis dahin geprüft werden. Bei Bedarf kann dann von hier aus bis zur endgültigen Konvergenz weitergerechnet werden, indem die Option *Neustart* aktiviert und erneut gelöst (*berechnet*) wird.

Die Möglichkeit zum Neustart kann viel Zeit sparen.

All diese Einstellungen sollten jedoch nur im Bedarfsfall verändert werden, da sie in den meisten Fällen, wie auch in unserem Beispielfall, geeignet voreingestellt sind. Daher wollen wir mit weiteren Schritten zur Erstellung des Berechnungsmodells fortfahren.

5.2.1.8 Strategien für die Erstellung des Strömungsraums

Der Strömungsraum muss als CAD-Modell existieren.

Die finiten Elemente (oder besser finiten Volumen) bei Strömungsanalysen müssen natürlich den Fluid-Raum vernetzen und nicht den Flügel selber. Daher ist es in vielen Fällen zunächst einmal die Aufgabe, diesen Fluid-Raum als CAD-Modell zu erstellen oder abzuleiten. Im Fall unseres Beispiels haben wir den Strömungsraum schon fertig in der Originaldatei *fl_fluegel_links.prt* vorliegen. Wir haben dies so vorbereitet, damit Sie sich ganz auf die Fluid-Analyse konzentrieren können. Allerdings ist diese Vorbereitung nicht ganz korrekt, denn der Strömungsraum sollte nicht in der Originaldatei vorliegen, sondern in der idealisierten Datei für die Berechnung erstellt werden. Man stelle sich vor, dass eine Geometrie berechnet wird, für deren Datei gar kein Schreibrecht vorliegt.

Der richtige Ort für die Erstellung des Strömungsraums ist im realen Fall also die idealisierte Datei. Hier sollte ein Wave-Link oder Anhebe-Feature des Flügels erzeugt und dann der Strömungsraum darauf aufgebaut werden. Im Fall unseres Beispiels ist der Strömungsraum aber ausnahmsweise schon in der originalen Masterdatei erstellt worden, um dem Anwender diese Arbeit abzunehmen.

Synchronous Modeling bietet hervorragende Möglichkeiten.

Wir möchten noch darauf hinweisen, dass das Simcenter-System mit der Funktionsgruppe *Synchronous Modeling* hervorragende Werkzeuge für die Ableitung von Innenräumen aus der CAD-Geometrie besitzt.

5.2.1.9 Strategien für die Vernetzung bei Strömungen

Es gibt im Simcenter-System zwei alternative Möglichkeiten für die Erstellung einer Vernetzung für Strömungsräume:

- **Vernetzung in der FEM-Datei:** Die Vernetzung für den Strömungsraum kann in derselben Weise wie bei Strukturanalysen vorgenommen werden. Es können Tetraeder, Hexaeder, Gittersteuerungen oder 2D-Netze genutzt werden. Auch die *Gitterverknüpfungen* (*Mesh Matings*) sind möglich und sinnvoll, um die Netze miteinander zu verbinden. Zudem lassen sich Elementschichten an den Wänden komfortabel erstellen. Besonders wenn Strömungskräfte oder Temperaturübergänge berechnet werden sollen, sind diese Wandschichten sehr hilfreich, um eine gute Ergebnisgenauigkeit zu erhalten. Aufgrund dieser Besonderheiten empfehlen wir die Vernetzung in der FEM-Datei und wollen dies auch in diesem Beispiel so durchführen.
- **Vernetzung in der Sim-Datei (Fluid-Domain):** Insbesondere für Strömungsräume steht diese alternative Methode zur Verfügung. Ausnahmsweise wird diese Vernetzung nicht in der FEM-Datei, sondern als Simulationsobjekt in der Simulationsdatei erzeugt. Auch diese Art der Vernetzung hat die Möglichkeit zur einfachen Generierung von Elementschichten an den Wänden.

Wir wollen für unser Beispiel die erste Methode wählen. Natürlich würde auch die zweite funktionieren. Probieren Sie es ruhig aus!

5.2.1.10 Erzeugung einer Vernetzung der Luft

Die Vernetzung der Luft wird in der FEM-Datei definiert, so wie das auch bei anderen Vernetzungen der Fall ist. Eine Besonderheit ist lediglich das Vorgehen in zwei Schritten: Erst werden Tetraeder erstellt, dann kommen Prismen-Schichten dazu. Außerdem wollen wir an den beiden Radien des Profils am Anfang und Ende strukturierte Verfeinerungen des Netzes erzwingen, um die Genauigkeit an diesen wichtigen Stellen zu erhöhen.

An der Luft-Vernetzung ist nichts Ungewöhnliches. Erst die darauffolgende Schichtenvernetzung ist speziell.

Gehen Sie für die Definition der Verfeinerungen an den beiden Radien wie folgt vor:

- Wechseln Sie in die FEM-Datei und wählen Sie unter der Gruppe *Mesh* (*Gitter*) die Funktion *2D Strukturiert* (*2D Mapped*) aus (Bild 5.9).
- Selektieren Sie die beiden Verrundungsflächen am Anfang und Ende des Profils. Wählen Sie als Elementgröße den Vorschlagswert „Geteilt durch vier", was zu einer deutlichen Verfeinerung führen wird.
- Schalten Sie den Knopf *Netz an Solver exportieren* (*Export Mesh to Solver*) aus. Dies ist sehr wichtig, weil es sich hier nur um ein Steuernetz handelt, und weil der Solver ansonsten in eine Fehlersituation kommen würde.
- Bestätigen Sie mit OK. Die beiden Flächen werden nun strukturiert, d.h. schachbrettartig vernetzt. Diese Art von Vernetzung ist nur auf vierseitigen Flächen möglich.

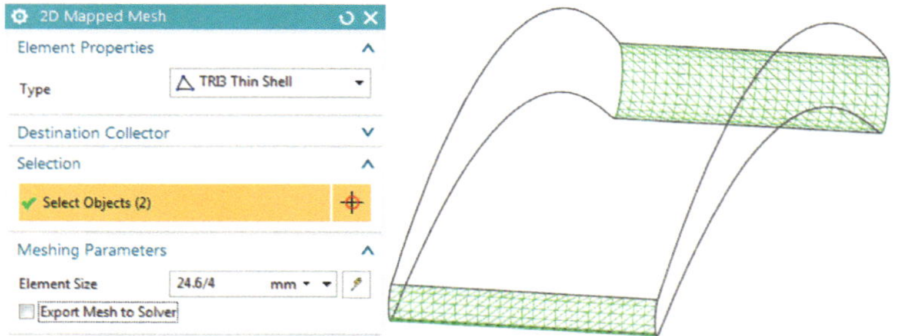

Bild 5.9 Eine strukturierte 2D-Vernetzung an der besonders kritischen Nase und am Ende des Profils ermöglicht detaillierte Netzkontrolle.

- Nun kann der eigentliche Strömungsraum vernetzt werden: Wählen Sie die Funktion *3D Tetraeder* (*3D Tetrahedral*) und selektieren Sie den Strömungsraum.
- Wählen Sie als Elementgröße ein Viertel des Vorschlagswertes und bestätigen Sie die Netzerzeugung mit OK.
- Um das Material für den Strömungsraum zu definieren, rufen Sie mit der rechten Maustaste die Eigenschaften des *Netz-Kollektors* (*Mesh Collector*) auf und wählen im Dialog die Funktion *Material auswählen* (*Choose Material*).

Das Material wird zugewiesen.

- Das Modell *LES – Large Eddy Simulation* berechnet Turbulenz unter den in NX/Simcenter verfügbaren Modellen am genauesten, aber auch mit dem größten Aufwand. Während bei allen anderen Turbulenzmodellen die Reynolds-gemittelten Navier-Stokes (RANS)-Gleichungen berechnet werden, verwendet LES diese Vereinfachung nicht. Stattdessen wird die Turbulenz in große (*large*) und kleinere Wirbel (*Eddy*) unterteilt und unterschiedlich verarbeitet. Die großen werden auf direkte Weise berechnet, was eine hohe Netzauflösung erfordert, für die kleinen werden weitere Annahmen getroffen.

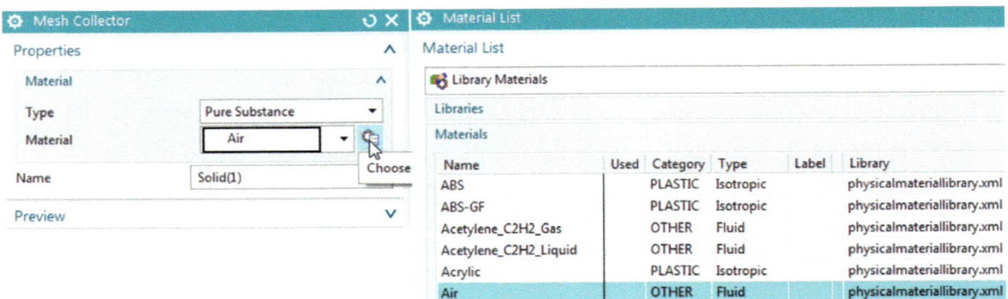

Bild 5.10 Zuweisung der Materialeigenschaft für Luft

Nachdem das Tetraedernetz für die Luft nun erzeugt wurde, kann es schon grob beurteilt werden. Es sollte ein einfaches Netz entstehen, das an den beiden Rändern Verfeinerungen zeigt (Bild 5.11).

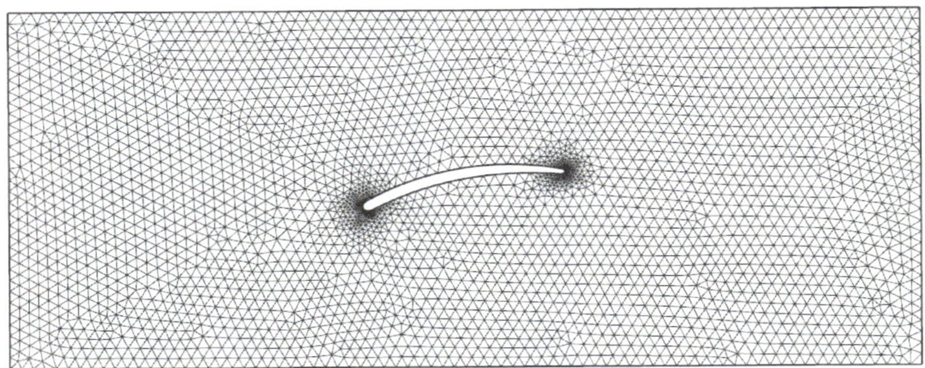

Bild 5.11 Zunächst wird eine gewöhnliche Vernetzung mit Tetraedern und Verfeinerungen erzeugt.

5.2.1.11 Definition von Randschichten für die Vernetzung

Eine Besonderheit der Vernetzung für Strömungen ist die Notwendigkeit, Wandschichten zu erzeugen und diese fein auf die Erfordernisse der Strömung (Grenzschicht) abzustimmen. Von dieser Methode hängen die Strömungsergebnisse recht stark ab, insbesondere, wenn Temperaturübergänge oder Strömungskräfte am Rand interessieren.

Die Besonderheit ist die gezielte Angabe der Dicke der Wandschichten.

Die Dicke der ersten Schicht an der Wand beeinflusst dies besonders, denn die Software setzt in der ersten Wandschicht eine Wandfunktion für die Strömungsgrößen an. Das bedeutet, dass die realistischen, sehr komplexen und turbulenten Strömungsverhältnisse in der Randschicht nicht wirklich ausgerechnet, sondern angesetzt und angepasst werden. Dies trifft die Realität aber verhältnismäßig gut, weil man ungefähr weiß, wie sich Strömungsgrößen an Wänden verhalten. Der Vorteil, der sich daraus ergibt, ist, dass an der Wandschicht deutlich gröber vernetzt werden kann, als es ohne die Wandfunktion erforderlich wäre. Trotzdem bleibt die Frage nach einer geeigneten Dicke der ersten

Wandschichtelemente. Um dies zu beurteilen, hilft uns später die Ergebnisgröße *Y+*, die wir ja schon angefordert haben.

Im Folgenden wollen wir zunächst irgendeine Art von Wandschicht erzeugen und dann an den *Y+*-Ergebnissen beurteilen, ob die Dicke verändert werden muss.

Das *Y+*-Ergebnis hilft später bei der Entscheidung, ob die gewählte Dicke der ersten Schicht am Rand gut ist.

- Wählen Sie die Funktion *Netzeinstellung* (*Mesh Control*) und darin die Option *Randschicht* (*Boundary Layer*).
- Selektieren Sie die vier tangentialen Flächen des Profils.

Mit dieser Funktion erreichen Sie die Schichtenvernetzung.

Hier werden die Schichten definiert.

- Geben Sie eine *Erste Layerstärke* (*First Layer Thickness*) von 3 mm, eine *Gesamtstärke* (*Total Thickness*) von 30 mm und eine *Anzahl der Layer* (*Number of Layers*) von 5 an.
- Bestätigen Sie mit OK. Um die Änderungen durchzuführen muss die Funktion *Update* ausgeführt werden.

Kontrollieren Sie das neu erstellte Netz. Es sollte wie in Bild 5.12 aussehen.

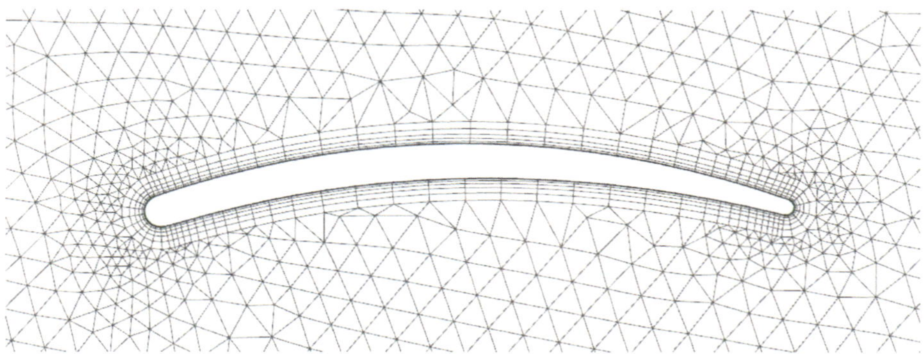

Bild 5.12 Die Abbildung zeigt Wandschichten am Strömungsnetz.

5.2.1.12 Materialeigenschaften für Strömungen

Wir haben bereits das Material *Luft* (*Air*) zugeordnet. Um zu sehen, welche Eigenschaften dahinter verarbeitet werden, kann im Materialeditor das Material selektiert und die Funktion *Material prüfen* (*Inspect material*) aufgerufen werden.

Die folgenden Materialeigenschaften werden für CFD-Berechnungen benötigt (Bild 5.13):

- Massendichte
- Wärmeleitfähigkeit
- thermischer Ausdehnungskoeffizient (erforderlich für Schwerkrafteffekte)
- dynamische Viskosität (entspricht der Reibung in der Flüssigkeit)
- spezifische Wärmekonstante bei konstantem Druck (Diese Größe entspricht der Fähigkeit, Wärme zu speichern. Sie hat keinen Einfluss auf stationäre Probleme.)
- Gaskonstante (ist erforderlich für Gase und muss bei Fluiden null sein)

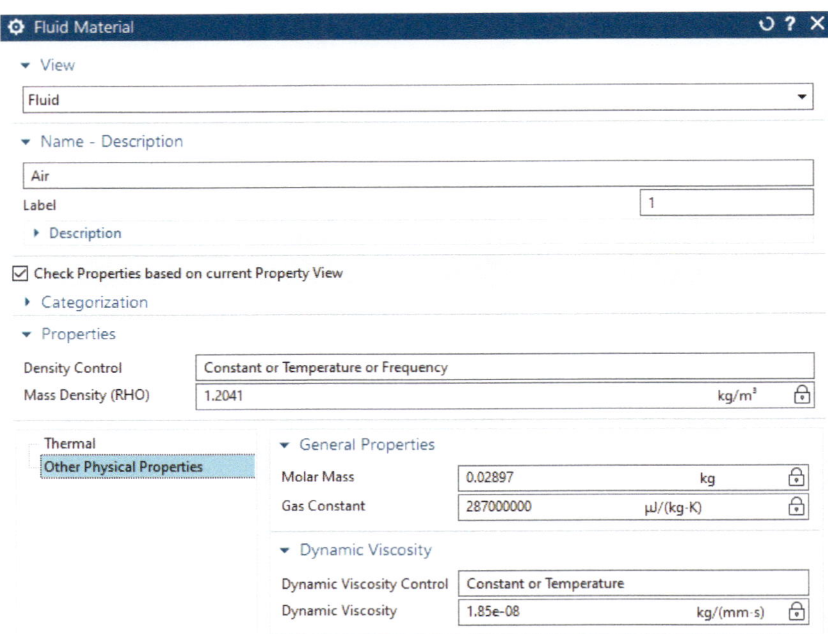

Bild 5.13 Dichte und dynamische Viskosität sind die wichtigsten Materialeigenschaften für Strömungsanalysen.

5.2.1.13 Übersicht über Strömungsrandbedingungen

Wir beschreiben lediglich ausgewählte Randbedingungstypen.

Das Simcenter-System erlaubt die Definition von verschiedenen Randbedingungen für die Strömungsanalyse. Es handelt sich um Körperwände, Ventilatoren (Einlass usw.), Öffnungen und Filter (für poröse Materialien) sowie weitere Bedingungen, die jedoch sehr speziell sind und hier ausgeklammert werden sollen. Bevor die erforderlichen Randbedingungen an unserem konkreten Beispiel angewandt werden, sollen im Folgenden die wichtigsten Bedingungen überblickartig erläutert werden, die im Programmsystem verfügbar sind. Es werden nur die gängigsten Optionen dargestellt. Eine umfassende Darstellung aller Bedingungstypen sowie der theoretischen Hintergründe finden sich in [ESCref11a].

5.2.1.13.1 Körperwände

Körperwände gehören zu den grundlegenden Randbedingungen bei Strömungsanalysen mit CFD.

Körperwände werden im Simcenter-System durch die Funktionsgruppe *Strömungsoberfläche* (*Flow Surface*) definiert. Der wichtigste[2] der hier verfügbaren Typen ist die *Begrenzungsflussoberfläche* (*Boundary Flow Surface*), die eine einfache Wandbedingung darstellt (Bild 5.14). In unserem Beispiel ist am Flügelprofil eine solche Randbedingung erforderlich. Dieser Randbedingungstyp ist auch deswegen wichtig, weil an Flächen, die eine solche Bedingung haben, vom Solver automatisch zusätzliche Ergebnisse bezüglich der Kräfte ermittelt werden. Dies hilft insbesondere, um Auftriebs-, Widerstandskräfte und

2 Die weiteren Typen, die hier zur Auswahl stehen, dienen im Wesentlichen der Definition von kleinen Störelementen (engl. *obstructions*), wie beispielsweise elektronischen Bauteilen auf einer Platine. Diese Typen sollen hier nicht weiter betrachtet werden.

Momente, die von der Strömung auf die Fläche übertragen werden, zu ermitteln. In unserem Beispielfall ist dies wichtig, um den Auftrieb am Flügel abzuschätzen.

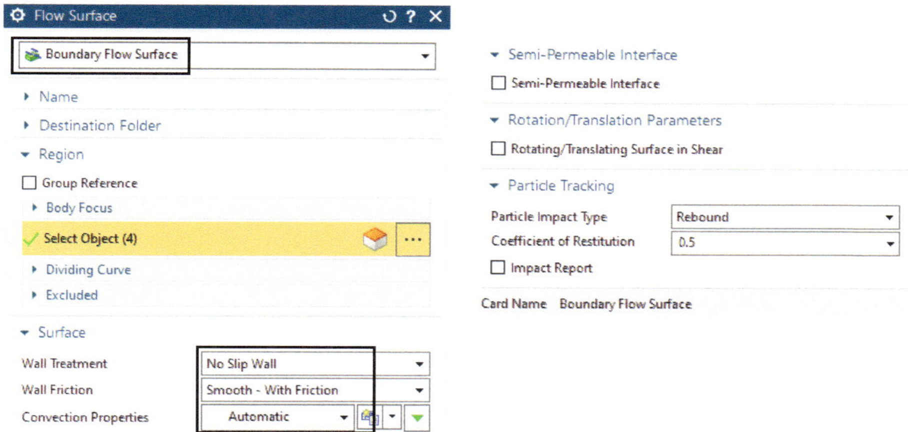

Bild 5.14 Menü für die wichtigste Wandbedingung

An einer Körperwand wird die Strömungsgeschwindigkeit oder der Massenfluss senkrecht zur Wandrichtung immer gleich null gesetzt. Auf diese Weise wird jeder Fluss durch die Wand verhindert. Darüber hinaus muss festgelegt werden, wie die Geschwindigkeit entlang der Wand verlaufen soll. Dies hängt in der Realität von der Oberflächenbeschaffenheit der Körperwand ab. Das Simcenter-System stellt hierfür drei Möglichkeiten zur Verfügung:

Auch die Oberflächenrauigkeit spielt eine Rolle für die Randbedingung.

- Beim Umschalten der *Wandbehandlung* (*Wall Treatment*) auf die Option *Gleitwand* (*Slip Wall*) wird eine reibungsfreie Wand definiert. In diesem Fall kann keine Reibungsdefinition mehr erfolgen. Auf diese Weise wird beispielsweise eine Randbedingung zur äußeren Umgebung des analysierten Strömungsraums definiert, wenn der reale Raum eigentlich weitergeht. Die Strömung entlang der Wand kann sich dabei ungehindert bewegen, sie kann aber nicht durch die Wand hindurch.

Slip Wall: Randbedingung zur Umgebung oder Symmetrie

- Die Wandreibungsoption *Glatt - Mit Reibung* (*Smooth -With Friction*) ist für hydraulisch glatte Wände anzusetzen. Hydraulisch glatt sind alle bearbeiteten Wände (gedreht, gefräst). Die Strömungsgeschwindigkeit an der Wand wird bei dieser Bedingung auf null gesetzt bzw. auf die Geschwindigkeit der Wand selbst, falls diese bewegt wird.

Smooth für gedrehte oder gefräste Oberflächen

- Bei der Option *Grob* (*Rough*) besteht an der Wand selbst die gleiche Bedingung wie bei *Smooth - With Friction*. Auch hier werden Wandfunktionen angewandt, deshalb sollte der Schalter dafür eingeschaltet werden. Mithilfe solcher Wandfunktionen werden nun die Rauigkeit der Wand und deren Einfluss auf die Randströmung einbezogen. Daher muss in so einem Fall eine Rauigkeitshöhe angegeben werden. Klassischer Anwendungsfall sind raue Gussoberflächen.

Grob (*Rough*) für Gussoberflächen

Um das Strömungsverhalten im Bereich nahe der Wand zu beschreiben, werden spezielle logarithmische Wandfunktionen eingesetzt, die es erlauben, auch bei relativ grober Netzauflösung schon akzeptable Ergebnisgenauigkeiten zu erhalten. Diese Wandfunktionen sind bei Nutzung der Turbulenzmodelle *Mixing-Length* und *K-Epsilon* automatisch eingeschaltet. Da wir das K-Epsilon-Modell nutzen, hat in unserem Fall der Schalter *Wandfunk-*

Nutzung der logarithmischen Wandfunktion

tion verwenden (*Use Wall Function*) keine Bedeutung. Die Wandfunktion wird auf jedem Fall aktiviert. Lediglich bei Nutzung der komplexeren Turbulenzmodelle *SST*, *K-Omega* oder *LES* hat dieser Schalter Bedeutung. Die Wandfunktion abzuschalten, macht nur dann Sinn, wenn in einem Wandbereich mit einer sehr feinen Vernetzung das Verhalten der Strömung detailliert berechnet werden soll.

Weiterführende Informationen über die Besonderheiten der Wandfunktion, *Y+* und die Vernetzung im Randbereich finden Sie in der Online-Hilfe unter dem Begriff „Meshing for turbulence modeling".

5.2.1.13.2 Öffnungen, Ein- und Auslass

Eine Öffnung und ein Einlass werden später in unserem Beispiel verwendet. Eine Öffnung (*Opening*) gibt die Richtung und den Druck an einem Aus- oder Eintritt vor, nicht aber die Geschwindigkeit. Ein Beispiel ist die hintere Öffnung am Strömungsraum unseres Beispiels. Ein- und Auslässe (*Inlet*, *Outlet*) hingegen werden verwendet, um Geschwindigkeit, Massenstrom oder Druck an einer Öffnung, beispielsweise durch eine Pumpe, vorzugeben (Bild 5.15). Die Eintrittsfläche an unserem Beispiel wird mit einem solchen Einlass definiert.

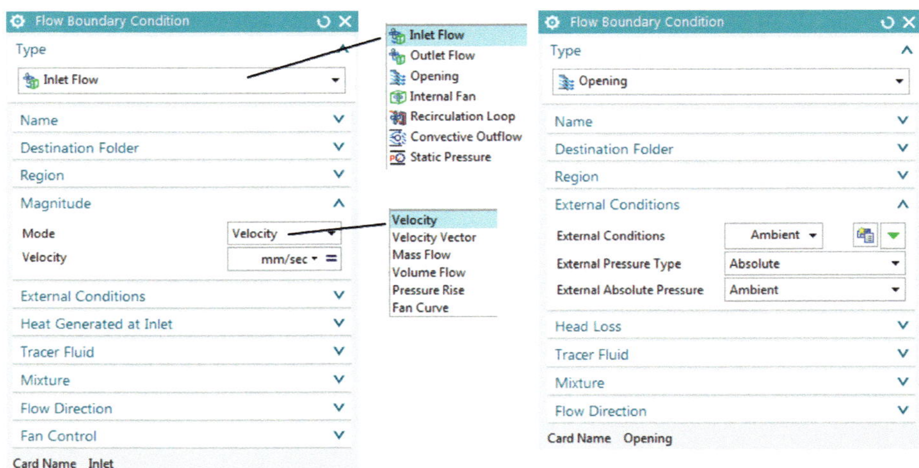

Bild 5.15 Simcenter-Menüs für Einlass und Öffnung

Weitere wichtige Randbedingungen, die definiert werden können, sind folgende:

Weitere Typen

- *Interner Ventilator* (*Internal Fan*) für einen internen Ort mit vorgegebenen Geschwindigkeitsverhältnissen
- *Umlaufschleife* (*Recirculation Loop*), d. h., Stellen, an denen Fluid angesaugt und in gleicher Menge an anderen Stellen ausgestoßen wird

Bei allen bis auf der Öffnung müssen die Geschwindigkeitsverhältnisse mit dem *Modus* festgelegt werden. Vorgegeben werden können folgende:

Angabe der Geschwindigkeits-Verhältnisse

- die *Geschwindigkeit* (*Velocity*)
- der *Massenstrom* (*Mass Flow*)
- der *Volumenfluss* (*Volume Flow*)

- der *Druckanstieg* (*Pressure Rise*)
- eine *Ventilatorkurve* (*Fan Curve*), d. h. die Abhängigkeit des Druckanstiegs vom Volumenstrom

Nach dieser allgemeinen Erläuterung von wichtigen Randbedingungen für Strömungen folgt nun die konkrete Erzeugung der Bedingungen für unser Beispiel.

5.2.1.14 Einlass mit Geschwindigkeitsrandbedingung definieren

Ein-/Auslass und Öffnung können auch vertauscht werden.

Als Randbedingungen für eine Durchströmung des Strömungsraums sind ein Einlass und eine Öffnung zu definieren. Die Fläche vor dem Profil eignet sich für die Einlassbedingung, weil hier die Geschwindigkeit von 100 km/h vorgegeben werden kann. Die Fläche hinter dem Profil wird als Öffnung definiert, bei der lediglich der Umgebungsdruck angegeben werden muss. Dies sind übliche Randbedingungen für eine solche Umströmungsaufgabe, jedoch könnten umgekehrt auch hinten ein Auslassventilator und vorne die Öffnung definiert werden. Ungünstig wäre dagegen die Angabe von zwei Massenströmen und keiner Öffnung, weil dann diese beiden Ströme genau aufeinander abgestimmt sein müssten, um eine konvergente Lösung zu erhalten. Fall das nicht der Fall ist – z. B. werden zwei ungleiche Masseströme angegeben –, so haben wir eine physikalisch unmögliche Aufgabe gestellt, die vom CFD-System einfach durch das Ausbleiben der Konvergenz quittiert wird.

Gehen Sie für die Definition am Einlass folgendermaßen vor:

- Wechseln Sie gegebenenfalls in die Simulationsdatei.
- Wählen Sie die Funktion *Strömungsrandbedingung* (*Flow Boundary Condition*) unter den Simulationsobjekten.
- Im erscheinenden Menü wählen Sie den Typ *Einlassströmung* (*Inlet Flow*).
- Selektieren Sie nun entsprechend Bild 5.16 die Eintrittsfläche des Strömungsraums.
- Geben Sie im Menü eine Geschwindigkeit von 100 km/h an (Einheit nicht vergessen). Bestätigen Sie mit OK.

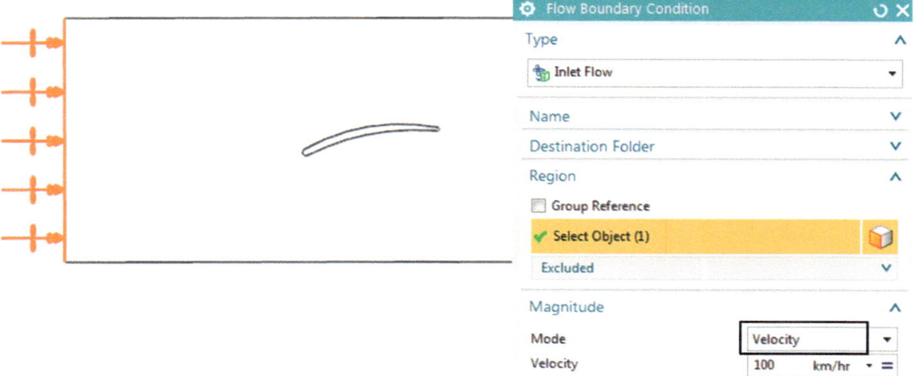

Bild 5.16 100 km/h Anströmgeschwindigkeit

5.2.1.15 Definition der Auslassöffnung

Nachdem an der Einlassfläche die Geschwindigkeit vorgegeben wurde, braucht an der Auslassfläche lediglich die Öffnung des Strömungsraums mit der Angabe des Drucks vorgegeben zu werden.

Gehen Sie dazu wie folgt vor:

- Wählen Sie erneut die Funktion *Strömungsrandbedingung* (*Flow Boundary Condition*, siehe Bild 5.17).
- Im erscheinenden Menü wählen Sie den Typ *Öffnung* (*Opening*).
- Selektieren Sie die Auslassfläche und bestätigen Sie alle Voreinstellungen mit Ok.

Die Voreinstellung für den Druck an der Öffnung ist *Räumlich* (*Ambient*). Das bedeutet, dass der Druck aus den *Umgebungsbedingungen* (*Ambient Conditions*) verwendet wird, die in den Lösungsvoreinstellungen bereits geeignet sind, d. h. ca. 1 bar.

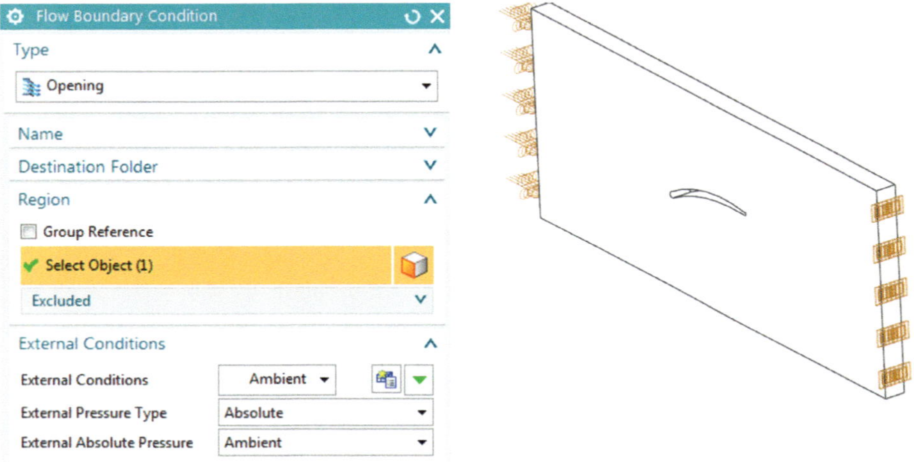

Bild 5.17 Am Austritt wird der Umgebungsdruck vorgegeben. Meist wird mit dem voreingestellten Umgebungsdruck von 1 bar gerechnet.

5.2.1.16 Randbedingung für das Flügelprofil

Am Flügelprofil soll eine Randbedingung definiert werden, die einer glatten Wand entspricht, weil das tiefgezogene Blech des Flügels nur geringe Rauigkeit hat (Bild 5.18). Dazu muss, wie vorher erläutert, eine Körperwandbedingung definiert werden.

Gehen Sie für die Definition dieser Bedingung folgendermaßen vor:

- Wählen Sie die Funktion *Strömungsoberfläche* (*Flow Surface*, siehe Bild 5.18).
- Im erscheinenden Menü wählen Sie den Typ *Begrenzungsflussoberfläche* (*Boundary Flow Surface*).
- Selektieren Sie die vier Flächen, die zum Profil gehören.
- Benennen Sie dieses Element z. B. mit *Profil_Walls*.
- Bestätigen Sie alle Voreinstellungen mit Ok.

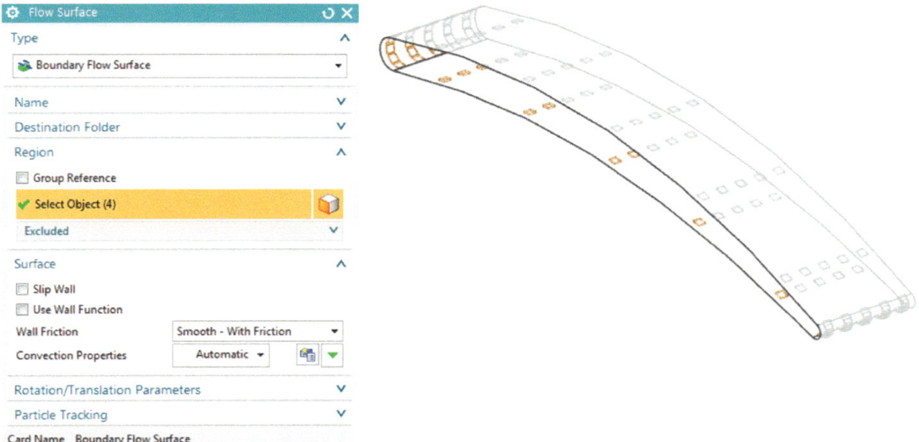

Bild 5.18 Am Blech des Flügelprofils liegt eine glatte Wand mit Reibung vor. Die Strömung „klebt" also dort und hat keine Geschwindigkeit.

Die Körperwandbedingung wird nun erstellt. Mit der Voreinstellung *Glatt mit Reibung* (*Smooth With Friction*) ergibt sich die gewünschte Eigenschaft der hier auftretenden Grenzschicht an der Wand.

Zusätzlich wird der CFD-Solver für diesen Flächenbereich Kräfte und Momente berechnen, die sich aus der Druckverteilung ergeben. Mithilfe dieser Informationen ergibt sich der gefragte Auftrieb am Flügel.

Die Option *Wandfunktion* (*Wall Function*) kann, muss aber nicht eingeschaltet werden, denn er wird intern eingeschaltet. Eine entsprechende Meldung im Logfile weist darauf hin.

5.2.1.17 Randbedingung für die Windkanalwand

An den beiden Wänden des Windkanals (Bild 5.19) haben wir die gleichen Strömungsbedingungen wie am vorher definierten Flügelprofil. Die Wände sind glatt, und die Strömungsteilchen „kleben" dort fest, d. h., genau an dieser Wand herrscht keine Geschwindigkeit. Diese Bedingung wollen wir ebenso definieren:

- Wählen Sie die Funktion *Strömungsoberfläche* (*Flow Surface*) und darin den Typ *Begrenzungsflussoberfläche* (*Boundary Flow Surface*).
- Selektieren Sie die zwei Flächen, die zum Windkanal gehören.
- Benennen Sie dieses Element z. B. mit *Other_Walls*. Bestätigen Sie mit OK.

Eigentlich wäre die Angabe dieser Bedingung jedoch gar nicht erforderlich, denn nach Voreinstellung gilt diese Bedingung schon an allen Flächen, die keine explizite Bedingung bekommen haben. Diese Voreinstellung kann in den Einstellungen der Lösung im Register *3D Fluss* bei *Reibungs- und Konvektionsparameter* nachgesehen werden.

Nach Voreinstellung gilt diese Bedingung an allen Flächen, die keine explizite Bedingung bekommen haben.

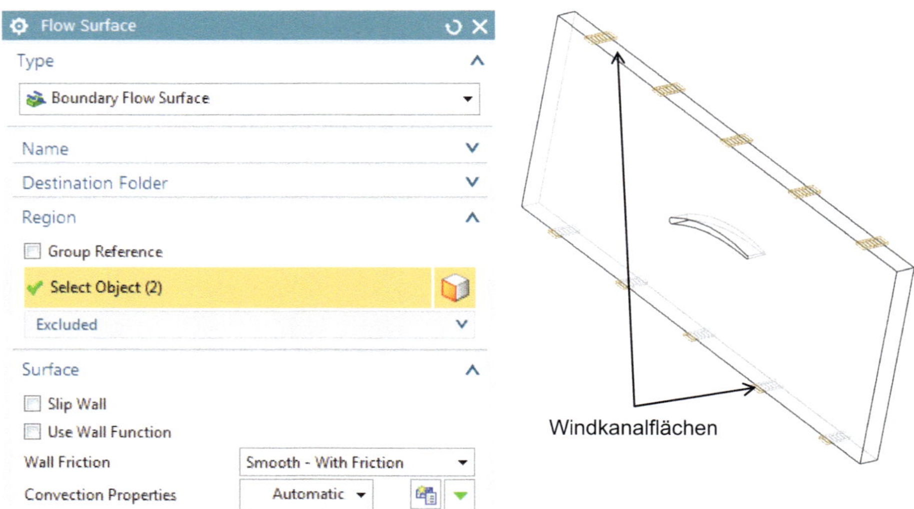

Bild 5.19 Die Wände des Kanals erhalten auch Bedingungen.

5.2.1.18 Symmetrierandbedingung an den Schnittwänden

An den übrigen zwei Seitenwänden unseres Strömungsraums, an denen wir ja die Realität abgeschnitten haben, soll eine Bedingung für reibungsfreies Gleiten vorgegeben werden, die sich genauso auswirkt. Dazu kann auch die Funktion für Symmetriewände genutzt werden.

Eine Symmetriebedingung hat den gleichen Effekt wie die Funktion Gleitwand (*Slip Wall*).

- Wählen Sie die Funktion *Symmetrieebene* (*Symmetry Plane*).
- Selektieren Sie eine der beiden Umgebungsflächen und bestätigen Sie alle Einstellungen mit OK.
- Führen Sie dies für die andere Seitenwand ebenfalls durch. Die Symmetriefunktion sollte für jede Raumebene getrennt erzeugt werden.

5.2.1.19 Anforderung von Ergebnissen während der Lösungsiterationen

Ein solcher Report ist sehr nützlich für die Ergebniskontrolle.

Während der Iterationen des CFD-Laufs soll gesehen werden, wie sich die Ergebnisse Druck und Geschwindigkeit verändern. So kann das Verhalten dieser Ergebnisse schon während des Laufs kontrolliert und an eventuell Schwankungen kann Unsicherheit bzw. an einem ruhigen Verlauf Zuverlässigkeit der Ergebnisse erkannt werden. Nutzen Sie eine Funktion, die Ihnen auf einer interessierenden Fläche zu jedem Rechenschritt Druck, Geschwindigkeit und Temperatur anzeigt:

- Wählen Sie die Funktion *Bericht* (*Report*).
- Schalten Sie auf den Typ *Nachverfolgung beim Lösen* (*Track During Solve*).
- Selektieren Sie eine interessierende Fläche, z. B. die vordere Stirnfläche des Profils.
- Bestätigen Sie alle Einstellungen mit OK.

5.2.1.20 Durchführung der Lösung

Nachdem das Berechnungsmodell aufgebaut wurde, kann es schließlich gelöst werden.

Die Lösung braucht, je nach Hardware, ca. 1 bis 5 min Zeit.

- Rufen Sie dafür die Funktion *Berechnen* (*Solve*) auf und bestätigen Sie mit OK.

Nach der Voreinstellung wird zunächst automatisch eine *Umfassende Prüfung* (*Comprehensive Check*) durchgeführt, bei der grobe Fehler am Berechnungsmodell angezeigt werden. Anschließend wird der CFD-Prozess gestartet.

5.2.1.21 Beobachtung des Lösungsfortschritts

Während des Lösungsvorgangs erscheint der *Solution-Monitor*, der für die Beobachtung des Lösungsfortschritts genutzt wird (Bild 5.20). Hierin werden folgende Dinge angezeigt:

- welches Modul des Solvers gerade arbeitet
- Meldungen, Informationen, Warnungen und Fehler
- der Konvergenzverlauf

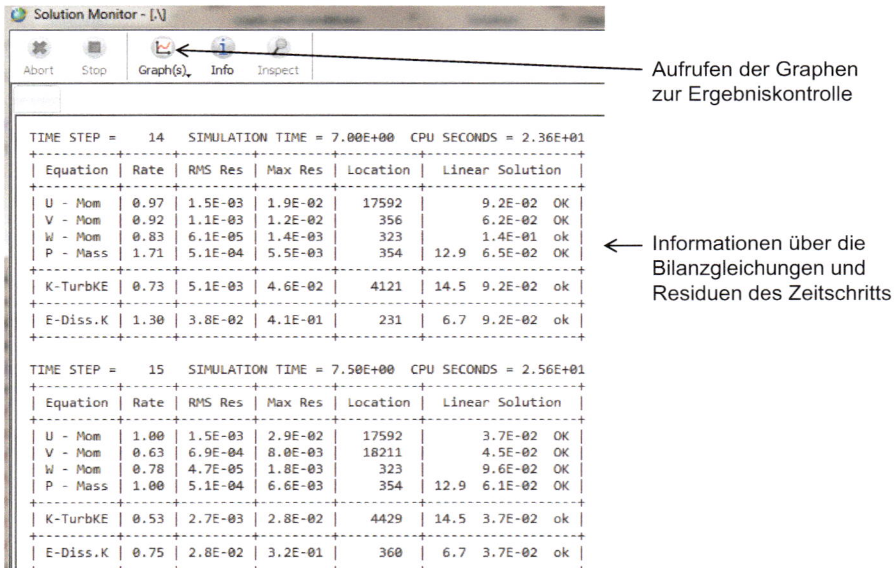

Bild 5.20 Der Lösungsmonitor sollte kontrolliert werden. Er gibt viele nützliche Informationen. Über die Taste *Graph, Convergence* wird der in Bild 5.21 dargestellte Graph mit dem Konvergenzverlauf dargestellt, der mit jedem Zeitschritt aktualisiert wird.

Außerdem kann der Lösungsverlauf mit der *Abort*-Taste abgebrochen werden. Mit *Stop* wird die Lösung unterbrochen, sodass die bisherigen Ergebnisse kontrolliert werden können. In diesem Fall kann die Weiterführung der Lösung mit der *Restart*-Funktion wiederaufgenommen werden. Der Textinhalt des *Solution-Monitors* wird im Arbeitsverzeichnis als Log-File abgelegt.

Über die Taste *Graph, Convergence* wird der in Bild 5.21 dargestellte Graph mit dem Konvergenzverlauf dargestellt, der mit jedem Zeitschritt aktualisiert wird.

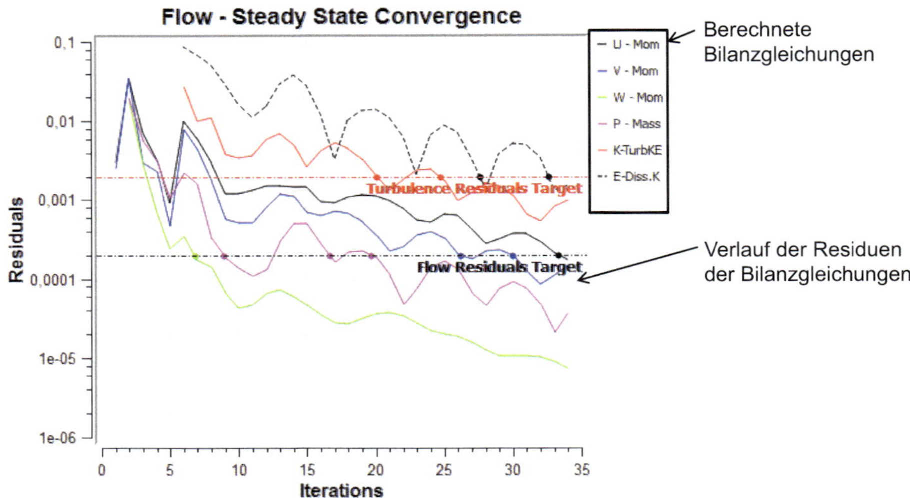

Bild 5.21 Mit dem Konvergenzgraphen kann beurteilt werden, ob die Berechnung konvergiert oder divergiert. Zu jeder berechneten Bilanzgleichung ergeben sich Residuen, d. h. Fehler. Am Verlauf der Residuen wird der Lösungsverlauf kontrolliert.

Falls keine Konvergenz erreicht wird, muss das Modell, der Zeitschritt oder die Konvergenzsteuerung geändert werden.

Entsprechend Bild 5.21 zeigt der Konvergenzverlauf an jedem Zeitschritt die Kontrollparameter[3] für jede Bilanzgleichung. In diesem Fall sind es drei Parameter für die Impulserhaltung und einer für die Massenerhaltung. Nach einem steilen Anstieg während der ersten Zeitschritte sollten die Werte möglichst kleiner werden. Ziel ist, dass alle Kontrollparameter unterhalb des Konvergenzkriteriums[4] sind. Falls der Verlauf nicht konvergiert, sollte der Berechnungslauf abgebrochen und das Berechnungsmodell geändert werden. Es sollte dann geprüft werden, ob alle Eingabegrößen, wie Geschwindigkeiten und Drücke, physikalisch sinnvoll sind. Sobald alle Kontrollparameter das Konvergenzkriterium unterschritten haben, wird die Rechnung abgeschlossen. Sie hat dann konvergiert.

Zeitschrittempfehlungen zur Erreichung einer schnellen Lösung

Unter Umständen kann es sinnvoll sein, durch Verringern des Konvergenzkriteriums die Lösungsgenauigkeit zu verbessern. Bei zappelndem Verlauf der Konvergenzparameter wird empfohlen, den Zeitschritt kleiner zu machen. Bei ruhigem, aber schlecht konvergierendem Verlauf kann der Zeitschritt auch größer gewählt werden.

Über die Taste *Graph, Track Results* im Lösungsmonitor werden die Graphen mit dem Verlauf der angeforderten Zwischenergebnisse (Bild 5.22) dargestellt und ebenfalls mit jedem Zeitschritt aktualisiert. Die Graphen zeigen an, dass die Geschwindigkeit und der Druck auf der Eintrittsfläche zu Beginn der Analyse noch stark schwankten und dann schnell zur Ruhe kamen. Aus dem Verlauf kann geschlossen werden, dass auch weitere Iterationen keine nennenswerte Änderung des Ergebnisses bewirken würden.

Ein Bild mit dem Konvergenzverlauf (und entsprechend für die anderen angefragten Größen) wird als Datei mit dem Namen *flowcnvg.png* (oder entsprechend) gespeichert. Auf diese Weise kann auch später darauf zurückgegriffen werden.

3 RMS-Residual oder das Maximum Residual, je nach Einstellung der Konvergenzparameter unter den Lösungsparametern

4 Auch das Konvergenzkriterium ist unter den Lösungsparametern voreingestellt.

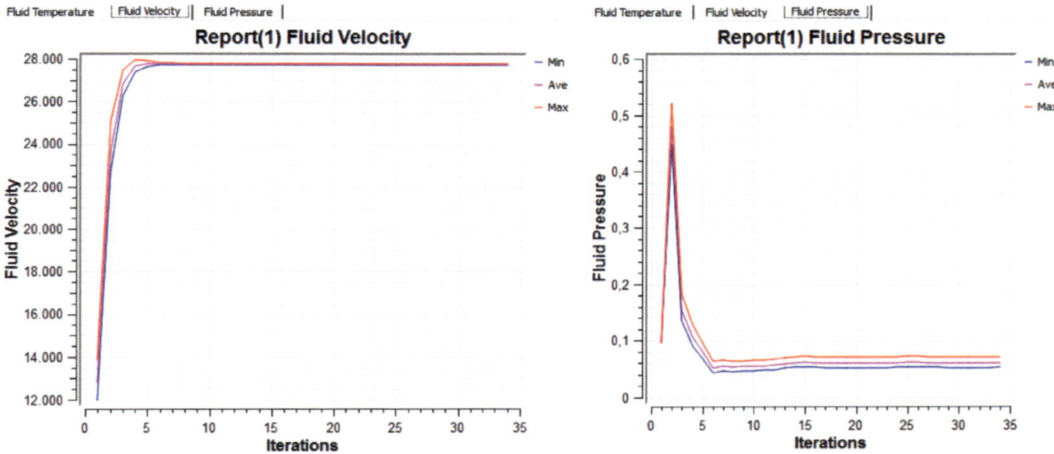

Bild 5.22 Die Geschwindigkeit und der Druck auf der Stirnfläche des Profils werden durch den angeforderten Report während der Lösungsschritte ausgegeben. Die Größen haben am Ende einen ruhigen Verlauf. Dies eignet sich gut zur Kontrolle der Lösung.

5.2.1.22 Kontrolle des Y+-Ergebnisses

Stellen Sie das Ergebnis *Y+ on +ve Side -Nodal* im Postprozessor dar.

Die Verteilung von *Y+* auf der Profilfläche sollte wie in Bild 5.23 aussehen. Die Ergebnisse auf der Profilfläche können z. B. mit der Funktion *Identifizieren* mit Filter auf Fläche abgelesen werden. Für die Bewertung von *Y+* gelten die folgenden Regeln:

Wichtige Regeln für die Bewertung des *Y+*-Ergebnisses

- Für beste Ergebnisse sollte der *Y+*-Wert ungefähr bei 30 liegen. Werte zwischen 10 und 70 sind akzeptabel.
- Falls *Y+* zu klein: Der Gitterwandabstand ist zu vergrößern.
- Falls *Y+* zu groß: Der Gitterwandabstand ist zu verkleinern.

In unserem Fall ist der *Y+*-Wert also etwas zu groß. Deshalb wollen wir die Dicke der ersten Elementschicht verkleinern.

Diese Regeln und Empfehlungen für die *Y+*-Bewertung basieren auf Angaben des Softwareherstellers [Maya], auf [nxflowref] sowie auf unseren eigenen Erfahrungen [Binde5].

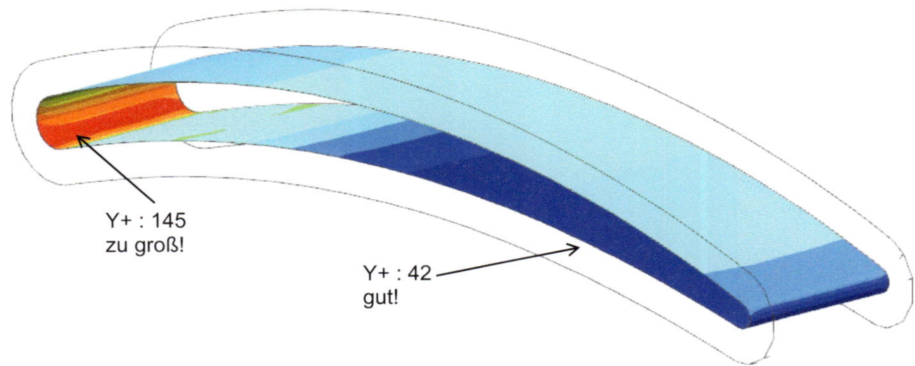

Bild 5.23 Dies sind wichtige Regeln für die Bewertung des *Y+*-Ergebnisses.

5.2.1.23 Verbesserung und Neuberechnung des Gitterwandabstands

Der Gitterwand-abstand sollte verkleinert werden.

- Wechseln Sie in die FEM-Datei.
- Bearbeiten Sie die *Netzsteuerung* (*Mesh Control*), in der die Definition der Randschichten enthalten ist.
- Verkleinern Sie die *Erste Layerstärke* (*First Layer Thickness*) von 3 auf 2 mm.
- Aktualisieren Sie das Modell und berechnen (solven) Sie es erneut.
- Kontrollieren Sie das *Y+*-Ergebnis auf der Profilfläche.

Nun sollte sich ein maximaler *Y+*-Wert von ca. 100 und ein minimaler von ca. 25 einstellen. Dieser liegt im gewünschten Bereich. Deshalb sollten jetzt die weiteren Ergebnisse bewertet werden.

5.2.1.24 Ergebnis der statischen und der totalen Druckverteilung

Der statische Druck ist der Gesamt- oder Totaldruck abzüglich des dynamischen Anteils.

- Um die Verteilung des statischen Drucks darzustellen, wählen Sie im Simulationsnavigator den Knoten *Static Pressure - Element Nodal*.
- Ändern Sie die dargestellte Einheit auf *Bar*: ERGEBNIS FESTLEGEN > EINHEITEN > LEISTE (SET RESULT > UNITS > BARS).

Druckverteilungen werden immer relativ zur Umgebung dargestellt.

Das Ergebnis der statischen Druckverteilung sollte wie in Bild 5.24 aussehen. Der Druck wird immer als relative Größe dargestellt, d.h., es wird hier die Änderung gegenüber dem Umgebungsdruck von 1 bar dargestellt. An der Profilspitze, an der die Luft senkrecht auf das Profil trifft, ergibt sich die größte Druckerhöhung. An der unteren Seite hingegen, wo die Strömung ablöst, ist der Druck am kleinsten.

- Für den Totaldruck wählen Sie im Simulationsnavigator den Knoten *Total Pressure - Element Nodal*.

Bild 5.24 Die statische Druckverteilung ist plausibel für ein Flügelprofil.

Zur Bewertung des Totaldrucks

Es sollte sich ein Bild wie in Bild 5.25 zeigen. Der Totaldruck entspricht der Summe aus dem statischen und dem dynamischen Druck. Es ist also der Druck, der in Strömungsrichtung gemessen werden kann. Wie auch beim statischen Druck sind die Ergebnisse wieder relativ zum Umgebungsdruck zu bewerten, d. h. ein berechneter Druck von Null Bar entspricht genau dem Umgebungsdruck von ca. 1 bar.

Typisch für den Totaldruck ist, dass er in Strömungsrichtung immer abnimmt, was auf die Strömungsverluste zurückzuführen ist, die immer existieren.

Bild 5.25 Der Totaldruck nimmt in Strömungsrichtung gesehen immer ab. Grund sind die Strömungsverluste in jeder Strömung.

5.2.1.25 Ergebnis der Strömungskräfte

Die Kräfte, die auf das Profil wirken, ergeben sich durch Integration der berechneten Drücke über der Oberfläche des Profils. Falls Randbedingungen vom Typ *Strömungsoberfläche* (*Flow Surface*) angewandt wurden, so berechnet der Solver ganz automatisch diese Kräfte und schreibt die Ergebnisse in das Protokoll im Solution-Monitor. Falls der Solution-Monitor nicht mehr geöffnet ist, kann das Logfile auch mit einem Editor geöffnet werden. Bild 5.26 stellt einen Ausschnitt der Datei *fl_fluegel_links_sim1-Solution_1.log* dar, die im Arbeitsverzeichnis der Berechnung zu finden ist. Demnach wurden die hier markierten Kräfte berechnet.

```
Forces at CG
of Flow Surfaces                x-comp      y-comp      z-comp      |R|
---------------------------------------------------------------------------
Flow Surface on Profile
 CG location (mm):            4.333E+02   3.150E+01   7.500E+01
 CP location (mm):           -1.397E+02  -2.412E+02   7.530E+01
 Total Force (mN):            8.979E+03  -1.887E+04  -1.119E+00   2.089E+04
 Total Torque (mN-mm):        7.057E+03  -2.008E+02   1.326E+07   1.326E+07
 Shear Force (mN):            3.757E+02  -3.823E+01  -1.123E+00   3.777E+02
 Shear Torque (mN-mm):       -3.366E+01   2.262E+02  -1.155E+04   1.156E+04
 Pressure Force (mN):         8.603E+03  -1.883E+04   3.652E-03   2.070E+04
 Pressure Torque (mN-mm):     7.091E+03  -4.270E+02   1.327E+07   1.327E+07
Other_Walls
```

Bild 5.26 An dem Profil wird automatisch eine Integration des Drucks vorgenommen. So ergeben sich die gesuchten Kraftgrößen.

Hier kann, entsprechend Bild 5.26, für die Flow Surface mit dem Namen *Flow Surface on Profile* abgelesen werden, dass für die Kraft in Y-Richtung minus 18,9 N berechnet wurden. Da diese Zahl für ein Profilstück von einem Zehntel der originalen Größe ermittelt

Die gefundenen Kraftgrößen müssen noch auf die gesamte Breite des Flügels skaliert werden.

wurde, müsste sie noch mit 10 multipliziert werden. Es ergibt sich daher pro Flügel eine Abtriebskraft von ca. 189 N. (Dabei ist jedoch das um 10° verdrehte Koordinatensystem noch nicht berücksichtigt.)

5.2.1.26 Darstellung der Geschwindigkeiten

Neben der Druckverteilung ist der Geschwindigkeitsverlauf am Profil von Interesse. Dieser wird zunächst als Farbplot, wie in Bild 5.27, dargestellt.

- Stellen Sie im Postprozessor das Ergebnis *Velocity - Element-Nodal* dar.
- Ändern Sie die dargestellte Einheit auf *km/h*: *Ergebnis festlegen, Einheiten* (*Set Result, Units*).

Berechnete Geschwindigkeiten in der Einheit km/h

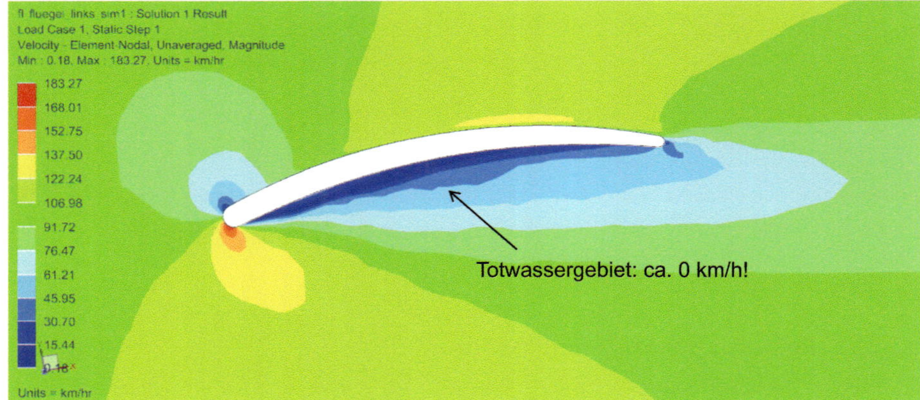

Bild 5.27 Berechnete Geschwindigkeiten in der Einheit km/h

Um die Geschwindigkeit mit Pfeilen darzustellen, gehen Sie wie folgt vor (vgl. Bild 5.28):

- Ändern Sie die Darstellung auf Pfeile: PP-ANSICHT BEARBEITEN > FARBDARSTELLUNG, ARROWS (EDIT POST VIEW > COLOR DISPLAY > ARROWS).
- Verkleinern Sie die Pfeile: PP ANSICHT BEARBEITEN > ERGEBNIS > GRÖSSE > 1 % (EDIT POST VIEW > RESULT > SIZE > 1 %).

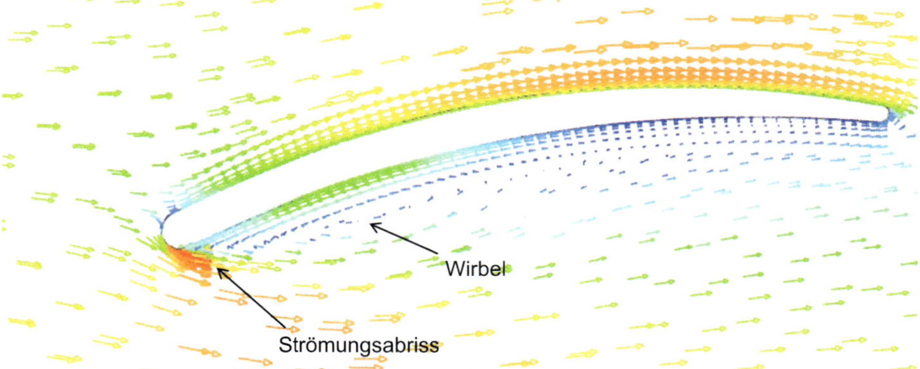

Bild 5.28 Die Anzeige mit Pfeilen hilft bei der Analyse der Strömungsrichtungen. Der Geschwindigkeitsverlauf zeigt das Totwassergebiet, an dem sich die Strömung vom Profil ablöst.

Die Pfeile zeigen die Richtung der errechneten Geschwindigkeit an. Es ist zu erkennen, dass die Strömung auf der Oberseite überall anliegt. Auf der Unterseite dagegen löst sich die Strömung gleich nach dem Profilbeginn ab, und es entsteht ein Ablösegebiet (Totwassergebiet). Die Strömung legt sich erst im hinteren Teil des Profils wieder an die Wand an. Im abgelösten Gebiet ist die Geschwindigkeit nur sehr gering, und es kommt zu einem Wirbel.

Es soll nicht verschwiegen werden, dass je nach Vernetzung, Turbulenzmodell und anderer Eingabeparameter die Größe und Ausbildung der berechneten Wirbel schwankt. Auch die Größe der berechneten Geschwindigkeiten und Kräfte wird dementsprechend variieren. Zur Absicherung von CFD-Ergebnissen in der industriellen Praxis sind Netzunabhängigkeitsstudien sowie Kalibrierungen mit Messungen unerlässlich.

Damit ist diese Lernaufgabe beendet.

Literatur

[Binde5] *Binde, P.:* Strömungs- und thermische Analyse mit Simcenter/Flow & Thermal. Schulungsunterlagen zum Training. Dr. Binde Ingenieure GmbH, Wiesbaden

[ESCref] I-DEAS ESC Electronic System Cooling. Reference Manual

[Maya] *Maya Heat Transfer Technologies Ltd.:* Simcenter Flow. Schulungsunterlagen zum Training

[nxflowref] Simcenter Flow. Reference Manual. Dokumentation zur Installation

6 NX/Simcenter 3D EM

Bei der Entwicklung elektrotechnischer Komponenten mittels herkömmlicher Methoden, d. h. über Faustformeln und Erfahrungswerte, stößt man aufgrund der Komplexität heutiger Aufgabenstellungen schnell an Grenzen. Messtechnische Untersuchungen sind aus Kostengründen erst in späteren Konstruktionsphasen erlaubt, oder es wird ganz auf den Prototypenbau verzichtet, um dem schnellen Wettbewerb zu genügen. Da analytische Methoden der elektrotechnischen Feldtheorie bei realistischen Anwendungsfällen mit einer fast immer komplexen Geometrie nur unter unzulässigen Vereinfachungen anwendbar wären, haben numerische Verfahren hohes Potenzial. In Kombination mit den heute verfügbaren CAD-Programmen lässt sich mit der numerischen Simulation auch sehr komplexe Geometrie gut behandeln, sodass sie zu einem unverzichtbaren Werkzeug geworden ist. Wissenschaftliche Grundlagen zur elektromagnetischen Simulation wurden vor allem von [Weiland] und [Bossavit] entwickelt.

Alle üblichen Lösungstypen der Elektromagnetik sind möglich.

Mit dem Modul *Simcenter 3D EM* können Aufgaben der Elektrostatik, Elektrokinetik, Magnetostatik, Magnetodynamik (Niederfrequenz) sowie Hochfrequenz (*Full Wave*) gelöst werden. Damit lässt sich auch die vierte Art der technischen Simulation im Simcenter 3D-System behandeln: die Elektromagnetik. Zu den anderen Arten des technischen Simulation zählt unter anderem die Starrkörpermechanik, die mit dem Modul *NX/Simcenter 3D Motion* untersucht wird. *NX Design Simulation* bzw. *NX/Simcenter 3D FEM* und *NX/Simcenter 3D CFD* behandeln Struktur-, Thermo- und Strömungsmechanik (Bild 6.1).

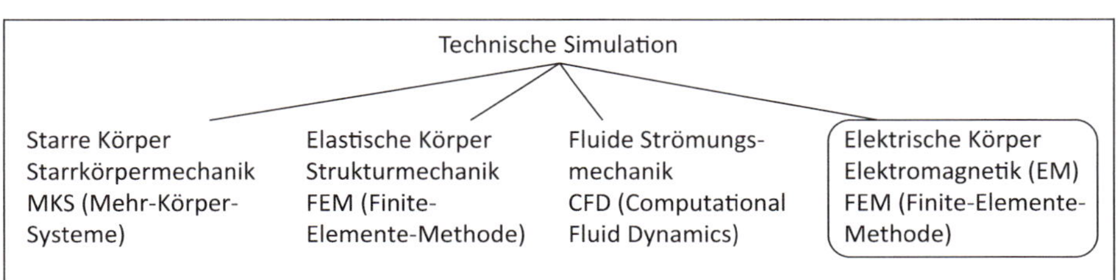

Bild 6.1 Die Mechanik wird in vier Teile klassifiziert.

Ermöglicht wird dies durch den Solver MAGNETICS for NX, der ab Version 7.5 als Add-on zum Simcenter-System verfügbar ist. Dieses Produkt enthält GetDP, eine objektorientierte, numerische Bibliothek, die an der Universität Lüttich entwickelt wird. Nähere Informationen hierzu erhalten Sie in [GetDP 2014], [Geuzaine 2001] und [Dular]. In MAGNETICS wird GetDP in einer geprüften und erweiterten Version eingesetzt.

HINWEIS: Wer diesen Solver nutzen möchte, muss ihn bei der Firma Dr. Binde Ingenieure GmbH *(www.Simcenter.expert)* oder einem Vertriebspartner lizenzieren. Für Evaluierungszwecke kann eine auf 1500 Knoten begrenzte Demo-Lizenz verwendet werden. Die Demo-Variante reicht aus, um die meisten Beispiele dieses Buchs durchzurechnen.

Die Beispiele in diesem Buch konzentrieren sich auf die Themen Magnetostatik und Magnetodynamik (Niederfrequenz), die in der Praxis sehr oft eingesetzt werden. Zum Zweck einer EMV Betrachtung (elektromagnetische Verträglichkeit) wird auch das Thema Full Wave, Hochfrequenz, gestreift.

Elektromechanische oder -magnetische Analysen sind in die normale Oberfläche des Simcenter-Systems integriert.

Da der Solver MAGNETICS for NX vollständig in *NX/Simcenter 3D Pre/Post* integriert ist, können dieselben Werkzeuge und Methoden eingesetzt werden wie auch bei der Struktur- oder Strömungsanalyse. Bei der Erstellung und Vorbereitung von Geometrie werden die bekannten Methoden aus dem CAD-Bereich angewandt. Dies erleichtert die Anwendung für Neueinsteiger erheblich. Darüber hinaus lassen sich die entstehenden Daten im PDM-System-Teamcenter speichern und gemeinsam mit der Konstruktion verwalten.

Neben dem MAGNETICS Solver gibt es in Simcenter seit Kurzem noch weitere Solver für Elektromagnetik: Der Simcenter MAGNET-Solver ist geeignet für Statik- und Niederfrequenz-Anwendungen. Er ist hervorgegangen aus der MENTOR-Akquisition und war ehemals ein Produkt der Firma Infolytica aus Kanada. Zu seinen Anwendungsbereichen zählen die Simulation von Elektromotoren, Transformatoren und Sensoren. Für den Hochfrequenzbereich der Elektromagnetik gibt es ein Solver-Produkt in Kooperation mit der italienischen Firma IDS, das derzeit noch nicht auf übliche Weise in Simcenter verfügbar ist. Die Anwendungsbereiche sind beispielsweise Antennen und Radarsysteme. Beide Produkte werden in diesem Buch aufgrund der Neuheit noch nicht behandelt.

EM-Anwender sollten Vorkenntnisse mitbringen.

Es soll nicht verschwiegen werden, dass es sich bei Elektromagnetik um komplexe Aufgaben handelt, die in der Praxis nicht ohne elementare Kenntnisse der Elektrotechnik angewandt werden sollten. Ein Abgleich mit Versuchsergebnissen muss in vielen Fällen vorgenommen werden, um die Ergebnisse abzusichern.

In Abschnitt 6.1 werden zunächst einige Prinzipien erläutert, die ein Basisverständnis zu den theoretischen Hintergründen vermitteln. In Abschnitt 6.2 folgt die Installation. Abschnitt 6.3 enthält Lernbeispiele, an denen die Methodik für elektromagnetische Analysen in 2D und 3D gezeigt wird.

6.1 Prinzipien elektromagnetischer Analysen

Dieser Abschnitt basiert auf Vorlesungsmanuskripten zum Thema „Applied & Computational Electromagnetics“ der Universität Lüttich [Geuzaine 2013] sowie auf [Kost].

Bei elektromagnetischen Analysen werden die Maxwell-Gleichungen gelöst. Je nach Anwendungsfall, z. B. Elektrostatik oder Magnetodynamik, werden die Gleichungen vereinfacht, oder Teile werden weggelassen. Für die Lösung der Gleichungen haben sich unter anderen Methoden wie die Finite-Elemente-Methode (FEM) etabliert.

Grundlage sind die Maxwell-Gleichungen.

Wir stellen als Nächstes die gängigen elektromagnetischen Modelle sowie die Maxwell-Gleichungen und Materialbeziehungen, die für die Modelle zugrunde liegen, vor. Dann erklären wir, welcher Modelltyp der richtige für ein Anwendungsproblem ist, und schließlich zeigen wir noch die Gleichungen, die zu den einzelnen Modellen gehören.

6.1.1 Elektromagnetische Modelle

Bild 6.2 zeigt Anwendungsfälle oder Modelle, die in der elektromagnetischen Analyse von Interesse sind und die aus den Maxwell-Gleichungen entstehen können.

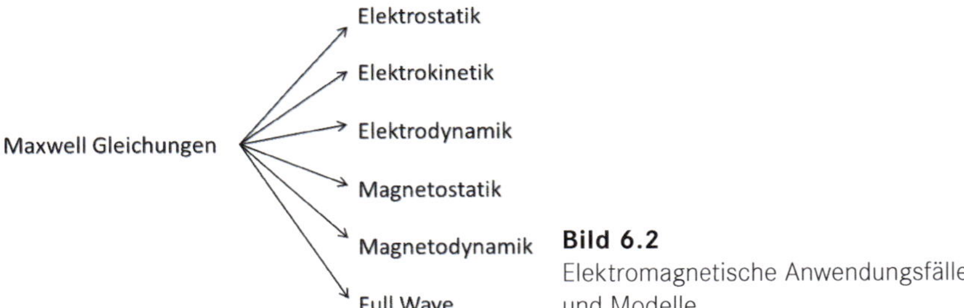

Bild 6.2 Elektromagnetische Anwendungsfälle und Modelle

Die sechs Modelle, die sich aus den Maxwell-Gleichungen ableiten lassen, unterscheiden sich in der Art, wie sie die Effekte Kapazität, Ohm-Widerstand und Induktivität berücksichtigen. Dementsprechend lassen sich Symbole für Kondensator, Widerstand und Spule zuordnen:

Elektrostatik: Es werden statische Ladungen oder elektrische Spannungen vorgegeben. Als Ergebnis erhalten wir die Verteilung des elektrischen Feldes. Dies entspricht einer Betrachtung der kapazitativen Eigenschaften (daher das Symbol eines Kondensators).

Elektrokinetik: Wir betrachten die statische Verteilung von elektrischem Strom in Leitern. Die wichtigste Eigenschaft ist dabei die elektrische Leitfähigkeit bzw. der Ohm-Widerstand (daher das Symbol des Widerstands).

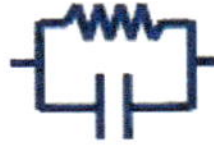

Elektrodynamik: Dies ist eine Kombination aus Elektrostatik und -kinetik. Es wird die Verteilung des elektrischen Felds und elektrischer Ströme in Materialien (Leiter und Nichtleiter) betrachtet. Dabei kann es auch zu dynamischen Effekten kommen.

Magnetostatik: Wir betrachten das statische magnetische Feld, das aus Permanentmagneten und stationären elektrischen Strömen resultieren kann. Da dies dem Effekt der Induktivität entspricht, wählen wir das Symbol der Spule.

Magnetodynamik: Ergebnis sind das magnetische Feld und Wirbelströme (*Eddy Currents*), die aus bewegten Magneten oder zeitveränderlichen Strömen resultieren. Als Symbol eignet sich die Spule mit Widerstand, weil diese beiden Effekte betrachtet werden.

Full Wave (Hochfrequenz): Hierunter fällt die Betrachtung von vollständigen elektromagnetischen Wellen. Dies erfordert, dass alle drei Effekte Kapazität, Widerstand und Induktivität berücksichtigt werden. Hiermit lassen sich Schwingungen und Resonanzen ermitteln, daher eignet sich das Symbol des elektrischen Schwingkreises.

6.1.2 Maxwell-Gleichungen

Sehen wir uns nun die Maxwell-Gleichungen an, die elektromagnetische Effekte beschreiben und Grundlage für die vorangehend genannten Modelle oder Anwendungsfälle sind. Die Maxwell-Gleichungen sind ein Set von vier Gleichungen:

Die Maxwell-Gleichungen werden gelöst.

- Ampere-Gleichung: $curl\ h = j + \partial_t d$
- Faraday-Gleichung: $curl\ e = -\partial_t b$
- Erhaltung der magnetischen Flussdichte: $div\ b = 0$
- Erhaltung der elektrischen Flussdichte: $div\ d = \rho_q$

Die Formelzeichen bedeuten Folgendes:

- h: magnetisches Feld [A/m]
- e: elektrisches Feld [V/m]
- b: magnetische Flussdichte [T]
- d: elektrische Flussdichte [As/m^2]
- j: elektrische Stromdichte [A/m^2]
- ρ_q: Raum-Ladungsdichte [As/m^3]

6.1.2.1 Ampere-Gesetz

Das Ampere-Gesetz beschreibt den Effekt, dass jeder stromdurchflossene Leiter ein Magnetfeld um sich herum erzeugt, das entsprechend der Rechte-Hand-Regel um ihn rotiert. Der *curl*-Operator aus der Gleichung wird auch oft als *rot* geschrieben und beschreibt diese rotierende Eigenschaft des Feldes. Die Gleichung $curl\ h = j$ wird häufig in der integralen Form geschrieben. Vielleicht fällt es damit leichter, den Effekt anhand Bild 6.3 zu erkennen.

Ampere-Gesetz: Elektrischer Strom bildet ein Magnetfeld.

$$curl\ h = j \quad \Rightarrow \oint_{\partial S} h \cdot dl = I$$

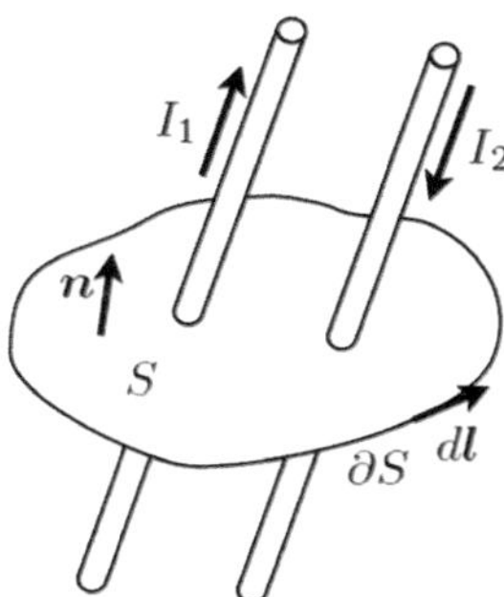

Bild 6.3
Verdeutlichung des Ampere-Gesetzes

Die beiden dargestellten Stromleiter könnten z. B. zu einer Spule eines Elektromagneten gehören. Bild 6.3 zeigt, dass auf einem Pfad l um sie herum das magnetische Feld integriert gleich der Summe der Ströme ist. Wir haben hier übrigens den Term $\partial_t d$ weggelassen, der die sogenannten Verschiebungsströme beschreibt und der nur bei hohen Frequenzen eine Rolle spielt.

Das Ampere-Gesetz führt auch auf die bekannte Knotenregel, die in elektrischen Schaltkreisen gilt: „Die Summe der Ströme an einem Knoten ist null." Dieser Zusammenhang wird auch später verwendet und lässt sich durch die Schreibweise $div\, j = 0$ beschreiben. Der sogenannte Divergenz-Operator *div* beschreibt das Auftreten von Quellen oder Senken. Die Gleichung $div\, j = 0$ bedeutet, dass keine Quellen oder Senken für den elektrischen Strom an einem Körper bzw. Knoten existieren. Der Strom, der hineingeht, muss auch wieder herauskommen.

6.1.2.2 Faraday-Gesetz

Das Faraday-Gesetz, das auch Induktionsgesetz heißt, beschreibt den Effekt, dass jede zeitliche Änderung des magnetischen Flusses zu einem rotierenden elektrischen Feld führt. Wieder in integraler Form geschrieben, lässt Bild 6.4 den Effekt erkennen:

$$curl\ e = -\partial_t b \quad \Rightarrow \oint_{\partial S} e \cdot dl = -\partial_t \Phi$$

Faraday-Gesetz: Ändert sich das Magnetfeld, so entsteht ein elektrisches Feld. Dies wird auch Induktion genannt.

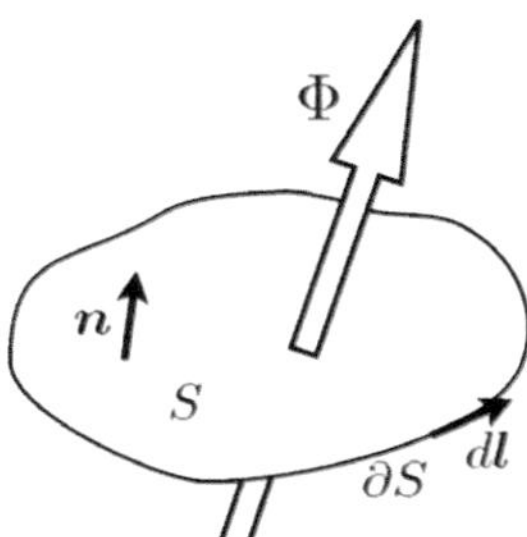

Bild 6.4
Verdeutlichung des Faraday-Gesetzes

Der Integrationspfad l könnte jetzt z. B. eine Leiterschleife oder die Spule in einem Elektromotor sein. Der große Pfeil mit Φ stellt den magnetischen Fluss dar und könnte z. B. von einem Magnet des Rotors resultieren. Bewegt sich der Magnet, so ändert sich der magnetische Fluss zeitlich, und in der Leiterschleife wird ein elektrisches Feld e und damit Spannung und Strom erzeugt.

6.1.2.3 Erhaltung der magnetischen Flussdichte

Die magnetische Flussdichte geht nicht verloren. Daher sind Feldlinien immer geschlossen.

Hierbei lässt sich auch die dritte Maxwell-Gleichung, die Erhaltung der magnetischen Flussdichte *div b = 0*, erklären. Die Gleichung *div b = 0* bedeutet, dass keine Quellen oder Senken für die magnetische Flussdichte existieren. Beim magnetischen Fluss darf also nichts verloren gehen. Bei einem Hufeisenmagneten geht der Fluss z. B. im Kreis herum durch das Hufeisen und dann auch durch die Luft hindurch. Daraus ergibt sich auch die Regel „Magnetische Flusslinien sind immer geschlossen".

6.1.3 Materialgleichungen

Zusätzlich zu den Maxwell-Gleichungen werden noch Materialgleichungen benötigt, mit deren Hilfe magnetische und elektrische Materialeigenschaften in die Analysen einbezogen werden. Wir benötigen die folgenden drei Gleichungen:

Materialeigenschaften und deren Beziehungen werden zusätzlich zu den Maxwell-Gleichungen in die Analyse einbezogen.

- Magnetische Beziehung: $b = \mu \cdot h$
- Dielektrische Beziehung: $d = \varepsilon \cdot e$
- Ohm-Gesetz: $j = \sigma \cdot e$

Die darin enthaltenen Materialeigenschaften und ihre Einheiten sind folgendes:

- μ: magnetische Permeabilität [H/m]
- ε: dielektrische Permeabilität [F/m]
- σ: elektrische Leitfähigkeit [S/m]

Diese Materialeigenschaften μ, ε und σ können Konstante sein, wenn lineares Material vorliegt. Sie können Funktionen der elektromagnetischen Felder sein, wenn nichtlineares Material vorliegt. Sie können Tensoren bei anisotropem Material oder Funktionen von anderen physikalischen Feldern sein, sehr oft z. B. von der Temperatur.

Magnetische Flussdichte und Feldstärke sind über die Permeabilität miteinander verknüpft. Die Permeabilität ist oftmals nichtlinear.

Sehen wir uns die magnetische Beziehung $b = \mu \cdot h$ an, die sehr wichtig ist, weil sie in jede magnetostatische oder -dynamische Analyse eingeht. Demnach sind die magnetische Flussdichte b und Feldstärke h über die magnetische Permeabilität μ verknüpft. Diese Permeabilität wird gerne auch in folgender Form geschrieben:

$$\mu = \mu_r \cdot \mu_0$$

Darin ist μ_0 die konstante Vakuum-Permeabilität ($4\pi 10^{-7}$ H/m) und μ_r die relative magnetische Permeabilität, die durch den Materialhersteller bekannt gemacht werden sollte.

Sogenanntes diamagnetisches und paramagnetisches Material hat $\mu_r \approx 1$. Beispiele hierfür sind Silber, Kupfer und Aluminium. Solche Materialien verhalten sich magnetisch wie Luft und haben lineare Eigenschaften.

Sogenannte ferromagnetische Materialien haben $\mu_r \gg 1$. Oft ist auch die Permeabilität von der Feldstärke abhängig, d. h. $\mu r = \mu r(h)$. Dann sprechen wir von magnetisch nichtlinearem Material. Beispiele hierfür sind Stahl und Eisen. Diese Abhängigkeit wird in Form einer nichtlinearen B-H-Kurve (*B* für Flussdichte, *H* für Feldstärke) dargestellt und auch so in das Simulationsprogramm eingegeben (in Simcenter wird lediglich der positive Teil eingegeben). Bild 6.5 links zeigt einen solchen typischen Verlauf.

Bild 6.5 rechts zeigt den Verlauf mit Berücksichtigung von Hysterese- oder Ummagnetisierungsverlusten. Dies passiert z. B., wenn in einem Stahlblech eines Elektromotors immer wieder die Flussdichte ansteigt und abfällt oder auch wenn sich die Richtung ändert. In solch einem Fall geht mit jedem Zyklus Energie verloren bzw. wandelt sie sich in Wärme um. Im Simcenter-System können diese Hystereseverluste recht einfach mithilfe der sogenannten Steinmetz-Formel oder aufwendiger mit dem Jiles-Atherton-Modell berechnet werden, jedoch müssen dazu die Steinmetz- oder eben die Jiles-Atherton-Materialparameter bekannt sein und eingegeben werden.

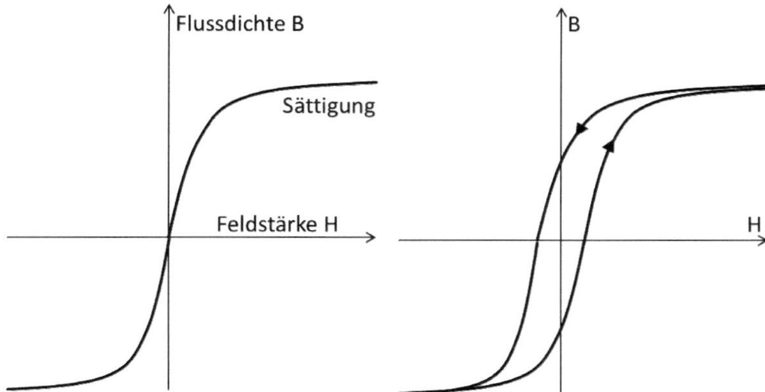

Bild 6.5 Links sehen Sie die typische Abhängigkeit der magnetischen Flussdichte von der Feldstärke, die sich in einem nichtlinearen m_r zeigt. Rechts sehen Sie den Verlauf mit Berücksichtigung von Hysterese- oder Ummagnetisierungsverlusten.

Als zweite Materialgleichung haben wir die dielektrische Beziehung $d = \varepsilon \cdot e$, die für elektrostatische oder Hochfrequenzanalysen wichtig ist. Ähnlich wie auch bei der magnetischen Beziehung gibt es hier eine Permittivität ε, mit der die elektrische Flussdichte mit der elektrischen Feldstärke verknüpft wird. Diese Permittivität wird in den meisten Anwendungsfällen konstant angenommen und ist daher unkritisch.

Die dritte Materialgleichung ist das Ohm'sche Gesetz $j = \sigma \cdot e$, das auch von großer Bedeutung ist. Die elektrische Leitfähigkeit σ ist der Kehrwert des elektrischen Widerstands ρ, der oftmals in den Materialparametern angegeben ist, d. h. $\rho = 1/\sigma$. Die Leitfähigkeit ist bei vielen Materialien abhängig von der Temperatur. Dadurch werden Aufgaben oft komplizierter: Eine stromdurchflossene Spule z. B. erwärmt sich, weil der Ohm-Widerstand zu Verlusten führt. Steigt die Temperatur an, so erhöht sich dann auch der elektrische Widerstand. In einer Analyse sollte dieser Effekt berücksichtigt werden, d. h., der korrekte Widerstand für die Endtemperatur sollte verwendet werden. In Simcenter kann dieser Effekt korrekt berücksichtigt werden.

Das Ohmsche Gesetz enthält die elektrische Leitfähigkeit. Diese ist oft von der Temperatur abhängig.

6.1.4 Modellauswahl

Nun geht es darum zu bestimmen, welches der Modelle, d. h. Magnetostatik, Elektrostatik, Hochfrequenz …, sich sinnvollerweise für eine konkrete Aufgabe eignet. Dies kann natürlich schon auf einfache Weise anhand der Beschreibungen der Modelle zu Anfang dieses Kapitels gemacht werden. Oft reichen diese Beschreibungen aber nicht aus, um eine sichere Aussage zu treffen. Daher wollen wir hier ein Schema darstellen, anhand dessen sich diese Entscheidung durch Angabe von drei charakteristischen Größen der Aufgabe quasi automatisch treffen lässt.

Die Maxwell-Gleichungen, zusammen mit den Materialgesetzen, lassen sich im Frequenzbereich (ohne Quellen) folgendermaßen schreiben:

$$\Delta e - i\omega\sigma\mu e + \omega^2 \varepsilon\mu e = 0$$

Nun wollen wir die drei charakteristischen Längen L, δ und λ einführen, mit denen eine Aufgabe beurteilt werden kann.

Anhand von den drei Längenmaßen Bauteilgröße, Skin-Tiefe und Wellenlänge wird entschieden, welches elektromagnetische Modell, bzw. welcher Lösungstyp, verwendet wird.

Bauteilgröße L: Hiermit ist die geometrische gesamte Größe des Modells gemeint. Diese lesen wir einfach anhand des CAD-Modells ab.

Skin-Tiefe δ: Die Skin-Tiefe ist ein wichtiges Maß zur Beurteilung von Wirbelströmen am Randschichtbereich von elektrischen Leitern. Je nach Frequenz und Materialeigenschaften halten sich Wirbelströme nämlich hauptsächlich im Randbereich des Leiters auf. Die ungefähre Dicke der Schicht ist die besagte Skin-Tiefe. Bei dynamischen elektromagnetischen FEM-Analysen muss darauf geachtet werden, dass in diesem Bereich eine gute und ausreichend feine Vernetzung vorliegt. Die Skin-Tiefe wird mithilfe der nachfolgenden Formel berechnet. Darin enthalten sind ω die Eigenkreisfrequenz ($2\pi f$), σ und μ die elektrische Leitfähigkeit und Permeabilität.

$$\delta = \sqrt{\frac{2}{\omega\sigma\mu}}$$

Wellenlänge λ: Die Wellenlänge beschreibt die Größe der elektromagnetischen Welle in einer dynamischen Elektromagnetik-Aufgabe. Diese Wellenlänge λ kann mit folgenden Formeln berechnet werden:

$$\lambda = \frac{2\pi}{k} \ldots, \ldots\ k = \frac{\omega}{c} \ldots, \ldots\ c = \frac{1}{\sqrt{\varepsilon\mu}}$$

mit der Wellenzahl k und der Lichtgeschwindigkeit c.

Mit diesen drei charakteristischen Längen lässt sich die vorangegangene Gleichung $\Delta e - i\omega\sigma\mu e + \omega^2\varepsilon\mu e = 0$ in einer dimensionslosen Weise schreiben:

$$\left(\frac{3}{L^2} - \frac{2i}{\delta^2} + \frac{4\pi}{\lambda^2}\right) e = 0$$

Wir definieren nun die folgenden drei dimensionslosen Kennzahlen:

$$g_1 = \left(\frac{\lambda}{L}\right)^2, \quad g_2 = \left(\frac{\delta}{L}\right)^2, \quad g_3 = \left(\frac{\lambda}{\delta}\right)^2$$

Schließlich lassen sich anhand der Kennzahlen die Schlüsse ziehen, die für die Auswahl eines elektromagnetischen Modells nötig sind:

g_1, g_2 und g_3 erlauben, die drei Längenmaße Bauteilgröße, Skin-Tiefe und Wellenlänge im Verhältnis zu beurteilen.

- $g_1 \gg 1$: Die Wellenlänge ist viel größer als die Bauteilgröße. Daher können sich Schwingungen und Resonanzen der elektromagnetischen Wellen nicht im Bauteil ausprägen. Wirbelströme (Eddy Currents) sind jedoch möglich und treten in den Randschichten (Skin-Tiefe) von elektrisch leitenden Bauteilen auf. Die Maxwell-Gleichungen können entkoppelt betrachtet werden. Wir haben also ein rein elektrisches oder ein rein magnetisches Problem vorliegen. Es kann eines der folgenden fünf Modelle gewählt werden.

$g_1 \gg 1$ und $g_2 \gg 1$ (Magnetostatik): Die Skin-Tiefe ist größer als die Bauteilgröße. Die Randschicht ist demnach sehr dick bzw. existiert gar nicht. Randschichteffekte und damit Wirbelströme spielen nur eine untergeordnete Rolle. Im Magnetostatik-Modell werden Ströme stationär angenommen, was in diesem Fall näherungsweise zutrifft. Anwendungsfälle sind zum Beispiel Elektromagnete. In Simcenter/NX wird dazu eine Lösung vom Typ *Magnetostatic* gewählt.

$g_1 \gg 1$ und $g_2 \lesssim 1$ (Magnetodynamik): Die Skin-Tiefe ist kleiner als die Bauteilgröße. Es existiert also eine ausgeprägte Randschicht, und Randschichteffekte mit Wirbelströmen spielen eine Rolle und müssen berücksichtigt werden. Es muss ein magnetodynamisches Modell – im Zeitbereich oder Frequenzbereich – gewählt werden. Anwendungsfälle sind z. B. Transformatoren, Elektromotoren, Aktuatoren und Induktionserwärmungen. In Simcenter/NX wird dazu eine Lösung vom Typ *Magnetodynamic Transient* oder *Magnetodynamic Frequency* gewählt, je nachdem, ob im Zeit- oder Frequenzbereich analysiert werden soll.

$g_1 \gg 1$ und $g_3 \gg 1$ (Elektrokinetik): Die Wellenlänge ist viel größer als die Bauteilgröße und auch größer als die Skin-Tiefe. Die Frequenz ist also klein und jede Dynamik kann vernachlässigt werden. Es kann alleine der stationär fließende Strom betrachtet werden, wie dies das elektrokinetische Modell leistet. Anwendungsfälle sind z. B. biologische Analysen in der Gehirnforschung. In Simcenter wird dazu eine Lösung vom Typ *DC Conduction Steady State* gewählt.

$g_1 \gg 1$ und $g_3 \approx 1$ (Elektrodynamik): Die Wellenlänge ist zwar viel größer als die Bauteilgröße, aber etwa so groß wie die Skin-Tiefe. Dynamische Effekte in der Randschicht sind also möglich. Dies wird vom elektrodynamischen Modell berücksichtigt. In Simcenter liegt hierfür derzeit noch kein Lösungstyp vor.

$g_1 \gg 1$ und $g_3 \ll 1$ (Elektrostatik): Die Wellenlänge ist zwar viel größer als das Bauteil, aber viel kleiner als die Skin-Tiefe. Theoretisch könnten in der Randschicht nun dynamische Effekte auftreten. Diese Kombination kann jedoch nur durch eine sehr kleine elektrische Leitfähigkeit und magnetische Permeabilität entstehen. Ansonsten wird eine kleine Wellenlänge (hohe Frequenz) stets zu einer kleinen Skin-Tiefe führen. Nur wenn die Leitfähigkeit und Permeabilität sehr klein sind, kann eine nennenswerte Skin-Tiefe resultieren. Das elektrostatische Modell ist also eine gute Näherung, weil hier keine Ströme fließen können und trotzdem ein elektrisches Feld existiert. Anwendungsfälle sind z. B. Hochspannungsisolatoren, piezoelektrische Motoren oder elektrische Abschirmungen. In Simcenter/NX wird dazu eine Lösung vom Typ *Electrostatic* gewählt.

- $g_1 \lesssim 1$ (Full Wave): Die Wellenlänge ist kleiner oder ähnlich der Bauteilgröße. Es ist das Hochfrequenz-Modell zu wählen. Damit sind Schwingungen und Resonanzen der Wellen über das Bauteil hinweg möglich. Die Entkopplung des magnetischen und elektrischen Felds kann nun nicht mehr akzeptiert werden. Anwendungsfälle sind z. B. Antennen, Mikrowellenherde oder Radarsysteme. In Simcenter wird dazu eine Lösung vom Typ *Full Wave* (entweder im Zeit- oder Frequenzbereich) gewählt.

6.1.5 Elektrostatik

In der Elektrostatik werden aus den Maxwell- und den Materialgleichungen nur solche betrachtet, in denen elektrische Größen enthalten sind. Außerdem werden die Zeitableitungen und auch die Ströme gleich null gesetzt. Damit ergeben sich die folgenden zu lösenden Gleichungen:

$$curl\ e = 0, \quad div\, d = \rho_q, \quad d = \varepsilon \cdot e$$

Für die Lösung wird ein skalares Potenzial v eingeführt mit $e = -\ grad\ v$. Zusammengesetzt ergibt sich die Skalarpotenzial-Formulierung für die Elektrostatik:

$$div\ \varepsilon\ grad\ v = -\rho_q$$

Bei der Lösung wird als primäres Ergebnis das Potenzial v ausgerechnet, das zunächst noch keine besondere Bedeutung hat. Das elektrische Feld e kann dann mit der Potenzialgleichung durch Gradientenbildung aus v abgeleitet werden. Der elektrische Fluss d wird mit $d = \varepsilon\ e$ aus dem elektrischen Feld ermittelt.

6.1.6 Elektrokinetik

In der Elektrokinetik werden die Zeitableitungen null gesetzt, die Ströme jedoch nicht. Wieder werden nur elektrische Größen betrachtet. Es ergeben sich die folgenden zu lösenden Gleichungen:

$$curl\, e = 0, \quad curl\, h = j, \quad div\ j = 0, \quad j = \sigma \cdot e$$

Wie in der Elektrostatik wird das skalare Potenzial v eingeführt mit $e = -\ grad\ v$. Damit ergibt sich die Skalarpotenzial-Formulierung für die Elektrokinetik:

$$div\ \sigma\ grad\ v = 0$$

Das primäre Ergebnis nach dem Lösen der Gleichung ist das Potenzial v. Durch die Potenzialgleichung kann daraus das elektrische Feld e und mit dem Ohm-Gesetz der elektrische Strom j berechnet werden.

6.1.7 Elektrodynamik

Die Elektrodynamik verwendet die folgenden Gleichungen:

$$curl\, e = 0, \quad curl\ h = j + \partial_t d, \quad div(j + \partial_t d) = 0, \quad j = \sigma \cdot e, \quad d = \varepsilon \cdot e$$

Es ergibt sich mit $e = -grad\ v$ die zu lösende Gleichung:

$$div(\sigma\ grad\ V + \varepsilon\ grad\ \partial_t V) = 0$$

6.1.8 Magnetostatik

Die Zeitableitungen sind null, und es werden die Gleichungen betrachtet, in denen magnetische Größen enthalten sind. Es ergeben sich folgende Gleichungen:

$$curl\ h = j, \quad div\ b = 0, \quad b = \mu \cdot h$$

Wieder wird ein Potenzial eingeführt, diesmal jedoch ein Vektorpotenzial a mit $b = curl\ a$.

Des Weiteren setzen wir vereinfachend $j = j_s$. Für den Strom setzen wir demnach den von außen aufgebrachten Quellstrom j_s. Falls Permanentmagnete berücksichtigt werden, so wird die magnetische Beziehung um die Remanenz b_s erweitert:

Magnetische Beziehung mit Permanentmagneten

$$b = \mu \cdot h + b_s$$

Damit ergibt sich die zu lösende Gleichung beispielsweise in der hier dargestellten Form. Es soll bemerkt werden, dass neben der hier angegebenen Form auch andere möglich und gängig sind.

$$curl\ \mu^{-1}\ curl\ a = j_s$$

Nach dem Lösen steht das primäre Ergebnis a zur Verfügung. Mit $b = curl\ a$ kann die magnetische Flussdichte b und mit $b = \mu\ h$ die magnetische Feldstärke h berechnet werden.

6.1.9 Magnetodynamik

In der Magnetodynamik werden als einzige Vereinfachung die sogenannten Verschiebungsströme weggelassen, d. h. der Anteil $\delta_t b$ beim Ampere-Gesetz. Also werden die folgenden Gleichungen gelöst:

$$curl\ h = j, \quad curl\ e = -\partial_t b, \quad div\ b = 0, \quad b = \mu \cdot h + b_s, \quad j = \sigma \cdot e + j_s$$

Es werden nun mit a und v zwei verschiedene Potenziale eingeführt:

Vektorpotenzial a für das magnetische Feld:

$$b = curl\ a$$

Skalarpotenzial v für das elektrische Feld:

$$e = -grad\ v - \partial_t a$$

Damit ergibt sich folgende zu lösende Gleichung:

$$curl\ \mu^{-1} curl\ a + \sigma(\partial_t a + grad\ V) = j_s$$

Wegen der beiden Potenziale wird diese Formulierung auch *a*-*v*-Formulierung genannt. Neben dieser *a*-*v*-Formulierung, die in MAGNETICS eingesetzt wird, sind auch andere möglich.

Die Variable `UGII_MAGNETICS` wird für die Verwendung in Simcenter gesetzt. Dies geschieht in der Datei *ugii_env.dat*.

6.1.10 Full Wave (Hochfrequenz)

Beim Modell für Hochfrequenz werden die vollständigen elektromagnetischen Wellen berechnet. Es werden gar keine Vereinfachungen der Maxwell-Gleichungen zugelassen. Die zu lösenden Gleichungen sind also folgende:

$$curl\ h = j + \partial_t d, \quad divb = 0, \quad curl\ e = -\partial_t b, \quad b = \mu \cdot h, \quad d = \varepsilon \cdot e, \quad j = \sigma \cdot e$$

Zusätzlich zu den Gleichungen kann am Rand des Rechengebiets (Unendlichkeitsbedingung) eine Silver-Müller-Strahlungsbedingung für ausgehende Wellen definiert werden.

In MAGNETICS wird für die Lösung eine *a-v*-Formulierung mit zusätzlichen Termen für Hochfrequenz verwendet. Die vollständige Gleichung kann z. B. in [Kost] nachgeschlagen werden.

6.2 Installation und Lizenz

Der MAGNETICS-Solver muss installiert werden. Updates können im Internet heruntergeladen werden.

Der Solver MAGNETICS ist bei einer Standardinstallation des Simcenter-Systems noch nicht enthalten. Um das Programm nutzen zu können, muss eine gesonderte Installation durchgeführt werden. Sie finden das dazu nötige Installationspaket unter *www.magnetics.de/obtain*. Wählen Sie dort den Link *CONTACT US* unter der Überschrift *1500 Nodes Version*. Sie erhalten dann per Mail einen Downloadlink für das Installationspaket.

Das Programm darf ohne kommerzielle Lizenz als Demo- oder Testversion zur Softwareevaluierung genutzt werden. Dann ist es auf maximal 1500 Knoten beschränkt, was für die meisten Lernaufgaben dieses Buches ausreicht, wenn grobe Vernetzungen gewählt werden. Wir zeigen später, wie diese Art von Lizenz aktiviert wird.

Wir werden nun beispielhaft eine Installation auf Simcenter 3D oder NX durchführen, wobei wir von einer Standardinstallation des Systems ausgehen, also einer Installation, die erfolgt, wenn sie mit allen Voreinstellungen auf einem Windows-System durchgeführt wird. Dann liegt das Programm Simcenter gewöhnlich unter *C:\Program Files\Siemens\Simcenter xxx*. Mit dem xxx ist dann die jeweilige Version gekennzeichnet. Statt Simcenter kann es auch NX heißen, je nachdem, was von beidem installiert wurde. Die MAGNETICS-Installation für Simcenter und NX ist identisch, daher beschreiben wir die beiden nachfolgend gemeinsam.

Nun kommen wir zu den durchzuführenden Schritten:

- Kontrollieren Sie die Windows-Umgebungsvariablen: Führen Sie in Windows START und dann einen Rechtsklick auf COMPUTER > EIGENSCHAFTEN > ERWEITERTE SYSTEMEINSTELLUNGEN > UMGEBUNGSVARIABLEN aus.
- Prüfen Sie, ob `UGII_BASE_DIR` auf Ihre Simcenter/NX-Installation zeigt. Falls dies nicht der Fall ist, ändern Sie die Variable (Bild 6.6).

- Für die 1500-Nodes-Lizenzierung erzeugen Sie eine neue Variable `UGII_MAGNETICS_TRIAL` und geben ihr den Wert 1. In Bild 6.6 oben rechts ist dies dargestellt. Mit dieser Variablen wird der MAGNETICS-Solver seine Testlizenz finden.

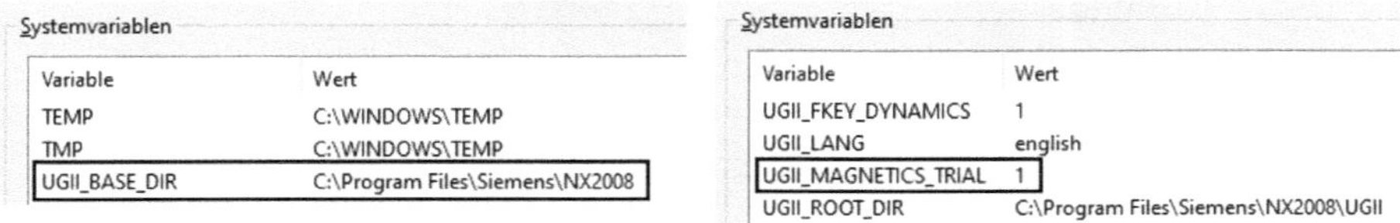

Bild 6.6 Umgebungsvariablen für die Installation

Jetzt kann das Installationsskript laufen, das die Dateien vom Installationsmedium zum Zielort kopiert. Das Skript muss mit den Rechten eines Administrators gestartet werden:

Nun werden die Installationsdateien kopiert.

- Entpacken Sie das Installationspaket.
- Wechseln Sie zum Ordner, der das Installationsskript enthält. Dieses hat den Namen *InstallMagneticsForNX.ps1* und liegt im Unterordner *Client*.
- Führen Sie das Installationsskript als Administrator aus: Da es sich um ein PowerShell-Skript handelt, wählen Sie mit der rechten Maustaste die Funktion MIT POWERSHELL AUSFÜHREN.
- Das PowerShell-Skript sucht als Erstes nach der Variablen `UGII_BASE_DIR`. In dem gefundenen Ordner werden die Simcenter- oder NX-Installation und die entsprechende Version gefunden. Es wird gefragt, ob eine typische Installation durchgeführt werden soll. Dies sollte mit ENTER oder Y bestätigt werden. Darauf kopiert die Installation eine Reihe von Dateien. Sie werden vom Skript über den Fortschritt informiert.

Nach Abschluss des Skripts ist die Installation von MAGNETICS fertig.

Nun soll noch eine Anpassung zur leichteren Bedienung der Materialbibliothek vorgenommen werden, denn für elektromagnetische Analysen gibt es eine zusätzliche Bibliothek. Damit Sie nicht bei jeder Materialauswahl den ganzen Pfad zu dieser Datei angeben müssen, empfiehlt sich folgende Maßnahme:

- Starten Sie Simcenter oder NX.
- Rufen Sie die *Anwenderstandards* (*Customer Defaults*) auf. Diese Funktion ist unter DATEI > DIENSTPROGRAMME > ANWENDERSTANDARDS (FILE, UTILITIES, CUSTOMER DEFAULTS) zu finden (Bild 6.7).
- Tragen Sie unter dem Register *Gateway, Materials/Mass* den Pfad zur Bibliotheksdatei ein: *C:\Programme\Siemens\SIMULATION\magnet\Materials*

Damit ist sichergestellt, dass Sie beim Aufruf der Bibliotheken zunächst nur noch die Elektromagnetik-Materialien angezeigt bekommen. Zusätzlich kann jederzeit die Simcenter/NX-Bibliothek aktiviert werden.

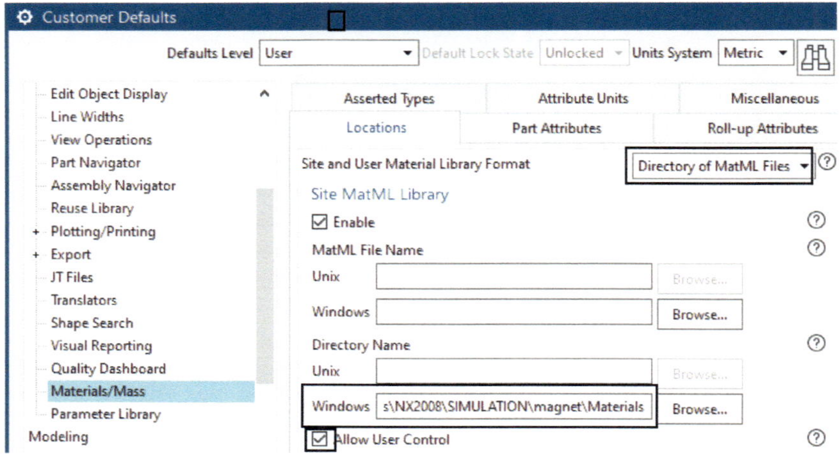

Bild 6.7 Optionale Voreinstellung des Systems zur Materialbibliothek des Magnetfeld-Solvers

Testen Sie die Installation folgendermaßen:

- Starten Sie Simcenter oder NX, erzeugen Sie eine neue, leere Datei, und schalten Sie in die Anwendung *NX/Simcenter 3D Pre/Post*.
- Sichten Sie die Toolbar *Magnetics*. Der Test ist erfolgreich, wenn die Toolbar existiert.
- Wählen Sie aus der Toolbar *Home* die Funktion *Neue FEM und Simulation* (*New FEM and Simulation*) aus, und öffnen Sie die Liste der verfügbaren Solver. Der Test ist bestanden, wenn MAGNETICS dort ganz unten in der Liste erscheint.

6.3 Lernaufgaben (EM)

Die in diesem Abschnitt enthaltenen Lernaufgaben zeigen, wie praktische Aufgaben mit dem Solver MAGNETICS gelöst werden können. Das erste Beispiel ist von grundlegendem Charakter. Es sollte von jedem Leser durchgearbeitet werden, um zu sehen, wie Vernetzung, Material, Randbedingungen erzeugt werden und die Ergebnisse zu verstehen sind. Das zweite Beispiel behandelt eine 3D-Geometrie. Das dritte Beispiel zeigt schließlich einen einfachen Elektromotor, der wiederum in 2D gerechnet wird.

6.3.1 Spule mit Kern, achsensymmetrisch

Das erste Beispiel dient zur Einführung, um die grundlegenden Schritte und Ergebnisse zu verstehen.

Das Beispiel Spule mit Kern ist ein Grundlagenbeispiel, das Ihnen die durchzuführenden Schritte im Simcenter-System für eine elektromagnetische Analyse zeigt. Außerdem werden die grundlegenden Ergebnisse erläutert, die bei elektromagnetischen Analysen resultieren, und wie die Ergebnisqualität beurteilt werden kann. Hier wird die 2D- bzw.

achsensymmetrische Methodik vermittelt. Im darauffolgenden Beispiel wird dieselbe Aufgabe mit 3D-Methodik gelöst. Letztlich soll sowohl statisch als auch dynamisch im Frequenzbereich analysiert werden.

Nachdem Sie diese Aufgabe durchgeführt haben, werden Sie also schon sehr viele nützliche Kenntnisse und Erfahrungen gesammelt haben. Vorkenntnisse sind nicht notwendig. Doch natürlich wäre es durchaus hilfreich, wenn Sie schon z. B. die Strukturanalyse in diesem Buch durchgearbeitet hätten.

6.3.1.1 Aufgabenstellungen

In Bild 6.8 ist das Modell dargestellt. Es handelt sich um eine achsensymmetrische Geometrie mit Kern und Spule. Die Spule hat 36 Kupferwindungen und soll mit 5 A beaufschlagt werden. Der Strom soll entweder als Gleich- oder Wechselstrom aufgebracht werden, d. h., wir wollen eine statische und eine dynamische Analyse durchführen. In einem späteren Abschnitt wird eine Simulation im Hochfrequenzbereich durchgeführt, bei der der Kern wie eine Antenne wirkt.

Ermittelt werden sollen die magnetischen Felder, d. h. die magnetische Feldstärke und Flussdichte sowie die Kraft auf den Kern. Es wird nur eine Hälfte der vollständigen Geometrie simuliert. Für die Beurteilung der Gesamtkraft ist zu berücksichtigen, dass sie in beiden Symmetriehälften gleichartig, aber entgegengerichtet auftritt. Deswegen würde sich die Gesamtkraft für das gesamte Modell aufheben.

Es soll sowohl statisch als auch dynamisch im Frequenzbereich berechnet werden.

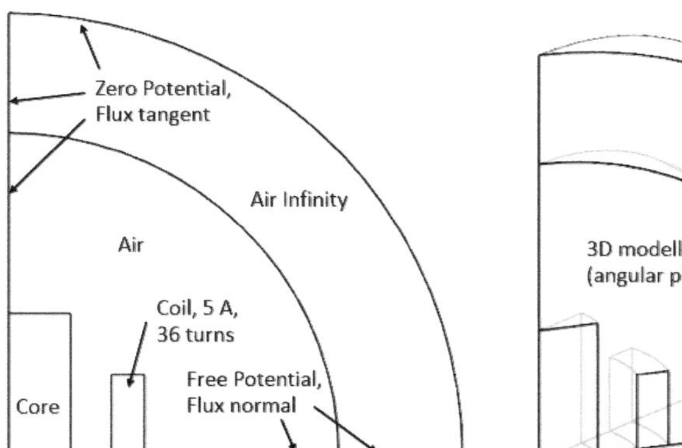

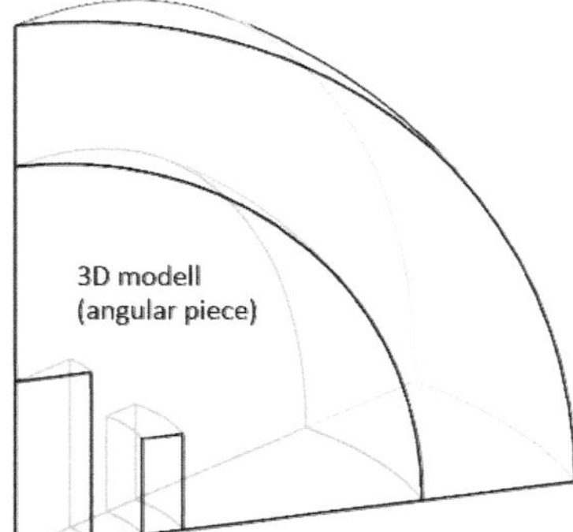

Bild 6.8 In der Abbildung sehen Sie die Aufgabenstellung der Lernaufgabe (links für 2D-achsensymmetrisch, rechts für 3D): Die 3D-Analyse wird im nachfolgenden Beispiel in Abschnitt 6.3.2 durchgeführt.

Die Berechnungen sollen nun mit achsensymmetrischer Methode durchgeführt werden. Eine 3D-Analyse derselben Geometrie ist bei diesem rein achsensymmetrischen Beispiel natürlich überflüssig. Wir wollen sie trotzdem in der nächsten Lernaufgabe verwenden, um die Ergebnisse miteinander zu vergleichen und grundlegende Methoden für 3D-Analysen darzustellen.

6.3.1.2 2D-achsensymmetrische Methode

Wir beginnen mit der 2D-achsensymmetrischen Analyse. Hier wird die Geometrie in der X/Y-Ebene aufgebaut (Y ist die Symmetrieachse). Es muss genau darauf geachtet werden, dass diese Ebene und Achse eingehalten werden. Falls das Modell anders im Raum steht, so muss es umorientiert werden. Dies könnte auch in der idealisierten Datei durchgeführt werden. In unserem Fall ist das CAD-Modell schon korrekt ausgerichtet.

6.3.1.3 Erstellung der Dateistruktur und der Lösungen

Das Vorgehen ist zunächst dasselbe wie bei den anderen Solvern im Simcenter-System.

- Starten Sie das Simcenter-System, und öffnen Sie die Datei *CoreInductor.prt* aus dem Ordner *EM\CoreInductor.*
- Starten Sie die Anwendung *NX/Simcenter 3D Pre/Post*, und wählen Sie die Funktion *Neue FEM und Simulation* (*New FEM and Simulation*) aus.
- Deaktivieren Sie den Schalter *Idealisiertes Teil erzeugen* (*Create Idealized Part*).
- Wählen Sie den Solver MAGNETICS und als Analyse-Typ *2D or axisym Electromagnetics*. Klicken Sie auf OK.

Eventuell erscheint jetzt die Meldung *Ungesicherte Solver-Sprachdatei* (*Unsecure Solver Language File*). Diese Meldung besagt, dass das User-Interface neuer ist als das zuletzt signierte. Diese Meldung kann bedenkenlos mit OK bestätigt werden.

- Sie werden nach der Lösung gefragt. Geben Sie als Namen *Static* an, akzeptieren Sie den voreingestellten Solution-Typ *Magnetostatic*, und wählen Sie LÖSUNG ERZEUGEN (CREATE SOLUTION) (Bild 6.9).

Im Register *Ausgabeanforderungen* (*Output Requests*) werden die gewünschten Ergebnisse ausgewählt (Bild 6.9). Hier gibt es eine Unterteilung in Ergebnisse des Typs *Plotten* (*Plot*) und *Tabelle* (*Table*). Plot-Ergebnisse sind solche, die als Farbdarstellung ausgegeben werden, z.B. die Flussdichte. Tabellenergebnisse sind zunächst einzelne Zahlenwerte, z.B. eine Gesamtkraft auf den Kern. Erst wenn Zeitschritte oder Frequenzen gerechnet werden, werden aus den Zahlenwerten echte Tabellen bzw. Graphen über der Zeit oder der Frequenz.

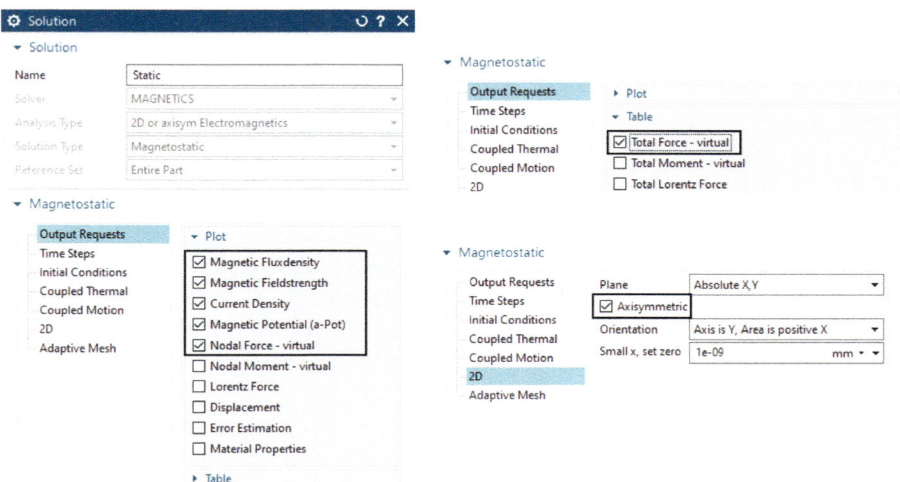

Bild 6.9 Diese Einstellungen sind für die statische Lösung zu wählen.

- Im Register *Ausgabeanforderungen* (*Output Requests*) aktivieren Sie die ersten fünf Plot-Ergebnisse, d. h. *Magnetic Fluxdensity, Magnetic Fieldstrength, Stromdichte* (*Current Density*), *Magnetic Potential (a-Pot)* und *Nodal Force - virtual* (Bild 6.9).

Im selben Register, unter der Box-Tabelle (Table), aktivieren Sie *Total Force - virtual*, um die Gesamtkraft auf jedes einzelne Teil zu erhalten.

- Im Register *2D* aktivieren Sie *Achsensymmetrisch* (*Axisymmetric*).
- Bestätigen Sie mit OK, woraufhin die gewünschte Lösung erstellt wird.

In den weiteren Registern sind die Voreinstellungen richtig und können akzeptiert werden.

Das Register *2D* enthält noch die wichtige *Stärke* (*Thickness*), die nur sichtbar ist, wenn der *Achsensymmetrisch*-Schalter ausgeschaltet ist. Hiermit kann bei reinen 2D-Analysen die Tiefe des Modells in Z-Richtung angegeben werden, z. B. könnte dies die Tiefe eines 2D-Elektromotors sein.

Im Register *Zeitschritte* (*Time Steps*) können Zeitschritte definiert werden. In dieser magnetostatischen Analyse würde das bedeuten, dass mehrere statische Schritte nacheinander durchgeführt würden. Dynamische Effekte, wie z. B. Wirbelströme, würden dabei aber nicht auftreten (Bild 6.9).

Zeitschritte sind möglich, jedoch werden in der Statik keine Wirbelströme entstehen.

Im Register *Anfangszustände* (*Initial Conditions*) kann die *Ausgangszeit* (*Initial Time*) geändert werden. Das würde z. B. Sinn machen, um eine zeitlich als Sinus definierte Last in der Phase zu verschieben.

Wir wollen zusätzlich zur statischen Lösung noch eine dynamische im Frequenzbereich erzeugen, um den Effekt von AC-Wechselstrom zu sehen:

Machen Sie die Sim-Datei zum aktiven Teil.

- Wählen Sie die Funktion *Neue Lösung* (*New Solution*, siehe Bild 6.10).
- Geben Sie der Lösung den Namen *DynFreq*.
- Wählen Sie den Solution-Typ *Magnetodynamic Frequency* und *Lösung erzeugen* (*Create Solution*).
- Im Register *Ausgabeanforderungen* (*Output Requests*) aktivieren Sie wieder *Magnetic Fluxdensity* und *Fieldstrength*, *Stromdichte* und *Eddy Current Losses Density* sowie das *Magnetische Potential* (*a-Pot*).
- Bei *2D* aktivieren Sie wieder *Achsensymmetrisch* (*Axisymmetric*).
- Im Register *Frequenz (Frequency)*wählen Sie bei *Erzwingungsfrequenzen* (*Forcing Frequencies*) den Schalter *Modellobjekt erzeugen* (*Create Modeling Object*). In der folgenden Frequenzliste akzeptieren Sie die voreingestellten 50 Hz als Anregefrequenz mit OK.

Mit einem weiteren OK schließen Sie die Erzeugung dieser zweiten Lösung ab.

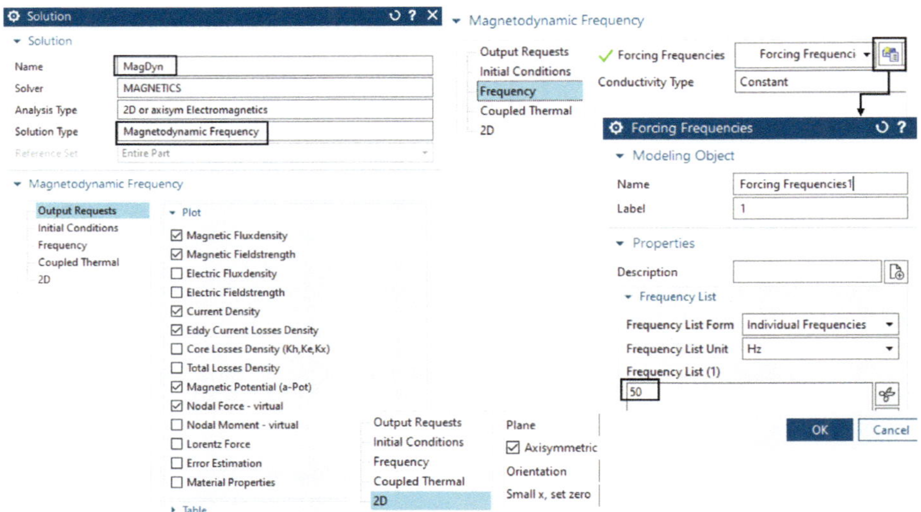

Bild 6.10 Diese Einstellungen sind für die dynamische Lösung im Frequenzbereich zu wählen.

6.3.1.4 Vernetzungen und physikalische Eigenschaften

Bei der Vernetzung können wir zwischen Dreieck- oder Quad-Elementen wählen. Meist wählen wir die etwas hochwertigeren Quads, wenn die Geometrie einfach ist, und ansonsten Dreiecke.

Die Vernetzung geschieht in der FEM-Datei.

Bei Analysen mit dem MAGNETICS-Solver verwenden wir übrigens entweder lineare oder quadratische Ansatzfunktionen an den Elementen. Nach Voreinstellung sind die quadratischen aktiv. So etwas wie Mittelknoten bei den Strukturanalysen gibt es nicht. Dafür gibt es noch einen weiteren grundsätzlichen Unterschied: Die Freiheitsgrade sind nicht nur an den Knoten, sondern auch an den Kanten und in 3D eventuell an den Flächen möglich. Es handelt sich um die sogenannten Whitney-Elemente, die bei hochwertigen elektromagnetischen FEM-Codes oft eingesetzt werden. Genaueres über diese Elemente kann in [Bossavit] nachgelesen werden.

Der Solver verwendet Edge-Elemente. Die Freiheitsgrade liegen auf den Knoten und auch auf den Elementkanten.

Nun vernetzen wir zunächst die drei Teile *Core*, *Coil* und *Air*. Für jedes der Teile werden ein eigenes Netz und eine eigene *Physical* erzeugt. Die *Physical* enthält die physikalischen Eigenschaften, d. h., beispielsweise das Material. Sie entsteht normalerweise automatisch bei jeder Vernetzung im *Netz-Kollektor* (*Mesh Collector*).

- Wechseln Sie das dargestellte Teil zu der FEM-Datei.
- Blenden Sie im Navigator unter *Polygon Geometry* die vier Volumenkörper *CORE*, *COIL*, *AIR* und *AIR_INF* aus. Nur der Flächenkörper *SHEET* ist nun noch sichtbar. Die Volumenkörper wollen wir erst bei der späteren 3D-Simulation verwenden.
- Wählen Sie die Funktion *2D Netz* (*2D-Gitter*), selektieren die Fläche des Kerns, schalten den Typ auf *Quad* und tragen eine Elementgröße von 1,5 mm ein. Alle sonstigen Voreinstellungen akzeptieren Sie mit OK.
- Vernetzen Sie ebenso die Fläche der Spule mit 1,5-mm-Quads.

- Vernetzen Sie die (innere) Luft mit Tri-Elementen und einer Elementgröße von 3 mm.
- Schließlich vernetzen Sie die äußere Luft ebenfalls mit Tri-Elementen und einer Elementgröße von 6 mm.

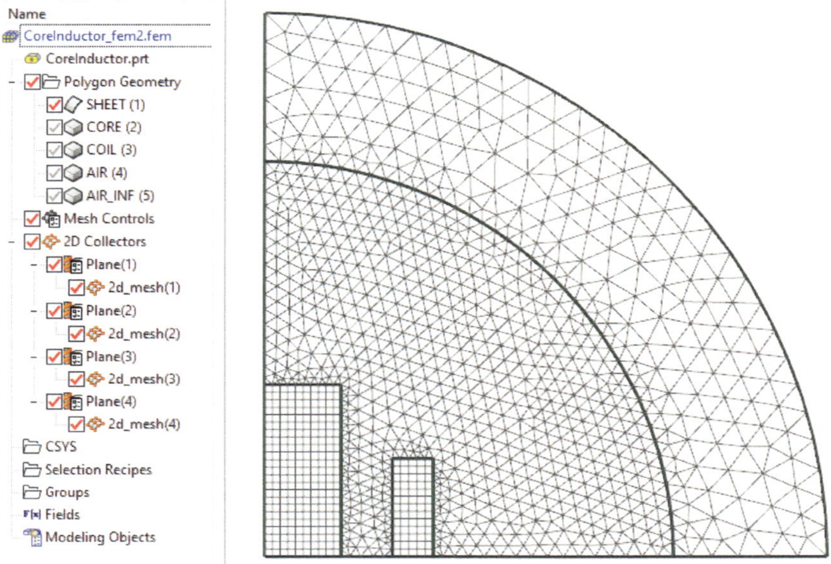

Bild 6.11 Links: der Navigator, rechts: das entstandene FEM-Netz

Die Elementgrößen sind zunächst einmal recht willkürlich gewählt worden – einfach so, dass ein schönes Netz entsteht. Am Ergebnis werden wir dann beurteilen, ob die Netzgröße sinnvoll war. Entscheidend ist, ob das Ergebnis von Element zu Element stark variiert. Ist dies der Fall, sollte feiner vernetzt werden. Auch sollte bei dynamischen Analysen geprüft werden, ob innerhalb der Skin-Tiefe genügend Elemente liegen.

Um die Grenze von maximal 1500 Knoten nicht zu überschreiten, sollte die Knotenanzahl abgefragt werden. Das kann durch Rechtsklick auf der FEM-Datei und Wählen von *Modellübersicht* (*Model Summary*) gefunden werden. Es wird ein Informationsfenster gezeigt, und darin findet sich recht weit oben die Information *Gesamtanzahl der Knoten im Teil* (*Total Number of Nodes in the Part*): 1223. Wir sind also noch unterhalb der Grenze, jedoch bleibt nicht mehr viel Spielraum für größere Modelle oder feinere Vernetzungen.

Nun vergeben wir die gewünschten Eigenschaften in den sogenannten *Physicals* in den drei Kollektoren:

Materialeigenschaften und Weiteres werden in den sogenannten *Physicals* definiert.

- Doppelklicken Sie auf den ersten *Netz-Kollektor* (*Collector*), der das Netz des Kerns enthält. Es öffnet sich der *Netz-Kollektor*-Dialog (Bild 6.12).
- Tragen Sie für den Namen des Kollektors *Core* ein. Diese Namensangabe ist kein Muss, aber durchaus sinnvoll für eine gute Übersicht im Simcenter-System.

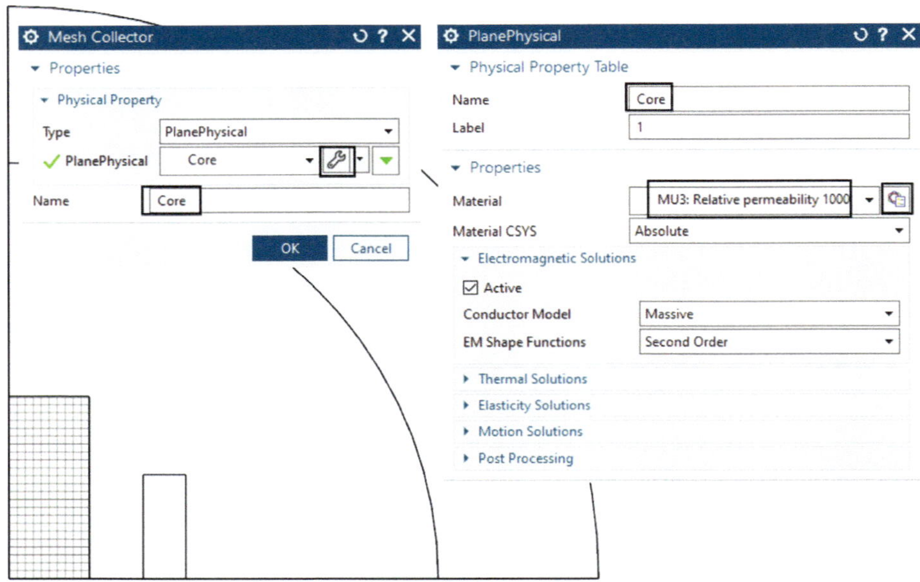

Bild 6.12 FE-Netze werden in Netz-Kollektoren gruppiert. Hier wird die *Physical* zugewiesen. Jedes Bauteil, auch die Luft, bekommt eine eigene *Physical*.

An dem Dialog ist zu erkennen, dass bereits eine *Physical* vom Typ *PlanePhysical* erzeugt worden ist (Bild 6.12). Diese *Physical* hat automatisch den Namen *PlanePhysical(1)* erhalten. Der *PlanePhysical*-Typ ist der übliche für 2D-magnetische Analysen. Er kann für alle Teile verwendet werden bis auf die Luft, weil diese als *FluidPhysical* definiert werden muss.

- Um die Eigenschaften zu prüfen oder zu ändern, wählen Sie im Dialog BEARBEITEN ... (EDIT ...). Es öffnet sich der Dialog *PlanePhysical*.
- Im *PlanePhysical*-Dialog tragen Sie für den Namen wieder *Core* ein. Diese Namensangabe ist zwar wieder kein Muss, aber sinnvoll, denn der hier angegebene Name wird vom Solver für die interne Kennzeichnung des Kerns verwendet. Ergebnisse, wie z. B. die tabellarische Ausgabe der Kraft auf den Kern, erhalten so gleich die richtigen sprechenden Achsenbeschriftungen.

Nun geben wir die eigentlichen Eigenschaften an. Wir fangen mit der Materialauswahl an:

Das Material kann aus der Bibliothek gewählt werden.

- Im *PlanePhysical*-Dialog wählen Sie die Funktion *Material auswählen* (*Choose Material*).

Es öffnet sich der Dialog *Materialliste* (Bild 6.13). In dieser Materialliste gibt es eine Vielzahl von Funktionen, die Ihnen eventuell schon aus den anderen Simulationsanwendungen bekannt sind. Materialien können ausgewählt, kontrolliert, gefiltert, erzeugt, gelöscht werden. Außerdem können Bibliotheken verwaltet werden.

Wir wollen die in Simcenter verfügbare Materialbibliothek für Elektromagnetik öffnen und darin ein Material auswählen. Übrigens haben wir diese Bibliothek in den Simcenter/NX-Anwenderstandards (Customer Defaults) schon voreingestellt. Damit wird Ihnen das ständige neue Auswählen erspart. Die Bibliothek ist umfangreich. Sie besteht aus 27 einzelnen XML-Bibliotheksdateien, wobei jede XML-Datei eine Reihe einzelner Materialien enthält. Ein Blick in das Verzeichnis mit diesen XML-Dateien (*NX xxx\SIMULATION\magnet\materials*) zeigt die Vielfalt:

- Alnico Permanent Magnet Materials
- Arnold Magnetic Technologies Ferrite Materials
- Arnold Magnetic Technologies NdFeB Materials
- Arnold Magnetic Technologies SmCo Materials
- Brush Materials
- Ceramic Permanent Magnet Materials
- Commonly Used Materials
- Commutator Segment Materials
- Conductor Materials
- Coolant Materials
- Electron Energy Corporation SmCo Materials
- Insulator Materials
- Losil Newcor Polycor Materials
- Magnequench NdFeB Materials
- Miscellaneous Steel Materials
- Neodymium Permanent Magnet Materials
- Nickel-Iron and Cobalt-Iron Alloy Materials
- Non-Magnetic Stainless Steel Materials
- Non-Oriented AISI Silicon Steel Materials
- Non-Oriented ASTM Silicon Steel Materials
- Non-Oriented EN 10106 Fully Processed Silicon Steel Materials
- Non-Oriented EN 10106 Semi Processed Silicon Steel Materials
- POSCO Non-Oriented Steel Materials
- Samarium Cobalt Permanent Magnet Materials
- Thin Non-Oriented Silicon Steel Materials
- Vacuumschmelze Magnet Materials
- Vacuumschmelze Steel Materials

Wir wollen der Einfachheit halber Materialien aus der Bibliothek *Commonly Used Materials* wählen.

Die Installation enthält eine Bibliothek von Materialien mit elektromagnetischen Eigenschaften.

- Oben im Dialog schalten Sie von *Lokale Materialien* auf *Bibliotheksmaterialien* (*Library Materials*) um.
- Unter *Bibliotheken* (*Libraries*) deaktivieren Sie *Standard-Materialbibliothek* (*Default Material Library*, siehe Bild 6.13).
- Aktivieren Sie einen der beiden anderen Schalter *MatML-Standort- oder Benutzerbibliothek* (*Site- or User MatML Library*).

- Geben Sie den Pfad und den Dateinamen der Datei *Commonly Used Materials.xml* an. Nun werden diese Materialien angezeigt.
- Selektieren Sie in der Liste das Material *MU3: Relative permeability 1000*.

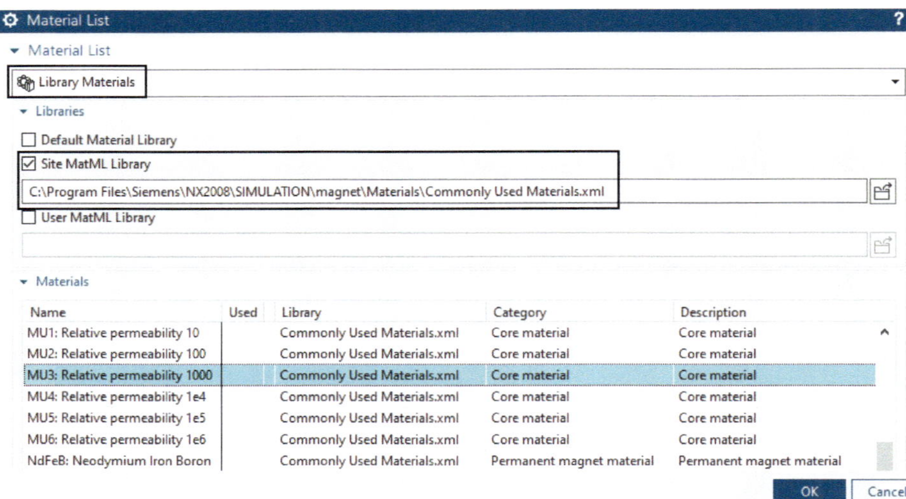

Bild 6.13 Eine der Elektromagnetik-Materialbibliotheken wird geöffnet. Die dargestellten Spalten können so konfiguriert werden, dass interessierende Eigenschaften dargestellt werden.

Wir wollen nun einen optionalen Blick in die Eigenschaften dieses Materials werfen:

- Dazu klicken Sie in der Materialliste die rechte Maustaste und wählen *Material prüfen* (*Inspect material*) aus. Oben bei *Ansicht* (*View*) schalten Sie auf *Alle Eigenschaften* (*All Properties*). Es öffnet sich die recht umfangreiche Materialbeschreibung.
- Wechseln Sie ins Register *Electromagnetic*. Dort sind die elektrischen, magnetischen und eventuell noch viele weitere Eigenschaften des Materials hinterlegt (Bild 6.14).

Für unsere erste statische Magnetfeld-Simulation interessant ist die Angabe der magnetischen relativen Permeabilität, die hier 1000 beträgt. Auch wichtig ist, dass es bei den elektrischen Eigenschaften noch keine Angabe der Leitfähigkeit (Conductivity) gibt. Diese Eigenschaft wird in der zweiten Simulation erforderlich sein, weil diese dynamisch ist und durch Faradays Gesetz elektrische Ströme im Kern entstehen werden.

- Wählen Sie Schliessen (Close), um diesen Dialog zu verlassen.
- Zurück im Dialog *Materialliste* bestätigen Sie mit Ok, um das Material *MU3: Relative permeability 1000* für den Kern auszuwählen.
- Schließlich bestätigen zweimal mit Ok, um den Dialog abzuschließen.

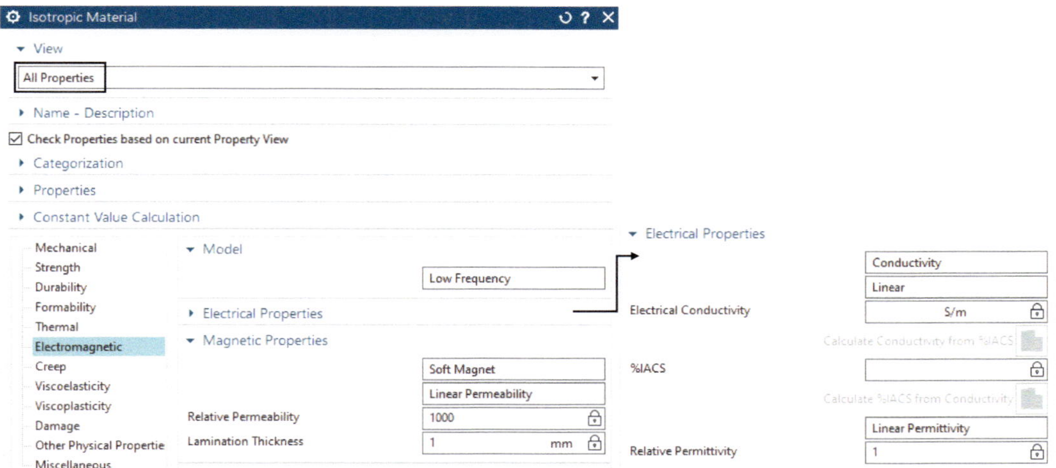

Bild 6.14 Das Register *Electromagnetic* zeigt alle Eigenschaften für diese Art von Simulationen. Darüber hinaus können bei gekoppelten Simulationen auch thermische, mechanische und Fluid-Eigenschaften zum Einsatz kommen.

Als Nächstes wollen wir der Spule die richtigen Eigenschaften geben:

- Doppelklicken Sie auf den Netz-Kollektor, der das Netz der Spule enthält (Bild 6.15).
- Tragen Sie den Namen *Coil* ein, und wählen Sie BEARBEITEN, um den Dialog der *Physical* zu öffnen.
- Wählen Sie das Material *Copper: 5.77e7 Siemens/meter* aus derselben Bibliothek wie vorher. Zusätzlich wählen Sie unter *Conductor Model* statt *Massive* die Option *Flexibel* (*Stranded*)und bei *Anzahl der Gänge* (*Number of Turns*) die Zahl 36. Wieder bestätigen Sie zweimal mit OK.

In der statischen Simulation braucht der Kern lediglich die Angabe der relativen magnetischen Permeabilität. Bei Dynamik wird auch die elektrische Leitfähigkeit erforderlich.

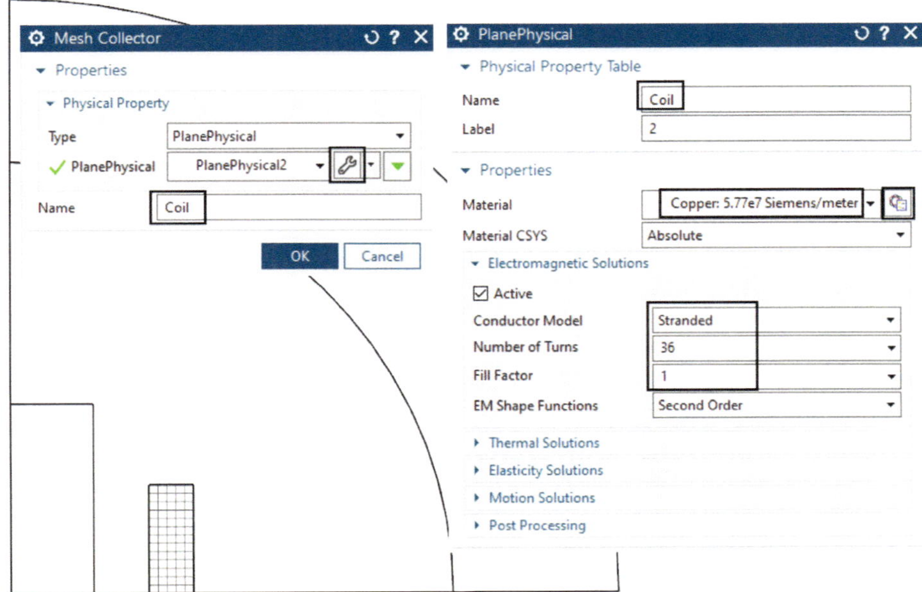

Bild 6.15 Diese Einstellungen sind für die Spulenfläche zu wählen.

Die Verteilungsoption *Stranded* (der deutsche Begriff *Flexibel* ist hier leider unpassend) bedeutet, dass der Strom gleichmäßig über der Spulenfläche verteilt werden soll (Bild 6.15). Dies entspricht einer Spule, die gewickelt ist. Die angegebene Anzahl der Gänge hat übrigens wichtige Bedeutungen: Einerseits beeinflusst sie die Durchflutung der Spule, d. h., falls später ein Strom von 5 A aufgebracht wird, so fließen diese 5 A dann 36-mal durch die Spule, sodass die Durchflutung 5 · 36 A beträgt. Andererseits beeinflusst die Anzahl der Gänge auch die Induktionswirkung einer Spule: Wenn sich in einer dynamischen Analyse das Magnetfeld ändert, z. B. beim Elektromotor, so wird nach dem Faraday-Gesetz Spannung in der Spule erzeugt. Diese Spannung wird umso höher sein, je mehr Windungen sie hat. All diese Effekte werden auch in der Simulation entsprechend berücksichtigt.

Für Besonderheiten elektrischer Leiter (*Conductor*) ist ein Conductor Model in der *Physical* enthalten.

Neben der Windungsanzahl kann auch noch der *Fillfactor* Einfluss haben (Bild 6.15): Wird hier weniger als 1 gewählt, z. B. 0.75, so bedeutet dies, dass nur 75 % der Querschnittsfläche mit Windungsdraht ausgefüllt sind. Dies wirkt sich in der Analyse als künstliche Erhöhung des Ohm-Widerstands aus, weil der Strom jetzt weniger Platz hat. Würden in der Analyse Leitungsverluste (*Eddy Current Losses*) angefordert, so würden sich jetzt höhere Verluste ergeben.

Als Nächstes geben wir der inneren Luft ihre Eigenschaft:

- Doppelklicken Sie auf den Netz-Kollektor, der das Netz der Luft enthält (Bild 6.16). Tragen Sie den Namen *Air* ein.
- Setzen Sie den Typ auf *FluidPhysical*, und wählen Sie *Create Physical*, um eine neue zu erzeugen und den Dialog der Physical zu öffnen.
- Wählen Sie wie vorher das Material *AIR* aus derselben Bibliothek.

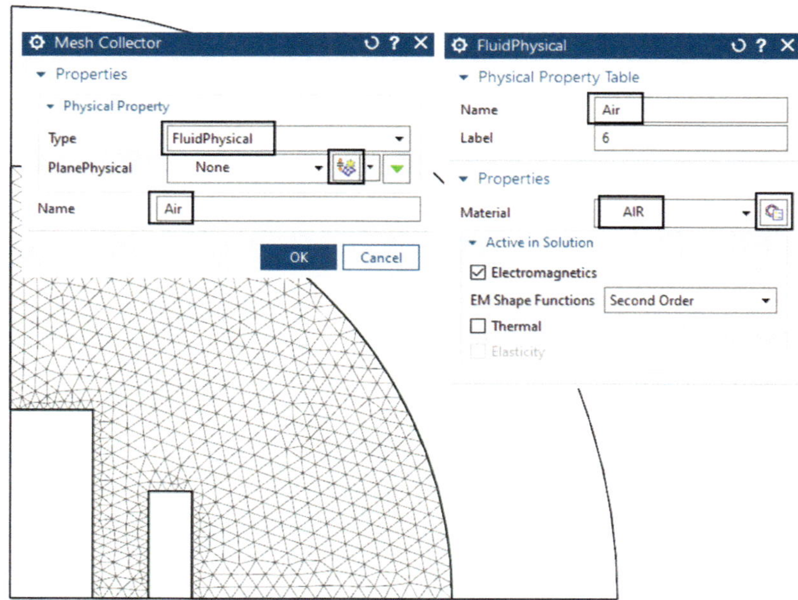

Bild 6.16 Diese Einstellungen werden der inneren Luft übergeben.

Als Letztes wollen wir dem äußeren Luftbereich die richtigen Eigenschaften geben. In diesem Bereich wird eine sogenannte Unendlichkeitsbedingung aufgebracht. Das bedeutet, dass die äußere Kreiskante mathematisch so transformiert wird, dass sie unendlich weit entfernt ist. Alle Elemente und Knoten in diesem Bereich werden entsprechend mit transformiert. Auf diese Weise wird das elektromagnetische Feld auch weit außerhalb der eigentlichen Geometrie miterfasst, und es ist nicht erforderlich, einen großen Luftbereich zu vernetzen. Wenn wir das Rechengebiet recht eng um unsere Bauteile herum legen, so wie das in unserer Aufgabe der Fall ist, sollten wir eine solche Bedingung wählen, um gute Ergebnisse zu erzielen. Jedoch ist so eine Bedingung nur wichtig, wenn das magnetische oder elektrische Feld auch wirklich nennenswert in die Umgebung eindringt. In unserer Aufgabe ist das der Fall, weil der frei stehende Kern sein Magnetfeld nach außen schickt. Bei vielen anderen Aufgaben, z. B. Elektromotoren, haben wir fast geschlossene Feldsysteme, die nur kleine Luftspalten haben. In solchen Fällen ist die Unendlichkeitsbedingung nicht erforderlich. Um solch eine Unendlichkeitsbedingung zu definieren, gehen Sie folgendermaßen vor:

- Doppelklicken Sie auf den Netz-Kollektor, der das Netz der äußeren Luft enthält (Bild 6.17).
- Tragen Sie den Namen *Air_inf ein.*
- Bei *Type* wählen Sie aus der Liste *Infinity2D* aus und klicken dann auf *Erzeugen* (*Create Physical*). Nun wird der Dialog einer Unendlichkeitsbedingung in 2D geöffnet.
- Bei dieser Option wird die Schicht einer Kugel bestimmt. Definieren Sie für den inneren Radius 80 mm und für die Schichtdicke 30 mm. Klicken Sie nun auf OK.

Damit sind die Arbeiten in der FEM-Datei beendet.

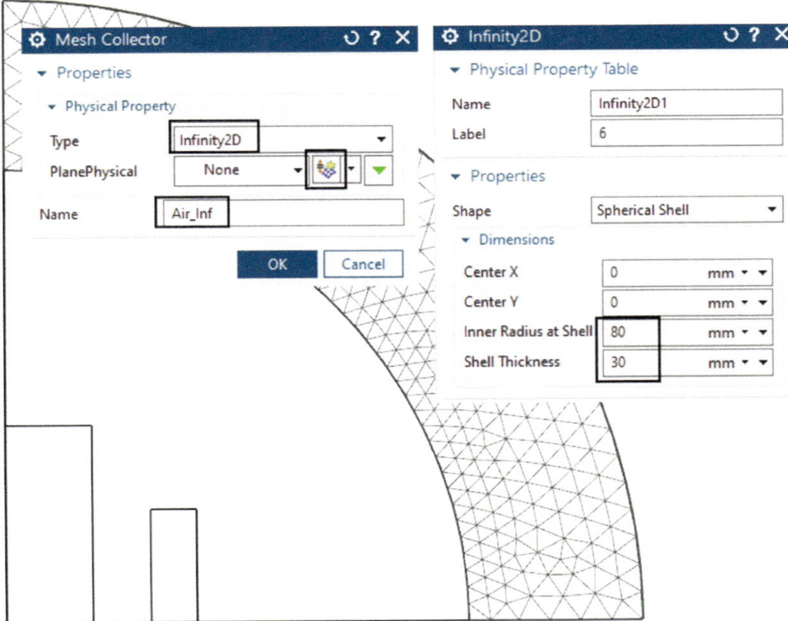

Bild 6.17 Diese Einstellungen werden der äußeren Luft übergeben.

6.3.1.5 Randbedingungen und Lasten

Als Zwangsbedingungen (*Constraints*) haben wir entsprechend unserer Aufgabenstellung zwei verschiedene Symmetriebedingungen an den beiden Schnitten und eine Bedingung am Rand zur Umgebung aufzubringen. Diese Bedingungen können gleichzeitig in den Lösungen *Static* und *DynFreq* verwendet werden.

Als Lasten (*Loads*) soll eine Strombedingung auf der Spule erzeugt werden. Diese Bedingung müssen wir für die beiden Lösungen *Static* und *DynFreq* getrennt erzeugen.

Randbedingungen werden in der Simulationsdatei zugeordnet.

Wir beginnen mit den Zwangsbedingungen:

- Machen Sie zuerst die Simulationsdatei zum dargestellten Teil, und blenden Sie wieder die nicht benötigten Polygonkörper aus.
- Für die tangentiale Bedingung erzeugen Sie einen *Constraint* vom Typ *Flux tangent (zero a Pot)* auf den drei Kanten der y-Achse (Bild 6.18).

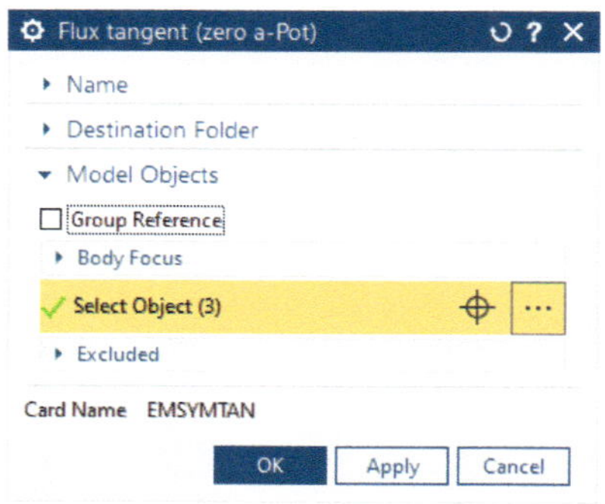

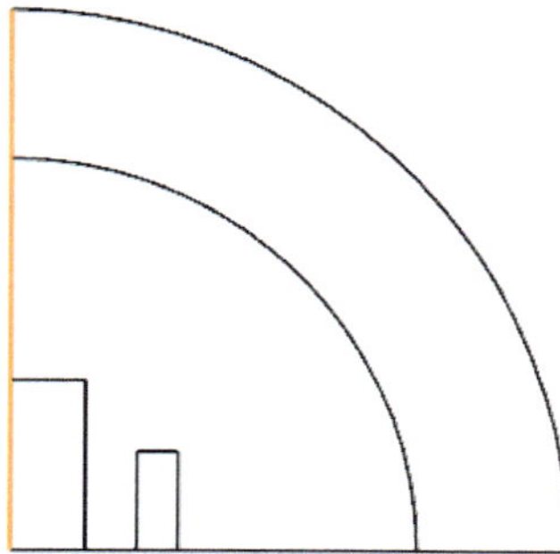

Bild 6.18 Hier wird eine Bedingung definiert, die tangentiale Feldlinien an den linken Kanten erzwingt.

Die Tangentialbedingung setzt intern das magnetische Vektorpotenzial auf null, was zur Folge hat, dass die magnetischen Feldlinien und auch die Flussdichtevektoren hier tangential verlaufen müssen. Solch eine Bedingung muss immer an der achsensymmetrischen Achse definiert werden.

- Entsprechend erzeugen Sie für die Normalbedingung einen *Constraint* vom Typ *Flux normal* (*free a-Pot*) auf den fünf Kanten der x-Achse (Bild 6.19).

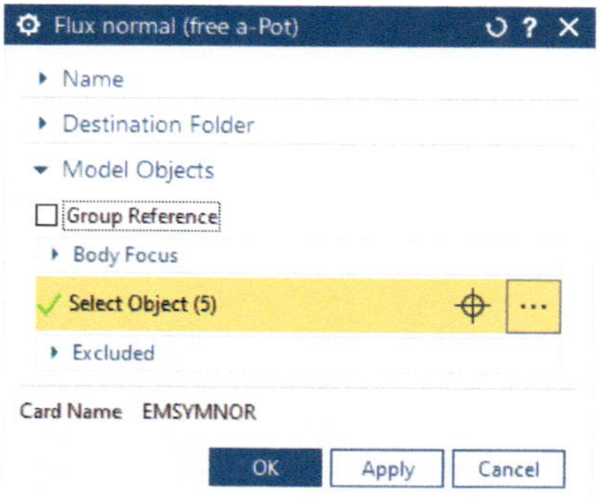

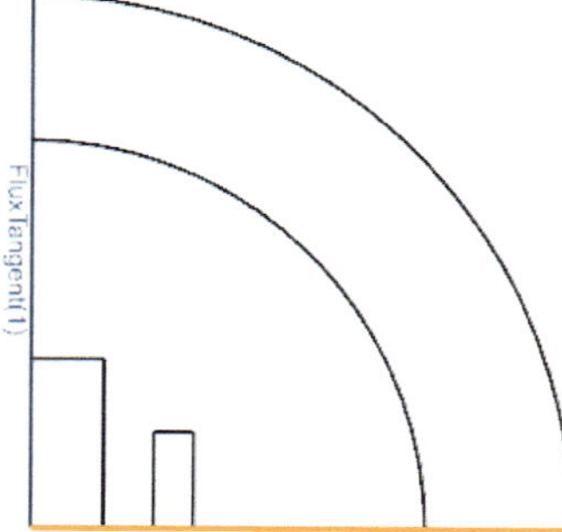

Bild 6.19 Die hier aufgebrachte Bedingung erzwingt normal verlaufende Feldlinien an den unteren Kanten.

Die Normalbedingung bewirkt in der Simulation gar nichts, d. h., Sie könnten diese auch weglassen und würden dasselbe Ergebnis erhalten. Es ist die natürliche Eigenschaft des magnetischen Vektorpotenzials an Rändern, dass Feldlinien senkrecht zum Rand stehen. Die Normalbedingung ist also lediglich zur Dokumentation nützlich.

Als Bedingung am äußeren Kreisrand des Rechengebiets ist es notwendig, eine Tangentialbedingung zu wählen. Am Rand des Rechengebiets nehmen wir an, dass die Feldgrößen sehr klein geworden sind, und eine Tangentialbedingung stellt sicher, dass kein magnetischer Fluss aus dem Rechengebiet austreten kann. Deshalb wäre eine Normalbedingung an dieser Stelle völlig falsch, denn ein austretender Fluss würde natürlich zu einer Verfälschung der Ergebnisse führen.

Diese letzte Randbedingung erzeugen wir folgendermaßen:

- Erzeugen Sie einen *Constraint* vom Typ *Zero Potenzial - Flux Tangent* auf der äußeren Kreiskante (Bild 6.20).
- Fügen Sie die drei gerade erzeugten Zwangsbedingungen beiden Lösungen (*Static* und *DynFreq*) hinzu. Der Navigator muss am Ende aussehen wie in Bild 6.21 dargestellt.

Bild 6.20 Am Rand des unendlichen Rechengebiets wird der Fluss tangential gemacht.

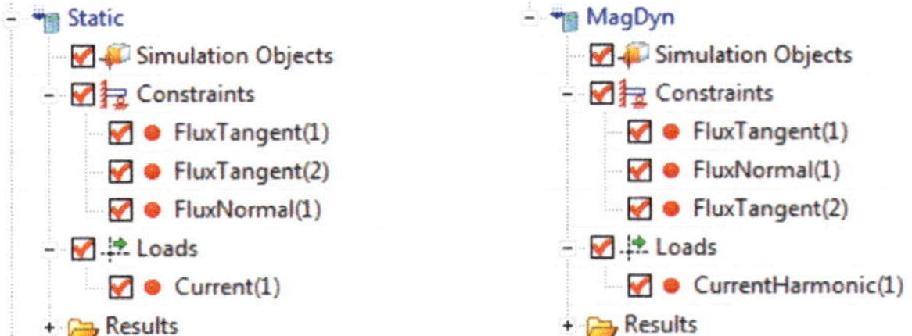

Bild 6.21 Der Simulationsnavigator zeigt die beiden Lösungen und die enthaltenen Randbedingungen an. Die schon dargestellten Lasten werden im Folgenden erzeugt.

Als Letztes bringen wir die Strombedingung auf die Spule auf. Zur Erinnerung: Die Spule ist nicht massiv, sondern gewickelt (*Stranded*) mit 36 Windungen definiert worden. Gehen Sie wie folgt vor:

- Aktivieren Sie zunächst die Lösung *Static* (Doppelklick darauf, sodass sie blau wird).

- Erzeugen Sie dann eine Last *Current 2D*, und akzeptieren Sie oben den voreingestellten Typ *On Physical*. Selektieren Sie bei *Select Physical* die Spulen-Physical, und tragen Sie *5 A* ein. Klicken Sie abschließend auf Ok (Bild 6.22 links).
- Aktivieren Sie nun die zweite Lösung *MagDyn*, und erzeugen Sie eine Last *Current Harmonic 2D* mit Amplitude 5 A und Phasenverschiebung 0 Grad ebenfalls auf der Spulen-Physical.

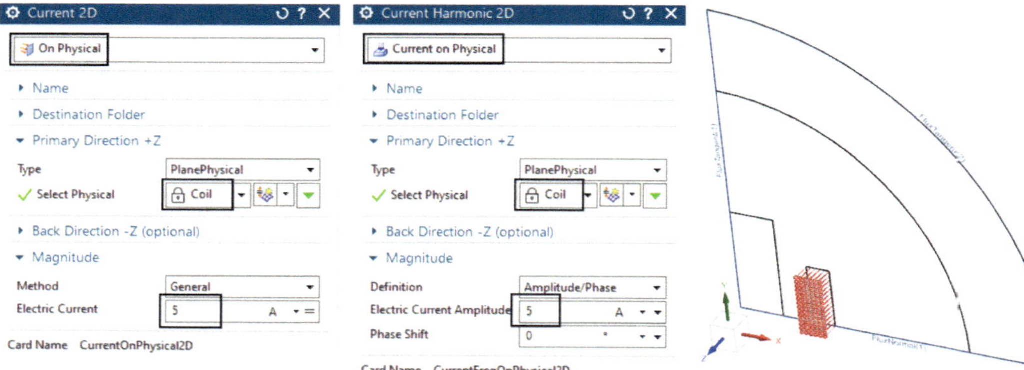

Bild 6.22 Der Strom auf der Spulenfläche wird definiert. Die 5 A fließen durch jede Windung, d. h., die Durchflutung der Spule ist 5 A × 36. Die mittlere Abbildung zeigt den Dialog der dynamischen AC Strom-Last.

6.3.1.6 Durchführung der Berechnung

Das Durchführen der Berechnung ist für diese zwei Lösungen schnell erledigt:

- Aktivieren Sie die erste Lösung, wählen Sie *Berechnen …* (*Solve …*) aus und klicken Sie auf Ok.
- Aktivieren Sie nun die zweite Lösung, und berechnen Sie diese ebenfalls.

Die Rechenzeit für diese Aufgabe ist nur wenige Sekunden. Sie werden durch eine Textausgabe des Logfiles über den Lösungsfortschritt informiert. Am Ende sollte der Text *Successfully Solved* erscheinen.

Nun stehen die angeforderten Ergebnisse im Postprozessor zur Verfügung. Im Folgenden wollen wir immer die Ergebnisse der statischen Analyse (links) und die der dynamischen Analyse (rechts) in einer Abbildung gegenüberstellen.

6.3.1.7 Flussdichte und weitere Ergebnisse

Eines der wichtigsten Ergebnisse einer elektromagnetischen Analyse ist die magnetische Flussdichte. Sie lässt u. a. Schlüsse auf die mechanische Kraft zu, die an Körpergrenzen durch das Magnetfeld entsteht (Maxwellsche Zugkraftformel).

Bild 6.23 zeigt, dass die Verteilung bei Statik und Dynamik mit 50 Hz sehr unterschiedlich ist.

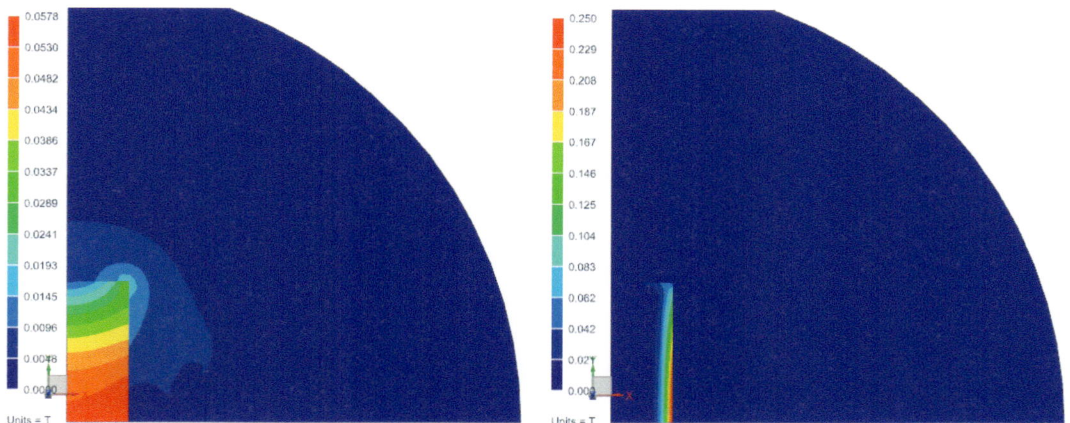

Bild 6.23 Links die Flussdichte [Tesla] bei statischer, rechts bei dynamischer Lösung mit 50 Hz

- Wechseln Sie in den Postprocessing-Navigator, und öffnen Sie die beiden Lösungen. Stellen Sie das Ergebnis *Magnetic Flux Density* dar.

Die Flussdichte wird von MAGNETICS in der Einheit Tesla ausgegeben. Für Bilder wird in den *PostView*-Einstellungen die Option bei *Color Display* am besten auf *Banded* und die Knotenkombination auf *Durchschnitt*, aber nicht an Materialgrenzen gestellt. Natürlich wird auch die Vektordarstellung für die Flussdichte gebraucht, die mit der Option *Arrows* zur Verfügung steht (Bild 6.24).

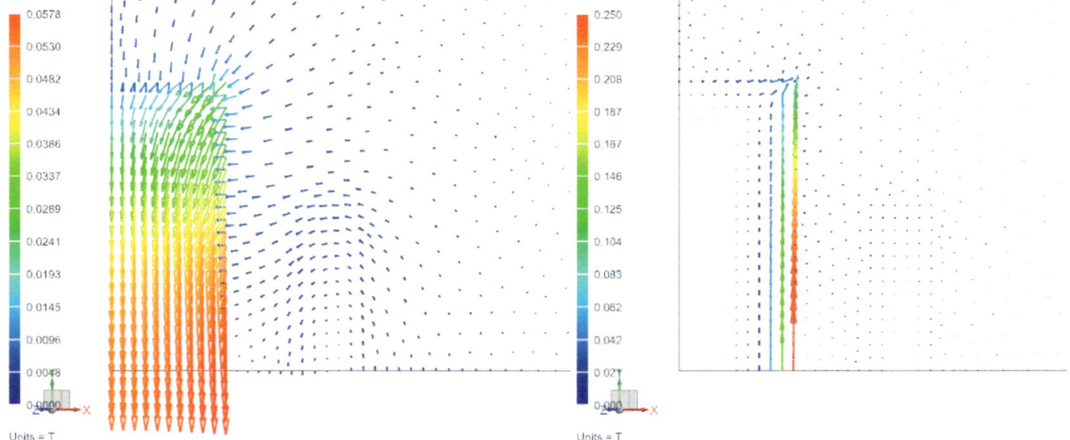

Bild 6.24 Die Flussdichte in Vektordarstellung (links: statisch, rechts: dynamisch).

Als Nächstes sehen wir uns das Stromergebnis an (Bild 6.25). Dieses zeigt sowohl die von uns aufgebrachten Ströme als auch eventuell entstandene Ströme durch Induktion, also durch das wechselnde Magnetfeld. Wechseln Sie das Ergebnis auf *Current Density*. Dieses Ergebnis wird in der Einheit A/mm^2 im Postprozessor angezeigt.

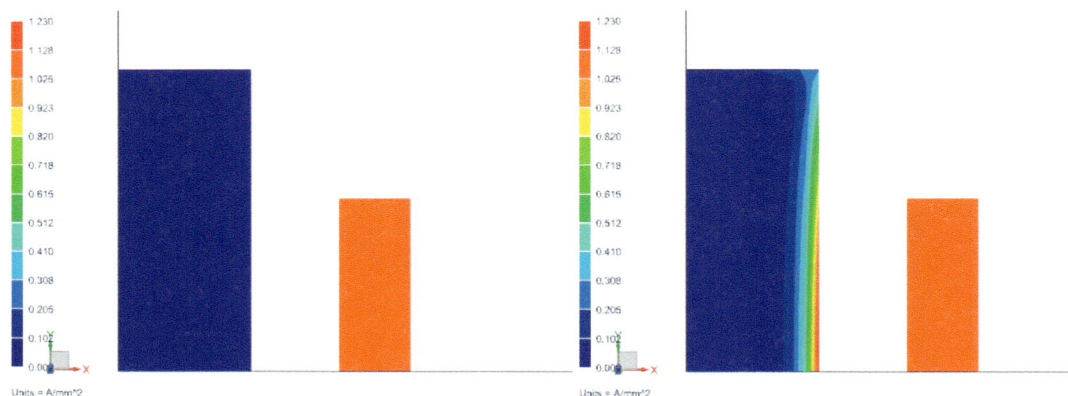

Bild 6.25 Das Stromergebnis (links statisch, rechts dynamisch mit sichtbarem Induktionseffekt am Kern)

Der dargestellte Strom auf der Spule von 1,125e6 A/m^2 entspricht genau unserem vorgegebenen Strom von 5 A mal 36 Windungen verteilt auf die Fläche der Spule von 160 mm^2. In der dynamischen Analyse (Bild 6.25 rechts) ist zu erkennen, dass im Kern eine zusätzliche Stromdichte durch Induktion entsteht.

Die Skin-Tiefe wird manuell ermittelt. Daraus wird erkannt, ob die Elementgröße akzeptabel ist.

Ermitteln wir die Skin-Tiefe für den Kern. Mit

f = 50 Hz,
ω = $2\,\pi f$,
σ = 10.440.000 S/m und
μ = $\mu_0\,\mu_r = 4\pi 10^{-7}$ H/m · 295

ergibt sich die Skin-Tiefe zu

$\delta \approx 6{,}4$ mm.

Im Bereich der Skin-Tiefe sollten nicht zu wenige Elemente vorliegen (optimal: fünf Elemente, mindestens aber ein Element), um eine gute Genauigkeit zu erzielen. Das haben wir in unserem Modell mit ca. drei Schichten gut erreicht. Daher sind wir mit der aktuellen Vernetzung zufrieden.

Weiterhin wollen wir die Kraftergebnisse auswerten. Dazu schalten wir auf *Force* und wählen die Komponente y. Mit Pfeilen ergibt sich die in Bild 6.26 sichtbare Darstellung.

Es ist zu erkennen, dass die Kräfte in beiden Fällen fast nur auf der Grenzkante des Kerns zur Luft entstehen.

Die Gesamtkraft kann ermittelt werden, indem mit der Funktion *Identifizieren* (*Identify*) das Gitter des Kerns gewählt und die Summe aller Knoten ausgewertet wird. Für die statische Lösung ergibt sich eine Kraft von ca. 0,08 N, und der gleiche Wert ergibt sich auch für die dynamische Lösung. Der achsensymmetrische Effekt, d. h. 2π, ist hier schon eingerechnet. Bei der dynamischen Lösung ist dies als Peak-Wert zu verstehen, weil alle Eingaben und Ergebnisse als harmonisch zu sehen sind.

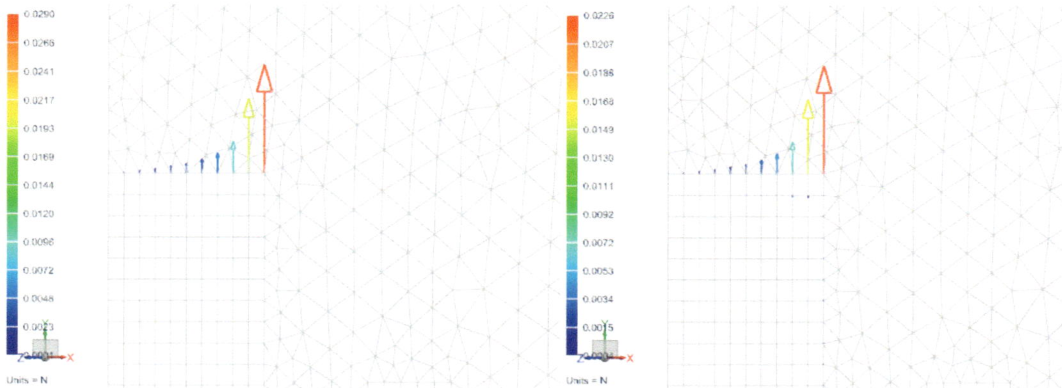

Bild 6.26 Das Kraftergebnis in Plotdarstellung: Dieses lässt sich auch als Tabellenergebnis anfordern. Dann ist direkt die Summe der Knoten für jeden Körper berücksichtigt.

Als Letztes wollen wir das Vektorpotenzial darstellen, das auch nützliche Schlüsse zulässt. Wählen Sie das Ergebnis *MagneticPotenzial* in Z-Richtung. Dieses Ergebnis sieht man sich meist mit Iso-Kurven an, denn dann entspricht es genau den magnetischen Feldlinien. Das bedeutet auch, dass der magnetische Fluss entlang dieser Kurven strömt (Bild 6.27).

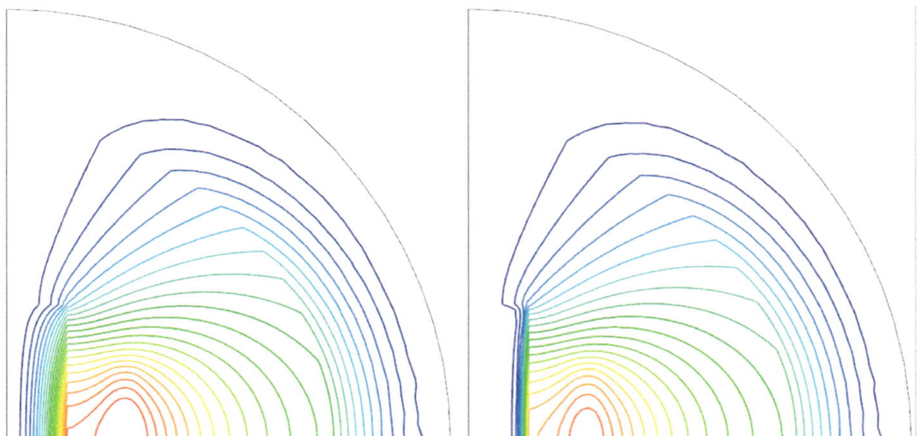

Bild 6.27 Das Vektorpotenzialergebnis (links: statisch, rechts: dynamisch): Diese Darstellung erhalten wir, wenn das Z-Potenzial als Isolinien dargestellt wird.

Die Vektorpotenzialergebnisse sind auch deswegen interessant, weil sie es erlauben, auf den magnetischen Fluss zwischen zwei beliebigen Punkten zu schließen, denn bei 2D-Analysen gilt folgende Regel: Die Differenz der Vektorpotenziale an zwei verschiedenen Punkten ist gleich dem Fluss, der zwischen den beiden Punkten hindurchgeht. Der so bestimmte magnetische Fluss wiederum kann zur Bestimmung von magnetischer Induktivität verwendet werden, was eine wichtige Kenngröße bei elektrischen Maschinen ist.

Damit haben wir dieses einführende Beispiel durchgearbeitet.

6.3.2 Spule mit Kern, 3D

In diesem Beispiel soll der Aufbau eines einfachen 3D-Modells gezeigt werden. Es handelt sich um die Geometrie des schon vorher in 2D achsensymmetrisch analysierten Modells. Daher können auch die Ergebnisse miteinander verglichen werden. Das Modell liegt als Kuchenstück-Segment mit 30-Grad-Winkel vor.

Die vorherige 2D-Aufgabe (siehe Abschnitt 6.3.1) wird nun in 3D analysiert. Andere 3D-Aufgaben lassen sich mit den dargestellten Methoden auf ähnliche Weise lösen.

Wir gehen recht schnell durch das Beispiel, weil es viele Dinge aus dem vorherigen Beispiel enthält, und konzentrieren uns auf die Besonderheiten der 3D-Analysen.

6.3.2.1 Erstellung der Dateistruktur und der Lösungen

- Öffnen Sie die Datei *CoreInductor.prt*, starten Sie *NX/Simcenter 3D Pre/Post*, und wählen Sie die Funktion *Neue FEM und Simulation* (*New FEM and Simulation*). Deaktivieren Sie das idealisierte Part.
- Wählen Sie den Solver MAGNETICS und als Analysetyp *3D Electromagnetics*. Bei der Frage nach dem *Solution Type* akzeptieren Sie den voreingestellten Typ *Magnetostatic*.
- Bei den *Ausgabeanforderungen* (*Output Requests*) aktivieren Sie bei *Plot* die *Magnetic Fluxdensity*, *Current Density* und *Nodal Force - virtual*. Klicken Sie danach auf OK.

6.3.2.2 Vernetzungen und physikalische Eigenschaften

- Wechseln Sie in die FEM-Datei.
- Blenden Sie die drei Volumen-Polygonkörper ein und den Flächenkörper aus.

Ein durchgehendes Netz für alle Bauteile und die Luft ist erforderlich.

Für elektromagnetische Analysen ist es erforderlich, dass die Knoten der finiten Elemente an allen Grenzen miteinander zusammenfallen. Wir brauchen also ein durchgehendes Netz, das sowohl die Bauteile als auch die Luft enthält. Verklebungen der Netze, so wie in der Strukturanalyse mit Simcenter/NX Nastran, sind nicht möglich. Dies macht die Vernetzung bei komplexer Geometrie manchmal deutlich aufwendiger. Es gibt zwei oder auch mehr Methoden für den Umgang damit: Bei der ersten Methode werden Gitterverknüpfungen verwendet. Diese Methode wollen wir in diesem Beispiel einsetzen. Die zweite Methode arbeitet mithilfe von Oberflächennetzen (*Surface Coat*), die vor der Luftvernetzung auf den Körpern erstellt werden. Mit solchen Oberflächennetzen ist das nachfolgende Vernetzen der Luft mittels der Funktion *Körper aus Schalengitter* (*Solid from Shell Mesh*) meist leicht möglich. Die erste Methode ist eher für einfachere Geometrie, die zweite auch für komplexe geeignet. Andere Methoden nutzen Funktionen für CFD-Strömungsnetze oder solche für akustische Netze, die durchaus auch sinnvoll für Elektromagnetik eingesetzt werden können.

Ab der NX-Version 1953 bzw. der Simcenter-Version 2021.1 gibt es auch eine sehr gute Funktion, die an den Flächenübergängen, also da, wo ansonsten Gitterverknüpfungen erzeugt werden, automatisch sogenannte Non-Manifold-Bedingungen erzeugt. Das sind Flächen, die von zwei Volumen gleichzeitig als Begrenzungsflächen verwendet werden. Mithilfe dieser Funktion sind keine Gitterverknüpfungen mehr nötig, was zu viel stabileren Netzen führt. In der NX-Version 1953 (Simcenter-Version 2021.1) ist diese Funktion noch unter der Gruppe der Frühzugriffsfunktionen (*Early Access Feature*) zu finden, d. h. an der folgenden Stelle: DATEI > DIENSTPROGRAMME > FRÜHZUGRIFFSFUNKTION > ERMÖGLICHT AKTUALISIERUNGEN IN BEZUG AUF ELEKTROMAGNETIK (FILE > UTILITIES > EARLY

Access Feature > Allow Updates related to Electromagnetics). Die Option muss auf *On* geschaltet werden, damit zukünftig erzeugte FEM-Dateien diese Non-Manifold-Methode verwenden. Ab der NX-Version 2008 (Simcenter-Version 2022.1) ist diese Funktion als gewöhnliches Feature verfügbar. Um es zu aktivieren, muss folgende Einstellung gewählt werden: Datei > Dienstprogramme > Anwenderstandards > Simulation > Pre/Post > General > FE-Modell erzeugen > Erstellen von nicht-verzweigten Polygonkörpern > Erlauben (File > Utilities > Customer Defaults > Simulation > Pre/Post > General > FE Model Create > Create Non-manifold Polygon Bodies > Allow). Diese neue Funktion ist hervorragend geeignet, um komplexe 3D-Baugruppen, mit vielen kleinen Teilen, wie Magnete, Spulen o. Ä. zu vernetzen. Für 2D ist die Funktion nicht geeignet. In unserem Beispiel könnten wir sie einsetzen. Jedoch ist die Geometrie hier so einfach, dass wir bei der konventionellen Methode bleiben wollen.

- Erzeugen Sie Gitterverknüpfungen: Rufen Sie die Funktion *Gitterverknüpfungsbedingung* (*Mesh Mating Condition*) auf, ziehen ein Fenster über alle Teile und bestätigen mit Ok.

Nach Voreinstellung erzeugt die Funktion den Typ *Verbunden, Koinzident* (*Glue, Coincident*). Es werden demnach alle Grenzflächen der Volumenkörper gesucht und mit einer Bedingung versehen. Die Bedingung sorgt dafür, dass bei nachfolgender Vernetzung die beiden beteiligten Netze an der Grenze übereinstimmende Knoten haben werden.

Voraussetzung für diese Methode ist es, dass die Luftgeometrie Aussparungen für die Bauteile enthält. Die Teile wurden vorher im CAD aus der Luft herausgeschnitten. Es soll nicht verschwiegen werden, dass dies mit recht hoher CAD-Genauigkeit durchgeführt werden muss und dass dies bei komplexer Geometrie oft nicht so einfach funktioniert. Daher eignet sich diese erste Methode eher für einfachere Geometrie. In anderen Fällen nutzen Sie besser die Methode mit den Oberflächennetzen oder noch besser die Methode mit den Non-Manifold-Flächen.

- Vernetzen Sie den Kern mit Tetraedern und einer Elementgröße von 3 mm und die Spule mit Tetraedern und einer Elementgröße von 3 mm.
- Vernetzen Sie die innere Luft mit Tetraedern und einer Elementgröße von 6 mm.
- Schließlich vernetzen Sie die äußere Luft mit Tetraedern und dem Wert 15 mm.

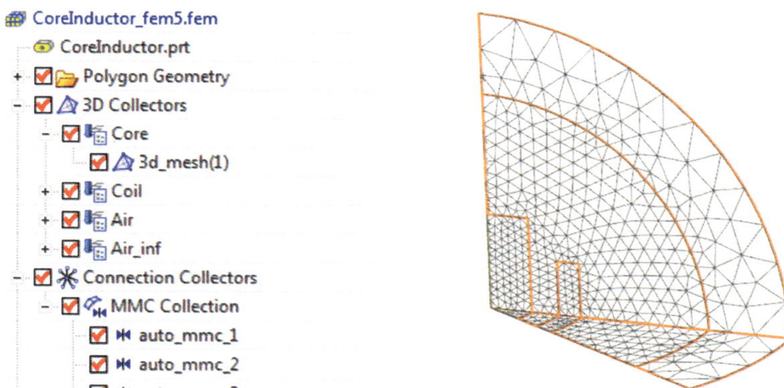

Bild 6.28 Die mit der Luft vernetzten Bauteile: Der Simulationsnavigator zeigt die verwendeten Funktionen in der FEM-Datei an.

Nun wollen wir wieder die Eigenschaften vergeben. Dies geht für die meisten Eigenschaften ganz ähnlich wie in 2D. Fangen wir wieder mit dem Kern an. Hier ist praktisch kein Unterschied zur 2D-Vorgehensweise:

Der Kern wird so wie schon vorher in der 2D-Simulation behandelt.

- Doppelklicken Sie auf den ersten *Kollektor*, der das Netz des Kerns enthält. Es öffnet sich der *Netzkollektor (Mesh Collector)*-Dialog.
- Tragen Sie (optional) für den Namen des Sammlers *Core* ein. Wählen Sie BEARBEITEN ... (EDIT ...). Es öffnet sich der Dialog *SolidPhysical*.
- Im *SolidPhysical*-Dialog tragen Sie für den Namen wieder *Core* ein. Wählen Sie mit der Funktion *Material auswählen* (*Choose material*) das Material *MU3 aus der folgenden Bibliothek aus: ...\Siemens\NXxxx\SIMULATION\magnet\Materials\Commonly Used Materials.xml* .
- Bestätigen Sie mit OK.
- Für die innere Luft schalten Sie den *Physical Property Type* auf *FluidPhysical* und erzeugen eine Physical, der Sie das Material *AIR geben*.
- Für die äußere Luft erzeugen Sie, ganz ähnlich wie bei 2D, eine *Physical* vom Typ *Infinity3D* und geben die Werte 80 mm für den inneren Radius und 30 mm für die Schichtdicke an.

Nun wollen wir die Spule bearbeiten. Zunächst vergeben wir einige Eigenschaften (ganz ähnlich wie vorher auch in der 2D-Analyse):

Bei der Spule ist das Vorgehen zur Beschreibung der Wicklung in 3D unterschiedlich.

- Bearbeiten Sie den *Kollektor* und die *Physical* der Spule, und tragen Sie den Namen *Coil* ein.
- Vergeben Sie das Material *Copper: 5.77e7 Siemens/meter*.
- Unter *Conductor Model* stellen Sie die Option auf *Stranded* und die *Anzahl der Gänge* (*Number of Turns*) auf 36.
- Bei *Coil Section Area* tragen Sie die vorher auszumessende Querschnittsfläche der Spule ein. Hier sind es 160 mm^2. Dies ist ein erster Unterschied zur 2D-Methode.

Einen wesentlichen Unterschied zur 2D-Methode haben wir bei der *Stranded*-Definition, weil die Richtungen des Stroms, d. h. die Richtungen des Windungsdrahts, noch angegeben werden müssen. Im 2D-Modell ist die Richtung ja immer eindeutig; es muss einfach die Z-Richtung sein. In 3D kann die Richtung auch räumlich verlaufen, z. B. im Kreis. In Simcenter gibt es die Möglichkeit, diese Richtung tangential zu einer Kurve oder Körperkante zu definieren, was auch komplexe Stromrichtungen erlaubt.

Gehen Sie dazu wie folgt vor:

- Schließen Sie die Dialoge, indem Sie zweimal auf OK klicken.

Nun bearbeiten Sie die *Verknüpften Gitterdaten* (*Edit Mesh Associated Data*) des Spulennetzes und definieren hier die Richtungen des Stromflusses.

- Auf dem Netz der Spule wählen Sie mit der rechten Maustaste die Option *Verknüpfte Netzdaten bearbeiten* (*Edit Mesh Associated Data*) aus (Bild 6.29).
- Dort stellen Sie die Option *Electric Current Direction* auf *Tangentenkurve* (*Tangent Curve*).
- Bei *Kante oder Kurve auswählen* (*Select Edge or Curve*) selektieren Sie eine der Kreiskanten der Spule, an der die Stromrichtung tangential verläuft. Beenden Sie den Vorgang mit OK.

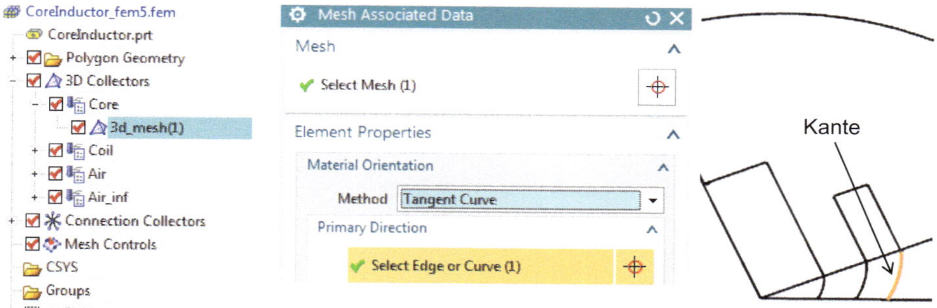

Bild 6.29 Bei der Spule wird definiert, dass die rechts dargestellte Kreiskante für die Richtungen der Windungen verantwortlich ist. Der Strom kann dann nur in diese Richtung fließen. Auf diese Weise lassen sich auch komplexe Spulenformen realisieren.

Übrigens hat diese Kante einen Richtungsvektor gespeichert, der beim Selektieren automatisch mit definiert wird. Anhand dieses Vektors wird die positive Stromrichtung festgelegt. Falls die positive Stromrichtung geändert werden soll, muss der Schalter *Bearbeitungsrichtung umkehren* (*Flip Direction*) selektiert werden. Mit der *Preview*-Option kann die Richtung für jedes Element dargestellt werden.

Das waren die erforderlichen Arbeiten in der FEM-Datei.

6.3.2.3 Randbedingungen und Lasten

Wechseln Sie das dargestellte Teil zur Simulationsdatei.

Nun geht es mit den *Zwangsbedingungen* (*Constraints*) und der Stromlast weiter. Wieder werden die meisten Bedingungen sehr ähnlich der 2D-Methode aufgebracht. Wir gehen schnell über die schon bekannten Funktionen hinweg und konzentrieren uns auf die Besonderheiten für 3D.

Bild 6.30 zeigt die erforderlichen Randbedingungen und Selektionsflächen.

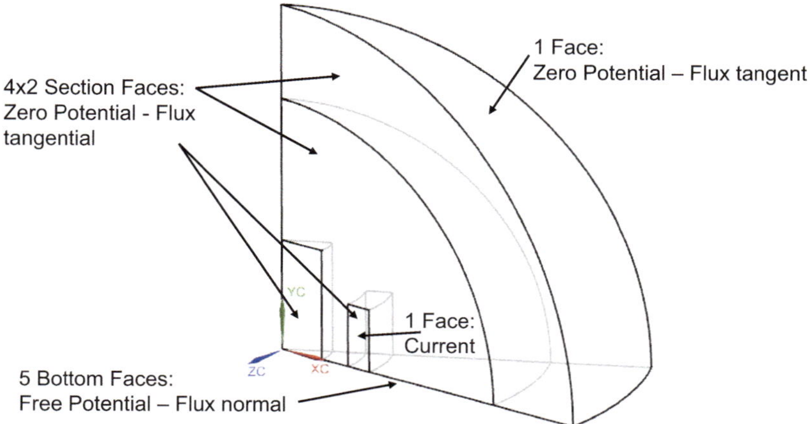

Bild 6.30 Die dargestellten Flächen müssen mit entsprechenden Randbedingungen versehen werden.

Widmen wir uns zunächst den Bedingungen, die weitgehend der 2D-Methodik entsprechen:

Einige Randbedingungen entsprechen weitgehend der Vorgehensweise in 2D.

- Für die Flux-Normalbedingung erzeugen Sie einen *Constraint* vom Typ *Flux normal* (*free a-Pot*) auf den fünf Flächen der Ebene $y = 0$. Diese Flächen entsprechen den fünf Kanten in der 2D-Analyse.
- Auf den acht Schnittflächen des Kuchenstücks muss eine tangentiale Bedingung vom Typ *Flux tangent* (*zero a-Pot*) erzeugt werden. Alle acht Flächen können in einem einzigen *Constraint* selektiert werden.
- Auf der Kugelfläche außen an der Luft erzeugen Sie ebenfalls eine solche tangentiale Bedingung.
- Für den Strom erzeugen Sie eine Last *Current* vom Typ *On Stranded Coil* und wählen darin die *Coil Physical* mit einem Betrag von 5 A.

Damit ist der Modellaufbau erledigt, und es kann berechnet werden.

6.3.2.4 Durchführung der Berechnung und Auswertung

- Wählen Sie *Berechnen …* (*Solve …*).

Die Berechnung dauert nur wenige Momente aufgrund der kleinen Elementzahl.

- Stellen Sie die Kraft in Y-Richtung dar, und blenden Sie alle Netze bis auf das Netz des Kerns aus. Ansonsten ist die Gefahr groß, dass Sie eines der 2D-Netze statt des 3D-Netzes des Kerns abfragen. Eventuell lassen Sie sich das Kraftergebnis auch als Tabellenergebnis erzeugen und stellen es im xy-Funktionsnavigator dar.
- Nutzen Sie die *Identifizieren*-Funktion, um die Summe der Kräfte auf den Kern zu ermitteln. Es sollte sich ca. 0.00661636 N ergeben.

Das Ergebnis der Kraft auf den Kern weicht bei dieser groben Analyse ca. ein Prozent von der 2D-Analyse ab. Bei anderen Aufgaben können Abweichungen durchaus auch viel größer sein.

Die ermittelte Kraft muss mit 12 multipliziert werden, wenn das Ergebnis mit der 2D-Analyse verglichen werden soll, weil das modellierte Kuchenstück nur ein Zwölftel des Gesamtmodells beträgt. Dann ergibt sich eine Kraft von 0,079394 N. Zur Erinnerung: Die 2D-statische Analyse hat 0,079585 N ergeben, was einer Abweichung von ca. 0,24 % entspricht. Feinere Vernetzungen oder Nutzung einer höheren Ansatzfunktion (*Shape Function*) würden zu einer weiteren Annäherung der beiden Ergebnisse führen.

Damit ist diese Lernaufgabe beendet.

6.3.3 Hochfrequenz-(Full-Wave-)Schirmung, EMV

In diesem Beispiel soll eine Schirmungsanalyse durchgeführt werden, die z. B. für Untersuchungen von elektromagnetischer Verträglichkeit (EMV, EMC) benötigt wird. Unser Beispielfall ist eine Elektronik in einem Gehäuse mit kleinen Spalten bzw. Öffnungen (Bild 6.31). Die Elektronik arbeitet bei hohen Frequenzen, und es soll untersucht werden, ob es zu antennenähnlichen Abstrahlungen von elektromagnetischen Wellen kommt. Wenn ja, dann soll geprüft werden, ob und inwieweit das Gehäuse diese Abstrahlung abschirmt. Außerdem soll bestimmt werden, bei welchen Frequenzen solche Abstrahlungen auftreten würden.

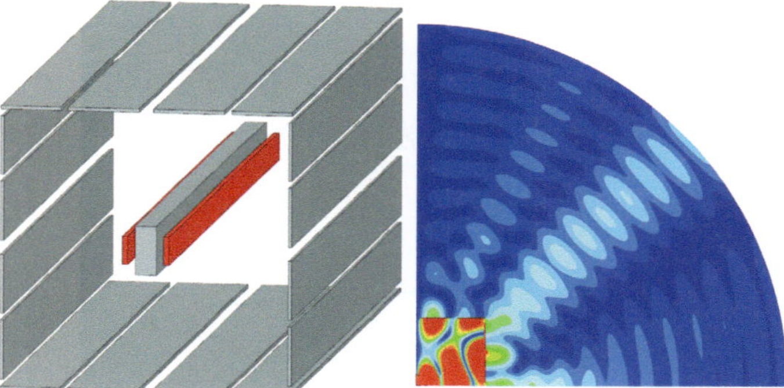

Bild 6.31 Links das Modell für die EMV-Schirmungssimulation, rechts die Darstellung der propagierenden elektromagnetischen Wellen bei einer kritischen Anregefrequenz am Viertelmodell mit Luftraum

Wir nehmen als Geometrie fast dasselbe Modell, dass vorher schon als Kern mit Spule verwendet wurde. Dies ist ein einfaches Modell: Der Kern mit der Spule stellt die Elektronik dar, die mit verschiedenen Frequenzen arbeiten kann. Falls es zur Abstrahlung kommt, was auch als radiative Kopplung bezeichnet wird, wird der Kern quasi zur Antenne. So ein stark vereinfachtes Modell einer komplexen Elektronik macht durchaus Sinn, um die dominanten Frequenzen zu bestimmen, die möglichst vermieden werden sollten.

Wichtig ist, dass der berechnete Raum viel größer ist als in der einfachen Analyse, die im letzten Beispiel durchgeführt wurde, weil die Ausbreitung der elektromagnetischen Wellen in der Luft viel Platz braucht und auch mit feiner Vernetzung aufgelöst werden muss.

Wir machen diese Analyse hier in 2D, was einer rechteckigen Box entspricht, wobei die Randeffekte vernachlässigt werden. Die Box ist also in der z-Richtung quasi unendlich lang. In 3D wären entsprechende Änderungen nötig, wie schon im vorherigen Beispiel gezeigt wurde. In der Praxis werden solche Simulationen wegen der komplexen Geometrie meist in 3D durchgeführt.

Neben der hier gezeigten Hochfrequenz-Frequenzbereichsanalyse sind auch Berechnungen im Zeitbereich möglich. Damit können Effekte wie Blitzschlag oder elektrostatische Entladung (ESD) simuliert werden, was auch praktisch wichtige Simulationen sind [CicuttinRoyerBindeGeuzaine21]. Allerdings sind solche Zeitbereichssimulationen noch deutlich rechenintensiver als die hier gezeigte, die sich problemlos auf einem Laptop durchführen lässt.

6.3.3.1 CAD-Modell

Durch wenige Modifikationen verwandeln wir das CAD-Modell des vorherigen Beispiels in eins für diese Analyse.

- Kopieren Sie die drei Dateien *CoreInductor.prt*, *CoreInductor_fem1.fem* und *CoreInductor_sim1.sim* in ein anderes Verzeichnis, oder wählen Sie beliebig eine andere Methode, um die Dateien zu kopieren (z. B. aus NX heraus).
- Starten Sie das Simcenter-System, und öffnen Sie die kopierte Datei *CoreInductor_sim1.sim*.

Vergrößern Sie die Luft. Bearbeiten Sie dazu den ersten Sketch. Vergrößern Sie den äußeren Radius (p26) auf 1100 mm und den anderen Radius (p0) auf 1000 mm. Die innere Kreiskante bräuchten wir für diese Simulation eigentlich gar nicht mehr.

Für die Gehäusegeometrie gilt Folgendes: Am Ende der Feature-Historie gibt es einen unterdrückten zweiten Sketch, der das Gehäuse darstellt, und nachfolgend eine unterdrückte Flächenunterteilung. Heben Sie die Unterdrückung dieser beiden Elemente auf (Bild 6.32).

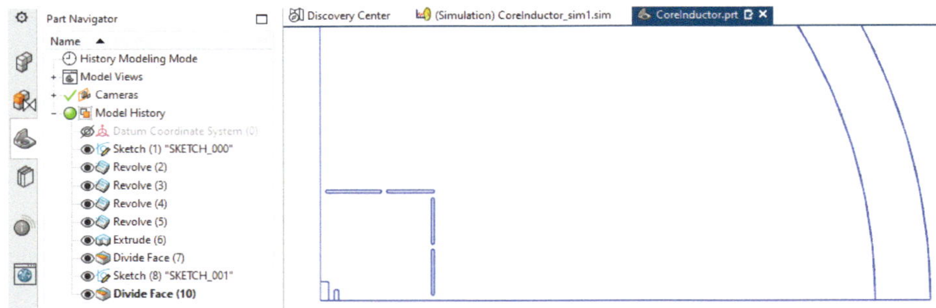

Bild 6.32 Das CAD-Modell für die Hochfrequenz-Simulation ist aus dem einfachen Core-Inductor-Modell durch kleine Veränderungen entstanden.

6.3.3.2 Vernetzungen

In der FEM-Datei fügen wir Netze für die Gehäusegeometrie hinzu. Die Materialeigenschaften dieser Wänder, d. h. die elektrische Leitfähigkeit und die magnetische Permeabilität, haben großen Einfluss auf das Ergebnis.

- Wechseln Sie in die FEM-Datei.
- Löschen Sie das Netz *Air_Inf*. Diese Art von Elementen wird hier nicht eingesetzt.
- Erzeugen Sie Quad-Elemente mit der Größe 1.5 mm auf den vier Flächen des Gehäuses. Wählen Sie das Material *MU3*, das schon für den Kern eingesetzt wurde. Geben Sie dem Kollektor den Namen *PlateWithGap*.
- Vernetzen Sie die gesamte Luft, also die innere und die äußere, mit Tri-Elementen und einer Elementgröße von 5 mm.

6.3.3.3 Full Wave Setup

In der Sim-Datei aktivieren wir die Full Wave-Erweiterung, die zur vollständigen Kopplung der elektrischen und magnetischen Felder führt und es damit ermöglicht, dass sich in der Simulation elektromagnetische Wellen fortbewegen können.

- Wechseln Sie in die Sim-Datei.
- Bearbeiten Sie die dynamische Lösung *MagDyn*, und benennen Sie diese um in *MagDynHF*.
- Im Register *Anfangsbedingungen* (*Initial Conditions*) aktivieren Sie den Schalter *Full Wave (HighFreq) Extension*.
- Bei den *Ausgabeanforderungen* (*Output Requests*) aktivieren Sie bei *Plot* die *Elektrische Feldstärke* (*Electric Fieldstrength*). Bei *Table* aktivieren Sie die *Electrode Voltage*.

- Entfernen Sie den Constraint *Flux tangent* auf der äußeren Kreiskante. Stattdessen erzeugen Sie einen Constraint vom Typ *FullWave Absorbing Boundary (Silver Mueller)* auf dieser Kante.

Die Silver-Müller-Bedingung sorgt dafür, dass Wellen, die nach außen gehen, nicht reflektiert werden. Das funktioniert optimal bei senkrechtem Aufprall der Welle auf den Rand. Deswegen sollte die Bedingung möglichst vom Gehäuse entfernt sein. Alternativ zu dieser Bedingung wäre auch die sogenannte PLM-(Perfectly Matched Layer-)Bedingung möglich, die als Physical in der FEM-Datei erzeugt wird.

Berechnen (Solven) Sie das Modell zunächst mit der vorherigen Anregefrequenz 50 Hz. Betrachten Sie das elektrische Feld, das sich ergibt (Bild 6.33 links). Es ist noch keine ablösende Welle zu erkennen, weil die Frequenz so klein und daher die Wellenlänge so groß ist, dass keine Wellenablösung auftritt.

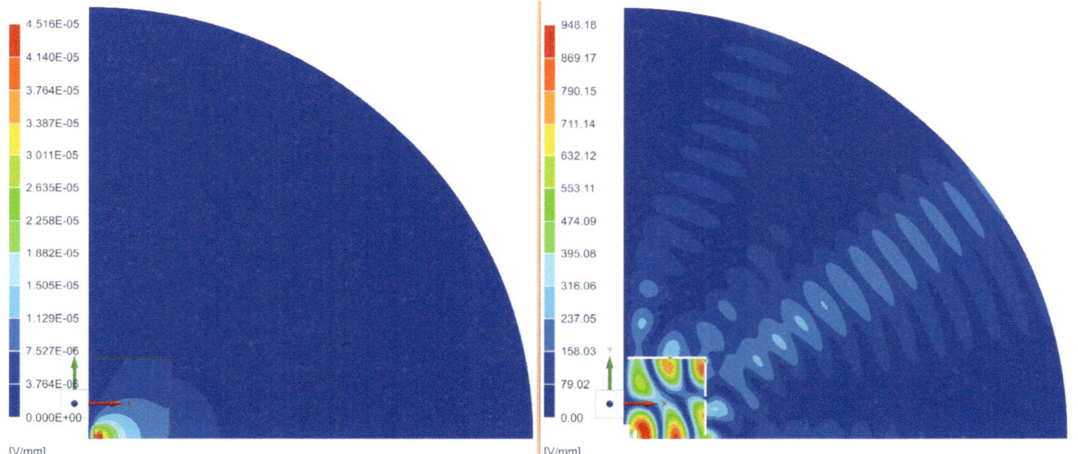

Bild 6.33 Links das elektrische Feld bei 50 Hz, rechts bei 2.14 GHz: Die elektromagnetische Welle entsteht erst bei Frequenzen, die zur Geometrie passen.

6.3.3.4 Abschätzung der Frequenz für Wellenablösung

Zuerst wollen wir durch manuelle Rechnung ungefähr ermitteln, in welchem Bereich unser Kern zur Antenne wird und Wellen erzeugt. Das geht über die Beziehung für die Wellenlänge, die wir in den Grundlagen dieses Kapitels schon genannt haben:

$$\lambda = \frac{c}{f}$$

Wir messen die Länge des Kerns im CAD und finden den Wert 35 mm. Eine Geometrie kann zur Antenne werden, wenn zumindest ein Zehntel, besser ein Viertel oder die Hälfte der Wellenlänge darauf passt. Nehmen wir also ein Viertel der Wellenlänge an, dann darf die Welle eine Größe von $35 \cdot 4$ mm haben. Mit dem bekannten Wert für die Lichtgeschwindigkeit c = 3e8 m/s ergibt sich für die Frequenz f ein Wert von 2.14 GHz.

- Ändern Sie die Anregefrequenz auf den Wert 2.14e9 Hz, und berechnen Sie das Modell erneut.

Das entstehende elektrische Feld ist in Bild 6.33 rechts zu sehen. Deutlich sind elektromagnetische Wellen zu erkennen, und auch die Stärke des Feldes hat deutlich zugenommen. Was wir sehen, ist eine Art von Resonanz: Wenn die Geometrie so zur Wellenlänge passt, dass die Welle sich in der Geometrie möglichst ungestört ausbilden kann, dann kann sie entstehen und sich auch in die Luft bis in weite Ferne ausbreiten. Auf diese Weise werden Radio oder Funkwellen erzeugt, die bekanntlich sehr weit strahlen können.

6.3.3.5 Finden von Peaks durch Frequenz-Sweep

In einem Bereich um die abgeschätzte Frequenz herum erwarten wir also signifikante Abstrahlungen. Um die Frequenzen genauer zu finden, lassen wir nun einen Frequenz-Sweep laufen, der mit möglichst kleiner Abstufung durch den interessierenden Frequenzbereich läuft.

Das heißt, wir wollen einen Graphen ermitteln, der auf der x-Achse die Frequenzen zeigt und auf der y-Achse eine Größe, anhand der wir erkennen können, ob die Antenne abstrahlt. Wir wählen für diese Größe die resultierende elektrische Spannung in der Spule, und zwar aus folgendem Grund: Der Strom in der Spule ist durch unsere Randbedingung festgelegt, die Spannung jedoch ergibt sich als Ergebnis der Simulation. Wenn die Spannung also groß wird, dann bedeutet das eine große Energieabgabe an der Spule, was wiederum auf die Wellenbildung schließen lässt. Das heißt, wir messen auf diese Weise die Impedanz des Spule-Kern-Systems. Um sicherzugehen, dass nicht eventuell wichtige Frequenzen vergessen werden, wollen wir den Frequenz-Sweep schon bei kleinen Frequenzen beginnen lassen.

Gehen Sie wie folgt vor:

- Bearbeiten Sie die Lösung *MagDynHF*, und wechseln Sie in das Register *Frequency*.
- Bearbeiten Sie das Objekt *Forcing Frequencies*. Schalten Sie bei *Frequency List Form* auf die Option *Linear Sweep*.
- Tragen Sie folgende Werte ein:

  Start Frequency: 5e7 Hz

  End Frequency: 8e9 Hz

  Step Value: 5e7 Hz
- Bei *Output Requests, Plot* deaktivieren Sie alle Plot-Ergebnisse, damit diese nicht unnötige Rechenzeit verbrauchen.
- Bei *Output Requests, Table* aktivieren Sie *Electrode Voltage*.
- Im Register *2D* deaktivieren Sie *Axisymmetric*, weil wir eine rechteckige Box statt einer achsensymmetrischen annehmen wollen.
- Berechnen Sie die Solution. Es werden 160 Frequenzschritte berechnet, was ungefähr zehn bis 15 Minuten dauert.

Die resultierenden Spannungen, d. h. die jeweiligen Real- und Imaginärwerte, werden für jeden Frequenzschritt in eine Textdatei mit der Endung *Voltage.txt* geschrieben. Diese Datei kann nun z. B. in Excel eingelesen werden, um einen Graphen zu erstellen. Dann sollte noch aus jedem Wertepaar der Betrag durch quadratische Addition berechnet werden, d. h. durch die Formel $\sqrt{Re \cdot Re + Im + Im}$. Für die x-Achse sollte noch eine Spalte mit den Frequenzen eingefügt werden. Dann kann ein x-y-Graph erstellt werden, wie in Bild 6.34 zu sehen ist.

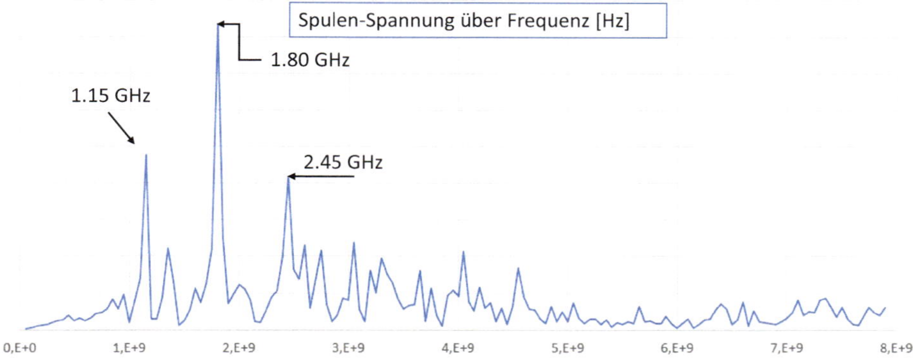

Bild 6.34 An den Peaks in der Spulenspannung lässt sich erkennen, dass bei drei Frequenzen besonders hohe Energien in das Feld übertragen werden. Hier sind die Wellenausbreitungen besonders dominant.

Es lässt sich leicht erkennen, dass bei drei Frequenzen besonders hohe Energie in der Spule verbraucht wird. Diese Frequenzen sollten vermieden werden, um die Abstrahlung bei einem solchen Gerät gering zu halten. Diese werden wir nun einzeln berechnen und betrachten.

Editieren Sie die Solution, und ändern Sie die Anregefrequenz der Reihe nach auf die drei Peak-Werte aus dem Graph. Aktivieren Sie wieder den *Output Request Electric Fieldstrength*, und lassen Sie die Lösung berechnen.

Das Plotergebnis der drei ist in Bild 6.35 dargestellt. Hier ist der Betrag (Amplitude) der elektrischen Feldstärke gezeigt. Wenn im Ergebnis die *Complex Option* auf *Phasenwinkel* gestellt wird, kann auch eine Animation mit Typ Modal durchgeführt werden, die dann sehr anschaulich das Fortschreiten der Wellen als Film zeigt.

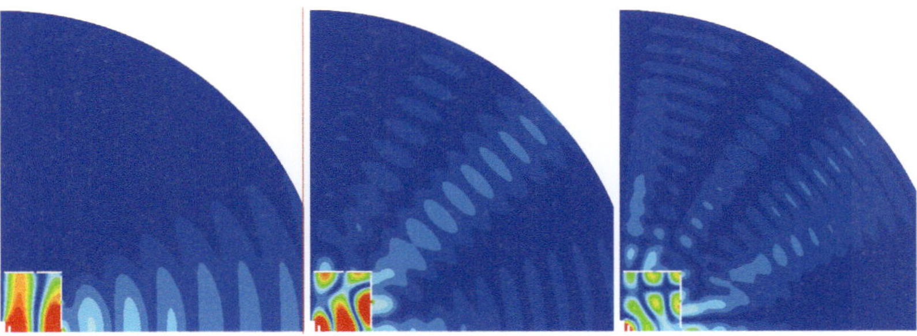

Bild 6.35 Plots vom elektrischen Feld, wie es sich bei den drei kritischen Frequenzen einstellt: Nur die Luft ist dargestellt.

Es ist gut zu sehen, dass mit größerer Frequenz die Wellen immer kleiner werden und daher auch irgendwann durch die kleinen Öffnungen am Gehäuse gelangen können. Auch sind Richtungen der Ausbreitung zu erkennen.

Um letztlich die Schirmwirkung vom Gehäuse zu beurteilen, kann die Feldstärke innerhalb und außerhalb des Schilds verglichen werden. Alternativ kann auch einmal mit und einmal ohne Schild simuliert und dann die Feldstärke an einem Punkt verglichen werden. Natürlich sind auch verschiedene Materialeigenschaften beim Schild interessant. Einfacher als absolute Zahlen auszuwerten ist es nur, Verhältnisse zu betrachten, z. B. die prozentuale Reduktion der Feldstärke im Abstand 1 m vom Gehäuse bei verschiedenen Schilddicken.

Damit ist diese Lernaufgabe beendet.

6.3.4 Elektromotor

Das folgende Beispiel eines Synchron-Elektromotors mit Permanentmagneten als Außenläufer und sechs Polpaaren zeigt einen einfachen, aber durchaus realistischen Fall einer elektromagnetischen Motoranalyse (Bild 6.36).

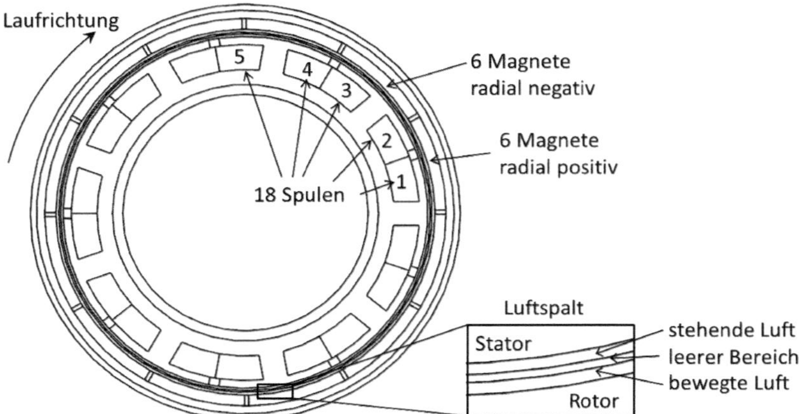

Bild 6.36 Der zu analysierende synchrone Elektromotor als Außenläufer: Das CAD-Modell finden Sie unter *plus.hanser-fachbuch.de*. Die CAD-Flächen sind benannt und der Luftspalt, wie unten rechts dargestellt, unterteilt.

Als Besonderheiten bzw. Lerneffekte hat diese Aufgabe unter anderem einen rotierenden Rotor, der in Zeitschritten bewegt wird, und ein 1D-Netzwerk für die Realisierung der Sternschaltung. Außerdem soll eine Reihe von automatischen Hilfsfunktionen zum Einsatz kommen, mit denen die Erstellung von elektromagnetischen FEM-Modellen deutlich erleichtert und beschleunigt wird.

6.3.4.1 Aufgabenstellung

Es sollen Drehmoment, Spannungen und Verluste berechnet werden.

Typischerweise sollen bei elektrischen Motoren der Drehmomentverlauf sowie die induzierten Spannungen der drei Phasen ermittelt werden. Darüber hinaus interessieren auch die Verluste: Einerseits sind dies die Leitungsverluste, die durch den Ohm-Widerstand hauptsächlich im Kupfer entstehen. Andererseits sind dies die Hysterese-Verluste, die durch ständige Ummagnetisierungen hauptsächlich im Elektroblech entstehen. Gegeben sind die Drehzahl von 1000 U/min und die Stromamplitude von 6A mit 50 Windungen auf jeder Spule. Der Motor soll mittels einer Sternschaltung angesteuert werden. Das Spulenschema ist gegeben. Die Tiefe des Motors in Z-Richtung ist 100 mm.

6.3.4.2 CAD-Vorbereitungen für Automatisierungen

Starten Sie das Simcenter/NX-System, und öffnen Sie die Datei *ElectricMotor.prt.*

Unser Motor enthält mit den 18 Spulen und zwölf Magneten recht viel Wiederholgeometrie. Bei der späteren Vernetzung müssen jede Spule und jeder Magnet einzeln vernetzt werden und Eigenschaften bekommen. Es leuchtet ein, dass das zu viel manueller Arbeit führen würde. Daher gibt es für den MAGNETICS-Solver eine Reihe von Hilfstools, die solche wiederkehrenden Arbeiten übernehmen können. Davon wollen wir Gebrauch machen.

Die gewöhnliche Vernetzung eines Motors würde viel manuelle Arbeit bedeuten. Daher werden Automatisierungen verwendet.

Eine Alternative zu der hier gezeigten Vorgehensweise wäre die Nutzung der Assembly-FEM-Funktion, die es erlauben würde, nur ein Segment des Motors in einer FEM-Datei zu vernetzen und dieses Segment mehrfach in einem Assembly-FEM einzufügen. Die Methoden dabei wären sehr ähnlich zu dem Fahrzeugrahmen-Beispiel aus dem Strukturmechanik-Teil dieses Buches (siehe Abschnitt 4.2.1.19).

Die hier eingesetzten Hilfstools basieren darauf, dass die Geometrie im CAD mit Namen oder auch Farben oder anderen Attributen strukturiert ist. Das ist ganz einfach: Wenn die 18 Spulenflächen im CAD z.B. mit den Namen COIL01, COIL02 usw. versehen sind, so kann das Hilfstool in der FEM-Datei nach allen Flächen suchen, die den Namen COIL enthalten, und diese vernetzen. Am vorliegenden CAD-Modell des Motors sind bereits solche Namen an den 18 Spulen angebracht. Auch die zwölf Magnete sind schon benannt. Sie können die Namen am CAD-Modell sehen, wenn Sie die Schattierung abschalten.

Ganz ähnlich wie mit den Namen verhält es sich auch mit den Materialzuordnungen. Unterschied ist nur, dass hierfür Attribute definiert und gelesen werden. In diesem Modell haben wir Attribute mit dem Titel MAT vergeben, die als Wert den jeweiligen Materialnamen enthalten. Damit kann das Hilfstool wieder an jeder Fläche nach diesem Attribut fragen und das entsprechende Material finden und zuordnen.

Um diese Benennungen und Attribute bei späteren Aufgaben der konkreten Arbeit zu nutzen, müssen Sie lediglich wissen, wie im Simcenter/NX-System Namen und Attribute vergeben werden, und Sie brauchen die Funktion zum Darstellen der Namen im Grafikfenster. Probieren Sie am besten mal Folgendes an einem anderen Modell aus: Um einer beliebigen Fläche einen Namen zu geben, stellen Sie den Selektionsfilter auf *Fläche* (*Face*) und selektieren die gewünschte Fläche. Auf der Fläche wählen Sie mit der rechten Maustaste die Option *Eigenschaften* (*Properties*) aus (Bild 6.37). Im folgenden Dialog wählen Sie das Register *Allgemein* (*General*). Hier kann der Name eingetragen oder auch geändert werden. Wenn gleich mehrere Flächen selektiert worden sind, kann hier auch mit dem Schalter *Index zu Namen hinzufügen* (*Add index to name*) erreicht werden, dass gleich ein Zähler an den Namen angefügt wird. Das ist sehr hilfreich, z. B. bei den Spulen. Wenn in diesem Dialog das Register *Attributes* gewählt wird, so können die MAT-Attribute definiert werden.

In älteren NX-Versionen werden zunächst die Namen nicht angezeigt. Dann müssen Sie in den *Voreinstellungen für Visualisierung* (*Visualization Preferences*) im Register *Namen/ Ränder* (*Names/Borders*) die Option *Objektnamen anzeigen* (*Show Object Names*) auf *Alle Ansichten* (*All Views*) stellen (Bild 6.37).

Bild 6.37 Wenn im CAD-System Namen zugeordnet werden, so können in FEM automatisch Vernetzung, Spulenschema und Weiteres erzeugt werden.

Neben Namen können auch die Farben der Flächen später ausgenutzt werden, um Automatismen zu verwenden.

Prüfen Sie auf diese Weise einige Flächen hinsichtlich des MAT-Attributs. Sie werden feststellen, dass die folgenden Materialnamen angegeben sind:

- *Copper: 5.77e7 Siemens/meter* für die Spulen
- *Vacoflux 17 0.35* für Rotor und Stator
- *PM04: Br 0.4 mur 1.0* für die Magnete
- *AIR* für den Luftspalt und die sonstige Luft

Neben Namen können auch Farben zur Strukturierung für die spätere automatische Verarbeitung genutzt werden. Unser Hilfstool kann auch beauftragt werden, z. B. um alle weißen Flächen zu vernetzen. Bei unserer Lernaufgabe werden beide Möglichkeiten genutzt, d. h., die Spulen und die Magnete haben Namen. Die rotierende Luft und die stehende Luft haben dagegen keine Namen, sondern unterschiedliche Farben.

Der Rotor wird bei jedem Rechenschritt intern ein Stück verdreht. Der Luftspalt zwischen Stator und Rotor wird ebenfalls intern immer wieder neu vernetzt.

Ein paar Worte müssen noch zur Vorbereitung des Luftspaltes gesagt werden, der in Bild 6.37 rechts vergrößert dargestellt ist. Ziel ist die spätere Nutzung der sogenannten *Moving Band*-Funktion, eine Funktion zur Drehung der rotierenden finiten Elemente intern im Solver. Für diese Funktion müssen die bewegten und die stehenden Teile durch einen Luftspalt getrennt sein, so wie das normalerweise bei jedem Elektromotor der Fall ist. Der Luftspalt darf in Simcenter/NX nicht vernetzt sein, denn dies wird vom MAGNETICS-Solver durchgeführt und intern mit jedem Rechenschritt aktualisiert. Am CAD-Modell müssen zwei Kreiskanten den Luftspalt bilden; eine für den Stator und eine für den Rotor. Um etwas schönere Netze – und damit genauere Ergebnisse – zu erhalten, wird der Luftspalt am CAD-Modell meist in drei Teile unterteilt: ein Teil für Luft, die sich mit dem Rotor bewegt, ein Teil für Luft, die mit dem Stator steht, und ein Teil dazwischen, an dem gar nicht vernetzt wird.

Am CAD-Modell kann ein Ausdruck (*Expression*) für die Rotordrehung verwendet werden. Dies nutzen wir später für die Einstellung der Startposition.

Außerdem wollen wir auf den CAD-Parameter *Angle* hinweisen, der am CAD-Modell des Motors für die Einstellung des Startwinkels des Rotors genutzt werden kann. In der Analyse werden wir erkennen, dass der Rotor nicht die optimale Startstellung hat. Dann werden wir diesen Parameter anpassen und das FE-Modell aktualisieren.

Damit sind die Erklärungen für Geometrievorbereitungen und die Nutzung von Automatisierungen in der FEM-Datei abgeschlossen. Durchzuführende Schritte gab es keine, denn an dem CAD-Modell des Motors ist alles schon fertig.

6.3.4.3 Erstellung der Dateistruktur und der Lösungen

Nun können wir durch die Schritte des Modellaufbaus gehen. Sie werden erstaunt sein, wie schnell das mithilfe der Hilfstools geht:

- Starten Sie die Anwendung *NX/Simcenter 3D Pre/Post* und wählen die Funktion *Neue FEM und Simulation* (*New FEM and Simulation*).
- Deaktivieren Sie den Schalter *Idealisiertes Teil erzeugen* (*Create Idealized Part*).
- Wählen Sie den Solver MAGNETICS und als Analyse-Typ *2D or axisym Electromagnetics* aus, und klicken Sie auf OK.
- Sie werden nach der Lösung gefragt. Geben Sie als Namen *Static* an, und akzeptieren Sie den voreingestellten Solution-Typ *Magnetostatic*. Klicken Sie auf LÖSUNG ERZEUGEN (CREATE SOLUTION).
- Im Register *2D* stellen Sie die *Stärke* (*Thickness*) auf 100 mm.
- Aktivieren Sie im Register *Ausgabeanforderungen* (*Output Requests*) unter *Plotten* (*Plot*): *Magnetic Fluxdensity*, *Magnetic Fieldstrength*, *Stromdichte* (*Current Density*), *Magnetic Potenzial (a-Pot)* und *Verschiebung* (*Displacement*).
- Aktivieren Sie *RotorBand Torque – stresstensor* unter *Tabelle* (*Table*).
- Beenden Sie den Vorgang mit OK.

Die statische Lösung wird mit einigen Standardeinstellungen angelegt.

Die Ausgabe *Verschiebung* (*Displacement*) ist sinnvoll, wenn Drehungen in der Analyse durchgeführt werden. Dann kann dieses Ergebnis genutzt werden, um in der Grafik diese Drehung mit darzustellen.

Besonderheiten bei den angeforderten Ergebnissen sind *Verschiebung* (*Displacement*) und *RotorBand Torque*.

Die *RotorBand Torque*-Ausgabe fordert eine spezielle Berechnung des Drehmoments an, die nur bei Nutzung der *Moving-Band*-Funktion möglich ist. Dies geschieht durch die Anwendung des Maxwell'schen Stresstensors auf das Band im Luftspalt. Die Methode ist wegen der hohen Rechengeschwindigkeit gegenüber der *Nodal Force*- oder *Nodal Moment*-Methode zu bevorzugen. Die *Nodal Force/Moment*-Ausgaben verwenden die Virtuelle-Energie-Methode zur Berechnung von Kräften.

6.3.4.4 Vernetzungen und Spulenschema

Nun können wir unsere Hilfstools für den automatischen Aufbau des FEM-Modells einsetzen. Dies sind die beiden Funktionen *Auto FEM* und *Multi Physical Edit*. Wollten wir ganz schnell sein, bräuchten wir die *Auto FEM*-Funktion nur einmal aufzurufen und würden alle Vernetzungen und das 1D-Netzwerk für das Wicklungsschema in einem Schritt erzeugen. Aus didaktischen Gründen gehen wir jedoch in kleineren Schritten durch die Thematik.

Mithilfe des Tools *Auto FEM* könnten die gesamte Vernetzung und das Windungsschema in nur einem Schritt erzeugt werden.

- Wechseln Sie das dargestellte Teil zu der FEM-Datei.
- Rufen Sie aus der *Magnetics*-Werkzeugleiste die Funktion *Auto FEM* auf (Bild 6.38).

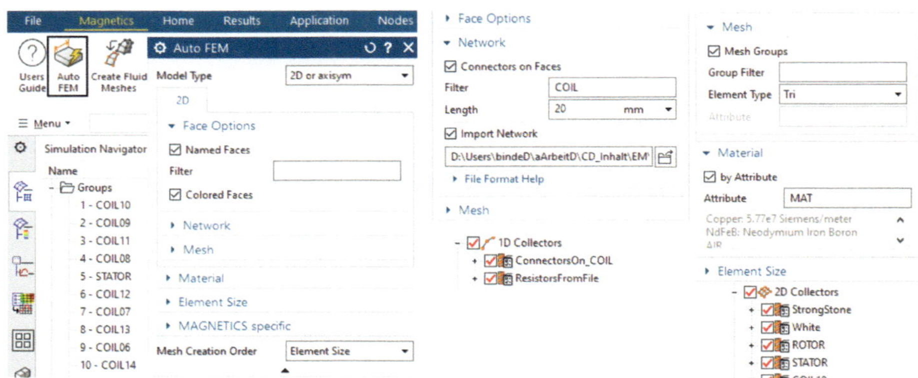

Bild 6.38 Die Funktionen des Tools *Auto FEM* im Überblick: Es gibt die Bereiche *Face Options, Netzwerk* sowie *Vernetzung und Material.* Im unteren Bereich sind die jeweiligen Ergebnisse im Navigator dargestellt. Nachfolgend werden die Funktionen einzeln nacheinander aufgerufen.

Die Funktion *Auto FEM* kann 2D- oder 3D-Modelle automatisiert erstellen. Für unseren Fall wählen wir ganz oben bei *Model Type* die Option *2D or axisym*. Es gibt fünf Bereiche: *Face Options*, *Network*, *Netz* (*Mesh*), Material und Elementgröße (*Element Size*). Die jeweiligen Funktionen der Bereiche können nacheinander durchgeführt werden oder auch gemeinsam.

- Wir beginnen mit dem Erstellen von Gruppen. Das Programm soll uns aus allen benannten Flächen im CAD-System Gruppen erzeugen, daher aktivieren Sie *Named Faces* und geben *keinen* Filter vor.
- Zusätzlich soll das Programm für alle Flächen mit Farben (die Standardfarben) jeweils Gruppen anlegen. Daher aktivieren Sie auch *Colored Faces*.
- Beachten Sie, dass alle anderen Schalter deaktiviert sind. Klicken Sie auf OK, woraufhin 34 Gruppen erzeugt werden.

Im Navigator unter dem Knoten *Gruppen* (*Groups*) sind die neu erstellten Gruppen zu sehen. Die Namen der Gruppen entsprechen den Namen der CAD-Flächen. Die beiden letzten Gruppen heißen *StrongStone* und *White*. Sie sind aus gefärbten Flächen entstanden und gehören zur rotierenden Luft (*StrongStone*) und zur stehenden Luft (*White*).

Das 1D-Netzwerk wird mit *Connector*-Elementen an die vernetzten 2D-Flächen angekoppelt.

Als Nächstes soll das 1D-Netzwerk erzeugt werden. Dieses kann aus diskreten Ohm-Widerständen, Induktivitäten, Kapazitäten oder auch Dioden bestehen. Für die Verbindung zu einer vernetzten Fläche, also zu unseren Spulen, muss ein sogenanntes *Connector*-Element erzeugt werden. All diese Elemente können manuell von Punkt zu Punkt erzeugt werden, z.B. mit der Funktion *1D Connection*. Alternativ kann die hier dargestellte automatische Methode genutzt werden.

Wir fangen mit den Connector-Elementen für die Verbindung der Spulen zum 1D-Netzwerk an:

- Rufen Sie die Funktion *Auto FEM* auf.
- Deaktivieren Sie die beiden Schalter *Named Faces* und *Colored Faces*, und
- Aktivieren Sie bei *Network* den Schalter *Connectors on Faces*.

- Tragen Sie bei *Filter* in großen Buchstaben *COIL* ein, weil damit alle unsere Spulennamen gefunden werden.
- Akzeptieren Sie bei *Länge* (*Length*) die Zahl 20 mm. Die Länge ist zunächst nur von visueller Bedeutung.
- Klicken Sie auf OK, woraufhin 18 Connector-Elemente auf den Spulen erzeugt werden.

Im Navigator sind unter *1D-Sammler* die neuen *Connector*-Elemente entstanden und im Sammler *ConnectorsOn_COIL* zusammengefasst. Übrigens hat ein solches *Connector*-Element zwei Punkte bzw. Knoten, die mit dem Namen der Spule und einem *_A* oder *_B* gebildet werden (Bild 6.39). Zwei Punkte sind deswegen erforderlich, weil das Element die beiden Anschlüsse der Spule darstellt. Mithilfe der Namen ist es möglich, diese Punkte automatisch weiter zu verarbeiten, so wie das als Nächstes gemacht wird.

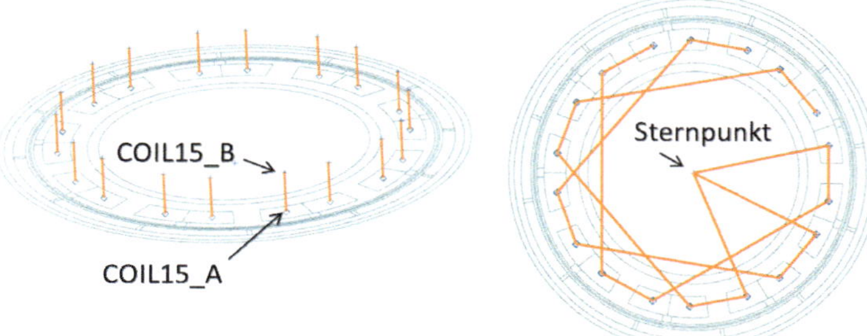

Bild 6.39 Links sind die Connector-Elemente dargestellt, mit denen das eigentliche 1D-Netzwerk an die 2D-Flächen der Spulen angeschlossen wird. Rechts sind die Elemente des Netzwerks zu sehen. Diese Elemente sind immer entweder oben oder unten an ein Connector-Element oder den Sternpunkt angeschlossen. Die Ströme können nun wie in der Realität durch den Motor fließen.

Nun soll das eigentliche Netzwerk erstellt werden. Dieses könnte wieder manuell durchgeführt werden, was jedoch mühsam ist. Leichter ist es, die Definition des Spulenschemas oder der sonstigen elektronischen Schaltung in einer Textdatei zu speichern und dann zu importieren. Im Folgenden zeigen wir den Inhalt der Textdatei *network.txt*, die das Spulenschema mit Sternschaltung für diesen Motor enthält und die wir importieren wollen. Wir haben die Zeilen der Datei aus Platzgründen hier in zwei Spalten aufgeteilt.

Die Datei *network.txt* enthält das Spulenschema. Dieses kann in Simcenter/NX importiert werden. Auf diese Weise können leicht verschiedene Schemata in Textdateien gespeichert werden.

```
# The Starpoint:
point StarPoint 0 0 -10
# Phase U:
resistor COIL02_B COIL03_B
resistor COIL03_A COIL08_A
resistor COIL08_B COIL09_B
resistor COIL09_A COIL14_A
resistor COIL14_B COIL15_B
resistor COIL15_A Starpoint
# Phase V:
resistor COIL06_B COIL07_B
resistor COIL07_A COIL12_A
resistor COIL12_B COIL13_B
resistor COIL13_A COIL18_A
resistor COIL18_B COIL01_B
resistor COIL01_A Starpoint
# Phase W:
resistor COIL04_B COIL05_B
resistor COIL05_A COIL10_A
resistor COIL10_B COIL11_B
resistor COIL11_A COIL16_A
resistor COIL16_B COIL17_B
resistor COIL17_A Starpoint
```

Die Definitionen in der Datei sind folgendermaßen zu verstehen: Jede Zeile ist für die Erzeugung eines Netzwerkelements zuständig. Das erste Wort in einer Zeile gibt den Elementtyp an. Möglichkeiten sind `resistor`, `inductor` und `capacitor`. Das zweite und dritte Wort in der Zeile sind die Namen der Connector-Punkte, mit denen das Netzwerkelement verbunden werden soll. Eine weitere Möglichkeit bietet der Befehl `point`, der gleich zu Anfang unserer Datei angewandt wird. Damit kann ein Knoten im Netzwerk erzeugt werden, z. B. der Sternpunkt. Das zweite Wort ist der Name des Punkts, und dann folgen die drei Koordinaten für die Raumposition. Jede Zeile, die nicht eins der Kommandos enthält, wird als Kommentarzeile verstanden.

Für das Importieren des vorbereiteten Netzwerks gehen Sie wie folgt vor:

- Rufen Sie die Funktion *Auto FEM* auf.
- Deaktivieren Sie zuerst alle Schalter.
- Aktivieren Sie bei *Network* den Schalter *Import Network*.
- Im File Browser wählen Sie die Datei *network.txt* aus, die im selben Verzeichnis wie das CAD-Modell liegt.
- Klicken Sie auf OK, woraufhin 18 Resistor-Elemente zwischen den Connector-Elementen der Spulen erzeugt werden.

Die 2D-Netze werden nun automatisch erzeugt.

Bevor wir die Netze erzeugen lassen, müssen wir noch dafür sorgen, dass alle Materialien, die in den MAT-Attributen aufgeführt sind, auch in der FEM-Datei gefunden werden können. Ansonsten kann das *Auto FEM*-Tool nicht funktionieren. Daher müssen diese Materialien jetzt aus einer Bibliothek geladen werden. Rufen Sie dazu die Funktion *Materialien verwalten (Manage Materials)* auf, öffnen Sie die Bibliothek *Commonly Used Materials.xml* aus dem Pfad *...\Siemens\NX xxx\SIMULATION\magnet\materials*, finden Sie in der Liste die benötigten Materialien und wählen jeweils mit rechter Maustaste die Funktion *Bibliotheksmaterial laden* (*Load Library Material*). Lediglich für das *Vacoflux 17 0.35* öffnen Sie die Bibliothek *Vacuumschmelze Steel Materials.xml*.

Zur Erinnerung: Es sind die Materialien *Copper: 5.77e7 Siemens/meter*, *Vacoflux 17 0.35*, *PM04: Br 0.4 mur 1.0* sowie *AIR* erforderlich.

Als Letztes lassen wir die Netze erzeugen. Auch hierfür nutzen wir die Hilfsfunktion. Wir werden in dieser Aufgabe eine sehr grobe Vernetzung erzeugen, weil wir die Grenze von 1500 Knoten der Demo-Version nicht übersteigen wollen. In einer Praxisanalyse eines Elektromotors würde man deutlich feiner vernetzen. Die Ergebnisse, die wir produzieren, werden daher nur qualitativ richtig sein:

- Rufen Sie die Funktion *Auto FEM* auf.
- Deaktivieren Sie zuerst alle Schalter.
- Aktivieren Sie bei *Netz* (*Mesh*) den Schalter *Mesh Groups*.
- Bei *Group Filter* tragen Sie nichts ein. Damit werden alle existierenden Gruppen vernetzt.
- Bei *Element Type* wählen Sie *Tri*. *Quads* wären natürlich auch möglich, und über die Option *by Attribute* könnte jede Fläche einen unterschiedlichen Elementtyp bekommen.

Bei *Material* erscheinen die geladenen Materialien in der Liste. Aktivieren Sie den Schalter *By Attribute* und tragen Sie bei Attribut *MAT* ein. Auf diese Weise findet das Programm die jeweils zugeordneten Materialien.

- Weiter unten bei *Elementgröße* (*Element Size*) wählen Sie die Option *Value* und tragen 5,5 mm ein. Das wird zu recht großen Elementen führen, und die Knotenanzahl wird ganz knapp unterhalb von 1500 liegen. Wenn Sie nicht mit der knotenbeschränkten Version arbeiten, so tragen Sie 1,5 mm ein. Statt des festen Werts können Sie auch einen Parameter definieren, z. B. durch die Angabe *val=5.5*. Dies hat den Vorteil, dass hinterher sehr leicht alle Netze gemeinsam geändert werden können.
- Klicken Sie auf OK, woraufhin alle Netze für die Spulen, Magnete, Stator, Rotor und die beiden Luftbereiche erzeugt werden.

Bild 6.40 zeigt links einen Ausschnitt des groben Netzes für die Analyse mit der knotenbeschränkten und rechts das Netz mit der feinen Auflösung von 1,5 mm.

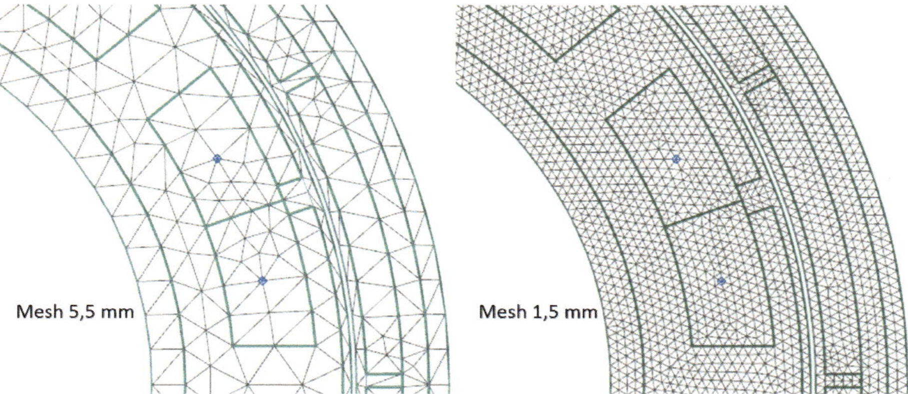

Bild 6.40 Darstellung eines groben und eines feinen Netzes

Übrigens wird die Reihenfolge der Vernetzungen entsprechend Elementgröße durchgeführt. Das ist durchaus von Bedeutung, denn die Vernetzungsreihenfolge hat einen hohen Einfluss. Später erzeugte Netze müssen sich an Rändern immer an schon existierende Knoten anpassen. Die zuerst erzeugten Netze haben somit die größte Freiheit und damit Qualität. Andere Optionen für diese Reihenfolge sind ganz unten im *Auto FEM*-Dialog möglich.

Die Reihenfolge der Vernetzung richtet sich nach der Elementgröße. Die kleinen werden zuerst erzeugt.

Damit sind die Vernetzungen und das Spulenschema bzw. zusätzliche elektrische Schaltkreise fertig aufgebaut.

6.3.4.5 Physikalische Eigenschaften

Physicals enthalten die physikalischen Eigenschaften der Netze und sind in *Gittersammlern* (*Mesh Collectors*) mit den Netzen verknüpft. Im Folgenden müssen allen 18 Spulen, allen zwölf Magneten und den restlichen Netzen solche Eigenschaften gegeben werden. Mit dem Hilfstool *Multi Physical Edit* können wir Eigenschaften einer *Physical* an andere übertragen. Davon wollen wir natürlich nachfolgend Gebrauch machen. Wir fangen mit den Spulen an:

- Doppelklicken Sie auf den Gittersammler der ersten Spule *COIL01*, und wählen Sie im nächsten Dialog *Edit* (*Bearbeiten*). Es öffnet sich der Dialog *PlanePhysical*.

Die erste Spule wird manuell definiert.

- Im Dialog *PlanePhysical* prüfen Sie, dass bei *Material* das korrekte *Copper: 5.77e7 Siemens/meter* eingestellt ist.

- Bei *Conductor Model* wählen Sie das Modell *Stranded*, und bei *Anzahl der Gänge* (*Number of Turns*) definieren Sie 50.
- Schließen Sie die Dialoge mit zweimaligem Klick auf OK.
- Rufen Sie aus der MAGNETICS-Toolbar die Funktion *Multi Physical Edit* auf. Es öffnet sich ein Dialog (Bild 6.41).
- Stellen Sie den Typ auf *PlanePhysical*, und tragen Sie bei *Name* die *Master Physical* ein, d.h. *COIL01*. Beachten Sie hier auch Groß- und Kleinbuchstaben.
- Tragen Sie unter *Filter* einen Namensteil der *Physicals* ein, die bearbeitet werden sollen. Um alle anderen Spulen zu bearbeiten, tragen Sie *COIL* ein. Beenden Sie anschließend mit OK.
- Testen Sie die eine oder andere Spule. Es sollten jetzt alle die gleichen Eigenschaften haben.

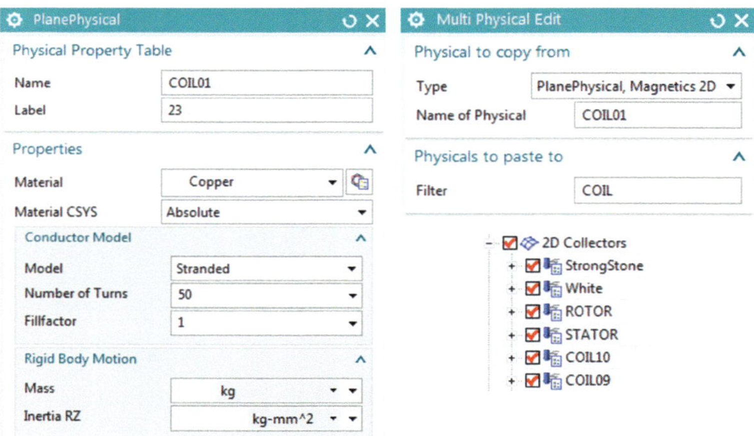

Bild 6.41 Mit der Funktion *Multi Physical Edit* werden die Eigenschaften der fertigen Spule an alle anderen übergeben.

Als Nächstes bearbeiten wir die Magnete. Wir wollen erst alle zwölf Magnete gleich einstellen, dann einen auf umgekehrte Magnetrichtung stellen und diesen dann den sechs entgegengesetzt ausgerichteten Magneten zuordnen:

Ein erster Magnet wird manuell definiert.

- Doppelklicken Sie auf den Gittersammler des ersten Magnets *MAGNET_NEG1* und wählen Sie EDIT (BEARBEITEN).
- Im Dialog *PlanePhysical* prüfen Sie wieder zuerst bei Material, ob das korrekte PM04 zugeordnet ist.
- Bei *Magnet CSYS* wählen Sie die Option *Cylindrical*. Es erscheint ein weiteres Feld *Magnet Orientation* für die Angabe eines Zylinderkoordinatensystems.
- Bei *Magnet Orientation* wählen Sie das *Absolute CSYS*.
- Klicken Sie danach zweimal auf OK, um den Dialog zu schließen.
- Rufen Sie die Funktion *Multi Physical Edit* auf, tragen Sie bei *Name of Physical* diesmal *MAGNET_NEG1* und bei *Filter MAGNET* ein.
- Bestätigen Sie mit OK. Nun werden diese Eigenschaften auf alle zwölf Magnete übertragen.

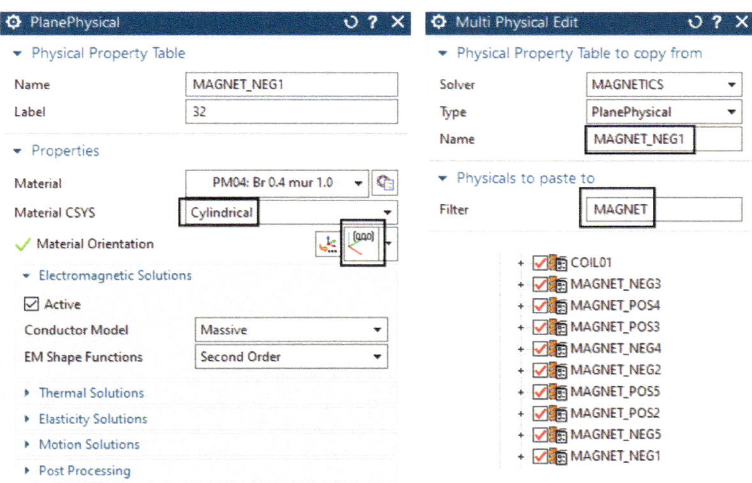

Bild 6.42 Die Eigenschaften des fertigen Magneten werden an alle anderen Magnete übergeben.

Nun ändern wir die Magnetrichtung für die sechs entsprechenden Magnete und erreichen auf diese Weise ganz einfach die gewünschte alternierende Anordnung der Magnete (Bild 6.43):

- Bearbeiten Sie erneut die *Physical* des Magneten *MAGNET_NEG1*.
- Bei *Material CSYS* wählen Sie die Option *Cylindrical flip magnet-dir*.

Da die Magnete alternierend angeordnet sind, wechseln wir die Magnetrichtung bei jedem zweiten.

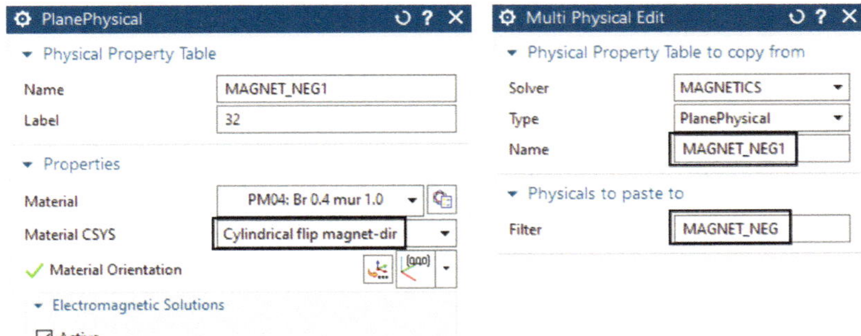

Bild 6.43 Die Magnetrichtung wird umgekehrt, indem die Flip-Option gewählt wird. Hinterher wird diese Eigenschaft an alle negativen Magnete kopiert.

Nun haben Sie dieses negativ ausgerichtete Magnet-Koordinatensystem der *Physical MAGNET_NEG1* zugeordnet. Als Nächstes weisen Sie es allen anderen *Physicals* zu, die negativ sein sollen:

- Rufen Sie die Funktion *Multi Physical Edit* auf.
- Tragen Sie bei *Name of Physical* wieder *MAGNET_NEG1* ein und bei *Filter MAGNET_NEG*. Beenden Sie mit OK.

Das negierte Magnetmaterial wird den entsprechenden Magneten zugeordnet.

Nun sind die Arbeiten, bei denen Hilfstools unterstützen, fertig. Es bleiben noch der Stator, der Rotor, die Luft und die Widerstände des Netzwerks übrig. Eine Besonderheit bei Stator und Rotorblechen ist das Laminat-Modell. Es erlaubt, die Schichtdicke der Elektrobleche für die Simulation zu definieren, und bewirkt, dass Wirbelströme – wie in Wirklichkeit – durch die Schichten behindert werden. Würde diese Option für Stator und Rotor nicht gewählt werden, so würden diese als massive Körper angenommen werden, und dies würde – je nach elektrischer Leitfähigkeit – zu erheblichen Wirbelstromverlusten (*Eddy Current Losses*) führen.

Stator und Rotor werden als laminierte Bleche definiert.

- Bearbeiten Sie die *Physical* des Rotors. Prüfen Sie, dass bei Material *Vacoflux 17 0.35* eingestellt ist. Wählen Sie bei *Conductor Modell* die Option *Laminated* und für die Dicke einer Schicht (*Thickness of one Sheet*) 0,35 mm. (Bild 6.44).
- Bearbeiten Sie die *Physical* des Stators. Wahlen Sie ebenfalls die Option *Laminated*.

Schließlich werden die beiden Luftbereiche definiert.

- Bearbeiten Sie den Kollektor und die *Physical StrongStone*, d. h. die bewegte Luft. Ändern Sie den Namen auf *Air_Rotor*. Prüfen Sie das Material *AIR*.
- Bearbeiten Sie den Kollektor und die *Physical White*, d. h. die stehende Luft. Ändern Sie den Namen auf *Air_Stator*. Prüfen Sie das Material *AIR*.
- Bearbeiten Sie den 1D-Gittersammler, der den Namen *ResistorsFromFile* trägt. Hier ist noch keine Physical erzeugt worden. Wählen Sie im Dialog die Funktion *Physische erzeugen* (*Create Physical*), und akzeptieren Sie die Voreinstellungen darin. Hier könnten zusätzlicher Ohm-Widerstand und Spuleninduktivität vergeben werden für die Randeffekte. Wir lassen diese Werte auf null. Klicken Sie anschließend zweimal auf OK, um den Dialog zu schließen.

Damit sind die Arbeiten in der FEM-Datei abgeschlossen.

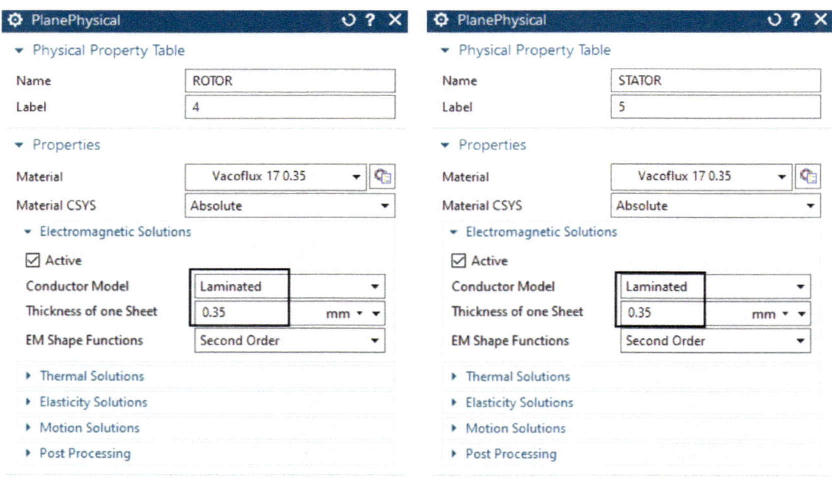

Bild 6.44 Die physikalischen Eigenschaften des Rotors und Stators mit Laminatmodell

6.3.4.6 Rotorbewegung

Für Bewegungen von FEM-Netzen kann in MAGNETICS mit zwei alternativen Funktionen gearbeitet werden: *General Motion* und *Moving Band*.

Die Funktion *General Motion* ermöglicht – wie der Name schon sagt – allgemeine Bewegungen. In 2D ist das Prinzip dabei, dass die Bewegung über CAD-Parameter definiert wird, z.B. gibt ein Parameter die Position eines Schiebers im Raum oder den Winkel eines Rotors an. Die *General-Motion*-Funktion läuft dann in einer Schleife mit vielen Schritten durch das Simcenter-System und verändert jeweils den CAD-Parameter um einen kleinen Betrag, aktualisiert die FE-Netze und Randbedingungen, startet eine Lösung, speichert die Ergebnisse und verändert im nächsten Schritt wieder den CAD-Parameter. Falls eine dynamische Lösung vorliegt, so muss für die Zeitintegration jeweils der letzte Schritt in die aktuelle Lösung einbezogen werden, was durch Interpolation der Ergebnisse auf das neue Netz geschieht. Auf diese Weise, vom CAD-System kontrolliert, lassen sich Bewegungen flexibel definieren. In der aktuellen Version sind aber nur die beiden Formen translatorische oder rotatorische Bewegung eines einzelnen Teils möglich. Bei 3D werden statt CAD-Parametern direkt die Netze verschoben. Ansonsten bleibt alles gleich.

Die Funktion *General Motion* nutzt Simcenter-Funktionen, um Bewegungen darzustellen. Dazu muss von Simcenter mit jedem Bewegungsschritt das Netz bewegt und das alte Ergebnis projiziert werden.

Die Funktion *Moving Band* bewegt auch FE-Netze für jeden Bewegungsschritt, jedoch geschieht dies rein im Solver, d.h., *NX/Simcenter 3D Pre/Post* ist daran nicht beteiligt. Hierbei werden die zu bewegenden Netze in kleinen Schritten rotiert, und der Bereich zwischen den stehenden und bewegten Netzen wird mit jedem Schritt neu vernetzt, was ebenfalls im Solver passiert. Vorteile sind die Stabilität und Geschwindigkeit der Methode, denn alles läuft im Solver. Nachteil ist, dass dies nur für einfache Bewegungsarten möglich ist, d.h. Drehung.

In diesem Beispiel nutzen wir die Funktion *Moving Band,* bei der die Drehung im Solver durchgeführt wird.

In unserem Beispiel wollen wir die *Moving-Band*-Funktion verwenden, die sich gut für elektrische Motoren eignet. Bevor wir die Funktion *Moving Band* aufrufen, wollen wir im Simcenter-System noch ein paar *Ausdrücke* (*Expressions*) definieren, die später unsere Bewegungen und Ströme kontrollieren:

Für die Funktion *Moving Band* müssen am Luftspalt zwei Kreiskanten existieren.

- Wechseln Sie das dargestellte Teil zur Simulationsdatei.
- Rufen Sie aus der Simcenter-Menüleiste unter *Werkzeuge* (*Tools*) die Funktion *Ausdruck* (*Expressions*) auf.
- Erzeugen Sie die Ausdrücke, wie in Bild 6.45 dargestellt. Achten Sie unbedingt darauf, dass die dargestellten Einheiten verwendet werden. Erzeugen Sie *CurrentFrequency* und *TimeIncrement* als Letztes, weil diese von den anderen abhängen. Alternativ können Sie auch das Journal *CreateExpressions.vb* laufen lassen, das diese Schritte automatisch erledigt. Die Datei liegt im Verzeichnis des CAD-Modells.

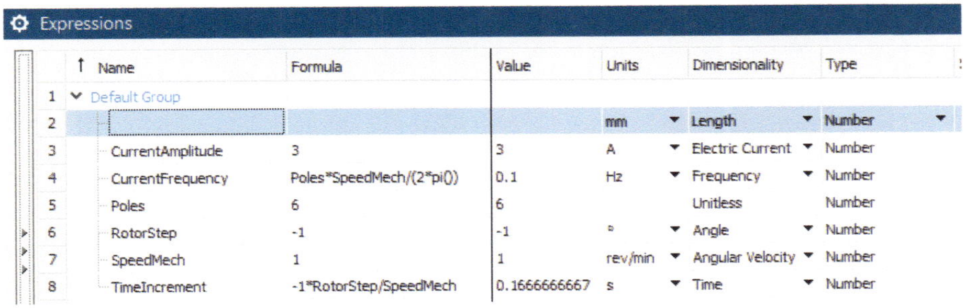

Expressions

	Name	Formula	Value	Units	Dimensionality	Type
1	Default Group					
2				mm	Length	Number
3	CurrentAmplitude	3	3	A	Electric Current	Number
4	CurrentFrequency	Poles*SpeedMech/(2*pi())	0.1	Hz	Frequency	Number
5	Poles	6	6		Unitless	Number
6	RotorStep	-1	-1	°	Angle	Number
7	SpeedMech	1	1	rev/min	Angular Velocity	Number
8	TimeIncrement	-1*RotorStep/SpeedMech	0.1666666667	s	Time	Number

Bild 6.45 Diese Ausdrücke (*Expressions*) werden später bei den Randbedingungen, Strömen und sonstigen Einstellungen verwendet.

Nun wird die Bewegungsfunktion *Enforced Motion 2D* erzeugt:

- Erzeugen Sie jetzt ein Simulationsobjekt vom Typ *Enforced Motion 2D*.

Dieses Element wird eine aufgezwungene Bewegung definieren, wie das in der statischen Lösung sinnvoll ist. In einer dynamischen Lösung wäre zusätzlich noch die Funktion *Dynamic Motion* möglich, die einem frei beweglichen Rotor entsprechen würde. Damit könnte z. B. das Anlaufverhalten des Rotors simuliert werden.

- Im Dialog des *Enforced Motion 2D* akzeptieren Sie oben den *Type Revolute by Moving Band* (Bild 6.46).
- Bei *Airgap Rotor Edge* selektieren Sie die Rotor-Kante und bei *Airgap Stator Edge* die Kante des Stators (Bild 6.46).
- Die *Number of Air Gaps* lassen Sie auf *1* und bei *Material* wählen Sie *AIR* aus der Liste.
- Außerdem wählen Sie bei *Rotor Geometry* die Funktion *Create Moving Parts*, selektieren dann alle bewegten Teile und fügen diese in die Liste ein (d. h. markieren und den Knopf mit dem Plus drücken). Es müssen also die folgenden *Physicals* in die Liste aufgenommen werden: *Air_Rotor*, *ROTOR* und *MAGNET (alle)*.
- Für *Schrittgröße* (*Angular Step*) geben Sie den Namen des vorher erzeugten Ausdrucks *RotorStep* ein. Klicken Sie nun auf OK.

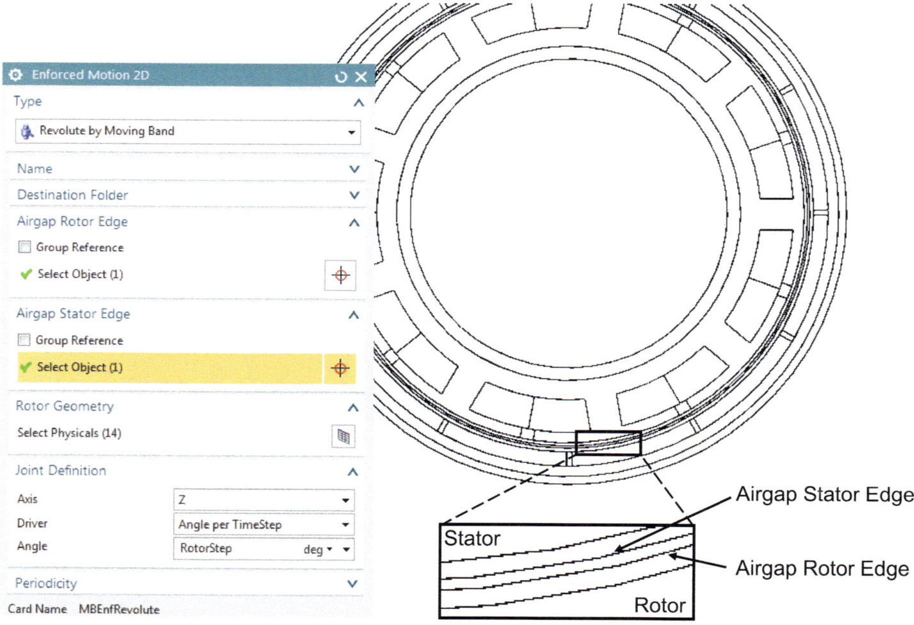

Bild 6.46 Definition der Funktion *Moving Band:* Links im Dialog werden die beiden Kreiskanten sowie die Schrittgröße (*Angle*) angegeben, rechts sind noch einmal der Luftspalt und seine Kanten dargestellt.

Damit ist die Drehbewegung des Rotors definiert. Es fehlen noch zwei Angaben, die in der Lösung gemacht werden müssen:

- Klicken Sie mit der rechten Maustaste auf die Lösung *Static* und wählen Sie BEARBEITEN (EDIT) aus.
- Wechseln Sie in das Register *Time Steps* (*Zeitschritte*) und stellen Sie die *Anzahl der Zeitschritte* (*Number of Time Steps*) auf 90 sowie das *Zeitinkrement* auf den Parameter *TimeIncrement*. Beenden Sie die den Dialog mit OK.

Mit diesen Einstellungen wird der Rotor 90 Schritte mit jeweils einem Grad Bewegung durchführen. Die mechanische Geschwindigkeit ist 1 U/min und die Drehrichtung ist nach Rechte-Hand-Regel negativ, d. h. mit dem Uhrzeigersinn.

6.3.4.7 Definition des Dreiphasenstroms

Es folgt nun die Definition der Strombedingungen. Dieser soll als Dreiphasenstrom auf das Netzwerk der Spulen und den Sternpunkt aufgebracht werden, so wie das auch in der Realität der Fall ist. Der Strom für die U-Phase wird zwischen dem offenen Ende der U-Windung und dem Sternpunkt fließen. Entsprechendes gilt für die V- und die W-Phase. Die Ströme werden als harmonische Cosinus-Funktion mit entsprechenden Phasenverschiebungen (0, 120 und 240 Grad) definiert. In Bild 6.47 sind der Sternpunkt und die drei offenen Enden der Phasen zu erkennen. Zwischen diesen Punkten werden wir nachfolgend die Ströme definieren.

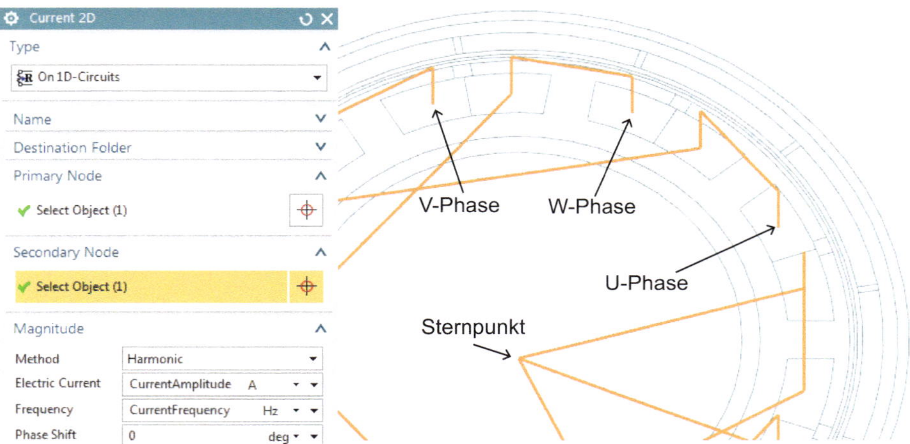

Bild 6.47 Das 1D-Netzwerk für das Spulenschema: An den drei freien Punkten sowie am Sternpunkt werden die Ströme U, V und W definiert.

Zum Erzeugen des Stroms der U-Phase zwischen zwei Knoten des Netzwerks gehen Sie wie folgt vor:

- Wählen Sie eine Last *Current 2D*, und stellen Sie im Dialog den Typ auf *On 1D-Circuits*.
- Tragen Sie bei Namen *U Phase* ein.
- Selektieren Sie bei *Primary Node* den Punkt oder Knoten, der in Bild 6.47 mit *U Phase* bezeichnet ist.
- Selektieren Sie bei *Secondary Node* den Sternpunkt.

- Tragen Sie in der Box *Betrag* (*Magnitude*) folgende Ausdrücke ein:

  Method: *Harmonic*

  Elektrischer Strom (*Electric Current Amplitude*): *CurrentAmplitude*

  Frequency: *CurrentFrequency*

  Phase Shift: 0
- Klicken Sie nun auf ANWENDEN (APPLY).
- Definieren Sie auf gleiche Weise den Strom für Phase V. Geben Sie als Namen *V Phase* und als *Phasenverschiebung* (*Phase Shift*) *120 deg* an.
- Definieren Sie auf gleiche Weise den Strom für Phase W. Geben Sie als Namen *W Phase* und als *Phasenverschiebung* (*Phase Shift*) *240 deg* an.

6.3.4.8 Umgebungsbedingung

An den Rändern zur Umgebung außen und innen wird eine Bedingung gesetzt, die für tangentiale Feldlinien sorgt. Wir nehmen also an, dass dort das Feld abgeklungen ist.

- Erzeugen Sie eine Zwangsbedingung *Flux tangent* (*zero a-Pot*) auf der äußeren Kreiskante zur Umgebung und auch auf der inneren Kreiskante (Bild 6.48).

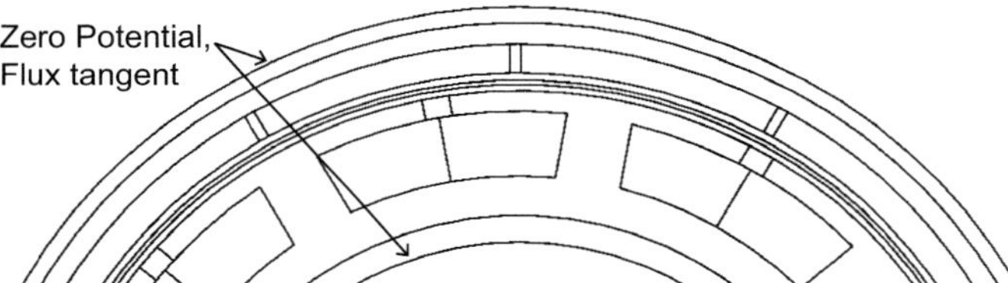

Bild 6.48 An den beiden Kanten außen und innen wird eine Umgebungsbedingung gesetzt.

Nun sind alle Eingaben fertig, und es können Berechnungen durchgeführt werden.

6.3.4.9 Finden der Rotor-Startstellung

Die Rotor-Startstellung ist diejenige, bei der der Rotor das maximale Drehmoment hat.

Nun könnten wir den Motorlauf simulieren und das produzierte Drehmoment und andere Größen darstellen. Wir wollen aber vorher noch die korrekte Startstellung des Rotors für maximale Last herausfinden, denn es wäre Zufall, wenn dieser schon in der Lage stehen würde, die er unter Last einnehmen würde. Um dies herauszufinden, machen wir eine Analyse, in welcher der Rotor zunächst festgehalten wird. Die Magnete und Spulen erzeugen auch ohne Rotorbewegung einen Drehmomentverlauf auf dem Rotor, anhand dessen wir den Drehwinkel erkennen wollen, bei dem das Moment einen Extremwert hat. An diesem Drehwinkel können wir erkennen, wie viel der Rotor verdreht werden muss. Wir müssen übrigens nach dem Negativ-Extremwert suchen, weil der rechts laufende Rotor durch negatives Moment angetrieben werden muss. Es soll bemerkt werden, dass es auch andere Methoden gibt, um den Startwinkel zu finden, z. B. über die Phasenspannungen.

- Bearbeiten Sie den *Enforced Joint* und tragen Sie bei der *Schrittgröße* (*Step Size*) zunächst *0*RotorStep* ein. Nun wird der Rotor künstlich festgehalten.
- Ändern Sie die folgende Voreinstellung, um Konvergenzprobleme zu vermeiden: Öffnen Sie in den Solver-Parametern das Register *Numeric*. In der Box *Nonlinear*

Magnetic Material stellen Sie die *Newton_Raphson Method* auf *Advanced Scheme* (*Default*). Stellen Sie den darin befindlichen *Relaxation Type* auf die Option *Adaptive 1*. Die Rechnung wird dadurch langsamer, aber sie konvergiert dafür besser. Dies ist in der statischen Simulation sinnvoll, weil hier jedes Ergebnis ganz unabhängig vom vorherigen Zeitschritt ist und daher oftmals schlechter konvergiert.

- Berechnen (*Solve*) Sie die Lösung *Static*. Die Rechnung dieser 90 Schritte dauert etwa fünf bis zehn Minuten.
- Alle Tabellenergebnisse, die vom Solver produziert werden, schreibt das Programm in eine sogenannte AFU-Datei. Das AFU-Format wird mit den Plot-Ergebnissen zusammen im Postprocessing-Navigator angezeigt und kann komfortabel geöffnet und manipuliert werden. Meist werden damit Graphen dargestellt. Daher ist auch das hier angeforderte Drehmoment-Ergebnis als Graph in einer entsprechenden AFU-Datei gespeichert worden.
- Nachdem der Solver die Rechnung beendet hat, öffnen Sie das Ergebnis. Es wird eine Liste von Zeitschritten angezeigt, wobei jeder davon aufgeklappt werden kann und die angeforderten Plot-Ergebnisse enthält. Oben in der Liste werden die Graphen angezeigt. In unserem Fall existiert nur einer, der das RotorTorque enthält.
- Doppelklicken Sie auf diesem Eintrag, und selektieren Sie als Ziel das Grafikfenster. Nun erscheint der Graph des Drehmoments über der Zeit (Bild 6.49).
- Um solche Graphen nun zu bearbeiten, sollten Sie die entsprechende Toolbar *XY-Graph* verwenden. Darin stehen viele Funktionen zur Verfügung, z. B. für das Beschriften.

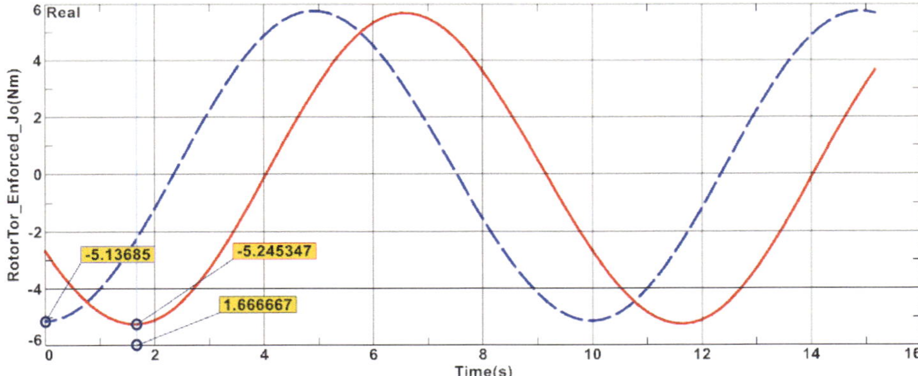

Bild 6.49 Der Drehmomentverlauf für den festgehaltenen Rotor bei Ausgangs- und verdrehter Stellung (ermittelt mit der Grobvernetzung).

In dem Zeitraum, den der Graph zeigt, wird der Rotor später um 90° drehen. An dem negativen Peak lässt sich erkennen, dass ein Verdrehen des Rotors um ca. 10° (ermittelt, z. B. über Dreisatz: $1{,}66/15 = x/90$, d. h. $x = 10$) dazu führen würde, dass mit dem Minimum gestartet würde. Also wollen wir dies so einstellen:

- Wechseln Sie das dargestellte Teil zum CAD-Mastermodell *ElectricMotor.prt*.
- Ändern Sie den Ausdruck „p34“ von null auf 10°. Der Rotor wird jetzt im Uhrzeigersinn, d. h. gegen seine Drehrichtung, verstellt.

- Wechseln Sie in die FEM-Datei, und führen Sie die Funktion zum Aktualisieren der Vernetzung aus.
- Wechseln Sie in die SIM-Datei, berechnen Sie die Lösung erneut, und lassen Sie sich den Graphen anzeigen.

Der Rotor ist jetzt am CAD-Modell auf seine Startstellung eingestellt.

Sie stellen fest, dass nun mit maximal negativem Drehmoment gestartet wird. Damit haben wir eine realistische Startbedingung für den Motorlauf.

6.3.4.10 Berechnung des Drehmomentverlaufs

Wir können nun den Rotor zum Leben erwecken und den Drehmomentverlauf sowie andere Ergebnisse berechnen:

- Bearbeiten Sie den *Enforced Joint*, und stellen Sie die *Schrittgröße* (*Step Size*) wieder zurück auf den Ausdruck *RotorStep*.
- Berechnen Sie die Lösung *Static*, und stellen Sie den Drehmomentverlauf dar.

In dem in Bild 6.50 dargestellten Graphen sind gleichzeitig die Ergebnisse der groben und einer feineren Analyse dargestellt. Die grobe Analyse ist mit der knotenbeschränkten Version (Elementgröße 5,5 mm, RotorStep = 1°, 90 Schritte) und die feinere Analyse mit Elementgröße 1,5 mm durchgeführt worden. Um noch bessere Genauigkeit zu erzielen, könnte der Rotor-Step auf die Hälfte reduziert und die Anzahl der Rechenschritte dafür verdoppelt werden.

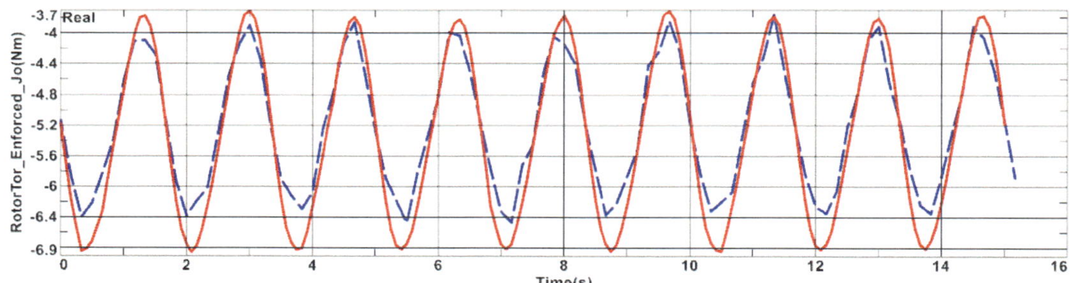

Bild 6.50 Die Drehmomentverläufe über 90°, die aus Rechnungen mit grober (gestrichelte Kurve) und feiner Vernetzung hervorgehen

Der Drehmomentverlauf gibt viel Aufschluss über den Motor. Neben dem gemittelten Drehmoment sind auch die Schwankungen (*Ripple*) von Bedeutung. Beides kann aus dem Graphen abgelesen werden.

- Rufen Sie im XY-Funktionsnavigator mit der rechten Maustaste auf dem Drehmoment die Funktion *Information* auf.

Grobe und feine Analyse weichen beim gemittelten Drehmoment nur geringfügig voneinander ab. Die Abweichungen beim Ripple sind deutlich größer.

Hier werden einige nützliche Angaben gemacht. So sehen Sie z. B. den Mittelwert (*Mean*) des Graphen, der im Fall der Grobanalyse –5,21 Nm beträgt (die feine Analyse ergibt hier –5,34 Nm).

Die großen Schwankungen des Drehmoments zeigen dem Motorenentwickler, dass die Konfiguration dieses Motors noch nicht optimal ist. Mehr Magnete und Spulen würden dies verbessern.

6.3.4.11 Darstellung der Flussdichte und der Bewegung des Rotors

Außer den Graph-Ergebnissen können auch die Plot-Ergebnisse, z. B. die Flussdichte, Feldstärke oder der Strom, dargestellt werden. Dazu öffnen Sie im Nachbearbeitungsnavigator das Ergebnis, suchen einen Zeitschritt aus und doppelklicken z. B. auf den Ergebnistyp *Magnetic Flux Density*.

Interessant ist es natürlich auch, die Bewegung des Rotors darzustellen. Gehen Sie dazu folgendermaßen vor:

- Stellen Sie zunächst ein Ergebnis dar, z. B. die Flussdichte des ersten Zeitschritts.
- Jetzt können Sie mit dem grünen Knopf *Nächster Modus/Iteration* den Rotor vorwärts bewegen und währenddessen den Verlauf der Flussdichte beobachten.
- Alternativ kann auch die Funktion *Animation* für die Bewegung genutzt werden, wobei die Option *Iterationen* gewählt werden muss, um den zeitlichen Verlauf zu sehen.

Die Drehung des Rotors kann im Postprozessor dargestellt werden.

6.3.4.12 Ermittlung des Spannungsverlaufs der Phasen

Nun sollen bei der Drehzahl 1000 U/min die in den Spulen induzierten Spannungen ermittelt werden, die eine wichtige Größe für die Auslegung eines Reglers sind. Wir wollen dies ohne äußeren Strom berechnen, weil das Ergebnis sonst beeinflusst wird. Für diese Aufgabe muss ein dynamischer Analysetyp gewählt werden, und wir wollen die Analyse im Zeitbereich durchführen. Gleichzeitig können wir dann vergleichen, wie sich statische von dynamischen Ergebnissen unterscheiden. Gehen Sie wie folgt vor:

- Erzeugen Sie eine neue Lösung vom Typ *Magnetodynamic Transient*, und benennen Sie diese mit *MagDyn1000Umin*.
- Tragen Sie die *Stärke* (*Thickness*) 100 mm, 90 Zeitschritte und den Ausdruck für *TimeIncrement* ein.
- Für die grafische Ausgabe der Spannungen im kompletten Netzwerk aktivieren Sie bei den *Ausgabeanforderungen* (*Output Requests*) unter *Table* die Option *Circuit Voltage* und klicken auf OK (siehe auch die in Bild 6.51 dargestellten Einstellungen).
- Fügen Sie alle Simulationsobjekte, Zwangsbedingungen und Lasten der statischen Lösung in die neue Lösung ein.
- Ändern Sie die folgenden Ausdrücke:

  SpeedMech = 1000 U/min

  CurrentAmplitude = 0 A

Der Spannungsverlauf in den Phasen wird in der FEM-Analyse des Netzwerks automatisch durchgeführt.

Nun werden wir auf simple Weise eine Spannungsmessung zwischen zwei Phasen definieren. Die geschieht einfach, indem ein weiterer Strom mit der Größe 0 A zwischen diesen zwei Punkten des 1D-Netzwerks eingefügt wird. In der Simulation wird automatisch an allen solchen Strombedingungen die entstehende Spannung ermittelt. Die hierfür verantwortliche Ausgabeanforderung *Circuit Voltage* ist schon aktiviert.

- Für die Auswertung einer verketteten Phasenspannung z. B. zwischen den Phasen U und V erzeugen Sie eine weitere Strombedingung (Typ: *On 1D-Circuits*) mit 0 A zwischen den Punkten U und V. Nennen Sie diese *Sensor UV Phase*.
- Berechnen (*Solve*) Sie die neue Lösung.

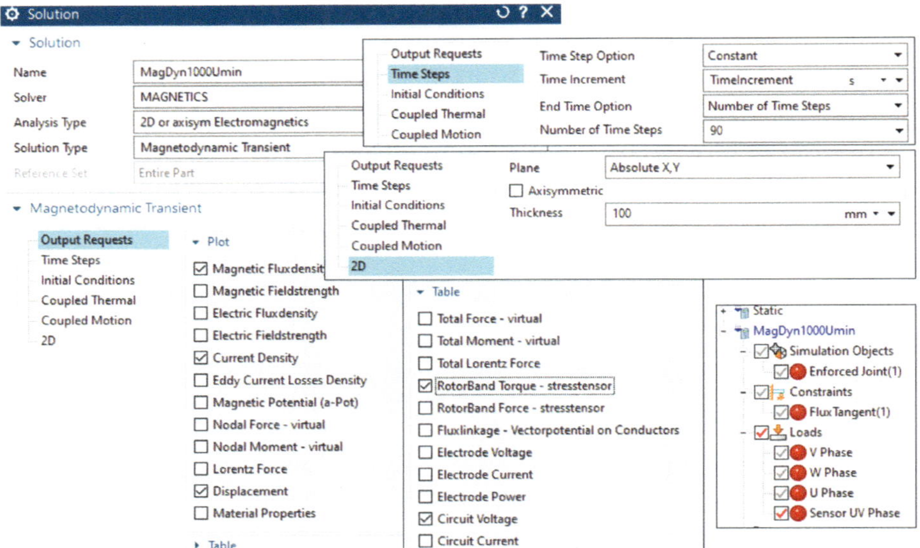

Bild 6.51 Diese Einstellungen werden in der dynamischen Analyse benötigt, um die Phasenspannungen auszuwerten.

- Laden Sie die AFU-Datei im XY-Funktionsnavigator, und stellen Sie die Spannungsergebnisse der drei Phasen und des Sensors als Graphen dar.

Das in Bild 6.52 dargestellte Spannungsergebnis ist mit der groben Analyse gemacht worden. Das wichtigste Ergebnis ist der Maximalwert der verketteten Spannung von 206,2 V. Bei der feinen Analyse kommt eine Spannung von 204 V heraus.

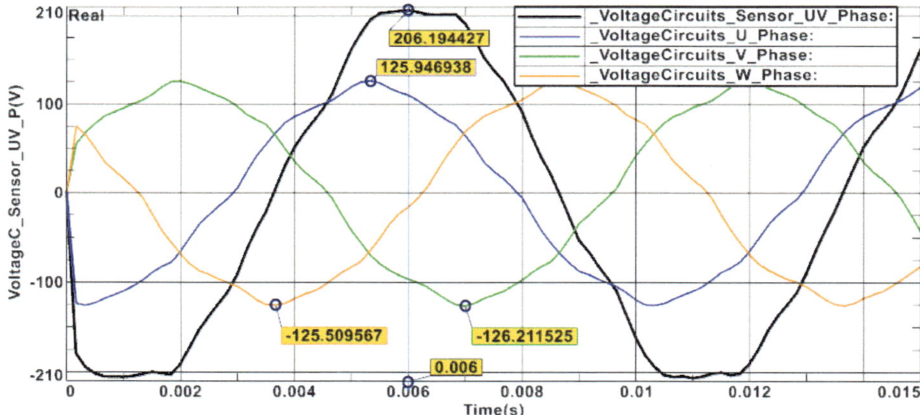

Bild 6.52 Der induzierte Spannungsverlauf der drei Phasen sowie der verkettete Spannungsverlauf zwischen Phase U und V

6.3.4.13 Ermittlung der Verluste

Verluste, die in elektrischen Maschinen entstehen, müssen kontrolliert werden, weil sie Wärme produzieren und daher auf geeignete Weise abgeführt werden müssen. Sie werden üblicherweise in Leitungsverluste, Wirbelstromverluste, Eisenverluste und eventuell noch weitere Arten unterteilt. In einer Simulation mit dem MAGNETICS-Solver können diese Größen berechnet und sogar an den thermischen Solver zwecks Berechnung von Temperaturen übergeben werden. So weit wollen wir aber hier nicht gehen, sondern lediglich die Verluste qualitativ ermitteln und darstellen. Der versierte Anwender kann damit Optimierungen der Geometrie vornehmen und die Verluste reduzieren.

Leitungsverluste und Wirbelstromverluste, auch *Eddy Current Losses* genannt, sind die, welche durch den elektrischen Strom und den Ohm- Widerstand entstehen. Leitungsverluste entstehen in den stromführenden Windungen und Zuleitungen und lassen sich recht einfach manuell über die gesamte Drahtlänge, den Drahtquerschnitt, den Strom und die elektrische Leitfähigkeit berechnen. Wirbelstromverluste entstehen in allen elektrisch leitfähigen Teilen, da das ständig wechselnde Magnetfeld elektrische Ströme induziert, was aus dem Faradayschen Gesetz folgt. Um Wirbelstromverluste klein zu halten, werden die Bleche von Motoren oder Transformatoren fast immer als dünne Schichten hergestellt und dann miteinander verklebt, denn auf diese Weise wird die Hauptrichtung der Wirbelströme stark verkürzt. In der Simulation werden die Wirbelströme berechnet, da das Faraday'sche Induktionsgesetz berücksichtigt wird und die elektrische Leitfähigkeit (*Electric Conductivity [S/m]*) als Materialparameter ebenfalls bekannt ist.

Verluste werden in Leitungsverluste, Wirbelstromverluste (*Eddy Current Losses*), Eisenverluste und noch weitere Arten unterteilt.

Eisenverluste entstehen durch Ummagnetisierungen bzw. Hysterese des wechselnden Magnetfeldes im Eisen. Um diese zu berechnen, gibt es viele verschiedene Ansätze. In MAGNETICS wird eine Formel dafür eingesetzt, die auf Steinmetz zurückzuführen ist, was erfordert, dass der Steinmetz-Koeffizient *Kh* des zu untersuchenden Materials bekannt ist. In dem in unserer Aufgabe verwendeten Material *ElectroSheet_Sample1* ist der Koeffizient *Kh* angegeben. Daher können wir im Rotor und Stator Eisenverluste berechnen. Für diese Verlustberechnung wird als Besonderheit nach der zeitlichen Simulation eine Transformation der Ergebnisse in den Frequenzbereich vorgenommen, um dominante Frequenzen und zugehörige magnetische Flussdichten zu ermitteln. Mit diesen Daten wird dann die Steinmetz-Formel ausgerechnet. Eine andere, etwas aufwendigere Berechnungsmethode, die MAGNETICS ebenfalls beherrscht, ist die Verlustberechnung nach Jiles-Aterthon.

Gehen Sie dazu wie folgt vor:

- Klonen Sie die Lösung *MagDyn1000Umin*, und benennen Sie die neue Lösung in *Losses 1000Umin* um.
- Aktivieren Sie in den Ausgabeanforderungen unter *Table* die Option *Eddy Current Losses*.
- Aktivieren Sie unter *Table* auch die Option *Core Losses (Kh, Ke, Kx)*.
- Entfernen Sie den Strom *Sensor UV Phase* aus der neuen Lösung.
- Stellen Sie den Ausdruck *CurrentAmplitude* auf den originalen Wert 3 A zurück.
- Berechnen (*Solve*) Sie die Lösung.

Nachdem alle Zeitschritte berechnet worden sind, führt das Programm noch einen zusätzlichen Postprocessing-Schritt aus, in dem die Ergebnisse der magnetischen Flussdichte fourier-transformiert werden und mit der Steinmetzformel ausgewertet werden.

Die Verlustergebnisse werden als Zahlen in eine Textdatei mit dem Namen *ElectricMotor_sim1-Losses1000Umin.HystLossKh.txt* eingetragen.

- Nach Beendigung der Berechnung öffnen Sie die zugehörige Textdatei mit einem Texteditor. Sie finden dort Einträge für den Hysterese-Verlust am Rotor und am Stator.

Die Hysterese-Verluste werden in der Einheit Watt für jeden Körper berechnet, dessen *Kh*-Wert größer null ist. Die Ergebnisse sind folgende:

```
HystLossKh__Unit_W
 ROTOR  0.08707184491048145
 STATOR  53.98869159351743
```

Es ist zu erkennen, dass der Rotor nur sehr geringe Verluste zeigt und der Stator mit ca. 54 Watt die dominante Rolle einnimmt. Das war zu erwarten, weil sich das Magnetfeld am Rotor mit den festen Magneten kaum ändert, am Stator jedoch sehr.

Kommen wir nun zu den Wirbelstromverlusten, die als Tabellenergebnisse angefordert und berechnet wurden. Es soll darauf hingewiesen werden, dass die Funktion für Hysterese-Verluste auch für Wirbelstromverluste verwendet werden kann, indem der Materialparameter *Ke* in den Materialeigenschaften definiert wird. Jedoch lassen sich Wirbelstromverluste schon während der Simulation besser und genauer berechnen, quasi in den Gleichungen selbst und nicht erst mit der nachgeschalteten Fourier-Analyse. Deswegen haben wir das hier so gemacht und erhalten nun in der AFU-Datei Einträge für die Wirbelstromverluste jedes elektrisch leitfähigen Körpers. Sehen wir uns diese an:

- Öffnen Sie die zugehörigen Graphen im XY-Funktionsnavigator. Es ist zu erkennen, dass für den Stator und den Rotor Einträge für *EddyCurrentLosses* vorhanden sind. Die Magnete haben kein solches Ergebnis, weil in ihren Materialeigenschaften keine elektrische Leitfähigkeit angegeben ist.
- Selektieren Sie die Einträge des Rotors und des Stators, und stellen Sie die Graphen gemeinsam dar.
- Fragen Sie über die rechte Maustaste die *Mean*-Werte für Stator und Rotor ab.

Für den Rotor wurden ca. 0,015 W und für den Stator ca. 10 W ausgerechnet. Dies entspricht etwa den Mittelwerten der Graphen. Wieder ist der Effekt zu erkennen, dass der Rotor durch seine fest mitdrehenden Magnete selbst nur sehr wenige Wirbelströme besitzt, aber offenbar den Rotor mit veränderlichem Feld bestrahlt.

Bild 6.53 zeigt Graphen der Wirbelstromverluste für Rotor und Stator, die mit der feinen Analyse ermittelt wurden.

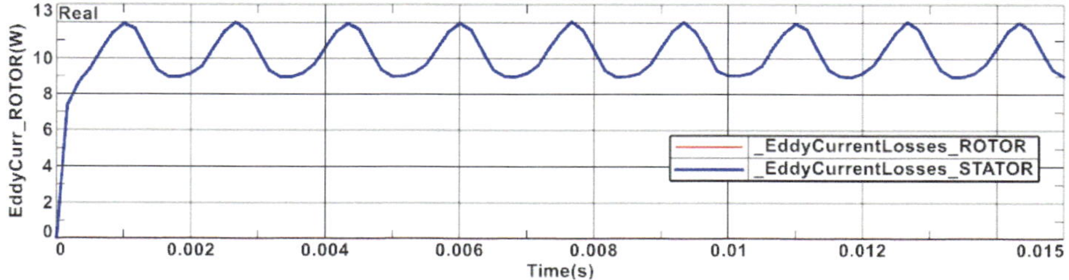

Bild 6.53 Das Bild zeigt die Wirbelstromverluste (Eddy Current Losses) über 90° Rotordrehung, die im Wesentlichen auf dem Stator entstehen.

Insgesamt betragen die berechneten Verluste also grob 54 W + 10 W ≈ 64 W. Es kommen noch die Verluste auf den Magneten hinzu. Für eine Ermittlung der Eingangsleistung müssten noch die elektrischen Leistungen auf dem Circuit-Netzwerk (Ausgabeanforderung: *Circuit Power*) ermittelt werden. Für eine Ermittlung der Effizienz würde die Eingangsleistung mit der Ausgangsleistung, die durch Drehzahl mal Drehmoment berechnet wird, ins Verhältnis gesetzt werden müssen.

Es sei noch einmal darauf hingewiesen, dass die Bestimmung solcher Verluste durch eine FEM-Simulation mit großen Unsicherheiten versehen ist. Die größte Unsicherheit geht mit den Materialparametern einher. Ergebnisse von praktischen Messungen und FEM-Simulationen können sich um Faktoren unterscheiden. Daher werden Simulationsmodelle und Materialparameter üblicherweise anhand von Messungen kalibriert. Solch gut abgestimmte Simulationen können dann durchaus sehr hohe Genauigkeit zeigen.

Damit ist diese Lernaufgabe beendet.

Literatur

[Binde6] *Binde, P.:* Elektromagnetische Analyse mit MAGNETICS for NX. Schulungsunterlagen zum Training. Dr. Binde Ingenieure GmbH, Wiesbaden 2022

[Bossavit] *Bossavit, A.:* Computational Electromagnetism. Variational Formulations, Complementarity, Edge Elements. Academic Press, San Diego/London/Boston/New York/Sydney/Tokyo/Toronto 1997

[Dular] *Dular, P.:* Modélisation du champ magnétique et des courants induits dans des systèmes tridimensionnels non linéaires. Ph.D. thesis 152. Université de Liège, Faculty of Applied Sciences, Liège 1994

[GetDP 2014] GetDP, a general environment for the treatment of discrete problems *(http://www.getdp.info)*

[Geuzaine 2001] *Geuzaine, C.:* High order hybrid finite element schemes for Maxwell's equations taking thin structures and global quantities into account. Université de Liège, Liège 2001

[Geuzaine 2013] *Geuzaine, C.:* ELEC0041. Modeling and Design of Electromagnetic Systems. Université de Liège, Applied & Computational Electromagnetics (ACE)

[Kost] *Kost, A.:* Numerische Methoden in der Berechnung elektromagnetischer Felder. Springer Verlag 1994

[Weiland] *Weiland, T.:* A Discretization Method for the Solution of Maxwell's Equations for Six-Component Fields. In: International Journal of Electronics and Communications (AEÜ), Vol. 31, No. 3, 1977. S. 116 – 120

[CicuttinRoyerBinde Geuzaine21] *Cicuttin, M./Royer, A./Binde, P./Geuzaine, C.:* Electrostatic discharge simulation using a GPU-accelerated DGTD solver targeting modern graphics hardware. COMPUMAG 2021. Jan. 16 – 20, 2022, Cancun, Mexico

7 Management von Berechnungs- und Simulationsdaten

7.1 Einführung und Theorie

Das Management von Berechnungs- und Simulationsdaten zielt darauf ab, Berechnungs- und Simulationsergebnisse in den Arbeitsablauf (engl. *workflow*) der virtuellen Produktentwicklung einzubinden. Dazu werden diese Daten in eine PDM-Umgebung eingebettet. Hintergründe dazu können in der Empfehlung [SimPDM] nachgelesen werden. Einen Überblick über die Ergebnisse der SimPDM-Projektgruppe liefert [Anderl3].

7.1.1 CAD/CAE-Integrationsproblematik

CAD und CAE zu integrieren ist heute eine große Herausforderung.

Die meisten Unternehmen der Fertigungsindustrie stehen heute vor der Herausforderung, immer schneller immer komplexere Produkte entwickeln zu müssen. Konstruktion und Simulation spielen dabei eine Schlüsselrolle. Neu ist jedoch bei vielen, dass die Simulation rasant an Bedeutung gewinnt und dass für eine höhere Effizienz ihre Verzahnung mit der 3D-Modellierung von entscheidender Bedeutung ist.

Diese Verzahnungsproblematik ist von folgenden Eigenschaften geprägt:

- **Personelle Trennung der Konstruktion von der Berechnung:** Da immer mehr Spezial-Know-how gebraucht wird, ergeben sich zwangsläufig unterschiedliche Berufszweige, den für die Konstruktion und den für die Berechnung. Teilweise wird schon in der Ausbildung ein entsprechender Weg eingeschlagen. Ergebnis ist, dass Berechner und Konstrukteure deutlich unterschiedliche Anforderungen an Softwarewerkzeuge stellen und sich schwertun, eine gemeinsame Datenbasis zu nutzen.

Probleme bei CAD/CAE-Integration

- **Viele verschiedene CAE-Softwaresysteme:** Da die Simulation immer mehr Bedeutung gewinnt und immer mehr physikalische Phänomene analysiert werden, werden auch immer mehr verschiedene Softwareprogramme entwickelt und eingesetzt. Es ist daher keine Seltenheit, wenn heute in Großunternehmen bis zu 100 verschiedene CAE-Programme eingesetzt werden. Viele dieser Programme sind dann sehr speziell und werden manchmal nur von einzelnen Personen genutzt. Die Installation, Wartung und Lizenzierung dieser Programme sind sehr aufwendig – und natürlich ist die Verzahnung all dieser Programme miteinander kaum möglich.

Ein Beispiel sind Fahrzeug-Karosserie-Analysen.

- **Viele Berechnungsvarianten:** Unternehmen, die von der Leistungsfähigkeit der Simulation überzeugt sind, führen häufig zahlreiche Berechnungsvarianten aus. Beispielsweise werden im Automobilbau Steifigkeits- und Crash-Analysen der Karosserien in vielfältigen Varianten – vielfach sogar automatisiert – durchgeführt. Eine Analyse der Karosserie wird dabei mit verschiedenen Motoren, verschiedenen Dummys (Frau, Mann, Kind, ...), verschiedenen Sitzpositionen (jede einzelne Rastposition) und verschiedenen Lastfällen durchgeführt. Dabei kommen schnell 1000 Varianten für eine Karosserie zusammen. Es geht also in Berechnung und Simulation nicht mehr nur um die Berechnungen von Einzelteilen.
- **Fehlende Beziehung von CAD- zu CAE-Modellen:** Die Beantwortung der eigentlich einfachen Frage „Welches FEM-Modell gehört zu welchem CAD-Modell" wird zur Herausforderung, wenn erstens die Komplexität der CAD-Baugruppen (z. B. mehrere Tausend Komponenten), der CAD-Varianten, der Berechnungsdisziplinen und der Berechnungslastfälle groß wird, zweitens die Dynamik der Konstruktionsänderungen zunimmt und drittens die Anzahl der beteiligten Entwickler groß wird.

Welches CAD-Modell gehört eigentlich zu welchem FEM-Modell?

- **Unzureichende Prozessorientierung:** Freigabe- und Änderungsprozessen sowie weiteren typischen Prozessen (z. B. Reifegradverfolgung, Design Review), bei denen Konstruktion und Berechnung gleichermaßen involviert sind, fehlt es an der Prozessorientierung mit einer eindeutigen Identifizierung der Entwicklungsstände sowie der automatisierten Versionierung.
- **Unzureichende Datensicherung:** Insbesondere Simulationsdaten, welche enorme Größen erreichen können, werden heute häufig noch aus den automatischen Sicherungen ausgeschlossen.
- **Unzureichende Zuliefererintegration**

PLM-Systeme können helfen.

Diesen Herausforderungen kann mit den Funktionen von PDM-Systemen begegnet werden: Struktur- und Konfigurationsmanagement, Varianten- und Versionsmanagement sowie Workflow- bzw. Prozessmanagement. Dabei besteht jedoch die Notwendigkeit, die bislang auf Konstruktionsdaten spezialisierten Funktionen für die Verwaltung von Berechnungs- und Simulationsdaten zu erweitern und dabei den Anforderungen der Anwender und der Heterogenität der Systemlandschaft gerecht zu werden [Anderl4]. Simulationsdatenmanagement ermöglicht die Synchronisation der Prozesse unterschiedlicher CAE-Domänen, das Änderungsmanagement und die Versionskontrolle von CAE-Daten sowie die Garantie, auf Basis der aktuellsten Versionsstände zu arbeiten. Durch diese Effizienzsteigerung ist eine signifikante Zeitersparnis in CAE-Prozessen zu erwarten [Malzacher].

7.1.2 Lösungen mit Teamcenter for Simulation

In unseren nachfolgenden Ausführungen beschränken wir uns auf die Lösungen des PLM-Systems Teamcenter der Firma Siemens Industry Software GmbH und dessen CAE-Erweiterungsmodule, die unter dem Namen Teamcenter for Simulation bekannt sind. Sie sollten also Grundkenntnisse im Umgang mit dem Teamcenter-System mitbringen.

Teamcenter und Teamcenter for Simulation bieten inzwischen für einige der vorangehend genannten Probleme Lösungen oder zumindest Ansätze dafür. Das System Teamcenter ist ein sehr flexibles Produktdatenmanagementsystem (PDM-System), aufbauend auf einer Datenbanksoftware, die durch Konfiguration oder Anpassungsprogrammierungen sehr weitreichend an individuelle Anforderungen und Probleme angepasst werden kann. Dies kann natürlich sehr aufwendig werden und wird meist nur von Großunternehmen genutzt. Deswegen gibt es in Teamcenter auch eine Reihe von Standardlösungen, die in vielen Fällen vorteilhaft einzusetzen sind. Beispielsweise ist die Anbindung des NX-Systems an Teamcenter sehr gut und kann „out of the box“ verwendet werden. Grundlegend für alle Arten von Simulationen ist das CAE-Datenmodell, das im nächsten Abschnitt beschrieben wird.

Es gibt Lösungen, aber oft sind erhebliche Anpassungen der Software erforderlich.

7.1.2.1 Das CAE-Datenmodell in Teamcenter for Simulation

Wird in Teamcenter mit NX eine Standard-CAE-Analyse durchgeführt, so werden die nativen Dateien (SIM, FEM und idealisiert) als benannte Referenzen (in den jeweiligen Datasets) entsprechenden Item-Revisions (*CAEAnalysis*, *CAEModel* und *CAEGeometry*) zugeordnet. Diese CAE-Itemrevisionen können unabhängig voneinander revisioniert werden. Außerdem werden die Daten automatisch mit Beziehungen versehen. Dieses Datenmodell und die Beziehungen – etwas vereinfacht – sind in Bild 7.1 dargestellt [TCSim].

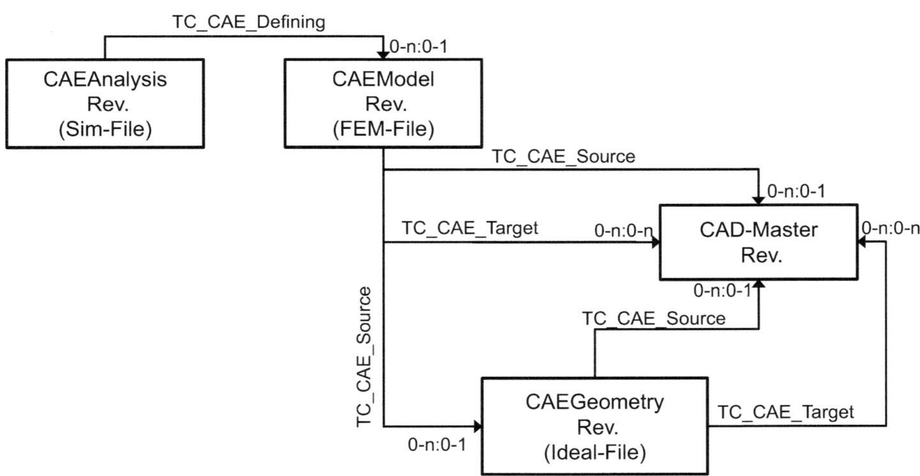

Bild 7.1 CAE-Datenmodell von Teamcenter for Simulation

Der CAD-Master kann dabei entweder ein Einzelteil oder eine Baugruppe sein. Das Datenmodell entspricht zunächst genau der nativen CAE-Dateistruktur. Die Beziehungen haben folgende Bedeutung:

Das CAE-Datenmodell von Teamcenter for Simulation

Drei Beziehungen werden hauptsächlich genutzt.

- **TC_CAE_Defining:** Anhand dieser Beziehung kann nachvollzogen werden, welche *CAEModelRev* von der *CAEAnalysisRev* verwendet wird, also welche Vernetzung in einer SIM-Datei berechnet wird. Für eine *CAEAnalysisRev* kann es nur eine *CAEModelRev* geben, weil es nur eine Vernetzung für die Berechnung geben kann.

- **TC_CAE_Source:** Diese Beziehung zeigt an, aus welcher Item-Revision ein Modell erzeugt worden ist, also welche Item-Revision die Quelle war. Sie kann zwischen *CAEModelRev* und *CAEGeometryRev* oder auch zwischen *CAEGeometryRev* und CAD-Master-Revisionen bestehen. Für den Fall, dass keine idealisierte Datei verwendet wird, kann diese Beziehung auch zwischen *CAEModelRev* und CAD-Master bestehen. Es kann jeweils nur eine Quelle geben.
- **TC_CAE_Target:** Diese Beziehung dokumentiert, für welche CAD-Master-Revision die jeweilige CAE-Item-Revision gilt (von *CAEModelRev* auf CAD-Master-Revision, von *CAEGeometryRev* auf CAD-Master-Revision). Es kann mehrere *TC_CAE_Target*-Beziehungen parallel geben. Ein Beispiel für mehrere parallele *TC_CAE_Target*-Beziehungen ist das folgende: Die Simulation für ein grünes Teil soll auch für die baugleichen Teile blau, gelb und rot Gültigkeit besitzen.

Die Beziehung von CAD zu CAE wird damit transparent.

Mithilfe dieses Datenmodells sind nun die gewünschten Beziehungen zwischen CAD und CAE vorhanden. Es kann damit also stets die Frage beantwortet werden: „Welches CAD-Modell gehört zu welchem FEM-Modell?“ Auch das Problem der Vielfalt an Berechnungsvarianten wird damit unterstützt. Darüber hinaus ergibt sich durch diese Beziehungen die Möglichkeit zur Automatisierung von Freigabeprozessen zwischen Konstruktion und Berechnung.

Natürlich ist es auch wichtig, dass diese Beziehungen auf komfortable Weise vom Anwender geprüft und genutzt werden können. Dazu sehen Sie sich am besten die nachfolgenden Lernaufgaben an. Schließlich wollen wir noch hinzufügen, dass dieses Datenmodell auch für Baugruppen gültig ist und dass es nicht auf das NX-System als Pre-/Postprozessor und NX Nastran als Solver beschränkt ist.

7.1.2.2 Weitere Lösungen

Teamcenter und Teamcenter for Simulation bieten noch weitere Lösungen zu den vorangehend genannten Problemen an. Diese können wir aufgrund des beschränkten Umfangs des Buches nicht vollständig wiedergeben, sondern nur kurz anreißen:

In diesem Buch können wir nur ganz grundlegende Lösungen beschreiben.

- Unterstützung bei der Integration von fremden Pre-/Postprozessoren und Solvern in Teamcenter
- Unterstützung bei der Integration fremder CAE-Systeme durch Möglichkeit zur Definition eigener Datenmodelle
- Automatisierte Prozesse, z.B. Freigabeprozesse, aber auch Vernetzen oder Solven großer Datenmengen im Batchlauf
- Erstellen von CAE-Baugruppenstrukturen und automatisiertes Ableiten dieser aus vorhandenen CAD-Baugruppenstrukturen unter Einsatz von Regeln

Außerdem ist die Softwareentwicklung in diesem Bereich sehr dynamisch, d.h. jedes Jahr kommen weitere Bausteine hinzu.

7.2 Lernaufgaben zu Teamcenter for Simulation

HINWEIS: Für die Durcharbeit dieser Lernaufgaben ist es vorteilhaft, wenn Sie schon die Grundlagen für FEM-Berechnungen mit NX/Simcenter kennen, so wie sie in unserem Grundlagenbeispiel „Kerbspannung am Lenkhebel (Sol 101)“ in Abschnitt 3.2.1 vermittelt werden. Zwingend ist dies nicht erforderlich, daher können auch z. B. Datenbankadministratoren diese Beispiele sinnvoll nutzen. Auf jeden Fall sollten Sie aber Grundkenntnisse im Umgang mit Teamcenter mitbringen.

7.2.1 Durchführung einer NX CAE-Analyse in Teamcenter

Mini-FEM-Aufgabe

In dieser Aufgabe werden die Schritte einer gewöhnlichen Strukturanalyse eines Einzelteils im NX-System unter Teamcenter durchgeführt. In derselben Weise könnte auch irgendeine der anderen FEM-oder CFD-Lösungstypen durchgeführt werden, denn sie alle nutzen die gleiche CAE-Dateistruktur. Lediglich Motion-Analysen verhalten sich anders.

7.2.1.1 Aufgabenstellung

Ein Handgriff aus der RAK2-Baugruppe soll mit FEM in Teamcenter berechnet werden. Der Griff, seine Belastung und Einspannbedingungen sind in Bild 7.2 dargestellt. Sie lernen in dieser Lernaufgabe die Schritte für eine FEM-Berechnung und deren Speicherung in Teamcenter.

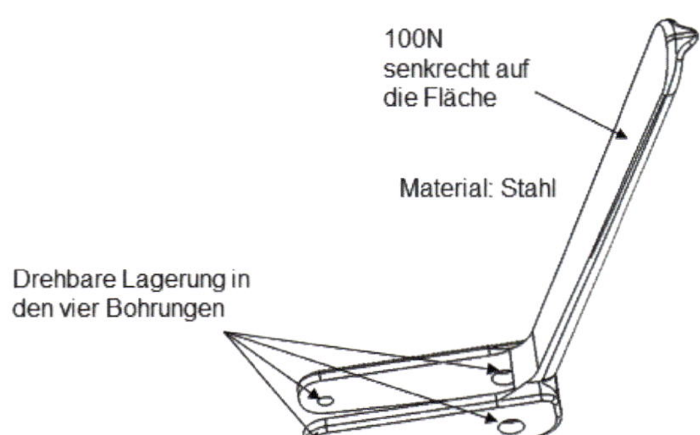

Bild 7.2
Ein Handgriff von der Flügelverstellung des RAK2 dient als Beispiel. Alternativ kann auch irgendein anderes Teil verwendet werden.

7.2.1.2 Import eines CAD-Teils in Teamcenter

Für unsere Lernaufgabe importieren Sie zunächst eine Datei aus dem *RAK2*-Verzeichnis in Teamcenter. Alternativ können Sie auch irgendein anderes Einzelteil verwenden.

- Starten Sie als Erstes Teamcenter und NX.

- Wählen Sie in NX die Funktion *Datei, Baugruppe in Teamcenter importieren* (*File, Import Assembly into Teamcenter*).
- Wählen Sie im Register *Name and Attribute Conversion* unter *Numbering Source Attribute* aus und vergeben Sie eine beliebige Nummer (ID). Um unser Beispiel möglichst verständlich zu gestalten, wählen wir hier eine Nummer, die leicht zu merken ist, z. B. die *000100*.
- Wählen Sie im Register *Parts to Import* die Funktion *Select Assemblies or Parts* aus und wählen Sie die zu importierende NX-CAD-Datei. In unserem Beispiel wählen Sie die Datei *fl_hebel_griff.prt*.
- Nach dem erfolgreichen Import beenden Sie das Menü mit SCHLIESSEN (CLOSE).

Nachdem der Import abgeschlossen ist, können Sie das CAD-Teil im Ordner *Neue Daten* (*Newstuff*) sehen (Bild 7.3).

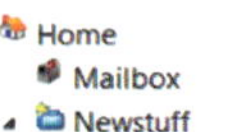

Bild 7.3
Neu importierte Dateien werden unter *Neue Daten* (*Newstuff*) aufgeführt.

7.2.1.3 Erstellung der Teamcenter CAE-Struktur

Die CAE-Dateistruktur hat drei Dateien: SIM, FEM und idealisiert.

Die Teamcenter CAE Struktur wird am besten über die NX-Oberfläche erzeugt, weil dann die Beziehungen automatisch verwaltet werden. Gehen Sie dazu wie folgt vor:

- Öffnen Sie das importierte Teil in NX.
- Starten Sie in NX die Anwendung *Advanced Simulation* und wählen Sie die Funktion *Neue FEM und Simulation* (*New FEM and Simulation*) zum Erzeugen einer neuen CAE-Dateistruktur aus.

Die Nummern der drei Items werden vom Anwender angegeben.

Der Prozess für die Erstellung der SIM- und FEM-Daten sowie der idealisierten Dateien bzw. der zugehörigen Datensätze in Teamcenter ist anders als bei der nativen Anwendung von NX: Zuerst werden wir nach der FEM-Datei gefragt, dann nach der idealisierten Datei und schließlich nach der SIM-Datei. Diese Schritte werden nachfolgend durchlaufen.

Wir wollen die Nummern der Datensätze folgendermaßen verwenden:

- CAD: *000100*
- Ideal: *000101*
- FEM: *000102*
- SIM: *000103*

7.2.1.3.1 FEM-Datei/CAEModelRevision

Bild 7.4 zeigt den ersten Dialog für die Erzeugung der FEM-Datei bzw. des Datentyps *CAEModelRevision*. Der Anwender selektiert ein Template, in unserem Fall das NX Nastran Template, und gibt eine Item-Nummer, eine Revision und einen Namen an. Außerdem wird der Folder angegeben, in dem das Item zu finden sein soll.

- Tragen Sie für die *CAEModelRevision* die Nummer *000102*, die Revision *A* und den Folder *Newstuff* ein (vgl. Bild 7.4). Bestätigen Sie mit OK.

Damit ist die Erstellung der FEM-Datei/*CAEModelRevision* fertig. Es erscheint sofort der nächste Dialog.

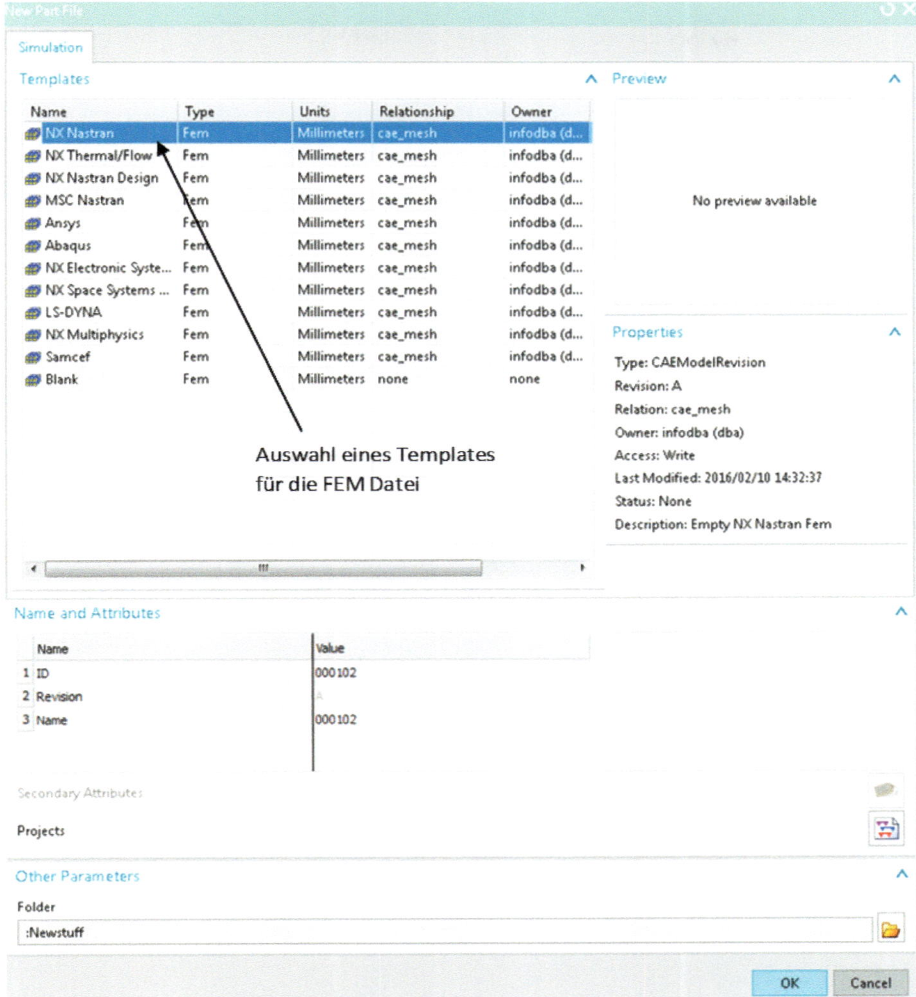

Bild 7.4 Die FEM-Datei vom Datentyp *CAEModelRevision* wird in Teamcenter gespeichert. Beim Anlegen einer NX-Simulation wird diese vom Anwender definiert.

7.2.1.3.2 Idealisierte Datei/CAEGeometryRevision

Bild 7.5 zeigt den nächsten Dialog. Dieser ähnelt dem nativen Erzeugungsdialog ein wenig. Hier wird die idealisierte Datei erstellt und die Einstellungen für den zu verwendenden Solver und Analysetyp werden festgelegt. Auch die Funktion *Bodies to Use* und die *Geometry Options* sind hier zu finden.

- Tragen Sie für die *CAEGeometryRevision* die Nummer (ID) *000101*, die Revision *A* und den Folder *Newstuff* ein (vgl. Bild 7.5). Bestätigen Sie mit OK.

Nachdem die idealisierte Datei bzw. *CAEGeometryRevision* fertig definiert ist, erscheint ein weiterer Dialog.

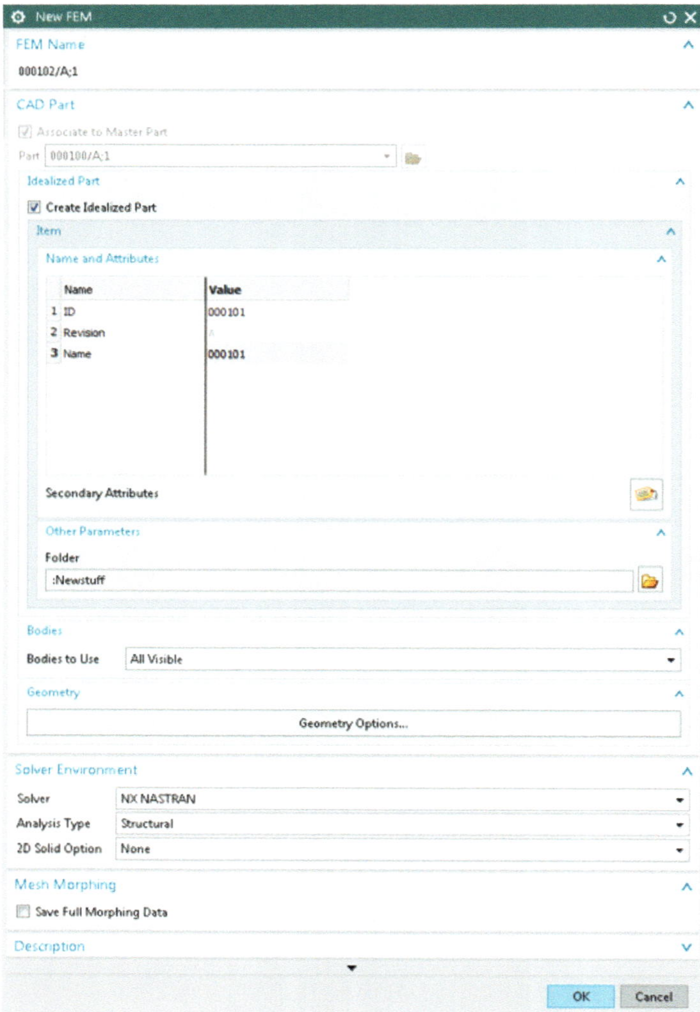

Bild 7.5 Die idealisierte Datei vom Datentyp *CAEGeometryRevision* wird in Teamcenter gespeichert.

7.2.1.3.3 SIM-Datei/CAEAnalysisRevision

Der Dialog für die SIM-Datei bzw. *CAEAnalysisRevision* ist in Bild 7.6 dargestellt.

- Tragen Sie für die *CAEAnalysisRevision* die Nummer *000103*, die Revision *A* und den Folder *Newstuff* ein (vgl. Bild 7.6). Klicken Sie auf OK.

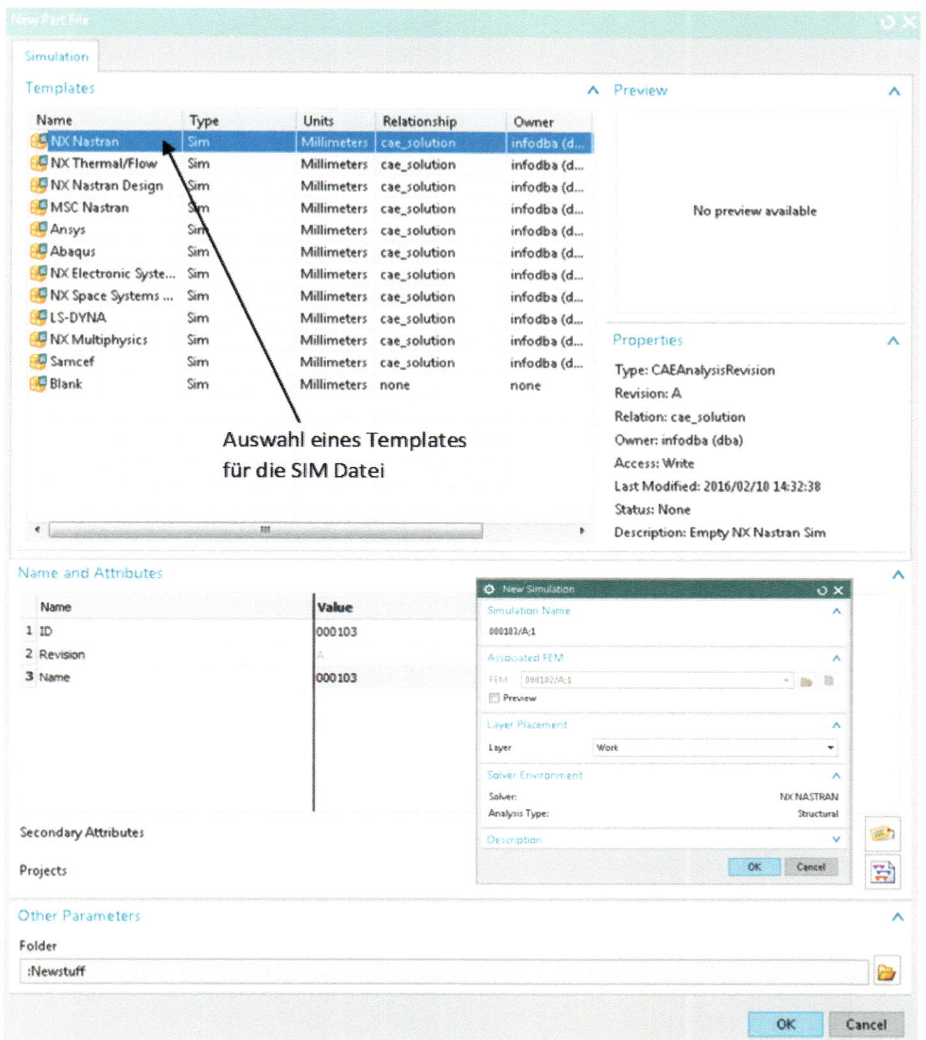

Bestätigen Sie das folgende Fenster *New Simulation* mit OK. Die SIM-Datei vom Datentyp *CAEAnalysisRevision* wird in Teamcenter gespeichert.

Bild 7.6 Die SIM-Datei vom Datentyp *CAEAnalysisRevision* wird in Teamcenter gespeichert.

Nachdem dieser Dialog abgeschlossen ist, erscheint als Letztes noch das Fenster *New Simulation*, das mit OK bestätigt werden kann.

Als letztes wird die Lösung in der SIM-Datei abgefragt. Ab hier ist das Vorgehen wieder identisch mit dem nativen NX-System.

- Als Nächstes erscheint, genau wie im Nativsystem, die Frage nach der Lösung. Hier bestätigen Sie einfach die Voreinstellungen der Nastran-Lösung 101 für lineare Statik.

Nun folgen die ganz gewöhnlichen Arbeitsschritte für die Erstellung eines FEM-Modells. Idealisierungen oder Vereinfachungen wollen wir hier keine vornehmen, daher überspringen wir die idealisierte Datei und beginnen die Arbeiten in der FEM-Datei.

7.2.1.3.4 Erzeugung einer JT-Visualisierung

Jetzt ist die CAE-Struktur angelegt, weshalb es nun Sinn ergibt, eine Visualisierung zu erzeugen. Es ist zu empfehlen, die Daten zu speichern. Dabei kann gleichzeitig eine JT-Datei erstellt werden, sodass später auf einfache Weise eine Visualisierung erzeugt werden kann.

- Wählen Sie in Simcenter die Funktion File > Save > Save Options und aktivieren Sie *Save JT-Data* (Bild 7.7).

Diese Option ist allerdings nur für die aktuelle Sitzung gültig. In den Customer-Defaults kann eine Check Box gesetzt werden, welche die Erstellung von JT-Daten dauerhaft ermöglicht. Dadurch wird bei der Speicherung des Bauteils eine JT-Datei erzeugt, die mit der Stammdatei verknüpft ist. In Teamcenter kann diese Datei im Reiter *Viewer* oder *JT Preview* angezeigt werden (Bild 7.8). Das JT-Dateiformat ermöglicht eine schnelle und integrierte 3D-Visualisierung, ohne die Stammdatei eines Bauteils laden zu müssen [ISO14306].

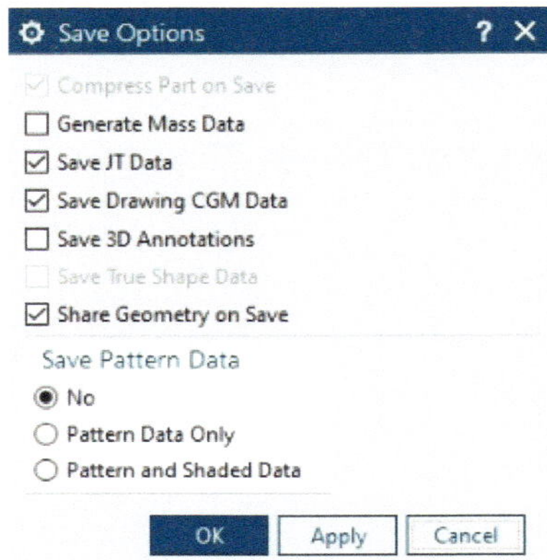

Bild 7.7
Daten speichern und JT-Datei erstellen

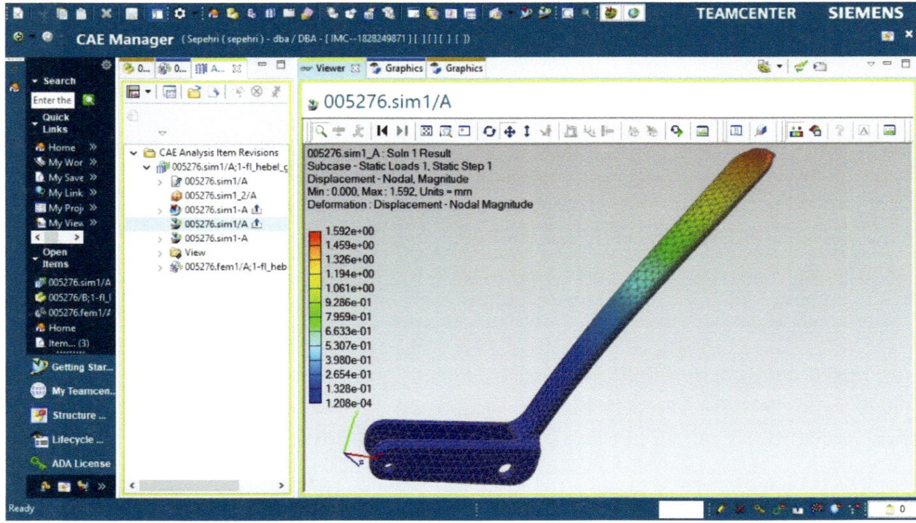

Bild 7.8 Darstellung einer JT-Datei in Teamcenter

7.2.1.4 Schritte in der FEM-Datei

In der FEM-Datei wird das Material zugeordnet und die Vernetzung erstellt.

Material und Vernetzung in der FEM-Datei

- Wechseln Sie in die FEM-Datei.
- Weisen Sie dem Körper das Material *Stahl* zu und erstellen Sie eine automatische Tetraedervernetzung. Nutzen Sie dabei die von dem gelben Blitz vorgeschlagene Elementgröße.

Dies waren die minimalen Arbeiten, die in der FEM-Datei zu tun sind. Der weitere Modellaufbau geschieht in der Simulationsdatei.

7.2.1.5 Schritte in der Simulationsdatei

In der Simulationsdatei wird die Lösungsmethode ausgewählt, die Randbedingungen werden zugeordnet und die Lösung durchgeführt. Auch das Postprocessing geschieht hier.

Randbedingungen werden in der SIM-Datei angegeben.

- Wechseln Sie in die Simulationsdatei.
- Erzeugen Sie mit der Funktion *Verstiftete Zwangsbedingung* (*Pinned Constraint*) drehbare Lagerungen an den vier Bohrungen.
- Erzeugen Sie eine senkrechte Kraft von 100 N auf der Lastangriffsfläche.

Damit ist der Modellaufbau bzw. das Preprocessing fertiggestellt. Es folgt nun die Berechnung.

- Wählen Sie die Funktion *Berechnen* (*Solve*) und bestätigen Sie mit Ok.

Das NX-System erstellt nun eine Solver-Eingabedatei mit allen Informationen über die Knoten, Elemente, Materialeigenschaften, Lasten und Randbedingungen und speichert diese in einem temporären Arbeitsverzeichnis auf dem lokalen Rechner.

Außerdem übergibt das NX-System einen Befehl an das Betriebssystem. Der Befehl besagt, dass der Solver, in unserem Fall ist dies der NX Nastran-Solver, gestartet wird und die Eingabedatei findet. Die genaue Syntax des Befehls kann im Logfile von NX nachgelesen werden. Der Solver arbeitet nun diesen Job in genau der gleichen Weise ab, wie das auch auf einem nativen NX-System der Fall wäre.

- Sie erkennen den Solver-Prozess am sichersten an dem Nastran-Fenster, das im Hintergrund arbeitet. Erst wenn dieses Fenster verschwunden ist, sollten Sie die Ergebnisse öffnen.
- Nachdem die Berechnung beendet ist, können Sie nach Belieben in den Postprozessor wechseln und die Ergebnisse kontrollieren.

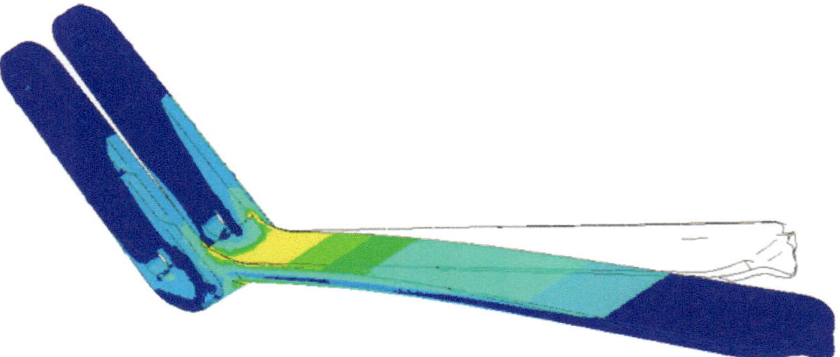

Bild 7.9 Dies ist ein Spannungsergebnis zur Mini-FEM-Analyse mit NX in Teamcenter.

Als Nächstes folgt erneut ein Schritt, der sich von der nativen Methode unterscheidet. Es geht darum, ob und welche Dateien in Teamcenter importiert werden sollen.

- Nun sollen die Daten gespeichert werden. Wählen Sie daher in NX die Funktion SPEICHERN.

Wenn Sie in der Simulationsdatei die Funktion SPEICHERN ausführen, versucht das NX-System die SIM-, die FEM- und die idealisierte Datei zu speichern.

Beim Speichern sucht das Teamcentersystem im temporären Arbeitsverzeichnis nach neu entstandenen Dateien. Alle dort gefundenen Dateien werden – wenn deren Erweiterungen in Teamcenter registriert sind – in einem Fenster angezeigt (Bild 7.10), und es wird gefragt, ob diese Dateien in die Datenbank importiert und als Referenzen der *CAEAnalysisRevision* zugeordnet werden sollen.

In Bild 7.10 wird gezeigt, welche Bedeutung die angezeigten Dateien einer NX Nastran-Rechnung haben.

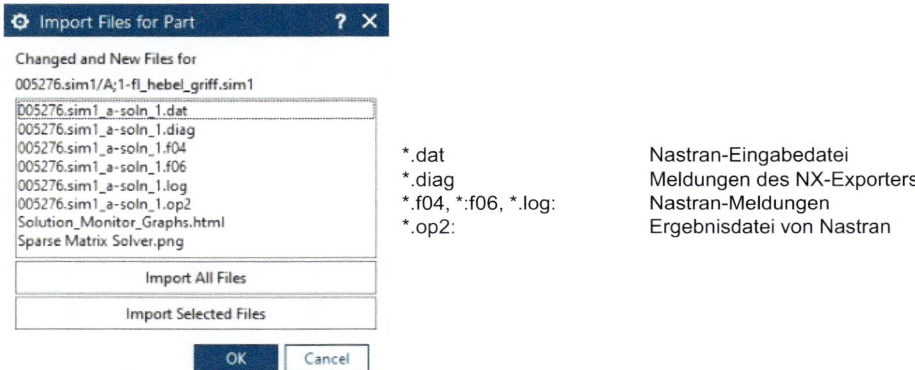

Bild 7.10 Hier werden wichtige NX Nastran-Dateien in die Teamcenter-Datenbank importiert.

Welche dieser Dateien tatsächlich in die Datenbank importiert werden sollen, muss jedes Unternehmen für sich entscheiden. Natürlich sollte möglichst alles gespeichert werden, jedoch müssen die erheblichen Datenmengen berücksichtigt werden, die bei Simulationen entstehen. Eine einzige Analyse kann durchaus mehrere Gigabyte Daten produzieren. In vielen Unternehmen wird die Solver-Eingabedatei (**.dat*) und die Ergebnisdatei (**.op2*) in der Datenbank gespeichert. So wollen wir hier ebenfalls vorgehen:

- Selektieren Sie, wie in Bild 7.10 dargestellt, die **.dat*- und die **.op2*-Datei, und wählen Sie die Funktion *Import Selected Files*.
- Schließen Sie nun alle Teile in NX. Falls weitere Fragen nach zu importierenden Dateien erscheinen, so wählen Sie NEIN.
- Prüfen Sie nun im *Home*-Verzeichnis von Teamcenter, ob die drei neuen Items erfolgreich erzeugt worden sind (Bild 7.11).

Bild 7.11 So sollten die Items für eine FEM-Berechnung in Teamcenter aussehen.

Nun, da die nativen Dateien erfolgreich in der Datenbank gespeichert wurden, sprechen wir besser nicht mehr von CAD-, Ideal-, FEM- und Simulationsdatei, sondern besser von *CADMasterRevision*, *CAEGeometryRevision*, *CAEModelRevision* und *CAEAnalysisRevision*, denn ein Datenbank-Item ist mehr als eine native Datei. Das Datenbank-Item enthält die Item-Revision und diese wiederum verschiedene Datasets. Ein bestimmtes Dataset enthält die native Datei oder auch mehrere davon. Unsere ehemaligen Ideal-, FEM- und SIM-Dateien sind nun also in den jeweiligen Item-Revisionen der Datenbank als benannte Referenzen integriert worden. Dies gilt auch für die zusätzlichen Dateien, die wir gerade eben für den Import selektiert haben.

Wir wollen nun prüfen, ob die **.dat*- und die **.op2*-Dateien wirklich in der Datenbank gespeichert worden sind. Dazu gehen Sie folgendermaßen vor.

- Öffnen Sie in Teamcenter die Item-Revision der *CAEAnalysisRevision* und den darin enthaltenen Datensatz.
- Wählen Sie im Kontextmenü die Funktion *Benannte Referenzen* (*Named References*).

Die importierten Dateien sollten wie in Bild 7.12 dargestellt werden.

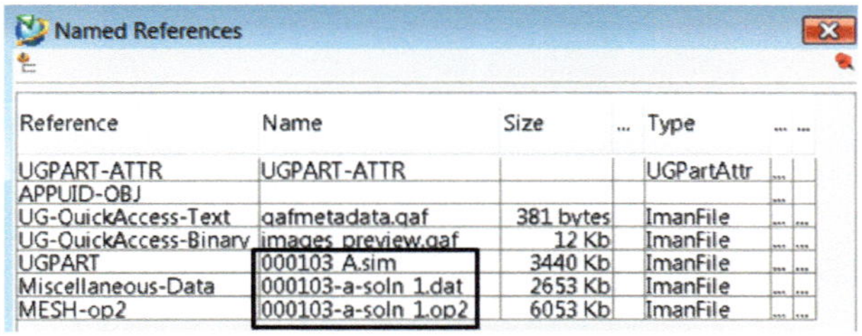

Named References

Reference	Name	Size	...	Type	...	...
UGPART-ATTR	UGPART-ATTR			UGPartAttr	...	
APPUID-OBJ					...	
UG-QuickAccess-Text	qafmetadata.qaf	381 bytes		ImanFile	...	...
UG-QuickAccess-Binary	images preview.qaf	12 Kb		ImanFile	...	...
UGPART	000103 A.sim	3440 Kb		ImanFile	...	...
Miscellaneous-Data	000103-a-soln 1.dat	2653 Kb		ImanFile	...	...
MESH-op2	000103-a-soln 1.op2	6053 Kb		ImanFile	...	...

Bild 7.12 Die eigentlichen Dateien werden in Teamcenter als benannte Referenzen gespeichert.

Wenn Sie möchten, kontrollieren Sie die benannten Referenzen auch auf den anderen neuen Item-Revisionen.

Nun sind wir mit der FEM-Analyse in Teamcenter fertig. Es folgen Methoden für die Kontrolle der Beziehungen.

7.2.2 Welches CAD-Modell gehört zu welchem FEM-Modell?

Nun geht es um die Frage nach der Nutzung der Beziehungen zwischen den CAD- und den FEM-Daten. Für die Beantwortung der Frage „Welches CAD-Modell gehört zu welchem FEM-Modell?" müssen die im Hintergrund automatisch erzeugten Beziehungen *TC_CAE_Defining*, *TC_CAE_Source* und *TC_CAE_Target* des CAE-Datenmodells ausgewertet werden. Das vorangehend erklärte Datenmodell wird in Bild 7.13 noch einmal verkürzt dargestellt.

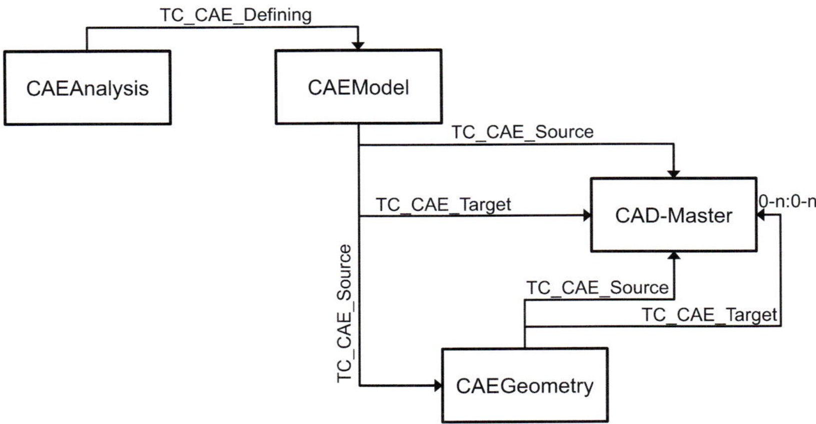

Bild 7.13 Gekürzte Ansicht des CAE-Datenmodells

Natürlich ist es in unserem Fall trivial, weil nur ein CAD- und FEM-Modell vorhanden sind. Die Methodik, die wir hier beschreiben, ist aber ebenso gültig, wenn viele CAD- und CAE-Modelle enthalten und diese wiederum in komplexen Baugruppen verbaut sind.

Für die Kontrolle der Beziehungen gibt es mehrere Möglichkeiten. Zwei wichtige davon werden in den nächsten Abschnitten erläutert.

7.2.2.1 Darstellung der Beziehungen in den Details

Beziehungen oder Relationen sollen kontrolliert werden.

Die erste Möglichkeit besteht darin, in der Teamcenter-Ansicht die Details einer Item-Revision darzustellen. Wir wollen beispielsweise die Beziehungen der FEM-Item-Revision sehen.

- Öffnen Sie in Teamcenter *My Teamcenter*.
- Selektieren Sie die *CAEModelRevision* (Nummer *000102*) und öffnen Sie auf der rechten Seite das Register *Details*.
- Kontrollieren Sie die Richtigkeit der Beziehungen.

Nun sollte Bild 7.14 dargestellt werden.

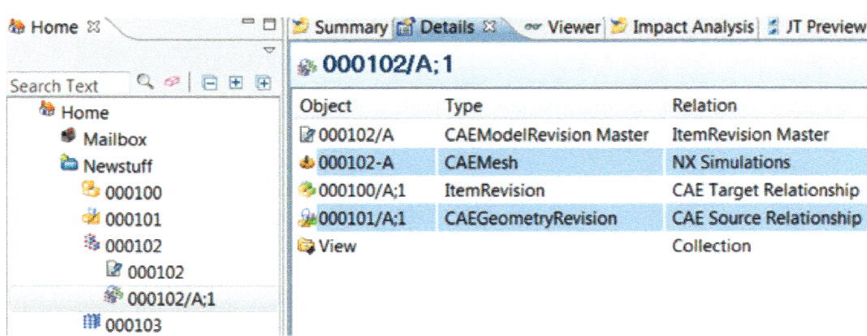

Bild 7.14 So sehen die Beziehungen der gewöhnlichen Teamcenter-Ansicht aus.

Es ist zu sehen, dass die Source-Beziehung der *000102* zur *000101*, also zur *CAEGeometryRevision*, zeigt. Das ist richtig, denn aus dieser ist das FEM-Modell erzeugt worden.

Außerdem zeigt die Target-Beziehung der *000102* zur *000100*, also zum CAD-Master. Daraus ist also zu erkennen, dass die Vernetzung in *000102* das CAD-Modell in *000100* repräsentiert.

- Kontrollieren Sie auf diese Weise auch die Beziehungen der *CAEAnalysis*-Revision *000103*. Es sollte eine *CAE_Defining*-Beziehung zur *CAEModel*-Revision *000102* zeigen.

Diese Möglichkeit der Darstellung der Beziehungen in den gewöhnlichen Details hat den Nachteil, dass immer nur in Richtung der jeweiligen Beziehung angezeigt werden kann. Da unsere drei interessierenden Beziehungen aber „von oben nach unten" zeigen, können wir jetzt zwar die Frage beantworten „Welches CAD-Modell gehört zu meiner Berechnung?", aber wir können noch immer nicht die Frage beantworten: „Welche Berechnungen gehören zu meinem CAD-Modell?" Eine Antwort hierzu erhalten Sie im folgenden Abschnitt.

7.2.2.2 Darstellung der Beziehungen im CAE-Manager

Der CAE-Manager kann Beziehungen nachverfolgen.

Der CAE-Manager ist eines der Zusatzwerkzeuge, die von Teamcenter for Simulation zur Verfügung gestellt werden. Er erlaubt es, detailliert und vielfältig die Beziehungen zwischen CAD und CAE nachzuverfolgen. Entscheidender Unterschied zur vorherigen Methode ist, dass die Beziehungen in beide Richtungen ausgewertet werden können. Um ihn zu nutzen, gehen Sie wie folgt vor:

- Selektieren Sie in Teamcenter die Item-Revision des CAD-Mastermodells *000100*.
- Wählen Sie in dessen Kontextmenü die Funktion *Versenden an, CAE-Manager* (*Send to, CAE-Manager*).

Nun wechselt die *Teamcenter*-Anwendung und der CAE-Manager erscheint. Hierin sind drei Register enthalten (Bild 7.15).

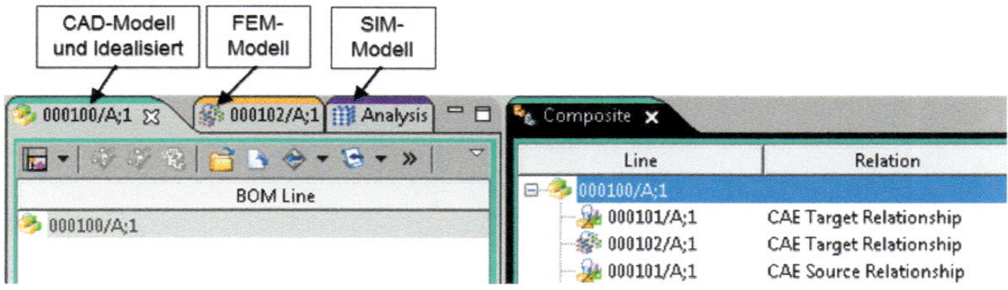

Bild 7.15 Der CAE-Manager gibt Auskunft über CAD- und CAE-Beziehungen.

Anhand dieser drei Register können die Beziehungen ausgewertet werden:

- *Product:* Dieses Register ist für die Analyse der Beziehungen des Ausgangs- bzw. CAD-Modells. Auf der rechten Seite der Anzeige können auf verschiedene Weise die verknüpften Daten angezeigt werden.
- *Model:* In diesem Register werden die Beziehungen von FEM-Modellen angezeigt.
- *Analysis:* Hier werden entsprechend die Beziehungen von Sim-Modellen analysiert.

Nun wollen wir herausfinden, welche FEM-Modelle zu unserem CAD-Modell *000100* gehören:

- Aktivieren Sie das Register *Product*.

- Schalten Sie die beidseitige Ansicht mit der Funktion *Datenfenster anzeigen* (*Show/Hide the Data Panel*) ein.
- Aktivieren Sie nun in der rechten Ansicht das Register *Zusammensetzung* (*Composite*).

Wir finden heraus, welches CAD-Modell zu welchem FEM-Modell gehört.

Folgende Schlüsse können aus der Ansicht gezogen werden:

- Die *CAEModelRevision 000102* hat eine Target-Beziehung zu unserem CAD-Modell *000100*. Das bedeutet, dass dies ein gültiges FEM-Modell zu unserem CAD-Modell ist.
- Die *CAEGeometryRevision 000101* hat eine Source- und eine Target-Beziehung zu unserem CAD-Modell *000100*. Dies bedeutet, dass dies ein Idealisierungsmodell zu unserem CAD-Modell ist.

Hiermit wurde also die Frage beantwortet: „Welches FEM-Modell gehört zu meinem CAD-Modell?"

- Schließen Sie die Anwendung *CAE-Manager* in Teamcenter.

7.2.3 Revisionierung

Jedes der drei Items kann für sich revisioniert werden.

Da die CAE-Daten genau wie die CAD-Daten in eigenen Datenbank-Items gespeichert werden, ergeben sich die Möglichkeit (und auch der Zwang), diese eigens zu revisionieren. Dies ist ein großer Vorteil, denn andernfalls müssten die CAD- und CAE-Modelle auf irgendeine Weise fest miteinander gekoppelt sein. Beim Revisionieren würden dann alle Daten verdoppelt. Außerdem wird es durch eigene Items auch möglich, dass CAE-Modelle ganz ohne CAD-Modell existieren.

Zwei typische Szenarien sollen in der Lernaufgabe durchgespielt werden.

Eine wichtige Frage, die bei jeder Änderung eines schon berechneten CAD-Modells beantwortet werden muss, ist die, ob das verknüpfte CAE-Modell noch gültig ist oder ob es aktualisiert werden muss. Wir wollen daher an zwei typischen Prozessen erklären, wie beim Erstellen von Revisionen vorgegangen wird.

Erstens soll eine berechnungsrelevante CAD-Änderung durchgeführt werden. In dem Fall muss das FEM-Modell aktualisiert, neu berechnet und ebenfalls revisioniert werden.

Im zweiten Fall wollen wir eine CAD-Änderung durchführen, die keinen Einfluss auf die Berechnung hat. In diesem Fall muss das FEM-Modell nicht geändert werden, es müssen lediglich die entsprechenden Beziehungen geändert werden.

7.2.3.1 Revisionierung des CAD-Modells, berechnungsrelevant

In dieser Aufgabe wollen wir also eine berechnungsrelevante Änderung an unserem CAD-Modell durchführen und es revisionieren. Solch eine Änderung wäre beispielsweise eine Änderung der Wandstärke, des Materials oder eine zusätzliche Bohrung. Gehen Sie folgendermaßen vor:

Nicht jede Änderung ist für die Berechnung wichtig.

- Öffnen Sie in NX das vorher importierte CAD-Modell *000100* (oder irgendein anderes, das bereits berechnet wurde).
- Fügen Sie der Konstruktionsanwendung eine Bohrung o. Ä. hinzu.
- Erzeugen Sie mit der Funktion DATEI > SPEICHERN UNTER (FILE > SAVE AS) eine neue Revision *B*.

- Schließen Sie die Datei in NX.
- Kontrollieren Sie in Teamcenter, ob die neue Revision erzeugt worden ist.

7.2.3.2 Prüfung des FEM-Modells auf neue CAD-Revisionen

Nachdem im letzten Abschnitt eine Revision B für das CAD-Modell *000100* erstellt worden ist, ist es besonders wichtig, dass der Berechner das FEM-Modell fragen kann, ob neue CAD-Revisionen existieren. Nun sind Sie der Berechner und stellen diese Frage an das Teamcenter-System:

Es ist sehr wichtig, dass gezeigt wird, ob neue Revisionen vorliegen.

- Selektieren Sie in Teamcenter die Item-Revision des FEM-Modells *000102* und wählen Sie im Kontextmenü die Funktion *Versenden an, CAE-Manager* (*Send to, CAE Manager*).
- Im CAE-Manager schalten Sie auf das Register *Model* und aktivieren die Funktion *Datenfenster anzeigen* (*Show/Hide the Data Panel*).
- Aktivieren Sie über die Funktion das Register *Zusammensetzung* (*Composite*).
- Selektieren Sie (linke oder rechte Ansicht) das zu kontrollierende FEM-Modell, also *000102* (wie in Bild 7.16).
- Schalten Sie in der Hauptmenüleiste unter die Funktion *Auf neue Änderungsstände prüfen* (*Check for later Revisions*) ein.

Die Ansicht in Teamcenter sollte nun wie in Bild 7.16 dargestellt aussehen. Mit dieser Funktion werden die Beziehungen ausgewertet und farblich gekennzeichnet. Die Farben haben folgende Bedeutung:

- Grün zeigt an, dass keine neueren Revisionen vorhanden sind.
- Rot zeigt an, dass es neue Revisionen gibt.

Es ist zu entscheiden, ob die Änderung relevant ist.

Hieran kann also erkannt werden, dass es für das CAD-Modell *000100* eine oder mehrere neue Revisionen gibt. In der Praxis sollte jetzt die neueste Revision des CAD-Modells geöffnet und entschieden werden, ob die Änderung berechnungsrelevant ist. In unserem Fall würde dies bejaht werden, denn die eingefügte Bohrung ändert die Festigkeit der Geometrie, und daher müsste die Berechnung mit der geänderten Geometrie aktualisiert und neu durchgeführt werden. Dieser Prozess wird im nächsten Abschnitt durchgeführt.

- Schließen Sie den CAE-Manager.

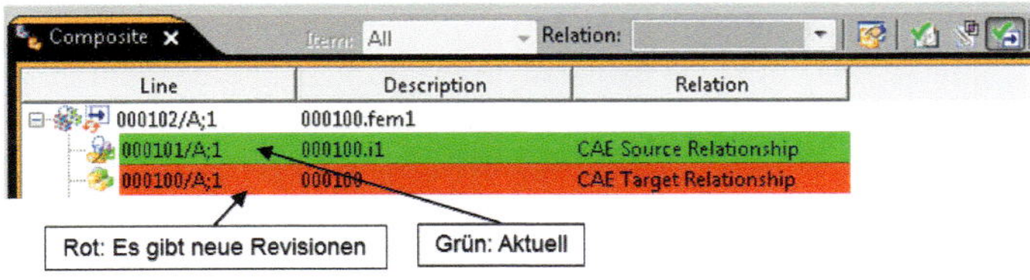

Bild 7.16 Farben zeigen die Aktualität der Revisionen an.

7.2.3.3 Aktualisierung und Revisionierung des FEM-Modells

Wir haben also die Situation, dass das CAD-Modell revisioniert wurde und die Änderung so wichtig ist, dass eine Aktualisierung der Berechnung erforderlich ist. Natürlich müssen dann auch die Berechnungsitems revisioniert werden. Um diese Schritte durchzuführen, gehen Sie wie folgt vor:

Die CAD-Änderung war festigkeitsrelevant. Daher wird die Berechnung aktualisiert und neu durchgeführt.

- Öffnen Sie in NX die neue Revision des CAD-Modells, also die *000100/B*.
- Öffnen Sie jetzt die alte Simulation *000103/A*.

Es werden zunächst nur die SIM- und die FEM-Datei geladen. Wir wollen das Modell aber vollständig laden, um es zu revisionieren.

- Laden Sie die idealisierte Datei nach, indem Sie im Simulationsnavigator auf dem Knoten der idealisierten Datei die Funktion *Laden* (*Load*) ausführen (Bild 7.17).

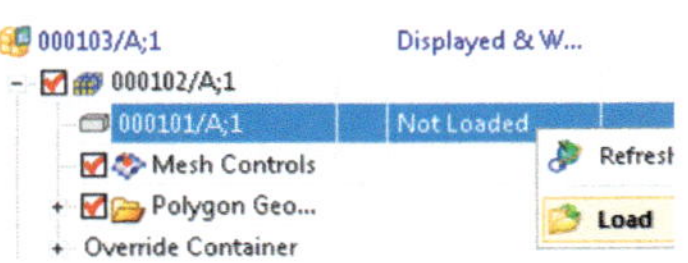

Bild 7.17
Laden der idealisierten Datei über das Kontextmenü des Simulationsnavigators

Auf diese Weise wurde die bereits geöffnete, neue Revision *B* des CAD-Modells dem FEM-Modell „untergeschoben". Sie sehen diese Struktur im Simulationsnavigator. So ersparen Sie sich das Austauschen des alten CAD-Modells gegen das neue. Nun müssen Sie nur noch das FEM-Modell aktualisieren und revisionieren.

Mit diesen Schritten revisionieren Sie das Berechnungsmodell.

- Wechseln Sie in die idealisierte Datei. In unserem Beispiel gibt es nichts zu aktualisieren, daher erzeugen Sie gleich eine neue Revision *B* mit der Funktion DATEI > SPEICHERN UNTER (FILE > SAVE AS).
- Wechseln Sie in die FEM-Datei, aktualisieren Sie das Netz mit der Funktion *Finiteelemente-Modell aktualisieren* (*Update Finite Element Model*) und erzeugen Sie eine neue Revision *B* mit der Funktion DATEI > SPEICHERN UNTER (FILE > SAVE AS).
- Wechseln Sie in die Simulationsdatei, wählen Sie DATEI > SPEICHERN UNTER und geben Sie die Revision *B* an.
- Bei der Frage nach den zu importierenden Dateien wählen Sie ABBRECHEN.
- Führen Sie die Funktion *Berechnen* (*Solve*) aus.
- Nachdem die Berechnung abgeschlossen ist, speichern Sie die Datei.
- Bei der Frage nach den zu importierenden Dateien selektieren Sie die **.dat*- und die **.op2*-Datei.
- Schließen Sie alle Teile.
- Senden Sie die neu erzeugte Item-Revision der SIM- oder FEM-Datei zum CAE-Manager.

Schließlich kontrollieren Sie wieder im CAE-Manager die Aktualität der Beziehungen. Jetzt sollten sie grün dargestellt werden (Bild 7.18).

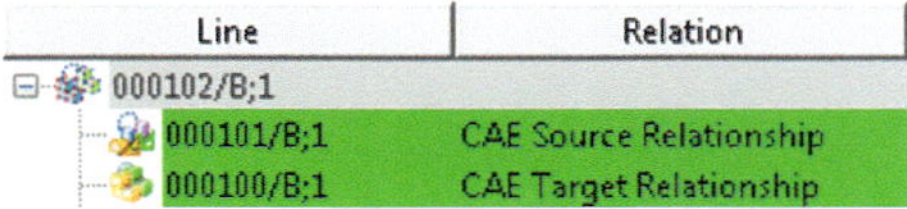

Bild 7.18
Beide Zeilen sind grün hinterlegt. Dies zeigt, dass alle Revisionen aktuell sind.

7.2.3.4 Revisionieren des CAD-Modells, nicht berechnungsrelevant

Jetzt soll dem CAD-Modell eine Änderung zugefügt werden, die keinen Einfluss auf die Berechnung hat. Wir wollen beispielsweise die Farbe ändern.

Jetzt wird nur die Farbe des Volumenkörpers geändert.

- Öffnen Sie das CAD-Modell *000100/B* und ändern Sie die Farbe des Volumenkörpers auf z. B. Blau.
- Speichern Sie das Teil unter der neuen Revision *C* und schließen Sie es.

Zur Kontrolle können Sie wieder die Item-Revision des FEM-Teils zum CAE-Manager senden. An der roten Markierungsfarbe ist wieder zu sehen, dass die Target-Beziehung, die auf das CAD-Modell zeigt, neue Revision(en) hat (Bild 7.19).

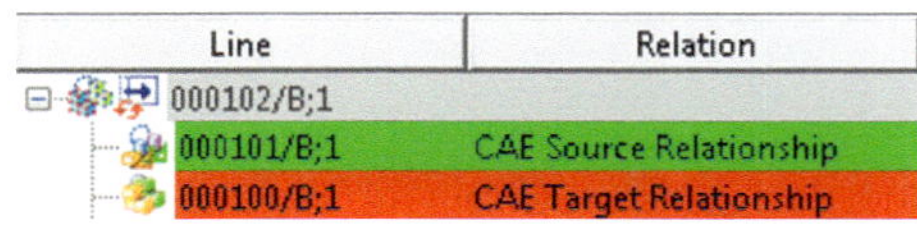

Bild 7.19
Die erste Zeile ist grün, die zweite rot. Rot zeigt, dass neue Revisionen vorhanden sind.

7.2.3.5 Verknüpfung des alten FEM-Modells mit dem geänderten CAD-Modell

Nun zeigen wir Ihnen, wie Sie vorgehen, um die alte Berechnung diesem nur leicht geänderten CAD-Modell zuzuordnen, ohne sie zu revisionieren, denn das Revisionieren wäre in diesem Fall sinnloser Aufwand. Dies geschieht mit einer zusätzlichen Target-Beziehung, die wir mit der Funktion *Aktuellste Referenzen hinzufügen* (*Add latest References*) in Teamcenter erhalten. Diese Operation wird nur in Teamcenter durchgeführt, NX benötigen wir hierzu nicht.

Die alte Berechnung wird nur an das geänderte Modell angehängt.

- Kontrollieren Sie wieder die Beziehungen des FEM-Teils im CAE-Manager. Das Bild im CAE-Manager sieht noch aus wie in Bild 7.19.
- Selektieren Sie die rot markierte Beziehung.
- Führen Sie die Funktion *Aktuellste Referenzen hinzufügen* (*Add latest References*) aus.

Nun wird eine zusätzliche Target-Beziehung auf die letzte Revision *C* erzeugt. Die Anzeige sollte jetzt wie in Bild 7.20 aussehen.

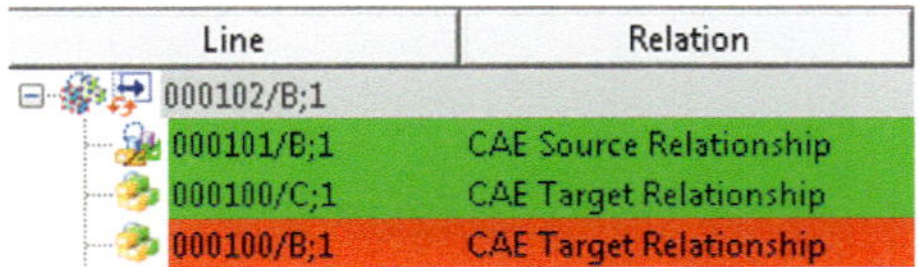

Bild 7.20
Wir sehen hier, dass das FEM-Modell zwei CAD-Modell-Revisionen repräsentiert.

An den beiden Target-Beziehungen können wir erkennen, dass dieses Berechnungsmodell zwei Revisionen des CAD-Modells *000100* repräsentiert, nämlich *B* und *C*. Weiter ist an der grünen Farbe zu erkennen, dass *C* die letzte Revision des CAD-Modells ist. An der Source-Beziehung hat sich nichts geändert, sie zeigt nach wie vor auf das Modell *B*, aus dem die Berechnung erzeugt worden ist.

Die Target-Beziehungen zeigen also auf alle CAD-Modelle, für die die Berechnung (d. h. die *CAEModelRev* und die *CAEGeometryRev*) Gültigkeit besitzen soll – in unserem Fall auf den Handgriff in Blau und den in Originalfarbe Grau (das sind zwei separate CAD-Modelle).

Eine Zusammenfassung über Source- und Target-Beziehung

Die Source-Beziehung zeigt auf die physikalische Quelle des Berechnungsmodells (also der *CAEModelRev* und *CAEGeometryRev*). Dabei kann es lediglich eine Source-Beziehung pro Berechnungsmodell geben.

Es kann auch vorkommen, dass solche Datenbankbeziehungen manuell erzeugt und gewartet werden müssen.

Auf diese Weise wird also dokumentiert, dass ein Berechnungsmodell für zwei CAD-Modelle gültig ist. Die Erzeugung der zugehörigen Beziehungen geschieht in Teamcenter über die dargestellte automatische Funktion. Diese automatische Methode ist allerdings nur nutzbar, wenn die neue Target-Beziehung auf eine neue Revision des gleichen Modells zeigen soll, wie in unserem Beispiel. Falls in einem anderen Fall zwei völlig getrennte Items vorliegen und trotzdem eine Berechnung für beide gültig sein soll, so muss die Target-Beziehung manuell erzeugt und gewartet werden.

Literatur

[Anderl3] *Anderl, R./Grau, M./Malzacher, J.:* SIMPDM – a harmonized approach for the strategic implementation of simulation data management. NAFEMS World Congress 2009

[Anderl4] *Anderl, R./Malzacher, J.:* SimPDM – Simulationsdatenmanagement-Standard nach Maß-Standard nach Maß. In: CAD CAM, Nr. -2, 2009, S. 38–41

[Binde7] *Binde, P.:* Teamcenter for Simulation. Schulungsunterlagen zum Training for Simulation, Schulungsunterlagen zum Training. Dr. Binde Ingenieure GmbH, Wiesbaden 2014

[ISO14306] ISO 14306: Industrielle Automatisierungssysteme und Integration – Spezifikation für das Dateiformat JT für die 3D-Visualisierung

[Malzacher] *Malzacher, J./Tabbert, P.:* Simulationsdatenmanagement. Integration der Simulationsdaten in die PDM-Strategie in die PDM-Strategie. Engineering Process Day, Darmstadt 2008

[SimPDM] ProStep iViP Recommendation „Integration of Simulation and Computation in a PDM Environment (SimPDM)“. PSI 4, Version 2.0 2008

[TCSim] Schulungsunterlagen zu Teamcenter for Simulation for Simulation. Siemens PLM Software

8 Manuelle Berechnung eines FEM-Beispiels

Viele Einsteiger in die FEM fragen sich, wie diese faszinierende Berechnungsmethode funktioniert, mit der die verschiedensten physikalischen Phänomene simuliert werden können. Wer dazu in der gängigen Literatur nachsieht, findet entweder sehr stark vereinfachende Darstellungen – so wie im FEM-Grundlagenbeispiel dieses Buchs – oder Darstellungen, die von theoretischer Mathematik dominiert sind und ein derart tiefes Eindringen in die Materie erfordern, dass viele damit überfordert sind. Um auch dem anwendungsinteressierten Techniker oder Ingenieur ein Verständnis dafür zu geben, wie die FEM funktioniert, haben wir in diesem Kapitel eine FEM-Berechnung so aufbereitet, dass jeder einzelne Lösungsschritt manuell, also ganz ohne Computer, nachvollzogen werden kann. Die grundlegenden Ideen (d. h. Ansatzfunktionen, Prinzip des Minimums der Energie) sollen dabei deutlich werden. Natürlich haben wir ein sehr einfaches Beispiel gewählt.

Die Berechnung wird ganz ohne Computerprogramm durchgeführt.

Grundidee aller numerischen Verfahren ist, dass eine Näherungsfunktion[1] für die unbekannte Funktion aufgestellt und diese Funktion an die unbekannte Funktion angepasst wird. Die Besonderheit bei der FEM ist, dass die Näherungsfunktion aus stückweise aneinander angrenzenden einzelnen Funktionen besteht. Die ersten Grundlagen der Finite-Elemente-Methode gehen auf Arbeiten von [Ritz] und [Galerkin] zurück.

8.1 Aufgabenstellung

Das Beispiel ist in Bild 8.1 dargestellt. Es handelt sich um einen stabartigen, konisch geformten Körper[2], der auf der einen Seite festgehalten wird und auf der anderen Seite mit einer Kraft F belastet wird. Gesucht ist die Verschiebungsfunktion $u(x)$. Aus der bekannten Verschiebung könnte dann auch die Spannung ausgerechnet werden. Darauf wollen wir hier aber der Einfachheit halber verzichten.

Eine FEM-Berechnung wird ganz ohne Computerprogramm durchgeführt.

1 Es wird auch von Ansatzfunktion gesprochen.

2 Wenn wir den Körper nicht konisch, sondern konstant wählen, so treffen wir mit der FEM genau die analytische Lösung. Dies wäre aus didaktischen Gründen nicht sinnvoll.

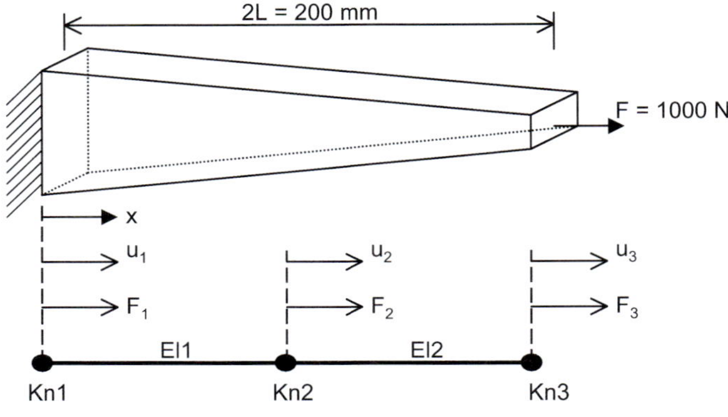

Bild 8.1 Beispielaufgabe für die Darstellung des Prinzips der FEM: Der Körper wird in zwei finite Elemente aufgeteilt und es ergeben sich drei Knoten.

8.2 Idealisierung und Wahl einer Theorie

Bei der Idealisierung werden Annahmen und Vereinfachungen getroffen, mit denen im Folgenden gearbeitet wird. Für diese Aufgabe wird von der Fachwerktheorie ausgegangen, da eine Abmessung groß gegenüber den beiden anderen ist. Weiter wird davon ausgegangen, dass das Bauteil in Ruhe ist und dass kleine Verformungen vorliegen sowie das Spannungsdehnungsverhalten linear ist, also mit dem Hookeschen Gesetz beschrieben werden kann.

8.3 Analytische Lösung

Die zu lösende Differentialgleichung für das Problem ergibt sich aus den Bedingungen für:

Die analytische Lösung wird zum Vergleich der FEM-Ergebnisse herangezogen.

Statik (Gleichgewichtsbedingung, S: Schnittkraft),

$$S(x) = F$$

$$\sigma(x) = \frac{S(x)}{A(x)} = \frac{1000\ \text{N}}{300\ \text{mm}^2 - x}$$

Kinematik und

$$\varepsilon = \frac{\partial u}{\partial x}$$

Werkstoffgesetz

$$\sigma(x) = E \cdot \varepsilon(x)$$

zu

$$\frac{\partial u}{\partial x} = \frac{F}{E}\frac{1}{300\ \text{mm}^2 - x} \quad \text{bzw.} \quad u(x) = \frac{F}{E}\int_0^x \frac{dx}{300\ \text{mm}^2 - x}$$

Mit der Lösung zu diesem Integral

$$\int \frac{dx}{ax+b} = \frac{1}{a} \cdot \ln\left(ax+b\right)$$

findet sich[3] [Bronstein] für die gesuchte Funktion und die entsprechenden Lösungen an drei interessierenden Stellen[4]:

$$u(x) = \frac{1}{210}\left(\ln\left(300 - x\right) - \ln\left(300\right)\right)$$
$$u_1 = u(x=0) = 0\ \text{mm}$$
$$u_2 = u(x=100) = 0{,}001930786\ \text{mm}$$
$$u_3 = u\left(x=200\right) = 0{,}005231487\ \text{mm}$$

Ergebnisse an drei Punkten aus der analytischen Lösung

8.4 Raumdiskretisierung für FEM

Für die Lösung mit der FEM soll der Körper in zwei Elemente zerlegt werden. Es ergeben sich drei Knoten. An jedem Knoten sind die Verschiebung sowie die Kraft gekennzeichnet. Elemente, Knoten, Verschiebungen und Kräfte werden im Folgenden wie in Bild 8.1 dargestellt benannt.

Für jedes Element wird eine Ansatzfunktion gewählt, die noch unbekannte Koeffizienten hat. Mit diesen Koeffizienten kann also jede der Ansatzfunktionen so eingestellt werden, dass sie der realen Lösung nahekommt. Wir wählen folgende lineare Ansatzfunktionen für die Elemente 1 und 2:

Eine lineare Ansatzfunktion bedeutet: Wir unterstellen, dass sich die gesuchte Lösung linear verhält.

$$u_{EL1} = a_{EL1}x + b_{EL1}$$
$$u_{EL2} = a_{EL2}x + b_{EL2}$$

3 Aufgrund der einfachen Geometrie lässt sich in diesem Fall problemlos eine analytische Lösung für die Differentialgleichung finden.

4 Diese Stellen sind später die Knotenstellen, an denen mittels FEA-Lösungen errechnet werden.

Als Nächstes sollen die Ansatzfunktionen in Abhängigkeit von den unbekannten Knotengrößen dargestellt werden. Dafür werden die bezeichneten Knotengrößen u_1, u_2 und u_3 eingearbeitet. Folgende Bedingungen stehen zur Verfügung:

$$u(x=0)=u_1, \quad u(x=L)=u_2, \quad u(x=2L)=u_3$$

Dies sind noch dieselben Ansatzfunktionen wie vorher. Sie sind jetzt lediglich von den gesuchten Knotenverschiebungen abhängig.

Für die Ansatzfunktionen in Abhängigkeit von den Knotengrößen ergibt sich Folgendes:

$$u_{EL1} = \frac{u_2 - u_1}{L} x + u_1$$

$$u_{EL2} = \frac{u_3 - u_2}{L} x + 2u_2 - u_3$$

Damit ist der Verschiebungsverlauf in den beiden Elementen bis auf die unbekannten Knotenverschiebungsgrößen festgelegt.

8.5 Aufstellung und Lösung des FEA-Gleichungssystems

Um ein Gleichungssystem zu erhalten, das zum Berechnen der unbekannten Knotenverschiebungen geeignet ist, soll hier das Prinzip vom Minimum der potenziellen Energie zum Einsatz kommen.

Wir stellen eine Energie-Funktion auf, die Fehler beinhaltet, und fordern dann, dass die Fehler minimal klein werden.

Dabei wird die äußere Energie berücksichtigt, die exakt angegeben werden kann. Demgegenüber wird die innere Energie in Form unserer angenäherten Ansatzfunktionen, also fehlerbehaftet, geschrieben.

Es wird gefordert, dass der Fehler minimal wird, indem die Ableitung der gesamten potenziellen Energie gleich null gesetzt wird. Dabei können Ableitungen nach jeder Unbekannten gebildet werden. Auf diese Weise wird ein lineares Gleichungssystem erhalten, mit dem die Unbekannten berechnet werden können.

Die innere Energie oder Formänderungsenergie Π in einem Zugstab[5] kann z. B. über die Dehnung erfasst werden:

$$\Pi_{\text{Zugstab}} = \frac{1}{2} \int_L EA\varepsilon^2 dx$$

Mit $\varepsilon(x) = \frac{\partial u}{\partial x}$, der Funktion für den Flächeninhalt $A(x) = 300 - x$, sowie den beiden Ansatzfunktionen können die inneren Energien für die beiden Elemente in Abhängigkeit von den unbekannten Knotenverschiebungen angegeben werden:

5 Verschiedene Schreibweisen für die Formänderungsenergie pro Längeneinheit in einem Zugstab nach [SchnellGrossHauger] sind: $\frac{1}{2} N\varepsilon$ oder $\frac{1}{2} EA\varepsilon^2$ oder $\frac{1}{2}\frac{N^2}{EA}$.

$$\Pi_{El1} = \frac{1}{2} E \int_0^L A(x) \left(\frac{\partial u_{El1}}{\partial x} \right)^2 dx = 262500 \tfrac{\text{N}}{\text{mm}} \cdot (u_2 - u_1)^2$$

$$\Pi_{El2} = \frac{1}{2} E \int_L^{2L} A(x) \left(\frac{\partial u_{El2}}{\partial x} \right)^2 dx = 472500 \tfrac{\text{N}}{\text{mm}} \cdot (u_3 - u_2)^2$$

Die äußere Energie W ist die aufzubringende Arbeit von der unverformten in die verformte Lage:

$$W = \int_0^u F du$$

Für die äußere Energie ergibt sich Folgendes:

$$W = \frac{1}{2}(u_1 F_1 + u_2 F_2 + u_3 F_3)$$

Jetzt können die Energie-Anteile entsprechend $\Pi_{El1} + P_{El2} - W = 0$ zusammengesetzt werden. Es ergibt sich eine Gleichung für die potenzielle Gesamtenergie P, die von den unbekannten Knotenverschiebungen abhängig ist:

$$P = 262500 \tfrac{\text{N}}{\text{mm}} (u_2 - u_1)^2 + 472500 \tfrac{\text{N}}{\text{mm}} (u_3 - u_2)^2 - \frac{1}{2}(u_1 F_1 + u_2 F_2 + u_3 F_3) = 0$$

Diese Energie-Funktion hat Fehler wegen unserer linearen Ansatzfunktionen.

Aus den Ableitungen

$$\frac{\partial P}{\partial u_1} = 0, \quad \frac{\partial P}{\partial u_2} = 0, \quad \frac{\partial P}{\partial u_3} = 0$$

Um die Fehler zu minimieren, bilden wir Ableitungen und setzen sie gleich null.

ergeben sich drei Gleichungen, die in Matrizenform folgendermaßen dargestellt werden können:

$$\begin{pmatrix} 4 \cdot 262500 & -4 \cdot 262500 & 0 \\ -4 \cdot 262500 & 4 \cdot (262500 + 472500) & -4 \cdot 472500 \\ 0 & -4 \cdot 472500 & 4 \cdot 472500 \end{pmatrix} \cdot \begin{pmatrix} u_1 \\ u_2 \\ u_3 \end{pmatrix} = \begin{pmatrix} F_1 \\ F_2 \\ F_3 \end{pmatrix}$$

Es ergeben sich Gleichungen.

Dieses Gleichungssystem kann auch als Gesamt-Steifigkeitsmatrix K, Verschiebungsvektor u und Kraftvektor F verstanden werden und in der Form

$$K_{ij} \cdot u_i = F_j$$

aufgeschrieben werden. In einem FE-Programm wird diese Form auf direktem Wege erzeugt, indem die Gesamt-Steifigkeitsmatrix des Systems aus einzelnen Element-Steifigkeitsmatrizen zusammengesetzt[6] wird.

Der Verformungsvektor u_i und der Kraftvektor F_i ergeben sich aus Randbedingungen. Folgende Bedingungen sind in diesem Beispiel bekannt[7]:

6 Statt „zusammensetzen“ wird auch von „assemblieren“ gesprochen. An den Zahlenwerten der Matrixdarstellung des Beispiels kann der Einfluss der beiden Elemente auf die Gesamt-Steifigkeitsmatrix erkannt werden.

7 Eine der beiden Größen Verschiebung oder Kraft ist an einem Knoten immer bekannt, die andere kann dann berechnet werden.

1000 N wirken auf den rechten Knoten.

$$u_1 = 0, \quad F_2 = 0, \quad F_3 = 1000 \text{ N}$$

Damit kann das lineare Gleichungssystem aufgelöst werden. Es ergibt sich Folgendes:

Dies sind die Ergebnisse aufgrund der FEM.

$$u_1 = 0 \text{ mm}$$
$$u_2 = 0{,}00190476 \text{ mm}$$
$$u_3 = 0{,}005079 \text{ mm}$$

8.6 Vergleich der analytischen Lösung mit der Lösung aus der Finite-Elemente-Analyse

Die Ergebnisse, die auch in Bild 8.2 dargestellt sind, zeigen, dass die mit FEM berechneten Lösungen an den Knotenpunkten relativ genau mit der analytischen Lösung übereinstimmen. Zwischen den Knoten stimmen die Lösungen schlechter überein, was auf die gewählten linearen Ansatzfunktionen zurückzuführen ist. Spannungs- und Dehnungsergebnisse könnten daraufhin aus den berechneten Verschiebungsgrößen abgeleitet werden. Darauf soll hier verzichtet werden. Spannungsergebnisse weichen stärker als Verschiebungen vom analytischen Ergebnis ab. Gängige Methoden, um die Genauigkeit der Ergebnisse zu steigern, sind

- feinere Vernetzung, d. h. kleinere, dichtere Elemente[8], sowie
- Erhöhung des Polynomgrades der Ansatzfunktionen.[9]

Der Vergleich der analytischen Lösung mit der aus FEM lässt die Übereinstimmung der Ergebnisse gut erkennen, obwohl aufgrund des beschränkten Rechenaufwands nur mit geringen Elementanzahlen und geringwertigen Ansatzfunktionen gearbeitet wurde. Der Einsatz von Computern zur Lösung der Rechenarbeit lässt daher viel größere Übereinstimmungen erwarten.

8 Es wird auch von h-Adaptivität gesprochen.

9 Es wird auch von p-Adaptivität gesprochen.

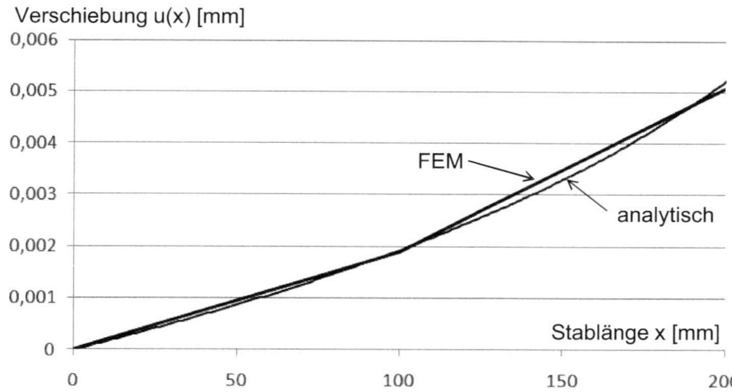

Bild 8.2 Verschiebungsergebnisse im Vergleich: Analytische Rechnung und FEM

Literatur

[Bronstein — *Bronstein, I. N./Semendjajew, K. A.:* Taschenbuch der Mathematik. 24. Auflage. Gemeinschaftsausgabe. Verlag Nauka, Moskau/Teubner Verlag, Leipzig 1989

[Galerkin] — *Galerkin, B. G.:* Stäbe und Platten. Reihen in gewissen Gleichgewichtsproblemen elastischer Stäbe und Platten. Vestnik der Ingenieure, Vol. 19, 1915, S. 897 - 908

[Ritz] — *Ritz, W.:* Über eine neue Methode zur Lösung gewisser Variationsprobleme der Mathematischen Physik. In: Reine Angewendete Mathematik, Vol. 135, 1908, S. 1 - 61

[SchnellGrossHauger] — *Schnell, W./Gross, D./Hauger, W.:* Technische Mechanik 2: Elastostatik. 3. Auflage. Springer Verlag, Berlin/Heidelberg/New York 1989

Literaturverzeichnis

[adams1] Overview of ADAMS/SOLVER. Online-Dokumentation zu NX

[Alber-Laukant] *Alber-Laukant, B.:* Struktur- und Prozesssimulation zur Bauteildimensionierung mit thermoplastischen Kunststoffen. Validierung von Werkstoffbeschreibungen für den technischen Einsatz. 1. Auflage. Shaker Verlag 2008

[Anderl1] *Anderl, R.:* Virtuelle Produktentwicklung A (Skript zur Vorlesung 2022). Technische Universität Darmstadt 2022

[Anderl2] *Anderl, R.:* Virtuelle Produktentwicklung C (Skript zur Vorlesung 2022). Technische Universität Darmstadt 2022

[Anderl3] *Anderl, R./Grau, M./Malzacher, J.:* SIMPDM – a harmonized approach for the strategic implementation of simulation data management. NAFEMS World Congress 2009

[Anderl4] *Anderl, R./Malzacher, J.:* SimPDM – Simulationsdatenmanagement-Standard nach Maß. In: CAD CAM, Nr. 1–2, 2009, S. 38–41

[Anderl5] *Anderl, R./Rollmann, T./Völz, D./Nattermann, R./Maltzahn, S./Mosch, C.:* Virtuelle Produktentwicklung. In: *Steinhilper, R./Rieg, F. (Hrsg.):* Handbuch Konstruktion. Carl Hanser Verlag, München 2012. S. 934 – 936

[Anderl6] *Anderl, R./Maltzahn, S./Krastel, M.:* Collaborative CAD/CAE Integration – Bringing SimPDM to Practice. NAFEMS European Conference on Simulation Process and Data Management 2011

[Anderl7] *Anderl, R./Maltzahn, S.:* C3I – Collaborative CAD/CAE Integration. NAFEMS World Congress 2011

[Bathe] *Bathe, H. J.:* Finite-Elemente-Methoden. 2. Auflage. Springer Verlag, Berlin/Heidelberg/New York/Tokyo 2006

[Binde1] *Binde, P.:* Simcenter Motion (MKS-Bewegungsanalyse, Kinematik, Kinetik). Schulungsunterlagen zum Training. Dr. Binde Ingenieure GmbH, Wiesbaden 2022

[Binde2] *Binde, P.:* NX Design Simulation mit NX/Nastran Solver. Schulungsunterlagen zum Training. Dr. Binde Ingenieure GmbH, Wiesbaden 2022

[Binde3] *Binde, P.:* NX Advanced Simulation FEM mit NX/Nastran Solver. Schulungsunterlagen zum Training. Dr. Binde Ingenieure GmbH, Wiesbaden 2022

[Binde4] *Binde, P.:* Multistep Nonlinear FE Analysis mit NX/Nastran Solver. Schulungsunterlagen zum Training. Dr. Binde Ingenieure GmbH, Wiesbaden 2022

[Binde5] *Binde, P.:* Strömungs- und thermische Analyse mit Simcenter/Flow & Thermal. Schulungsunterlagen zum Training. Dr. Binde Ingenieure GmbH, Wiesbaden 2022

[Bossavit] *Bossavit, A.:* Computational Electromagnetism. Variational Formulations, Complementarity, Edge Elements. Academic Press, San Diego/London/Boston/New York/Sydney/Tokyo/Toronto 1997

[Bronstein] *Bronstein, I. N./Semendjajew, K. A.:* Taschenbuch der Mathematik. 24. Auflage. Gemeinschaftsausgabe. Verlag Nauka, Moskau/Teubner Verlag, Leipzig 1989

[CicuttinRoyerBinde Geuzaine21] *Cicuttin, M/Royer, A./Binde, P./Geuzaine, C.:* Electrostatic discharge simulation using a GPU-accelerated DGTD solver targeting modern graphics hardware. COMPUMAG 2021. Jan. 16–20, 2022, Cancun, Mexico

[Dubbel] *Grote, K. H./Feldhusen, J. (Hrsg.):* Dubbel. Taschenbuch für den Maschinenbau. 21. Auflage. Springer Verlag, Berlin/Heidelberg/New York 2004

[Dular] *Dular, P.:* Modélisation du champ magnétique et des courants induits dans des systèmes tridimensionnels non linéaires. Ph.D. thesis 152. Université de Liège, Faculty of Applied Sciences, Liège 1994

[ESCref] I-DEAS ESC Electronic System Cooling. Reference Manual

[FKM] *Forschungskuratorium Maschinenbau e. V. (FKM):* Rechnerischer Festigkeitsnachweis für Maschinenbauteile aus Stahl, Eisenguss- und Aluminiumwerkstoffen (FKM-Richtlinie). 6., erweiterte Ausgabe. VDMA Verlag 2012

[Galerkin] *Galerkin, B. G.:* Stäbe und Platten. Reihen in gewissen Gleichgewichtsproblemen elastischer Stäbe und Platten. Vestnik der Ingenieure, Vol. 19, 1915, S. 897 – 908

[GetDP 2014] GetDP, a general environment for the treatment of discrete problems *(http://www.getdp.info)*

[Geuzaine 2001] *Geuzaine, C.:* High order hybrid finite element schemes for Maxwell's equations taking thin structures and global quantities into account. Université de Liège, Liège 2001

[Geuzaine 2013] *Geuzaine, C.:* ELEC0041. Modeling and Design of Electromagnetic Systems. Université de Liège, Applied & Computational Electromagnetics (ACE)

[GrossHaugerSchnell] *Gross, D./Hauger, W./Schnell, W.:* Technische Mechanik 1: Statik. 9. Auflage. Springer Verlag, Berlin/Heidelberg/New York 2006

[HaugerSchnellGross] *Hauger, W./Schnell, W./Gross, D.:* Technische Mechanik 3: Kinetik. 12. Auflage. Springer Verlag, Berlin/Heidelberg/New York 2012

[Komzsik] *Komzsik, L.:* What every Engineer should know about Computational Techniques of Finite Element Analysis, 2. Auflage. CRC Press, London/New York 2009

[Kost] *Kost, A.:* Numerische Methoden in der Berechnung elektromagnetischer Felder. Springer Verlag 1994

[Malzacher] *Malzacher, J./Tabbert, P.:* Simulationsdatenmanagement. Integration der Simulationsdaten in die PDM-Strategie. Engineering Process Day, Darmstadt 2008

[Maya] *Maya Heat Transfer Technologies Ltd.:* NX Flow. Schulungsunterlagen zum Training 2014

[nxn_advnonlinear] Simcenter Nastran Advanced Nonlinear Theory and Modeling Guide. Dokumentation zur NX Nastran-Installation

[nxn_dmap] Simcenter Nastran DMAP User's Guide. Online-Dokumentation zu NX Nastran

[nxflowref] Simcenter Flow. Reference Manual. Dokumentation zur Installation

[nxn_nonlinear106_1] Simcenter Nastran Basic Nonlinear Analysis User's Guide. Online-Dokumentation zu Simcenter Nastran

[nxn_nonlinear106_2] Simcenter Nastran Handbook of Nonlinear Analysis (106). Online-Dokumentation zu Simcenter Nastran [nxn_num] Simcenter Nastran Numerical Methods User's Guide. Online-Dokumentation zu Simcenter Nastran

[nxn_paral] Simcenter Nastran Parallel Processing User's Guide. Online-Dokumentation zu Simcenter Nastran

[nxn_qrg] Simcenter Nastran Quick Reference Guide. Dokumentation zur Simcenter Nastran-Installation

[nxn_user] Simcenter Nastran User's Guide. Online-Dokumentation zu Simcenter Nastran

[nxn_verif] Simcenter Nastran Verification Manual. Online-Dokumentation zu Simcenter Nastran

[recurdyn1] Using RecurDyn. Online-Dokumentation zu NX

[RiegHackenschmidt] *Rieg, F./Hackenschmidt, R.:* Finite Elemente Analyse für Ingenieure. Eine leicht verständliche Einführung. 3. Auflage. Carl Hanser Verlag, München 2009

[Ritz] *Ritz, W.:* Über eine neue Methode zur Lösung gewisser Variationsprobleme der Mathematischen Physik. In: Reine Angewendete Mathematik, Vol. 135, 1908, S. 1 - 61

[RoloffMatek] *Muhs, D./Wittel, H./Jannasch, D./Voßiek, J.:* Roloff/Matek Maschinenelemente. Normung, Berechnung, Gestaltung. 21. Auflage. Springer Vieweg, Wiesbaden 2013

[RoloffMatekTab] *Muhs D./Wittel H./Jannasch D./Voßiek J.:* Roloff/Matek Maschinenelemente. Tabellen. 18. Auflage. Vieweg+Teubner Verlag, Wiesbaden 2007

[Schäfer] *Schäfer, M.:* Numerik im Maschinenbau. Springer Verlag, Berlin/Heidelberg/New York 1999

[SchnellGrossHauger] *Schnell, W./Gross, D./Hauger, W.:* Technische Mechanik 2: Elastostatik. 11. Auflage. Springer Verlag, Berlin/Heidelberg/New York 2012

[shb1] *Schumacher, A./Hierold, R./Binde, P.:* Finite-Elemente-Berechnungen am Konstruktionsarbeitsplatz – Konzept und Realisierung. In: VDI – Konstruktion 11/12, 2002 (siehe auch *www.simcenter.expert\download\FEM_am_Konstruktionsarbeitsplatz.pdf*)

[shbm] *Schumacher, A./Hierold, R./Binde, P./Merkel M.:* Parametrisierte CAD-Modelle als Basis für eine CAE gesteuerte Komponentenentwicklung. Kongress: Berechnung und Simulation im Fahrzeugbau. Würzburg 2002

[SimPDM] ProStep iViP Recommendation „Integration of Simulation and Computation in a PDM Environment (SimPDM)". PSI 4, Version 2.0 2008

[spurk1] *Spurk, H./Aksel, N.:* Strömungslehre. Einführung in die Theorie der Strömungen. 8. Auflage. Springer Verlag, Berlin/Heidelberg/New York 2010

[TCSim] Schulungsunterlagen zu Teamcenter for Simulation. Siemens PLM Software

[Weiland] *Weiland, T.:* A Discretization Method for the Solution of Maxwell's Equations for Six-Component Fields. In: International Journal of Electronics and Communications (AEÜ), Vol. 31, No. 3, 1977. S. 116 - 120

Alle Screenshots sind aus NX 2007/Simcenter (Siemens PLM Software) entnommen.

Index

Symbole

A

B

C

D